高等学校教材

SHUJU KESHI FENXI

数据可视分析

王 勋 韩培友 编著

西北工业大学出版社

西 安

【内容简介】 本书以图形理论为基础,以数据可视技术为手段,以交互可视分析为目的,以基本图形生成为切入点,采取循序渐进的方法,由简单到复杂,由二维到三维,理论与实践相结合,系统全面地阐述了图形与数据可视的基本原理、实用技术和实现方法。全书共 11 章,主要内容包括图形与数据可视技术概述、点可视、线可视、图形变换、面可视、分形可视、体可视、真实感图形、图形动画、交互可视和科学可视。

本书可作为高等学校计算机图形学、计算机绘图、计算机科学与技术、软件工程、计算机网络、计算机视觉和数据可视分析等相关专业的教材,也可作为从事图形图像技术、遥感、测绘、地理信息系统和数据可视分析等相关专业领域的科技人员的参考资料。

图书在版编目(CIP)数据

数据可视分析/王勋,韩培友编著 . —西安:西北工业大学出版社,2018.10
ISBN 978 - 7 - 5612 - 6285 - 6

Ⅰ.①数… Ⅱ.①王… ②韩… Ⅲ.①图象处理 Ⅳ.①TP391.413

中国版本图书馆 CIP 数据核字(2018)第 216338 号

策划编辑:雷 军
责任编辑:张 友

出版发行:西北工业大学出版社
通信地址:西安市友谊西路 127 号   邮编:710072
电   话:(029)88493844 88491757
网   址:www.nwpup.com
印 刷 者:陕西金德佳印务有限公司
开   本:787 mm×1 092 mm   1/16
印   张:31.25
字   数:766 千字
版   次:2018 年 10 月第 1 版   2018 年 10 月第 1 次印刷
定   价:88.00 元

前　言

　　从古代的壁画图案和象形文字到现代的工程图纸和地图等,都是采用图形这种简单直观的方式来表示各种信息。随着计算机硬件和软件的快速发展,图形已经发展成为人类表示信息的主要手段,从而得到了极大重视和快速发展,同时出现了很多新理论、新算法、新设备和新软件,并在科学研究、工农业生产、军事技术、航空、航天、航海、医学、气象和天文等各个领域得到了广泛的应用,从而使图形与数据可视技术发展成为计算机技术最完整的和系统的经典学科。

　　现代社会的办公自动化和生活网络化,必然促使人们从图形的理论高度和绘图的实用技术来研究图形生成技术,开发数据可视软件。尽管有关图形理论、高级语言绘图和图形系统等都有很多图书和资料,但是基本上均是独立出现。经过多年的教学、科研和软件研发,笔者深刻地体会到,没有图形理论作为基础,图形生成与数据可视就无从谈起,没有高级语言描述算法的详细思路和具体实现方法,复杂的图形理论就不能真正得到理解和应用。因此,本书把图形理论与数据可视实践结合起来,在图形理论与交互可视软件之间架起一座桥梁,对图形的原理和方法尽量用详细的算法程序描述出来,从而使读者掌握用高级语言进行交互可视软件设计的技术,在理论与实践两方面均做到举一反三、运用自如。

　　图形与数据可视是应用性很强的技术,图形理论是基础,而数据的实用可视技术和实现方法是手段,学以致用是目的。

　　基于 Eclipse 平台的交互数据语言 IDL 是语法简单、跨平台(Unix,Windows,Macintosh)、面向对象、支持 ODBC 的快速数据可视分析语言。IDL 内嵌了多维大数据的可视引擎和数据分析引擎 IMSL(International Mathematical & Statistical Library),包括线性系统、特征系统分析、插值和概率、微分方程、变换、非线性方程、优化、矩阵运算和矢量运算、特殊方程、回归、相关和协方差、变量分析、绝对和离散数据分析、非参数统计、拟合优度、时间序列和预测、多元分析、残差分析、概率分布、随机数集生成等,使得图像分析更加简单、灵活、方便、快捷、高效。

　　本书以基于 Eclipse 平台的最新第 4 代交互数据语言 IDL 为图形工具,详细介绍图形与数据可视的实用技术和实现方法,同时介绍图形与数据可视分析系统的设计与实现,并提供完整程序代码。

　　全书分为 11 章,第 1 章介绍数据可视技术的发展、研究内容和应用以及图形的坐标系统和显示模式;第 2 章介绍点可视的理论算法及其实现(单像素点、多像素点、六角星、水帘、摆线、伪彩点阵图);第 3 章介绍线可视的理论算法及其实现(数值微分法、中点画线法、Bresenham 算法、线型、线宽、走样、折线、多边形、裁剪、填充、幂函数、有理/无理函数、指数函数、对数函数、三角函数、二次曲线、三次曲线、Bezier 曲线、B 样条、平面 2D 曲线、空间 3D 曲线、圆角长方形、沙丘曲线、心形曲线);第 4 章介绍二维(三维)平移、旋转、放缩、对称、转置和球面等图形变换;第 5 章介绍面可视的理论算法及其实现(平面、椭球面、旋转面、双线性曲面、Coons 曲面、Bezier 曲面、B 样条曲面、空间 3D 曲面);第 6 章介绍分形可视(Von Koch 曲线可视、Sierpinski 方形分形、Sierpinski 三角分形、Hilbert 曲线可视、Peano 曲线可视、正方形分形、圆形分形、多边分形、分形树、山分形、龙分形、心脏分形、塔分形、闪电分形);第 7 章介绍体可视(模型、表示方式(特征/分解/扫描/构造/边界)、求交、集合运算、长方体、仿真卫星、球体、分子结构、锥体、环体、绳结、Ribbon 带、文本、心脏);第 8 章介绍真实感图形的理论算法及其实现(线消隐、面消隐(画家/深度缓冲区/扫描线/区域细分/光线投射)、材质、纹理、贴图(平面/台面/球面/曲面));第 9 章介绍图形动画的理论算法及其实现(原理、分类、特点、关键技术、创作过程、图形序列、视频文件、视频播放器);第 10 章介绍人机交互可视技术(内容、设备、接口、图形标准、交互模式、定位、笔划、定向、定量、定路径、文本、引力、橡皮筋、选择、移动、放缩、旋转、拾取、菜单、GUI 设计、交互图形系统(结构/准则/功能)、二维图形编辑器、三维图形编辑器、曲线编辑器、轮廓编辑器、颜色表编辑器、图像转换器、Mandelbrot 分形分析器、分形树生成器、俄罗斯方块游戏、图形与数据可视范例演示系统);第 11 章介绍科学可视理论及其实现(原理、面绘制、体绘制、体数据分割、体数据可视分析、切片提取与分析、人体透明漫游分析)。

为了便于读者使用本书,笔者提供了配套资料和程序源代码,需要者可以登录西北工业大学出版社网站(http://www.nwpup.com/)下载。

本书是笔者多年从事图形与数据可视教学和科研的经验和总结。第 1~7 章由浙江工商大学计算机与信息工程学院的王勋教授编写,第 8~11 章由浙江工商大学计算机与信息工程学院的韩培友副教授编写。

在编写本书的过程中曾参考了大量相关文献,有关单位的同仁给予了大力支持,在此一并表示诚挚的感谢!

由于水平有限,疏漏与不妥之处在所难免,敬请专家和读者提出宝贵建议。

作 者

2018 年 6 月

目　录

第1章　数据可视技术概述

在当今信息时代,人们需要处理大量的数据,图形(Graphics)是直接显示数据之间关系的主要工具和手段,而数据可视则是研究如何利用计算机以图形的形式快速显示数据的技术,进而揭示数据之间的关系,并最终理解数据,做出决策。

在计算机技术的发展过程中,数据可视技术得到了快速发展,而且出现了很多新理论、新方法和新设备。人们也越来越多地利用可视的图形来解决实际问题,从而使图形技术发展成为一门计算机技术的经典核心学科——计算机图形学,并且把图形学的应用技术发展成为数据可视的新学科,进而使数据可视从二维可视发展到三维可视,乃至四维可视,并且在科学研究、军事、三航(航空、航天和航海)、工业、农业、医学、地质、勘探、气象和天文等多个领域得到了广泛的应用。

1.1　数据可视技术发展

图形是在纸张、显示设备、绘制设备或者其他平面上,使用绘图系统(或者人工)通过绘画表现出来的物体的形状和形象。

数据可视(Data Visual,DV)是运用计算机图形学、计算机技术和图像技术等,研究利用计算机将数据转换为图形或者图像,并进行显示、生成和交互处理的理论、方法和技术,涉及计算机图形学、图像技术、计算机视觉、计算机辅助设计(Computer Aided Design,CAD)、计算机辅助制造(Computer Aided Manufacturing,CAM)和人机交互技术等多个领域。

因为图形信息直接明了、内涵丰富,具有表达直观、易于理解、表示准确、简明精练(一图胜千言)、信息量大、"实时"反映过程的变化规律等特点,所以,图形技术一直是计算机技术的核心,多媒体技术的基础,进而促进了计算机技术的快速发展。图形技术的经典理论是计算机图形学。

计算机图形学(Computer Graphics,CG)是研究怎样利用计算机来显示、生成和处理图形的原理、方法和技术的一门学科。

图形与数据可视的发展可以分为图形技术、科学计算可视、空间数据可视、信息可视等阶段,其中图形技术贯穿整个发展过程。

1.1.1　图形技术

图形技术是数据可视技术的核心,其发展过程可以从现在一直追溯到 1854 年。

1854 年,英国伦敦暴发霍乱,英国著名医生约翰·斯诺(John Snow)创造性地使用在地图上标记病例分布的方法,将污染源锁定在布劳德大街的公用抽水机上,并首次提出了"霍乱是介水传播"的著名科学论断,有效地控制了疾病的蔓延。而该研究成功的关键是把研究取得的数据通过图形进行形象化。这是图形与数据可视的首例成功案例。

图形技术的真正发展过程应该是自 20 世纪 50 年代以来的 60 多年,即 50 年代的酝酿阶段、60 年代的萌芽阶段、70 年代的发展阶段、80 年代的普及阶段、90 年代的提高阶段和 2000 年以来的成熟阶段等。

1950 年,美国麻省理工学院(MIT)的旋风 I 号计算机的第一台图形显示器。

1958 年,美国 Calcomp 公司的滚筒式绘图仪和 GerBer 公司的平板式绘图仪。

50 年代末,MIT 林肯实验室在旋风计算机上开发了 SAGE 空中防御体系,出现 CAD。

1962 年,MIT 林肯实验室的 I.E.Sutherland 发表题为"Sketchpad:一个人机交互通信的图形系统"的博士论文。首次使用 Computer Graphics。他被称为计算机图形学之父。

1962 年,雷诺汽车公司的工程师 Bezier 提出 Bezier 曲线曲面理论,成为 CAGD 先驱。

1964 年,MIT 的 Coons 提出超限插值的新思想,通过插值四条边界曲线构造曲面。

60 年代末,出现图形算法,出现画线显示器和存储式显示器,出现 CAD 系统雏形。

1970 年,Bouknight 提出了第一个光反射模型。

1971 年,Gourand 提出了"漫反射模型+插值"思想,出现 Gourand 明暗处理。

1974 年,美国计算机学会成立图形标准化委员会(ACM SIGGRAPH),制定"核心图形系统"(Core Graphics System),ISO 发布 CGI,CGM,GKS 和 PHIGS 等标准。同年在 Colorado 大学召开了第一届 SIGGRAPH 年会,并取得了巨大的成功。

1975 年,Phong 提出了著名的简单光照模型(Phong 模型)。

70 年代末,出现光栅扫描显示器,出现实用 CAD 系统,推动交互式图形技术发展。

1980 年,Whitted 提出了光透视模型(Whitted 模型),并第一次给出光线跟踪算法的范例,实现了 Whitted 模型。

1984 年,Cornell 大学和广岛大学的学者将热辐射工程的辐射度方法引入图形技术。

80 年代末,出现彩色 CRT(Cathode Ray Tube,阴极射线管)显示器,实用的 CAD 系统进入普及阶段,出现科学计算可视技术。

90 年代,出现商用液晶显示器和离子显示器;图形技术进入标准化、集成化和智能化,国际标准化组织(ISO)公布多个更加成熟的图形标准,使数据可视得到快速发展。

2000 年以来,普及液晶显示器和等离子显示器;图形技术进入成熟阶段,同时出现数据可视技术标准,使数据可视技术逐渐成熟。

在图形技术的发展过程中,显示器是图形技术的关键设备,实现数据可视的核心设备是显示适配器(即显示卡),而显示卡的心脏是图形处理器(Graphic Processing Unit,GPU)。显示卡和显示器分别如图 1.1 和图 1.2 所示。

显示卡的作用是控制显示器的显示方式。按照总线类型分类,显示卡主要有 ISA,VESA,PCI,AGP 等。显示卡的性能取决于显示卡的图形芯片 GPU。

1981 年,IBM 推出的个人电脑提供了两种显示卡:单色显示卡 MDA(Monochrome Display Adapter,单色显示适配器)和彩色绘图卡 CGA(Color Graphic Adaptor,彩色图形适配器)。MDA 用于单色显示器,分辨率为 720×350 像素。CGA 用于彩色显示器,绘制图形和处理文本数据,分辨率为 640×350 像素,颜色数是 16 色。

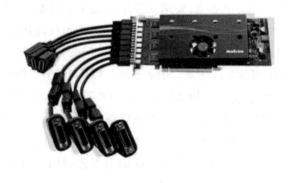

图 1.1　MATROX M9188 显示卡

图 1.2　飞利浦 BDL6551V 显示器

1982 年,IBM 推出了 MGA(Monochrome Graphic Adapter,单色图形适配器),除了能显示图形外,还保留了 MDA 的功能。游戏需要这款卡才能显示动画。

1984 年,IBM 为 PC AT 计算机配备了 EGA(Enhanced Graphics Adaptor,增强型图形适配器)显示卡,分辨率为 640 × 350 像素,颜色数是 16 色。

1987 年,ATI 推出通用 ISA 总线接口的 VGA(Video Graphic Array,显示绘图阵列)显示卡,使显示卡进入 2D 显示的辉煌时代。分辨率为 640 ×480 像素,颜色数是 256 色。

1995 年,显示卡的里程碑,3D 图形加速卡正式推出。3Dfx 公司推出了第一块真正意义的 3D 图形加速卡 Voodoo。3Dfx 的专利技术 Glide 引擎接口一度称霸整个 3D 世界,直至 D3D 和 OpenGL 的出现才改变了这种局面。Voodoo 标配 4 MB EDO 显存,能够提供在 640 ×480 分辨率下 3D 显示速度和最华丽的画面。

1996 年,推出了融合 3D 加速、支援 DirectX 的显示卡 S3 Virge,且含有许多先进 3D 加速功能(Z‐buffering,Doubling buffering,Shading,Atmospheric effect,Lighting 等)。

1998 年,3Dfx 推出了又一划时代的产品:Voodoo2。Voodoo2 自带 8 MB/12 MB EDO 显存,PCI 接口,双芯片,可以做到单周期多纹理运算,第一次支持双显示卡技术,让两块 Voodoo2 并联协同工作获得双倍的性能。

1999 年,百花齐放的一年,3Dfx 推出了 Voodoo3,配备 16 MB 显存,支持 16 色渲染。同时,nVidia 推出继 TNT 之后的 TNT2 Ultra,TNT2 和 TNT2 M64 三个版本的芯片,后来又有 PRO 和 VANTA 两个版本。配备了 8 MB/32 MB 显存,支持 AGP2X/4X,支持 32 位渲染等众多技术。再者,Matrox 推出了 Matrox MGA G400,拥有 16 MB/32 MB 显存,支持 AGP 2X/4X,支持大纹理以及 32 位渲染、独特的 EMBM 硬件凹凸贴图技术,营造出完美凹凸感并能实现动态光影效果。

1999 年末,nVidia 推出了革命性的显卡 Geforce 256(彻底打败 3Dfx)。NV10 GeForce 256 支持 Cube‐Environment Mapping,完全的硬件 T&L(Transform & Lighting),把原来有 CPU 计算的数据直接交给显示芯片处理,大大解放了 CPU,也提高了芯片的使用效率。GeForce 256 拥有 4 条图形纹理通道,单周期每条通道处理两个像素纹理,支持 SDRAM 和 DDR

RAM,使用 DDR 的产品能更好地发挥 GeForce 256 的性能。

2000 年,nVidia 的第五代 3D 图形加速卡——Geforce 2,采用 0.18 μm 的工艺技术,大大降低了发热量,使 Geforce 2 的工作频率提高到 200 MHz。Geforce 2 拥有四条图形纹理通道,单周期每条通道处理两个像素纹理,且使用 DDR RAM 解决显存带宽不足问题,拥有 NSR(NVIDIA Shading Rasterizer),支持 Per Pixel Shading 技术,同时支持 S3TC,FSAA,Dot3 Bump Mapping 以及硬件 MPEG-2 动态补偿功能,完全支持微软的 DirectX 7。同时,ATI 推出了 RADEON 256,完全硬件 T&L,Dot3 和环境映射凹凸贴图,两条纹理流水线,同时处理三种纹理,最出彩的 HYPER-Z 技术,大大提高了 RADEON 显示卡的 3D 速度,拉近了与 Geforce 2 系列的距离。再者,Trident 推出 Blade T64。采用 0.18 μm 制造工艺,核心时钟频率为 200 MHz,像素填充率达到 1.6 GPixel/s,支持 Direct X7.0 等。

2001 年,nVidia 与 ATI 两雄争霸。nVidia 推出了 Geforce 3。增加可编程 T&L 功能,能够对几乎所有的画面效果提供硬件支持,具有 4 条像素管道,填充速率可以达到 800MPixel/s,拥有 nfiniteFX 顶点处理器、nfiniteFX 像素处理器以及 Quincunx 抗锯齿系统等技术。ATI 推出了 ATI Radeon 8500/7500,采用 0.15 μm 工艺制造,包括 6000 万个晶体管,采用了 Truform,Smartshader 等新技术。核心/显存工作频率为 300/600 MHz。

2002 年,nVidia 与 ATI 白热竞争。nVidia 推出了 Geforce 4 系列,DirectX 8 下最强劲的 GPU 图形处理器。芯片的晶体管数量高达 6 300 万个,使用 0.15 μm 工艺,采用 PBGA 封装,运行频率达到了 300 MHz,配合频率为 650 MHz DDR 显存,可以实现每秒 49 亿次的采样。GeForce 4 内建 4 条渲染流水线,每条流水线含 2 个 TMU(材质贴图单元)。ATI 推出了 R9700/9000/9500 系列。首次支持 DirectX 9,支持 AGP 8X,核心频率是 300 MHz,显存时钟是 550 MHz,实现可程序化的革命性硬件架构。符合 AGP 8X 最新标准,配有 8 个平等处理的彩绘管线,每秒可处理 25 亿个像素,4 个并列的几何处理引擎,更能每秒处理 3 亿个形迹及光效多边形。同时,SiS 发布了 Xabre 系列,第一款 AGP 8X 显示卡,全面支持 DirectX 8.1,采用 0.15 μm 工艺,具备 4 条像素渲染流水线,并且每条流水线拥有两个贴图单元。提供高达 1200MPixel/s 的像素填充率和 2400MTexel/s 的材质填充率。随后发布的 Xabre600,采用 0.13 μm 工艺。

2003 年,nVidia 与 ATI 共统天下。nVidia 的 Gf FX 5800(NV30)系列拥有 32 位着色,颜色画面有质的提高;GeForce FX 5900,提了晶体管数,降低了核心频率与显存频率,改用 256B99 DDR,提高了显存带宽;后续推出 GF FX 5950/5700 系列。ATI 推出了 Radeon 9800/pro/SE/XT,凭借性能和价格,再次打败 GF GX 5800。

2004 年,ATI 大放异彩,ATI 面向中低端的 Radeon 9550,最具性价比,基于 RV350 核心,采用 0.13 μm 制程,核心频率为 250 MHz,显存频率为 400 MHz,4 条渲染管道,1 个纹理单元,同时兼容 64b 和 128b。nVidia 推出 GF FX 5900XT/SE。

2005 年,PCI E 平台时代。nVidia 的 Geforce 6200/6600/6800 系列和 ATI 的 X300/X700/X800 系列,使整个显示市场百花齐放。同 AGP 取代 PCI,PCI E 将取代 AGP。

2006 年,nVidia 推出了 Geforce 7800/7900 系列和划时代的 G80;ATI 推出了 Radeon X1800/1900 系列。PCI E 全部取代 AGP 显卡。AMD 并购 ATI。

2007 年，DirectX 10 时代，nVidia 推出了基于 G84/86/92 芯片的 8400/8500/9600/8800GT 系列，拥有 112 个流处理器。ATI 推出了基于 RV610/630/670 芯片的 HD2400/2600/2900/3870 系列，拥有 320 个流处理器，支持新一代 DX 10.1 规范。

2008 年，普及 DirectX10，nVidia 推出 G9x 核心的 9600GSO 和 9600GT 系列。AMD - ATI 推出了基于 RV770 核心的 HD4850/4870 系列。

2009 年，AMD 推出支持 DirectX 11 的基于 RV870 的 HD5850/5870。AMD 推出了 GTX260/280/290 系列。

2010 年，普及 DirectX 11。AMD 推出基于 RV870 的双核 HD5970。基于两个 AMD 顶级 RV870(Cypress)核心设计，采用最新 40nm 工艺，每颗核心拥有 1600 个流处理单元、80 个纹理单元和 32 个光栅处理单元，整体规格是上代 Radeon HD4870 X2 的两倍，性能相当于两张 HD5870，支持 DirectX 11 和 Shader Model 5.0 规范。HD6970 是第 2 代 DirectX 11 的单核心旗舰产品。采用 Northern Islands(北方群岛)架构。HD6970 的革新是核心架构为小幅改进的 VLIW 4D 架构模式，在一定程度上提高了晶体管的使用率，增强了曲面细分计算能力；增加了 MLAA 和 EQAA 抗锯齿技术；采用了新一代 PowerTune 节电技术。AMD 推出 Geforce GTX 470/480 系列。GDDR5/DDR3 取代 GDDR3。

2011 年，GPU 显示核心在晶体管数量、芯片规模上已经是 CPU 的数倍，图形运算能力非常强大。AMD 于 12 月 22 日推出采用 Tahiti 核心的南方群岛架构 SI 的拥有 43 亿个晶体管的 Radeon HD7970。SI 体系全新采用兼顾传统图形计算和通用计算的 GCN 架构模式，引入多层次的并行处理架构和多级可读写高速缓存。AMD Radeon HD7970 显卡采用 28nm 工艺，拥有 32 个计算单元(相当于原来 2048 个流处理单元)，925 MHz GPU 核心频率，384b 显存位宽，1375 MHz(等效于 5500 MHz)的显存频率，264 Gb/s 的显存带宽，Gb 级的显存，128 个纹理单元，2 个专用几何引擎流水线(曲面细分计算)，3.79TFlops 单精度和 947GFlops 双精度浮点计算能力；支持 DirectX 11.1，OpenGL 4.2，Directcompute 5.0 和 PCI - E 3.0，AMD APP 加速并行处理技术，AMD Eyefinity 单卡多屏输出技术 2.0、AMD HD3D 立体成像输出技术、AMD Eyefinity 3D 单卡多屏立体成像输出技术、独立数字多点音频输出技术、VCE 视频编码引擎、AMD CrossfireX 多卡交火技术(3 路)。

从 1981 年至今近 40 年显示卡的发展不难看到，数据可视从最初只能显示文本信息，已经发展到现在多姿多彩的图形画面，进而让我们得到了视觉上的享受。目前的显示技术可以说已经发展到了"没有做不到，只有想不到"的水平。

1.1.2　科学计算可视

数据可视最早运用于科学计算，并于 1987 年提出科学计算可视(Visualization in Scientific Computing)，进而发展成为数据可视技术的一个重要分支。

科学计算可视是将科学计算的过程及其结果转换为图形图像显示在屏幕上的方法与技术。它是运用图形技术、图像处理、机器视觉、计算机辅助设计和人机交互技术等多个学科的理论知识的综合技术。

科学计算可视能够把科学数据(例如：测量数据、图像数据或者计算数据等)变为直观的、以图形图像表示的、随时间和空间变化的物理现象或者物理量呈现在研究者面前,使他们能够方便、直观、灵活地进行观察、模拟、计算和分析。

科学计算可视是图形技术的典型应用领域,是图形技术的一个分支,也是当前图形技术的研究热点之一。科学计算的结果是数据流,不易验证和理解。科学计算可视可以对空间数据场构造中间几何图素或者用体绘制技术在屏幕上产生可见图像。

科学计算可视通常应该具有如下基本功能:

(1) 计算结果处理。对科学计算结果或者测量数据进行处理,然后用图像显示出来。

(2) 中间结果的实时跟踪、处理及其显示。

(3) 中间结果的实时交互。可以实时交互修改原始数据、边界条件或者参数。

目前图形技术的发展使得二维和三维显示技术相当成熟,并且能够再现三维世界中的物体,能够用三维形体表示复杂的信息。科学计算可视技术使人能够在三维图形世界中直接对具有形体的信息进行操作,并且可以与计算机直接交互,实现了人和机器的直觉而自然方式上的统一,这无疑可以极大地提高工作效率,同时赋予人们二维/三维仿真和实时交互的能力,从而可以在三维图形世界中用以前不可想象的手段来获取信息或者发挥自己创造性的思维。工程师可以从二维平面图中得以解放直接进入三维世界,从而很快得到自己设计的三维机械零件模型。医生可以从病人的三维扫描图像分析病人的病灶。军事指挥员可以面对用三维图形技术生成的战场地形,指挥具有真实感的三维飞机、军舰、坦克向目标开进并且分析战斗方案的效果。

科学计算可视已经成功应用于有限元分析、分子模型构造、地震数据处理、大气科学、生物化学、地理信息系统、计算流体力学、医学图像、空间探测、天体物理、地球科学、数学等领域。科学计算可视源于图形技术,我国的科学计算可视技术始于 20 世纪 90 年代初。

【例 1.1】 已知山的高程数据文件为 Ch01ContourOfMountainDem.hpy,山的图像文件为 Ch01ContourOfMountainDem.jpg,要求利用该高程数据绘制山,并利用图像数据对山进行贴图处理,然后绘制山的等高线及其地面投影。程序如下:

```
;———————————————————————————
;Ch01ContourOfMountainDem.pro
;———————————————————————————
PRO Ch01ContourOfMountainDem
    MDem = BYTARR(64,64,/NOZERO)
    OPENR,Lun,'Ch01ContourOfMountainDem.hpy',/GET_Lun    ;打开高程数据文件
    READU,Lun,MDem & FREE_Lun,Lun    ;读取高程数据
    MDem = REVERSE(TEMPORARY(MDem),2)    ;按照第 2 维数逆序
    ;光滑处理
    MDem = SMOOTH(TEMPORARY(MDem),3,/EDGE_TRUNCATE)+1
    MDemDim = SIZE(MDem,/DIMENSIONS) & XyScale = 14.0
    x = FINDGEN(MDemDim[0]) * XyScale
    y = FINDGEN(MDemDim[1]) * XyScale
    ;读取山的图像数据
    READ_JPEG,'Ch01ContourOfMountainDem.jpg',IData,TRUE = 3
```

```
;绘制等高线
ICONTOUR,VIEW_GRID=[2,1],/NO_SAVEPROMPT,TITLE='山的等高线与投影'
ICONTOUR,MDem,x,y,VIEW_NUMBER=2,N_LEVELS=11,COLOR=[255,0,0]
;绘制高程数据及其贴图
ISURFACE,VIEW_NUMBER=1,MDem,x,y,TEXTURE_IMAGE=IData
;绘制等高线的投影
ICONTOUR,MDem,x,y,COLOR=[255,255,0],PLANAR=0,TICKLEN=7, $
    N_LEVELS=11,C_LABEL_SHOW=0,/OVERPLOT
END
;——————————————————————————————————————————————————
```

程序运行结果如图 1.3 所示。

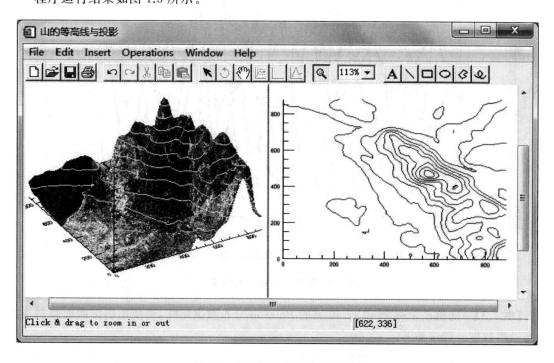

图 1.3　山的等高线及其地面投影

【例 1.2】　随机产生一个 20 行 10 列的随机噪声数据矩阵,数据的范围为[6,16],请使用网格曲面绘制噪声数据。程序如下:

```
;——————————————————————————————————————————————————
;Ch01RandomU20x10_6To16.pro
;——————————————————————————————————————————————————
PRO Ch01RandomU20x10_6To16
    DEVICE, DECOMPOSED=1
    !P.BACKGROUND='FFFFFF'XL  &  !P.COLOR='000000'XL
    WINDOW,6,XSIZE=560,YSIZE=360,TITLE='随机噪声可视'
    PLOT,[0],/DEVICE,XRANGE=[0,200],YRANGE=[0,100],/NODATA,/ISOTROPIC
```

```
        MinValue＝6 & MaxValue＝16
        NoiseData＝FIX((MaxValue－MinValue)＊RANDOMU(Seed,20,10)＋MinValue)
        SURFACE,NoiseData
END
```
;－－－－－－－－－－－－－－－－－－－－－－－－－－－－－－－－－－－－

程序运行结果如图 1.4 所示。

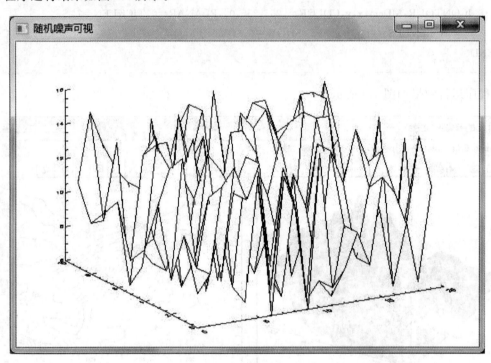

图 1.4　随机噪声数据网格曲面

【例 1.3】　随机产生一个 40 行 40 列的 Poisson 分布数据矩阵,请使用阴影曲面绘制正态分布噪声数据。程序如下:

;－－－－－－－－－－－－－－－－－－－－－－－－－－－－－－－－－－－－

;Ch01Poisson40x40.pro

;－－－－－－－－－－－－－－－－－－－－－－－－－－－－－－－－－－－－

```
PRO Ch01Poisson40x40
    DEVICE, DECOMPOSED＝1
    ! P.BACKGROUND＝'FFFFFF'XL & ! P.COLOR＝'000000'XL
    WINDOW,6,XSIZE＝560,YSIZE＝360,TITLE＝'Poisson 分布噪声可视 '
    PLOT,[0],/DEVICE,XRANGE＝[0,200],YRANGE＝[0,100],/NODATA,/ISOTROPIC
    NoiseData＝10 ＊ BESELJ(SHIFT(DIST(40),20,20)/2,0)
    SHADE_SURF,NoiseData
END
```
;－－－－－－－－－－－－－－－－－－－－－－－－－－－－－－－－－－－－

程序运行结果如图 1.5 所示。

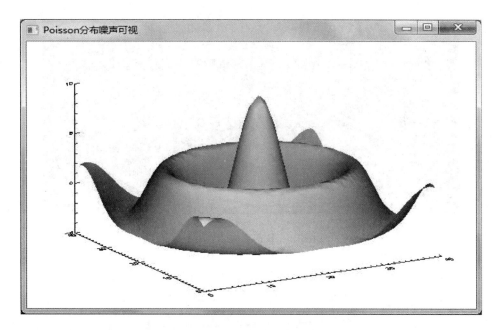

图 1.5　Poisson 分布噪声数据阴影曲面

1.1.3　空间数据可视

随着 3S(RS(Remote Sensing,遥感),GIS(Geography Information Systems,地理信息系统),GPS(Global Positioning Systems,全球定位系统))技术的融合和空间信息技术的发展,空间技术、传感技术、卫星定位导航技术、计算机技术、网络技术和通信技术得到了高度集成,并对空间数据的采集、处理、管理、分析、表达、传播和应用提出了更高的要求。

空间数据可视以及基于可视技术的空间数据挖掘、分析和知识发现已经发展成为空间数据处理的重要手段和关键技术。空间数据可视技术可以用三维图形图像直接表示空间数据内在的复杂结构、关系和规律,并把静态空间关系转化为三维动态仿真。

空间数据可视是以地理环境为依托,通过视觉效果,研究空间数据的关系和规律,并通过空间数据的处理和分析,获取空间信息和知识,是数据可视技术的具体应用。

空间数据在人类生活中起着非常重要的作用,从史前捕食的路线规划到今天的交通自动导航,以图形方式呈现的空间信息极大地促进了人们对周围空间的认知。地图是空间数据最早的可视方式,是人类直观认识自然的最好的表现形式,在人类生活中发挥着重要的作用。随着数据可视技术的发展,地图在一定程度上已经逐渐被 GIS,GPS 和三维电子地图(亦称 3D 地图)等取代。

互联网上 E 都市的 3D 地图就是一个成功的事例(http://www.edushi.com)。E 都市的 3D 地图、2D 地图和卫星地图分别如图 1.6~图 1.8 所示。

空间数据可视通常相当复杂,具体表现在以下方面:

1. 空间数据的二维可视

空间数据的初级可视通常是二维可视,即空间数据的实时二维可视的数字化实现。二维可视目前是空间数据可视的主流方法。原因是数据量小,实时效果好。

图 1.6　E 都市的 3D 地图

图 1.7　E 都市的 2D 地图

图 1.8　E 都市的卫星地图

2. 空间数据的三维可视

由于现实世界是三维空间,因此把现实世界可视为三维模型会更加直观逼真。3D地图就是利用二维空间数据库,通过添加空间信息,将现实环境中的主要实体表达成简单的几何形体,形成直观的三维地图,再给几何形体粘贴纹理图像,形成逼真的三维地图。

三维地理信息系统(3DGIS)的研究在城市规划领域的发展非常迅速,代表性研究方向是数字城市模型,并在城市建筑景观模拟、城市发展规划设计等方面得到广泛应用。

3. 虚拟现实(Virtual Reality,VR)技术

空间数据可视是对现实世界的真实场景的再现,利用 VR 技术可以方便地进行空间数据可视。目前,VR 与 GIS 已经进行了充分融合,并在考古(复原古代地理环境及其建构筑)、军事(虚拟战场、虚拟飞行驾驶仓)和城市规划等领域取得了成功的应用。

4. 增强现实(Augmented Reality,AR)技术

GIS 正在与网络、可穿戴计算机、超媒体、虚拟现实、增强现实、科学可视以及动画等进行结合。AR 技术则融合了虚拟环境与真实环境,AR 在交互性与可视方法方面开辟了一个崭新的领域。

5. 时空可视

在空间数据领域,人们非常关注的新问题是多维动态可视问题,即以时间为主导的空间数据可视问题。时空可视将是空间数据可视的极具吸引力的发展方向,时空可视的实现将提供对自然地理现象变化的动态仿真(例如:历史回溯与未来预测),且将从根本上改变现有地理信息系统的理论体系。目前,由于无有效的数据模型,且数据海量,现有计算机技术难以实现,因此,时空可视化方面的研究尚有待深入。

空间数据的可视过程是:空间数据检索、抽象预处理、图形化、绘制和输出。空间数据可视模型如图 1.9 所示。

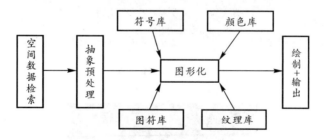

图 1.9　空间数据可视模型

空间数据可视已经成功应用于宏观决策、环境保护、基础数据库、资源管理、规划管理、综合性 GIS、电力、电信、公路、城市建设、公安消防、投资咨询、土地管理等。

例如:利用地形空间数据进行地形 3D 可视的结果如图 1.10 所示。

又如:利用风暴的空间数据进行风暴可视、风向矢量模拟和空间压力分布模拟。仿真结果如图 1.11 所示。参考程序:Ch01Vectrack.pro。

又如:利用地球的空间数据和卫星云图数据,进行地球和云层可视。绘制结果如图 1.12 所示。参考程序:Ch01Orbit.pro。

又如:利用山峰的空间数据进行山峰可视,并在山峰上通过任意选择的两个空间位置进行定点动态漫游。仿真结果如图 1.13 所示。参考程序:Ch01Panorama.pro。

图 1.10　地形 3D 可视

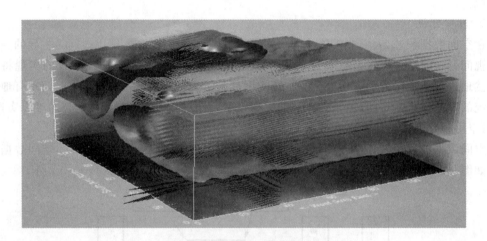

图 1.11　风暴仿真

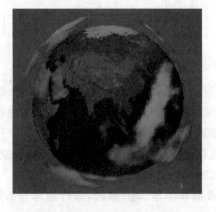

图 1.12　地球及其云层可视

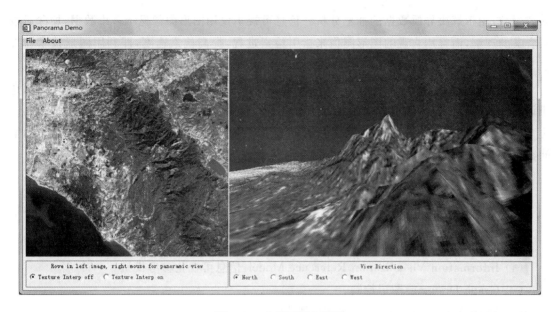

图 1.13　山峰可视与漫游

1.1.4　信息可视

随着社会的信息化和应用的网络化,不但需要对海量数据进行存储、传输、检索和分类等,而且需要了解数据之间的相互关系,即人们希望能够对海量数据进行更高层次的分析,以便更好地发现和利用隐藏在海量数据之中的有价值的重要信息。

目前,数据库系统可以高效地实现数据的录入、查询、统计等功能,但无法发现数据中存在的关系和规律,无法根据现有的数据预测未来的发展趋势;而且人工智能自 1956 年诞生后取得了重大进展。目前的研究热点机器学习是用计算机模拟人类学习的一门科学,比较成熟的算法有神经网络、模糊集、粗糙集和遗传算法等。

用数据库管理系统存储数据,用机器学习分析和挖掘海量数据中的知识,两者的结合产生了数据库中的知识发现(Knowledge Discovery in Databases,KDD)。KDD 是一门涉及机器学习、模式识别、统计学、智能数据库、知识获取、数据可视、高性能计算、专家系统等多个领域的交叉学科,并成功应用在信息管理、过程控制、查询优化、科学研究、决策支持和数据维护等方面。

KDD 的核心技术是数据挖掘(Data Mining)。它是从大量的、不完全的、有噪声的、模糊的、随机的数据中,提取隐含在其中的、人们事先不知道的、但又是潜在有用的信息和知识的过程。通过数据挖掘可以发现多种类型的知识,即事物的共性知识、事物的特征知识,事物之间的差异知识,事物之间的关联知识,利用历史数据和当前数据预测未来数据的预测知识和事物的偏差知识等。

为了发现知识,并且使发现知识的过程和结果易于理解,同时能够在发现知识的过程中进行人机交互,需要采用多种发现知识的方法和工具,而可视技术是有效的手段。

20 世纪 90 年代初,信息管理技术和数据可视技术相结合的产物——信息可视技术进入研究领域,用于解决异质数据的抽象分析。信息可视不仅用图形图像显示多维数据,加深对数据含义的理解,而且用直观的图形图像来指引检索过程,提高检索速度,即利用图形技术与方法帮助人们分析和理解数据。

信息可视与科学计算可视的区别是前者的显示对象主要是多维的标量数据,研究重点在于设计和选择什么样的显示方式才能方便用户了解海量多维数据及其相互之间的关系,其中更多地涉及心理学、人机交互技术等。后者的显示对象涉及标量、矢量及张量等不同类别的空间数据,研究重点放在如何真实、快速地显示三维数据场。

信息可视的常用方法:

(1) Cladogram(Phylogeny):进化分枝图;进化树(系统发育)。

(2) Color Alphabet:色彩字母表。

(3) (Classification)Dendrogram:(分级)树状图。

(4) Information Visualization Reference Model:信息可视化参考模型。

(5) Graph Drawing:图形绘制。

(6) Halo(Visualization Technique):晕轮法。

(7) Heat Map:热力型地图。

(8) Hyperbolic Tree:双曲树。

(9) Multidimensional Scaling:多维尺度分析。

(10) Problem Solving Environment:问题求解环境。

(11) Tree Mapping:树状映射图。

信息可视的主要应用领域:

(1) 多维数据:人口普查、健康状况、现金交易、顾客群、销售业绩等。

(2) 数字图书馆:书籍、照片、电影、报纸和杂志文章、WWW 网页等。

(3) 复杂文档:专利文献、年报、软件模块、数据结构等。

(4) 历史文档:病历、学生成绩、经济趋势、股市走向、项目管理等。

(5) 统计和分类系统:物种分类、专利列表、硬盘目录、财务预算、销售记录等。

(6) 网络:远程通信连接和使用、电子电路、公路网、社会结构、组织关系等。

信息可视在电子商务、金融、通信、交通和税务等领域,有着十分广阔的应用前景。

例如:在通信领域,开发高级网络模型,辅助规划过程,优化发射和交换设备、海量数据管理和用户需求分析等均需要可视技术的支持。英国电信公司的网络充分应用信息可视技术,利用图形输出描绘所选择运行参数的地理分布、兴趣时间间隔中的动画,以及每个区域中参数的最小值、最大值和平均值等。

又如:在股票领域,众多影响股市参数的动态分析图形是股民不可缺少的可视分析工具,为股民提供了股市走向的直观的重要可视信息。利用历史数据和 40 个参数,预测未来 40 个时间点上数据的变化趋势的预测界面如图 1.14 所示。参考程序:Ch01Forecast.pro。

再如:利用美国历年人口增长的数据,进行人口增长的可视分析。1980 年的仿真结果如图 1.15 所示。参考程序:Ch01Uscensus.pro。

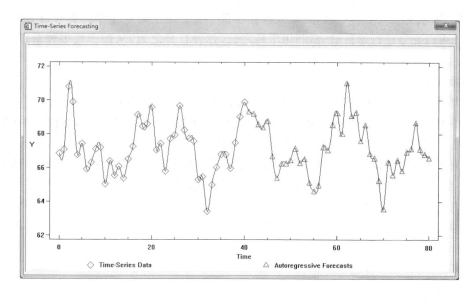

图 1.14　未来数据预测界面

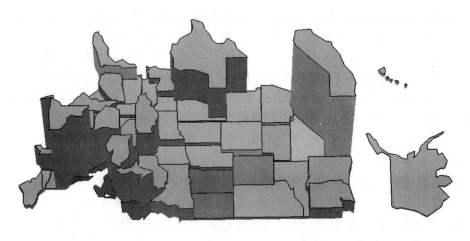

图 1.15　1980 年美国各州人口增长速度

1.2　数据可视技术内容

数据可视的研究内容主要包括理论研究、硬件设备研制、软件工具研发和应用系统设计等。理论研究及其实现方法与应用是本书的主要内容。

利用理论研究的成果、生产硬件设备、研发软件工具,进而设计应用系统,最终又给理论研究提供最佳的软硬件环境,三者相互制约、相互融合和相互促进,即理论研究是基础,硬件设备和软件工具是环境,应用系统是目的。

1.2.1　理论研究

因为数据可视是融合计算机图形学、图像技术、计算机视觉、计算机辅助设计和人机交互技术等多个领域的交叉学科,所以其研究内容非常丰富。由于每一个学科都有自身的优点和缺点,因此可以充分进行学科融合,利用学科之长,弥补自身之短,从而产生多种新理论、新算法和新技术。

主要研究内容可以分为:

(1) 图形输入技术:研究将图形或者图形数据输入到计算机中的技术。

(2) 图形表示技术:研究计算机用点、线、面的坐标数据(几何信息)和连接关系(拓扑信息)建立几何模型、线模型、面模型、体模型等的方法。

(3) 图形存储技术:按照合理的数据结构组织图形数据,并将其存入动态(静态)或者临时(永久)介质。常用数据结构是线性链表、二叉树、四叉树等。

(4) 图形处理技术:对图形进行几何变换或者投影变换以及并、交、差、补运算等。

(5) 图形显示与输出技术:将图形数据转换成输出设备能够接受的表示形式,并将图形在计算机屏幕或者打印机等输出设备上显示或者绘制输出。

具体研究内容表现在以下方面:

(1) 图形在计算机中的表示方法。

(2) 基本图形生成算法。点、线、面等生成、求交、分类及其运算,反走样等。

(3) 图形变换和裁剪。2D/3D 几何变换、平行投影、透视投影、裁剪、填充等。

(4) 造型技术。建立几何模型(线、面、体),即形体的表示、构造及其运算等。

(5) 人机交互技术(Human Computer Interaction Techniques)。通过计算机输入/输出设备,以有效的方式实现人与计算机对话的技术。具体包括构造技术、命令技术、选取技术和操纵技术等,即图元及其造型方法的交互选择,形体模型的交互操作,观察点和方向的交互设置,光照模型参数的交互选取,色彩的交互设定等。

(6) 分形生成算法。山、水、花、草、树、云、烟、火、雪等分形景物的生成算法。

(7) 图形标准的制定。

(8) 真实感图形生成与显示。场景造型、取景变换、视域裁剪、线(面)消隐、Z Buffer 算法、光照模型、光线追踪、辐射度、阴影、透明、纹理、绘制方法、加速算法等。

(9) 曲线和曲面的生成、插值、拟合、拼接、分解、过渡、光顺、整体(局部)修改;三次插值、Bezier、Coons、BSpline 曲线和曲面等。

(10) 字体的点阵表示、中西文矢量字符的生成及其变换。

(11) 形体的实时显示和并行处理。标量、矢量、张量数据场的显示等。

(12) 虚拟现实技术。虚拟现实环境的生成及其实时交互控制算法,等等。

研究热点:真实感图形实时绘制,自然对象的建模(山、云、树、花、草等),离散数据建模,三维显示器,计算机生成激光全息照片,物体网格模型的面片简化(LOD),基于图像的建模,几何纹理的迁移与合成。

1.2.2　硬件设备研制

在理论研究的基础上,研制出现了多种用于数据可视的图形设备。图形设备作为图形技术的主要研究分支,促进了图形技术的快速发展。

常用图形设备分为图形输入设备、图形处理设备和图形输出设备等。

(1) 图形输入设备:键盘、鼠标、光笔、图形输入板、触摸屏、扫描仪、图形图像采集卡、视频采集卡、数码相机、数码摄像机、数据手套、跟踪球、空间球、数据衣、操纵杆、存储介质(U 盘、光盘、磁盘、磁带)等。

新一代输入方式:语音识别、用户手势、面部表情、肢体动作等。

(2) 图形处理设备:显示卡、专业图形加速卡等。

(3) 图形输出设备:显示器(CRT 显示器、液晶显示器、等离子显示器等)、打印机(针式打印机、喷墨打印机、激光打印机)、绘图仪、存储介质(U 盘、光盘、磁盘、磁带)、投影仪等。

显示器又可以分为 CGA,EGA,VGA,SVGA,TVGA,XGA 等,显示分辨率也由 CGA 的 640×200 像素发展到 XGA 的 3400×2400 像素,以及更高。

1.2.3　软件工具研发

随着计算机系统和图形硬件的快速发展,图形软件工具得到了迅速发展。目前图形软件工具主要包括图形语言工具及其图形软件包、图形通用软件工具和图形专用软件工具等三大类别。

1. 图形语言工具及其图形软件包

图形语言工具是指具有较强图形生成、处理和分析能力的计算机语言系统。尽管很多语言提供了一定的图形处理与分析能力,但是能够胜任复杂图形处理与分析的语言却很少。

主流的图形语言主要包括 Visual C++,Matlab 和 IDL(本书使用)等。

主流的图形软件包主要包括 OpenGL,ACIS,DirectX,Java 3D,VRML 等。

(1) OpenGL(Open Graphics Library,开放图形库,SGI 和微软联合推出)。OpenGL 是一套 3D 图形库,功能强大,易用,独立于硬件和窗口系统,与 C++兼容,简便高效,支持多种平台和网络环境,是专业图形处理、科学计算等高端应用领域的标准图形库,同时可以在微机上实现 3D 图形应用(例如:CAD 设计、仿真模拟、三维游戏等)。

OpenGL 是图形技术领域的工业标准。Microsoft,SGI,IBM,DEC,SUN,HP 等大公司均采用 OpenGL 作为图形标准。其最高版本是 Khronos 发布的 OpenGL 4.1。

(2) ACIS(A. Grayar,C. Lang,I. C. Braid,Solid)。ACIS 是 Spatial Technology 公司推出的三维几何引擎,3D 造型的几何平台,C++技术构造,目前的最高本版已经到了 R21。ACIS 运行于多种平台。

ACIS 是基于边界表示法的造型引擎,集线框、曲面和实体造型于一体,并允许这三种表示共存于统一的数据结构中。其造型方法如下:

覆盖技术(Covering):覆盖由曲线组成的闭合区域的曲面。

放样技术(Lofting):利用系列曲线及其相关曲面来构造新曲面。

蒙面技术(Skinning):在系列曲线之间构造一个曲面。

网格曲面(Net surfaces):用曲线网定义曲面的 u 和 v 参数,提供很大的控制自由度。

规则(Law)和图(Graph):提供规则类,直接用数学方程定义实体中的边和面。

扫掠(Sweeping):通过扫描轮廓生成实体或者薄片体。

(3) DirectX。DirectX 是系列 DLL(Dynamic Link Lib),可以访问底层硬件,包含 Direct Graphics(Direct 3D+Direct Draw),Direct Input,Direct Play,Direct Sound,Direct Show,Direct Setup 和 Direct Media Objects 等组件,提供一整套多媒体接口方案,主要用于游戏软件开发。

（4）Java 3D。Java 3D API 是 Sun 的基于 Java 的上层 3D 显示接口。它把 OpenGL 和 DirectX 的底层技术包装在 Java 接口中。其全新的设计使 3D 技术变得不再烦琐,并且可以加入到 J2SE,J2EE 的整套架构,即保证 Java 3D 技术强大的扩展性,简单或者复杂形体(调用现有三维形体)的三维可视,形体的颜色、透明和贴图等效果,三维环境中灯光的生成和移动等,对键盘和鼠标的行为判断能力,雾、背景和声音的生成,形体的三维动画等。编写非常复杂的应用程序,用于各种领域(例如:虚拟现实)。

（5）VRML(Virtual Reality Modeling Language,虚拟现实标记语言)。VRML 是一种标记语言。使用 VRML 浏览器识别 VRML 的 ASCII 文本格式来描述世界和链接,既可以建立真实世界场景的模型,也可以建立虚构的三维世界。

VRML 浏览器既是插件,又是帮助应用程序,还是独立应用程序。这使得 VRML 应用从三维建模和动画应用中分离出来,在建模和动画应用中可以预先着色前方场景。

VRML 提供 6+1 个自由度,可以沿着 3 个方向移动,也可以沿着 3 个方位旋转,同时还可以建立与其他 3D 空间的超链接。

VRML 使用场景图(Scene Graph)数据结构建立 3D 实景,这种数据结构是以 SGI 的 OpenInventor 3D 工具包为基础的数据格式。

VRML 的场景图代表所有 3D 世界静态特征的节点等级:几何关系、质材、纹理、几何转换、光线、视点以及嵌套结构。几乎所有三维产品厂商,无论是 CAD、建模、动画,还是 VR/VRML,其结构核心都有场景图。VRML 在许多方面均与 HTML 兼容。

VRML 的文件(.wrl)是由可阅读的 ASCII 文本文件构成的,因此任何文本编辑器均可以编辑 VRML 文件。程序员可以通过直接操作场景图来得到完全的控制权和高度的灵活性。

五种图形开发技术的性能比较见表 1.1。

表 1.1　五种图形开发技术性能对比表

技术	实现层次	难易程度	扩展性	应用领域
OpenGL	底层(显卡)	C/C++(难)	多家厂商(较好)	3D 造型设计
ACIS	底层(操作系统)	C++(难)	Windows(较好)	3D 造型和显示
DirectX	底层(操作系统)	C++(较难)	Windows(较差)	3D 游戏
Java 3D	中层(JVM)	Java(较易)	J2SE	标准扩展(好)
VRML	高层(网页)	标记语言(易)	插件支持(一般)	网上虚拟现实

2. 图形通用软件工具

图形通用软件是指利用图形语言工具开发的具有常用的基本图形处理和分析功能的面向普通用户的通用软件系统。其优点是使用了先进的图形图像技术,把常用的图形处理与分析功能集成到操作简单、灵活,图形用户界面美观大方、布局合理的操作环境中,使普通用户通过简单的操作,就可以实现图形处理与分析。

目前市场上的图形通用软件较多,主流图形通用软件主要包括:

（1）Windows 操作系统自带的"画图"软件。

（2）动画制作软件 Soft Image。

（3）3D 动画造型软件 3D Studio MAX,Maya。

（4）仿真软件 Open Inventor。

（5）VR 软件 World Tool Kit

（6）CAD 软件 Pro/Engineer。

（7）GIS 软件 ARC/INFO。

（8）2D 平面造型软件 CorelDraw。

（9）2D/3D 造型软件 Auto CAD 等。

3. 图形专用软件工具

图形专用软件是指利用图形语言工具，针对指定专业领域的特殊需求开发的具有专用图形处理和分析功能的面向专业用户的软件系统。

图形专用软件的特点是在拥有常用的图形处理和分析功能的同时，根据专用的算法，提供专用的图形处理与分析方法。

目前市场上的图像专用软件较多，几款具有特殊造型功能的 3D 软件如下：

（1）VTK：三维造型软件，特别适用于血管与肌肉重建。

（2）VGStudio Max 软件：第一个医疗可视三维重建软件。

（3）3DDoctor：三维物体重建软件。

（4）SolidWorks：三维机械设计、工程、制造和产品数据管理等领域的最佳软件系统。

（5）Vega/MultiGen Creator：Vega 应用于实时视景仿真、声音仿真、虚拟现实及其他可视化领域的世界领先的软件环境。MultiGen Creator 是一个强有力的、集为一体的套装软件，用来开发诸如大地、海洋、天空等视景仿真数据库，在不同环境中，高效创建最优化、高度逼真的实时三维模型。

其他数据可视引擎/程序/工具包括 Instantatlas，Data Desk，DAVIX，Eye Sys，Ferret Data Visualization And Analysis，GGobi，IBM OpenDX，Style Intelligence，OpenLink，AJAX Toolkit，ParaView，Smile(Software)，StatSoft，Visifire，Prefuse 等。

1.2.4　应用系统设计

图形应用系统是指在计算机系统下，利用图形硬件工具（例如：PC＋图形加速卡，图形工作站）、图形软件工具以及相关的图形技术，开发出的用于实现特定图形处理和分析功能的系统。

不难看出，图形系统是由计算机系统（硬件＋软件）、图形硬件设备和软件工具（语言工具＋软件工具）以及图形应用系统等组成的完整系统。

目前产品化的图形系统非常多，具有代表性的主流产品主要有 3D 游戏（魔兽争霸、大话西游、仙剑奇侠传等）、虚拟战场、飞行模拟舱、汽车模拟驾驶训练系统等。

1.3　坐　标　系　统

图形可视的基础是图形上数据点的坐标及其坐标系统。目前常用的坐标系统是世界坐标系统、本地坐标系统和设备坐标系统等，而常用的坐标形式是数据坐标、标准坐标和设备坐标等。

1.3.1　世界、本地和设备坐标系统

为了实现图形的可视和交互过程,场景中的每一个图形对象通常需要参照不同的参照物,即需要不同坐标系统下的具体表示形式。

世界坐标系统(World Coordinate System,WCS)是指在实现场景中所有图形对象可视和交互的过程中,始终保持不变的坐标系统,即场景中的每一个图形对象,都必须参照 WCS,并且以 WCS 的坐标原点为中心,从而在 WCS 中具有确定的世界坐标。每一个图形对象只能拥有一个 WCS。

本地坐标系统(Local Coordinate System,LCS)是指在 WCS 中,以场景中指定的一个图形对象或者一组图形对象的中心为坐标原点,由用户自行定义的坐标系统,即场景中的图形对象可以随意定义 LCS,而且可以定义多个 LCS。每一个 LCS 必须定义在 WCS 中,每一个图像对象可以拥有相对可变的本地坐标。

设备坐标系统(Screen Coordinate System,SCS)是指场景中所有图形对象在具体的设备上进行可视和交互过程中,所参照的相对固定的设备本身的坐标系统。SCS 通常以设备的左下角为坐标原点,以水平方向为 X_S 轴,以垂直方向为 Y_S 轴,以与 X_S,Y_S 轴所在平面垂直的方向为 Z 轴。

WCS 是图形可视场景中唯一固定不变的坐标系统,其原点和坐标轴方向不允许改变;LCS 则由用户定义,其原点和坐标轴方向可以按照用户的要求随意改变;而 SCS 原则上不变,同时也可以根据设备的分辨率自行调整。WCS 最终需要变换到 SCS。

坐标系统决定着图形如何可视以及在设备上可视的具体位置。用户可以选用三种坐标系统的一种作为默认坐标系统,也可以在应用系统中同时使用多种坐标系统。

WCS,LCS 和 SCS 的示意图如图 1.16 所示。

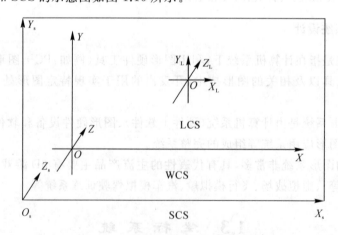

图 1.16　WCS,LCS 和 SCS 的示意图

1.3.2　数据、标准和设备坐标

图形对象在指定的坐标系统下,需要拥有具体的坐标数据来实现图形可视。

数据坐标是指图形本身的数据。数据坐标通常是坐标系统的默认坐标。

例如:三角形的顶点坐标(数据坐标)为(160,66)、(560,66)和(260,360)。

标准坐标是指把数据坐标的数据范围变换到[0,1]。

例如:已知图形在世界坐标系中的数据范围为$[0,D_x]$,$[0,D_y]$和$[0,D_z]$,图形中点的数据坐标为(x_d,y_d,z_d),则标准坐标(x_n,y_n)定义如下:

$$x_n = \frac{x_d}{D_x}; \quad y_n = \frac{y_d}{D_y}; \quad z_n = \frac{z_d}{D_z}$$

设备坐标是指定图形在设备上可视时的实际坐标。设备坐标是整数,范围从设备的左下角(0,0)到右上角(S_x-1,S_y-1)。其中S_x和S_y是设备(例如:显示器)的垂直和水平分辨率。

例如:已知图形在世界坐标系中的数据范围为$[0,D_x]$和$[0,D_y]$,显示器的分辨率为$S_x \times S_y$像素,图形中点的数据坐标为(x_d,y_d),则设备坐标(x_s,y_s)定义如下:

$$x_s = \frac{S_x-1}{D_x}x_d; \quad y_s = \frac{S_y-1}{D_y}y_d$$

又如:已知图形在标准坐标系中的数据范围为[0,1]和[0,1],显示器的分辨率为$S_x \times S_y$像素,图形中点的数据坐标为(x_n,y_n),则设备坐标(x_s,y_s)定义如下:

$$x_s = (S_x-1)x_n; \quad y_s = (S_y-1)y_n$$

实现数据坐标、标准坐标和设备坐标之间的相互转换,可以使用如下函数:

DataXyz＝CONVERT_COORD(X [，Y [，Z]]

　　　　　　[，/DATA ｜，/DEVICE ｜，/NORMAL] $

　　　　　　[，/TO_DATA ｜，/TO_DEVICE ｜，/TO_NORMAL] [，/DOUBLE])

其中:/DATA,/DEVICE 和/NORMAL 用于指明 X,Y 和 Z 所用的坐标分别为数据坐标、设备坐标和标准坐标,并且三者只能选一。/DOUBLE 用于说明转换后的数据类型为双精度型,如果 X,Y 和 Z 为双精度型,则转换后的数据类型默认为双精度型;否则默认为浮点型。/TO_DATA,/TO_DEVICE 和/TO_NORMAL 用于指明转换后的坐标分别为数据坐标、设备坐标和标准坐标,并且三者只能选一。

【例1.4】 绘制三个顶点的数据坐标分别为(160,66),(560,66)和(260,360)的三角形,并把顶点的数据坐标转换成标准坐标和设备坐标。程序如下:

```
;——————————————————————————————————————
;Ch01PlotTriangle.pro
;——————————————————————————————————————
PRO Ch01PlotTriangle
    DEVICE,DECOM=1 & ! P.BACKGROUND='FFFFFF'XL & ! P.COLOR='000000'XL
    WINDOW,6,XSIZE=600,YSIZE=400,TITLE=' 三角形 '
    PLOT,[0],/DEVICE,COLOR='FF0000'XL,/NODATA,/ISOTROPIC, $
        XRANGE=[0,600],YRANGE=[0,400]
    x=[60,560,260,60] & y=[66,66,360,66]
    PLOTS,x,y,COLOR='FF0000'XL  &  WAIT,0.1
    Datan=CONVERT_COORD(x,y,/TO_NORMAL)
    Datas=CONVERT_COORD(x,y,/TO_DEVICE)
    x=STRTRIM(STRING(x),2)  &  y=STRTRIM(STRING(y),2)
```

```
        Sn＝STRTRIM(STRING(Datan),2)    &  Ss＝STRTRIM(STRING(FIX(Datas)),2)
    DataInfo＝[ $
        '数据坐标:', $
            '('+x[0]+','+y[0]+'),('+x[1]+','+y[1]+'),('+x[1]+','+y[1]+')', $
        '标准坐标:', $
            '('+Sn[0,0]+','+Sn[1,0]+','+Sn[2,0]+')', $
            '('+Sn[0,1]+','+Sn[1,1]+','+Sn[2,1]+')', $
            '('+Sn[0,2]+','+Sn[1,2]+','+Sn[2,2]+')', $
        '设备坐标:', $
            '('+Ss[0,0]+','+Ss[1,0]+','+Ss[2,0]+')', $
            '('+Ss[0,1]+','+Ss[1,1]+','+Ss[2,1]+')', $
            '('+Ss[0,2]+','+Ss[1,2]+','+Ss[2,2]+')']
    Yn＝DIALOG_MESSAGE(DataInfo,TITLE＝'坐标信息',/INFO)
END
;————————————————————————————————————————————————————
```

程序运行结果如图 1.17 和图 1.18 所示。

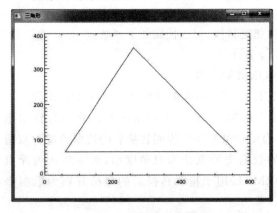

图 1.17　三角形可视结果

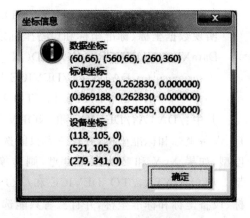

图 1.18　坐标信息

技巧 1:如果需要实现笛卡儿坐标、极坐标、柱面坐标和球面坐标之间的相互转换,可以使用函数 DataXyz＝CV_COORD()。

技巧 2:系统结构变量!D(只读)给出图形设备的属性;!P(读写)给出图形可视的基本属性。!X,!Y,!Z(读写)给出 X,Y,Z 轴的属性。

1.4　显　示　模　式

图形需要在选定的颜色空间中,使用设定的显示模式,在指定的图形设备上进行可视。其内容通常包括选定颜色空间、设置显示模式、指定图形设备、实施图形可视等。

1.4.1　颜色空间

常用的颜色空间包括 RGB 空间、CMYK(CMY)空间和 Lab 空间等。

1. RGB 空间

RGB 空间(原色空间)是指使用红(Red)、绿(Green)、蓝(Blue)三种颜色通过叠加合成,从而最终生成基本图元(点)的颜色的颜色空间(即:加色空间)。

RGB 空间是最佳的显示颜色空间,可以合成 16 777 216(256 * 256 * 256)种颜色,因此几乎是所有图像处理软件的默认颜色空间。

RGB 空间的颜色值:R(R=255,G=0,B=0),G(R=0,G=255,B=0)和 B(R=0,G=0,B=255)。其中 B 的实际颜料原色为 R=53,G=60 和 B=145。如图 1.19 所示。

2. CMYK 模式

CMYK 空间(印刷空间)是使用青色(Cyan)、洋红色(Magental)、黄色(Yellow)、黑色(Black)通过叠加合成,从而生成基本图元(点)的颜色的颜色空间(即:减色空间)。

CMYK 空间是最佳的打印颜色空间。因为 CMYK 空间是颜料色定义空间,对四色印刷的分色既方便又保色,而且还原性好。尽管如此,编辑时通常采用 RGB 空间,在印刷时再转换到 CMYK 空间。由于 RGB 空间提供的部分色彩在颜料色中不存在,因此把 RGB 空间转换为 CMYK 空间时,会损失部分比较鲜艳的色彩。

CMYK 空间的颜色值:C(R=0,G=255,B=255),M(R=255,G=0,B=255),Y(R=255,G=255,B=0)和 K(R=0,G=0,B=0)。如图 1.20 所示。

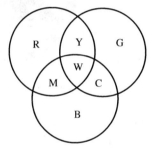 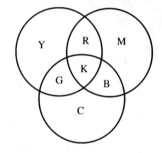

图 1.19　RGB 模式颜色值　　　　　图 1.20　CMYK 模式颜色值

RGB 空间和 CMYK 空间之间的变换公式如下:

$$R=(255-C)\times(255-K)/255$$
$$G=(255-M)\times(255-K)/255$$
$$B=(255-Y)\times(255-K)/255$$

3. Lab 空间

Lab 空间是国际照明委员会(Commission Internationale de L'Eclairage,CIE)于 1976 年公布的颜色空间。Lab 空间理论上包括了人眼可见的所有色彩。

Lab 空间弥补了 RGB 与 CMYK 两种颜色空间的不足,定义的色彩最多,而且与光线及设备无关,Lab 是 Photoshop 实现色彩转换的内部颜色空间。Lab 空间由三色通道组成,通道 L 是明度;通道 a 是从红色到深绿;通道 b 是从蓝色到黄色。通道 a,b 分量的变化范围均是从 -120 到 +120,即

Lab 空间的颜色值:灰色(a=0,b=0),白色(L=100),黑色(L=0);R(L=54,a=81,b=70);G(L=88,a=-79,b=81);B(L=29,a=68,b=-112);C(L=62,a=-31,b=-64);M(L=48,a=83,b=-3);Y(L=94,a=-14,b=100)。如图 1.21 所示。

根据如图 1.22 所示的色域不难看出：Lab 空间最全，其次是 RGB 空间，CMYK 空间最窄，即 Lab＞RGB＞CMYK。同时 Lab 空间转换到 CMYK 空间时颜色丢失最少。因此通常使用 Lab 空间编辑图形，然后转换到 CMYK 空间印刷。

RGB 空间和 Lab 空间之间的变换公式如下：

$$L＝0.2126×R＋0.7152×G＋0.0722×B$$
$$a＝1.4749×(0.2213×R＋0.3390×G＋0.1177×B)＋128$$
$$b＝0.6245×(0.1949×R＋0.6057×G－0.8006×B)＋128$$

4. HSV/HSI/YUV/HSB/HLS/YIQ 空间

HSV/HSI/YUV/HSB/HLS/YIQ 空间也是目前使用较多的颜色空间，其工作原理基本相同，只是在颜色表达时，所侧重的颜色分量不同。这些颜色空间在各自的应用领域均有自身的优点，而且相互之间均可以进行转换。HSV 空间的颜色变化如图 1.23 所示。

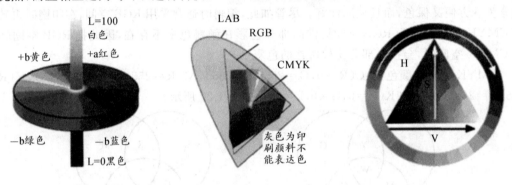

图 1.21　Lab 颜色值　　　图 1.22　RGB/CMYK/Lab 对比　　　图 1.23　HSV 颜色值

HSV 空间：Hue(色相)Saturation(饱和度)、Value(值)。

HSI 空间：Hue(色相)Saturation(饱和度)、Intensity(密度)。

YUV 空间：电视系统颜色空间。电视的三分量信号：亮度 Y、色差 U 和 V。

HSB 空间：Hue(色调)、Saturation(饱和度)、Brightness(亮度)。

HLS 空间：Hue(色调)、Luminance(亮度)、Saturation(饱和度)。

YIQ 空间：NTSC 电视系统颜色空间。Y 分量是图像的亮度信息，I，Q 分量是颜色信息(I 是从橙色到青色的颜色变化，Q 是从紫色到黄绿色的颜色变化)。

部分颜色空间之间的转换公式如下：

RGB 空间和 HSV 空间之间的变换公式：

$$H＝\begin{cases}\arccos\left(\dfrac{2R－G－B}{2\sqrt{(R－G)^2＋(R－B)(G－B)}}\right) & B\leqslant G \\[4mm] 2\pi－\arccos\left(\dfrac{2R－G－B}{2\sqrt{(R－G)^2＋(R－B)(G－B)}}\right) & B＞G\end{cases}$$

$$S＝\frac{Max(R,G,B)－Min(R,G,B)}{Max(R,G,B)}$$

$$V＝\frac{Max(R,G,B)}{255}$$

RGB 空间和 HSI 空间之间的变换公式如下：

$$H = \begin{cases} \arccos\left(\dfrac{2R-G-B}{2\sqrt{(R-G)^2+(R-B)(G-B)}}\right) & R\neq G \quad 或者 \quad R\neq B \\[3mm] 2\pi-\arccos\left(\dfrac{2R-G-B}{2\sqrt{(R-G)^2+(R-B)(G-B)}}\right) & B>G \end{cases}$$

$$S = 1 - \frac{3}{R+G+B}\text{Min}(R,G,B)$$

$$I = (R+G+B)/3$$

RGB 空间和 YUV 空间之间的变换公式如下:

$$Y = 0.257\times R + 0.504\times G + 0.098\times B + 16$$

$$V = 0.439\times R - 0.368\times G - 0.071\times B + 128$$

$$U = -0.148\times R - 0.291\times G + 0.439\times B + 128$$

$$B = 1.164\times(Y-16) + 2.018\times(U-128)$$

$$G = 1.164\times(Y-16) - 0.813\times(V-128) - 0.391\times(U-128)$$

$$R = 1.164\times(Y-16) + 1.596\times(V-128)$$

综上所述,不同的颜色空间各有所长,在使用时通常以实际需求为准则。本书使用 RGB 颜色空间。颜色空间的颜色色度图和色谱图分别如图 1.24 和图 1.25 所示。

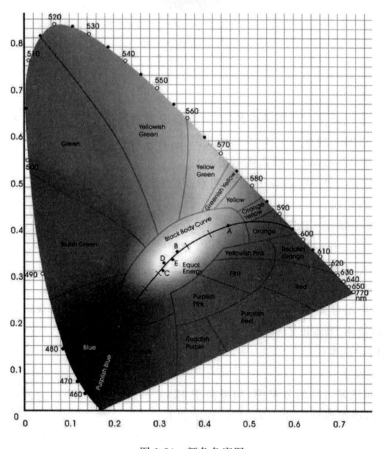

图 1.24　颜色色度图

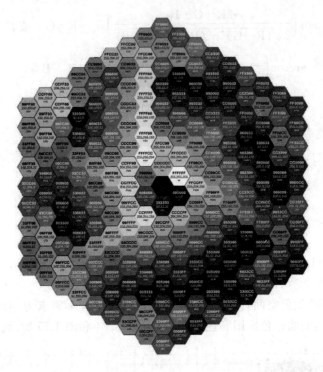

图 1.25　颜色色谱图

1.4.2　图形设备

图形可视需要选择相应的图形设备,而且需要设置图形设备的属性。常用的图形设备主要包括显示器、打印机、内存(Z - Buffer)和文件等,其代码和名称主要包括:

WIN:显示器(Windows 的默认图形设备)。

X:显示器(Unix / X Window 的默认图形设备)。

PRINTER:打印机。

Z:内存(Z 缓冲器,Z - Buffer)。

PS:文件(PostScript 格式文件)。

CGM:文件(计算机图元文件,用于图形信息交流的 CGM 标准文件)。

METAFILE:文件(Windows 增强图元文件,WMF)。

设置或者切换图形设备可以使用 SET_PLOT(默认设备是 WIN),获取或者设置图形设备的属性则可以使用 DEVICE,即

SET_PLOT,'设备代码'

DEVICE,关键字

【例 1.5】　测试显示器的分辨率,如果高于 1280×900,则输出当前分辨率;否则输出"显示器分辨率太低,请调整到 1280×900!"。程序如下:

```
;-----------------------------------------------------------
; Ch01TestScreen.pro
;-----------------------------------------------------------
```

```
PRO Ch01TestScreen
    DEVICE,GET_SCREEN_SIZE=SSize
    IF SSize[0] GE 1280 && SSize[1] GE 900 THEN BEGIN
        Yn=DIALOG_MESSAGE(' 显示器分辨率:'+ $
            STRING(SSize[0])+' * '+STRING(SSize[1]),/I)
    ENDIF   ELSE   BEGIN
        Yn=DIALOG_MESSAGE(' 显示器分辨率太低,请调整到 1280 * 900',/I)
    ENDELSE
END
;——————————————————————————————
```

【例 1.6】　建立 PostScript 文件 FiveStar.ps 绘制五角星(星的中心到顶点距离为 30),并恢复原始设备。程序如下:

```
;——————————————————————————————
; Ch01PlotFiveStar.pro
;——————————————————————————————
PRO Ch01PlotFiveStar
    OriDevice=! D.NAME   ;获取当前设备,存入变量 OriDevice
    SET_PLOT,'PS'        ;设置当前设备为 PostScript
    DEVICE,FILENAME='FiveStar.ps',/LANDSCAPE ;建立文件 FiveStar.ps
    Vx=INTARR(6) & Vy=INTARR(6) & i=0
    FOR Theta=0D,2 * ! PI,2 * ! PI/5 DO BEGIN   ;绘制五角星
        Vx[i]=30 * COS(Theta) & Vy[i]=30 * SIN(Theta) & i++
    ENDFOR
    PLOT,[Vx[0],Vx[2],Vx[4],Vx[1],Vx[3],Vx[5]], $
        [Vy[0],Vy[2],Vy[4],Vy[1],Vy[3],Vy[5]]
    DEVICE,/CLOSE        ;关闭文件 FiveStar.ps
    SET_PLOT,OriDevice   ;恢复原始设备 OriDevice
END
;——————————————————————————————
```

技巧:预览和打印 PostScript 文件,可以使用软件 Gsview 和 Ghostview,在本书的配套资料中可以找到,也可以到该软件的公司网站上下载。

【例 1.7】　建立文本格式的计算机图元文件 Rectangle.Cgm(CGM,可以通过记事本打开浏览),绘制对角顶点为(36,16)和(66,56)的长方形,并恢复原始设备。程序如下:

```
;——————————————————————————————
; Ch01GenCgm.pro
;——————————————————————————————
PRO Ch01GenCgm
    OriDevice=! D.NAME    ;获取当前设备,存入变量 OriDevice
    SET_PLOT,'CGM'        ;设置当前设备为计算机图元文件
    ;建立文本文件 Rectangle.Cgm,也可以建立标准或者 NCAR 二进制文件
    DEVICE,FILENAME='Rectangle.Cgm',/TEXT   ;/BINARY   ;/NCAR
    Vx=[36,66,66,36,36] & Vy=[16,16,56,56,16]
```

```
    PLOT,Vx,Vy    ;绘制长方形
    DEVICE,/CLOSE        ;关闭文件 Rectangle.Cgm
    SET_PLOT,OriDevice    ;恢复原始设备 OriDevice
END
```
;——————————————————————————————————————

技巧：可以利用关键字/TEXT,/BINARY 和/NCAR 分别建立文本格式、二进制格式和
NCAR 二进制格式的文件。

【例 1.8】　建立 Windows 增强图元文件 Rectangle.emf（WMF，可以用 ACDSee 等图像工
具打开浏览），绘制对角顶点为（36,16）和（66,56）的长方形，并恢复原始设备。程序如下：

;——————————————————————————————————————
; Ch01GenEmf.pro
;——————————————————————————————————————
```
PRO Ch01GenEmf
    OriDevice=! D.NAME    ;获取当前设备,存入变量 OriDevice
    SET_PLOT,'METAFILE'        ;设置当前设备为计算机图元文件
    ;建立文本文件 Rectangle.Cgm,也可以建立标准或者 NCAR 二进制文件
    DEVICE,FILENAME='Rectangle.emf'
    Vx=[36,66,66,36,36] & Vy=[16,16,56,56,16]
    PLOT,Vx,Vy  ;绘制长方形
    DEVICE,/CLOSE        ;关闭文件 Rectangle.Cgm
    SET_PLOT,OriDevice    ;恢复原始设备 OriDevice
END
```
;——————————————————————————————————————

1.4.3　显示模式

在图形可视的过程中，根据不同的图形设备，可以选择不同的显示模式。目前常用的显示
模式是真彩模式（24 位模式）和伪彩模式（8 位模式）。

1. 真彩模式

真彩模式是指用红（R）、绿（G）、蓝（B）三种颜色合成的 16 777 216（256×256×256）种颜
色来进行图形可视的显示模式。

在真彩模式下，存储宽和高分别是 W 和 H 的可视对象时，通常使用三维数组 GData(3,
W,H)，即 GData(0,W,H)、GData(1,W,H)和 GData(2,W,H)分别存储可视对象的红（R）、
绿（G）、蓝（B）颜色通道，因此，可以在图形设备中直接可视。因为像素点 GData(i,j,k)的可视
颜色是 GData(0,j,k)、GData(1,j,k)和 GData(2,j,k)的合成色，所以存储一个 GData(i,j,k)
需要 3 个字节（3×8 位=24 位），因此真彩模式也称为 24 位模式。

设置真彩模式，可以使用：

DEVICE,DECOMPOSED=1

2. 伪彩模式

伪彩模式是指用 256 种颜色来进行图形可视的显示模式。

在伪彩模式下，存储宽和高分别是 W 和 H 的可视对象时，通常使用二维数组 GData(W,
H)，具体存储方法有两种：一是仅存储每一个像素的索引值，不存储相应的颜色表，可视时利

用系统的默认颜色表。二是既存储每一个像素的索引值,又存储相应的颜色表,可视时利用自带的颜色表。即:在存储伪彩对象时,不但需要存储每一个像素的索引值,而且需要存储相应的颜色表。因为像素点 GData(i,j) 的值不是颜色值,而是颜色索引值,所以存储一个 GData(i,j) 仅需要 1 个字节(8 位),因此伪彩模式也称为 8 位模式。显然,仅使用像素点 GData(i,j) 的值,不能在图形设备中直接可视。

不难看出,在伪彩模式下,显示每一个可视对象时,不但需要像素的索引值,而且需要相应的颜色表(亦称调色板),而颜色表由索引表和颜色列表组成。可视对象的每一个像素分别对应索引表中的一个索引值(0~255),根据该索引值再在颜色列表中找到一组相应的颜色,最后利用这一组颜色的合成色显示该像素。

因此,对于一个索引值,利用不同的颜色表,可以显示出不同的颜色。

伪彩模式及其颜色表的示意图见图 1.26。

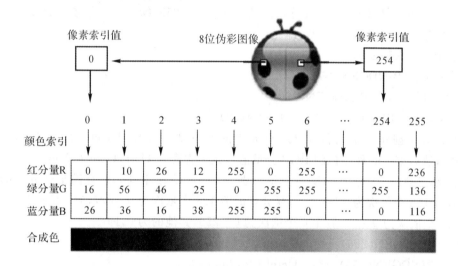

图 1.26　伪彩模式及其颜色表

如果需要在伪彩模式下显示真彩模式下的可视对象,则需要把真彩模式下的红、绿、蓝分量转换为伪彩模式下的索引值和颜色表。

索引值 $Index_{ij}$ 的计算方法如下:

$$Index_{ij} = 0.299 \times R_{ij} + 0.587 \times G_{ij} + 0.114 \times B_{ij}$$

其中:$Index_{ij} \in \{0, 1, \cdots, 255\}$ 为像素点在伪彩模式下的索引值;R_{ij}, G_{ij}, B_{ij} 分别为像素点在真彩模式下的红、绿、蓝颜色分量值。

索引值 $Index$ 和颜色通道(RChannel, GChannel, BChannel)的计算方法如下:

$$Index = COLOR\_QUAN(GData, 1, RChannel, GChannel, BChannel)$$
$$Index = COLOR\_QUAN(GDataR, GDataG, GDataB, RChannel, GChannel, BChannel)$$

其中:GDataR, GDataG, GDataB 分别为可视对象在真彩模式下的红、绿、蓝颜色分量值(二维数组);GData 是 GDataR, GDataG 和 GDataB 组成的三维数组。

设置伪彩模式,可以使用:

DEVICE, DECOMPOSED = 0

1.4.4 颜色表

颜色表(Color Table,CT)是指在伪彩模式下创建一个可视对象时,所使用的颜色列表。颜色表由索引表和颜色列表组成(见图1.25)。其中索引值的范围为0~255。

颜色表通常使用3行256列(3×256)的字节型二维数组或者使用均包含256个元素的3个字节型一维数组表示。

颜色表的基本操作包括创建颜色表、保存颜色表、装入颜色表和修改颜色表。

1. 创建颜色表

根据颜色表的结构,创建颜色表可以使用以下两种方法:

方法1:首先创建一个3行256列的字节型二维数组Uct(256,3),然后把256种颜色的RGB分量值依次存入Uct的各列。

例如:创建颜色表Uct,使得红分量的值依次为0~255,绿分量的值依次为255~0,蓝分量的值依次为128~255和0~127,即

Uct=BYTARR(256,3)

Uct[*,0]=BINDGEN(256)

Uct[*,1]=255-BINDGEN(256)

Uct[*,2]=(BINDGEN(256)+128) MOD 256

方法2:首先创建3个均包含256个元素的字节型一维数组Uctr(256),Uctg(256)和Uctb(256),然后把256种颜色的RGB分量值分别一次存入Uctr,Uctg和Uctb。

例如:创建颜色表,其RGB颜色分量分别为Uctr,Uctg和Uctb,且满足红分量的前128个均为0,后128个依次为128~255;绿分量的前128个依次为0~127,后128个均为0;蓝分量的前100个依次为0~99,后100个依次为0~255,其他的为0,即

Uctr=BINDGEN(256)   &   Uctr[0:127]=0

Uctg=BINDGEN(256)   &   Uctg[128:255]=0

Uctb=BINDGEN(256)   &   Uctb[100:155]=0

2. 保存颜色表

对于已经建立的颜色表,需要给予保存,以备将来使用。保存颜色表可以使用SAVE。

例如:把已经建立的Uct和(Uctr,Uctg,Uctb),分别存入颜色表文件Uct.ctf和UctRgb.ctf,即

SAVE, Uct, FileName='Uct.ctf'

SAVE, Uctr, Uctg, Uctb, FileName='UctRgb.ctf'

3. 装入颜色表

在数据可视时,既可以使用数据可视工具提供的系统颜色表,也可以使用用户建立的用户颜色表。

对于系统颜色表,则可以直接使用系统提供的装入工具,装入系统颜色表。

例如:在IDL中,系统提供了41种颜色表,其代码依次为0~40。装入颜色表的工具是LOADCT。装入第32号颜色表的方法如下:

LOADCT, 32

若需要以交互的方式装入系统颜色表,则可以使用XLOADCT和XPALETTE。

对于用户颜色表,则需要先恢复用户颜色表文件,然后再使用系统提供的装入工具进行装入。

例如:装入用户颜色表文件 Uct.ctf 和 UctRgb.ctf 中的颜色表,则首先需要使用 RESTORE 恢复用户颜色表,然后使用 TVLCT 装入用户颜色表,即

RESTORE, FileName='Uct.ctf'　;或者使用 RESTORE, 'Uct.ctf'

TVLCT, Uct

RESTORE, FileName='UctRgb.ctf'　;或者使用 RESTORE, 'UctRgb.ctf'

TVLCT, Uctr, Uctg, Uctb

4. 修改颜色表

在修改用户颜色表时,则需要先恢复用户颜色表文件中的颜色表,然后直接对颜色表数组进行修改。

例如:修改用户颜色表文件 Uct.ctf 中的颜色表,把索引值为 166 的颜色改为红色,即

RESTORE, FileName='Uct.ctf'

Uct[166, *]=[255,0,0]

对于系统颜色表,则可以使用以下两种方法进行修改:

方法 1:首先使用 LOADCT 装入系统颜色表,然后使用带关键字/GET 的 TVLCT 获取当前颜色表到指定数组,最后对颜色表数组进行修改。

例如:把系统的第 20 号颜色表存入二维数组 Tct 中,并把索引值为 66 的颜色改为绿色,即

LOADCT, 20　&　TVLCT, Tct, /GET

Tct[66, *]=[0, 255, 0]

或者

TVLCT, Tctr, Tctg, Tctb, /GET

Tctr[66]=0　&　Tctg[66]=255　&　Tctb[66]=0

方法 2:首先使用 LOADCT 装入系统颜色表,然后使用 MODIFYCT 修改当前颜色表。

例如:首先装入系统的第 26 号颜色表,然后使用 UctRgb.ctf 中的颜色表 Uctr,Uctg 和 Uctb,修改当前的颜色表,并把当前颜色表的名称改为 UctRgb,即

LOADCT, 26　&　RESTORE, FileName='UctRgb.ctf'

MODIFYCT,26, 'UctRgb', Uctr, Uctg, Uctb

提示:分析系统颜色表的颜色分布和详细统计信息,参考程序 Ch10SeeColorTable.pro。

1.4.5　窗口

窗口是数据可视的基础,因此在数据可视的过程中,需要建立窗口和激活窗口,必要时需要隐藏和显示窗口,对于无用的窗口,则需要及时删除。

1. 建立窗口

窗口通常拥有标题、位置、大小、编号和背景颜色等属性,因此在创建窗口之前,必须首先确定窗口的基本属性。建立窗口可以使用 WINDOW,即

WINDOW [,WIndex][, /FREE][, /PIXMAP][, RETAIN=0 | 1 | 2]　$

[，TITLE＝String][，XPOS＝Vx][，YPOS＝Hy][，XSIZE＝Sx][，YSIZE＝Sy]

其中：WIndex 为窗口的索引号，每个图形窗口有唯一的索引号，0～31 号为用户定义的索引号，32～127 号为带 FREE 的 WINDOW 自动创建，当前窗口的索引号存放在系统变量！D. WINDOW 中。RETAIN 用于设置备份模式，即刷新窗口时，其内容是否备份，0 不备份，1 由操作系统备份，2 由 IDL 系统备份，如果窗口内容需要重新显示，则需要备份。TITLE 用于设置窗口标题。XPOS，YPOS，XSIZE，YSIZE 分别用于设置窗口的位置和大小。PIXMAP 用于创建存在于内存中的不可见的位图映射窗口，即位图映射窗口仅存在于内存中，对用户不可见。位图映射窗口在创建动画显示时很有用(详见第 9 章)。

例如：创建标题是"数据可视"，位置在(26,16)，大小为 800×600，索引号是 6 的窗口，即

WINDOW，6，TITLE＝' 数据可视 '，XPOS＝26，YPOS＝16，XSIZE＝800，YSIZE＝600

2. 激活窗口和内容清除

如果可视对象需要显示在指定窗口 Win 中，则在显示时，必须激活 Win，使其成为当前窗口。当前窗口的索引号总是存入！D.Window，无窗口打开时，其值为−1。

激活窗口可以使用 WSET。

例如，激活索引号是 6 的窗口：

WSET，6

对于激活的窗口，通常需要把窗口中内容清除干净，清除内容可以使用 ERASE，即

ERASE [，BgColor] | [，COLOR＝ BgColor]

其中：BgColor 用于指定背景颜色，在真彩模式下，取值范围为 0～16 777 215，或者十六进制的 0～'FFFFFF'XL；在伪彩模式下，取值范围为 0～255(颜色索引)。

默认使用！P.BACKGROUND 指定的背景颜色擦除当前窗口的内容。

例如，在真彩模式下，用绿色(65280 或者'00FF00'XL)擦除当前窗口的内容：

DEVICE，DECOMPOSED ＝ 1

ERASE，65280 　　 或者 　　 ERASE，COLOR＝'00FF00'XL

例如，在伪彩模式下，用 6 号颜色表的第 166 个颜色擦除当前窗口的内容：

DEVICE，DECOMPOSED ＝0 　 & 　 LOADCT，6

ERASE，166 　　　 或者 　　 ERASE，COLOR＝166

3. 显示和隐藏窗口

在打开多个窗口的情况下，通常希望把不同的窗口分别动态地进行隐藏、显示或者最小化。WSHOW 可以实现相应的功能，即

WSHOW [，Windex [，0 | 1]] [，/ICONIC]

WSHOW 不改变当前窗口，即只是把窗口显示在最前面，并不能把窗口变为当前窗口。

例如，把索引号为 6 的窗口显示在所有窗口的最前面，然后最小化，接下来进行隐藏，最后显示在最前面，并变为当前窗口，时间间隔均为 2 s：

WSHOW ，6 　 & 　 WAIT，2

WSHOW ，6，/ICONIC 　 & 　 WAIT，2

WSHOW ，6，0 　 & 　 WAIT，2

WSHOW ，6，1 　 & 　 WSET，6

4. 删除窗口

无用窗口一定要及时删除,否则会占用内存空间,影响数据可视的性能。删除窗口可以使用 WDELETE。

例如,删除索引号为 6 的窗口:

WDELETE, 6

例如,删除打开的所有窗口:

WHILE ! D.Window NE − 1 DO WDELETE, ! D.Window

综上所述,数据可视的步骤:选择图形设备 → 确定坐标系统 → 创建窗口 → 设置显示模式 → 装入颜色表 → 建立数据模型 → 数据可视 → 删除不可视对象。

【例 1.9】　使用大小为 500×200,标题是"颜色表演示",而且居中的窗口动态显示数据 DIST(500,200),要求依次使用用户颜色表 Uct.ctf,Uct.Rgb.ctf 和系统的 41 种颜色表,时间间隔均为 1s。程序如下:

```
;—————————————————————————————
; Ch01SysColorTableDemo.pro
;—————————————————————————————
PRO Ch01SysColorTableDemo
    SET_PLOT,'WIN'              ;设置当前设备为显示器
    DEVICE,DECOMPOSED = 0       ;使用伪彩模式
    DEVICE,GET_SCREEN_SIZE=SSize ;获取显示器分辨率
    WINDOW,6,TITLE=' 颜色表演示 ',XSIZE=500,YSIZE=300, $
        XPOS=(SSize[0]- 500)/2,YPOS=(SSize[1]- 300)/2
    IF ~FILE_TEST('Uct.ctf') THEN BEGIN
        Uct=BYTARR(256,3)  &  Uct[ * ,0]=BINDGEN(256)
        Uct[ * ,1]=255 - BINDGEN(256)
        Uct[ * ,2]=(BINDGEN(256)+128) MOD 256
        SAVE, Uct, FileName='Uct.ctf'
    ENDIF
    IF ~FILE_TEST('UctRgb.ctf') THEN BEGIN
        Uctr=BINDGEN(256)  &  Uctr[0:127]=0
        Uctg=BINDGEN(256)  &  Uctg[128:255]=0
        Uctb=BINDGEN(256)  &  Uctb[100:155]=0
        SAVE, Uctr, Uctg, Uctb, FileName='UctRgb.ctf'
    ENDIF
    RESTORE,FILENAME='Uct.ctf'  &  RESTORE,FILENAME='UctRgb.ctf'
    TVLCT,Uct  &  TV, DIST(500,300)  &  WAIT,1
    TVLCT,Uctr,Uctg,Uctb  &  TV, DIST(500,300)  &  WAIT,1
    FOR i=0,40 DO BEGIN
    LOADCT,i,/SILENT  &  TV, DIST(500,300)  &  WAIT,1
    ENDFOR
    WDELETE,6
END
;—————————————————————————————
```

程序运行结果如图 1.27 所示。

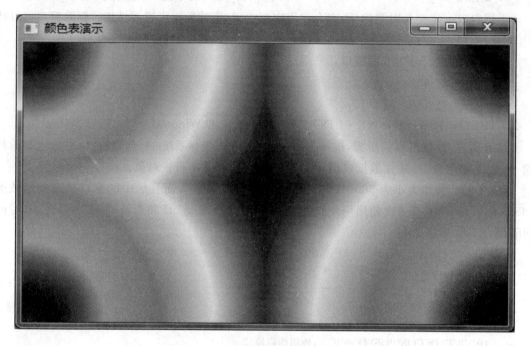

图 1.27　颜色表演示

1.5　数据可视技术应用

目前数据可视技术已经广泛、成功地应用于多个领域,随着人类活动范围的不断扩大,其应用范围也必将随之不断扩大。其主要应用领域包括计算机辅助工程/设计/制造、航空航天航海、生物医学工程、通信工程、工业农业、军事公安、文化艺术、气象预报、影视娱乐、多媒体技术、测试技术、信号处理、天文和地球科学等。

1. 计算机动画

计算机动画(Computer Animation)是利用计算机生成一系列可供实时演播的画面的技术。用于 2D(3D)动画、游戏和影视制作,通过对虚拟摄像机、光源以及物体运动和变化的描述,逼真地模拟客观世界中真实或者虚构的 2D(3D)场景随时间演变的过程。关键技术是实体的建模与显示、动画控制方法、动画控制设施和动画控制的层次结构等。

2. 计算机辅助设计与制造

计算机辅助工程、设计与制造(Computer Aided Engineering/Design/Manufacturing, CAE/CAD/CAM)是图形与数据可视技术最早、最重要、最活跃的应用领域。该技术使传统的工程设计与产品制造发生了巨大变化,通过人机交互式图形系统可以将人的直观感觉和判断能力与图形系统十分有效地结合起来,更好地发挥人的智慧和计算机的特长,显著提高设计质量,缩短设计周期,减少差错,降低成本,有效地提高设计与制造的效率。

海上乐园和乡间庭院的计算机辅助设计结果如图 1.28 和图 1.29 所示。

图 1.28　海上乐园

图 1.29　乡间庭院

3. 地理信息系统

地理信息系统（Geographic Information System，GIS）是用来获取、储存、管理、分析和显示空间数据及空间实体属性数据的信息系统。图形技术在 GIS 中得到了成功应用。

4. 计算机绘图

图形、图表和模型图等的绘制是图形与数据可视技术应用的重要方面。很多图形软件专门用于图形或者图表的生成。2D(3D)直方图、线条、表面、扇形、百分比图和分布关系图等用于显示形体之间或者参数之间的关系，进而表达数据的动态性质。

5. 科学计算可视

科学计算可视是图形技术的典型应用领域。科学计算的结果通常不易验证和理解。科学计算可视可以用体绘制技术把空间数据场显示在屏幕上，以便直观、灵活地进行观察、模拟、计算和分析。

6. 计算机模拟与仿真

模拟和仿真是人类了解世界的手段，创造世界的方式。基本思想是化繁为简，变梦想为现实，利用计算机模拟指定系统的效应和过程，即把物理现象通过模拟进行模型化，然后把模型以图形的形式进行可视，进而研究物理现象。

7. 计算机过程控制

计算机过程控制是用计算机系统实现生产过程的在线监视、操作指导、控制和管理的技术。计算机把实时测试体和传感器等采集的信号，加工处理成图形图像，显示在屏幕上。通过清晰明了可视对象，观察审视操作过程中各个环节的状态情况，操作简单、安全、方便、高效。其应用广泛（产品设计、数控加工、石油化工、金属冶炼、矿井监控、交通运输等）。

8. 气象预报

气象预报关系到人类生活、国民经济和国家安全。灾害天气的预报和预防将会大大减少财产损失。气象预报的准确性依赖于对大量数据计算结果的分析。

可视技术可以把大量气象数据转换为图形图像，显示出指定时刻的等压面、等温面、旋涡、云层的位置及运动、暴雨区的位置及其强度、风力的大小及方向等，使预报人员能对未来天气做出准确的分析和预测。同时根据全球的气象监测数据和计算结果，把不同时期的气温分布、气压分布、雨量分布及风力风向等以图像形式表示出来，从而对全球的气象情况及其变化趋势进行研究和预测。

美国国家海洋和大气局的气象预报实验室,利用自主研发的三维可视软件 Display 3D,对从气球、地面站、雷达、飞机和卫星等收集来的大量数据进行显示和处理,实时跟踪和评估当地的重要气象情况,及时准确地作出天气预报。我国军事气象部门开发的军用数值天气预报系统,能够高速处理数千个气象台站的气象观测数据,自动滚动制作 10 天以内逐日的军用天气预报、军事气象要素预报和三维可视信息。

9. 计算机辅助教学与自动办公

计算机辅助教学(Computer Aided Instruction,CAI)是利用图形显示设备,有声有色生动地演示各个不同层次的教学内容,使学生使用人机交互手段,进行学习和研究,绘图或者仿真操作,使整个教学过程直观形象,加深理解所学知识,方便自我考核。

办公自动化(Office Automation,OA)是解决特定行政办公类需求的信息系统。办公室烦琐的日常工作以及大量杂乱的文件分类和汇总等,需要加工成不同要求的文字和图表报告。图形可视技术引入 OA,有助于数据关系、决策信息的表达和传输。

10. 计算机艺术

计算机艺术(Computer Art)是科学与艺术相结合的新兴交叉学科。在设计领域,对改变、更新传统的设计思想和方法,提高产品设计质量,缩短设计周期,提高设计的艺术性和科学性,加速产品更新换代,具有重要作用。

11. 生物医学

生物医学的可视应用十分广泛,而且很有成效。计算机辅助手术(Computer Aided Surgery),远程医疗/手术系统,人造肢体设计,病历的检索、统计及治疗方案的可视分析,基于CT、MRI 和 PET 断层序列图像的人体器官或者组织的 3D 重构等技术,使生物医学技术从2D 走向 3D,并且可以从人体外部看到内部,从而准确地确定病变体的空间位置、大小、几何形状以及它与周围生物组织之间的空间关系,最终及时高效地诊断疾病。

美国国家医学图书馆于 1989 年提出了可视化人体计划(Visible Human Project,VHP),并提供世界首例男女尸体的高精度组织切片的光学照片、CT 和 MRI 断层数据集。目前我国共有 10 个具有年龄、地区和性别特征的更高分辨率的人体数据集。VHP 的研究已经进入人体及其组织器官的重建和理解阶段,需要进一步完成人体组织的分割、重建和理解,建立计算机辅助解剖系统和人体漫游、虚拟手术与分析系统等。笔者利用美国首例男女人体计算机断层序列图像成功重建成的人体 3D 结构如图 1.30~图 1.33 所示。

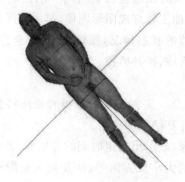

图 1.30 男性 3D 人体结构　　　　　　图 1.31 男性 3D 人体透明结构

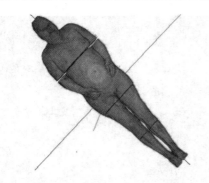

图 1.32　女性 3D 人体结构

图 1.33　女性 3D 人体透明结构

12. 人体造型与动画

人体造型(Human Body Modeling and Animation)是用计算机构造人体模型,有着非常广阔的应用前景。人机工程需要知道人和机器以及周围环境的关系,工业设计需要使生活用品的造型适应人的生理和心理特征,服装设计需要人体作为效果分析对象等。目前国内外学者正在研制人体模拟系统,使历史著名人物和现在人共存于屏幕上。

13. 图形用户界面

介于用户与计算机之间,完成人与计算机通信工作的人机界面(Human Computer Interface,HCI)由软件和硬件组成。HCI 从原始的由指示灯和机械开关组成的操纵板界面,过渡到由终端和键盘组成的字符界面,并进一步发展到基于多种输入设备和光栅图形显示设备的图形用户界面(Graphics User Interface,GUI)。

14. 分形可视

分形(Fractal)可视是根据非线性科学原理,通过计算机数值计算,生成同时具有审美情趣和科学内涵的图形或者动画,并以指定方式向观众演示、播放、展览的图形。分形可视的艺术效果如图 1.34～图 1.37 所示。

图 1.34　分形可视 1

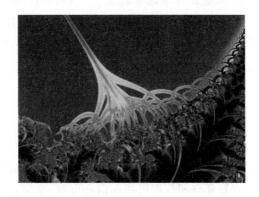

图 1.35　分形可视 2

 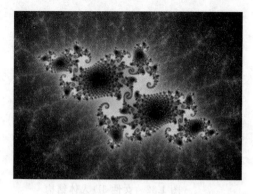

图 1.36　分形可视 3　　　　　　　　　　　　图 1.37　分形可视 4

15. **虚拟现实**

虚拟现实(Virtual Reality,VR)是综合利用图形、仿真、多媒体、人工智能、计算机网络、并行处理和传感等技术,模拟人的视觉、听觉、触觉等感官功能,使人能够沉浸在计算机生成的虚拟境界中,能够通过语言、手势等自然方式与之进行实时交互,并创建一种人性化的多维信息空间的灵境技术,即 VR 是以身临其境的沉浸感(Immersion)、友好亲切的交互性(Interaction)和想象思维的构想性(Imagination)为基本特征的计算机高级人机界面(3I HCI)。其具有广阔的应用前景。

VR 的关键技术是实时动态真实感图形绘制,宽视场,立体显示和立体声效等临场感,快速高精度的三维跟踪技术,手势、姿态、言语和声音的辨识,传感技术等。

16. **图形技术与图像技术的融合**

图形技术研究的是如何从计算机模型出发,把真实或者想象的物体用图形描绘出来。而图像技术则是通过采样和量化直接把场景及其实体转化为由离散的像素点组成的二维平面数据。图形信息最终需要转化为图像信息。尽管二者是数据可视技术的两个经典分支,但是二者却又相互渗透、相互融合。图形图像技术促进了多媒体技术的发展。

综上所述,根据数据可视技术的交互性、多维性和可视性等特点,随着高速计算机、大容量存储器、高速图像加速卡以及 3G 网络的快速发展,数据可视技术的应用前景会更加美好。

数据可视技术的发展方向包括真实感实体的实时绘制、自然景物仿真、可视计算、海量数据图形表示、GUI、影视与娱乐、3D 游戏、计算机艺术、VR、虚拟手术与人体建模等。

习　题

1. 解释图形、计算机图形学和数据可视。

2. 解释图像,简述图形与图像的关系。

3. 解释科学计算可视,简述科学计算可视的研究内容。

4. 解释空间数据可视和信息可视,举例说明其成功应用。

5. 解释 CAE,CAI,CAD CAM,GIS,GPS,GUI,OpenGL,DirectX 和 VRML。

6. 解释计算机动画,简述计算机动画的关键技术。

7. 简述数据可视的主要研究内容。

8. 简述常用的图形设备、图形语言和图形工具。解释图形设备的分辨率及其单位。

9. 什么是图形系统？简述图形系统的组成。给出常用的图形系统。

10. 简述图形技术的软件标准。

11. 简述常用的坐标系统。

12. 简述常用的颜色空间及其变换公式。

13. 解释伪彩模式与真彩模式。简述二者的关系。

14. 使用红（FF0000）、绿（00FF00）、蓝（0000FF）、青（00FFFF）、黄（FFFF00）、紫（FF00FF）、黑（000000）、白（FFFFFF）作为立方体颜色盒的顶点，绘制该颜色盒。

参考程序：Ch01ExeColorCube.pro。

15. 简述窗口的基本操作及其实现方法。

16. 简述数据可视技术的主要应用及其发展方向。谈谈你自己的观点。

第2章 点可视

点(Point)是图形的最小组成单位。多个点组成线段(直线),多条线段组成折线,折线用于逼近曲线,折线(曲线)组成平面,平面用于逼近曲面,多张平面(曲面)组成虚拟物体,因此任何图形最终均是由点组成的。

点分为单像素点和多像素点,多像素点又分为系统符号点和用户符号点。

2.1 单像素点可视

2.1.1 图形的计算机表示

在计算机中,表示带有颜色、线型、粗细和形状信息的图形通常使用点阵法和参数法。

1. 点阵法

点阵法是通过枚举图形中所有的点及其颜色来表示图形的方法。该方法强调的是图形由哪些点构成,以及这些点具有什么颜色,即点阵法是用在伪彩(真彩)模式下指定颜色的点阵来表示图形的一种方法。点阵法是表示图形的最常用方法。

例如,使用点阵法表示点 $P(1,1)$ 到点 $Q(6,6)$ 的单像素黑色线段,即需要使用 6×6 的点阵数组 PointArr(6,6) 的副对角线上的 6 个元素表示线段上的 6 个点,数组元素的值表示该点的颜色。

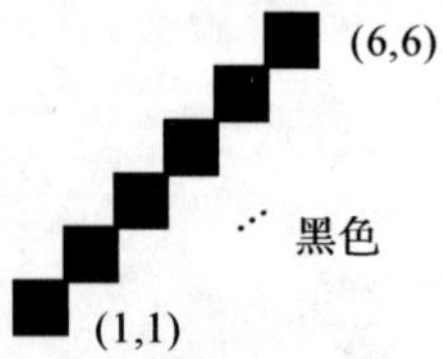

点阵法的示意图如图 2.1 所示。

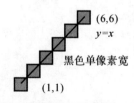

图 2.1 点阵法示意图

2. 参数法

参数法是利用图形的形状参数和属性参数来表示图形的方法。形状参数是指描述图形的方程、分析表达式的系数、线段或者多边形的端点坐标等信息。属性参数则指的是图形的颜色、线型、粗细等信息。参数信息最终需要转换为点阵信息。

例如,使用参数法表示点 $P(1,1)$ 到点 $Q(6,6)$ 的单像素黑色线段,即需要记录方程 $y=x$(或者 $y=t/6, x=t/6, t\in[0,1]$),端点坐标(1,1) 和(6,6),颜色为黑色,线型为实线,线宽为单像素宽。

参数法的示意图如图 2.2 所示,其中灰色方形表示最终转换后的点阵信息。

图 2.2 参数法示意图

2.1.2　单像素点可视

单像素点的可视比较简单。因为单像素点是图形的最小组成单位,所以只需要给出单像素点的具体位置信息,以及该点所具有的颜色,就可以利用指定显示模式下的设定颜色在选定的图形设备中直接进行显示。

【例 2.1】　已知 6 个单像素点的位置信息分别为(40,20),(60,20),(20,40),(80,40),(40,60)和(60,60),要求分别利用红、绿、蓝三种颜色分 3 组依次显示该组点。程序如下:

```
;——————————————————————————————————
;Ch02PlotSinglePixelPoint..pro
;——————————————————————————————————
PRO Ch02PlotSinglePixelPoint
    DEVICE, DECOMPOSED=1 ;设置真彩模式
    ! P.BACKGROUND='FFFFFF'XL  &  ! P.COLOR='000000'XL ;设置黑白前背景
    WINDOW,6,XSIZE=460,YSIZE=360,TITLE=' 单像素点可视 ';创建可视窗口
    PLOT,[0],XRANGE=[0,100],YRANGE=[0,80],/DEVICE,/NODATA,/ISOTROPIC
    PLOTS,40,20,COLOR='0000FF'XL,PSYM=3 ;红色单像素点可视
    PLOTS,60,20,COLOR='0000FF'XL,PSYM=3 ;红色单像素点可视
    PLOTS,20,40,COLOR='00FF00'XL,PSYM=3 ;绿色单像素点可视
    PLOTS,80,40,COLOR='00FF00'XL,PSYM=3 ;绿色单像素点可视
    PLOTS,40,60,COLOR='FF0000'XL,PSYM=3 ;蓝色单像素点可视
    PLOTS,60,60,COLOR='FF0000'XL,PSYM=3 ;蓝色单像素点可视
END
;——————————————————————————————————
```

程序运行结果如图 2.3 所示。

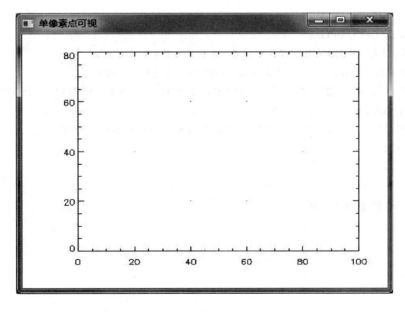

图 2.3　点像素点的可视结果

技巧:如果在可视窗口中不需要坐标轴,则只需要在 PLOT 语句中使用关键字:XSTYLE＝4 和 XSTYLE＝4。如果不需要上边和左边的坐标轴,则关键字的取值为8。

2.2　多像素点可视

针对可视应用的特定需求,通常需要使用由多个像素点构成的特定符号来显示一个数据点,这时就需要首先构造特定的符号,然后利用该特定符号,对数据点进行可视。

特定符号可以来自于图形系统,也可以由用户自行定义。

2.2.1　系统符号点

对于商品化的图形系统,通常均会提供一套用于数据点可视的多像素符号点(例如:○,●,⊙,◎,△,▲,▽,▼,◇,◆,□,■,Ⅰ,＋,＊ 和×等),图形系统本身提供的这套多像素点通常称为系统符号点。

因此,利用系统符号点对数据点进行可视时,一般比较简单,只需要根据数据点的位置、大小和颜色信息直接进行可视。

系统符号点可视的缺点是图形系统提供的符号一般比较少,通常不能满足特定用户对特定符号的特定需求。

【例 2.2】　分别使用系统符号点＋,＊,·,△,◇和□,按照符号大小分别为1,2,3,4,5 和6,利用蓝色对位置信息分别为(50,10)、(100,60)、(150,110)、(200,160)、(250,210)和(300,260)的 6 个点进行可视。程序如下:

```
;————————————————————————————————
;Ch02PLotSysSymbolPoint.pro
;————————————————————————————————
PRO Ch02PLotSysSymbolPoint
    DEVICE, DECOMPOSED＝1
    ! P.BACKGROUND='FFFFFF'XL  &  ! P.COLOR='000000'XL
    WINDOW,6,XSIZE=460,YSIZE=360,TITLE=' 系统符号点可视 '
    PLOT,[0],XRANGE=[0,400],YRANGE=[0,300],/DEVICE,/NODATA,/ISOTROPIC
    FOR i=50D,300,50 DO BEGIN
        PLOTS,i,i-40,COLOR='FF0000'XL,PSYM=i/50,SYMSIZE=i/50
    ENDFOR
END
;————————————————————————————————
```

程序运行结果如图 2.4 所示。

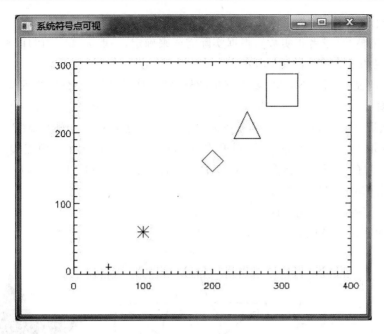

图 2.4　系统符号点可视结果

说明：由于 PSYM＝3 是指单像素点，所以在这种情况下，符号的大小无效。

2.2.2　用户符号点

在实际应用过程中，任何一个功能再完善的图形系统，也不可能提供足够多的多像素符号点供用户使用，因此，对于有特殊需要的用户，就必须创建自己需要的特殊符号。用户自己创建的多像素点通常称为用户符号点。

用户符号点可以是空心符号点，或者实心符号点。对于既有空心部分，又有实心部分的复杂符号，则可以在可视时，使用重复绘制的方法来实现。

1. 空心符号点

空心符号点的具体创建方法是首先构造足够多的用于组成空心符号的边界点，然后利用通过这些边界点的折线逼近空心符号的边界，从而形成空心符号点。

2. 实心符号点

实心符号点的具体创建方法是首先构造足够多的用于组成实心符号的边界点，然后利用通过这些边界点的封闭折线逼近实心符号的边界，最后对封闭边界使用指定的颜色进行填充，从而形成实心符号点。

【例 2.3】　利用下式所示的圆的参数方程，绘制半径为 r 的空（实）心圆。

$$\left.\begin{array}{l} x = r\cos(\alpha) \\ y = r\sin(\alpha) \end{array} \quad \alpha \in [0, 2\pi] \right\} \tag{2.1}$$

具体方法如下：

（1）α 依次取 $0, 2\pi/n, \cdots, 2i\pi/n, \cdots, 2\pi (i = 0, \cdots, n)$。

（2）根据式（2.1）计算出圆的逼近边界点 $(x_i, y_i)(i = 0, \cdots, n)$。

（3）绘制由 $(x_i, y_i)(i = 0, \cdots, n)$ 构成的封闭折线。

（4）使用预定的颜色填充封闭折线。

其中：n 为正整数（或者正实数），根据实际需要来确定，一般 n（默认 16）取整数。

符号圆可视的示意图如图 2.5 所示。

【例 2.4】 绘制空（实）心五星，要求五星的外接圆和内接圆半径分别为 R 和 r。

具体方法如下：

（1）α 依次取 $2i\pi/5(i=0,\cdots,4)$，根据式（2.1）计算出五星的 5 个外角点 P_i。

（2）α 依次取 $2j\pi/5(j=1,\cdots,5)$，根据式（2.1）计算出五星的 5 个内角点 Q_j。

（3）构造五星的逼近边界点集合 $Cp=\{P_0,Q_1,P_1,Q_2,P_2,Q_3,P_3,Q_4,P_4,Q_5\}$。

（4）绘制由 Cp 构成的封闭折线。

（5）使用预定的颜色填充封闭折线。

符号五星可视的示意图如图 2.6 和图 2.7 所示。

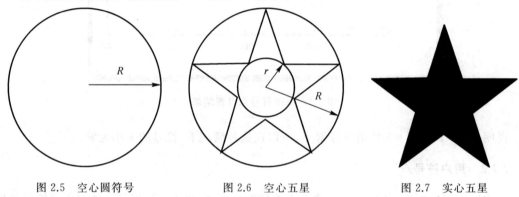

图 2.5　空心圆符号　　　　图 2.6　空心五星　　　　图 2.7　实心五星

【例 2.5】 利用蓝色在位置信息分别为(100,100),(300,100),(200,150),(100,200)和 (300,200)的 5 个点，按照如图 2.8 所示的用户符号点进行可视。

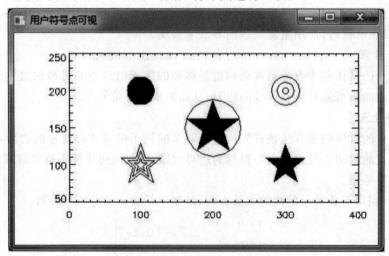

图 2.8　用户符号点可视结果

分析：不难看出，图 2.8 中的用户符号点可以看做圆和五星这两个基本用户符号点及其组合。因此，首先利用例 2.3 的方法绘制半径为 1 的单位圆；利用例 2.4 的方法绘制内外接圆半径分别为 2.5 和 1 的五星,然后,通过改变符号圆和五星的大小来进一步构造图 2.8 中的用户符号点。

程序如下:

```
;————————————————————————————————————————————————
;Ch02PLotUserSymbolPoint.pro
;————————————————————————————————————————————————
PRO Ch02PLotUserSymbolPoint
    DEVICE, DECOMPOSED=1
    ! P.BACKGROUND='FFFFFF'XL  &  ! P.COLOR='000000'XL
    WINDOW,6,XSIZE=460,YSIZE=260,TITLE='用户符号点可视'
    PLOT,[0],XRANGE=[0,400],YRANGE=[50,250],/DEVICE,/NODATA,/ISOTROPIC
    SxyPoint=FINDGEN(17)*(! PI*2/16)
    USERSYM, COS(SxyPoint), SIN(SxyPoint), /FILL
    PLOTS,100,200,COLOR='FF0000'XL,PSYM=8,SYMSIZE=5
    USERSYM, COS(SxyPoint), SIN(SxyPoint)
    PLOTS,300,200,COLOR='FF0000'XL,PSYM=8,SYMSIZE=5
    PLOTS,300,200,COLOR='FF0000'XL,PSYM=8,SYMSIZE=3
    PLOTS,300,200,COLOR='FF0000'XL,PSYM=8,SYMSIZE=1
    PLOTS,200,150,COLOR='FF0000'XL,PSYM=8,SYMSIZE=10
    SxPoint=FLTARR(11) & SyPoint=FLTARR(11)
    FOR i=0,10 DO BEGIN
        IF (i MOD 2) THEN BEGIN
            SxPoint[i]=1*COS((i+1.0/2)*! PI/5)
            SyPoint[i]=1*SIN((i+1.0/2)*! PI/5)
        ENDIF ELSE BEGIN
            SxPoint[i]=2.5*COS((i+1.0/2)*! PI/5)
            SyPoint[i]=2.5*SIN((i+1.0/2)*! PI/5)
        ENDELSE
    ENDFOR
    USERSYM, SxPoint, SyPoint
    PLOTS,100,100,COLOR='FF0000'XL,PSYM=8,SYMSIZE=3
    PLOTS,100,100,COLOR='FF0000'XL,PSYM=8,SYMSIZE=2
    PLOTS,100,100,COLOR='FF0000'XL,PSYM=8,SYMSIZE=1
    USERSYM, SxPoint, SyPoint, /FILL
    PLOTS,300,100,COLOR='FF0000'XL,PSYM=8,SYMSIZE=3
    PLOTS,200,150,COLOR='FF0000'XL,PSYM=8,SYMSIZE=4
END
;————————————————————————————————————————————————
```

2.3　点图形可视

根据图形在计算机中的表示方法,可以利用点阵法或者参数法,计算出构成图形的所有点,然后对图形进行可视,从而可以绘制出各种复杂美丽的点图。

2.3.1 n 角星点图

对于任意正整数 $n \geqslant 3$，可以使用下式绘制 n 角星（圆角）：

$$\left.\begin{aligned} x &= A(a + b\sin(n\theta))\cos\theta \\ y &= A(a + b\sin(n\theta))\sin\theta \end{aligned}\right\} \quad \theta \in [0, 2\pi], A, a, b \text{ 是常数} \tag{2.2}$$

$n=7$ 和 $n=9$ 时的七角星和九角星分别如图 2.9 和图 2.10 所示。

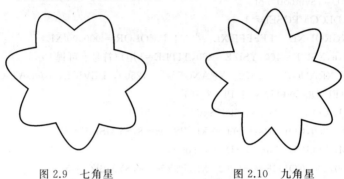

图 2.9　七角星　　　　　　　　　图 2.10　九角星

【**例 2.6**】　利用下式所示的参数方程，绘制如图 2.11 所示的多层圆角六角星。

$$\left.\begin{aligned} x &= i\left(1 + \frac{1}{6}\sin(6\theta)\right)\cos(\theta) \\ y &= i\left(1 + \frac{1}{6}\sin(6\theta)\right)\sin(\theta) \end{aligned}\right\} \quad \theta \in [0, 2\pi], i \in [0.250] \tag{2.3}$$

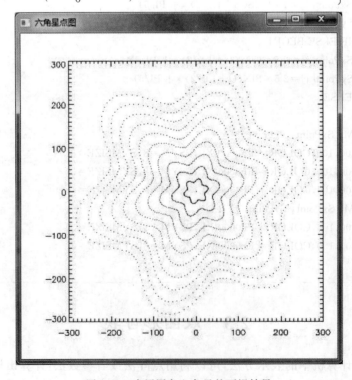

图 2.11　多层圆角六角星的可视结果

程序如下：

```
;—————————————————————————————————————————————————
; Ch02PLotSixStarWithPoint.pro
;—————————————————————————————————————————————————
PRO Ch02PLotSixStarWithPoint
    DEVICE, DECOMPOSED=1
    ! P.BACKGROUND='FFFFFF'XL & ! P.COLOR='000000'XL
    WINDOW,6,XSIZE=460,YSIZE=460,TITLE='六角星点图'
    PLOT,[0],/DEVICE,COLOR='FF0000'XL,/NODATA,/ISOTROPIC, $
        XRANGE=[-250,250],YRANGE=[-250,250]
    FOR i=0,250,25 DO BEGIN
        FOR Theta=0.0,2*! PI,! PI/90 DO BEGIN
            x=i*(1+1.0/6*SIN(6*Theta))*COS(Theta)
            y=i*(1+1.0/6*SIN(6*Theta))*SIN(Theta)
            PLOTS,x,y,COLOR='FF0000'XL,PSYM=3
        ENDFOR
    ENDFOR
END
;—————————————————————————————————————————————————
```

2.3.2　水帘点图

对于任意正整数 $n \geqslant 10$，可以使用下式绘制波浪式水帘：

$$\left.\begin{aligned} x &= \frac{a}{\pi}\theta \\ y &= n + b\sin\frac{n\pi}{m}\cos\theta \end{aligned}\right\} \quad \theta \in [0,5\pi], a, b \text{ 是常数} \tag{2.4}$$

【例 2.7】 利用下式所示的参数方程，绘制如图 2.12 所示的水帘：

$$\left.\begin{aligned} x &= \frac{80}{\pi}\theta \\ y &= n + 20\sin\frac{n\pi}{100}\cos\theta \end{aligned}\right\} \quad \theta \in \left[\frac{\pi}{2}, \frac{9\pi}{2}\right], n \in [50,250] \tag{2.5}$$

程序如下：

```
;—————————————————————————————————————————————————
; Ch02PlotCurtainWithPoint.pro
;—————————————————————————————————————————————————
PRO Ch02PlotCurtainWithPoint
    DEVICE, DECOMPOSED=1
    ! P.BACKGROUND='FFFFFF'XL & ! P.COLOR='000000'XL
    WINDOW,6,XSIZE=460,YSIZE=360,TITLE='水帘'
    PLOT,[0],/DEVICE,/NODATA ,/ISOTROPIC,XRANGE=[0,400],YRANGE=[0,300]
    FOR Py=50,250,5 DO BEGIN
        FOR Theta=! PI/2,9*! PI/2,! PI/12 DO BEGIN
```

```
            x＝80/! PI * Theta
            y＝Py＋20 * SIN(Py * ! PI/100) * COS(Theta)
        PLOTS,x,y,COLOR='FF0000'XL,PSYM=3
    ENDFOR
    ENDFOR
END
```
;---

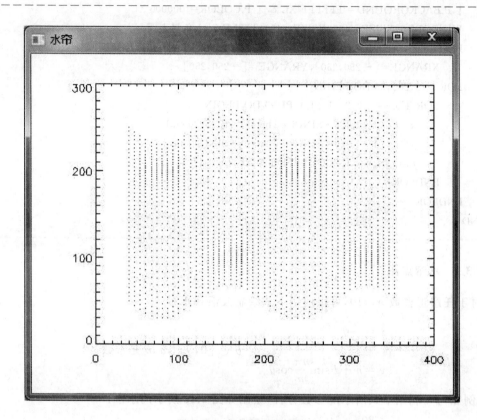

图 2.12　水帘的可视结果

2.3.3　摆线参数图

对于任意正整数 $n \geqslant 1$，可以使用下式绘制摆线：

$$\left.\begin{array}{l} x = a(\theta - n\sin\theta) \\ y = an + \sin\theta \end{array} \quad \theta \in [0, 4\pi], a \text{ 是常数} \right\} \tag{2.6}$$

【例 2.8】　利用下式所示的参数方程，绘制如图 2.13 所示的摆线：

$$\left.\begin{array}{l} x = 36(\theta - n\sin\theta) \\ y = 36n + \sin\theta \end{array} \quad \theta \in [-\pi, 3\pi], n \in [1, 4] \right\} \tag{2.7}$$

程序如下：

;---

; Ch02PlotCycloidWithPoint.pro

;---

```
PRO Ch02PlotCycloidWithPoint
    DEVICE, DECOMPOSED=1
    ! P.BACKGROUND='FFFFFF'XL & ! P.COLOR='000000'XL
    WINDOW,6,XSIZE=460,YSIZE=320,TITLE='摆线'
    PLOT,[0],/DEVICE,/NODATA,XRANGE=[-200,400],YRANGE=[-200,200]
    FOR n=1,4 DO BEGIN
    FOR Theta=-! PI,3 * ! PI,! PI/50 DO BEGIN
    x=36 * (Theta - n * SIN(Theta))
    y=36 * n * COS(Theta)
            PLOTS,x,y,COLOR='FF0000'XL,PSYM=3
    ENDFOR
    ENDFOR
END
;------------------------------------------------
```

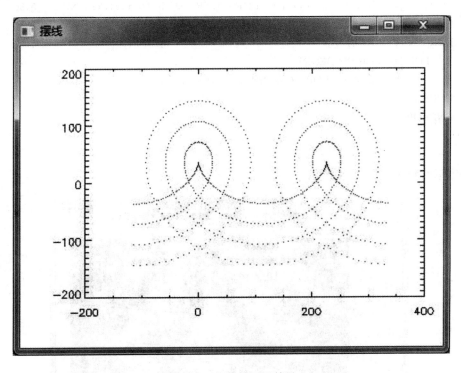

图 2.13　摆线的可视结果

技巧:通过改变上述点图形及其例题中的参数,或者把 sin 改为 cos,或者把 cos 改为 sin,或者重新构造参数方程,可以绘制出不同效果的美丽图形。

2.3.4　伪彩点阵图

伪彩点阵图是指在分辨率为 $m \times n$ 像素的点阵 ColorIndex (i,j) 中,通过构造颜色索引表达式 $f(x,y)$,来生成点阵的颜色索引 C_{ij},即

$$C_{ij} = \text{ColorIndex}(i,j) = f(i,j); \quad i=0,1,\cdots,n,j=0,1,\cdots,m$$

然后,在伪彩模式下,利用设定的颜色表对点阵图进行可视。

【例 2.9】 已知伪彩点阵图的分辨率为 400×300 像素,对应的点阵为 ColorIndex（400,300）,并利用系统函数 DIST(401,301)来生成点阵的颜色索引,即

$$\text{ColorIndex}(i,j) = \text{DIST}(i,j); \quad i = 0,1,\cdots,400, j = 0,1,\cdots,300$$

则在伪彩模式下,利用系统的第 32 个颜色表对点阵图进行可视。

程序如下:

```
;-----------------------------------------------------
; Ch02PlotLatticeWithPointFalseColor.pro
;-----------------------------------------------------
PRO Ch02PlotLatticeWithPointFalseColor
    DEVICE, DECOMPOSED=0  &  LOADCT,32
    ! P.BACKGROUND=222  &  ! P.COLOR=0
    WINDOW,6,XSIZE=460,YSIZE=360,TITLE='伪彩点阵图 '
    PLOT,[0],/DEVICE,/NODATA,COLOR=0,XRANGE=[0,400],YRANGE=[0,300]
    ColorIndex=DIST(401,301)
    FOR i=0,400 DO BEGIN
        FOR j=0,300 DO BEGIN
            PLOTS,i,j,COLOR=ColorIndex[i,j],PSYM=3
    ENDFOR
    ENDFOR
END
;-----------------------------------------------------
```

程序运行结果如图 2.14 所示。

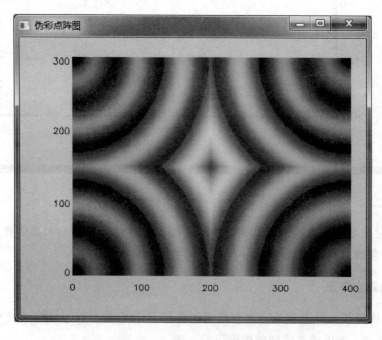

图 2.14　伪彩点阵图的可视结果

对于真彩点阵图的可视,则是在分辨率为 $m \times n$ 个像素的点阵 PointColor (i,j) 中,通过构造颜色表达式 $f(x,y)$,来直接生成点阵的颜色值 C_{ij},然后,在真彩模式下,直接使用 C_{ij} 对点阵图进行可视。真彩点阵图的具体可视方法,留作习题。

习　　题

1. 简述图形在计算机中的表示方法。自行设计一个点图形,并对其进行可视。

2. 使用系统符号点,对图 2.15 所示的图形进行可视,具体位置信息和颜色信息自定。

图 2.15　系统符号点的组合图

3. 使用用户符号点,对图 2.16 所示的图形进行可视,具体位置信息和颜色信息自定。简述图像量化的过程。

图 2.16　用户符号点的组合图

4. 分别绘制如图 2.9 和图 2.10 所示的七角星和九角星。

提示:参考 Ch02ExePLotSevenStarWithPoint.pro 和 Ch02ExePLotNineStarWithPoint.pro。

5. 修改例 2.9,利用 $f(x,y)=x^2+xy+y^2$ 构造颜色索引 ColorIndex $(400,300)$,在伪彩模式下,使用系统的第 32 个颜色表对伪彩点阵图进行可视。

提示:参考 Ch02ExePlotLatticeWithPointFalseColor.pro。

6. 修改例 2.9,利用 $f(x,y)=x^2+xy+y^2$ 构造颜色 PointColor $(400,300)$,在真彩模式下,直接使用颜色 PointColor $(400,300)$ 对真彩点阵图进行可视。

提示:参考 Ch02ExePlotLatticeWithPointTrueColor.pro。

第3章 线 可 视

尽管点是图形的最小组成单位,但是为了方便数据可视,通常把点作为数据可视的基本组成单位,然后通过插值使用点来逼近复杂曲线,从而实现数据的线可视。

线可视主要包括直线可视、折线可视、曲线可视及其组成的复杂图形的可视。

3.1 直 线 可 视

直线可视的内容主要包括直线的表示方法、生成算法、线型、线宽和走样等,以及使用直线组成的美丽图案。

3.1.1 图形的表示方式

表示图形可以使用显式表示、隐式表示或者参数表示。具体方程形式如下:

显式表示:$z=f(x,y),x,y,z\in\mathbf{R}$。

隐式表示:$f(x,y,z)=0,x,y,z\in\mathbf{R}$。显式表示和隐式表示统称为非参数表示。

参数表示:$\begin{cases}x=x(t)\\y=y(t)\\z=z(t)\end{cases}$或者$\begin{cases}x=x(s,t)\\y=y(s,t)\\z=z(s,t)\end{cases}$;$s,t\in[0,1]$;$x,y,z\in\mathbf{R}$。

不难看出,显式和隐式表示存在如下缺点:

(1) 方程与坐标系统相关,可能出现无穷大斜率。

(2) 复杂图形的表示困难,不便计算机编程实现。

然而,使用参数表示(默认的表示方式),则明显具有如下优点:

(1) 满足几何不变性的要求更易,控制图形形状的自由度更多。

(2) 参数方程的几何变换更方便,处理斜率为无穷大时更灵活。

(3) 低维到高维空间扩展更容易,规格化的参数易于有界控制。

(4) 使用矢量和矩阵的表示方式,使图形的生成算法更加简单。

3.1.2 直线的表示方式

对于经过两点 $P(x_1,y_1)$ 和 $Q(x_2,y_2)$ 的直线 L,其方程可以表示如下:

显式表示:$y=kx+b$;其中:$k=(y_2-y_1)/(x_2-x_1)$,$b=-kx_1+y_1$。

隐式表示:$ax+by+c=0$;其中:$a=y_2-y_1$,$b=x_1-x_2$,$c=x_2y_1-x_1y_2$。

参数表示：$\begin{cases} x = (x_2 - x_1)t + x_1 \\ y = (y_2 - y_1)t + y_1 \end{cases}$，其中 $t \in [0, 1]$。

对于 L 的可视，则可以通过确定最佳逼近于 L 的一组像素，并且按照扫描线顺序，对这些像素进行写操作来实现。

直线可视的常用算法主要包括数值微分法、中点画线法和 Bresenham 算法等。

3.1.3　数值微分法

数值微分法（Digital Differential Analyzer，DDA）是对于经过两点 $P(x_1, y_1)$ 和 $Q(x_2, y_2)$ 的直线 L，从 L 的左端点 x_1 开始向右端点 x_2 步进（步长为 1 个像素），然后利用 $y = kx + b$ 计算相应的 y 坐标，并且按照四舍五入的方法取像素点 $(x, \text{ROUND}(y))$ 作为当前点的坐标。即：每当 x 递增 1，则 y 递增 k（直线斜率）。

注意：上述算法适用于 $k \leqslant 1$。对于 $k > 1$，则需要互换 x 和 y，并作相应的处理。

【例 3.1】　利用 DDA 算法绘制经过两点 $(0, 0)$ 和 $(20, 10)$ 的直线，并要求使用小正方形显示每一个像素。

程序如下：

```
;——————————————————————————————————————
; Ch03LineWithDDA.pro
;——————————————————————————————————————
PRO Ch03LineWithDDA
    DEVICE, DECOMPOSED=1
    ! P.BACKGROUND='FFFFFF'XL   &   ! P.COLOR='000000'XL
    WINDOW,6,XSIZE=400,YSIZE=220,TITLE=' 直线 '
    PLOT,[0],/DEVICE,/NODATA,/ISOTROPIC,XRANGE=[0,20],YRANGE=[0,10]
    x1=0D   &   y1=0   &   x2=20   &   y2=10
    k=(y2−y1)/(x2−x1)
    FOR x=x1,x2 DO BEGIN
PLOTS,x,ROUND(y1),COLOR='FF0000'XL,PSYM=6,SYMSIZE=1.6
y1+=k
    ENDFOR
END
;——————————————————————————————————————
```

程序运行结果如图 3.1 所示。

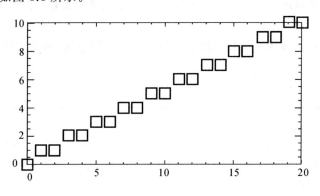

图 3.1　DDA 算法可视结果

说明：DDA 算法的缺点是必须进行浮点及其舍入运算，不易硬件实现。

3.1.4 中点画线法

中点画线法（Midpoint line Drawing Algorithm，MDA）是对于当前像素点 $P(x_p, y_p)$，如果假设直线的斜率满足 $k \in (0,1)$，则下一个像素点一定为如图 3.2 所示的 $P_1(x_p+1, y_p)$ 或者 $P_2(x_p+1, y_p+1)$。

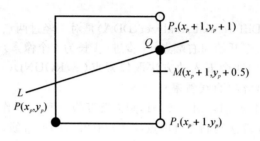

图 3.2　中点画线法示意图

对于 P_1 和 P_2 的中点 $M(x_p+1, y_p+0.5)$，以及直线 L 与 $x = x_p+1$ 的交点 Q。如果 M 在 Q 的下方，则 P_2 为下一个像素点；如果 M 在 Q 的上方，则 P_1 为下一个像素点。

对于 L 的隐式方程：$F(x, y) = ax+by+c$（其中 $a = y_2-y_1$，$b = x_1-x_2$，$c = x_2 y_1 - x_1 y_2$），则构造判别式如下：

$$d = F(M) = F(x_p+1, y_p+0.5) = a(x_p+1)+b(y_p+0.5)+c$$

显然，当 $d < 0$ 时，M 在 Q 下方，则选 P_2 为下一个像素点；当 $d > 0$ 时，M 在 Q 上方，则选 P_1 为下一个像素点；当 $d = 0$ 时，则选 P_1（默认选 P_1）或者 P_2。

为了提高算法的运算效率，对判别式 d 作如下分析：

对于 $d \geqslant 0$ 的情况，$P_1(x_p+1, y_p)$ 的下一个像素的判定值为 $d_1 = F(x_p+2, y_p+0.5) = d+a$，即增量为 a。

对于 $d < 0$ 的情况，$P_2(x_p+1, y_p+1)$ 的下一像素的判定值为 $d_2 = F(x_p+2, y_p+1.5) = d+a+b$，即增量为 $a+b$。

另外，可以计算 d 的初值为 $d_0 = F(x_0+1, y_0+0.5) = a+0.5b$。

因此，提高算法速度的方法是使用 $2d$ 代替 d 来避免浮点运算，即使用 $d_0 = 2a+b$，$d_1 = 2a$ 和 $d_2 = 2a+2b$。

【例 3.2】　利用中点画线法绘制经过 $(0,0)$ 和 $(20,10)$ 的直线，并要求使用小正方形显示每一个像素。

程序如下：

```
;-------------------------------------------------------------
; Ch03LineWithMid.pro
;-------------------------------------------------------------
PRO Ch03LineWithMid
    DEVICE, DECOMPOSED=1
    ! P.BACKGROUND='FFFFFF'XL   &   ! P.COLOR='000000'XL
    WINDOW,6,XSIZE=400,YSIZE=220,TITLE='直线'
```

```
PLOT,[0],/DEVICE,/NODATA,/ISOTROPIC,XRANGE=[0,20],YRANGE=[0,10]
x1=0  &  y1=0  &  x2=20  &  y2=10
d0=2*(y1−y2)+x2−x1  &  d1=2*(y1−y2)  &  d2=2*(y1−y2)+2*(x2−x1)
WHILE (x1 LE x2) DO BEGIN
      PLOTS,x1,y1,COLOR='FF0000'XL,PSYM=6,SYMSIZE=1.6
      IF (d0 GE 0) THEN BEGIN
          x1++  &  d0+=d1
      ENDIF ELSE BEGIN
          x1++  &  y1++  &  d0+=d2
      ENDELSE
   ENDWHILE
END
;——————————————————————————————————————————————————
```

程序运行结果如图 3.3 所示。

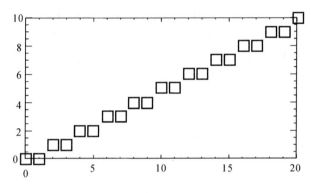

图 3.3　中点画线法可视结果

3.1.5　Bresenham 算法

Bresenham 算法的基本思想是首先通过各行各列像素中心构造一个虚拟网格线,然后按照直线从起点到终点的顺序计算直线与各个垂直网格线的交点,最后根据误差项的符号选定与交点最近的像素点。

Bresenham 算法实现的方法分析如下:

(1) 因为直线的起点在像素中心,所以误差项 d 的初值 $d_0=0$。

(2) 每当 x_i 步进一次(步长为 1 个像素),d 的值相应递增直线的斜率值 k,即 $d=d+k$,同时判断 d 是否满足 $d \in (0,1)$,如果不满足(即 $d \geqslant 1$),则用 $d-1$ 替代 d。

(3) 对于当前像素 (x_i,y_i),如果 $d \geqslant 0.5$,则选择最接近于当前像素的右上方像素 (x_i+1, y_i+1);如果 $d<0.5$,则选择最接近于当前像素的右方像素 (x_i+1,y_i)。

为了提高算法的运算效率,对判别式 d 作如下分析:

首先,令 $e=d-0.5$,并且取 e 的初值为 -0.5,e 的增量为 k。显然,当 $e \geqslant 0$ 时,取当前像素 (x_i,y_i) 的右上方像素 (x_i+1,y_i+1);而当 $e<0$ 时,则取当前像素 (x_i,y_i) 的右方像素 (x_i+1,y_i)。

其次,为了避免浮点运算,则使用 $2e(x_2-x_1)$ 替代 e。

【例3.3】 利用 Bresenham 算法绘制经过两点$(0,0)$和$(20,10)$的直线,并要求使用正方形显示每一个像素。

程序如下:

```
;-----------------------------------------------------------
; Ch03LineWithBresenham.pro
;-----------------------------------------------------------
PRO Ch03LineWithBresenham
    DEVICE, DECOMPOSED=1
    ! P.BACKGROUND='FFFFFF'XL  &  ! P.COLOR='000000'XL
    WINDOW,6,XSIZE=400,YSIZE=220,TITLE=' 直线 '
    PLOT,[0],/DEVICE,/NODATA,/ISOTROPIC,XRANGE=[0,20],YRANGE=[0,10]
    x1=0  &  y1=0  &  x2=20  &  y2=10  &  e=x1-x2  &  x=x1  &  y=y1
    FOR i=0,x2-x1 DO BEGIN
        PLOTS,x,y,COLOR='FF0000'XL,PSYM=6,SYMSIZE=1.6
        x++  &  e+=2*(y2-y1)
        IF (e GE 0) THEN BEGIN
            y++  &  e-=2*(x2-x1)
        ENDIF
    ENDFOR
END
;-----------------------------------------------------------
```

程序运行结果如图3.1所示。

3.1.6 直线的线型

在数据可视的过程中,对于不同的应用通常需要绘制不同线型的直线。常用的线型有实线、虚线、点线、点虚线、点点虚线和长虚线等。

线型通常使用取值是逻辑值的数据序列进行存储。即使用定长的逻辑型数组记录数据点的可视状态,对其中的真值数据点进行绘制。

【例3.4】 在点$(100,50i)$和$(500,50i)$(其中 $i=1,\cdots,6$)之间按照实线、点线、虚线、点虚线、点点虚线和长虚线的顺序依次绘制不同线型的直线。

程序如下:

```
;-----------------------------------------------------------
; Ch03LineStyle.pro
;-----------------------------------------------------------
PRO Ch03LineStyle
    DEVICE, DECOMPOSED=1
    ! P.BACKGROUND='FFFFFF'XL  &  ! P.COLOR='FF0000'XL
    WINDOW,6,XSIZE=400,YSIZE=300,TITLE=' 直线线型 '
    PLOT,[0],/DEVICE,/NODATA,XRANGE=[0,600],YRANGE=[0,400]
    FOR i=1,6 DO BEGIN
```

```
    PLOTS,[100,500],[50 * i,50 * i],LINESTYLE=i-1
  ENDFOR
END
```
; ——

程序运行结果如图 3.4 所示。

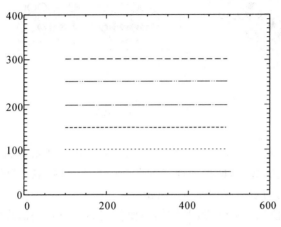

图 3.4　直线线型的可视结果

3.1.7　直线的线宽

线宽是指使用多个像素绘制直线的粗细程度。线宽的实现通常可以通过线刷、方刷、圆刷和区域填充等方法。

线刷的基本原理是对于直线上的每个像素点 P，按照指定的方向（例如：与直线垂直的方向），在 P 上方的 n 个像素和下方的 n 个像素全部置为直线的颜色，即可以"刷出"具有一定宽度的图形。宽度为 5 个像素的线刷的示意图如图 3.5 所示。

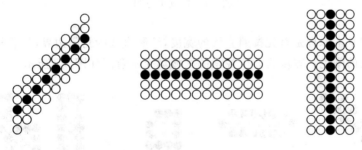

图 3.5　线刷示意图

注意：线刷的优点是简单且效率高，但是，当线宽较大时会与实际不符，而且接近水平的直线与接近垂直的直线汇合时，汇合处外角将有缺口，同时斜线与水平线或者垂直线存在粗细差别。

方刷的基本原理是对于直线上的每个像素点 P，以 P 为中心向外扩展成为正方形，并把正方形的像素全部置为直线的颜色，即把多像素方形的中心沿直线"刷出"的具有一定宽度的图形。宽度为 5 个像素的方刷的示意图如图 3.6 所示。

注意:方刷会重复绘制像素,因此可以为每个扫描线建一个表,存放扫描线与线条相交区间的左右端点位置。

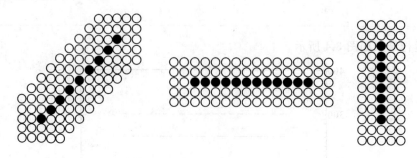

图 3.6　方刷示意图

圆刷的基本原理是对于直线上的每个像素点 P,以 P 为中心向外扩展成为圆形,并把圆形的像素全部置为直线的颜色,即把多像素圆形的中心沿直线"刷出"的具有一定宽度的图形。宽度为 5 个像素的圆刷的示意图如图 3.7 所示。

注意:在每个像素使用方刷或者圆刷时,需要使用刷子与各扫描线的相交区间端点坐标去更新原端点的数据。

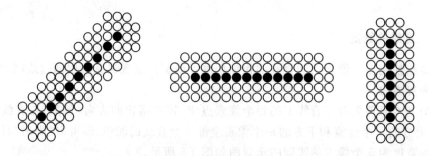

图 3.7　圆刷示意图

区域填充的基本原理是首先按照直线的宽度,绘制直线的封闭边界,然后把边界内的像素点全部置为直线的颜色。宽度为 3 个像素的区域填充示意图如图 3.8 所示。

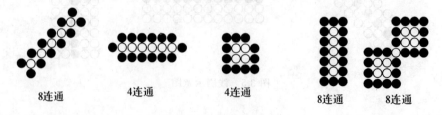

8连通　　　4连通　　　4连通　　　8连通　　8连通

图 3.8　区域填充示意图

【例 3.5】　在点 $(100,50i)$ 和 $(500,50(i+1))$(其中 $i=1,\cdots,6$)之间按照宽度 $3i$,依次绘制不同粗细的直线。

程序如下:

;———

```
; Ch03LineThick.pro
;—————————————————————————————————————————
PRO Ch03LineThick
    DEVICE, DECOMPOSED=1
    ! P.BACKGROUND='FFFFFF'XL   &   ! P.COLOR='FF0000'XL
    WINDOW,6,XSIZE=400,YSIZE=300,TITLE=' 直线线宽 '
    PLOT,[0],/DEVICE,/NODATA,XRANGE=[0,600],YRANGE=[0,400]
    FOR i=1,6 DO BEGIN
        PLOTS,[100,500],[50*i,50*(i+1)],THICK=3*i
    ENDFOR
END
;—————————————————————————————————————————
```

程序运行结果如图 3.9 所示。

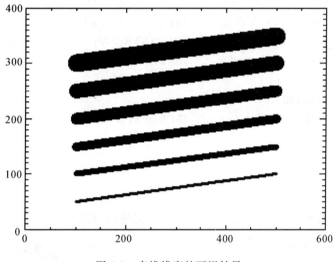

图 3.9 直线线宽的可视结果

3.1.8 直线的走样

通过前述内容不难知道,连续直线的可视通常是使用 DDA、中点画线法或者 Bresenham 算法,把理想中的数据点使用最接近它的离散点来替代,并对离散点进行绘制的过程(即连续直线的离散化)。显然,连续直线的可视通常会导致直线的失真。

走样(Aliasing)是指使用离散数据点表示连续数据点所引起的失真现象。而用于减少或者消除走样的技术称为反走样(Antialiasing)。

常用的反走样技术是提高分辨率和区域采样等。

1. 提高分辨率

在使用离散数据点显示直线(或者图形)时,直线(或者图形边界)或多或少会呈锯齿状,解决该问题最简单的方法是提高显示器的分辨率,使直线经过的像素提高多倍,尽管锯齿也增加了多倍,但因为像素之间的距离减小了多倍,所以以显示的线段会显得比较平直光滑。但是该方法占用更多的存储器空间和扫描转换时间。

因此,提高显示器分辨率虽然简单,却不经济,而且只能减轻而非消除锯齿问题。

例如:把显示器的分辨率提高一倍,则直线经过两倍的像素,显示的直线平直光滑程度提高一倍,同时所占存储器空间和扫描转换时间是原来的 4 倍。

另外,可以采用高分辨率计算、低分辨率显示的"软提高分辨率"的折中方式。

【例 3.6】 利用中点画线法绘制经过两点(0,0)和(20,10)的直线,而使用的分辨率提高一倍,同时要求使用正方形显示每一个像素。

程序如下:

```
;———————————————————————————————————————
;Ch03LineAntialiasingHighPixel.pro
;———————————————————————————————————————
PRO Ch03LineAntialiasingHighPixel
    DEVICE, DECOMPOSED=1
    ! P.BACKGROUND='FFFFFF'XL  &  ! P.COLOR='000000'XL
    WINDOW,6,XSIZE=400,YSIZE=220,TITLE='直线反走样'
    PLOT,[0],/DEVICE,/NODATA,/ISOTROPIC,XRANGE=[0,40],YRANGE=[0,20]
    x1=0D  &  y1=0  &  x2=40  &  y2=20
    k=(y2−y1)/(x2−x1)
    FOR x=x1,x2 DO BEGIN
        PLOTS,x,ROUND(y1),COLOR='FF0000'XL,PSYM=6,SYMSIZE=1.6
        y1+=k
    ENDFOR
END
;———————————————————————————————————————
```

程序运行结果如图 3.10 所示(请与例 3.2 的结果进行对比)。

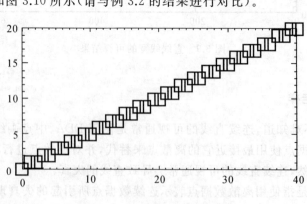

图 3.10　中点画线法可视结果

思考:请把本例与例 3.2 在多个方面进行对比。

2. 区域采样

区域采样是指把每个像素看做是具有一定面积的小区域,把直线看做具有一定宽度的狭长矩形,当直线经过像素时,计算出两者相交区域的面积,并且根据相交区域面积的大小确定该像素的颜色值,即通过改变直线(或者图形边界)的外观,模糊淡化锯齿。

例如：如果把直线与像素相交区域的面积分成 8 级（3 位），则像素的颜色与相交面积的示意图如图 3.11 所示。

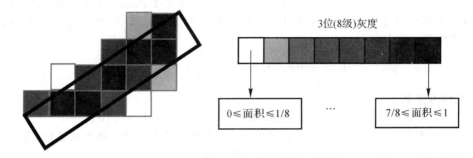

图 3.11　直线与像素相交区域与颜色值示意图

根据直线与像素相交区域面积的计算方法，可以把区域采样分为非加权区域采样和加权区域采样等。

对于非加权区域采样，可以把相交区域分为如图 3.12(a)(b)(c) 所示的三类，相交区域面积的计算方如下：

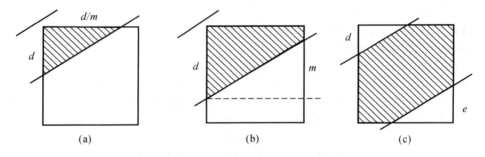

图 3.12　直线与像素相交区域面积计算

对于图 3.12(a)，已知直线的斜率为 m，相交的三角形区域的一边的长度为 d，则面积为

$$S = \frac{d^2}{2m}$$

对于图 3.12(b)，已知直线的斜率为 m，相交的梯形区域的底边的长度为 d，像素区域的边长为 1，则面积为

$$S = d - \frac{m}{2}$$

对于图 3.12(c)，已知直线的斜率为 m，相交区域为六边形，像素区域垂直两边的剩余边长分别为 d 和 e，则面积为

$$S = 1 - \frac{d^2 + e^2}{2m}$$

为了简化计算，可以采用离散的计算方法，即首先将像素平均分成 n 个子像素，然后计算中心点落在直线内的子像素的个数 k，最后将该像素的亮度置为最大灰度值乘以相交区域面积的近似值 k/n。

不难看出，非加权区域采样方法有两个缺点：像素的亮度与相交区域的面积成正比，而与相交区域落在像素内的位置无关，仍会导致锯齿；直线上沿理想直线方向的相邻像素可能存在较大的色差。

对于加权区域取样,采用加权区域取样方法,即根据相交区域中各个子像素与像素中心的距离,来确定每一个对原像素亮度的贡献,最终利用各个子像素的贡献来确定该像素的颜色值。即:当直线经过像素 P_i 时,使用两者相交区域 R 上对滤波器($w(x,y)$)的积分值来计算 P_i 的亮度 F。其中

$$F = \int_R w(x,y)\mathrm{d}R \qquad w(x,y) = \frac{1}{\sqrt{2\pi}\sigma}\mathrm{e}^{-\frac{x^2+y^2}{2\sigma^2}}$$

具体方法如下:

(1) 将像素均匀分割成 n 个子像素,则每个子像素的面积为 $1/n$。

(2) 对于中心落在直线内的所有子像素,计算每个子像素对原像素的贡献,存入二维加权表,并计算所有这些子像素对原像素亮度贡献之和。

(3) 把贡献的和值乘以原始预设颜色值,作为该像素的最终显示颜色值。

【例 3.7】 利用中点画线法,绘制经过两点(0,0)和(20,15)的直线,然后利用距离加权反走样算法,绘制经过两点(0,5)和(20,20)的直线,同时要求使用正方形显示每一个像素。

程序如下:

```
;———————————————————————————————————————
; Ch03LineAntialiasingWeight.pro
;———————————————————————————————————————
PRO Ch03LineAntialiasingWeight
    DEVICE, DECOMPOSED=1
    !P.BACKGROUND='FFFFFF'XL  &  !P.COLOR='000000'XL
    DEVICE,DECOMPOSED=0  &  LOADCT,0,/SILENT
    WINDOW,6,XSIZE=400,YSIZE=400,TITLE=' 直线反走样 '
    PLOT,[0],/DEVICE,/NODATA,/ISOTROPIC,XRANGE=[0,20],YRANGE=[0,20]
    x1=0D  &  y1=0D  &  x2=20  &  y2=15
    x=x1  &  y=y1  &  k=(y2-y1)/(x2-x1)  &  d=0.5-k
    FOR x=x1,x2 DO BEGIN
        PLOTS,ROUND(x),ROUND(y),COLOR=0,PSYM=6,SYMSIZE=1.6
        IF (d LT 0) THEN BEGIN
            y++  &  d+=1-k
        ENDIF ELSE d-=k
    ENDFOR
    d=0  &  x=x1  &  y=y1+5
    FOR x=x1,x2 DO BEGIN
        Tx=ROUND(x)  &  Ty=ROUND(y)
        PLOTS,Tx,Ty,COLOR=d * 255,PSYM=6,SYMSIZE=1.6
        PLOTS,Tx,Ty+1,COLOR=(1-d) * 255,PSYM=6,SYMSIZE=1.6
        d+=k
        IF (d GT 1) THEN BEGIN
            y++  &  d--
        ENDIF
    ENDFOR
END
;———————————————————————————————————————
```

程序运行结果如图 3.13 所示。

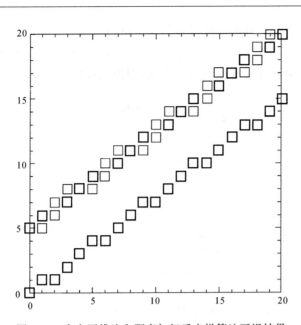

图 3.13　中点画线法和距离加权反走样算法可视结果

3.1.9　直线图形

在实际应用中,根据图形的结构,构造组成图形的直线段,然后通过绘制直线段来实现对整个图形的可视。

【例 3.8】　利用直线段绘制如图 3.14 所示的圆角空心六角星。

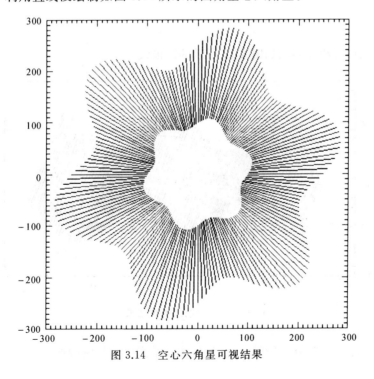

图 3.14　空心六角星可视结果

分析:首先利用如下公式计算线段端点的动态振幅:

$$v = t(1 + r\sin(n\alpha)) \qquad \alpha \in [0,2\pi]; n \in \mathbf{N}; r,t \in \mathbf{R}$$

然后,再利用如下公式计算线段的两个端点(即把线段旋转360°):

$$\begin{cases} x = v\cos\alpha \\ y = v\sin\alpha \end{cases} \qquad \alpha \in [0,2\pi]$$

程序如下:

```
;——————————————————————————————————————————————

; Ch03SixStarWithLine.pro

;——————————————————————————————————————————————
PRO Ch03SixStarWithLine
    DEVICE, DECOMPOSED=1
    ! P.BACKGROUND='FFFFFF'XL & ! P.COLOR='000000'XL
    WINDOW,6,XSIZE=460,YSIZE=460,TITLE='2D 六星 '
    PLOT,[0],/DEVICE,COLOR='FF0000'XL,/NODATA,/ISOTROPIC, $
        XRANGE=[-260,260],YRANGE=[-260,260]
    FOR Theta=0.0,2 * ! PI,! PI/90 DO BEGIN
    Am1=250 * (1+1.0/6 * SIN(6 * Theta))
    Am2=100 * (1+1.0/9 * SIN(6 * Theta))
    x1=Am1 * COS(Theta) & y1=Am1 * SIN(Theta)
    x2=Am2 * COS(Theta) & y2=Am2 * SIN(Theta)
    PLOTS,[x1,x2],[y1,y2],COLOR='FF0000'XL
    ENDFOR
END

;——————————————————————————————————————————————
```

【例 3.9】 利用直线段绘制如图 3.15 所示的波浪线。

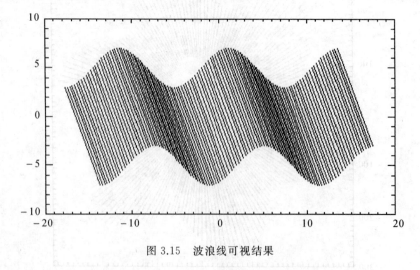

图 3.15 波浪线可视结果

分析:利用如下公式计算线段端点,然后依次在端点之间绘制线段:

$$\begin{cases} x = \alpha + a \\ y = r\sin(\alpha/n) + b \end{cases} \qquad \alpha \in [-5\pi, 5\pi]; a, b \in \mathbf{R}; n \in \mathbf{N}$$

程序如下：

```
;—————————————————————————————————————————————
; Ch03WaveWithLine.pro
;—————————————————————————————————————————————
PRO Ch03WaveWithLine
    DEVICE, DECOMPOSED=1
    ! P.BACKGROUND='FFFFFF'XL   & ! P.COLOR='FF0000'XL
    WINDOW,6,XSIZE=500,YSIZE=300,TITLE=' 波浪 '
    PLOT,[0],/DEVICE,/NODATA,XRANGE=[-20,20],YRANGE=[-10,10]
    FOR Theta=-5 * ! PI,5 * ! PI,! PI/12 DO BEGIN
        y1=2 * SIN(Theta/2)-5 & y2=2 * SIN(Theta/2)+5
        PLOTS,[Theta+2,Theta-2],[y1,y2],COLOR='FF0000'XL
    ENDFOR
END
;—————————————————————————————————————————————
```

【例 3.10】　利用直线段绘制如图 3.16 所示的编织图案。

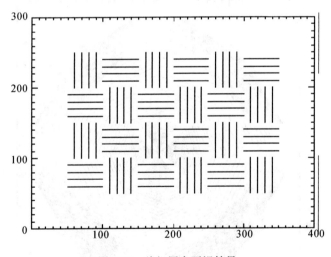

图 3.16　编织图案可视结果

分析：在奇数行的奇数列和偶数行的偶数列区域，依次绘制 4 条水平直线段；在奇数行的偶数列和偶数行的奇数列区域，依次绘制 4 条垂直直线段。

程序如下：

```
;—————————————————————————————————————————————
; Ch03WeaveWithLine.pro
;—————————————————————————————————————————————
PRO Ch03WeaveWithLine
    DEVICE, DECOMPOSED=1
    ! P.BACKGROUND='FFFFFF'XL   & ! P.COLOR='FF0000'XL
```

```
WINDOW,6,XSIZE=400,YSIZE=300,TITLE=' 编织 '
PLOT,[0],/DEVICE,/NODATA,XRANGE=[0,400],YRANGE=[0,300]
FOR i=1,6 DO BEGIN
    FOR j=1,4 DO BEGIN
        IF (i MOD 2) EQ (j MOD 2) THEN BEGIN
            FOR k=1,4 DO BEGIN
                PLOTS,[50*i,50*i+50],[50*j+10*k,50*j+10*k]
            ENDFOR
        ENDIF ELSE BEGIN
            FOR k=1,4 DO BEGIN
                PLOTS,[50*i+10*k,50*i+10*k],[50*j,50*j+50]
            ENDFOR
        ENDELSE
    ENDFOR
ENDFOR
END
```

;———

【例 3.11】 利用直线段绘制如图 3.17 所示的幸运草(即四叶苜蓿草)。

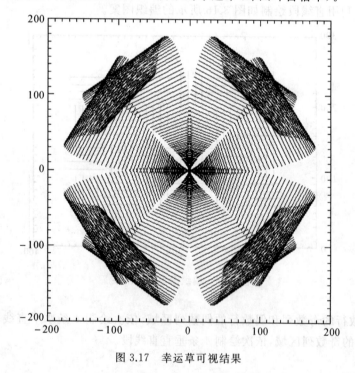

图 3.17　幸运草可视结果

分析:首先利用如下公式计算线段的首端点:

$$\begin{cases} x = c(1 + \dfrac{1}{4}\sin(12\alpha)(1+\sin(4\alpha))\cos\alpha \\ y = c(1 + \dfrac{1}{4}\sin(12\alpha)(1+\sin(4\alpha))\sin\alpha \end{cases} \qquad \alpha \in [0,2\pi], c \in \mathbf{R}$$

然后,再利用如下公式计算线段的尾端点:

$$\begin{cases} x = c\left(1 + \dfrac{1}{4}\sin(12\alpha)\right)(1 + \sin(4\alpha))\cos\left(\alpha + \dfrac{\pi}{4}\right) \\ y = c\left(1 + \dfrac{1}{4}\sin(12\alpha)\right)(1 + \sin(4\alpha))\sin\left(\alpha + \dfrac{\pi}{4}\right) \end{cases} \qquad \alpha \in [0, 2\pi], c \in \mathbf{R}$$

程序如下:

```
;——————————————————————————————————————
; Ch03LuckyClover.pro
;——————————————————————————————————————
PRO Ch03LuckyClover
    DEVICE, DECOMPOSED=1
    ! P.BACKGROUND='FFFFFF'XL  &  ! P.COLOR='000000'XL
    WINDOW,6,XSIZE=500,YSIZE=500,TITLE=' 幸运草 '
    PLOT,[0],/DEVICE,/NODATA,XRANGE=[-200,200],YRANGE=[-200,200]
    FOR Theta=0D,2 * ! PI,! PI/360.0 DO BEGIN
        Am=90 * (1+1.0/4 * SIN(12 * Theta)) * (1+SIN(4 * Theta))
        x1=Am * COS(Theta)  &  x2=Am * COS(Theta+! PI/4)
        y1=Am * SIN(Theta)  &  y2=Am * SIN(Theta+! PI/4)
        PLOTS,[x1,x2],[y1,y2],COLOR='FF0000'XL
    ENDFOR
END
;——————————————————————————————————————
```

3.2 折 线 可 视

折线是依次经过多个数据点的多条直线段组成的图形(即由多条直线段,通过首尾相接而成)。封闭的折线称为多边形。

3.2.1 折线可视

已知点集 $P = \{(x_i, y_i) : x_i, y_i \in \mathbf{R}, (i = 1, 2, \cdots, n)\}$,如果连续函数 $y = f(x)$ 是经过点集 P 的折线,则 $y = f(x)$ 的显式方程如下(不妨设 $x_i < x_{i+1}, i = 1, 2, \cdots, n-1$):

$$y = f(x) = \frac{y_{i+1} - y_i}{x_{i+1} - x_i} x + \frac{y_i x_{i+1} - y_{i+1} x_i}{x_{i+1} - x_i} \qquad x \in [x_i, x_{i+1}]; i = 1, 2, \cdots, n-1$$

$y = f(x)$ 的参数方程如下:

$$\begin{cases} x = (x_{i+1} - x_i)t + x_i \\ y = (y_{i+1} - y_i)t + y_i \end{cases} \qquad t \in [0, 1]; i = 1, 2, \cdots, n-1$$

不难看出,折线的可视只需要按照直线的可视算法,依次绘制每一条直线段即可。

【例3.12】 使用蓝色绘制经过数据点(20,10),(20,100),(200,100),(200,10),(40,10),(40,90),(180,90),(180,20),(60,20),(60,80),(160,80),(160,30),(80,30),(80,70),(140,70),(140,50)和(100,50)的折线。

程序如下:

```
;————————————————————————————————————————
; Ch03BrokenLine.pro
;————————————————————————————————————————
PRO Ch03BrokenLine
    DEVICE, DECOMPOSED=1
    ! P.BACKGROUND='FFFFFF'XL    &    ! P.COLOR='000000'XL
    WINDOW,6,XSIZE=500,YSIZE=300,TITLE='折线'
    PLOT,[0],/DEVICE,/NODATA,XRANGE=[0,200],YRANGE=[0,100], $
        XSTYLE=8,YSTYLE=8,/ISOTROPIC
    x=[20, 20,200,200,40,40,180,180,60,60,160,160,80,80,140,140,100]
    y=[10,100,100, 10,10,90, 90, 20,20,80, 80, 30,30,70, 70, 50, 50]
    PLOTS,x,y,COLOR='FF0000'XL
END
;————————————————————————————————————————
```

程序运行结果如图 3.18 所示。

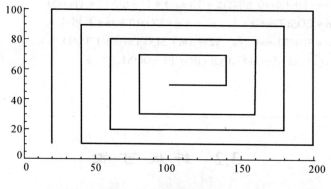

图 3.18 折线可视结果

技巧：如果需要去掉上边和右边的坐标轴，可以使用关键字 XSTYLE＝8。

3.2.2 多边形可视

因为多边形是封闭的折线，所以多边形的可视方法与折线类同，即在绘制各段折线后，再在最后一条折线的终点和第一条折线的起点之间绘制折线。

【例 3.13】 使用蓝色绘制经过数据点(0,0),(−60,20),(−90,60),(−80,90),(−50,100),(−20,90),(0,70),(20,90),(50,100),(80,90),(90,60)和(60,20)的多边形心。

程序如下：

```
;————————————————————————————————————————
; Ch03PolygonHeart.pro
;————————————————————————————————————————
PRO Ch03PolygonHeart
    DEVICE, DECOMPOSED=1
    ! P.BACKGROUND='FFFFFF'XL    &    ! P.COLOR='000000'XL
    WINDOW,6,XSIZE=500,YSIZE=300,TITLE='多边形心'
```

```
PLOT,[0],/DEVICE,/NODATA,XRANGE=[−100,100],YRANGE=[0,100], $
    XSTYLE=8,YSTYLE=8,/ISOTROPIC
x=[0,−60,−90,−80,−50,−20, 0, 20, 50,80,90,60]
y=[0, 20, 60, 90,100, 90,70, 90,100,90,60,20]
PLOTS,[x,x[0]],[y,y[0]],COLOR='FF0000'XL
END
;—————————————————————————————————————————
```

程序运行结果如图 3.19 所示。

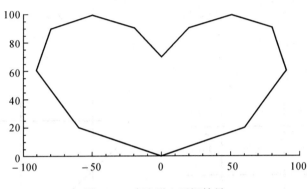

图 3.19　多边形心可视结果

3.2.3　多边形裁剪

裁剪通常是指确定图形中落在显示区域内部和外部的部分,进而仅显示落在显示区域内部的部分图形的过程。裁剪的示意图如图 3.20 所示。

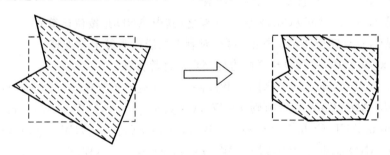

图 3.20　图形的裁剪

对于图形,通常内存存储的信息大于屏幕显示区域的信息,显示的仅是图形的可见部分。而最简单的处理方法是先裁剪再显示,即首先把图形通过扫描转换为点,然后判断点是否在显示区域内,并对显示区域内的点进行显示;但是这样会浪费机时,为此通常采用先裁剪再扫描转换的方法。

具体的裁剪方法是利用直线段裁剪来实现多边形裁剪;而常用的直线段裁剪方法是 Cohen Sutherland 算法、中点分割算法和 Liang Barskey 算法等。

1. Cohen Sutherland 算法

Cohen Sutherland 算法的基本思想是对于线段 P_1P_2 的处理方法分以下三种情况:

（1）若 P_1P_2 完全在窗口内，则显示线段 P_1P_2，即取之。

（2）若 P_1P_2 完全在窗口外，则丢弃线段 P_1P_2，即弃之。

（3）若 P_1P_2 不满足取或者弃的条件，则在线段与窗口边界的交点处把线段分为两段，并把完全在窗口外的线段部分弃之，然后对剩下的线段重复上述处理。

具体实现方法是根据裁剪窗口把未裁剪的区域分为 9 个区域，对于每个区域均赋予一个 4 位编码 $C_tC_bC_rC_1$：

$$C_t = \begin{cases} 1 & y > y_{max} \\ 0 & y \leqslant y_{max} \end{cases} \quad ; \quad C_b = \begin{cases} 1 & y < y_{min} \\ 0 & y \geqslant y_{min} \end{cases}$$

$$C_r = \begin{cases} 1 & x > x_{max} \\ 0 & x \leqslant x_{max} \end{cases} \quad ; \quad C_1 = \begin{cases} 1 & x < x_{min} \\ 0 & x \geqslant x_{min} \end{cases}$$

区域编码示意图如图 3.21 所示。

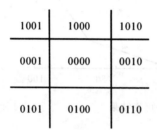
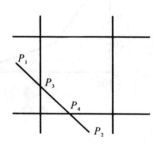

图 3.21　区域编码和线段裁剪

不难看出，编码后的三种处理方法满足：

对于情况 1，Code1＝0 且 Code2＝0，即取之。

对于情况 2，Code1 AND Code2 ≠0，即弃之（其中 AND 是按位运算）。

对于情况 3，丢弃完全在窗口外的线段，对剩下的线段重复上述处理。

线段 $P_1(x_1,y_1)$，$P_2(x_2,y_2)$ 与窗口边界交点的计算方法：

如果 Left AND Code ！＝0，则 $x=W_1；y=y_1+(y_2-y_1)(W_1-x1)/(x_2-x1)$。

如果 Right AND Code ！＝0，则 $x=W_r；y=y_1+(y_2-y_1)(W_r-x_1)/(x_2-x_1)$。

如果 Bottom AND Code ！＝0，则 $y=W_b；x=x_1+(x_2-x_1)(W_b-y_1)/(y_2-y_1)$。

如果 Top AND Code ！＝0，则 $y=W_t；x=x_1+(x_2-x_1)(W_t-y_1)/(y_2-y_1)$。

其中：left，Right，Bottom，Top 分别为 1，2，4，8；W_1，W_b，W_r，W_t 分别为窗口的左、右、上、下边界。

【例 3.14】 已知裁剪窗口的对角顶点为（100，100）和（300，200），请使用该裁剪窗口，对任意绘制的一条直线进行裁剪，要求使用 Cohen Sutherland 算法。

程序如下：

```
;————————————————————————————————

; Ch03ClipLineCohenSutherland.pro

;————————————————————————————————

;端点编码函数，顺序左右下上
FUNCTION EnCode,LinePx,LinePy,Lf,Rt,Bm,Tp,Wl,Wr,Wb,Wt
```

```
    Rc＝0
    IF（LinePx LT Wl）THEN Rc＝Rc OR Lf
    IF（LinePx GT Wr）THEN Rc＝Rc OR Rt
    IF（LinePy LT Wb）THEN Rc＝Rc OR Bm
    IF（LinePy GT Wt）THEN Rc＝Rc OR Tp
    RETURN，Rc
END
;－－－－－－－－－－－－－－－－－－－－－－－－－－－－－－－－－
PRO Ch03ClipLineCohenSutherland
    DEVICE，DECOMPOSED＝1
    ! P.BACKGROUND＝'FFFFFF'XL  &  ! P.COLOR＝'000000'XL
    WINDOW，6，XSIZE＝400，YSIZE＝300，TITLE＝' 直线裁剪 '  &  ERASE
    Wl＝100  &  Wb＝100  &  Wr＝300  &  Wt＝200
    PLOTS，[Wl，Wr，Wr，Wl，Wl]，[Wb，Wb，Wt，Wt，Wb]，/DEVICE  &  WAIT，0.1
    Lf＝1  &  Rt＝2  &  Bm＝4  &  Tp＝8  &  Px＝INTARR(2) &  Py＝INTARR(2)
    Yn＝DIALOG_MESSAGE(' 单击两个位置，绘制直线！ '，/INFO)
    CURSOR，x0，y0，/DEVICE，/DOWN  &  Px[0]＝x0  &  Py[0]＝y0
    CURSOR，x1，y1，/DEVICE，/DOWN  &  Px[1]＝x1  &  Py[1]＝y1
    PLOTS，Px，Py，COLOR＝'0000FF'XL，/DEVICE  &  WAIT，0.1
    Yn＝DIALOG_MESSAGE(' 单击确定，裁剪直线！ '，/INFO)
    Rc0＝EnCode(Px[0]，Py[0]，Lf，Rt，Bm，Tp，Wl，Wr，Wb，Wt)
    Rc1＝EnCode(Px[1]，Py[1]，Lf，Rt，Bm，Tp，Wl，Wr，Wb，Wt)
    WHILE 1 DO BEGIN
        Change＝0
        IF（Rc0 OR Rc1）EQ 0 THEN BEGIN
            BREAK ;弃之
        ENDIF ELSE IF（Rc0 AND Rc1）NE 0 THEN BEGIN
            BREAK ;弃之
        ENDIF ELSE BEGIN
            IF（Rc0 EQ 0）THEN BEGIN ;若 P0 在窗内，交换 P0 和 P1，使 P0 在外
                TPx＝Px[0]  &  Px[0]＝Px[1]  &  Px[1]＝TPx ;交换坐标
                TPy＝Py[0]  &  Py[0]＝Py[1]  &  Py[1]＝TPy
                TRc＝Rc0  &  Rc0＝Rc1  &  Rc1＝TRc ;交换编码
            ENDIF
            ;按左－＞右－＞下－＞上的顺序裁剪
            IF（Rc0 AND Lf）NE 0 THEN BEGIN ;P0 位于窗口左侧
                x＝Wl ;求交点 y
                y＝Py[0]＋(Py[1]－Py[0])＊(x－Px[0])/(Px[1]－Px[0])
                Px[0]＝x  &  Py[0]＝y  &  Change＝1
                Rc0＝EnCode(Px[0]，Py[0]，Lf，Rt，Bm，Tp，Wl，Wr，Wb，Wt)
                Rc1＝EnCode(Px[1]，Py[1]，Lf，Rt，Bm，Tp，Wl，Wr，Wb，Wt)
            ENDIF
            IF（Rc0 AND Rt）NE 0 THEN BEGIN ;P0 位于窗口右侧
```

```
        x＝Wr ;求交点 y
        y＝Py[0]＋(Py[1]－Py[0])＊(x－Px[0])/(Px[1]－Px[0])
        Px[0]＝x  &  Py[0]＝y  &  Change＝1
        Rc0＝EnCode(Px[0],Py[0],Lf,Rt,Bm,Tp,Wl,Wr,Wb,Wt)
        Rc1＝EnCode(Px[1],Py[1],Lf,Rt,Bm,Tp,Wl,Wr,Wb,Wt)
      ENDIF
    IF (Rc0 AND Bm) NE 0 THEN BEGIN ;P0 位于窗口下侧
        y＝Wb ;求交点 x
        x＝Px[0]＋(Px[1]－Px[0])＊(y－Py[0])/(Py[1]－Py[0])
        Px[0]＝x  &  Py[0]＝y  &  Change＝1
        Rc0＝EnCode(Px[0],Py[0],Lf,Rt,Bm,Tp,Wl,Wr,Wb,Wt)
          Rc1＝EnCode(Px[1],Py[1],Lf,Rt,Bm,Tp,Wl,Wr,Wb,Wt)
    ENDIF
      IF (Rc0 AND Tp) NE 0 THEN BEGIN ;P0 位于窗口上侧
        y＝Wt ;求交点 x
        x＝Px[0]＋(Px[1]－Px[0])＊(y－Py[0])/(Py[1]－Py[0])
        Px[0]＝x  &  Py[0]＝y  &  Change＝1
        Rc0＝EnCode(Px[0],Py[0],Lf,Rt,Bm,Tp,Wl,Wr,Wb,Wt)
        Rc1＝EnCode(Px[1],Py[1],Lf,Rt,Bm,Tp,Wl,Wr,Wb,Wt)
      ENDIF
      IF (Change EQ 0) THEN BREAK
    ENDELSE
  ENDWHILE
  ERASE  &  PLOTS,[Wl,Wr,Wr,Wl,Wl],[Wb,Wb,Wt,Wt,Wb],/DEVICE
  PLOTS,Px,Py,COLOR='FF0000'XL,/DEVICE
END
;－－－－－－－－－－－－－－－－－－－－－－－－－－－－－－－－－－
```

程序运行结果如图 3.22 所示。

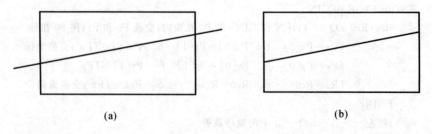

(a)　　　　　　　　　　　　　　　　(b)

图 3.22　直线裁剪

(a)裁剪之前;(b)裁剪之后

2. 中点分割算法

中点分割算法的基本思想与 Cohen Sutherland 算法类同,即首先对线段 P_1P_2 的端点进行编码,并把线段与窗口的关系分为如下三种情况:

(1)线段完全在窗口内。

（2）线段完全在窗口外。

（3）线段和窗口相交。

对于情况（1）和（2），同 Cohen Sutherland 算法；对于情况（3），使用中点分割方法求出线段 P_1P_2 与窗口的交点 A（P_1 最近可见点）和 B（P_2 最近可见点）。

计算 P_1 的最近可见点 A 的方法如下：

（1）计算 P_1P_2 的中点 P_m。如果 P_1P_m 上存在可见点，则 P_1 的最近可见点 A 一定落在 P_1P_m 上，这时用 P_1P_m 代替 P_1P_2，否则用 P_mP_2 代替 P_1P_2。

（2）对新的 P_1P_2，重复（1），直到 P_1P_m 的长度小于给定的阈值，显然此时的 P_m 收敛于交点 A。

使用同样的方法，可以计算 P_2 的最近可见点 B。

中点分割算法的示意图如图 3.23 所示。

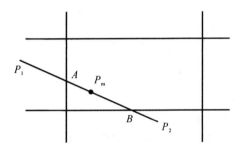

图 3.23　中点分割算法的示意图

【例 3.15】　已知裁剪窗口的对角顶点为（100,100）和（300,200），请使用该裁剪窗口，对任意绘制的一条直线进行裁剪，要求使用中点分割算法。

程序如下：

```
;——————————————————————————————————————————
; Ch03ClipLineMidPoint,pro
;——————————————————————————————————————————
;端点编码函数,顺序左右下上
FUNCTION EnCode,LinePx,LinePy,Lf,Rt,Bm,Tp,Wl,Wr,Wb,Wt
    Rc=0
    IF (LinePx LT Wl) THEN Rc=Rc OR Lf
    IF (LinePx GT Wr) THEN Rc=Rc OR Rt
    IF (LinePy LT Wb) THEN Rc=Rc OR Bm
    IF (LinePy GT Wt) THEN Rc=Rc OR Tp
    RETURN,Rc
END
;——————————————————————————————————————————
PRO MidClip,P0x,P0y,P1x,P1y,Flag,Lf,Rt,Bm,Tp,Wl,Wr,Wb,Wt,Px,Py
    Rct0=EnCode(P0x,P0y,Lf,Rt,Bm,Tp,Wl,Wr,Wb,Wt)
    Rct1=EnCode(P1x,P1y,Lf,Rt,Bm,Tp,Wl,Wr,Wb,Wt)
    x=(P0x+P1x)/2  &  y=(P0y+P1y)/2
```

```
        Rct=EnCode(x,y,Lf,Rt,Bm,Tp,Wl,Wr,Wb,Wt)
        WHILE (ABS(x−P0x) GT 1E−6 || ABS(y−P0y) GT 1E−6) DO BEGIN
            IF (Rct EQ 0) THEN BEGIN ;中点在窗口内,则弃 P0
                P0x=x  &  P0y=y  &  Rct0=Rct
            ENDIF ELSE BEGIN ;否则弃 P1
                P1x=x  &  P1y=y  &  Rct1=Rct
            ENDELSE
            x=(P0x+P1x)/2  &  y=(P0y+P1y)/2
            Rct=EnCode(x,y,Lf,Rt,Bm,Tp,Wl,Wr,Wb,Wt)
        ENDWHILE
    IF (Flag EQ 1) THEN BEGIN
            Px[1]=x  &  Py[1]=y
    ENDIF ELSE BEGIN
            Px[0]=x  &  Py[0]=y
    ENDELSE
END
;─────────────────────────────────────────────
PRO Ch03ClipLineMidPoint
    DEVICE, DECOMPOSED=1
    ! P.BACKGROUND='FFFFFF'XL  &  ! P.COLOR='000000'XL
    WINDOW,6,XSIZE=400,YSIZE=300,TITLE='直线裁剪'  &  ERASE
    Wl=100  &  Wb=100  &  Wr=300  &  Wt=200
    PLOTS,[Wl,Wr,Wr,Wl,Wl],[Wb,Wb,Wt,Wt,Wb],/DEVICE  &  WAIT,0.1
    Lf=1  &  Rt=2  &  Bm=4  &  Tp=8
    Px=DBLARR(2)  &  Py=DBLARR(2)
    Yn=DIALOG_MESSAGE('单击两个位置,绘制直线!',/INFO)
    CURSOR,x0,y0,/DEVICE,/DOWN  &  Px[0]=x0  &  Py[0]=y0
    CURSOR,x1,y1,/DEVICE,/DOWN  &  Px[1]=x1  &  Py[1]=y1
    PLOTS,Px,Py,COLOR='0000FF'XL,/DEVICE  &  WAIT,0.1
    Yn=DIALOG_MESSAGE('单击确定,裁剪直线!',/INFO)
    Rc0=EnCode(Px[0],Py[0],Lf,Rt,Bm,Tp,Wl,Wr,Wb,Wt)
    Rc1=EnCode(Px[1],Py[1],Lf,Rt,Bm,Tp,Wl,Wr,Wb,Wt)
    IF (Rc0 OR Rc1) EQ 0 THEN BEGIN
        ERASE & PLOTS,[Wl,Wr,Wr,Wl,Wl],[Wb,Wb,Wt,Wt,Wb],/DEVICE ;弃之
    ENDIF ELSE IF (Rc0 AND Rc1) NE 0 THEN BEGIN
        ERASE & PLOTS,[Wl,Wr,Wr,Wl,Wl],[Wb,Wb,Wt,Wt,Wb],/DEVICE ;弃之
    ENDIF ELSE BEGIN
        IF (Rc0 EQ 0 || Rc1 EQ 0) THEN BEGIN ;两个顶点一内一外
            IF (Rc0 EQ 0) THEN BEGIN ;P0 在窗口内,P1 在窗口外
                MidClip,Px[0],Py[0],Px[1],Py[1],1, $
                    Lf,Rt,Bm,Tp,Wl,Wr,Wb,Wt,Px,Py
            ENDIF ELSE BEGIN ;P1 在窗口内,P0 在窗口外
MidClip,Px[1],Py[1],Px[0],Py[0],0, $
```

Lf,Rt,Bm,Tp,Wl,Wr,Wb,Wt,Px,Py
ENDELSE
ENDIF ELSE BEGIN ;两点均在窗外,拆分,离 P0 近的为 0,离 P1 近的为 1
　　x＝(Px[0]＋Px[1])/2　 & 　y＝(Py[0]＋Py[1])/2
　　Rc＝EnCode(x,y,Lf,Rt,Bm,Tp,Wl,Wr,Wb,Wt)
　　WHILE (Rc NE 0) DO BEGIN ;中点在窗外
　　　　IF (Rc0 AND Rc) EQ 0 THEN BEGIN ;中点 P 和 P0 跨窗,弃 PP1
　　　　　　Px[1]＝x　 & 　Py[1]＝y　 & 　Rc1＝Rc
　　　　ENDIF ELSE BEGIN ;中点 P 在 P0 侧,弃 PP0
　　　　　　Px[0]＝x　 & 　Py[0]＝y　 & 　Rc0＝Rc
　　　　ENDELSE
　　　　x＝(Px[0]＋Px[1])/2　 & 　y＝(Py[0]＋Py[1])/2
　　　　Rc＝EnCode(x,y,Lf,Rt,Bm,Tp,Wl,Wr,Wb,Wt)
　　ENDWHILE
　　;Rc＝0,中点在窗内,以中点分割的两段进行裁剪
　　MidClip,x,y,Px[0],Py[0],0,Lf,Rt,Bm,Tp,Wl,Wr,Wb,Wt,Px,Py
　　MidClip,x,y,Px[1],Py[1],1,Lf,Rt,Bm,Tp,Wl,Wr,Wb,Wt,Px,Py
　ENDELSE
ENDELSE
ERASE　 & 　PLOTS,[Wl,Wr,Wr,Wl,Wl],[Wb,Wb,Wt,Wt,Wb],/DEVICE
PLOTS,Px,Py,COLOR＝'FF0000'XL,/DEVICE
END
;———————————————————————————————————

程序运行结果如图 3.22 所示。

3. Liang Barskey 算法

　　前两种裁剪算法是非参数方法,为了适应更多特殊需求,Cyrus 和 Beck 提出了参数化裁剪算法 Cyrus Beck 算法,作为 Cyrus Beck 算法的特例又出现了 Liang Barskey 算法。

　　LiangBarskey 算法的基本思想是已知裁剪线段 P_1P_2 与裁剪窗口的交点分别为 A,B,C,D,并从 A,B,P_1 中找出离 P_2 最近的点 P_1,从 C,D,P_2 中找出离 P_1 最近的点 C,则 P_1C 就是 P_1P_2 上的裁剪结果(见图 3.24)。

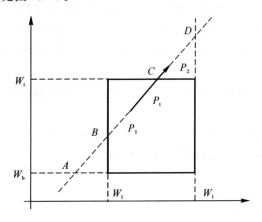

图 3.24　Liang Barskey 算法示意图

线段 P_1P_2 的参数方程为

$$\begin{cases} x = x_1 + t\Delta x = x_1 = t(x_2 - x_1) \\ y = y_1 + t\Delta y = y_1 + t(y_2 - y_1) \end{cases} \qquad 0 \leqslant t \leqslant 1$$

裁剪窗口边界的分类如下：

对于 $\Delta x \geqslant 0$，则 $x = W_1$ 为始边，$x = W_r$ 为终边；

对于 $\Delta x < 0$，则 $x = W_r$ 为始边，$x = W_1$ 为终边；

对于 $\Delta y \geqslant 0$，则 $y = W_b$ 为始边，$y = W_t$ 为终边；

对于 $\Delta y < 0$，则 $y = W_t$ 为始边，$y = W_b$ 为终边。

如果 P_1P_2 与始边的交点参数为 t_1 和 t_2，与终边的交点参数为 t_3 和 t_4，且

$$\begin{cases} t_u = \max(t_1, t_2, 0) \\ t_v = \min(t_3, t_4, 1) \end{cases}$$

则 P_1P_2 的裁剪结果为 $[t_u, t_v]$（$t_u \leqslant t_v$；如果 $t_u > t_v$，则弃之）。

不难导出，Liang Barskey 算法的裁剪条件和裁剪方法：

$$\begin{cases} X_L \leqslant x_1 + t\Delta x \leqslant X_R \\ Y_B \leqslant y_1 + t\Delta y \leqslant Y_T \\ tp_k \leqslant q_k \end{cases}$$

其中：

$$\begin{cases} p_1 = -\Delta x, q_1 = x_1 - W_1 \\ p_2 = +\Delta x, q_2 = W_r - x_1 \\ p_3 = -\Delta y, q_3 = y_1 - W_b \\ p_4 = -\Delta y, q_4 = W_t - y_1 \end{cases}$$

对于 $p_k = 0$（$k = 1, 2, 3, 4$ 分别对应裁剪窗口的左、右、下、上边界），如果 $q_k < 0$，则线段在边界外，弃之；如果 $q_k \geqslant 0$，则线段平行于裁剪边界，并且在窗口内。

对于 $p_k \neq 0$，计算线段与边界 k 的延长线的交点参数值：$t_k = q_k / p_k$。如果 $p_k < 0$，则线段从裁剪边界延长线的外部延伸到内部。如果 $p_k > 0$，则线段从裁剪边界延长线的内部延伸到外部。

因此，对于裁剪直线，通过计算参数 t_1 和 t_2，定义其在裁剪窗口内的可见部分。并且 t_1 的值由线段从外到内遇到的裁剪窗口边界所决定，对这些边界计算 $s_k = q_k / p_k$，t_1 取 0 和 s_k 的最大值。t_2 的值由线段从内到外遇到的矩形边界所决定，对这些边界计算 $s_k = q_k / p_k$，t_2 取 1 和 s_k 的最小值。

如果 $t_1 > t_2$，则线段完全落在裁剪窗口之外，被舍弃；否则裁剪线段由参数 t 的两个值 t_1，t_2 来确定可见部分。

【例 3.16】 已知裁剪窗口的对角顶点为 (100, 100) 和 (300, 200)，请使用该裁剪窗口，对任意绘制的一条直线进行裁剪，要求使用 Liang Barskey 算法。

程序如下：

```
;-------------------------------------------------------------
; Ch03ClipLineLiangBarsky.pro
;-------------------------------------------------------------
FUNCTION LBTest,u,v,TMax,TMin ;测试函数,顺序左右下上
```

```
        t=0.0    &    RValue=1
    IF (u LT 0.0) THEN BEGIN ;外到内计算起点的 TMax
        t=v/u
        IF (t GT TMin) THEN RValue=0 $
        ELSE IF (t GT TMax) THEN TMax=t
    ENDIF ELSE BEGIN
        IF (u GT 0.0) THEN BEGIN ;内到外计算终点的 TMin
            t=v/u
            IF (t LT TMax) THEN RValue=0 $
            ELSE IF (t LT TMin) THEN TMin=t
        ENDIF ELSE BEGIN ;平行于窗口边界的直线
            IF (v LT 0.0) THEN RValue=0 ;直线在窗外弃之
        ENDELSE
    ENDELSE
    RETURN,RValue
END
;—————————————————————————————————————
PRO Ch03ClipLineLiangBarsky
    DEVICE, DECOMPOSED=1
    ! P.BACKGROUND='FFFFFF'XL  &  ! P.COLOR='000000'XL
    WINDOW,6,XSIZE=400,YSIZE=300,TITLE=' 直线裁剪 '  &  ERASE
    Wl=100  &  Wb=100  &  Wr=300  &  Wt=200
    PLOTS,[Wl,Wr,Wr,Wl,Wl],[Wb,Wb,Wt,Wt,Wb],/DEVICE  &  WAIT,0.1
    Lf=1  &  Rt=2  &  Bm=4  &  Tp=8
    Px=DBLARR(2) &  Py=DBLARR(2)
    Yn=DIALOG_MESSAGE(' 单击两个位置,绘制直线! ',/INFO)
    CURSOR,x0,y0,/DEVICE,/DOWN  &  Px[0]=x0  &  Py[0]=y0
    CURSOR,x1,y1,/DEVICE,/DOWN  &  Px[1]=x1  &  Py[1]=y1
    PLOTS,Px,Py,COLOR='0000FF'XL,/DEVICE   &  WAIT,0.1
    Yn=DIALOG_MESSAGE(' 单击确定,裁剪直线! ',/INFO)
    Dx=Px[1]-Px[0]  &  Dy=Py[1]-Py[0]  &  TMax=0.0  &  TMin=1.0
    ;窗口边界的左->右->下->上顺序裁剪直线
    ;n=1,左边 u1=-Dx,v1=x1-Wl
    IF (LBTest(-Dx,Px[0]-Wl,TMax,TMin)) THEN BEGIN
        ;n=2,右边 u2=Dx,v2=Wr-x1
    IF (LBTest(Dx,Wr-Px[0],TMax,TMin)) THEN BEGIN
        ;n=3,下边 u3=-Dy,v3=y1-Wb
        IF (LBTest(-Dy,Py[0]-Wb,TMax,TMin)) THEN BEGIN
            ;n=4,上边 u4=Dy,v4=Wt-y1
            IF (LBTest(Dy,Wt-Py[0],TMax,TMin)) THEN BEGIN
                IF (TMin LT 1.0) THEN BEGIN ;判断直线的终点
                    Px[1]=Px[0]+TMin * Dx  &  Py[1]=Py[0]+TMin * Dy
                ENDIF
            ENDIF
```

```
            IF (TMax GT 0.0) THEN BEGIN ；判断直线的起点
                    Px[0]+=TMax * Dx   &   Py[0]+=TMax * Dy
                ENDIF
            ENDIF
        ENDIF
    ENDIF
  ENDIF
  ERASE  &  PLOTS,[Wl,Wr,Wr,Wl,Wl],[Wb,Wb,Wt,Wt,Wb],/DEVICE
  PLOTS,Px,Py,COLOR='FF0000'XL,/DEVICE
END
；———————————————————————————————————————
```

程序运行结果如图 3.22 所示。

4. 多边形裁剪算法

多边形裁剪可以使用直线的裁剪算法,通过依次对多边形的每条边进行裁剪来实现。而 Sutherland 和 Hodgeman 提出了更有效的逐次多边形裁剪算法(Reentrant Polygon Clipping),其基本思想是每次用裁剪窗口的一条边裁剪多边形。

针对裁剪窗口与多边形的位置关系,可以把多边形的每条边与窗口边界的关系分为 4 种情况,如图 3.25 所示。

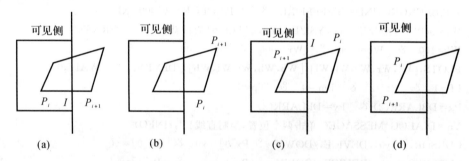

图 3.25 多边形边界与裁剪边的位置关系及其输出

(a)输出 I ;(b)无输出 ;(c)输出 I 和 P_{i+1} ;(d)输出 P_{i+1}

对于图 3.25(a),始点在窗口内,终点在窗口外,输出多边形边 P_iP_{i+1} 与裁剪边的交点 I ;

对于图 3.25(b),始点和终点均在窗口外,不输出;

对于图 3.25(c),始点在窗口外,终点在窗口内,输出多边形边 P_iP_{i+1} 与裁剪边的交点 I 和多边形边的终点 P_{i+1} ;

对于图 3.25(d),始点和终点均在窗口内,输出多边形边的终点 P_{i+1} 。

逐次多边形裁剪算法的实现方法:

(1) 输入多边形的顶点序列;

(2) 使用当前裁剪边对多边形进行裁剪,输出新的顶点序列作为下一条裁剪边处理过程的输入。

(3) 重复(2),直到裁剪窗口的 4 条裁剪边处理完成。

【例 3.17】 使用蓝色绘制经过数据点(50,150),(170,110),(350,150),(200,230)的多边

形,然后使用对角顶点为(100,100)和(300,200)的裁剪窗口对多边形进行裁剪。

程序如下:

```
;———————————————————————————————————————————
; Ch03ClipPolygon.pro
;———————————————————————————————————————————
PRO Ch03ClipPolygon
    DEVICE, DECOMPOSED=1
    ! P.BACKGROUND='FFFFFF'XL  &  ! P.COLOR='FF0000'XL
    WINDOW,6,XSIZE=400,YSIZE=300,TITLE=' 多边形裁剪 '  &  ERASE
    Wl=100  &  Wr=300  &  Wt=100  &  Wb=200  &  n=3  &  k=0
    PLOTS,[Wl,Wr,Wr,Wl,Wl],[Wt,Wt,Wb,Wb,Wt],COLOR='000000'XL,/DEVICE
    Sxy={x:0D,y:0D}  &  Xy=REPLICATE(Sxy,20)
    Xy[0].x=050  &  Xy[0].y=150  &  Xy[1].x=170  &  Xy[1].y=110
    Xy[2].x=350  &  Xy[2].y=150  &  Xy[3].x=200  &  Xy[3].y=230
    Xy[4].x=050  &  Xy[4].y=150
    PLOTS,Xy[0:4].x,Xy[0:4].y,COLOR='FF0000'XL,/DEVICE  &  WAIT,0.1
    Pl=Xy  &  Yn=DIALOG_MESSAGE(' 单击确定,进行直线裁剪! ',/INFO)
    FOR i=0,n DO BEGIN  ;求端点区号
        IF (Xy[i].x LT Wl) THEN Code1=1 ELSE Code1=0
        IF (Xy[i+1].x LT Wl) THEN Code2=1 ELSE Code2=0
        IF (Code1 NE 0 && Code2 EQ 0) THEN BEGIN
            Pl[k].x=Wl
            Pl[k].y=Xy[i].y+(Xy[i+1].y-Xy[i].y)*(Wl-Xy[i].x)/(Xy[i+1].x-Xy[i].x)
            Pl[k+1]=Xy[i+1]  &  k+=2
        ENDIF
        IF (Code1 EQ 0 && Code2 EQ 0) THEN BEGIN
            IF (k EQ 0) THEN BEGIN
                Pl[k]=Xy[i]  &  Pl[k+1]=Xy[i+1]  &  k+=2
            ENDIF ELSE BEGIN
                Pl[k]=Xy[i+1]  &  k++
            ENDELSE
        ENDIF
        IF (Code1 EQ 0 AND Code2 NE 0) THEN BEGIN
            Pl[k].x=Wl
            Pl[k].y=Xy[i].y+(Xy[i+1].y-Xy[i].y)* $
            (Wl-Xy[i].x)/(Xy[i+1].x-Xy[i].x)  &  k++
        ENDIF
    ENDFOR
    Pl[k]=Pl[0]  &n=k-1  &  k=0  &  Pr=Pl
    FOR i=0,n DO BEGIN
        IF (Pl[i].x LT Wr) THEN Code1=0 ELSE Code1=2
        IF (Pl[i+1].x LT Wr) THEN Code2=0 ELSE Code2=2
        IF (Code1 EQ 0 AND Code2 EQ 0) THEN BEGIN
            IF (k EQ 0) THEN BEGIN
                Pr[k]=Pl[i]  &  Pr[k+1]=Pl[i+1]  &  k+=2
```

```
        ENDIF ELSE BEGIN
            Pr[k]=Pl[i+1]    &  k++
        ENDELSE
    ENDIF
    IF (Code1 NE 0 AND Code2 EQ 0) THEN BEGIN
        Pr[k].x=Wr
        Pr[k].y=Pl[i].y+(Pl[i+1].y−Pl[i].y) * (Wr−Pl[i].x)/(Pl[i+1].x−Pl[i].x)
        Pr[k+1]=Pl[i+1]    &   k+=2
    ENDIF
    IF (Code1 EQ 0 AND Code2 NE 0) THEN BEGIN
        Pr[k].x=Wr
        Pr[k].y=Pl[i].y+(Pl[i+1].y−Pl[i].y) * $
            (Wr−Pl[i].x)/(Pl[i+1].x−Pl[i].x)    &   k++
    ENDIF
ENDFOR
Pr[k]=Pr[0]    &   n=k−1    &   k=0    &   Pt=Pr
FOR i=0,n DO BEGIN
    IF (Pr[i].y GE Wt) THEN Code1=0 ELSE Code1=4
    IF (Pr[i+1].y GE Wt) THEN Code2=0 ELSE Code2=4
    IF (Code1 NE 0 AND Code2 EQ 0) THEN BEGIN
        Pt[k].y=Wt
        Pt[k].x=Pr[i].x+(Pr[i+1].x−Pr[i].x) * $
            (Wt−Pr[i].y)/(Pr[i+1].y−Pr[i].y)
        Pt[k+1]=Pr[i+1]    &   k+=2
    ENDIF
    IF (Code1 EQ 0 AND Code2 EQ 0) THEN BEGIN
        IF (k EQ 0) THEN BEGIN
            Pt[k]=Pr[i]    &   Pt[k+1]=Pr[i+1]    &   k+=2
        ENDIF ELSE BEGIN
            Pt[k]=Pr[i+1]    &   k++
        ENDELSE
    ENDIF
    IF (Code1 EQ 0 AND Code2 NE 0) THEN BEGIN
        Pt[k].y=Wt
        Pt[k].x=Pr[i].x+(Pr[i+1].x−Pr[i].x) * $
            (Wt−Pr[i].y)/(Pr[i+1].y−Pr[i].y)    &   k++
    ENDIF
ENDFOR
Pt[k]=Pt[0]    &   n=k−1    &   k=0    &   Pb=Pt
FOR i=0,n DO BEGIN
    IF (Pt[i].y LE Wb) THEN Code1=0 ELSE Code1=8
    IF (Pt[i+1].y LE Wb) THEN Code2=0 ELSE Code2=8
    IF (Code1 EQ 0 AND Code2 EQ 0) THEN BEGIN
        IF (k EQ 0) THEN BEGIN
            Pb[k]=Pt[i]    &   Pb[k+1]=Pt[i+1]    &   k+=2
```

```
    ENDIF ELSE BEGIN
        Pb[k]＝Pt[i＋1]   &   k＋＋
    ENDELSE
ENDIF
IF (Code1 NE 0 AND Code2 EQ 0) THEN BEGIN
    Pb[k].y＝Wb
    Pb[k].x＝Pt[i].x＋(Pt[i＋1].x－Pt[i].x)＊(Wb－Pt[i].y)/(Pt[i＋1].y－Pt[i].y)
    Pb[k＋1]＝Pt[i＋1]   &   k＋＝2
ENDIF
IF (Code1 EQ 0 AND Code2 NE 0) THEN BEGIN
    Pb[k].y＝Wb
    Pb[k].x＝Pt[i].x＋(Pt[i＋1].x－Pt[i].x)＊ $
            (Wb－Pt[i].y)/(Pt[i＋1].y－Pt[i].y)   &   k＋＋
ENDIF
ENDFOR
Pb[k]＝Pb[0]   &   ERASE
PLOTS,[Wl,Wr,Wr,Wl,Wl],[Wt,Wt,Wb,Wb,Wt],COLOR＝'000000'XL,/DEVICE
PLOTS,Pb[0:k].x,Pb[0:k].y,COLOR＝'FF0000'XL,/DEVICE
END
```

;——

程序运行结果如图 3.26 所示。

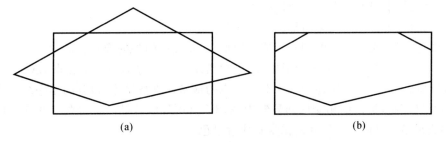

图 3.26　多边形的裁剪结果

(a)裁剪前;(b)裁剪后

3.2.4　多边形填充

多边形填充是指先将多边形区域内的一点赋予指定的颜色,然后将该颜色扩展到整个区域的过程。

多边形区域(简称区域)通常是指多边形的内部区域。区域既可以采用内点表示,也可以采用边界表示,即多边形区域用顶点表示和点阵表示等方法。

顶点表示是使用多边形的顶点序列来表示多边形。其优点是表示直观,几何意义明显,占内存少,易于几何变换;其缺点是没有明确指出多边形内的具体像素,不能直接用于多边形填充。

点阵表示是使用位于多边形内的像素集合来刻画多边形。其优点是可以直接进行多边形填充,其缺点是丢失了许多几何信息。

多边形填充的常用算法是适应于顶点表示的扫描线类算法和适应于点阵表示的种子填充类算法。通过多边形的扫描转换可以把多边形的顶点表示转换为点阵表示。

多边形分为凸多边形、凹多边形和带孔多边形等,如图 3.27 所示。

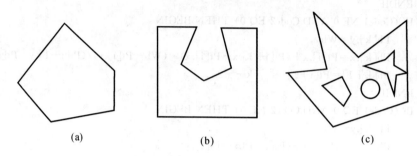

(a)   (b)   (c)

图 3.27 多边形的分类(凸、凹、带孔)

(a)凸多边形;(b)凹多边形;(c)带孔多边形

1. 扫描线算法

扫描线算法的基本思想是按照扫描线的顺序,计算扫描线与多边形的相交区间,再用预定的颜色显示区间内的像素。

扫描线算法的过程可以分为求交、排序、配对和填色等。

(1) 求交:求扫描线与多边形各边的交点;

(2) 排序:把求得的交点按照递增顺序进行排序;

(3) 配对:确定扫描线与多边形的相交区间;

(4) 填色:把相交区间内的像素置成多边形色,相交区间外的像素置成背景色。

例如:在如图 3.28 所示的多边形中,对于扫描线 6 与多边形的 4 个交点 $A(2,6)$,$B(3.5, 6)$,$C(7,6)$ 和 $D(11,6)$,按照递增顺序对各交点的横坐标进行排序,得到的排序结果是 2,3.5,7,11;而扫描线与多边形的相交区间显然为 $[2,3.5]$ 和 $[7,11]$,最后把这两个相交区间内的像素置成多边形色,把相交区间外的像素置成背景色。

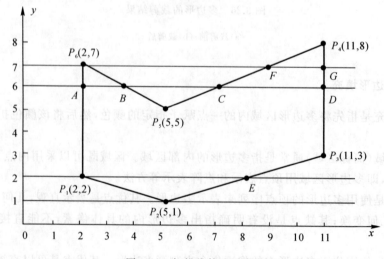

图 3.28 扫描线算法示意图

实现扫描线算法的关键是计算每条扫描线与多边形各边的交点和交点的取舍。

交点取舍是指当扫描线与多边形的顶点或者边界相交时，必须进行交点的正确取舍。具体方法是检查顶点的两条边的另外两个端点的 y 值，按这两个 y 值中大于交点 y 值的个数是 0，1，2 来决定使用几次。对于边界采用相交区间左闭右开（或者左开右闭）。

例如：扫描线 5 与多边形的交点 P_5，因为另外两个端点的 y 值大于 P_5 的 y 值的个数为 2，所以 P_5 需要使用两次；同理 P_1，P_2，P_3，P_4，P_6，A，B，C，D，E，F，G 分别需要使用 1，2，1，0，0，1，1，1，1，1，1，1 次。

对于求交，如果直接使用直线方程求交点的方法，则效率通常较低，为此，在处理一条扫描线时，只需要对与它相交的多边形的边进行求交。具体处理方法是为每条扫描线建立活性边（与当前扫描线相交的边）表，存放与该扫描线相交的边的相关信息（例如：扫描线与该边的交点和相邻扫描线的增量等）。

事实上，当一条边与当前扫描线相交时，它可能与下条扫描线相交；同理，当前扫描线和各边的交点顺序与下条扫描线和各边的交点顺序可能相同或者类似；因此，可以根据当前扫描线的活性边表导出下条扫描线的活性边表，同时需要注意活性边表的更新。即：对于直线 $ax+by+c=0$，如果 $y=y_i$ 时，$x=x_i$，则 $y=y_{i+1}$ 时，$x_{i+1}=x_i-b/a$；亦即，相邻扫描线之间 x 的增量 Δx 为 b/a。

另外，为了方便建立和更新活性边表，需要为每条扫描线建立一个新边表，用于存放在该扫描线第一次出现的边，即：如果一边的较低端点为 $y_{\min}$，则把该边放入扫描线 $y_{\min}$ 的新边表。

例如：在如图 3.28 所示的多边形中，扫描线 6 的活性边表如图 3.29 所示。扫描线 1 和扫描线 2 的新边表如图 3.30 所示。

其中节点结构＝（当前扫描线与边的交点坐标 x，从当前扫描线到下一条扫描线间 x 的增量 Δx，该边所交的最高扫描线号 $y_{\max}$，……）。

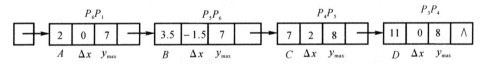

图 3.29　扫描线 6 的活性边表

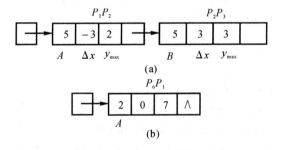

图 3.30　扫描线 1 和 2 的新边表

(a)扫描线 1 的新边表；(b)扫描线 2 的新边表

【例 3.18】　使用扫描线算法，把经过数据点 $(100,100)$，$(300,110)$，$(400,200)$，$(200,250)$ 的多边形填充为绿色。

程序如下：

```
;———————————————————————————————————————————————
; Ch03FillEdgeTable.pro
;———————————————————————————————————————————————
PRO Ch03FillEdgeTable
    DEVICE, DECOMPOSED=1
    ! P.BACKGROUND='FFFFFF'XL  &  ! P.COLOR='FF0000'XL
    WINDOW,6,XSIZE=500,YSIZE=300,TITLE=' 多边形填充 '  &   ERASE
    Sxy={x:0D,y:0D}  &  Xy=REPLICATE(Sxy,16)  &   Fill='00FF00'XL
    Xy[0].x=100  &  Xy[0].y=100  &  Xy[1].x=300  &  Xy[1].y=110
    Xy[2].x=400  &  Xy[2].y=200  &  Xy[3].x=200  &  Xy[3].y=250
    Xy[4].x=100  &  Xy[4].y=100
    PLOTS,Xy[0:4].x,Xy[0:4].y,COLOR='FF0000'XL,/DEVICE  &  WAIT,0.1
    Yn=DIALOG_MESSAGE(' 单击确定开始填充！ ',/INFO)
    TEg={Num:0D,Dx:0D,XMin:0D,XMax:0D,YMin:0D,YMax:0D}
    Eg=REPLICATE(TEg,16)  &  Eg1=Eg
    FOR i=0,3 DO BEGIN ;建立边表
        Eg[i].Num=i
        Eg[i].Dx=(Xy[i+1].x−Xy[i].x)/(Xy[i+1].y−Xy[i].y)
        IF (Xy[i].y LE Xy[i+1].y) THEN BEGIN
            Eg[i].XMin=Xy[i].x  &  Eg[i].XMax=Xy[i+1].x
            Eg[i].YMin=Xy[i].y  &  Eg[i].YMax=Xy[i+1].y
        ENDIF ELSE BEGIN
            Eg[i].XMax=Xy[i].x  &  Eg[i].XMin=Xy[i+1].x
            Eg[i].YMax=Xy[i].y  &  Eg[i].YMin=Xy[i+1].y
        ENDELSE
    ENDFOR
    Xy[0:3]=Xy[REVERSE(SORT(Xy[0:3].y))] ;顶点排序
    PMin=MIN(Xy[0:3].y,MAX=PMax) ;多边形 y 分量的最大最小值
    Eg[0:3]=Eg[REVERSE(SORT(Eg[0:3].YMin))] ;边表排序
    k=(s=0)  &  Pt=INTARR(16) ;扫描线交点
    FOR Ys=PMax−1,PMin+1,−1 DO BEGIN ;上开下闭
        Fg=0  &  k=s
        FOR j=k,3 DO BEGIN
            ;扫描线与线段是否交于顶点
            IF (Ys GE Eg[j].YMin && Ys LE Eg[j].YMax) THEN BEGIN
                IF (Ys EQ Eg[j].YMax) THEN BEGIN
                    IF (Xy[Eg[j].Num+1].y LT Eg[j].YMax) THEN BEGIN
                        Fg++  &  Pt[Fg]=Eg[j].XMax
                ENDIF
                IF (Eg[j].Num−1 LT 0) THEN CONTINUE
                IF (Xy[Eg[j].Num−1].y LT Eg[j].YMax) THEN BEGIN
                        Fg++  &  Pt[Fg]=Eg[j].XMax
```

```
        ENDIF
      ENDIF
      IF（Ys EQ Eg[j].YMin）THEN BEGIN
        IF（Xy[Eg[j].Num＋1].y GT Eg[j].YMin）THEN BEGIN
      Fg＋＋　 &　 Pt[Fg]＝Eg[j].XMin
    ENDIF
    IF（Eg[j].Num－1 LT 0）THEN CONTINUE
      IF（Xy[Eg[j].Num－1].y GT Eg[j].YMin）THEN BEGIN
        Fg＋＋　 &　 Pt[Fg]＝Eg[j].XMin
    ENDIF
      ENDIF
      IF（Ys GT Eg[j].YMin && Ys LT Eg[j].YMax）THEN BEGIN
        Fg＋＋
      Pt[Fg]＝Eg[j].XMax＋Eg[j].Dx∗（Ys－Eg[j].YMax）
    ENDIF
  ENDIF
      IF（Ys LT Eg[j].YMin）THEN s＝j ;建立新活性边表
    ENDFOR
    IF（Fg GT 1）THEN BEGIN
      FOR m＝1,Fg DO BEGIN
        PLOTS,Pt[m],Ys,/DEVICE　 &　 m＋＋
        PLOTS,Pt[m],Ys,COLOR＝Fill,/CONTINUE,/DEVICE
      ENDFOR
    ENDIF
  ENDFOR
END
;－－－－－－－－－－－－－－－－－－－－－－－－－－－－－－－
```

程序运行结果如图 3.31 所示。

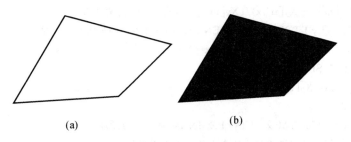

（a）　　　　　　　　　　　　　　（b）

图 3.31　多边形扫描线算法填充结果

（a）多边形填充前；（b）多边形填充后

　　作为多边形扫描算法的推广，边标记填充算法的基本思想是在缓冲器中对多边形的每条边进行直线扫描转换，并对多边形边界所经过的像素打上标志。然后再用扫描线算法把位于多边形内的各个区间上的像素绘制成预定颜色。

　　不难证明，扫描线算法与边标记算法的软件执行速度基本相同，但是边标记算法不必建立和维护边表,所以边标记算法更适合硬件实现,其硬件执行速度比前者要快。

2. 边填充算法

边填充算法的基本思想是设每条扫描线和每条多边形边的交点为 P_i,把扫描线上 P_i 右侧的所有像素依次取补,直至所有扫描线和多边形的所有边处理结束。

在处理多边形的边时,直至处理到最后一条边,才进行显示,对于前面的各边仅作处理,不进行显示。

【例 3.19】 使用边填充算法,把经过数据点(350,300),(150,350),(50,250),(150,50),(300,150),(400,50),(450,350)的多边形填充为绿色。

程序如下:

```
;————————————————————————————————————————————————
; Ch03FillEdge.pro
;————————————————————————————————————————————————
PRO Ch03FillEdge
    DEVICE, DECOMPOSED=1
    ! P.BACKGROUND='FFFFFF'XL  &   ! P.COLOR='000000'XL
    WINDOW,6,XSIZE=500,YSIZE=400,TITLE='多边形填充'  &   ERASE
    Sxy={x:0D,y:0D}  &   Xy=REPLICATE(Sxy,16)
    Xy[0].x=350  &   Xy[0].y=300  &   Xy[1].x=150  &   Xy[1].y=350
    Xy[2].x=050  &   Xy[2].y=250  &   Xy[3].x=150  &   Xy[3].y=050
    Xy[4].x=300  &   Xy[4].y=150  &   Xy[5].x=400  &   Xy[5].y=050
    Xy[6].x=450  &   Xy[6].y=350  &   Xy[7].x=350  &   Xy[7].y=300
    PLOTS,Xy[0:7].x,Xy[0:7].y,COLOR='FF0000'XL,/DEVICE  &   WAIT,0.1
    Yn=DIALOG_MESSAGE('单击确定开始填充!',/INFO)
    FColor='00FF00'XL  &   BColor='FFFFFF'XL  &   MaxX=500  &   MaxY=400
    FOR i=0,6 DO BEGIN ;对于多边形所有边循环
        m=i  &   n=i+1 ;对点的循环
        IF (n EQ 7) THEN n=0
        k=(Xy[m].x-Xy[n].x)/(Xy[m].y-Xy[n].y) ;计算 1/k
        IF (Xy[m].y LT Xy[n].y) THEN BEGIN ;每条边的最大最小 y 值
            YMin=Xy[m].y  &   YMax=Xy[n].y  &   x=Xy[m].x
        ENDIF ELSE BEGIN
            YMin=Xy[n].y  &   YMax=Xy[m].y  &   x=Xy[n].x
        ENDELSE
        FOR y=YMin,YMax-1 DO BEGIN ;对每一条边循环
            ;对每一条扫描线与边的交点的右侧像素循环
            FOR j=ROUND(x),MaxX-1 DO BEGIN
                TColor=TVRD(j,ROUND(y),1,1,TRUE=1)
                Curr=LONG(TColor[2] * 256D^2+TColor[1] * 256D)+TColor[0]
                IF (Curr EQ '00FF00'XL) THEN BEGIN ;像素颜色是填充色
                    PLOTS,j,ROUND(y),COLOR=BColor,/DEVICE,PSYM=3
                ENDIF ELSE BEGIN
                    PLOTS,j,ROUND(y),COLOR=FColor,/DEVICE,PSYM=3
```

```
            ENDELSE
         ENDFOR
         x+=k ;计算下一个 x 起点值
      ENDFOR
   ENDFOR
END
```
;————————————————————————————

程序运行结果如图 3.32 所示。

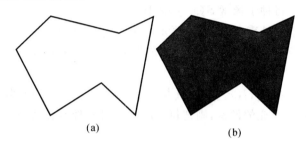

(a)　　　　　　　　　　(b)

图 3.32　边填充算法的填充结果

(a)多边形填充前;(b)多边形填充后

作为边填充算法的推广,栅栏填充算法的基本思想是设每条扫描线和每条多边形边的交点为 P_i,把扫描线上 P_i 与栅栏(预设的一条垂直直线)之间的所有像素依次取补,直至所有扫描线和多边形的所有边处理结束。具体实现方法作为练习。

3. 种子填充算法

种子填充算法是指首先把多边形区域的一点赋予指定的颜色 C,然后再把颜色 C 扩展到整个区域的过程。

需要强调的是,种子填充算法要求多边形区域是连通区域(即多边形区域中的任意两点至少存在一条路径)。连通区域可以是 4 连通区域或者 8 连通区域。

4 连通区域是指从区域内一个像素出发,可以通过上、下、左、右 4 个方向移动的组合,到达区域内的任意像素。8 连通区域是指从区域内一个像素出发,可以通过上、下、左、右、左上、右上、左下、右下 8 个方向的移动组合,到达区域内的任意像素。4 连通区域和 8 连通区域如图 3.8 所示。

如果多边形的边界颜色为 BColor,当前颜色为 CColor,填充颜色为 FColor,则简单种子填充 4 连通递归算法如下:

```
FUNCTIONFillSeed4,x,y,BColor,FColor
   CColor=GetColor
   IF (CColor ! = FColor && CColor ! = BColor) THEN BEGIN
      Plot, x, y, COLOR=FColor
      FillSeed4 (x,y+1, BColor, FColor)
      FillSeed4 (x,y−1, BColor, FColor)
      FillSeed4 (x−1,y, BColor, FColor)
      FillSeed4 (x+1,y, BColor, FColor)
```

ENDIF

END

尽管简单种子填充算法的原理和程序均很简单,但是多次的递归调用,使得时间和内存费用高,为此,可以采用扫描线种子填充算法。即:对于选定的种子像素 S(x,y),首先填充 S 所在扫描线上位于给定区域的一个区间,然后确定与该区间相连通的上、下两条扫描线上位于给定区域内的区间,并依次进行记录,反复该过程直到结束。

扫描线种子填充算法的具体实现过程如下:

(1) 初始:栈置空。将种子像素 $S(x,y)$ 入栈。

(2) 出栈:如果栈空则结束,否则取栈顶元素 $T(x,y)$,并以 y 作为当前扫描线。

(3) 填充:从种子像素 $T(x,y)$ 出发,沿当前扫描线向左、右两个方向填充,直到边界。同时分别标记区间的左、右端点坐标为 x_1 和 x_r。

(4) 确定新种子:在区间 $[x_1,x_r]$ 中检查与当前扫描线 y 上、下相邻的两条扫描线上的像素。如果存在非边界、未填充的像素,则把每个区间的最右像素作为种子像素压入堆栈,返回第(2)步。

不难看出,扫描线种子填充算法对于每个待填充区间只需压栈一次,因此填充效率高。

【例 3.20】 使用扫描线种子填充算法,把经过数据点 $(100,50)$,$(300,50)$,$(250,150)$,$(260,250)$,$(100,250)$,$(130,200)$,$(110,150)$,$(130,100)$ 的多边形填充为绿色。

程序如下:

```
;————————————————————————————————————————
; Ch03FillSeed.pro
;————————————————————————————————————————
PRO Ch03FillSeed
    DEVICE, DECOMPOSED=1
    ! P.BACKGROUND='FFFFFF'XL    &    ! P.COLOR='FF0000'XL
    WINDOW,6,XSIZE=400,YSIZE=300,TITLE=' 多边形填充 '    &    ERASE
    Sxy={x:0D,y:0D}    &    Xy=REPLICATE(Sxy,9)
    Xy[0].x=100    &    Xy[0].y=050    &    Xy[1].x=300    &    Xy[1].y=050
    Xy[2].x=250    &    Xy[2].y=150    &    Xy[3].x=260    &    Xy[3].y=250
    Xy[4].x=100    &    Xy[4].y=250    &    Xy[5].x=130    &    Xy[5].y=200
    Xy[6].x=110    &    Xy[6].y=150    &    Xy[7].x=130    &    Xy[7].y=100
    Xy[8].x=100    &    Xy[8].y=050
    PLOTS,Xy.x,Xy.y,COLOR='FF0000'XL,/DEVICE    &    WAIT,0.1
    Yn=DIALOG_MESSAGE(' 在多边形内单击鼠标,确定种子位置开始填充! ',/I)
    CURSOR,x0,y0,/DEVICE,/DOWN    &    Sxy.x=x0    &    Sxy.y=y0
    Fill='00FF00'XL    &    BColor='FF0000'XL
    ;求多边形 y 分量的最大最小值
    PMax=MAX(Xy[ * ].y,MIN=PMin)    &    x=Sxy.x    &    y=Sxy.y
    WHILE y LT PMax+1 DO BEGIN
        TColor=TVRD(x,y,1,1,TRUE=1)
        Curr=LONG(TColor[2] * 256D^2+TColor[1] * 256D)+TColor[0]
        WHILE (Curr NE BColor) && (Curr NE Fill) DO BEGIN
```

```
        PLOTS,x,y,COLOR=Fill,PSYM=3,/DEVICE  &  x++
        TColor=TVRD(x,y,1,1,TRUE=1)
        Curr=LONG(TColor[2]*256D^2+TColor[1]*256D)+TColor[0]
     ENDWHILE
     x=Sxy.x  &  x——
     TColor=TVRD(x,y,1,1,TRUE=1)
     Curr=LONG(TColor[2]*256D^2+TColor[1]*256D)+TColor[0]
     WHILE (Curr NE BColor) && (Curr NE Fill) DO BEGIN
        PLOTS,x,y,COLOR=Fill,PSYM=3,/DEVICE  &  x——
        TColor=TVRD(x,y,1,1,TRUE=1)
        Curr=LONG(TColor[2]*256D^2+TColor[1]*256D)+TColor[0]
     ENDWHILE
     x=Sxy.x
     TColor=TVRD(x,y,1,1,TRUE=1)
     Curr=LONG(TColor[2]*256D^2+TColor[1]*256D)+TColor[0]  &  y++
  ENDWHILE
  x=Sxy.x  &  y=Sxy.y—1
  WHILE y GT PMin+1 DO BEGIN
     TColor=TVRD(x,y,1,1,TRUE=1)
     Curr=LONG(TColor[2]*256D^2+TColor[1]*256D)+TColor[0]
     WHILE (Curr NE BColor) && (Curr NE Fill) DO BEGIN
        PLOTS,x,y,COLOR=Fill,PSYM=3,/DEVICE  &  x++
        TColor=TVRD(x,y,1,1,TRUE=1)
        Curr=LONG(TColor[2]*256D^2+TColor[1]*256D)+TColor[0]
     ENDWHILE
     x=Sxy.x  &  x——
     TColor=TVRD(x,y,1,1,TRUE=1)
     Curr=LONG(TColor[2]*256D^2+TColor[1]*256D)+TColor[0]
     WHILE (Curr NE BColor) && (Curr NE Fill)  DO BEGIN
        PLOTS,x,y,COLOR=Fill,PSYM=3,/DEVICE  &  x——
        TColor=TVRD(x,y,1,1,TRUE=1)
        Curr=LONG(TColor[2]*256D^2+TColor[1]*256D)+TColor[0]
     ENDWHILE
     x=Sxy.x;
     TColor=TVRD(x,y,1,1,TRUE=1)
     Curr=LONG(TColor[2]*256D^2+TColor[1]*256D)+TColor[0]  &  y——
  ENDWHILE
END
;————————————————————————————————————————
```

程序运行结果如图 3.33 所示。

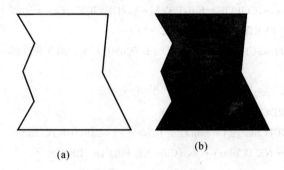

(a)   (b)

图 3.33   扫描线种子填充算法的填充结果

(a)多边形填充前；(b)多边形填充后

4. 直接多边形填充

目前,很多图形语言工具均提供了功能完善的数据可视语句来实现数据可视。下面给出一个使用交互数据可视语言 IDL 的 POLYFILL 函数进行简单多边形填充的例子。

【例 3.21】   使用数据可视工具直接进行多边形填充,把经过已知数据点的多边形填充为蓝色,其中数据点的 x 坐标为 100,200,300,400,400,300,200,100,100；数据点的 y 坐标为 50,250,50,250,50,250,50,250,50。具体要求：

(1)使用像素进行多边形区域填充；

(2)使用单像素水平线进行填充；

(3)使用单像素点线进行填充；

(4)使用粗细为 3 的水平虚线进行填充；

(5)使用粗细为 2,倾斜度为 30°的点虚线进行填充。

程序如下：

```
;------------------------------------------------------------------

; Ch03FillPolygon.pro

;------------------------------------------------------------------

    DEVICE, DECOMPOSED=1
    ! P.BACKGROUND='FFFFFF'XL    &    ! P.COLOR='FF0000'XL
    WINDOW,6,XSIZE=500,YSIZE=300,TITLE='多边形填充'  &  ERASE
    x=[100,200,300,400,400,300,200,100,100]
    y=[050,250,050,250,050,250,050,250,050]
    POLYFILL,x,y,COLOR='FF0000'XL,/DEVICE  &   WAIT,1 & ERASE
    POLYFILL,x,y,COLOR='FF0000'XL,/DEVICE,/LINE_FILL & WAIT,1 & ERASE
    POLYFILL,x,y,COLOR='FF0000'XL,/DEVICE,/LINE_FILL, $
        LINESTYLE=1  &   WAIT,1  &   ERASE
    POLYFILL,x,y,COLOR='FF0000'XL,/DEVICE,/LINE_FILL, $
        LINESTYLE=2,THICK=3  &   WAIT,1  &   ERASE
    POLYFILL,x,y,COLOR='FF0000'XL,/DEVICE,/LINE_FILL, $
        LINESTYLE=3,THICK=2,ORIENTATION=30
END
```

; —— —— —— —— —— —— —— —— —— —— ——

程序运行的部分结果如图 3.34～图 3.36 所示。

图 3.34　多边形像素填充结果

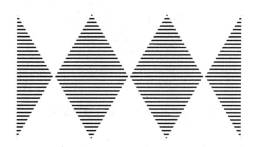

图 3.35　多边形直线填充结果

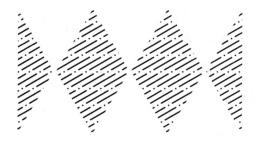

图 3.36　多边形点线填充结果

技巧：如果需要进行更复杂的填充，则可以使用关键字 PATTERN 等。

3.2.5　折线图形

在实际应用中，根据图形的结构，构造组成图形的折线，然后通过绘制折线来实现对整个图形的可视。

【例 3.22】　利用折线绘制如图 3.37 所示的立体感圆角空心六角星。

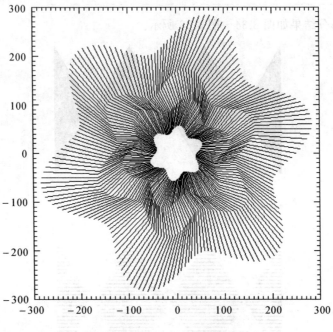

图 3.37　3D 空心六角星可视结果

分析：首先利用如下公式计算折线中各个线段端点的动态振幅：

$$v = t(1 + r\sin(n\alpha)) \qquad \alpha \in [0, 2\pi]$$

然后，再利用如下公式计算折线中各个端点（即把折线旋转 360°）：

$$\begin{cases} x = v\cos(\alpha + \beta) \\ y = v\sin(\alpha + \beta) \end{cases} \qquad \alpha \in [0, 2\pi], \beta = \frac{\pi}{k}, k \in \mathbf{N}$$

程序如下：

```
;------------------------------------------------------------

; Ch03SixStarWithBrokenLine.pro

;------------------------------------------------------------
PRO Ch03SixStarWithBrokenLine
    DEVICE, DECOMPOSED=1
    ! P.BACKGROUND='FFFFFF'XL & ! P.COLOR='000000'XL
    WINDOW, 6, XSIZE=500, YSIZE=500, TITLE='3D 六星 '
    PLOT, [0], /DEVICE, COLOR='FF0000'XL, /NODATA, /ISOTROPIC, $
        XRANGE=[-260,260], YRANGE=[-260,260]
    FOR Theta=0.0, 2 * ! PI, ! PI/90 DO BEGIN
        Am1=250 * (1+1.0/6 * SIN(6 * Theta))
        Am2=150 * (1+1.0/6 * SIN(6 * Theta))
        Am3=100 * (1+1.0/6 * SIN(6 * Theta))
        Am4=50D * (1+1.0/6 * SIN(6 * Theta))
        x1=Am1 * COS(Theta)          & y1=Am1 * SIN(Theta)
        x2=Am2 * COS(Theta+! PI/26) & y2=Am2 * SIN(Theta+! PI/26)
        x3=Am3 * COS(Theta)          & y3=Am3 * SIN(Theta)
```

x4＝Am4 * COS(Theta＋! PI/26) & y4＝Am4 * SIN(Theta＋! PI/26)

PLOTS,[x1,x2,x3,x4],[y1,y2,y3,y4],COLOR＝'FF0000'XL

  ENDFOR

END

;－－－－－－－－－－－－－－－－－－－－－－－－－－－－－－－－－

【例 3.23】 利用直线段和折线绘制如图 3.38 所示的枫叶。

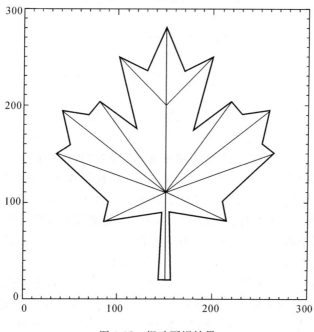

图 3.38 枫叶可视结果

  分析:首先确定枫叶的边界点,并绘制枫叶的边界,然后确定叶脉的顶点,并绘制叶脉直线段。

  程序如下:

;－－－－－－－－－－－－－－－－－－－－－－－－－－－－－－－－－

; Ch03MapleLeaf.pro

;－－－－－－－－－－－－－－－－－－－－－－－－－－－－－－－－－

```
PRO Ch03MapleLeaf
    DEVICE, DECOMPOSED＝1
    ! P.BACKGROUND='FFFFFF'XL & ! P.COLOR='000000'XL
    WINDOW,6,XSIZE＝500,YSIZE＝500,TITLE='枫叶'
    PLOT,[0],/DEVICE,/NODATA,/ISOTROPIC,XRANGE=[0,300],YRANGE=[0,300]
    x=[144,146,85,90,35,50,40,70,80,120,100,130,150, $
        170,200,180,220,230,260,250,265,210,215,154,156]
    y=[20,90,80,100,150,160,195,190,205,175,250,235,280, $
    235,250,195,205,190,195,160,150,100,80,90,20]
    PLOTS,[x,x[0]],[y,y[0]],COLOR='FF0000'XL
    FOR i＝2,22,2 DO BEGIN
```

```
        IF (i EQ 10) THEN BEGIN
            PLOTS,[150,x[i]],[200,y[i]],COLOR='00FF00'XL   &   CONTINUE
        ENDIF
        IF (i EQ 14) THEN BEGIN
            PLOTS,[150,x[i]],[200,y[i]],COLOR='00FF00'XL   &   CONTINUE
        ENDIF
        PLOTS,[150,x[i]],[110,y[i]],COLOR='00FF00'XL
    ENDFOR
    PLOTS,[150,150],[20,110],COLOR='00FF00'XL
END
;——————————————————————————————————————————————
```

3.3 曲 线 可 视

对于曲线,可以通过计算曲线上的关键点及其相关数据点,然后利用通过这些点的折线来逼近曲线,从而实现曲线的可视。具体的实现方法可以使用线性插值和抛物线插值来实现。

线性插值:对于曲线 $y=f(x)$,如果点集 $P=\{(x_i,y_i):x_i,y_i\in\mathbf{R}(i=1,\cdots,n)\}$ 是该曲线上的关键数据点,则经过 P 中各点的折线 $g=\varphi(x)$ 是该曲线的线性插值。

抛物线插值:对于曲线 $y=f(x)$,如果点集 $P=\{(x_i,y_i):x_i,y_i\in\mathbf{R}(i=1,\cdots,n)\}$ 是该曲线上的关键数据点,并且 $\varphi_i(x)=ax^2+bx+c$ 是经过 (x_{i-1},y_{i-1}),(x_i,y_i) 和 (x_{i+1},y_{i+1}) 的抛物线,则经过 P 中各点的曲线 $\varphi(x)=\{\varphi_i(x)\}(i=2,\cdots,n-1)$ 是该曲线的抛物线插值。

插值函数与曲线等值的数据点称为插值点,而不等值的数据点称为逼近点。

不难看出,构造的曲线应该尽量满足二阶连续可导、不存在多余拐点与奇异点,而且曲率变化小等特点。下面介绍常用曲线的可视方法。

3.3.1 幂函数和有理/无理函数的可视

对于幂函数 $y=x^a$(a 是任意实常数)的可视,既可以使用等比例坐标系统(参见例 3.24),又可以使用对数坐标系统(参见例 3.25)。

幂函数的曲线当 $a>0$ 时,经过(0,0)和(1,1);当 $a<0$ 时,经过(1,1)。

【例 3.24】 使用等比例坐标系统,绘制幂函数当 $a=0.2,0.5,1,2,5,-0.2,-1$ 和 -5 时的曲线,x 和 y 的可视范围均为[0,2]。

程序如下:

```
;——————————————————————————————————————————————
;Ch03PoweIsotropic.pro
;——————————————————————————————————————————————
PROCh03PoweIsotropic
    DEVICE, DECOMPOSED=1
    ! P.BACKGROUND='FFFFFF'XL   &   ! P.COLOR='000000'XL
    WINDOW,6,XSIZE=400,YSIZE=400,TITLE=' 图形与数据可视 '
    PLOT,[0],/DEVICE,/NODATA,XRANGE=[0,2],YRANGE=[0,2]
    x=0.001D
```

```
    FOR Tx=0.01D,2,0.01 DO x=[x,Tx]
    PLOTS,x,x^0.2<2,COLOR='FF0000'XL
    PLOTS,x,x^0.5<2,COLOR='FF0000'XL
    PLOTS,x,x^1<2,COLOR='FF0000'XL
    PLOTS,x,x^2<2,COLOR='FF0000'XL
    PLOTS,x,x^5<2,COLOR='FF0000'XL
    PLOTS,x,x^(-0.2)<2,COLOR='FF0000'XL
    PLOTS,x,x^(-1)<2,COLOR='FF0000'XL
    PLOTS,x,x^(-5)<2,COLOR='FF0000'XL
END
;————————————————————————————————————
```

程序运行结果如图 3.39 所示。

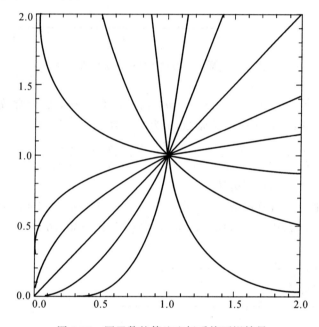

图 3.39　幂函数的等比坐标系统可视结果

【例 3.25】　使用对数坐标系统,绘制幂函数当 $a=3$ 时的曲线。

程序如下:

```
;————————————————————————————————————
; Ch03PoweLog.pro
;————————————————————————————————————
PRO Ch03PoweLog
    DEVICE, DECOMPOSED=1
    !P.BACKGROUND='FFFFFF'XL  &  !P.COLOR='000000'XL
    WINDOW,6,XSIZE=400,YSIZE=300,TITLE=' 图形与数据可视 '
    x=FINDGEN(200)*0.1+0.1
    PLOT,x,x^3,/DEVICE,/YLOG,COLOR='FF0000'XL
END
```

;——

程序运行结果如图 3.40 所示。

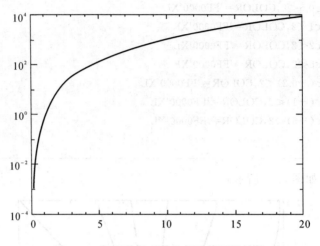

图 3.40　幂函数的对数坐标系统可视结果

对于有理函数 $y=a_0x^n+a_1x^{n-1}+\cdots+a_{n-1}x+a_n$ ($a_0,\cdots,a_n$ 为常数，n 为自然数) 和无理函数 ($a_0,\cdots,a_n$ 为常数，$b_0,\cdots,b_n$ 为常数，n 为自然数)：

$$y=\frac{a_0x^n+a_1x^{n-1}+\cdots+a_{n-1}x+a_n}{b_0x^n+b_1x^{n-1}+\cdots+b_{n-1}x+b_n}$$

则可以采用与幂函数类同的可视方法。

【例 3.26】　绘制三次有理函数 $y=ax^3+bx^2+cx+d$ 当 $a=0.0002,b=0,c=-3.6,d=0$ 时的曲线，x 的可视范围为 $[-180,180]$，y 的可视范围为 $[-600,600]$。

程序如下：

```
;——————————————————————————————————————————
; Ch03RationalFunc.pro
;——————————————————————————————————————————
PRO Ch03RationalFunc
    DEVICE, DECOMPOSED=1
    ! P.BACKGROUND='FFFFFF'XL  &  ! P.COLOR='FF0000'XL
    WINDOW,6,XSIZE=400,YSIZE=300,TITLE=' 图形与数据可视 '
    PLOT,[0],XRANGE=[-200,200],YRANGE=[-600,600],/DEVICE,/NODATA
    a=0.0002  &  b=0  &  c=-3.6  &  d=0D  &  x=-180D
    FOR Tx=-179D,180 DO x=[x,Tx]
    y=a*x^3+b*x^2+c*x+d
    PLOTS,x,y,COLOR='FF0000'XL
END
;——————————————————————————————————————————
```

程序运行结果如图 3.41 所示。

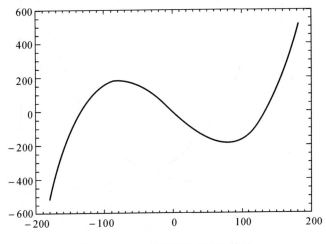

图 3.41　三次有理函数的可视结果

3.3.2　指数函数和对数函数的可视

对于指数函数 $y=a^x(a>0)$ 和对数函数 $y=\log_a x(a>0)$ 的可视,既可以使用等比例坐标系统,又可以使用对数坐标系统。二者的可视方法与幂函数类同。

指数函数与 y 轴交于点 $(0,1)$,其渐近线为 $y=0$。

对数函数与 x 轴交于点 $(1,0)$,其渐近线为 $x=0$。

【例 3.27】　使用等比例坐标系统,绘制指数函数 $y=a^x$ 当 $a_1=2$ 和 $a_2=0.5$ 时的曲线,x 的可视范围为 $[-3,3]$,y 的可视范围为 $[0,8]$。

程序如下:

```
;——————————————————————————————————————
; Ch03Exp.pro
;——————————————————————————————————————
PRO Ch03Exp
    DEVICE, DECOMPOSED=1
    ! P.BACKGROUND='FFFFFF'XL   &   ! P.COLOR='000000'XL
    WINDOW,6,XSIZE=400,YSIZE=300,TITLE=' 图形与数据可视 '
    PLOT,[0],XRANGE=[-3,3],YRANGE=[0,10],/DEVICE,COLOR='FF0000'XL
    a1=2D  &  a2=0.5  &  x=-3D
    FOR Tx=-2.9,3,0.1 DO x=[x,Tx]
    PLOTS,x,a1^x,COLOR='FF0000'XL
    PLOTS,x,a2^x,COLOR='FF0000'XL
END
;——————————————————————————————————————
```

程序运行结果如图 3.42 所示。

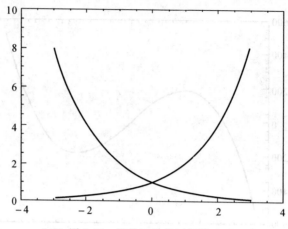

图 3.42　指数函数的可视结果

【例 3.28】　使用等比例坐标系统，绘制对数函数 $y = \log_a x$ 当 $a_1 = 5$ 和 $a_2 = 0.2$ 时的曲线，x 的可视范围为 $[0,10]$，y 的可视范围为 $[-4,4]$。

程序如下：

```
;----------------------------------------------
; Ch03Log.pro
;----------------------------------------------
PRO Ch03Log
    DEVICE, DECOMPOSED=1
    ! P.BACKGROUND='FFFFFF'XL    &    ! P.COLOR='000000'XL
    WINDOW,6,XSIZE=400,YSIZE=300,TITLE=' 图形与数据可视 '
    PLOT,[0],XRANGE=[0,10],YRANGE=[-4,4],/DEVICE,COLOR='FF0000'XL
    a1=2D    &    a2=0.5    &    x=0.06
    FOR Tx=0.1D,10,0.1 DO x=[x,Tx]
    PLOTS,x,ALOG10(x)/ALOG10(a1),COLOR='FF0000'XL
    PLOTS,x,ALOG10(x)/ALOG10(a2),COLOR='FF0000'XL
END
;----------------------------------------------
```

程序运行结果如图 3.43 所示。

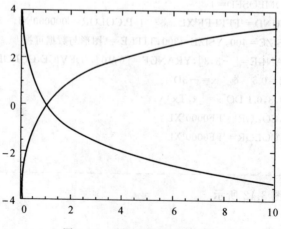

图 3.43　对数函数的可视结果

3.3.3 三角函数可视

对于正弦函数 $y = A\sin(\omega x + \varphi)$ $(A > 0$ 为振幅，ω 为角频率，φ 为初相）和余弦函数 $y = A\cos(\omega x + \varphi)$ 的可视，通常使用等比例坐标系统。

正弦函数和余弦函数均为周期是 $T = 2\pi/\omega$ 的周期函数。

【例 3.29】 使用等比例坐标系统，绘制正弦函数和余弦函数当 $A = 1, \omega = 0$ 和 $\varphi = 0$ 时的曲线，x 的可视范围为 $[0, 3\pi]$，y 的可视范围为 $[-2, 2]$。

程序如下：

```
;——————————————————————————————————————
; Ch03SinCos.pro
;——————————————————————————————————————
PRO Ch03SinCos
    DEVICE, DECOMPOSED=1
    ! P.BACKGROUND='FFFFFF'XL  &  ! P.COLOR='000000'XL
    WINDOW,6,XSIZE=400,YSIZE=300,TITLE=' 图形与数据可视 '
    PLOT,[0],XRANGE=[0,3 * ! PI],YRANGE=[-2,2],/DEVICE,COLOR='FF0000'XL
    x=FINDGEN(101) * 3 * ! PI * 0.01
    PLOTS,x,SIN(x),COLOR='FF0000'XL
    PLOTS,x,COS(x),COLOR='00FF00'XL
END
;——————————————————————————————————————
```

程序运行结果如图 3.44 所示。

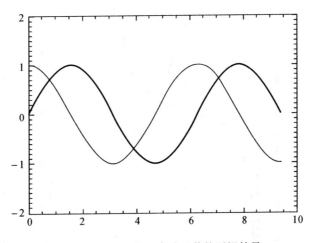

图 3.44 正弦函数和余弦函数的可视结果

对于正切函数 $y = \tan(x)$ 和余切函数 $y = \operatorname{ctan}(x)$ 的可视，既可以使用等比例坐标系统，又可以使用对数坐标系统。

正切函数是周期为 $T = \pi$ 的周期函数；其渐近线是 $x = (k + 1/2)\pi, k \in \mathbf{Z}$。

余切函数是周期为 $T = \pi$ 的周期函数；其渐近线是 $x = k\pi, k \in \mathbf{Z}$。

【例 3.30】 使用等比例坐标系统，绘制正切函数和余切函数分别在 $[-\pi/2, \pi/2]$ 和 $[0, \pi]$

的单周期曲线，x 的可视范围为 $[-2,4]$，y 的可视范围为 $[-10,10]$。

程序如下：

```
;————————————————————————————————————————————
; Ch03TgCtg.pro
;————————————————————————————————————————————
PRO Ch03TgCtg
    DEVICE, DECOMPOSED=1
    ! P.BACKGROUND='FFFFFF'XL    &    ! P.COLOR='FF0000'XL
    WINDOW,6,XSIZE=400,YSIZE=400,TITLE=' 图形与数据可视 '
    x=FINDGEN(101) * ! PI * 0.01-! PI/2    &    Tx=x[1:99]
    PLOT,Tx,TAN(Tx),XRANGE=[-! PI/2,! PI],YRANGE=[-10,10]
    x=FINDGEN(101) * ! PI * 0.01    &    Tx=x[1:99]
    PLOTS,Tx,(1/TAN(Tx))<10>(-10),COLOR='00FF00'XL
    PLOTS,[-! PI/2,-! PI/2],[-10,10],LINESTYLE=2,COLOR='FF0000'XL
    PLOTS,[+! PI/2,+! PI/2],[-10,10],LINESTYLE=2,COLOR='FF0000'XL
    PLOTS,[0,0],[-10,10],LINESTYLE=2,COLOR='00FF00'XL
    PLOTS,[! PI,! PI],[-10,10],LINESTYLE=2,COLOR='00FF00'XL
END
;————————————————————————————————————————————
```

程序运行结果如图 3.45 所示。

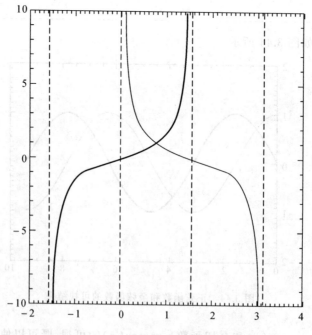

图 3.45　正切和余切函数的可视结果

3.3.4　二次曲线可视

二次曲线是指具有如下方程形式的曲线：

$$ax^2 + 2bxy + cy^2 + 2dx + 2ey + f = 0 \qquad (a, b, c \text{ 不能同时为 } 0)$$

圆、椭圆、双曲线和抛物线是二次曲线中具有标准方程和特定性质的二次曲线。圆、椭圆、双曲线和抛物线通常称为圆锥曲线。

圆锥曲线的任意一点到定点的距离与到定直线的距离的比 e 是常数,并且当 $0 < e < 1$ 时为椭圆,当 $e = 1$ 时为抛物线,当 $e > 1$ 时为双曲线。

1. 圆的可视

圆的可视通常使用等比例坐标系统。具体方法是根据实际要求,利用圆的方程计算出圆上尽可能多的数据点,然后绘制经过这些数据点的折线逼近圆。通常使用参数方程比较方便。圆的方程如下:

标准方程:$(x-a)^2 + (y-b)^2 = r^2$,其中 (a, b) 为圆心,r 为半径。

参数方程:$\begin{cases} x = a + r\cos t \\ y = b + r\sin t \end{cases}$,其中 (a, b) 为圆心,r 为半径,$t \in [0, 2\pi]$。

通用方程:$x^2 + y^2 + 2mx + 2ny + q = 0$,其中 $m^2 + n^2 > q$。

极坐标方程:$\rho^2 + 2\rho(m\cos t + n\sin t) + q = 0$,其中 $(-m, -n)$ 为圆心,$r = \sqrt{m^2 + n^2 - q}$ 为半径。

【例 3.31】　首先绘制绿色圆月亮,然后利用直线段绘制如图 3.46 所示的月中小溪。

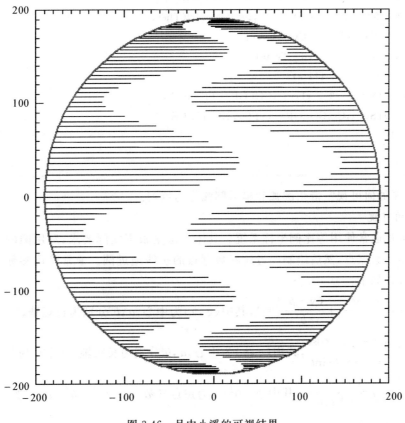

图 3.46　月中小溪的可视结果

分析:计算线段的首端点和圆月的数据点:

$$\begin{cases} x = r\cos\alpha \\ y = r\sin\alpha \end{cases} \quad \alpha \in [0, 2\pi]$$

计算线段的尾端点:

$$\begin{cases} x = A\cos\alpha \\ y = r\sin\alpha \\ A = a + b\sin(n\alpha) \end{cases} \quad \alpha \in [0, 2\pi], a, b, r \in \mathbf{R}, n \in \mathbf{N}$$

程序如下:

```
;——————————————————————————————————————————————

; Ch03StreamInMoonWithLine.pro

;——————————————————————————————————————————————

PRO Ch03StreamInMoonWithLine
    DEVICE, DECOMPOSED=1
    ! P.BACKGROUND='FFFFFF'XL   &   ! P.COLOR='FF0000'XL
    WINDOW,6,XSIZE=500,YSIZE=500,TITLE='月中小溪'
    PLOT,[0],/DEVICE,/NODATA,XRANGE=[-200,200],YRANGE=[-200,200]
    Cx=190 * COS(0)   &   Cy=190 * SIN(0)
    FOR Theta=0D,2 * ! PI+0.1,! PI/100 DO BEGIN
        x1=190 * COS(Theta)   &   y1=190 * SIN(Theta)
        Cx=[Cx,x1]   &   Cy=[Cy,y1]
        Am=60+90 * SIN(8 * Theta)
        x2=Am * COS(Theta)   &   y2=y1
        PLOTS,[x1,x2],[y1,y2],COLOR='FF0000'XL
        PLOTS,Cx,Cy,COLOR='00FF00'XL,THICK=2
    ENDFOR
END

;——————————————————————————————————————————————
```

思考:圆弧如何可视?带弦圆弧和扇形圆弧作为练习。

2. 椭圆的可视

椭圆的可视通常使用等比例坐标系统。具体方法是根据实际要求,利用圆的方程计算出圆上尽可能多的数据点,然后绘制经过这些数据点的折线逼近圆。通常使用参数方程比较方便。椭圆的方程如下:

标准方程:$\dfrac{(x-g)^2}{a^2} + \dfrac{(y-b)^2}{b^2} = 1$,其中 (g, h) 为中心,a, b 分别为长短轴。

参数方程:$\begin{cases} x = g + a\cos t \\ y = h + b\sin t \end{cases}$,其中 (g, h) 为中心,a, b 分别为长短轴,$t \in [0, 2\pi]$。

极坐标方程:$\rho = \dfrac{p}{1 + e\cos\varphi}$,其中 $p = b^2/a$ 为焦点参数,$e = \sqrt{a^2 - b^2}/a < 1$ 为离心率,φ 为极角。

【例 3.32】 首先绘制绿色椭圆外形,然后利用直线段绘制如图 3.47 所示的钻石(即图论中的完全图)。

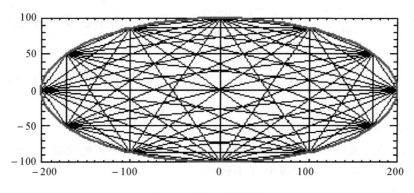

图 3.47　钻石可视结果

分析:利用如下椭圆的参数方程计算线段端点,然后在任意两个数据点之间绘制线段。

$$\begin{cases} x = a\cos\alpha \\ y = b\sin\alpha \end{cases} \qquad \alpha \in [0, 2\pi]; a, b \in \mathbf{R}$$

程序如下:

```
;——————————————————————————————————————
; Ch03DiamondWithLine.pro
;——————————————————————————————————————
PROCh03DiamondWithLine
    DEVICE, DECOMPOSED=1
    ! P.BACKGROUND='FFFFFF'XL  &  ! P.COLOR='FF0000'XL
    WINDOW, 6, XSIZE=400, YSIZE=200, TITLE=' 钻石 '
    PLOT, [0], /DEVICE, /NODATA, XRANGE=[-200,200], YRANGE=[-100,100]
    x=DBLARR(50) & y=DBLARR(50) & r=100D & n=12 & Theta=2*! PI/n
    FOR i=0, n-1 DO BEGIN
        x[i]=2*r*COS(Theta*(i+1)) & y[i]=r*SIN(Theta*(i+1))
    ENDFOR
    FOR i=0, n-1 DO BEGIN
    FOR j=i+1, n-1 DO PLOTS, [x[i],x[j]],[y[i],y[j]]
    ENDFOR
    Theta=FINDGEN(101)*2*! PI*0.01
    x=2*r*COS(Theta)  &  y=r*SIN(Theta)
    PLOTS, x, y, COLOR='00FF00'XL, THICK=2
END
;——————————————————————————————————————
```

思考:椭圆弧如何可视? 带弦椭圆弧和扇形椭圆弧作为练习。

3. 双曲线的可视

对于双曲线的可视,则既可以使用等比例坐标系统,又可以使用对数坐标系统。具体方法是根据实际要求,利用双曲线的方程计算出双曲线上尽可能多的数据点,然后绘制经过这些数据点的折线逼近双曲线。通常使用参数方程比较方便。双曲线的方程如下:

标准方程: $\dfrac{(x-g)^2}{a^2} - \dfrac{(y-b)^2}{b^2} = 1$,其中 (g, h) 为中心, a, b 分别为长、短轴。

参数方程：$\begin{cases} x=g+a\,\mathrm{ch}t \\ y=h+b\,\mathrm{sh}t \end{cases}$，或者$\begin{cases} x=g+a\sec t \\ y=h+b\tan t \end{cases}$，其中$(g,h)$为中心，$a,b$分别为长\短轴，$t\in[0,2\pi]$。

极坐标方程：$\rho=\dfrac{p}{1-e\cos\varphi}$，其中$p=b^2/a$为焦点参数，$e=\sqrt{a^2-b^2}/a<1$为离心率，$\varphi$为极角。

渐近线方程：$y=\pm\ b/a(x-g)+h$。

【例 3.33】 首先使用点虚线绘制两条绿色渐近线，然后利用蓝色绘制$a=250,b=220,x$向和y向的可视范围均为$[-600,600]$的双曲线。

程序如下：

```
;————————————————————————————
; Ch03Hyperbola.pro
;————————————————————————————
PRO Ch03Hyperbola
    DEVICE, DECOMPOSED=1
    ! P.BACKGROUND='FFFFFF'XL  &  ! P.COLOR='000000'XL
    WINDOW, 6, XSIZE=400, YSIZE=300, TITLE='图形与数据可视'
    PLOT, [0], /DEVICE, XRANGE=[-600,600], YRANGE=[-600,600], /NODATA
    AValue=250D  &  BValue=220D  &  Tt=0D
    Theta=INDGEN(61) * 2.0 * ! PI/60.0
    Pointx=(AValue/COS(Theta))>(-600)<600
    Pointy=(BValue * TAN(Theta))>(-500)<500
    PLOTS, Pointx[0:12], Pointy[0:12], COLOR='FF0000'XL
    PLOTS, Pointx[16:42], Pointy[16:42], COLOR='FF0000'XL
    PLOTS, Pointx[45:60], Pointy[45:60], COLOR='FF0000'XL
    PLOTS, [-600,600], +BValue/AValue * [-600,600], $
        LINESTYLE=3, COLOR='00FF00'XL
    PLOTS, [-600,600], -BValue/AValue * [-600,600], $
        LINESTYLE=3, COLOR='00FF00'XL
END
;————————————————————————————
```

程序运行结果如图 3.48 所示。

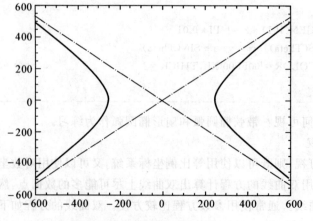

图 3.48　双曲线可视结果

4. 抛物线的可视

对于抛物线的可视,可以使用等比例坐标系统、对数坐标系统或者极坐标系统。具体方法是根据实际要求,利用抛物线的方程计算出抛物线上尽可能多的数据点,然后绘制经过这些数据点的折线逼近圆。通常使用参数方程或者极坐标方程比较方便。抛物线的方程如下:

标准方程:$(y-h)^2=2p(x-g)$,其中(g,h)为顶点,$x=g-p/2$为准线。

参数方程:$\begin{cases} x=(g+(t-h)^2)/(2p) \\ y=t \end{cases}$,　$t\in(-\infty,+\infty)$,其中(g,h)为顶点。

极坐标方程:$\rho=\dfrac{p}{1-\cos\varphi}$,其中$\varphi$为极角,极点在焦点上。

【例 3.34】首先利用极坐标绘制蓝色抛物线,然后再利用参数方程绘制绿色抛物线,其中 $p=1,x$ 向的可视范围为$[-1,3]$,y 向的可视范围为$[-3,3]$。

程序如下:

```
;------------------------------------------------------------
; Ch03Parabola.pro
;------------------------------------------------------------
PRO Ch03Parabola
    DEVICE, DECOMPOSED=1
    ! P.BACKGROUND='FFFFFF'XL  &  ! P.COLOR='000000'XL
    WINDOW,6,XSIZE=400,YSIZE=300,TITLE=' 图形与数据可视 '
    Theta=! PI/4  &  p=1D  &  t=-2.4
    FOR Thx=! PI/4+0.1,7 *! PI/4,0.1 DO Theta=[Theta,Thx]
    Rou=p/(1-COS(Theta))
    PLOT,Rou,Theta,/POLAR,COLOR='FF0000'XL
    FOR Tx=-2.4+0.1,2.4,0.1 DO t=[t,Tx]
    x=t^2/(2 * p)
    PLOTS,x,t,COLOR='00FF00'XL
END
;------------------------------------------------------------
```

程序运行结果如图 3.49 所示。

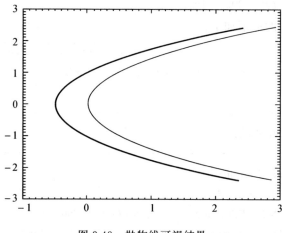

图 3.49　抛物线可视结果

【例 3.35】 利用蓝色绘制如图 3.50 所示的由 5 个抛物线线图组成的图案。其中 x 向和 y 向的可视范围均为 $[-200,200]$。

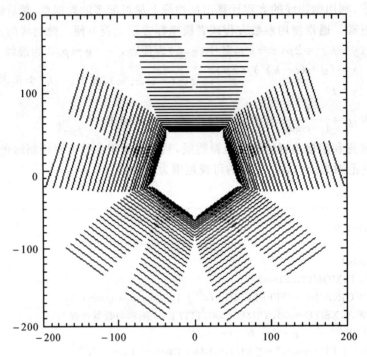

图 3.50　抛物线线图的可视结果

分析：利用如下参数方程计算线段端点，然后在任意两个数据点之间绘制线段。

$$\begin{cases} x = a\cos\alpha - b\sin\alpha \\ y = a\sin\alpha + b\cos\alpha \end{cases} \qquad \alpha \in \left[0, 2\pi - \dfrac{2\pi}{n}\right]; a,b \in \mathbf{R}$$

其中，线段始点的 a 和 b 的取值如下：

$$\begin{cases} a \in \left[-\sqrt{130(200-4rl)}, \sqrt{130(200-4rl)}\right] \\ b = s^2(a-l)^2/(200-4rl) \end{cases} \qquad r = \tan(\pi/2 - \pi/n)$$

线段终点的 a 和 b 的取值如下：

$$\begin{cases} a = t - 2l \\ b = s^2(t-l)^2/(200-4rl) \end{cases} \qquad t \in \left[-\sqrt{130(200-4rl)}, \sqrt{130(200-4rl)}\right] \\ r = \tan(\pi/2 - \pi/n)$$

程序如下：

```
;------------------------------------------------------------

; Ch03ParabolaGraphWithLine.pro

;------------------------------------------------------------

PRO Ch03ParabolaGraphWithLine
    DEVICE, DECOMPOSED=1
    ! P.BACKGROUND='FFFFFF'XL  &  ! P.COLOR='000000'XL
    WINDOW,6,XSIZE=400,YSIZE=400,TITLE='图形与数据可视'
    PLOT,[0],/DEVICE,XRANGE=[-200,200],YRANGE=[-200,200],/ISOTROPIC
```

```
n=5D   &   a=TAN(! PI/2−! PI/n)   &   Len=30D
Mt1=−SQRT(130 * (200−4 * a * Len)/a^2)+Len
Mt2=+SQRT(130 * (200−4 * a * Len)/a^2)+Len
FOR Theta=0.0,2 * ! PI * (n−1)/n,2 * ! PI/n DO BEGIN
    FOR t=Mt1,Mt2,(Mt2−Mt1)/60 DO BEGIN
        Tx=t−2 * Len   &   Ty=a^2/(200−4 * a * Len) * (t−Len)^2+50
        Px1=t * COS(Theta)−Ty * SIN(Theta)
        Py1=t * SIN(Theta)+Ty * COS(Theta)
        Px2=Tx * COS(Theta)−Ty * SIN(Theta)
        Py2=Tx * SIN(Theta)+Ty * COS(Theta)
        PLOTS,[Px1,Px2],[Py1,Py2],COLOR='FF0000'XL
    ENDFOR
ENDFOR
END
;—————————————————————————————————————————————
```

3.3.5　三次曲线可视

已知三次参数曲线 $P(t)$ 的代数方程为

$$\begin{cases} x=a_{3x}t^3+a_{2x}t^2+a_{1x}t+a_{0x} \\ y=a_{3y}t^3+a_{2y}t^2+a_{1y}t+a_{0y} \\ z=a_{3z}t^3+a_{2z}t^2+a_{1z}t+a_{0z} \end{cases} \quad t\in[0,1];a_{ix},a_{iy},a_{iz}\in \mathbf{R};i=0,1,2,3$$

则 $P(t)$ 的矢量方程为

$$P(t)=(t^3\ t^2\ t^1\ 1)(A_3\ A_2\ A_1\ A_0)^{\mathrm{T}}=\boldsymbol{TA};A_i\in(a_{ix}\ a_{iy}\ a_{iz})^{\mathrm{T}};i=0,1,2,3$$

令调和函数 $F=(F_1\ F_2\ F_3\ F_4)=(t^3\ t^2\ t^1\ 1)\begin{pmatrix} 2 & -2 & 1 & 1 \\ -3 & 3 & -2 & -1 \\ 0 & 0 & 1 & 0 \\ 1 & 0 & 0 & 0 \end{pmatrix}=\boldsymbol{TM}$,

则参数曲线 $P(t)$ 的几何方程为

$$P(t)=F_1P_0+F_2P_1+F_3P'_0+F_1P'_1=\boldsymbol{TA}=\boldsymbol{TMM^{-1}A}\xlongequal{\text{def}}\boldsymbol{TMB}$$

其中 $P_0=P(0)$, $P_1=P(1)$, $P'_0=P'(0)$, $P'_1=P'(1)$; $\boldsymbol{B}=(P_0\ P_1\ P'_0\ P'_1)^{\mathrm{T}}=\boldsymbol{M^{-1}A}$。

【例 3.36】　利用如下三次参数曲线的代数方程,绘制相应的曲线。

$$\begin{cases} x(t)=100t^2+10 \\ y(t)=2t^3-6t^2+12t+1 \end{cases} \quad t\in[0,1]$$

程序如下:

```
;—————————————————————————————————————————————
; Ch03CubicCurve.pro
;—————————————————————————————————————————————
PRO Ch03CubicCurve
    DEVICE, DECOMPOSED=1
    ! P.BACKGROUND='FFFFFF'XL   &   ! P.COLOR='000000'XL
```

```
WINDOW,6,XSIZE=400,YSIZE=300,TITLE='三次样条插值'
PLOT,[0],/DEVICE,/NODATA,XRANGE=[0,120],YRANGE=[0,10]
t=INDGEN(101)/100.0
x=100*t^2+10   &   y=2*t^3-6*t^2+12*t+1
PLOTS,x,y,COLOR='FF0000'XL
END
```

;——————————————————————————————————————

程序运行结果如图 3.51 所示。

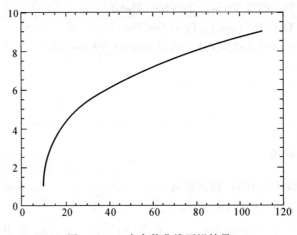

图 3.51　三次参数曲线可视结果

【例 3.37】　利用三次参数曲线的代数方程 $P(t)$，使用蓝色绘制经过数据点(10,150),(100,100),(160,50),(220,150),(260,100)和(290,120)的三次样条插值曲线,同时使用绿色绘制经过这些点的折线。其中 x 向和 y 向的可视范围分别为[0,300] 和[0,200]。

程序如下:

;——————————————————————————————————————
; Ch03Interpolation3Sample.pro
;——————————————————————————————————————

```
PRO Ch03Interpolation3Sample
    DEVICE, DECOMPOSED=1
    ! P.BACKGROUND='FFFFFF'XL   &   ! P.COLOR='000000'XL
    WINDOW,6,XSIZE=400,YSIZE=300,TITLE='三次样条插值'
    PLOT,[0],/DEVICE,/NODATA,/ISOTROPIC,XRANGE=[0,300],YRANGE=[0,200]
    x=DBLARR(100)   &   y=DBLARR(100)   &   t=DBLARR(90)
    a=DBLARR(100)   &   b=DBLARR(100)   &   c=DBLARR(100)
    Px=DBLARR(90)   &   Py=DBLARR(90)   &   Dx=DBLARR(90)
    Qx=DBLARR(90)   &   Qy=DBLARR(90)   &   Dy=DBLARR(90)
    Sx=0.0   &   Sy=0.0   &   Tx=0.0   &   Ty=0.0   &   n=5
    Px[0]=1   &   Py[0]=1   &   Px[5]=1   &   Py[5]=1
    x[0:5]=[010.0,100.0,160.0,220.0,260.0,290.0]
    y[0:5]=[150.0,100.0,050.0,150.0,100.0,120.0]
```

— 108 —

```
PLOTS,x[0:5],y[0:5],COLOR='00FF00'XL

FOR i=0,n DO PLOTS,x[i],y[i],COLOR='0000FF'XL,PSYM=3

FOR i=1,n DO t[i]=SQRT((x[i]-x[i-1])^2+(y[i]-y[i-1])^2)

FOR i=1,n-1 DO BEGIN
    a[i]=2*(t[i]+t[i+1])  &  b[i]=t[i+1]  &  c[i]=t[i]
    Dx[i]=3*(t[i]*(x[i+1]-x[i])/t[i+1]+t[i+1]*(x[i]-x[i-1])/t[i])
    Dy[i]=3*(t[i]*(y[i+1]-y[i])/t[i+1]+t[i+1]*(y[i]-y[i-1])/t[i])
ENDFOR

Dx[1]=Dx[1]-t[2]*Px[0]  &  Dx[n-1]=Dx[n-1]-t[n-1]*Px[n]

Dy[1]=Dy[1]-t[2]*Py[0]  &  Dy[n-1]=Dy[n-1]-t[n-1]*Py[n]

c[1]=c[1]/a[1]

FOR i=2,n-1 DO BEGIN
    a[i]=a[i]-b[i]*c[i-1] & c[i]=c[i]/a[i]
ENDFOR

Qx[1]=Dx[1]/a[1]  &  Qy[1]=Dy[1]/a[1]

FOR i=2,n-1 DO BEGIN
    Qx[i]=(Dx[i]-b[i]*Qx[i-1])/a[i]
    Qy[i]=(Dy[i]-b[i]*Qy[i-1])/a[i]
ENDFOR

Px[n-1]=Qx[n-1]  &  Py[n-1]=Qy[n-1]

FOR i=n-2,1,-1 DO BEGIN
    Px[i]=Qx[i]-c[i]*Px[i+1]  &  Py[i]=Qy[i]-c[i]*Py[i+1]
ENDFOR

PLOTS,x[0],y[0]

FOR i=0,n-1 DO BEGIN
    Sx=(3*(x[i+1]-x[i])/t[i+1]-2*Px[i]-Px[i+1])/t[i+1]
    Sy=(3*(y[i+1]-y[i])/t[i+1]-2*Py[i]-Py[i+1])/t[i+1]
    Tx=((2*(x[i]-x[i+1])/t[i+1]+Px[i]+Px[i+1])/t[i+1])/t[i+1]
    Ty=((2*(y[i]-y[i+1])/t[i+1]+Py[i]+Py[i+1])/t[i+1])/t[i+1]
    Tm=3.0
    WHILE Tm LE t[i+1] DO BEGIN
        Cx=x[i]+(Px[i]+(Sx+Tx*Tm)*Tm)*Tm
        Cy=y[i]+(Py[i]+(Sy+Ty*Tm)*Tm)*Tm
        PLOTS,Cx,Cy,COLOR='FF0000'XL,/CONTINUE  &  Tm+=3
    ENDWHILE
ENDFOR

END

;— — — — — — — — — — — — — — — — — — — — — — — — —
```

程序运行结果如图 3.52 所示。

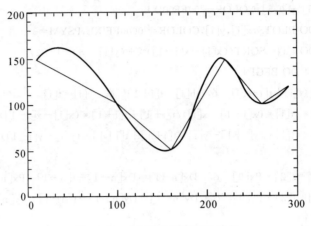

图 3.52　三次样条插值可视结果

3.3.6　Bezier 曲线可视

随着几何外形设计的要求越来越高,传统的曲线表示方法已经不能满足实际需求。法国雷诺汽车公司的 P.E.Bezier 在 1962 年提出了一种以逼近为基础的参数曲线设计方法。Bezier 方法把函数逼近与几何表示结合起来,使得曲线可视更加直观、快捷和方便。Bezier 曲线在 CAD 系统中得到了广泛的应用。

Bezier 方法是利用一条折线来控制曲线的形状,并且可以通过改变折线顶点的位置来调整曲线的形状。该折线称为 Bezier 特征多边形。

已知控制点 P_0,P_1,P_2 和 P_3,则经过这些控制点的 Bezier 曲线如图 3.53 所示。

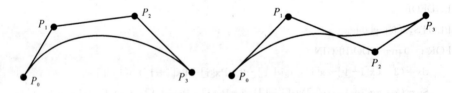

图 3.53　4 个控制点的 Bezier 曲线

1. Bezier 曲线的定义

已知 $n+1$ 个点的位置矢量 $P_i(i=0,1,\cdots,n)$,则 Bezier 曲线上各点的插值公式如下:

$$P(t)=\sum_{i=0}^{n}P_iB_{i,n}(t)\quad t\in[0,1]$$

其中:P_i 构成 Bezier 曲线的特征多边形,$B_{i,n}(t)$ 是 n 次 Bernstein 基函数(调和函数):

$$B_{i,n}(t)=C_n^i t^i (1-t)^{n-i}=\frac{n!}{i!(n-i)!}t^i\cdot(1-t)^{n-i}\quad(i=0,1,\cdots,n;0^0=1;0!=1)$$

2. Bernstein 调和函数的性质

(1) 正性: $\begin{cases}B_{i,n}(t)=0 & t=0,1 \\ B_{i,n}(t)>0 & t\in(0,1)\end{cases}$,$i=1,2,\cdots,n-1$。

并且 $B_{0,n}(0)=B_{n,n}(1)=1;B_{0,n}(1)=B_{n,n}(0)=0;0<B_{0,n}(t),B_{n,n}(t)<1,t\in(0,1)$。

(2) 权性：$\sum_{i=0}^{n}B_{i,n}(t)\equiv 1;t\in[0,1]$。

(3) 对称性：$Bi,n(t)=Bn-i,n(1-t);i=0,1,2,\cdots,n$。

(4) 递推性：高次 Bernstein 调和函数是低次 Bernstein 调和函数的线性组合，即 $B_{i,n}(t)=(1-t)B_{i,n-1}(t)+tB_{i-1,n-1}(t);i=1,2,\cdots,n$。

(5) 可导性：$B'_{i,n}(t)=n[B_{i-1,n-1}(t)-B_{i,n-1}(t)];i=0,1,\cdots,n$。

(6) 可积性：$\int_{0}^{1}B_{i,n}(t)=\dfrac{1}{n+1}$，并且 $B_{i,n}(t)$ 在 $t=i/n$ 处取得最大值。

(7) 升阶性：$\begin{cases}(1-t)B_{i,n}(t)=\left(1-\dfrac{i}{n+1}\right)B_{i,n+1}(t)\\[2mm]tB_{i,n}(t)=\dfrac{i+1}{n+1}B_{i+1,n+1}(t)\\[2mm]B_{i,n}(t)=\left(1-\dfrac{i}{n+1}\right)B_{i,n+1}(t)+\dfrac{i+1}{n+1}B_{i+1,n+1}(t)\end{cases}$ 。

3. Bezier 曲线的性质

(1) 端点性质：

1) Bezier 曲线的始点和终点与相应特征多边形的始点和终点重合。

2) Bezier 曲线的始点和终点处的切线方向与特征多边形的第一条边和最后一条边的走向一致，并且 2 阶导矢仅与相邻的 3 个顶点有关；r 阶导矢仅与 $(r+1)$ 个相邻点有关。

3) k 阶导函数的差分：n 次 Bezier 曲线的 k 阶导数的差分公式如下：

$$P^{k}(t)=\frac{n!}{(n-k)!}\sum_{i=0}^{n-k}\Delta^{k}P_{i}B_{i,n-k}(t)\quad t\in[0,1]$$

(2) 对称性：使用控制点 $P_{i}^{*}=P_{n-i}(i=0,1,\cdots,n)$，构造出的 Bezier 曲线与原 Bezier 曲线的形状相同，但是走向相反。

(3) 凸包性：Bezier 曲线 $P(t)$ 在 $t\in[0,1]$ 中的各点是控制点 P_{i} 的凸线性组合，即曲线落在 P_{i} 构成的凸包之中。

(4) 几何不变性：Bezier 曲线的位置与形状等几何特性与其特征多边形顶点的位置有关，而不依赖于坐标系的选择。

(5) 光滑性：如果 Bezier 曲线的特征多边形是平面图形，则平面内任意直线与 Bezier 曲线的交点个数不多于该直线与其特征多边形的交点个数。

4. Bezier 曲线的 Casteljau 递推算法

已知 n 次 Bezier 曲线的 $n+1$ 个控制点为 $P_{i}\xlongequal{\text{def}}P_{i}^{0}(i=0,1,\cdots,n)$，则 Bezier 曲线的 Casteljau 递推公式如下：

$$P_{i}^{k}=(1-t)P_{i}^{k-1}+tP_{i+1}^{k-1}\quad k=0,1,\cdots,n;i=0,1,\cdots,n-k;t\in[0,1]$$

曲线的 Casteljau 递推的示意图如图 3.54 所示。

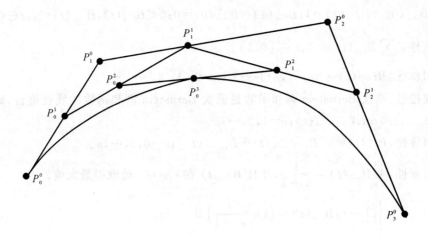

图 3.54　曲线的 Casteljau 递推算法示意图

5. Bezier 曲线的拼接

在进行复杂曲线设计时,为了简化设计难度,实现快速可视,通常采用分段设计,然后再把各段曲线进行相互连接。

已知 Bezier 曲线 $P(t)$ 和 $Q(t)$,其相应的控制点分别为 $P_i(i=0,1,\cdots,n)$ 和 $Q_j(j=0,1,\cdots,m)$,如果令 $a_i=P_i-P_{i-1}$,$b_j=Q_j-Q_{j-1}$,则两条曲线连接的方法如下:

(1) 实现连续连接的充要条件是 $P_n=Q_0$。

(2) 实现一阶连续可导连接的充要条件是 P_{n-1},$P_n=Q_0$,Q_1 三点共线。

(3) 实现二阶连续可导连接的充要条件是在一阶连续可导的条件下,满足:

$$Q''(0)=\alpha P''(1)+\beta P'(1)$$

6. 计算 Bezier 曲线的控制点

已知 $n+1$ 个数据点 $Q_i(i=0,1,\cdots,n)$,则计算通过这些点的 Bezier 曲线的控制点 $P_i(i=0,1,\cdots,n)$ 的递推公式如下:

$$\begin{cases} Q_0=P_0 \\ Q_i=P_0 C_n^0 \left(1-\dfrac{i}{n}\right)^n + P_1 C_n^1 \left(1-\dfrac{i}{n}\right)^{n-1}\left(\dfrac{i}{n}\right)+\cdots+P_n C_n^m \left(\dfrac{i}{n}\right)^n \quad i=0,1,\cdots,n-1 \\ Q_n=P_n \end{cases}$$

因此,根据这组方程解出的 $P_i(i=0,1,\cdots,n)$,就是经过 Q_i 的 Bezier 曲线的特征多边形的顶点。

7. 一次 Bezier 曲线可视

一次 Bezier 曲线的矩阵表示和方程如下:

$$P(t)=\sum_{i=0}^{1} P_i B_{i,2}(t) = \begin{bmatrix} t & 1 \end{bmatrix}\begin{bmatrix} -1 & 1 \\ 1 & 0 \end{bmatrix}\begin{bmatrix} P_0 \\ P_1 \end{bmatrix} = (1-t)P_0 + tP_1 \quad t\in[0,1]$$

【例 3.38】　绘制控制点是 $(100,100)$ 和 $(500,200)$ 的一次 Bezier 曲线。

程序如下:

;————————————————————————

; Ch03BezierSimple.pro

```
;————————————————————————————————
FUNCTION BezierSimple,Degree,Coff,t
    Coffa=DBLARR(10)
    FOR i=0,Degree DO Coffa[i]=Coff[i]
    Middle=(1.0-t)*Coffa[0]+t*Coffa[1]
    RETURN,Middle
END
;————————————————————————————————
PRO Ch03BezierSimple
    DEVICE, DECOMPOSED=1
    ! P.BACKGROUND='FFFFFF'XL  &  ! P.COLOR='000000'XL
    WINDOW,6,XSIZE=500,YSIZE=300,TITLE=' 一次 Bezier 曲线 '
    PLOT,[0],/DEVICE,/NODATA,/ISOTROPIC,XRANGE=[0,600],YRANGE=[0,300]
    Np=400  &  Coffx=DBLARR(4)  &  Coffy=DBLARR(4)
    Px=DBLARR(Np+1)  &  Py=DBLARR(Np+1)  &  Degree=1
    Coffx[0]=10  &  Coffy[0]=10  &  Coffx[1]=50  &  Coffy[1]=20
    PLOTS,10*Coffx[0],10*Coffy[0],COLOR='FF0000'XL
    FOR i=0,Degree DO PLOTS,10*Coffx[i],10*Coffy[i],/CONTINUE
    Delta=FLOAT(1.0/Np)  &  t=0.0
    PLOTS,100,100,COLOR='FF0000'XL
    FOR i=0,Np DO BEGIN
        Px[i]=BezierSimple(Degree,Coffx,t)
        Py[i]=BezierSimple(Degree,Coffy,t)  &  t=t+Delta
        PLOTS,10*Px[i],10*Py[i],COLOR='FF0000'XL,/CONTINUE
    ENDFOR
END
;————————————————————————————————
```

程序运行结果如图 3.55 所示。

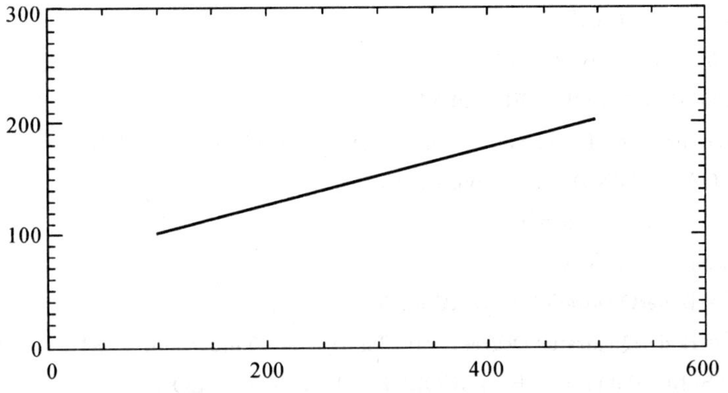

图 3.55　一次 Bezier 曲线可视结果

8. 二次 Bezier 曲线可视

二次 Bezier 曲线的方程如下：

$$P(t) = \sum_{i=0}^{2} P_i B_{i,2}(t) = (1-t)^2 P_0 + 2t(1-t)P_1 + t^2 P_2 \quad t \in [0,1]$$

二次 Bezier 曲线的矩阵表示如下:

$$P(t) = \begin{bmatrix} t^2 & t & 1 \end{bmatrix} \begin{bmatrix} 1 & -2 & 1 \\ -2 & 2 & 0 \\ 1 & 0 & 0 \end{bmatrix} \begin{bmatrix} P_0 \\ P_1 \\ P_2 \end{bmatrix}$$

【例 3.39】 绘制控制点是 $(100,100)$,$(300,50)$ 和 $(350,150)$ 的二次 Bezier 曲线。
程序如下:

```
;—————————————————————————————————————————————————————
;Ch03BezierQuadratic.pro
;—————————————————————————————————————————————————————
FUNCTION BezierQuadratic,Degree,Cof,Tmp
    Cofa=DBLARR(10)
    FOR i=0,Degree DO Cofa[i]=Cof[i]
    Tm=DOUBLE(1.0-Tmp)
    Middle=Tm^2 * Cofa[0]+2 * Tmp * Tm * Cofa[1]+Tmp^2 * Cofa[2]
    RETURN,Middle
END

;—————————————————————————————————————————————————————
PRO Ch03BezierQuadratic
    DEVICE, DECOMPOSED=1
    ! P.BACKGROUND='FFFFFF'XL  &  ! P.COLOR='000000'XL
    WINDOW,6,XSIZE=500,YSIZE=300,TITLE=' 二次 Bezier 曲线 '
    PLOT,[0],/DEVICE,/NODATA,/ISOTROPIC,XRANGE=[0,400],YRANGE=[0,200]
    Np=400  &  Cofx=DBLARR(4)  &  Cofy=DBLARR(4)
    Px=DBLARR(Np+1)  &  Py=DBLARR(Np+1)  &  Degree=2
    Cofx[0]=10  &  Cofy[0]=10
    Cofx[1]=30  &  Cofy[1]=5
    Cofx[2]=35  &  Cofy[2]=15
    PLOTS,100,100,COLOR='FF0000'XL
    FOR i=0,Degree DO PLOTS,10 * Cofx[i],10 * Cofy[i],/CONTINUE
    Delta=FLOAT(1.0/Np)  &  Tmp=0.0
    PLOTS,100,100,COLOR='FF0000'XL
    FOR i=0,Np DO BEGIN
        Px[i]=BezierQuadratic(Degree,Cofx,Tmp)
        Py[i]=BezierQuadratic(Degree,Cofy,Tmp)  &  Tmp=Tmp+Delta
        PLOTS,10 * Px[i],10 * Py[i],COLOR='FF0000'XL,/CONTINUE
    ENDFOR
END

;—————————————————————————————————————————————————————
```

程序运行结果如图 3.56 所示。

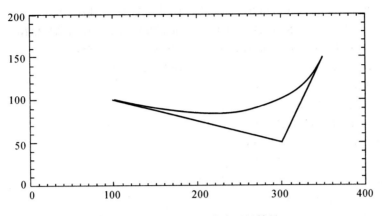

图 3.56　二次 Bezier 曲线可视结果

9. 三次 Bezier 曲线可视

三次 Bezier 曲线的方程如下：

$$P(t) = \sum_{i=0}^{3} P_i B_{i,3}(t) = (1-t)^3 P_0 + 3t(1-t)^2 P_1 + 3t^2(1-t)P_2 + t^3 P_3 \quad t \in [0,1]$$

三次 Bezier 曲线的矩阵表示如下：

$$P(t) = \begin{bmatrix} t^3 & t^2 & t & 1 \end{bmatrix} \begin{bmatrix} -1 & 3 & -3 & 1 \\ 3 & -6 & 3 & 0 \\ -3 & 3 & 0 & 0 \\ 1 & 0 & 0 & 0 \end{bmatrix} \begin{bmatrix} P_0 \\ P_1 \\ P_2 \\ P_3 \end{bmatrix}$$

【例 3.40】　绘制控制点是 $(50,100)$，$(250,50)$，$(360,150)$ 和 $(390,250)$ 的三次 Bezier 曲线。

程序如下：

```
;————————————————————————————————————————————
;Ch03BezierCubic.pro
;————————————————————————————————————————————
FUNCTION BezierCubic,Degree,Coff,Tmp
    Cofft=DBLARR(10)
    FOR i=0,Degree DO Cofft[i]=Coff[i]
    FOR r=1,Degree DO BEGIN
        FOR i=0,Degree-r DO BEGIN
            Cofft[i]=(1.0-Tmp)*Cofft[i]+Tmp*Cofft[i+1]
        ENDFOR
    ENDFOR
    RETURN,Cofft[0]
END
;————————————————————————————————————————————
PRO Ch03BezierCubic
    DEVICE, DECOMPOSED=1
    ! P.BACKGROUND='FFFFFF'XL  &  ! P.COLOR='000000'XL
```

```
WINDOW,6,XSIZE=500,YSIZE=350,TITLE=' 三次 Bezier 曲线 '
PLOT,[0],/DEVICE,/NODATA,/ISOTROPIC,XRANGE=[0,400],YRANGE=[0,300]
NPoint=500  &  Coffx=DBLARR(4)  &  Coffy=DBLARR(4)
Pointx=DBLARR(NPoint+1)  &  Pointy=DBLARR(NPoint+1)
Degree=3
Coffx[0]=05  &  Coffy[0]=10
Coffx[1]=25  &  Coffy[1]=05
Coffx[2]=36  &  Coffy[2]=15
Coffx[3]=39  &  Coffy[3]=25
PLOTS,10*Coffx[0],10*Coffy[0],COLOR='FF0000'XL
FOR j=0,Degree DO BEGIN
    PLOTS,10*Coffx[j],10*Coffy[j],COLOR='FF0000'XL,/CONTINUE
ENDFOR
Delta=FLOAT(1.0/NPoint)  &  Tmp=0.0
PLOTS,10*Coffx[0],10*Coffy[0],COLOR='FF0000'XL
FOR i=0,NPoint DO BEGIN
    Pointx[i]=BezierCubic(Degree,Coffx,Tmp)
    Pointy[i]=BezierCubic(Degree,Coffy,Tmp)  &  Tmp=Tmp+Delta
    PLOTS,10*Pointx[i],10*Pointy[i],COLOR='FF0000'XL,/CONTINUE
ENDFOR
END
;------------------------------------------------------------
```

程序运行结果如图 3.57 所示。

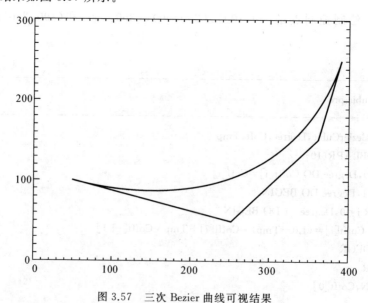

图 3.57   三次 Bezier 曲线可视结果

综上所述,不难看出 Bezier 曲线存在如下缺点:

(1) 特征多边形的顶点个数决定了 Bézier 曲线的阶次,并且当 n 较大时,特征多边形对曲线的控制将会减弱。

（2）Bezier 曲线不能作局部控制，即改变某一个控制点的位置将会影响整条曲线。

3.3.7 B 样条可视

Gordon 和 Riesenfeld 等人于 1972 年在推广前人算法的基础上，利用 B 样条基函数代替 Bezier 曲线的 Bernstein 基函数，提出了 B 样条方法。

B 样条方法在保留 Bezier 方法的全部优点的同时，克服了 Bezier 方法的弱点。

1. B 样条曲线的定义

已知 $n+1$ 个点的位置矢量 $P_i(i=0,1,\cdots,n)$，则 k 次（$k+1$ 阶）B 样条曲线的表达式如下：

$$P(t) = \sum_{i=0}^{n} P_i N_{i,k}(t)$$

其中：P_i 构成 B 样条曲线的特征多边形，$N_{i,k}(t)$ 是 k 次（$k+1$ 阶）B 样条基函数（调和函数）：

$$N_{i,0}(t) = \begin{cases} 1 & t_i \leqslant t < t_{i+1} \\ 0 & \text{其他} \end{cases}$$

$$N_{i,k}(t) = \frac{t - t_i}{t_{i+k-1} - t_i} N_{i,k-1}(t) + \frac{t_{i+k} - t}{t_{i+k} - t_{i+1}} N_{i+1,k-1}(t) \quad t_k \leqslant t \leqslant t_{n+1}$$

根据定义不难看出：

（1）利用 $n+1$ 个控制点生成的 k 次 B 样条曲线是 $L+1$ 段 B 样条曲线的逼近，每个曲线段的形状仅由点列中 $k+1$ 个顺序排列的点所控制。其中 $L = n-k+1$。

（2）参数 t 的取值范围由 $n+k+2$ 个给定节点矢量值分成 $n+k+1$ 个子区间。

（3）对于节点值 $\{t_0, \cdots, t_k, \cdots, t_{n+1}, \cdots, t_{n+k+1}\}$，则 B 样条曲线仅定义在 $t_k \sim t_{n+1}$ 之间。

（4）调整任意一个控制顶点可以影响最多 $k+1$ 个曲线段的形状。

2. B 样条曲线调和函数的性质

（1）局部性：$\begin{cases} N_{i,k}(t) > 0 & t_i \leqslant t < t_{i+k+1} \\ N_{i,k}(t) = 0 & t < t_i \text{ 或者 } t_i \geqslant t_{i+k+1} \end{cases}$。

即当移动一个控制点时，不是影响整条曲线，仅对其中的一段曲线产生影响。

（2）权性：$\sum_{i=0}^{n} N_{i,k}(t) = 1$。

（3）可导性：$N'_{i,k}(t) = \dfrac{k-1}{t_{i+k-1} - t_i} N_{i,k-1}(t) + \dfrac{k-1}{t_{i+k} - t_{i+1}} N_{i+1,k-1}(t)$。

3. B 样条曲线的性质

（1）局部性：在修改 k 次 B 样条曲线时，只被相邻的 $k+1$ 个控制点所控制，而与其他控制点无关，即在移动曲线的第 i 个控制顶点时，至多影响到定义在区间 (t_i, t_{i+k}) 上那部分曲线的形状，对曲线的其余部分不发生影响。

（2）连续性：$P(t)$ 在 $t_i(k+1 \leqslant i \leqslant n)$ 处 r 重节点处的连续阶不低于 $k-r$。

（3）凸包性、几何不变性和光滑性：与 Bezier 曲线类同。

（4）造型的灵活性：用 B 样条曲线可以方便构造直线段、尖点、切线等特殊情况。

4.B 样条曲线的 Boor 递推算法

已知 k 次 B 样条曲线的 $n+1$ 个控制点为 $P_i \xlongequal{\text{def}} P_i^0 (i=0,1,\cdots,n)$，则 B 样条曲线的 Boor 递推公式如下：

$$P(t) = \sum_{i=j-k}^{j} P_i N_{i,k}(t) = \sum_{i=j-k+1}^{j} P_i^1(t) N_{i,k-1}(t) = \cdots = P_j^k(t)$$

其中：$P_i^r(t) = \begin{cases} P_i & r=0; i=j-k, j-k+2, \cdots, j \\ \dfrac{t-t_i}{t_{i+k-r+1}-t_i} P_i^{r-1}(t) + \dfrac{t_{i+k-r+1}-t}{t_{i+k-r+1}-t_i} P_{i-1}^{r-1}(t) & r=1, \cdots, k; i=j-k+r, \cdots, j \end{cases}$

B 样条曲线的 Boor 算法的递推过程如下：

$$\begin{array}{ccccccccc} P_1 & \cdots & P_{j-k} & P_{j-k+1} & P_{j-k+2} & \cdots & P_j & \cdots & P_n \\ & & & \downarrow & \downarrow & & \downarrow & & \\ & & & P_{j-k+1}^1 & P_{j-k+2}^1 & \cdots & P_j^1 & & \\ & & & & \downarrow & & \downarrow & & \\ & & & & P_{j-k+2}^2 & \cdots & P_j^2 & & \\ & & & & & \ddots & \downarrow & & \\ & & & & & & P_j^k & & \end{array}$$

B 样条曲线的 Boor 递推算法的几何意义是是割角，即用线段 $P_i^r P_{i+1}^r$ 割去角 P_i^{r-1}，亦即从多边形 $P_{j-k} P_{j-k+2} \cdots P_j$ 开始，经过 k 层的割角处理，最后得到 $P(t)$ 上的点 $P_j^k(t)$。

B 样条曲线的 Boor 递推算法的示意图如图 3.58 所示。

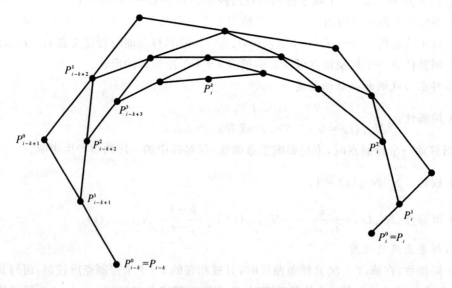

图 3.58　B 样条曲线的 Boor 递推算法示意图

5.B 样条曲线的分割

为了提高 B 样条曲线形状控制的灵活性，可以通过插入节点进一步改善 B 样条曲线的局部性质，可以实现对曲线的分割等。

如果在定义域的节点区间 $[t_i, t_{i+1}]$ 内插入一个节点 t，则得到新的节点矢量如下：

$$T^0 = [t_0, t_1, \cdots, t_i, t, t_{i+1}, \cdots, t_{n+k}] \stackrel{\mathrm{def}}{=\!=\!=} [t_0^0, t_1^0, \cdots, t_i^0, t_{i+1}^0, t_{i+2}^0, \cdots, t_{n+k+1}^0]$$

从而得到新的 B 样条曲线如下：

$$P(t) = \sum_{j=0}^{n+1} P_j^0 N_{j,k}^0(t)$$

其中：$\begin{cases} P_j^0 = P_j, & j = 0, 1, \cdots, i-k+1 \\ P_j^0 = (1-\beta_j)P_{j-1} + \beta_j P_j, & j = i-k+2, \cdots, i-r ; \beta_j = \dfrac{t-t_j}{t_{j+k-1}-t_j} ; r \text{ 表示所插节} \\ P_j^0 = P_{j-1}, & j = i-r+1, \cdots, n+1 \end{cases}$

点 t 在原始节点矢量 T 中的重复度。

6. 计算 B 样条曲线的控制点

已知 $n+1$ 个数据点 $Q_i(i = 0, 1, \cdots, n)$，则计算通过这些点的 B 样条曲线的控制点 $P_i(i = 0, 1, \cdots, n)$ 的递推公式如下：

$$P_{i-1} + 4P_i + P_{i+1} = 6Q_i, \qquad i = 1, , \cdots, n-1$$
$$P_2 - P_0 = 2Q_1', \qquad P_n - P_{n-2} = 2Q_{n-1}'$$

不难导出，递推公式的矩阵形式如下：

$$\begin{bmatrix} -1 & 0 & 1 & 0 & 0 & 0 \\ 1 & 4 & 1 & 0 & 0 & 0 \\ 0 & 1 & 4 & 1 & 0 & 0 \\ \vdots & \vdots & \ddots & \ddots & \ddots & \vdots \\ 0 & 0 & 0 & 1 & 4 & 1 \\ 0 & 0 & 0 & -1 & 0 & 1 \end{bmatrix} \begin{bmatrix} P_0 \\ P_1 \\ P_2 \\ \vdots \\ P_{n-1} \\ P_n \end{bmatrix} = \begin{bmatrix} 2Q_1' \\ 6Q_1 \\ 6Q_2 \\ \vdots \\ 6Q_{n-1} \\ 2Q_{n-1}' \end{bmatrix}$$

因此，根据这组方程解出的 $P_i(i = 0, 1, \cdots, n)$，就是经过 Q_i 的 B 样条曲线的特征多边形的顶点。

7. 一次 B 样条曲线可视

已知 $n+1$ 个控制点 $P_i(i = 1, 2, \cdots, n)$，则每相邻的两个控制点可以构造一段一次 B 样条曲线，其第 i 段 $(i = 1, 2, \cdots, n)$ 曲线的矩阵表示和方程如下：

$$P_{i,1}(t) = P_{i-1}N_{0,1}(t) + P_i N_{1,1}(t) = \begin{bmatrix} t & 1 \end{bmatrix} \begin{bmatrix} -1 & 1 \\ 1 & 0 \end{bmatrix} \begin{bmatrix} P_{i-1} \\ P_i \end{bmatrix} = (1-t)P_{i-1} + tP_i \quad t \in [0, 1]$$

【例 3.41】　绘制控制点是 $(10, 10)$ 和 $(200, 150)$ 的一次 B 样条曲线。

程序如下：

```
;————————————————————————————————————
; Ch03BSplineSimple.pro
;————————————————————————————————————
PRO Ch03BSplineSimple
    DEVICE, DECOMPOSED=1
    ! P.BACKGROUND='FFFFFF'XL  &  ! P.COLOR='000000'XL
    WINDOW,6,XSIZE=400,YSIZE=300,TITLE=' 一次 BSpline 曲线 '
    PLOT,[0],/DEVICE,/NODATA,/ISOTROPIC,XRANGE=[0,400],YRANGE=[0,300]
    NPoint=9  &  x=[10,200]  &  y=[10,150]
    FOR i=0D,NPoint DO BEGIN
```

```
        t=i/NPoint
        Xa=(x[0]+x[1])/2+(x[1]-x[0])*t
        Ya=(y[0]+y[1])/2+(y[1]-y[0])*t
        IF (i EQ 0) THEN PLOTS,[Xa],[Ya] $
        ELSE PLOTS,Xa,Ya,COLOR='FF0000'XL,/CONTINUE
    ENDFOR
END
```

;——

程序运行结果如图 3.59 所示。

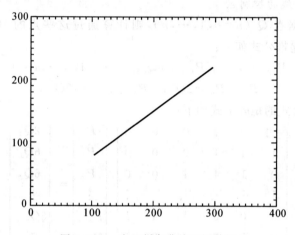

图 3.59 一次 B 样条曲线可视结果

8. 二次 B 样条曲线可视

二次 B 样条曲线的第 i 段$(i=1,2,\cdots,n)$曲线的方程如下：

$$P_{i,2}(t)=\sum_{i=0}^{2}P_iB_{i,2}(t)=\frac{1}{2}\big[(1-t)^2P_{i-1}+(-2t^2+2t+1)P_i+t^2P_{i+1}\big]\quad t\in[0,1]$$

二次 B 样条曲线的矩阵表示如下：

$$P_{i,2}(t)=\frac{1}{2}\begin{bmatrix}t^2 & t & 1\end{bmatrix}\begin{bmatrix}1 & -2 & 1\\-2 & 2 & 0\\1 & 1 & 0\end{bmatrix}\begin{bmatrix}P_{i-1}\\P_i\\P_{i+1}\end{bmatrix}$$

二次 B 样条曲线的端点性质如下：

(1) 端点位矢满足：

$$P_{i,2}(0)=0.5(P_{i-1}+P_i);\quad P_{i,2}(1)=0.5(P_i+P_{i+1})$$

(2) 端点一阶导矢满足：

$$P'_{i,2}(0)=P_i-P_{i-1},P'_{i,2}(0)=P_{i+1}-P_i;P'_{i,2}(1)=P'_{i+1,2}(0)$$

(3) 端点二阶导矢：曲线段的二阶矢量等于该曲线的两条边矢量 $P_{i-1}-P_i$ 和 $P_{i+1}-P_i$ 所成的对角线矢量，即

$$P''_{i+2}(u)=P_{i-1}-2P_i+P_{i+1}$$

二次 B 样条曲线的示意图如图 3.60 所示。

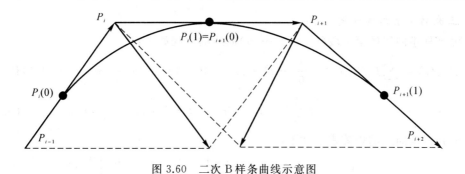

图 3.60 二次 B 样条曲线示意图

【例 3.42】 绘制控制点是(30,30),(150,200)和(270,50)的二次 B 样条曲线,同时使用绿色绘制 B 样条特征多边形。

程序如下:

```
;—————————————————————————————————————————————
; Ch03BSplineQuadratic.pro
;—————————————————————————————————————————————
PRO Ch03BSplineQuadratic
    DEVICE, DECOMPOSED=1
    ! P.BACKGROUND='FFFFFF'XL  &  ! P.COLOR='000000'XL
    WINDOW,6,XSIZE=400,YSIZE=300,TITLE=' 二次 BSpline 曲线 '
    PLOT,[0],/DEVICE,/NODATA,/ISOTROPIC,XRANGE=[0,300],YRANGE=[0,200]
    NPoint=9  &  x=[30,150,270]  &  y=[30,200,50]
    FOR i=0D,NPoint DO BEGIN
        t=i/NPoint  &  Tm=t*t
        Xa=(x[0]+x[2])/2+(x[1]-x[0])*t+(x[2]-2*x[1]+x[0])/2*Tm-60
        Ya=(y[0]+y[1])/2+(y[1]-y[0])*t+(y[2]-2*y[1]+y[0])/2*Tm-01
        IF (i EQ 0) THEN PLOTS,Xa,Ya,COLOR='FF0000'XL $
        ELSE PLOTS,Xa,Ya,COLOR='FF0000'XL,/CONTINUE
    ENDFOR
    PLOTS,x,y,COLOR='00FF00'XL
END
;—————————————————————————————————————————————
```

程序运行结果如图 3.61 所示。

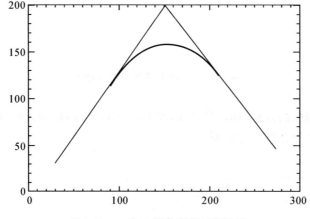

图 3.61 二次 B 样条曲线可视结果

9. 三次 B 样条曲线可视

三次 B 样条曲线的第 i 段$(i=1,2,\cdots,n)$曲线的方程如下：

$$P_{i,3}(t)=\sum_{i=0}^{3}P_iB_{i,3}(t)=\frac{1}{6}(-t^3+3t^2-3t+1)P_{i-1}+\frac{1}{6}(3t^3-6t^2+4)P_i$$
$$+\frac{1}{6}(-3t^3+3t^2+3t+1)P_{i+1}+\frac{1}{6}t^3P_{i+2} \qquad t\in[0,1]$$

三次 B 样条曲线的矩阵表示如下：

$$P_{i,3}(u)=\frac{1}{6}\begin{bmatrix}t^3 & t^2 & t & 1\end{bmatrix}\begin{bmatrix}-1 & 3 & -3 & 1 \\ 3 & -6 & 3 & 0 \\ -3 & 0 & 3 & 0 \\ 1 & 4 & 1 & 0\end{bmatrix}\begin{bmatrix}P_{i-1} \\ P_i \\ P_{i+1} \\ P_{i+2}\end{bmatrix}$$

三次 B 样条曲线的端点性质如下：

（1）端点位矢满足：

$$P_{i,3}(0)=\frac{1}{6}(P_{i-1}+4P_i+P_{i+1}),P_{i,3}(1)=\frac{1}{6}(P_i+4P_{i+1}+P_{i+2})$$

（2）端点一阶导矢满足：

$$P'_{i,3}(0)=\frac{1}{2}(P_{i+1}-P_{i-1}),P'_{i,3}(1)=\frac{1}{2}(P_{i+2}-P_i)$$

（3）端点二阶导矢：

$$P''_{i,3}(0)=P_{i-1}-2P_i+P_{i+1},P''_{i,3}(1)=P_i-2P_i+P_{i+1}+P_{i+2}$$

三次 B 样条曲线的示意图如图 3.62 所示。

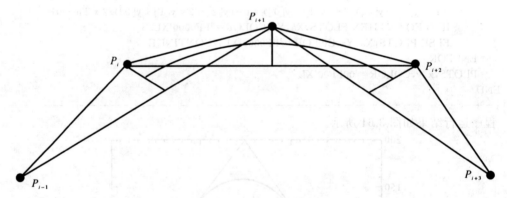

图 3.62 三次 B 样条曲线示意图

【例 3.43】 绘制控制点是$(10,10)$，$(60,200)$，$(260,260)$和$(400,60)$的三次 B 样条曲线，同时使用绿色绘制 B 样条特征多边形。

程序如下：

```
; ————————————————————————————————————
; Ch03BSplineCubic.pro
; ————————————————————————————————————
PRO Ch03BSplineCubic
```

```
DEVICE, DECOMPOSED=1
! P.BACKGROUND='FFFFFF'XL  &  ! P.COLOR='000000'XL
WINDOW,6,XSIZE=400,YSIZE=300,TITLE=' 三次阶 BSpline 曲线 '
PLOT,[0],/DEVICE,/NODATA,/ISOTROPIC,XRANGE=[0,400],YRANGE=[0,300]
NPoint=9  &  x=[10,60,260,400]  &  y=[10,200,260,60]
a0=(x[0]+4*x[1]+x[2])/6  &  a1=-(x[0]-x[2])/2
a2=(x[2]-2*x[1]+x[0])/2  &  a3=-(x[0]-3*x[1]+3*x[2]-x[3])/6
b0=(y[0]+4*y[1]+y[2])/6  &  b1=-(y[0]-y[2])/2
b2=(y[2]-2*y[1]+y[0])/2  &  b3=-(y[0]-3*y[1]+3*y[2]-y[3])/6
FOR i=0D,NPoint DO BEGIN
    t=i/NPoint  &  t2=t*t  &  t3=t2*t
    Xa=a0+a1*t+a2*t2+a3*t3+9  &  Ya=b0+b1*t+b2*t2+b3*t3-50
    IF (i EQ 0) THEN PLOTS,Xa,Ya,COLOR='FF0000'XL $
    ELSE PLOTS,Xa,Ya,COLOR='FF0000'XL,/CONTINUE
ENDFOR
PLOTS,x,y,COLOR='00FF00'XL
END
;———————————————————————————————————
```

程序运行结果如图 3.63 所示。

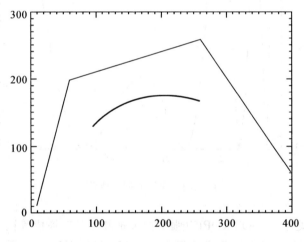

图 3.63　三次 B 样条曲线可视结果

3.3.8　平面 2D 曲线可视

对于 2D 曲线的可视,首先需要计算出曲线上的数据点的坐标(x,y),然后把这些数据点变换成可视平面的平面坐标值,最后绘制相应的 2D 曲线。

为了实现空间 3D 曲线的快速可视,可以使用 PLOT,PLOTS 和 OPLOT 命令,对空间数据点直接进行可视。

【例 3.44】　绘制如下方程对应的曲线:

$$y=\frac{\sin x}{e^x}$$

程序如下：

```
; ─────────────────────────────────────────
; Ch03SinExp.pro
; ─────────────────────────────────────────
PRO Ch03SinExp
    DEVICE,DECOM=1  &  ！ P.BACKGROUND='FFFFFF'XL  &  ！ P.COLOR='000000'XL
    WINDOW,6,XSIZE=450,YSIZE=400,TITLE=' 曲线 '
    Xdat=FINDGEN(100)    &    SinExpDat=SIN(Xdat/EXP(Xdat/50))
    PLOT,SinExpDat
END
; ─────────────────────────────────────────
```

程序运行结果如图 3.64 所示。

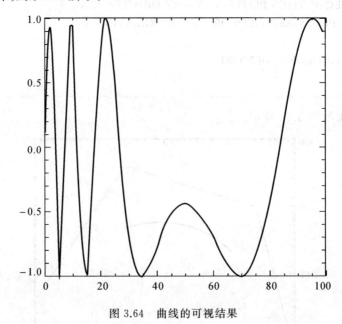

图 3.64　曲线的可视结果

提示：可以使用关键字 ISOTROPIC(强行把 x 轴和 y 轴转换成等比例)、POLAR(绘制极坐标系下的曲线)、THICK(绘制曲线的粗细)、MAX_VALUE(绘制数据的最大值)、MIN_VALUE(绘制数据的最小值)、NSUM(绘制点的间隔个数)、BACKGROUND(绘制的背景颜色)、COLOR(绘制的前景颜色)、PSYM(按照指定的图形符号(1 加号，2 星号，3 圆点，4 菱形，5 三角形，6 正方形，7 交叉号，8 用户定义，9 未定义，10 柱状图)绘制数据点)、SYMSIZE(符号大小)、CLIP(裁剪区域为[x0,y0,x1,y1])、LINESTYLE(按照指定的线型(0 实线，1 点，2 虚线，3 点虚线，4 点点虚线，5 长虚线)绘制线)、TITLE(绘图区绘制的图形添加标题)、SUBTITLE(绘图区绘制的图形添加副标题)、POSITION(图形定位绘制到指定区域[x0,y0,x1,y1])、DATA(数据坐标系统)、DEVICE(设备坐标系统)、NORMAL(正交坐标系统)、CHARSIZE(字体大小)、{X | Y | Z}CHARSIZE(x 轴、y 轴和 z 轴上注释和标注字体的大小)、CHARTHICK(注释和标注字体的粗细)、FONT(注释和标注字体所使用的字体)、TICKLEN(注释和标注中小刻度的尺度)、{X | Y | Z}GRIDSTYLE(x 轴、y 轴和 z 轴以及其

上刻度的栅格类型)、{X｜Y｜Z}MARGIN(x 轴、y 轴和 z 轴边界的空白)、{X｜Y｜Z}MINOR(x 轴、y 轴和 z 轴上最小刻度间隔数目)、{X｜Y｜Z}RANGE(x 轴、y 轴和 z 轴的最小和最大范围)、{X｜Y｜Z}STYLE(x 轴、y 轴和 z 轴类型:0{X｜Y｜Z}RANGE 指定的精确范围,2 在轴范围的每一边留有空余,4 不显示整个坐标轴,8 只在左边或下边显示坐标轴,16 不把 y 轴的起始值强行规定为 0)、{X｜Y｜Z}THICK(x 轴、y 轴和 z 轴刻度的粗细)、{X｜Y｜Z}TICKFORMAT(x 轴、y 轴和 z 轴上刻度标注格式)、{X｜Y｜Z}TICKUNITS(x 轴、y 轴和 z 轴标注的刻度单位)、{X｜Y｜Z}TICKLAYOUT(x 轴、y 轴和 z 轴刻度的布局风格)、{X｜Y｜Z}TICKLEN(x 轴、y 轴和 z 轴的刻度长度)、{X｜Y｜Z}TICKNAME(x 轴、y 轴和 z 轴刻度的标注)、{X｜Y｜Z}TICKS(设置 x 轴、y 轴和 z 轴的主刻度的个数)、{X｜Y｜Z}TICKV(x 轴、y 轴和 z 轴的刻度值)、{X｜Y｜Z}TITLE(x 轴、y 轴和 z 轴的标题)和 ZVALUE(z 轴上的数据值)等来设置绘制曲线的多种属性。

说明:上述关键字基本上可以用于其他的可视语句中。

3.3.9 空间 3D 曲线可视

对于空间 3D 曲线的可视,首先需要计算出曲线的空间数据点的坐标(x,y,z),然后把空间坐标变换成可视平面的平面坐标,最后绘制空间 3D 曲线。具体内容详见 3.4 节。

为了实现空间 3D 曲线的快速可视,可以使用 PLOT_3DBOX 命令,对空间数据点直接进行可视。

【例 3.45】 根据如下空间曲线的参数方程,利用 PLOT_3DBOX 绘制 3D 曲线,同时使用不同的线型绘制该曲线在三个投影平面上的垂直投影曲线。

$$\begin{cases} x = \begin{cases} 2\cos t + 5 & t \in [10,46] \\ 5 & t \in [0,10) \bigcup (46,56] \end{cases} \\ y = t & t \in [0,56] \\ x = \begin{cases} 2\sin t + 5 & t \in [10,46] \\ 5 & t \in [0,10) \bigcup (46,56] \end{cases} \end{cases}$$

程序如下:

```
;——————————————————————————————————
;Ch03Box3DSample.pro
;——————————————————————————————————
PRO Ch03Box3DSample
    x=REPLICATE(5,10)
    Tm=COS(FINDGEN(36)*10.0*! DTOR)*2+5   &   x=[x,Tm,x]
    y=FINDGEN(56)   &   z=REPLICATE(5,10)
    Tm=SIN(FINDGEN(36)*10.0*! DTOR)*2+5   &   z=[z,Tm,z]
    WINDOW,6,XSIZE=500,YSIZE=400,TITLE='3D 曲线 '
    PLOT_3DBOX,x,y,z,/XY_PLANE,/YZ_PLANE,/XZ_PLANE,GRIDSTYLE=1, $
        XYSTYLE=3,XZSTYLE=4,YZSTYLE=5,TITLE='3D Curve', $
        XTITLE='x Axis',YTITLE='y Axis',ZTITLE='Z Axis', $
        ZRANGE=[0,10],XRANGE=[0,10],PSYM=-6,SYMSIZE=0.6,CHARSIZE=1.6
END
;——————————————————————————————————
```

程序运行结果如图 3.65 所示。

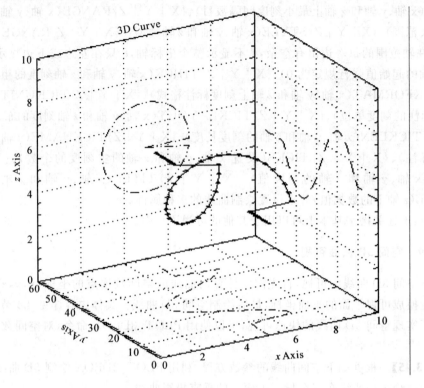

图 3.65　3D 曲线的可视结果

提示：3D 曲线的快速可视也可以使用带关键字/T3D 的 PLOTS(配合 SURFACE)。

3.4　曲　线　图

在实际数据可视的过程中，通常大多数复杂图形均可以转化为多个基本曲线的组合，因此，可以利用基本曲线的可视方法，实现复杂图形的可视。

3.4.1　圆角长方形可视

圆角长方形是由 4 个四分之一圆弧和 4 条直线段组成的图形，如图 3.66 所示。

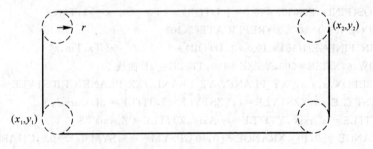

图 3.66　圆角长方形

已知圆角长方形的左下角和右上角的坐标分别为 (x_1,y_1) 和 (x_2,y_2)，圆角的半径为 r，则圆角长方形的 4 个圆弧和 4 条直线段的方程分别如下：

$$\begin{cases} \begin{cases} x=t \\ y=y_1 \end{cases} t\in[x_1+r,x_2-r] \\ \begin{cases} x=t \\ y=y_2 \end{cases} t\in[x_1+r,x_2-r] \\ \begin{cases} x=x_1 \\ y=t \end{cases} t\in[y_1+r,y_2-r] \\ \begin{cases} x=x_2 \\ y=t \end{cases} t\in[y_1+r,y_2-r] \end{cases} ; \quad \begin{cases} \begin{cases} x=x_1+r+r\cos t \\ y=y_1+r+r\sin t \end{cases} t\in\left[\pi,\dfrac{3}{2}\pi\right] \\ \begin{cases} x=x_2-r+r\cos t \\ y=y_1+r+r\sin t \end{cases} t\in\left[\dfrac{3}{2}\pi,2\pi\right] \\ \begin{cases} x=x_2-r+r\cos t \\ y=y_2-r+r\sin t \end{cases} t\in\left[0,\dfrac{1}{2}\pi\right] \\ \begin{cases} x=x_1+r+r\cos t \\ y=y_2-r+r\sin t \end{cases} t\in\left[\dfrac{1}{2}\pi,\pi\right] \end{cases}$$

【例 3.46】 已知圆角长方形的左下角和右上角的坐标分别为 $(50,50)$ 和 $(350,250)$，圆角的半径为 50，则绘制相应的蓝色圆角长方形。

程序如下：

```
;——————————————————————————————————————
; Ch03ArcRectangle.pro
;——————————————————————————————————————
PRO Ch03ArcRectangle
    DEVICE, DECOMPOSED=1
    ! P.BACKGROUND='FFFFFF'XL & ! P.COLOR='000000'XL
    WINDOW,6,XSIZE=400,YSIZE=300,TITLE=' 圆角长方形 '
    PLOT,[0],XRANGE=[0,400],YRANGE=[0,300],/NODATA,/ISOTROPIC
    x1=50 & y1=50 & x2=350 & y2=250 & r=50
    Xr1=DBLARR(91) & Xr2=Xr1 & Xr3=Xr1 & Xr4=Xr1
    Yr1=DBLARR(91) & Yr2=Yr1 & Yr3=Yr1 & Yr4=Xr1
    FOR Beta=! PI,3 * ! PI/2,! PI/180 DO BEGIN
        Xr1[ROUND(Beta * 180/! PI-180)]=x1+r+r * COS(Beta)
        Yr1[ROUND(Beta * 180/! PI-180)]=y1+r+r * SIN(Beta)
    ENDFOR
    FOR Beta=3 * ! PI/2D,2 * ! PI,! PI/180 DO BEGIN
        Xr2[ROUND(Beta * 180/! PI-270)]=x2-r+r * COS(Beta)
        Yr2[ROUND(Beta * 180/! PI-270)]=y1+r+r * SIN(Beta)
    ENDFOR
    FOR Beta=0D,! PI/2,! PI/180 DO BEGIN
        Xr3[ROUND(Beta * 180/! PI)]=x2-r+r * COS(Beta)
        Yr3[ROUND(Beta * 180/! PI)]=y2-r+r * SIN(Beta)
    ENDFOR
    FOR Beta=! PI/2D,! PI,! PI/180 DO BEGIN
        Xr4[ROUND(Beta * 180/! PI-90)]=x1+r+r * COS(Beta)
        Yr4[ROUND(Beta * 180/! PI-90)]=y2-r+r * SIN(Beta)
    ENDFOR
    PLOTS,[Xr1,Xr2,Xr3,Xr4,Xr1[0]], $
```

[Yr1,Yr2,Yr3,Yr4,Yr1[0]],COLOR='FF0000'XL

END

; ——————————————————————————————————

程序运行结果如图 3.67 所示。

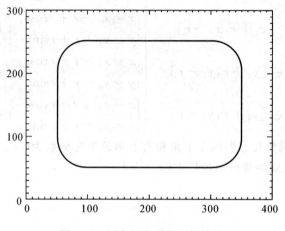

图 3.67　圆角长方形的可视结果

【例 3.47】　已知圆角长方形的左下角和右上角的坐标分别为(50,50)和(350,250),圆角的半径为 50,则绘制相应的蓝色圆角长方形,并使用倾斜 45°的绿色点线虚线对圆角长方形进行填充。

分析:在例 3.46 的程序 Ch03ArcRectangle.pro 的最后添加如下语句:

POLYFILL,[Xr1,Xr2,Xr3,Xr4,Xr1[0]],[Yr1,Yr2,Yr3,Yr4,Yr1[0]],$
COLOR='00FF00'XL,LINESTYLE=3,ORIENTATION=45

程序运行结果如图 3.68 所示。参考程序:Ch03ArcRectangleFill.pro。

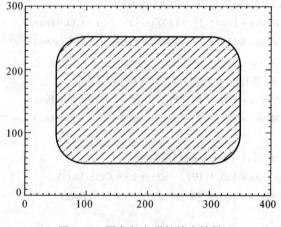

图 3.68　圆角长方形的填充结果

3.4.2　沙丘曲线图可视

沙丘是具有分形结构的图形。根据沙丘的结构,可以构造生成沙丘曲线的公式如下:

$$
\begin{cases}
x = 10\sin(\alpha + \pi\sin\alpha - s)\cos r + t \\
y = \dfrac{66}{\pi}\alpha + 10
\end{cases}
\qquad t > 0; r = \dfrac{\pi t}{90}; s = \pi\cos r
$$

【例 3.48】 根据上述沙丘曲线的生成公式，绘制 x 向长度为 500 个像素，y 向宽度为 400 个像素的长方形沙丘区域。

程序如下：

```
;——————————————————————————————————————————
;Ch03Dune.pro
;——————————————————————————————————————————
PRO Ch03Dune
    DEVICE, DECOMPOSED=1
    ! P.BACKGROUND='FFFFFF'XL  &  ! P.COLOR='000000'XL
    WINDOW,6,XSIZE=500,YSIZE=400,TITLE=' 沙丘 '
    PLOT,[0],XRANGE=[0,500],YRANGE=[0,400],/DEVICE,/NODATA,/ISOTROPIC
    FOR Mx=16D,490,5 DO BEGIN
        Tx=Mx * ! PI/90.0  &  Ty= ! PI * COS(Tx)
        FOR Alpha=0D,6 * ! PI, ! PI/5 DO BEGIN
            x=10 * SIN(Alpha+SIN(Alpha) * ! PI−Ty) * COS(Tx)+Mx
            y=66/! PI * Alpha+10
            IF Alpha EQ 0 THEN BEGIN
                PLOTS,x,y,COLOR='FF0000'XL
            ENDIF ELSE BEGIN
                PLOTS,x,y,COLOR='FF0000'XL,/CONTINUE
            ENDELSE
        ENDFOR
    ENDFOR
END
;——————————————————————————————————————————
```

程序运行结果如图 3.69 所示。

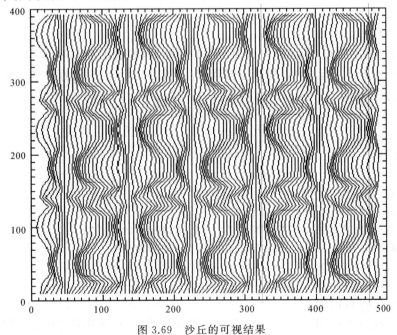

图 3.69 沙丘的可视结果

3.4.3 心形曲线图可视

根据心形的结构,可以利用圆心和半径均按照指定规律变化的的圆来实现,如图 3.70 所示。具体方法如下:

已知圆心在 $O(x_0,y_0)$,半径为 O_r 的圆 C_0,$S(x_0,y_0+O_r)$ 是起点,数据点 $P_i(x_i,y_i)$ $(i=1,\cdots,n)$ 是圆 C_0 上的 n 等分点,则以 P_i 为圆心,以 P_i 到 S 的距离 r_i 为半径的所有圆的集合组成了心形曲线。

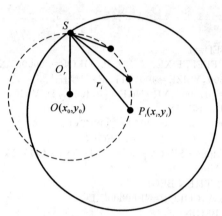

图 3.70 心形曲线示意图

因此,心形曲线的方程如下:

$$\begin{cases} x = x_i + r_i\cos\beta \\ y = y_i + r_i\sin\beta \\ x_i = O_r\cos(i\alpha) \\ y_i = O_r\sin(i\alpha) \end{cases} \quad \alpha,\beta \in [0,2\pi]; r_i = \sqrt{(x_i-x_0)^2 + (y_i-y_0-O_r)^2}$$

【例 3.49】 已知圆 C_0 的圆心在 $O(0,0)$,半径为 20,起点在 $S(0,20)$,圆 C_0 上的 30 等分点是 $P_i(x_i,y_i)(i=1,\cdots,30)$ 时,要求绘制以 P_i 为圆心,以 P_i 到 S 的距离 r_i 为半径的所有圆组成的心形曲线。

程序如下:

```
;-------------------------------------------------------------------
;Ch03Heart.pro
;-------------------------------------------------------------------
PRO Ch03Heart
    DEVICE, DECOMPOSED=1
    ! P.BACKGROUND='FFFFFF'XL  &  ! P.COLOR='000000'XL
    WINDOW,6,XSIZE=400,YSIZE=400,TITLE=' 心形曲线 '
    PLOT,[0],/DEVICE,XRANGE=[−60,60],YRANGE=[−80,40]
    r=20  &  n=30  &  Theta=2 * ! PI/n
    FOR i=0,n DO BEGIN
        x=r * COS(i * Theta) & y=r * SIN(i * Theta)  &  Nr=SQRT(x^2+(y−r)^2)
        PLOTS,x+Nr * COS(0),y+Nr * SIN(0),COLOR='FF0000'XL
```

```
FOR t＝0.0,2 * ! PI,0.01 DO BEGIN
        PLOTS,x＋Nr * COS(t),y＋Nr * SIN(t),COLOR＝'FF0000'XL,/CONTINUE
    ENDFOR
    ENDFOR
END
```

;————————————————————————————————————

程序运行结果如图 3.71 所示。

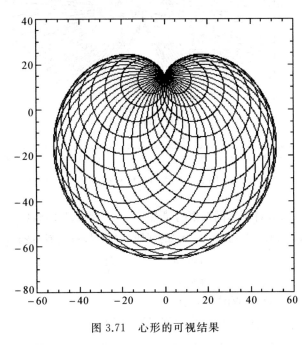

图 3.71　心形的可视结果

思考:按照如下方程绘制相应的曲线。参考程序:Ch03HeartSingle。

$$\begin{cases} x = a(1 - \cos(3\alpha))\sin(3\alpha) \\ y = a(1 - \cos(3\alpha))\sin(3\alpha) \end{cases} \quad \alpha \in \left[0, \frac{2}{3}\pi\right]; a \in \mathbf{R}$$

习　题

1. 给出图形的显式方程、隐式方程和参数方程;简述图形参数表示方式的优点。

2. 简述生成直线的数值微分法,并使用 C 语言实现该算法。

3. 简述生成直线的中点画线法,并使用 C 语言实现该算法。

4. 简述生成直线的 Bresenham 算法,并使用 C 语言实现该算法。

5. 使用 C 语言实现直线的实线、点线、虚线、点虚线、点点虚线和长虚线 6 种线型。

6. 使用 C 语言实现线刷、方刷和圆刷刷出的 6 个像素宽的直线。

7. 解释走样,简述常用的反走样技术。

8. 利用直线段绘制如图 3.72 所示的六角星图案。

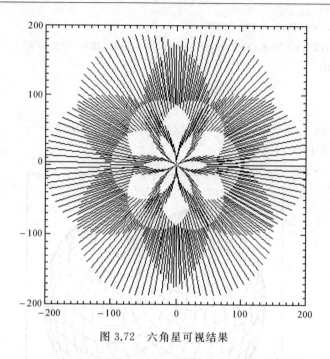

图 3.72　六角星可视结果

提示：首先利用如下公式计算不同振幅的端点$(x_i,y_i)(i=0,1,2,3,4,5)$，然后依次循环绘制经过端点(x_1+x_3,y_1+y_3)和(x_2+x_4,y_2+y_4)的线段（即通过两层循环嵌套把线段旋转360°）。

$$\begin{cases} x=\nu\cos\alpha \\ y=\nu\sin\alpha \end{cases} \quad \alpha\in[0,2\pi]$$

参考程序：Ch03ExeSixStarWithline.pro。

9. 利用直线段绘制如图 3.73 所示的余弦网格图案。

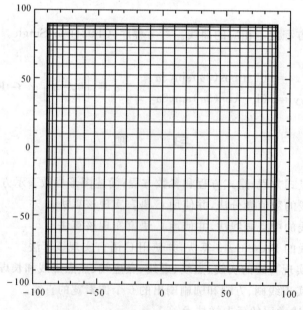

图 3.73　余弦网格图案可视结果

提示:利用如下余弦变换分别计算 x,y 方向上数据点 x_i,y_i,然后,循环绘制经过$(x_i,-90)$和$(x_i,90)$的垂直线段,以及经过$(-90,y_i)$和$(90,y_i)$的水平线段。

$$xy = r\cos\alpha \qquad \alpha \in [0,\pi]$$

参考程序:Ch03ExeCosLine.pro。

10. 利用直线段绘制如图 3.74 所示的六瓣花朵。

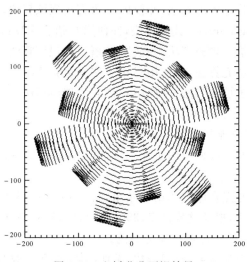

图 3.74 六瓣花朵可视结果

提示:利用如下公式分别计算直线段的两个端点:

$$\begin{cases} x = r\cos(\alpha + \pi/(2n)) \\ y = r\sin(\alpha + \pi/(2n)) \\ r = c(1 + (1/n)\sin(n\alpha))(1 + \sin(2n\alpha)) \end{cases} \qquad \alpha \in [0,\pi], n \in \mathbf{N}, a \in \mathbf{R}$$

然后,循环绘制经过端点的线段。

参考程序:Ch03ExeFlower6WithLine.pro。

11. 绘制如图 3.75 所示的螺旋丝带图形。

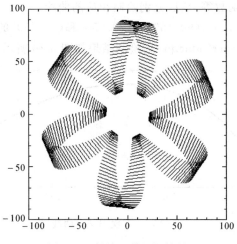

图 3.75 螺旋丝带可视结果

提示：利用如下公式分别计算直线段的两个端点：

$$\begin{cases} x = r(1 + 1.2\sin(n\alpha)\cos(n\alpha))\cos(\alpha + a) \\ y = r(1 + 1.2\sin(n\alpha)\cos(n\alpha))\sin(\alpha + a) \end{cases} \quad \alpha, \beta \in [0, \pi], n \in \mathbf{N}, a \in \mathbf{R}$$

参考程序：Ch03ExeMore.pro。

12. 简述直线的 Cohen Sutherland 裁剪算法，并使用 C 语言实现该算法。

13. 简述直线的中点分割裁剪算法，并使用 C 语言实现该算法。

14. 简述直线的 Liang Barskey 裁剪算法，并使用 C 语言实现该算法。

15. 简述多边形的扫描线填充算法，并使用 C 语言实现该算法。

16. 简述多边形的边填充算法，并使用 C 语言实现该算法。

17. 简述多边形的种子填充算法，并使用 C 语言实现该算法。

18. 简述多边形算法，并使用 C 语言实现该算法。

19. 解释插值方法，简述常用的插值方法。

20. 使用黑色绘制中心点在原点的正 n 边形，其中 $n(n > 2)$ 从键盘输入。

参考程序：Ch03ExeNPolygon.pro。

21. 使用黑色绘制中心点在原点的正 n 角星，其中 $n(n > 4)$ 从键盘输入。

22. 使用栅栏填充算法，把经过数据点 $(350, 300)$，$(150, 350)$，$(50, 250)$，$(150, 50)$，$(300, 150)$，$(400, 50)$，$(450, 350)$ 的多边形填充为绿色。

23. 分别自行构造一个幂函数、有理函数、无理函数、指数函数和对数函数，然后分别绘制相应的曲线。

24. 分别自行构造一个正割函数 $y = \sec(x)$、余割函数 $y = \csc(x)$、反正弦函数 $y = \arcsin(x)$、反余弦函数 $y = \arccos(x)$、反正切函数 $y = \arctan(x)$、反余切函数 $y = \text{arccot}(x)$、反正割函数 $y = \text{arcsec}(x)$ 和反余割函数 $y = \text{arccsc}(x)$，然后分别绘制相应的曲线。

25. 分别自行构造双曲正弦函数 $y = \text{sh}(x) = (e^x - e^{-x})/2$、双曲余弦函数 $y = \text{ch}(x) = (e^x + e^{-x})/2$、双曲正切函数 $y = \text{th}(x) = (e^x - e^{-x})/(e^x + e^{-x})$、双曲余切函数 $y = \text{th}(x) = (e^x + e^{-x})/(e^x - e^{-x})$、双曲正割函数 $y = \text{sech}(x) = 2/(e^x + e^{-x})$ 和双曲余割函数 $y = \text{csch}(x) = 2/(e^x - e^{-x})$ 及其反双曲函数等，然后分别绘制相应的曲线。

26. 绘制控制点是 $(30, 30)$，$(60, 150)$，$(120, 250)$ 和 $(280, 50)$ 的三次 Bezier 曲线。

参考程序：Ch03ExeBezierCubic.pro。绘制结果如图 3.76 所示。

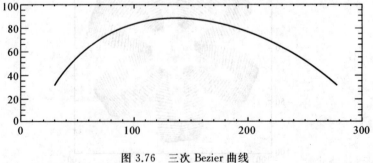

图 3.76 三次 Bezier 曲线

27. 绘制控制点是 $(30, 30)$，$(120, 150)$ 和 $(280, 30)$ 的二次 Bezier 曲线。

参考程序:Ch03ExeBezierQuadratic.pro。绘制结果如图 3.77 所示。

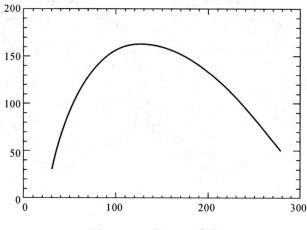

图 3.77　二次 Bezier 曲线

28. 根据如下空间曲线的参数方程,利用 PLOT_3DBOX 绘制 3D 曲线,同时使用不同的线型绘制该曲线在三个投影平面上的垂直投影曲线。

$$\begin{cases} x = \sin t \\ y = \cos t \\ z = t \end{cases}$$

参考程序:Ch03ExeBox3DSample.pro。

29. 绘制圆、圆弧、带弦圆弧、带半径圆弧(圆形扇形)及其填充,具体要求自定。

参考程序:Ch03ExeCircleArcFill.pro。

30. 绘制椭圆、椭圆弧、带弦椭圆弧、带半径椭圆弧(椭圆形扇形)及其填充,具体要求自定。

参考程序:Ch03ExeEllipseArcFill.pro。

31. 已知圆心在 $O(x_0, y_0)$,半径为 O_r 的圆 C_0,点 $S(x_0, y_0 + O_r)$ 是起点,点 $P_i(x_i, y_i)$ $(i = 1, \cdots, n)$ 是圆 C_0 上的 n 等分点,则以 P_i 为圆心,以 P_i 到 OS 的距离 r_i 为半径的圆为 C_i。要求绘制所有 C_i 组成的图形。示意图如图 3.78 所示。

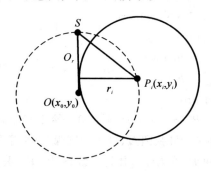

图 3.78　对称双环曲线示意图

参考程序:Ch03ExeDoubleLoop.pro。运行结果如图 3.79 所示。

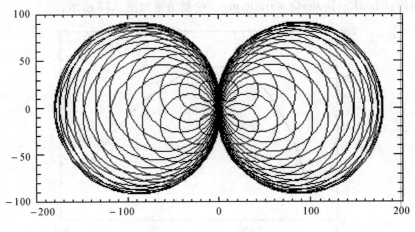

图 3.79　对称双环示意图

32. 绘制如图 3.80 所示的心形栅栏。

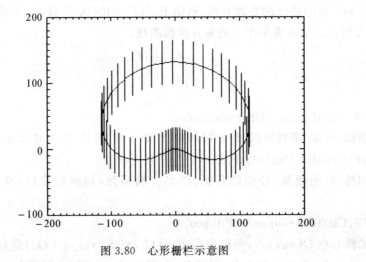

图 3.80　心形栅栏示意图

提示:绘制心形曲线和心形垂直线的方程如下:

$$\begin{cases} x=a(1+\sin\alpha)\cos\alpha \\ y=a(1+\sin\alpha)\sin\alpha \end{cases} \quad \alpha \in [0,2\pi];a \in \mathbf{R}$$

$$\begin{cases} x=b\cos\alpha \\ y=b\sin\beta \end{cases} \quad \alpha,\beta \in [0,2\pi];b \in \mathbf{R}$$

参考程序:Ch03ExeHeart.pro。

33. 已知圆上的三个点为 $P_i(x_i,y_i)(i=1,2,3)$,给出圆的方程,并绘制该圆及其填充图形。同时绘制经过这三点的圆弧、带弦圆弧、带半径圆弧(圆形扇形)及其填充。

提示:首先求出经过 P_1 和 P_2 的中点,并且与线段 P_1P_2 垂直的直线的方程 E_1;其次求出经过 P_2 和 P_3 的中点,并且与线段 P_2P_3 垂直的直线的方程 E_2;然后计算出的圆心 O,同时计算出圆的半径 OP_1;最后绘制圆。对于圆弧需要讨论起始角 a 和终止角 b。

对于起始角 a(OP_1 与 X 轴的夹角),则

$$a = \begin{cases} \arctan[(y_1 - y_0)/(x_1 - x_0)], & x_1 - x_0 \geqslant 0, y_1 - y_0 \geqslant 0 \\ 2\pi - \arctan[(y_1 - y_0)/(x_1 - x_0)], & x_1 - x_0 \geqslant 0, y_1 - y_0 < 0 \\ \pi - \arctan[(y_1 - y_0)/(x_1 - x_0)], & x_1 - x_0 < 0, y_1 - y_0 \geqslant 0 \\ \pi + \arctan[(y_1 - y_0)/(x_1 - x_0)], & x_1 - x_0 < 0, y_1 - y_0 < 0 \end{cases}$$

参考程序:Ch03ExeCircle3Point.pro。

34. 绘制如图 3.81 所示的 12 瓣花形曲线。

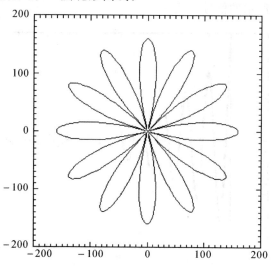

图 3.81 12 瓣花形曲线示意图

提示:12 瓣花形曲线的方程如下:

$$\begin{cases} x = |a\cos(n\alpha)|\cos\alpha \\ y = |a\cos(n\alpha)|\sin\alpha \end{cases} \quad \alpha \in [0, 2\pi]; a \in \mathbf{R}; n \in \mathbf{N}$$

参考程序:Ch03ExeFlower12Curve.pro。

35. 绘制如图 3.82 所示的 8 瓣花形曲线。

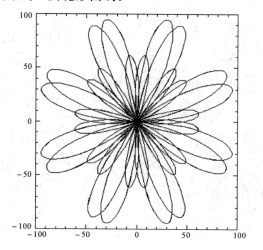

图 3.82 8 瓣花形曲线示意图

提示:8 瓣花形曲线的方程如下:

$$\begin{cases} x = a\left[\dfrac{1}{3}\sin(n\alpha/2) + \sin(n\alpha)\right]\cos(3\alpha) \\ y = a\left[\dfrac{1}{3}\sin(n\alpha/2) + \sin(n\alpha)\right]\sin(3\alpha) \end{cases} \qquad \alpha \in [0, 4\pi]; a \in \mathbf{R}; n \in \mathbf{N}$$

参考程序:Ch03ExeFlower8Curve.pro。

36. 绘制如图 3.83 所示的信号衰减曲线。

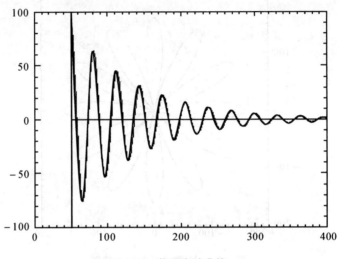

图 3.83　信号衰减曲线

参考程序:Ch03ExeWaveAttenuation.pro。

37. 在 $(0,0)$ 和 $(400,300)$ 的矩形区域内,绘制 100 个大小和位置均随机的随机圆,如图 3.84 所示。

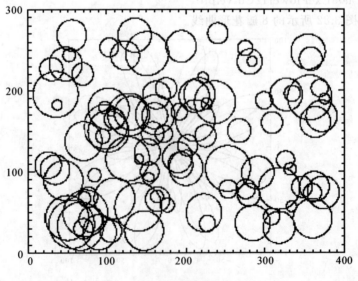

图 3.84　随机圆

参考程序：Ch03ExeRandomCircle.pro。

38. 在(0,0)和(400,300)的矩形区域内,按照 5 行 7 列绘制 35 个同半径(正多边形的中心到顶点的距离)的随机正多边形,如图 3.85 所示。

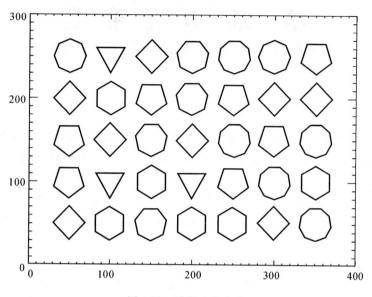

图 3.85 随机正多边形

参考程序：Ch03ExeRandomPolygon.pro。

第4章 图形变换

图形变换作为数据可视的基本技术,不但可以实现图形的平移、旋转、放缩、镜像、转置和仿射等变换,而且可以实现图形空间到屏幕空间的空间投影;同时,通过图形变换,可以利用简单的图形生成复杂的图形。图形变换是建立图形库和设计图形系统的基础。

图形变换主要包括几何变换和空间变换。图形变换通常采用齐次坐标。

几何变换:对图形进行平移、旋转、放缩、镜像、转置和仿射等变换。通常分为二维几何变换和三维几何变换。

空间变换:实现真实图形到屏幕显示的投影变换。通常分为平行投影和透视投影。

齐次坐标:把一个 n 维的向量用一个 $n+1$ 维向量来表示。例如:向量 $(x_1, \cdots, x_n)$ 的齐次坐标表示为 $(wx_1, \cdots, wx_n, w)$,其中 w 是一个不为 0 的实数。

在进行图像变换时,通常使用世界坐标系、观察坐标系、设备坐标系和标准坐标系等。

世界坐标系(World Coordinate System,WCS):由三个互相垂直并且相交的坐标轴 $X, Y,$ Z 组成的始终不发生变化的坐标系统。默认情况下,X 轴正向水平向右,Y 轴正向垂直向上,Z 轴正向垂直指向用户(默认右手系,可以使用左手系)。场景中的所有图形在 WCS 中的位置、大小和方向是固定不变的。WCS 是所有图形的绝对参照坐标系。

观察坐标系(View Coordinate System,VCS):以指定图形自身中的指定位置为坐标原点的坐标系统。VCS 通过变换可在定义在 WCS 的任何位置、任何方向,可以根据图形对象的大小来确定。

设备坐标系(Device Coordinate System,DCS):用于输出图形的设备固有坐标系统。例如:分辨率为 1 280×1 024 像素的显示器,默认坐标原点在屏幕的左下角,X 轴正向沿屏幕下边水平向右,Y 轴正向沿屏幕左边垂直向上,Z 轴正向为垂直屏幕指向用户。

标准坐标系(Normalized Coordinate System,NCS):中心在原点,X, Y, Z 轴的取值范围均为 $[0, 1]$,并且与设备无关的规格化坐标系统。WCS 中的所有图形数据通过转换成 NCS 中的数据,使得图形有了统一的数据空间,这给图形的统一处理带来很大方便,从而可以提高图形程序的可移植性。

4.1 二维几何变换

已知二维(2D)几何变换矩阵为

$$[x' \quad y' \quad 1] = [x \quad y \quad 1] \begin{bmatrix} a & b & g \\ c & d & h \\ e & f & i \end{bmatrix} \equiv [x \quad y \quad 1] \boldsymbol{T}_{2D}$$

则 $\begin{bmatrix} a & b \\ c & d \end{bmatrix}$ 可以对图形进行旋转、放缩、对称、错切等变换；$\begin{bmatrix} e & f \end{bmatrix}$ 可以对图形进行平移变换；$\begin{bmatrix} g & h \end{bmatrix}^{\mathrm{T}}$ 可以对图形进行投影变换，并且分别在 x 和 y 轴的 $(1/g)$ 和 $(1/h)$ 处产生灭点；i 可以对图形进行整体伸缩变换。

4.1.1　二维平移变换

图形平移是指把图形从一个位置移动到另一个位置的过程。如果把图形上数据点 $P(x,y)$ 平移到 $P'(x',y')$，则平移矩阵 $\boldsymbol{M}_{\mathrm{t}}$ 如下（见图 4.1）：

$$\begin{bmatrix} x' & y' & 1 \end{bmatrix} = \begin{bmatrix} x & y & 1 \end{bmatrix} \begin{bmatrix} 1 & 0 & 0 \\ 0 & 1 & 0 \\ T_x & T_y & 1 \end{bmatrix} \equiv \begin{bmatrix} x & y & 1 \end{bmatrix} \boldsymbol{M}_{\mathrm{t}}$$

其中：T_x，T_y 为 $P(x,y)$ 平移到 $P'(x',y')$ 的平移量，$\boldsymbol{M}_{\mathrm{t}}$ 为平移矩阵。

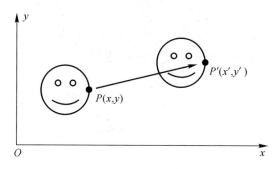

图 4.1　2D 平移交换

【例 4.1】　已知三角形的顶点坐标分别为 $(10,30)$、$(70,110)$ 和 $(130,10)$，则按照 $T_x = 20$，$T_y = 10$ 对该三角形逐次进行 8 次平移。可视结果如图 4.2 所示。

程序如下：

```
;——————————————————————————
; Ch04Transform2DTranslate.pro
;——————————————————————————
FUNCTION Pan,Mat,x,y
    Mat[2,0]=x  &  Mat[2,1]=y  &  RETURN,Mat
END
;——————————————————————————
PRO Ch04Transform2DTranslate
    DEVICE, DECOM=1 & ! P.BACKGROUND='FFFFFF'XL & ! P.COLOR='000000'XL
    WINDOW,6,XSIZE=400,YSIZE=300,TITLE=' 平移变换 '
    PLOT,[0],/DEVICE,/ISOTROPIC,XRANGE=[0,300],YRANGE=[0,200]
    x1=[10,70,130,10D]  &  y1=[30,110,10,30D]  &  x2=(y2=DBLARR(5))
    Mat=[[1,0,0],[0,1,0],[0,0,1]]
    FOR x=0,160,20 DO BEGIN
        TMat=Pan(Mat,x,x/2)
```

```
    FOR i=0,3 DO BEGIN
        x2[i]=x1[i]＊TMat[0,0]+y1[i]＊TMat[1,0]+1.0＊TMat[2,0]
        y2[i]=x1[i]＊TMat[0,1]+y1[i]＊TMat[1,1]+1.0＊TMat[2,1]
    ENDFOR
    PLOTS,x2[0:3],y2[0:3],COLOR='FF0000'XL
  ENDFOR
END
;——————————————————————————————————————————————
```

程序运行结果如图 4.2 所示。

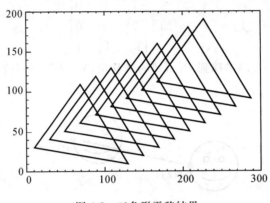

图 4.2　三角形平移结果

4.1.2　二维旋转变换

图形旋转是指按照指定的旋转中心,把图形按逆时针或者顺时针旋转指定角度的过程。图形的旋转中心可以是图形的中心(默认的旋转中心),也可以是任意指定的位置。

已知把图形上的数据点 $P(x,y)$ 绕图形中心按逆时针旋转 θ 后到 $P'(x',y')$,则旋转矩阵 $\boldsymbol{M}_r$ 如下(见图 4.3):

$$
[x'\ \ y'\ \ 1]=[x\ \ y\ \ 1]\begin{bmatrix} \cos\theta & \sin\theta & 0 \\ -\sin\theta & \cos\theta & 0 \\ 0 & 0 & 1 \end{bmatrix} \equiv [x\ \ y\ \ 1]\boldsymbol{M}_r
$$

其中:θ 为 $P(x,y)$ 绕旋转中心旋转到 $P'(x',y')$ 的旋转角度,$\boldsymbol{M}_r$ 为旋转矩阵。

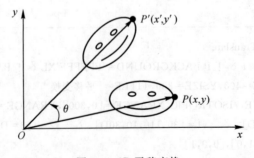

图 4.3　2D 平移变换

【例 4.2】　已知三角形的顶点坐标分别为 $(0,0)$，$(60,80)$ 和 $(200,20)$，按照 $30°$ 的增量旋转 $360°$。

程序如下：

```
;—————————————————————————————————————————————
;Ch04Transform2DRot.pro
;—————————————————————————————————————————————
FUNCTION MyRot,Mat,Theta
    Mat[0,0]=COS(Theta * ! PI/180)   &   Mat[0,1]=SIN(Theta * ! PI/180)
    Mat[1,0]=-SIN(Theta * ! PI/180)   &   Mat[1,1]=COS(Theta * ! PI/180)
    RETURN,Mat
END
;—————————————————————————————————————————————
PRO Ch04Transform2DRot
    DEVICE, DECOM=1 & ! P.BACKGROUND='FFFFFF'XL & ! P.COLOR='000000'XL
    WINDOW,6,XSIZE=400,YSIZE=400,TITLE=' 旋转变换 '
    PLOT,[0],/DEVICE,/ISOTROPIC,XRANGE=[-200,200],YRANGE=[-200,200]
    x1=[0,60,200,0.0]   &   y1=[0,80,20,0.0]   &   x2=(y2=DBLARR(5))
    Mat=[[1,0,0],[0,1,0],[0,0,1D]]
    FOR r=0,360,30 DO BEGIN
        TMat=MyRot(Mat,r)
        FOR i=0,3 DO BEGIN
            x2[i]=x1[i] * TMat[0,0]+y1[i] * TMat[1,0]+1.0 * TMat[2,0]
            y2[i]=x1[i] * TMat[0,1]+y1[i] * TMat[1,1]+1.0 * TMat[2,1]
        ENDFOR
        PLOTS,x2[0:3],y2[0:3],COLOR='FF0000'XL
    ENDFOR
END
;—————————————————————————————————————————————
```

程序运行结果如图 4.4 所示。

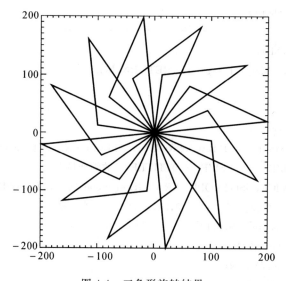

图 4.4　三角形旋转结果

4.1.3　二维放缩变换

图形放缩是指按照指定的放缩系数,对图形进行放大或者缩小的过程。如果放缩系数大于1,则放大图形;如果放缩系数小于1,则缩小图形。

如果把图形上数据点 $P(x,y)$ 按照放缩系数放缩后的数据点为 $P'(x',y')$,则放缩矩阵 M_s 如下(见图4.5):

$$[x'\quad y'\quad 1] = [x\quad y\quad 1]\begin{bmatrix} S_x & 0 & 0 \\ 0 & S_y & 0 \\ 0 & 0 & 1 \end{bmatrix} \equiv [x\quad y\quad 1]M_s$$

其中: S_x, S_y 为 $P(x,y)$ 放缩到 $P'(x',y')$ 的比例因子, M_s 为放缩矩阵。

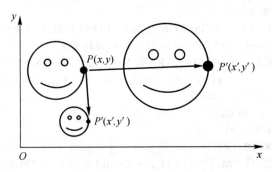

图4.5　2D放缩变换

【例4.3】　已知三角形的顶点坐标分别为 $(-20,0)$, $(0,20)$ 和 $(20,-20)$,按照1到10的放大系数放大图形。

程序如下:

```
;——————————————————————————————————————————————
; Ch04Transform2DScale.pro
;——————————————————————————————————————————————
FUNCTION MyScale,Mat,s
    Mat[0,0]=s  &  Mat[1,1]=s  &  RETURN,Mat
END
;——————————————————————————————————————————————
PRO Ch04Transform2DScale
    DEVICE, DECOM=1 & ! P.BACKGROUND='FFFFFF'XL & ! P.COLOR='000000'XL
    WINDOW,6,XSIZE=400,YSIZE=400,TITLE=' 放缩变换 '
    PLOT,[0],/DEVICE,/ISOTROPIC,XRANGE=[-200,200],YRANGE=[-200,200]
    x1=[-20,0,20,-20,0]  &  y1=[0,20,-20,0,0]  &  x2=(y2=DBLARR(5))
    Mat=[[1,0,0],[0,1,0],[0,0,1]]
    FOR s=0.0,10 DO BEGIN
        TMat=MyScale(Mat,s)
        FOR i=0,3 DO BEGIN
            x2[i]=x1[i] * TMat[0,0]+y1[i] * TMat[1,0]+1.0 * TMat[2,0]
```

$$y2[i] = x1[i] * TMat[0,1] + y1[i] * TMat[1,1] + 1.0 * TMat[2,1]$$

ENDFOR

　　PLOTS, x2[0:3], y2[0:3], COLOR = 'FF0000'XL

　ENDFOR

END

;——

程序运行结果如图 4.6 所示。

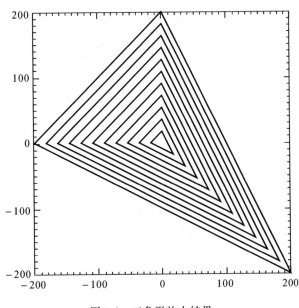

图 4.6　三角形放大结果

4.1.4　二维对称与转置

图形对称变换包括镜像、原点对称和转置等。图形镜像分为水平镜像和垂直镜像两种。图形转置是指图形按照直线 $y = x$ 镜像的过程（即：x 和 y 的坐标互换）。

已知图形上的数据点 $P(x, y)$，对它进行水平镜像或者垂直镜像或者原点对称后的数据点为 $P'(x', y')$，则水平镜像矩阵 $\boldsymbol{M}_h$、垂直镜像矩阵 $\boldsymbol{M}_v$ 和原点对称矩阵 $\boldsymbol{M}_o$ 如下：

$$[x'\ \ y'\ \ 1] = [x\ \ y\ \ 1]\begin{bmatrix} -1 & 0 & 0 \\ 0 & 1 & 0 \\ 0 & 0 & 1 \end{bmatrix} \equiv [x\ \ y\ \ 1]\boldsymbol{M}_h$$

$$[x'\ \ y'\ \ 1] = [x\ \ y\ \ 1]\begin{bmatrix} 1 & 0 & 0 \\ 0 & -1 & 0 \\ 0 & 0 & 1 \end{bmatrix} \equiv [x\ \ y\ \ 1]\boldsymbol{M}_v$$

$$[x'\ \ y'\ \ 1] = [x\ \ y\ \ 1]\begin{bmatrix} -1 & 0 & 0 \\ 0 & -1 & 0 \\ 0 & 0 & 1 \end{bmatrix} \equiv [x\ \ y\ \ 1]\boldsymbol{M}_o$$

图形对称的示意图如图 4.7 所示。

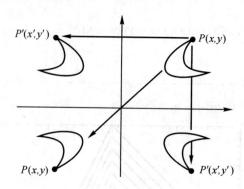

图 4.7　对称变换

如果把图形的数据点 $P(x,y)$ 转置后为 $P'(x',y')$，则图形转置矩阵 $\boldsymbol{M}_{p}$ 如下：

$$\begin{bmatrix} x' & y' & 1 \end{bmatrix} = \begin{bmatrix} x & y & 1 \end{bmatrix} \begin{bmatrix} 0 & 1 & 0 \\ 1 & 0 & 0 \\ 0 & 0 & 1 \end{bmatrix} \equiv \begin{bmatrix} x & y & 1 \end{bmatrix} \boldsymbol{M}_{p}$$

如果对变换矩阵 $\boldsymbol{T}_{2D}$ 中的 a,b,c,d 取不同的值，则可以得到更多图像的反射和错切图形。

【例 4.4】　已知四边形的顶点坐标分别为 $(0,50)$，$(100,150)$，$(150,150)$ 和 $(100,70)$，则按照 y 轴镜像图形。

程序如下：

```
;—————————————————————————————————————————————————————
; Ch04Transform2DMirror.pro
;—————————————————————————————————————————————————————
FUNCTION MyMirror,Mat
    Mat[0,0]=-1  &  RETURN,Mat
END
;—————————————————————————————————————————————————————
PRO Ch04Transform2DMirror
    DEVICE, DECOM=1 &  ! P.BACKGROUND='FFFFFF'XL &  ! P.COLOR='000000'XL
    WINDOW,6,XSIZE=500,YSIZE=300,TITLE='镜面变换'
    PLOT,[0],/DEVICE,/ISOTROPIC,XRANGE=[-200,200],YRANGE=[0,200]
    x1=[0,100,150,100,0]  &  y1=[50,150,150,70,50]
    PLOTS,[0,0],[0,200],COLOR='FF0000'XL
    Mat=[[1,0,0],[0,1,0],[0,0,1D]]
    PLOTS,x1,y1,COLOR='FF0000'XL  &  TMat=MyMirror(Mat)
    x2=x1*TMat[0,0]+y1*TMat[1,0]+1.0*TMat[2,0]
    y2=x1*TMat[0,1]+y1*TMat[1,1]+1.0*TMat[2,1]
    PLOTS,x2,y2,COLOR='FF0000'XL
END
;—————————————————————————————————————————————————————
```

程序运行结果如图 4.8 所示。

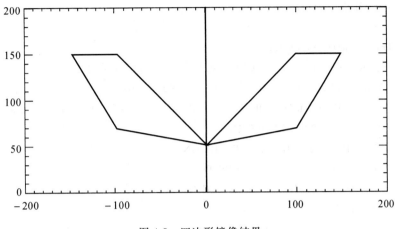

图 4.8 四边形镜像结果

4.1.5 二维球面变换

球面变换是指利用距离球心为球半径的点光源,对球体内的数据点向球面进行投射后,然后再变换到与原数据点同平面上的数据点的变换。

如果球的半径为 r,球内的数据点为 $P(x,y)$,球面变换后的数据点为 $P'(x',y')$,则球面变换矩阵 $\boldsymbol{M}_r$ 如下(见图 4.9):

$$\begin{cases} x' = m\cos\theta \\ y' = m\sin\theta \end{cases}$$

其中:$l = \sqrt{x^2 + y^2}$;$\alpha = \arctan(l/r)$;$\beta = 2\alpha$;$m = r\sin\beta$;$\theta = \arctan(y/x)$。

不难看出,球面变换可以得到具有立体效果的真实感图形。

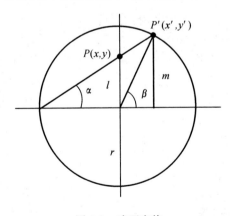

图 4.9 球面变换

【例 4.5】 已知平面内,x 和 y 的范围均为 $(-180,180)$,距离间隔均为 5 的离散数据点,利用球心在 $(0,0,0)$、半径为 160 的球对球体内的离散数据点进行球面变换。

程序如下:

;————————————————————————

```
;Ch04Transform2DSphereSurface.pro
;— — — — — — — — — — — — — — — — — — — — — — — — — — — — — —
PRO Ch04Transform2DSphereSurface
    DEVICE, DECOM=1 & ! P.BACKGROUND='FFFFFF'XL & ! P.COLOR='000000'XL
    WINDOW,6,XSIZE=400,YSIZE=400,TITLE=' 球面变换 '
    PLOT,[0],/DEVICE,/ISOTROPIC,XRANGE=[-200,200],YRANGE=[-200,200]
    FOR Px=-180.0,180.0,5 DO BEGIN
         FOR Py=-180.0,180.0,5 DO BEGIN
         x2=ABS(Px)^2  &   y2=ABS(Py)^2
         IF (x2+y2 LT 160^2) THEN BEGIN
             IF Px EQ 0 THEN Px=0.1
             Bt=2 * ATAN(SQRT(x2+y2)/160)  &   Th=2 * ATAN(Py/Px)
             Cx=160 * SIN(Bt) * COS(Th) & Cy=160 * SIN(Bt) * SIN(Th)
         ENDIF ELSE BEGIN
             Cx=Px  &   Cy=Py
         ENDELSE
         PLOTS,Cx,Cy,PSYM=3,COLOR='FF0000'XL
         ENDFOR
     ENDFOR
END
;— — — — — — — — — — — — — — — — — — — — — — — — — — — — — —
```

程序运行结果如图 4.10 所示。

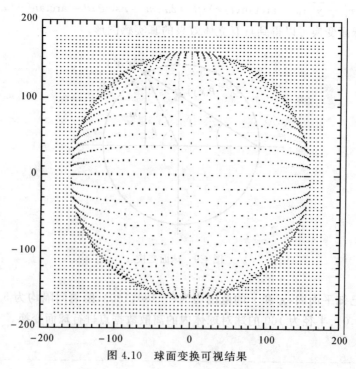

图 4.10　球面变换可视结果

4.1.6　二维复合变换

在图形可视时,通常需要对图形依次进行多种变换,才可能达到所需的可视效果。图形的复合变换可以表示如下:

$$[x'\ \ y'\ \ 1]=[x\ \ \ y\ \ \ 1]f(\boldsymbol{M}_t,\boldsymbol{M}_r,\boldsymbol{M}_s,\boldsymbol{M}_h,\boldsymbol{M}_v,\boldsymbol{M}_o,\boldsymbol{T}_{2D})$$

其中:$f(*)$ 是 $\boldsymbol{M}_t,\boldsymbol{M}_r,\boldsymbol{M}_s,\boldsymbol{M}_h,\boldsymbol{M}_v,\boldsymbol{M}_o,\boldsymbol{T}_{2D}$的有效组合。

【例 4.6】　已知三角形的顶点坐标分别为(10,30),(30,0)和(60,0),要求按照如图 4.11 所示的效果,对三角形同时进行平移、旋转和放缩等复合变换。

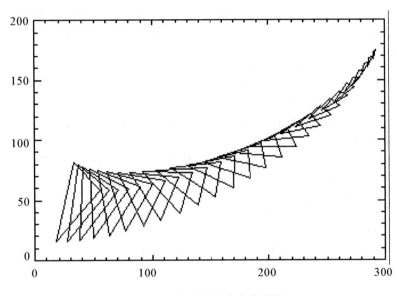

图 4.11　三角形的复合变换结果

程序如下:

```
;—————————————————————————————————————
; Ch04Transform2DPanRotScale
;—————————————————————————————————————
FUNCTION MyPan,Mat,x,y
    Mat[2,0]=x  &  Mat[2,1]=y  &  RETURN,Mat
END
;—————————————————————————————————————
FUNCTION MyRot,Mat,Theta
    Mat[0,0]=COS(Theta * ! PI/180)  &  Mat[0,1]=SIN(Theta * ! PI/180)
    Mat[1,0]=-SIN(Theta * ! PI/180)  &  Mat[1,1]=COS(Theta * ! PI/180)
    RETURN,Mat
END
;—————————————————————————————————————
FUNCTION MyScale,Mat,s
    Mat[0,0]=s  &  Mat[1,1]=s  &  RETURN,Mat
END
```

```
;--------------------------------------------
PRO Ch04Transform2DPanRotScale
    DEVICE, DECOM=1 & ! P.BACKGROUND='FFFFFF'XL & ! P.COLOR='000000'XL
    WINDOW,6,XSIZE=400,YSIZE=300,TITLE='组合变换'
    PLOT,[0],/DEVICE,/ISOTROPIC,XRANGE=[0,300],YRANGE=[0,200]
    Py=[10,30,60,10.0]  &   Px=[30,0,0,30.0]  &   Qy=(Qx=DBLARR(5))
    Mat=[[1,0,0],[0,1,0],[0,0,1D]]
    FOR Ra=16.0,96,3 DO BEGIN
        TMat=MyRot(Mat,Ra)
        FOR i=0,3 DO BEGIN
            Qx[i]=Py[i]*TMat[0,1]+Px[i]*TMat[1,1]+1.0*TMat[2,1]
            Qy[i]=Py[i]*TMat[0,0]+Px[i]*TMat[1,0]+1.0*TMat[2,0]
        ENDFOR
        TMat=MyScale(TMat,SIN(Ra/180*!PI)*1.2)
        FOR i=0,3 DO BEGIN
            Qy[i]=Qy[i]*TMat[0,0]+Qx[i]*TMat[1,0]+1.0*TMat[2,0]
            Qx[i]=Qy[i]*TMat[0,1]+Qx[i]*TMat[1,1]+1.0*TMat[2,1]
        ENDFOR
        TMat=MyPan(TMat,−SIN(Ra/180*!PI)*100,COS(Ra/180*!PI)*100)
        FOR i=0,3 DO BEGIN
            Qy[i]=Qy[i]*TMat[0,0]+Qx[i]*TMat[1,0]+1.0*TMat[2,0]
            Qx[i]=Qy[i]*TMat[0,1]+Qx[i]*TMat[1,1]+1.0*TMat[2,1]
        ENDFOR
        PLOTS,Qx[0:3]+200,Qy[0:3]+200,COLOR='FF0000'XL
    ENDFOR
END
;--------------------------------------------
```

4.2 空 间 变 换

在数据可视的过程中,实际图形到屏幕图形的显示过程通常使用两个空间:真实三维世界空间和虚拟二维屏幕空间。世界空间是指实际图形所在的空间,对应的坐标系统是世界坐标系;屏幕空间是指实际图形在屏幕上显示的空间,对应的坐标系统是屏幕坐标系。

因此,真实图形的再现(显示)过程可以认为是把真实图形从世界空间变换到屏幕空间的投影过程,即变三维为二维。

常用的投影变换:平行投影和透视投影等。

平行投影通常分为正投影和斜投影。前者通常分为三视图和轴测投影(正等测投影、正二测投影和正三测投影等),后者通常分为斜等测投影和斜二测投影等。

透视投影通常分为一灭点投影、二灭点投影和三灭点投影。

投影变换的具体分类如图4.12所示。

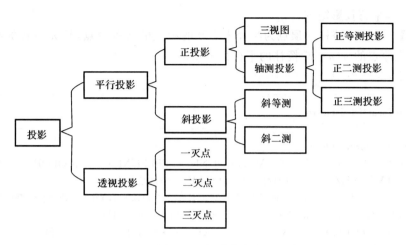

图 4.12　投影分类

4.2.1　平行投影

实现世界空间到屏幕空间的投影时,如果投影中心(视点)和屏幕之间的距离为无限大,即投影的投射线是平行光线,则称这种投影为平行投影,如图 4.13 所示。

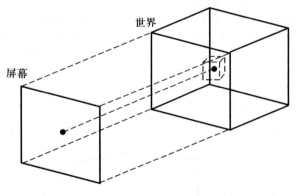

图 4.13　平行投影示意图

平行投影的基本原理:设投影方向矢量为$[x_p \quad y_p \quad z_p]$,$P(x,y,z)$为世界空间 $OXYZ$ 中实体中的点,投影平面不妨设为 XOY 平面,$Q(x_s, y_s, z_s)$为点 P 在投影平面 XOY 上的平行投影点,则

$$\begin{cases} x_s = x - x_p z/z_p \\ y_s = y - y_p z/z_p \\ z_s = 0 \end{cases}$$

即

$$[x_s \quad y_s \quad z_s \quad 1] = [x \quad y \quad z \quad 1]\begin{pmatrix} 1 & 0 & 0 & 0 \\ 0 & 1 & 0 & 0 \\ -x_p/z_p & -y_p/z_p & 1 & 0 \\ 0 & 0 & 0 & 1 \end{pmatrix} \equiv [x \quad y \quad z \quad 1]\boldsymbol{M}_{lt}$$

其中 M_{lt} 为平行投影矩阵。

【例 4.7】 已知 n 棱柱的顶点为半径为 150 的圆上的八等分点，且 n 棱柱的高为 240，要求绘制中心在原点的 $n(n=8)$ 棱柱的平行投影图形。

程序如下：

```
;—————————————————————————————————————
;Ch04Transform3DPrism.pro
;—————————————————————————————————————
PRO Ch04Transform3DPrism
    DEVICE, DECOM=1 & ! P.BACKGROUND='FFFFFF'XL & ! P.COLOR='000000'XL
    WINDOW,6,XSIZE=400,YSIZE=400,TITLE=' 棱柱变换 ' &   n=8
    PLOT,[0],/DEVICE,/ISOTROPIC,XRANGE=[-200,200],YRANGE=[-200,200]
    Th=FINDGEN(n+1)/n*2*! PI & Thx=0.4D & Thy=0.1D
    Ax=150*COS(Th)   &   Ay=120   &   Az=150*SIN(Th) ;上面 n 个顶点
    Zw=Az   &   Xw=Ax ;绕 Y 轴旋转
    Ax=Zw*COS(Thy)-Xw*SIN(Thy)   &   Az=Zw*SIN(Thy)+Xw*COS(Thy)
    Yw=Ay   &   Zw=Az ;绕 X 轴旋转
    Ay=Yw*COS(Thx)-Zw*SIN(Thx)   &   Az=Yw*SIN(Thx)+Zw*COS(Thx)
    Bx=150*COS(Th)   &   By=-120   &   Bz=150*SIN(Th) ;下面 n 个顶点
    Zw=Bz   &   Xw=Bx ;绕 Y 轴旋转
    Bx=Zw*COS(Thy)-Xw*SIN(Thy)   &   Bz=Zw*SIN(Thy)+Xw*COS(Thy)
    Yw=By   &   Zw=Bz ;绕 X 轴旋转
    By=Yw*COS(Thx)-Zw*SIN(Thx)   &   Bz=Yw*SIN(Thx)+Zw*COS(Thx)
    PLOTS,Ax,Ay,COLOR='FF0000'XL   &   PLOTS,Bx,By,COLOR='FF0000'XL
    FOR i=0,n-1 DO PLOTS,[Ax[i],Bx[i]],[Ay[i],By[i]],COLOR='FF0000'XL
END
;—————————————————————————————————————
```

程序运行结果如图 4.14 所示。

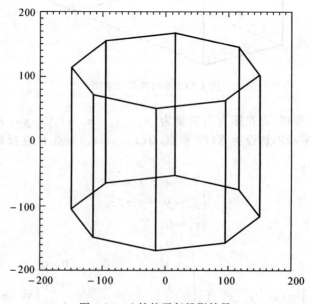

图 4.14　八棱柱平行投影结果

三视图:通常是指分别沿着与 X 轴、Y 轴和 Z 轴方向,依次向 YZ 平面、ZX 平面和 XY 平面进行的平行投影,即由主视图(Front)、俯视图(Top)和侧视图(Left)三个视图组成的投影方式。其投影变换如下:

$$\boldsymbol{T}_{Fr}=\begin{bmatrix}1&0&0&0\\0&1&0&0\\0&0&0&0\\0&0&0&1\end{bmatrix};\quad \boldsymbol{T}_{To}=\begin{bmatrix}1&0&0&0\\0&0&0&0\\0&0&1&0\\0&0&0&1\end{bmatrix};\quad \boldsymbol{T}_{Le}=\begin{bmatrix}0&0&0&0\\0&1&0&0\\0&0&1&0\\0&0&0&1\end{bmatrix}$$

【**例 4.8**】　已知三角形的顶点为 $(20,20)$,$(80,80)$ 和 $(180,60)$,并且把该三角形绕 X 轴旋转 $360°$,角度间隔 $12°$,要求绘制旋转之后形成的图形的平行正投影。

程序如下:

```
;———————————————————————————————————
;Ch04Transform3DPerspectx.pro
;———————————————————————————————————
FUNCTION Rotx,Mat,Thx
    Mat[1,1]=COS(Thx)  &  Mat[1,2]=SIN(Thx)
    Mat[2,1]=-SIN(Thx)  &  Mat[2,2]=COS(Thx)  &  RETURN,Mat
END
;———————————————————————————————————
FUNCTION Transxyz,Mat,x,y,z
    Tx=x*Mat(0,0)+y*Mat(1,0)+z*Mat(2,0)+Mat(3,0)
    Ty=x*Mat(0,1)+y*Mat(1,1)+z*Mat(2,1)+Mat(3,1)
    Tz=x*Mat(0,2)+y*Mat(1,2)+z*Mat(2,2)+Mat(3,2) & RETURN,[Tx,Ty,Tz]
END
;———————————————————————————————————
PRO Ch04Transform3DPerspectx
    DEVICE,DECOM=1 & ! P.BACKGROUND='FFFFFF'XL & ! P.COLOR='000000'XL
    WINDOW,6,XSIZE=400,YSIZE=400,TITLE='投影变换'
    PLOT,[0],/DEVICE,/ISOTROPIC,XRANGE=[0,200],YRANGE=[-100,100]
    Px=[20,80,180,20D] & Py=[20,80,60,20D] & Pz=DBLARR(5)
    n=15  &  Xo=0.0  &  Yo=0.0  &  Zo=0.0
    Mat=[[1,0,0,0],[0,1,0,0],[0,0,1,0],[0,0,0,1D]]
    Mat=Rotx(Mat,! PI/n)
    FOR i=0,3 DO BEGIN
        FOR j=0,2*n DO BEGIN
            x=Px[i] & y=Py[i] & z=Pz[i] & Txyz=Transxyz(Mat,x,y,z)
            x=Txyz[0]  &  y=Txyz[1]  &  z=Txyz[2]
            IF (j EQ 0) THEN BEGIN
                Xo=Txyz[0] &  Yo=Txyz[1] &  Zo=Txyz[2]
            ENDIF
            IF (j EQ 0) THEN PLOTS,x,y,COLOR='FF0000'XL $
            ELSE BEGIN
                PLOTS,[Xo,x],[Yo,y],COLOR='FF0000'XL
```

```
                Px[i]=x  &  Py[i]=y  &  Pz[i]=z
            ENDELSE
        ENDFOR
    ENDFOR
    Mat=Rotx(Mat,! PI/n)
    FOR j=0,2 * n DO BEGIN
        FOR i=0,3 DO BEGIN
            x=Px[i] & y=Py[i] & z=Pz[i] & Txyz=Transxyz(Mat,x,y,z)
            x=Txyz[0]  &  y=Txyz[1]  &  z=Txyz[2]
            IF (i EQ 0) THEN PLOTS,x,y,COLOR='FF0000'XL $
            ELSE BEGIN
                PLOTS,[Xo,x],[Yo,y],COLOR='FF0000'XL
                Px[i]=(Xo=x)  &  Py[i]=(Yo=y)  &  Pz[i]=(Zo=z)
            ENDELSE
        ENDFOR
    ENDFOR
END
;——————————————————————————————————————————————
```

程序运行结果如图 4.15 所示。

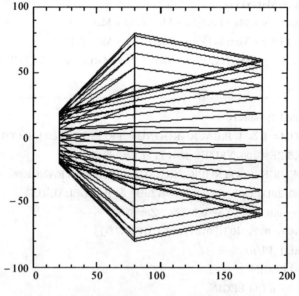

图 4.15 绕 X 轴旋转三角形的平行投影结果

【例 4.9】 已知三角形的顶点为(20,20)、(80,80)和(180,60)，并且把该三角形绕 Y 轴旋转 360°，角度间隔 12°，要求绘制旋转之后形成的图形的平行正投影。

程序如下：

```
;——————————————————————————————————————————————
;Ch04Transform3DPerspecty.pro
;——————————————————————————————————————————————
```

```
FUNCTION Roty,Mat,Thy
    Mat[0,0]=COS(Thy)  &  Mat[0,2]=-SIN(Thy)
    Mat[2,0]=SIN(Thy)  &  Mat[2,2]=COS(Thy)  &  RETURN,Mat
END
;————————————————————————————————————————
FUNCTION Transxyz,Mat,x,y,z
    Tx=x * Mat(0,0)+y * Mat(1,0)+z * Mat(2,0)+Mat(3,0)
    Ty=x * Mat(0,1)+y * Mat(1,1)+z * Mat(2,1)+Mat(3,1)
    Tz=x * Mat(0,2)+y * Mat(1,2)+z * Mat(2,2)+Mat(3,2) & RETURN,[Tx,Ty,Tz]
END
;————————————————————————————————————————
PRO Ch04Transform3DPerspecty
    DEVICE,DECOM=1 & ! P.BACKGROUND='FFFFFF'XL & ! P.COLOR='000000'XL
    WINDOW,6,XSIZE=500,YSIZE=200,TITLE='投影变换'
    PLOT,[0],/DEVICE,/ISOTROPIC,XRANGE=[-200,200],YRANGE=[0,100]
    Px=[20,80,180,20D] & Py=[20,80,60,20D] & Pz=DBLARR(5)
    n=15  &  Xo=0.0  &  Yo=0.0  &  Zo=0.0
    Mat=[[1,0,0,0],[0,1,0,0],[0,0,1,0],[0,0,0,1D]]
    Mat=Roty(Mat,! PI/n)
    FOR i=0,3 DO BEGIN
        FOR Th=0,2 * n DO BEGIN
            x=Px[i]  &  y=Py[i]  &  z=Pz[i]
            Txyz=Transxyz(Mat,x,y,z)
            x=Txyz[0]  &  y=Txyz[1]  &  z=Txyz[2]
            IF (Th EQ 0) THEN BEGIN
                Xo=Txyz[0] &  Yo=Txyz[1] &  Zo=Txyz[2]
            ENDIF
            IF (Th EQ 0) THEN BEGIN
                PLOTS,x,y,COLOR='FF0000'XL
            ENDIF ELSE BEGIN
                PLOTS,[Xo,x],[Yo,y],COLOR='FF0000'XL
                Px[i]=x  &  Py[i]=y  &  Pz[i]=z
            ENDELSE
        ENDFOR
    ENDFOR
    Mat=Roty(Mat,! PI/n)
    FOR Th=0,2 * n DO BEGIN
        FOR i=0,3 DO BEGIN
            x=Px[i]  &  y=Py[i]  &  z=Pz[i]
            Txyz=Transxyz(Mat,x,y,z)
            x=Txyz[0]  &  y=Txyz[1]  &  z=Txyz[2]
            IF (i EQ 0) THEN BEGIN
                PLOTS,x,y,COLOR='FF0000'XL
```

```
            ENDIF ELSE BEGIN
                PLOTS,[Xo,x],[Yo,y],COLOR='FF0000'XL
                Px[i]=(Xo=x)  &   Py[i]=(Yo=y)  &   Pz[i]=(Zo=z)
            ENDELSE
        ENDFOR
    ENDFOR
END
```

;——

程序运行结果如图 4.16 所示。

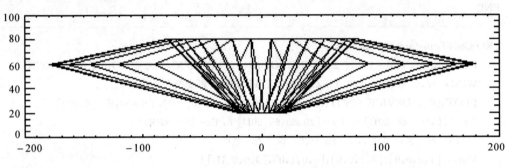

图 4.16　绕 Y 轴旋转三角形的平行投影结果

【例 4.10】　已知三角形的顶点为(20,20),(80,80)和(180,60),并且把该三角形绕 Z 轴旋转 360°,角度间隔 12°,要求绘制旋转之后形成的图形的平行正投影。

程序如下:

;——

;Ch04Transform3DPerspectz.pro

;——

```
FUNCTION Rotz,Mat,Thz
    Mat[0,0]=COS(Thz)   &   Mat[0,1]=SIN(Thz)
    Mat[1,0]=−SIN(Thz)  &   Mat[1,1]=COS(Thz)  &  RETURN,Mat
END
```

;——

```
FUNCTION Transxyz,Mat,x,y,z
    Tx=x*Mat(0,0)+y*Mat(1,0)+z*Mat(2,0)+Mat(3,0)
    Ty=x*Mat(0,1)+y*Mat(1,1)+z*Mat(2,1)+Mat(3,1)
    Tz=x*Mat(0,2)+y*Mat(1,2)+z*Mat(2,2)+Mat(3,2) & RETURN,[Tx,Ty,Tz]
END
```

;——

```
PRO Ch04Transform3DPerspectz
    DEVICE,DECOM=1 & ! P.BACKGROUND='FFFFFF'XL & ! P.COLOR='000000'XL
    WINDOW,6,XSIZE=400,YSIZE=400,TITLE=' 投影变换 '
    PLOT,[0],/DEVICE,/ISOTROPIC,XRANGE=[−200,200],YRANGE=[−200,200]
    Px=[20,80,180,20D] & Py=[20,80,60,20D] & Pz=DBLARR(5)
    n=16  &  Xo=0.0  &  Yo=0.0  &  Zo=0.0
```

```
Mat=[[1,0,0,0],[0,1,0,0],[0,0,1,0],[0,0,0,1D]]
Mat=Rotz(Mat,! PI/n)
FOR i=0,3 DO BEGIN
    FOR Th=0,2*n+1 DO BEGIN
        x=Px[i]  &  y=Py[i]  &  z=Pz[i]
        Txyz=Transxyz(Mat,x,y,z)
        x=Txyz[0]  &  y=Txyz[1]  &  z=Txyz[2]
        IF (Th EQ 0) THEN BEGIN
            Xo=Txyz[0] &  Yo=Txyz[1] &  Zo=Txyz[2]
        ENDIF
        IF (Th EQ 0) THEN BEGIN
            PLOTS,x,y,COLOR='FF0000'XL
        ENDIF ELSE BEGIN
            PLOTS,[Xo,x],[Yo,y],COLOR='FF0000'XL
            Px[i]=(Xo=x)  &  Py[i]=(Yo=y)  &  Pz[i]=(Zo=z)
        ENDELSE
    ENDFOR
ENDFOR
Mat=Rotz(Mat,! PI/n)
FOR Th=0,2*n+1 DO BEGIN
    FOR i=0,3 DO BEGIN
        x=Px[i]  &  y=Py[i]  &  z=Pz[i]
        Txyz=Transxyz(Mat,x,y,z)
        x=Txyz[0]  &  y=Txyz[1]  &  z=Txyz[2]
        IF (i EQ 0) THEN BEGIN
            PLOTS,x,y,COLOR='FF0000'XL
        ENDIF ELSE BEGIN
            PLOTS,[Xo,x],[Yo,y],COLOR='FF0000'XL
            Px[i]=(Xo=x)  &  Py[i]=(Yo=y)  &  Pz[i]=(Zo=z)
        ENDELSE
    ENDFOR
ENDFOR
END
;————————————————————————————————————————————
```

程序运行结果如图 4.17 所示。

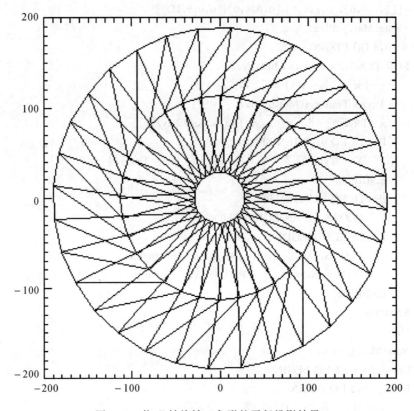

图 4.17 绕 Z 轴旋转三角形的平行投影结果

正等测投影:投影方向和三个坐标轴的夹角均相等。其投影变换如下:

$$\boldsymbol{T}_{\text{pr}} = \begin{bmatrix} \sqrt{2/3} & \sqrt{2/3}/2 & \sqrt{2/3}/2 & 0 \\ 0 & \sqrt{2}/2 & -\sqrt{2}/2 & 0 \\ 0 & 0 & 0 & 0 \\ 0 & 0 & 0 & 1 \end{bmatrix}$$

正二测投影:投影方向和两个坐标轴的夹角均相等。其投影变换如下:

$$\boldsymbol{T}_{\text{pt}} = \begin{bmatrix} l\sqrt{\dfrac{2}{(2+l^2)}} & \dfrac{\sqrt{2}}{2}\sqrt{\dfrac{2-l^2}{2+l^2}} & \dfrac{\sqrt{2}}{2}\sqrt{\dfrac{2-l^2}{2+l^2}} & 0 \\ 0 & \sqrt{2}/2 & -\sqrt{2}/2 & 0 \\ 0 & 0 & 0 & 0 \\ 0 & 0 & 0 & 1 \end{bmatrix}$$

其中:$0 \leqslant l \leqslant \sqrt{2}$。

4.2.2 透视投影

实现世界空间到屏幕空间的投影时,如果投影中心(视点)和屏幕之间的距离为有限值,即投影的投射线是从投影中心(视点)发出的非平行光线,则称这种投影为透视投影。透视投影的示意图如图 4.18 所示。

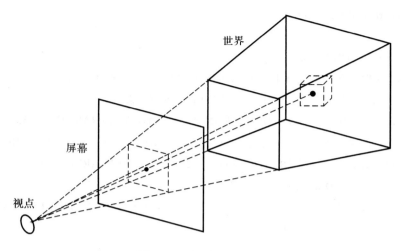

世界

屏幕

视点

图 4.18　透视投影示意图

透视投影的基本原理:设投影中心(视点)为 $C(x_c,y_c,z_c)$,$P(x,y,z)$ 为世界空间 $OXYZ$ 中的点,投影平面不妨设为 XOY 平面,$Q(x_s,y_s,z_s)$ 为点 P 在投影平面 XOY 上的透视投影点,则

$$\begin{cases} x_s = (zx_c - xz_c)/(z - z_c) \\ y_s = (zy_c - yz_c)/(z - z_c) \\ z_s = 0 \end{cases}$$

即

$$[x_s \quad y_s \quad z_s \quad 1) = [x \quad y \quad z \quad 1] \begin{bmatrix} -z_c/(z-z_c) & 0 & 0 & 0 \\ 0 & -z_c/(z-z_c) & 0 & 0 \\ x_c/(z-z_c) & y_c/(z-z_c) & 1 & 0 \\ 0 & 0 & 0 & 1 \end{bmatrix} \equiv [x \quad y \quad z \quad 1] \boldsymbol{M}_{pt}$$

其中:$\boldsymbol{M}_{pt}$ 为透视投影矩阵。

如果图形平移的距离为 T_x,T_y,T_z,绕 X 轴旋转的角度为 φ,绕 Y 轴旋转的角度为 θ,视点到投影平面的距离为 d,则透视投影的齐次变换矩阵如下:

$$\boldsymbol{T}_m = \begin{bmatrix} \cos\theta & \sin\theta\sin\varphi & 0 & -\sin\theta\cos\varphi/d \\ 0 & \cos\theta & 0 & \sin\varphi/d \\ \sin\theta & -\cos\theta\sin\varphi & 1 & \cos\theta\cos\varphi/d \\ T_x & T_y & 0 & T_z/d \end{bmatrix}$$

其中:$(\theta=0,\varphi=0)$ 为一灭点;$(\theta\neq0,\varphi=0)$ 或者 $(\theta=0,\varphi\neq0)$ 为二灭点;$(\theta\neq0,\varphi\neq0)$ 为三灭点。

【例 4.11】　已知六棱柱(大小自定),请按照图 4.19 的效果,并根据用户选择分别绘制六棱柱的平行投影和透视投影的图形。

程序如下:

;———

```
;Ch04Transform3DPerspect.pro
;————————————————————————————————————————————————
PRO Ch04Transform3DPerspect
    DEVICE,DECOM=1 & ! P.BACKGROUND='FFFFFF'XL & ! P.COLOR='000000'XL
    WINDOW,6,XSIZE=400,YSIZE=400,TITLE=' 平移变换 '
    PLOT,[0],/DEVICE,/ISOTROPIC,XRANGE=[−200,200],YRANGE=[−200,200]
    n=6 & Ax=DBLARR(n+2) & Ay=DBLARR(n+2) & Az=DBLARR(n+2)
    Bx=DBLARR(n+2) & By=DBLARR(n+2) & Bz=DBLARR(n+2)
    Tx=0D & Ty=60D & Thx=0.6D & Thy=0.4D
    Yn=DIALOG_MESSAGE(' 透视投影吗？ ',TITLE=' 投影方式选择 ',/QUESTION)
    Ed=1500 & Eh=200 & Od=400 & m=0
    FOR Th=0.0,2*!PI+0.1,2*!PI/n DO BEGIN
        x=100*COS(Th) & y=90 & z=100*SIN(Th) & Zw=z & Xw=x
        x=Zw*COS(thy)−Xw*SIN(thy) & z=Zw*SIN(thy)+Xw*COS(thy)
        Yw=y & Zw=z
        y=Yw*COS(thx)−Zw*SIN(thx) & z=Yw*SIN(thx)+Zw*COS(thx)
        IF (Yn EQ 'Yes') THEN BEGIN
            x=x*Ed/(Ed−Od−z) & y=(y*Ed−Eh*(Od+z))/(Ed−Od−z)
        ENDIF
        ax[m]=x & ay[m]=y & az[m]=z & m++
    ENDFOR & m=0
    FOR Th=0.0,2*!PI+0.1,2*!PI/n DO BEGIN
        x=100*COS(Th) & y=−90 & z=100*SIN(Th)
        Zw=z & Xw=x
        x=Zw*COS(thy)−Xw*SIN(thy) & z=Zw*SIN(thy)+Xw*COS(thy)
        Yw=y & Zw=z
        y=Yw*COS(thx)−Zw*SIN(thx) & z=Yw*SIN(thx)+Zw*COS(thx)
        IF (Yn EQ 'Yes') THEN BEGIN
            x=x*Ed/(Ed−Od−z) & y=(y*Ed−Eh*(Od+z))/(Ed−Od−z)
        ENDIF
        bx[m]=x & by[m]=y & bz[m]=z & m++
    ENDFOR
    Ax+=Tx & Ay+=Ty & Bx+=Tx & By+=Ty
    PLOTS,Ax[0:n],Ay[0:n] & PLOTS,Bx[0:n],By[0:n]
    FOR i=0,n−1 DO PLOTS,[Ax[i],Bx[i]],[Ay[i],By[i]]
END
;————————————————————————————————————————————————
```

程序运行结果如图 4.19 所示。

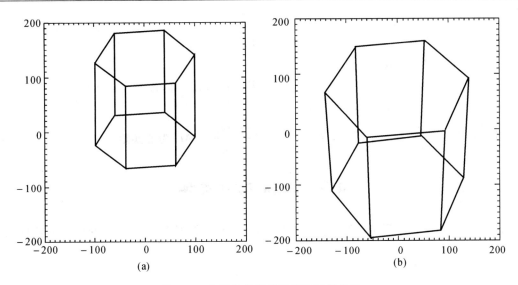

图 4.19　六棱柱的平行投影和透视投影

(a)平行投影;(b)透视投影

4.2.3　窗口到视区的变换

在世界空间里,通常利用不同的窗口区域(见图 4.20(a))来观察局部区域的图形,而在屏幕空间里,则需要利用相应的视图区域(即视区)(见图 4.20(b))对窗口中的图形进行可视。

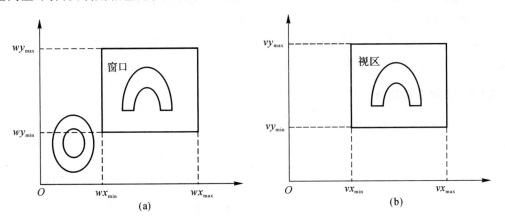

图 4.20　窗口到视区的变换

(a)窗口;(b)视区

如果窗口的坐标为 $(wx_{min}, wx_{max}, wy_{min}, wy_{max})$,窗口内的数据点为 (wx, wy),视图的坐标为 $(vx_{min}, vx_{max}, vy_{min}, vy_{max})$,视图内的数据点为 (vx, vy),则窗口到视区的变换为

$$
\begin{cases}
vx = \dfrac{vx_{max} - vx_{min}}{wx_{max} - wx_{min}}(wx - wx_{min}) + vy_{min} \equiv T_{mx}(wx - wx_{min}) + vy_{min} \\[3mm]
vy = \dfrac{vy_{max} - vy_{min}}{wy_{max} - wy_{min}}(wy - wy_{min}) + vy_{min} \equiv T_{my}(wy - wy_{min}) + vy_{min}
\end{cases}
$$

即

$$
\begin{bmatrix} vx & vy & 1 \end{bmatrix} = \begin{bmatrix} wx & wy & 1 \end{bmatrix} \begin{bmatrix} T_{mx} & 0 & 0 \\ 0 & T_{my} & 0 \\ vx_{min} - T_{mx} \cdot wx_{min} & vy_{min} - T_{my} \cdot wy_{min} & 1 \end{bmatrix}
$$

$$
\equiv \begin{bmatrix} wx & wy & 1 \end{bmatrix} \boldsymbol{M}_{tt}
$$

其中：$T_{mx} = \dfrac{vx_{max} - vx_{min}}{wx_{max} - wx_{min}}$，$T_{my} = \dfrac{vy_{max} - vy_{min}}{wy_{max} - wy_{min}}$；$\boldsymbol{M}_{tt}$ 为变换矩阵。

4.3 三维几何变换

设 $P(x,y,z)$ 为图形上的数据点,如果对 P 进行平移、放缩或者旋转变换后的数据点为 $P'(x',y',z')$,则

$$
\begin{bmatrix} x' & y' & z' & 1 \end{bmatrix} = \begin{bmatrix} x & y & z & 1 \end{bmatrix} \begin{bmatrix} a_{11} & a_{12} & a_{13} & a_{14} \\ a_{21} & a_{22} & a_{23} & a_{24} \\ a_{31} & a_{32} & a_{33} & a_{34} \\ a_{41} & a_{42} & a_{43} & a_{44} \end{bmatrix} \equiv \begin{bmatrix} x & y & z & 1 \end{bmatrix} \boldsymbol{T}_{3D}
$$

其中:$\boldsymbol{T}_{3D}$ 为 $P(x,y,z)$ 变换到 $P'(x',y',z')$ 的变换矩阵。$\begin{bmatrix} a_{11} & a_{12} & a_{13} \\ a_{21} & a_{22} & a_{23} \\ a_{31} & a_{32} & a_{33} \end{bmatrix}$ 可以控制图

形的比例、旋转、放缩和错切等、$\begin{bmatrix} a_{41} & a_{42} & a_{43} \end{bmatrix}$ 可以控制图形平移、$\begin{bmatrix} a_{14} & a_{24} & a_{34} \end{bmatrix}^{T}$ 可以对图形进行投影变换,$\begin{bmatrix} a_{44} \end{bmatrix}$ 可以对图形进行整体伸缩变换。

不难看出,通过构造不同的变换矩阵 $\boldsymbol{T}_{3D}$,可以把图形变换为不同的图形形式。常用的几何变换包括平移变换、放缩变换和旋转变换等。

4.3.1 三维平移变换

三维平移变换的变换矩阵如下:

$$
\begin{bmatrix} x' & y' & z' & 1 \end{bmatrix} = \begin{bmatrix} x & y & z & 1 \end{bmatrix} \begin{bmatrix} 1 & 0 & 0 & 0 \\ 0 & 1 & 0 & 0 \\ 0 & 0 & 1 & 0 \\ T_x & T_y & T_z & 1 \end{bmatrix} \equiv \begin{bmatrix} x & y & z & 1 \end{bmatrix} \boldsymbol{M}_t
$$

其中:T_x,T_y,T_z 为 $P(x,y,z)$ 平移到 $P'(x',y',z')$ 的平移量,$\boldsymbol{M}_t$ 为平移矩阵。

【例 4.12】 已知长方体的顶点坐标分别为 $(100,0,80)$,$(0,100,80)$,$(-100,0,80)$,$(0,-100,80)$,$(100,0,-80)$,$(0,100,-80)$,$(-100,0,-80)$ 和 $(0,-100,-80)$,要求在 X 轴和 Y 轴方向上均按照步长 30,对长方体进行平移变换。

程序如下:

```
;——————————————————————————————————
;Ch04Transform3DTranslate.pro
;——————————————————————————————————
PRO Ch04Transform3DTranslate
```

```
DEVICE，DECOM＝1 &．！P.BACKGROUND＝'FFFFFF'XL &．！P.COLOR＝'FF0000'XL
WINDOW,6,XSIZE＝400,YSIZE＝400,TITLE＝' 平移变换 '
PLOT,[0],/DEVICE,/ISOTROPIC,XRANGE＝[－200,200],YRANGE＝[－200,200]
Ax＝DBLARR(5)  &．  Ay＝DBLARR(5)  &．  Az＝DBLARR(5)
Bx＝DBLARR(5)  &．  By＝DBLARR(5)  &．  Bz＝DBLARR(5)
Tx＝100D &．Ty＝100D &．Thx＝0.2D &．Thy＝0.2D &．n＝0
FOR Th＝0.0,2＊！PI＋0.1,！PI/2 DO BEGIN
    x＝100＊COS(Th)  &．  y＝80  &．  z＝100＊SIN(Th)  &．  Zw＝z  &．  Xw＝x
    x＝Zw＊COS(Thy)－Xw＊SIN(Thy)  &．  z＝Zw＊SIN(Thy)＋Xw＊COS(Thy)
    Yw＝y  &．  Zw＝z
    y＝Yw＊COS(Thx)－Zw＊SIN(Thx)  &．  z＝Yw＊SIN(Thx)＋Zw＊COS(Thx)
    Ax[n]＝x  &．  Ay[n]＝y  &．  Az[n]＝z  &．  n＋＋
ENDFOR  &．  n＝0
FOR Th＝0.0,2＊！PI＋0.1,！PI/2 DO BEGIN
    x＝100＊COS(Th)  &．  y＝－80  &．  z＝100＊SIN(Th)  &．  Zw＝z  &．  Xw＝x
    x＝Zw＊COS(Thy)－Xw＊SIN(Thy)  &．  z＝Zw＊SIN(Thy)＋Xw＊COS(Thy)
    Yw＝y  &．  Zw＝z
    y＝Yw＊COS(Thx)－Zw＊SIN(Thx)  &．  z＝Yw＊SIN(Thx)＋Zw＊COS(Thx)
    Bx[n]＝x  &．  By[n]＝y  &．  Bz[n]＝z  &．  n＝n＋1
ENDFOR
FOR Txy＝－90,90,30 DO BEGIN
    PLOTS,Ax＋Txy,Ay＋Txy  &．  PLOTS,Bx＋Txy,By＋Txy
    FOR i＝0,3 DO PLOTS,[Ax[i],Bx[i]]＋Txy,[Ay[i],By[i]]＋Txy
ENDFOR
END
;————————————————————————————————————————————
```

程序运行结果如图 4.21 所示。

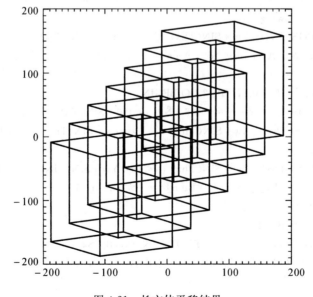

图 4.21　长方体平移结果

4.3.2 三维放缩变换

三维放缩变换的变换矩阵如下:

$$[x' \ z' \ 1] = [x \ y \ z \ 1] \begin{bmatrix} S_x & 0 & 0 & 0 \\ 0 & S_y & 0 & 0 \\ 0 & 0 & S_z & 0 \\ 0 & 0 & 0 & 1 \end{bmatrix} \equiv [x \ y \ z \ 1] M_s$$

其中:S_x, S_y, S_z 为 $P(x, y, z)$ 放缩到 $P'(x', y', z')$ 的比例因子,M_s 为放缩矩阵。

【例 4.13】 已知长方体的顶点坐标分别为 $(100, 0, 80)$,$(0, 100, 80)$,$(-100, 0, 80)$,$(0, -100, 80)$,$(100, 0, -80)$,$(0, 100, -80)$,$(-100, 0, -80)$ 和 $(0, -100, -80)$,要求按照放缩比例依次为 1 到 5,对长方体进行放缩变换。

程序如下:

```
;————————————————————————————————
;Ch04Transform3DScale.pro
;————————————————————————————————
PRO Ch04Transform3DScale
    DEVICE, DECOM=1 & ! P.BACKGROUND='FFFFFF'XL & ! P.COLOR='FF0000'XL
    WINDOW,6,XSIZE=400,YSIZE=400,TITLE='放缩变换'
    PLOT,[0],/DEVICE,/ISOTROPIC,XRANGE=[-200,200],YRANGE=[-200,200]
    Ax=DBLARR(5)  &  Ay=DBLARR(5)  &  Az=DBLARR(5)
    Bx=DBLARR(5)  &  By=DBLARR(5)  &  Bz=DBLARR(5)
    Tx=100D & Ty=100D & Thx=0.2D & Thy=0.2D & n=0
    FOR Th=0.0,2*!PI+0.1,!PI/2 DO BEGIN
        x=190*COS(Th)  &  y=136  &  z=190*SIN(Th)  &  Zw=z  &  Xw=x
        x=Zw*COS(Thy)-Xw*SIN(Thy)  &  z=Zw*SIN(Thy)+Xw*COS(Thy)
        Yw=y  &  Zw=z
        y=Yw*COS(Thx)-Zw*SIN(Thx)  &  z=Yw*SIN(Thx)+Zw*COS(Thx)
        Ax[n]=x  &  Ay[n]=y  &  Az[n]=z  &  n++
    ENDFOR  &  n=0
    FOR Th=0.0,2*!PI+0.1,!PI/2 DO BEGIN
        x=190*COS(Th)  &  y=-136  &  z=190*SIN(Th)  &  Zw=z  &  Xw=x
        x=Zw*COS(Thy)-Xw*SIN(Thy)  &  z=Zw*SIN(Thy)+Xw*COS(Thy)
        Yw=y  &  Zw=z
        y=Yw*COS(Thx)-Zw*SIN(Thx)  &  z=Yw*SIN(Thx)+Zw*COS(Thx)
        Bx[n]=x  &  By[n]=y  &  Bz[n]=z  &  n=n+1
    ENDFOR
    FOR Sxy=1,5 DO BEGIN
        PLOTS,Ax/Sxy,Ay/Sxy  &  PLOTS,Bx/Sxy,By/Sxy
        FOR i=0,3 DO PLOTS,[Ax[i],Bx[i]]/Sxy,[Ay[i],By[i]]/Sxy
    ENDFOR
END
;————————————————————————————————
```

程序运行结果如图 4.22 所示。

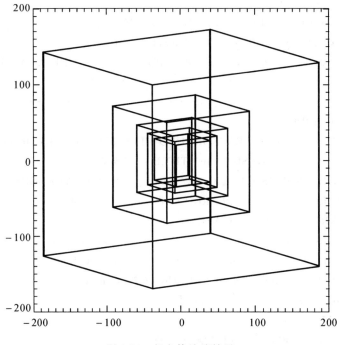

图 4.22　长方体放缩结果

4.3.3　三维旋转变换

对于三维旋转变换,可以分解为绕 X 轴旋转、绕 Y 轴旋转和绕 Z 轴旋转三种基本变换。图形绕 x 轴旋转的变换矩阵如下:

$$[x'\quad y'\quad z'\quad 1]=[x\quad y\quad z\quad 1]\begin{bmatrix}1 & 0 & 0 & 0\\0 & \cos\theta & \sin\theta & 0\\0 & -\sin\theta & \cos\theta & 0\\0 & 0 & 0 & 1\end{bmatrix}\equiv[x\quad y\quad z\quad 1]\boldsymbol{M}_{rx}$$

其中:θ 为 $P(x,y,z)$ 绕 X 轴旋转到 $P'(x',y',z')$ 的旋转角度;$\boldsymbol{M}_{rx}$ 为旋转矩阵。

【例 4.14】　已知长方体的顶点坐标分别为 $(100,0,80),(0,100,80),(-100,0,80),(0,-100,80),(100,0,-80),(0,100,-80),(-100,0,-80)$ 和 $(0,-100,-80)$,要求对长方体绕 x 轴旋转 $30°$。

程序如下:

```
;——————————————————————————————————
;Ch04Transform3DRotx.pro
;——————————————————————————————————
FUNCTION Rotx,Mat,Thetax
    Mat[1,1]=COS(Thetax)  &  Mat[1,2]=SIN(Thetax)
    Mat[2,1]=-SIN(Thetax) &  Mat[2,2]=COS(Thetax)  &  RETURN,Mat
END
```

```
;————————————————————————————————————
FUNCTION Transxyz,Mat,x,y,z
    Tx=x*Mat(0,0)+y*Mat(1,0)+z*Mat(2,0)+Mat(3,0)
    Ty=x*Mat(0,1)+y*Mat(1,1)+z*Mat(2,1)+Mat(3,1)
    Tz=x*Mat(0,2)+y*Mat(1,2)+z*Mat(2,2)+Mat(3,2) & RETURN,[Tx,Ty,Tz]
END
;————————————————————————————————————
PRO Ch04Transform3DRotx
    DEVICE,DECOM=1 & ! P.BACKGROUND='FFFFFF'XL & ! P.COLOR='000000'XL
    WINDOW,6,XSIZE=400,YSIZE=400,TITLE='旋转变换'
    PLOT,[0],/DEVICE,/ISOTROPIC,XRANGE=[-200,200],YRANGE=[-200,200]
    Ax=DBLARR(5) &  Ay=DBLARR(5) &  Az=DBLARR(5)
    Bx=DBLARR(5) &  By=DBLARR(5) &  Bz=DBLARR(5)
    Ux=DBLARR(5) &  Uy=DBLARR(5) &  Uz=DBLARR(5)
    Vx=DBLARR(5) &  Vy=DBLARR(5) &  Vz=DBLARR(5)
    Tx=100D & Ty=100D & Thx=0.2D & Thy=0.2D & n=0
    Mat=[[1,0,0,0],[0,1,0,0],[0,0,1,0],[0,0,0,1]]
    Mat=Rotx(Mat,! PI/6)
    FOR Th=0.0,2*! PI+0.1,! PI/2 DO BEGIN
        x=150*COS(Th) &  y=90 &  z=150*SIN(Th) &  Zw=z &  Xw=x
        x=Zw*COS(Thy)-Xw*SIN(Thy) &  z=Zw*SIN(Thy)+Xw*COS(Thy)
        Yw=y &  Zw=z
        y=Yw*COS(Thx)-Zw*SIN(Thx) &  z=Yw*SIN(Thx)+Zw*COS(Thx)
        Ax[n]=x &  Ay[n]=y &  Az[n]=z &  Txyz=Transxyz(Mat,x,y,z)
        Ux[n]=Txyz[0] & Uy[n]=Txyz[1] & Uz[n]=Txyz[2] &  n++
    ENDFOR &  n=0
    FOR Th=0.0,2*! PI+0.1,! PI/2 DO BEGIN
        x=150*COS(Th) &  y=-90 &  z=150*SIN(Th) &  Zw=z &  Xw=x
        x=Zw*COS(Thy)-Xw*SIN(Thy) &  z=Zw*SIN(Thy)+Xw*COS(Thy)
        Yw=y &  Zw=z
        y=Yw*COS(Thx)-Zw*SIN(Thx) &  z=Yw*SIN(Thx)+Zw*COS(Thx)
        Bx[n]=x &  By[n]=y &  Bz[n]=z &  Txyz=Transxyz(Mat,x,y,z)
        Vx[n]=Txyz[0] & Vy[n]=Txyz[1] & Vz[n]=Txyz[2] &  n++
    ENDFOR
    PLOTS,Ax,Ay,COLOR='0000FF'XL  &   PLOTS,Bx,By,COLOR='0000FF'XL
    FOR i=0,3 DO PLOTS,[Ax[i],Bx[i]],[Ay[i],By[i]],COLOR='0000FF'XL
    PLOTS,Ux,Uy,COLOR='FF0000'XL  &   PLOTS,Vx,Vy,COLOR='FF0000'XL
    FOR i=0,3 DO PLOTS,[Ux[i],Vx[i]],[Uy[i],Vy[i]],COLOR='FF0000'XL
END
;————————————————————————————————————
```

程序运行结果如图 4.23 所示。

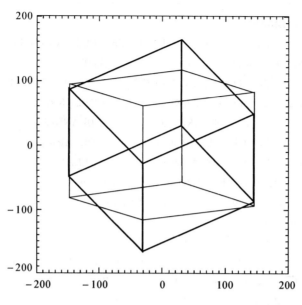

图 4.23　长方体绕 X 轴旋转结果

图形绕 Y 轴旋转的变换矩阵如下：

$$
\begin{bmatrix} x' & y' & z' & 1 \end{bmatrix} = \begin{bmatrix} x & y & z & 1 \end{bmatrix}
\begin{bmatrix}
\cos\theta & 0 & -\sin\theta & 0 \\
0 & 1 & 0 & 0 \\
\sin\theta & 0 & \cos\theta & 0 \\
0 & 0 & 0 & 1
\end{bmatrix}
\equiv \begin{bmatrix} x & y & z & 1 \end{bmatrix} \boldsymbol{M}_{\mathrm{ry}}
$$

其中：θ 为 $P(x,y,z)$ 绕 Y 轴旋转到 $P'(x',y',z')$ 的旋转角度；$\boldsymbol{M}_{\mathrm{ry}}$ 为旋转矩阵。

【例 4.15】　已知长方体的顶点坐标分别为 $(100,0,80)$，$(0,100,80)$，$(-100,0,80)$，$(0,-100,80)$，$(100,0,-80)$，$(0,100,-80)$，$(-100,0,-80)$ 和 $(0,-100,-80)$，要求对长方体绕 X 轴旋转 $30°$。

程序如下：

```
;——————————————————————————————————————————————
;Ch04Transform3DRoty.pro
;——————————————————————————————————————————————
FUNCTION Roty,Mat,Thetay
    Mat[0,0]=COS(Thetay)  &   Mat[0,2]=-SIN(Thetay)
    Mat[2,0]=SIN(Thetay)  &   Mat[2,2]=COS(Thetay)  &  RETURN,Mat
END
;——————————————————————————————————————————————
FUNCTION Transxyz,Mat,x,y,z
    Tx=x * Mat(0,0)+y * Mat(1,0)+z * Mat(2,0)+Mat(3,0)
    Ty=x * Mat(0,1)+y * Mat(1,1)+z * Mat(2,1)+Mat(3,1)
    Tz=x * Mat(0,2)+y * Mat(1,2)+z * Mat(2,2)+Mat(3,2) & RETURN,[Tx,Ty,Tz]
END
```

```
;------------------------------------------------------------
PRO Ch04Transform3DRoty
    DEVICE,DECOM=1 & ! P.BACKGROUND='FFFFFF'XL & ! P.COLOR='000000'XL
    WINDOW,6,XSIZE=400,YSIZE=400,TITLE='旋转变换'
    PLOT,[0],/DEVICE,/ISOTROPIC,XRANGE=[-200,200],YRANGE=[-200,200]
    Ax=DBLARR(5)  &   Ay=DBLARR(5)  &   Az=DBLARR(5)
    Bx=DBLARR(5)  &   By=DBLARR(5)  &   Bz=DBLARR(5)
    Ux=DBLARR(5)  &   Uy=DBLARR(5)  &   Uz=DBLARR(5)
    Vx=DBLARR(5)  &   Vy=DBLARR(5)  &   Vz=DBLARR(5)
    Tx=100D & Ty=100D & Thx=0.2D & Thy=0.2D & n=0
    Mat=[[1,0,0,0],[0,1,0,0],[0,0,1,0],[0,0,0,1.0]]
    Mat=Roty(Mat,! PI/6)
    FOR Th=0.0,2*! PI+0.1,! PI/2 DO BEGIN
        x=150*COS(Th)  &  y=100  &  z=150*SIN(Th)  &  Zw=z  &  Xw=x
        x=Zw*COS(Thy)-Xw*SIN(Thy)   &   z=Zw*SIN(Thy)+Xw*COS(Thy)
        Yw=y  &   Zw=z
        y=Yw*COS(Thx)-Zw*SIN(Thx)  &   z=Yw*SIN(Thx)+Zw*COS(Thx)
        Ax[n]=x  &  Ay[n]=y  &  Az[n]=z  &  Txyz=Transxyz(Mat,x,y,z)
        Ux[n]=Txyz[0] & Uy[n]=Txyz[1] & Uz[n]=Txyz[2]  &   n++
    ENDFOR  &   n=0
    Th=FINDGEN(5)*2*! PI
    FOR Th=0.0,2*! PI+0.1,! PI/2 DO BEGIN
        x=150*COS(Th)  &  y=-100  &  z=150*SIN(Th)  &  Zw=z  &  Xw=x
        x=Zw*COS(Thy)-Xw*SIN(Thy)   &   z=Zw*SIN(Thy)+Xw*COS(Thy)
        Yw=y  &   Zw=z
        y=Yw*COS(Thx)-Zw*SIN(Thx)  &   z=Yw*SIN(Thx)+Zw*COS(Thx)
        Bx[n]=x  &  By[n]=y  &  Bz[n]=z  &  Txyz=Transxyz(Mat,x,y,z)
        Vx[n]=Txyz[0] & Vy[n]=Txyz[1] & Vz[n]=Txyz[2]  &   n++
    ENDFOR
    PLOTS,Ax,Ay,COLOR='0000FF'XL   &    PLOTS,Bx,By,COLOR='0000FF'XL
    FOR i=0,3 DO PLOTS,[Ax[i],Bx[i]],[Ay[i],By[i]],COLOR='0000FF'XL
    PLOTS,Ux,Uy,COLOR='FF0000'XL   &    PLOTS,Vx,Vy,COLOR='FF0000'XL
    FOR i=0,3 DO PLOTS,[Ux[i],Vx[i]],[Uy[i],Vy[i]],COLOR='FF0000'XL
END
;------------------------------------------------------------
```

程序运行结果如图 4.24 所示。

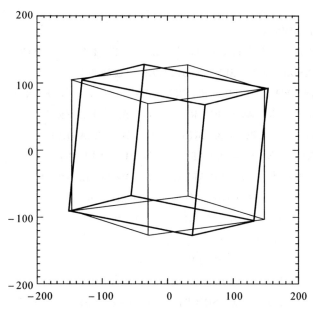

图 4.24　长方体绕 Y 轴旋转结果

图形绕 z 轴旋转的变化矩阵如下：

$$[x'\quad y'\quad z'\quad 1]=[x\quad y\quad z\quad 1]\begin{bmatrix} \cos\theta & \sin\theta & 0 & 0 \\ -\sin\theta & \cos\theta & 0 & 0 \\ 0 & 0 & 1 & 0 \\ 0 & 0 & 0 & 1 \end{bmatrix}\equiv[x\quad y\quad z\quad 1]\boldsymbol{M}_{\mathrm{rz}}$$

其中：θ 为 $P(x,y,z)$ 绕 Z 轴旋转到 $P'(x',y',z')$ 的旋转角度；$\boldsymbol{M}_{\mathrm{rz}}$ 为旋转矩阵。

【例 4.16】　已知长方体的顶点坐标分别为 $(100,0,80)$，$(0,100,80)$，$(-100,0,80)$，$(0,-100,80)$，$(100,0,-80)$，$(0,100,-80)$，$(-100,0,-80)$ 和 $(0,-100,-80)$，要求对长方体绕 z 轴旋转 $30°$。

程序如下：

```
;——————————————————————————————————————
;Ch04Transform3DRotz.pro
;——————————————————————————————————————
FUNCTION Rotz,Mat,Thetaz
    Mat[0,0]=COS(Thetaz)  &  Mat[0,1]=SIN(Thetaz)
    Mat[1,0]=-SIN(Thetaz) &  Mat[1,1]=COS(Thetaz)  &  RETURN,Mat
END
;——————————————————————————————————————
FUNCTION Transxyz,Mat,x,y,z
    Tx=x*Mat(0,0)+y*Mat(1,0)+z*Mat(2,0)+Mat(3,0)
    Ty=x*Mat(0,1)+y*Mat(1,1)+z*Mat(2,1)+Mat(3,1)
    Tz=x*Mat(0,2)+y*Mat(1,2)+z*Mat(2,2)+Mat(3,2) & RETURN,[Tx,Ty,Tz]
END
```

```
;─────────────────────────────────────────

PRO Ch04Transform3DRotz
    DEVICE,DECOM=1 & ! P.BACKGROUND='FFFFFF'XL & ! P.COLOR='000000'XL
    WINDOW,6,XSIZE=400,YSIZE=400,TITLE='旋转变换'
    PLOT,[0],/DEVICE,/ISOTROPIC,XRANGE=[-200,200],YRANGE=[-200,200]
    Ax=DBLARR(5)    &    Ay=DBLARR(5)    &    Az=DBLARR(5)
    Bx=DBLARR(5)    &    By=DBLARR(5)    &    Bz=DBLARR(5)
    Ux=DBLARR(5)    &    Uy=DBLARR(5)    &    Uz=DBLARR(5)
    Vx=DBLARR(5)    &    Vy=DBLARR(5)    &    Vz=DBLARR(5)
    Tx=100D & Ty=100D & Thx=0.2D & Thy=0.2D & n=0
    Mat=[[1,0,0,0],[0,1,0,0],[0,0,1,0],[0,0,0,1.0]]
    Mat=Rotz(Mat,! PI/6)
    FOR Th=0.0,2*! PI+0.1,! PI/2 DO BEGIN
        x=150*COS(Th)   &   y=100   &   z=150*SIN(Th)   &   Zw=z   &   Xw=x
        x=Zw*COS(Thy)-Xw*SIN(Thy)   &   z=Zw*SIN(Thy)+Xw*COS(Thy)
        Yw=y & Zw=z
        y=Yw*COS(Thx)-Zw*SIN(Thx)   &   z=Yw*SIN(Thx)+Zw*COS(Thx)
        Ax[n]=x & Ay[n]=y & Az[n]=z & Txyz=Transxyz(Mat,x,y,z)
        Ux[n]=Txyz[0] & Uy[n]=Txyz[1] & Uz[n]=Txyz[2]   &   n++
    ENDFOR & n=0
    FOR Th=0.0,2*! PI+0.1,! PI/2 DO BEGIN
        x=150*COS(Th)   &   y=-100   &   z=150*SIN(Th)   &   Zw=z   &   Xw=x
        x=Zw*COS(Thy)-Xw*SIN(Thy)   &   z=Zw*SIN(Thy)+Xw*COS(Thy)
        Yw=y & Zw=z
        y=Yw*COS(Thx)-Zw*SIN(Thx)   &   z=Yw*SIN(Thx)+Zw*COS(Thx)
        Bx[n]=x & By[n]=y & Bz[n]=z & Txyz=Transxyz(Mat,x,y,z)
        Vx[n]=Txyz[0] & Vy[n]=Txyz[1] & Vz[n]=Txyz[2]   &   n++
    ENDFOR
    PLOTS,Ax,Ay,COLOR='0000FF'XL   &   PLOTS,Bx,By,COLOR='0000FF'XL
    FOR i=0,3 DO PLOTS,[Ax[i],Bx[i]],[Ay[i],By[i]],COLOR='0000FF'XL
    PLOTS,Ux,Uy,COLOR='FF0000'XL   &   PLOTS,Vx,Vy,COLOR='FF0000'XL
    FOR i=0,3 DO PLOTS,[Ux[i],Vx[i]],[Uy[i],Vy[i]],COLOR='FF0000'XL
END

;─────────────────────────────────────────
```

程序运行结果如图 4.25 所示。

在对图形进行三维可视时,不但需要对图形依次进行多种几何变换,同时还需要对图形进行投影变换以及视图变换等多种类型的多次复合变换,从而实现三维图形的可视。

图形的复合变换可以表示如下:

$$[x'\quad y'\quad z'\quad 1]=[x\quad y\quad z\quad 1]\boldsymbol{M}_{\mathrm{pl}}\boldsymbol{M}_{\mathrm{pt}}\boldsymbol{M}_{\mathrm{tt}}\boldsymbol{M}_{\mathrm{t}}\boldsymbol{M}_{\mathrm{s}}\boldsymbol{M}_{\mathrm{rx}}\boldsymbol{M}_{\mathrm{ry}}\boldsymbol{M}_{\mathrm{rz}}\cdots\boldsymbol{T}_{\mathrm{3D}}$$

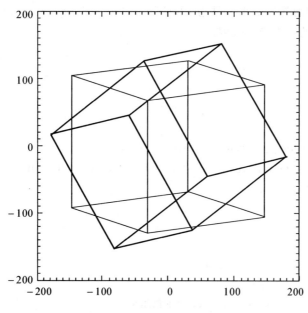

图 4.25　长方体绕 Z 轴旋转结果

4.3.4　图形的三维裁剪

三维裁剪讨论的是如何显示三维图形在三维裁剪窗口(不妨设为单位立方体)中的可视部分。

针对单位立方体裁剪窗口,6 个裁剪面的方程分别为

$$x=0;\quad x=1;\quad y=0;\quad y=1;\quad z=0;\quad z=1$$

则三维线段 P_1P_2 的端点与 6 个裁剪平面的关系所对应的 6 位二进制代码 abcdef 可以定义如下:

端点在三维裁剪窗口的上面($y>1$)则 a 为 1;否则为 0。

端点在三维裁剪窗口的下面($y>0$)则 b 为 1;否则为 0。

端点在三维裁剪窗口的右面($x>1$)则 c 为 1;否则为 0。

端点在三维裁剪窗口的左面($x>0$)则 d 为 1;否则为 0。

端点在三维裁剪窗口的后面($z>1$)则 e 为 1;否则为 0。

端点在三维裁剪窗口的前面($z>0$)则 f 为 1;否则为 0。

因此,三维裁剪算法可以通过推广和修改二维裁剪的相应算法来实现,即利用三维裁剪窗口的 6 个裁剪平面代替二维裁剪窗口的 4 条裁剪边。

三维裁剪算法与二维裁剪算法的不同之处如下:

(1) 计算直线与平面的交点。

(2) 利用 Cohen Sutherland 算法确定线段端点的空间区域编码。

(3) 利用 Sutherland Hodgman 算法确定线段端点在裁剪平面的上边(右边、后面),还是平面的下边(左边、前面)。

(4) 确定端点在裁剪空间区域内部的不等式。

【例 4.17】 已知海螺的数据文件为 Ch04Clip3D.hpy,设计一个带有垂直滑动条的三维裁剪窗口,实现对海螺的三维交互裁剪。

程序如下:

```
;------------------------------------------------
; Ch04SeashellClip.pro
;------------------------------------------------
PRO CpEv,Ev
    WIDGET_CONTROL,Ev.TOP,GET_UVALUE=Info
    Info.PMod->SetProperty,CLIP_PLAN=[1,0,0,-Ev.VALUE/100D]
    Info.Win->Draw,Info.Viw
END
;------------------------------------------------
PRO DrEv,Ev
    WIDGET_CONTROL,Ev.TOP,GET_UVALUE=Info
    IF Ev.TYPE EQ 4 THEN BEGIN
        Info.Win->Draw,Info.Viw  &  RETURN
    ENDIF
    Updt=Info.Trk->UPDATE(Ev,TRANSFORM=Mat2)
    IF Updt eq 1 THEN BEGIN
        Info.PMod->GetProperty,TRANSFORM=Mat1
        Info.PMod->SetProperty,TRANSFORM=Mat1#Mat2
        Info.Win->Draw,Info.Viw
    ENDIF
END
;------------------------------------------------
PRO Ch04SeashellClip
    Tb=WIDGET_BASE(TITLE='海螺裁剪',/ROW)
    Drw=WIDGET_DRAW(Tb,GRAPHICS=2,XSIZE=400,YSIZE=400, $
        EVENT_PRO='DrEv',/BUTTON_EV,/MOTION_EV,/EXPOSE_EV)
    Sld=WIDGET_SLIDER(Tb,/DRAG,/SUPPRESS,EVENT_PRO='CpEv',/VERTICAL)
    WIDGET_CONTROL,Tb,/REALIZE  &  RESTORE,'Ch04SeashellClip.hpy'
    Lit1=OBJ_NEW('IDLgrLight',TYPE=1,INTENS=0.9,LOCA=[-0.1,-0.1,0.5])
    Lit2=OBJ_NEW('IDLgrLight',TYPE=0,INTENS=0.6)
    LMod=OBJ_NEW('IDLgrModel')  &  LMod->ADD,[Lit1,Lit2]
    Ply=OBJ_NEW('IDLgrPolygon',DATA=TRANSPOSE([[x],[y],[z]]), $
        POLYGONS=Mesh,COLOR=[0,0,255],BOTTOM=[0,255,0],SHADING=1)
    LOADCT,25,/SILENT  &  TVLCT,Rr,Gg,Bb,/GET
    Ply->SetProperty,VERT_COLORS=TRANSPOSE([[Rr],[Gg],[Bb]])
    PMod=OBJ_NEW('IDLgrModel',CLIP_PLAN=[0,0,0,0]) & PMod->ADD,Ply
    Viw=OBJ_NEW('IDLgrView',COLOR=[255,255,0]) & Viw->ADD,[PMod,LMod]
    WIDGET_CONTROL,Drw,GET_VALUE=Win &  GET_BOUNDS,PMod,Xr,Yr,Zr
    SET_VIEW,Viw,Win,/ISO  &  Viw->GetProperty,VIEWPLANE=Vp
```

```
Trk=OBJ_NEW('TRACKBALL',[200,200],200) &. Win->Draw,Viw
VMin=FIX(Vp[0] * 100D)    &.    VMax=FIX((Vp[0]+Vp[2]) * 100D)
WIDGET_CONTROL,Sld,SET_SLIDER_MIN=VMin, $
    SET_SLIDER_MAX=VMax,SET_VALUE=VMax
Info={Win:Win,PMod:PMod,Trk:Trk,Viw:Viw}
WIDGET_CONTROL,Tb,SET_UVALUE=Info
XMANAGER,'Ch07SeashellClip',Tb
END
;———————————————————————————————————————
```

程序运行结果如图 4.26 所示。

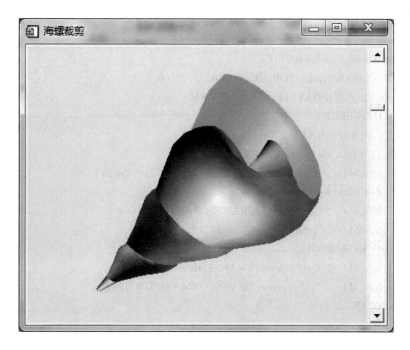

图 4.26　三维交互裁剪结果

4.3.5　图形的世界变换与本地变换

首先分析一个实例：在太阳系中，地球绕太阳公转，地球本身也在自转，月亮在绕地球公转的同时，自身也在自转；当然太阳也在绕银河中心进行公转和自转。为了体现出太阳系的运行规律，需要把太阳暂时看做固定不变，定义成世界坐标系，地球的公转可以认为是绕世界坐标系的旋转，地球的自转可以认为是绕本地坐标系的旋转，而地球的最终运行规律是公转和自转的复合变换的结果。

世界变换可以在世界坐标系中直接通过图形变换来实现。

本地变换则可以通过如下变换来实现：

（1）把本地坐标系的原点 O_L 平移到世界坐标系的原点 O_w。

（2）在世界坐标系中，对本地坐标系中的图形进行世界变换。

（3）把本地坐标系中的图形平移到世界坐标系的 O_L。

因此，在实际场景中，图形对象通常需要用到多种坐标系统，而且在针对世界坐标系进行世界变换的同时，还需要进行本地变换，进而实现复杂图形的真实再现。

【例 4.18】 通过一个圆球和一个立方体，实现世界坐标系和本地坐标系的旋转变换。其中坐标系统使用标准坐标系，圆球在世界坐标系的原点，立方体在世界坐标系的点(0.5,0,0)。具体要求：

（1）拖动鼠标左键，实现长方体绕圆球的旋转。

（2）按下 Shift 键的同时拖动鼠标左键，实现长方体绕其自身的旋转。

程序如下：

```
;————————————————————————————————————————
; Ch04RotWorldLocal.PRO
;————————————————————————————————————————
PRO Ch04RotWorldLocal_EVENT,Ev
    WIDGET_CONTROL,Ev.TOP,GET_UVALUE=Info
    Upt=Info.Tk—>UPDATE(Ev,TRANSFORM=New)
    IF Upt THEN BEGIN
        IF Ev.MODIFIERS EQ 1 THEN BEGIN
            Tn=Info.Md—>GetCtm()
            Info.Md—>TRANSLATE,—Tn[3],—Tn[7],—Tn[11]
            Tm=Info.Md—>GetCtm()
            Info.Md—>SetProperty,TRANSFORM=Tm#New
            Info.Md—>TRANSLATE,Tn[3],Tn[7],Tn[11]
        ENDIF ELSE BEGIN
            Info.Md—>GetProperty,TRANSFORM=OLD
            Info.Md—>SetProperty,TRANSFORM=OLD#New
        ENDELSE
    ENDIF
    Info.Win—>Draw,Info.Vw
END
;————————————————————————————————————————
PRO Ch04RotWorldLocal
    Tb=WIDGET_BASE(TITLE='旋转变换',/COL)
    Dr=WIDGET_DRAW(Tb,GRAPHICS=2,XSIZE=400,YSIZE=400,$
        BUTTON_EV=1,MOTION_EV=1,EXPOSE_EV=1)
    Lb=WIDGET_LABEL(Tb,VALUE='左键公转,Shift+左键自转',/ALIGN_CENTER)
    WIDGET_CONTROL,Tb,/REALIZE
    WIDGET_CONTROL,Dr,GET_VALUE=Win
    x1=—0.5  &  x2=0.5  &  y1=—0.5  &  y2=0.5  &  z1=—0.5  &  z2=0.5
    CubeData=[[x1,y1,z1],[x2,y1,z1],[x2,y2,z1],[x1,y2,z1],$
            [x1,y1,z2],[x2,y1,z2],[x2,y2,z2],[x1,y2,z2]]
    ;定义对象画线的顺序
    CubePoly=[4,0,1,5,4,4,5,1,2,6,4,6,2,3,7,4,7,3,0,4,4,0,1,2,3,4,4,5,6,7]
```

```
Cb=OBJ_NEW('IDLgrPolygon',COLOR=[0,0,255],STYLE=1,$
    DATA=CubeData,LINESTYLE=0,SHADING=1,POLYGONS=CubePoly)
Ob=OBJ_NEW('Orb',RADIUS=0.1,COLOR=[0,0,255])
Md=OBJ_NEW('IDLgrModel')  &  Md->ROTATE,[1,0,0],-90
Md->ROTATE,[0,1,0],30  &  Md->ROTATE,[1,0,0],30
Md->SCALE,0.5,0.5,0.5  &  Md->TRANSLATE,0.5,0,0  &  Md->ADD,Cb
Lt1=OBJ_NEW('IDLgrLight',TYPE=0,INTENS=0.6)
Lt2=OBJ_NEW('IDLgrLight',TYPE=1,INTENS=0.6,LOC=[2,2,2])
Lm=OBJ_NEW('IDLgrModel')  &  Lm->ADD,[Lt1,Lt2]
Vw=OBJ_NEW('IDLgrview')  &  Vw->ADD,[Md,Lm,Ob]
Tk=OBJ_NEW('Trackball',[200,200],200)  &  Win->Draw,Vw
Info={Win:Win,Vw:Vw,Md:Md,Tk:Tk}
WIDGET_CONTROL,Tb,SET_UVALUE=Info
XMANAGER,'Ch04RotWorldLocal',Tb
END
;————————————————————————————————————————————————
```

程序运行结果如图 4.27 所示。

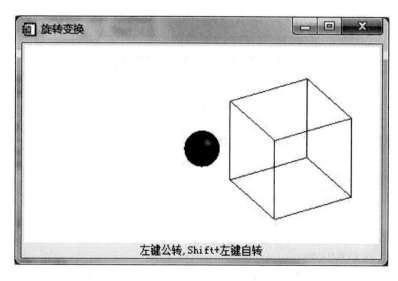

图 4.27　公转与自转的可视交互界面

4.3.6　三维图形的二维可视

三维图形不但可以使用平行投影或者透视投影的方式进行绘制,而且还可以使用三维世界坐标系到二维设备坐标系的简易变换来实现(见图 4.28)。具体方法如下:

(1)已知世界坐标系中的数据点为 $P(x,y,z)$,其数据范围为分别为 (x_1,x_2),(y_1,y_2) 和 (z_1,z_2),且 $X_w=x_2-x_1$,$Y_w=y_2-y_1$,$Z_w=z_2-z_1$。

(2)已知本地坐标系统中的数据点为 $P'(C_x,C_y,C_z)$,其数据范围为分别为 (S_{x_1},S_{x_2}),(S_{y_1},S_{y_2}) 和 (S_{z_1},S_{z_2}),且 $C_x=(S_{x_2}-S_{x_1})/X_w$,$C_y=(S_{y_2}-S_{y_1})/Y_w$,$Z_w=(S_{z_2}-$

$S_{z1})/Z_w$。

（3）计算世界坐标系中的数据点为 $P(x,y,z)$，在设备坐标系的具体位置如下：

$$\begin{cases} S_x = xC_x + S_{x_1} + yC_y\cos\alpha + T_x \\ S_y = -z + S_{y_1} - yC_y\sin\alpha + T_y \end{cases}$$

其中：T_x 和 T_y 分别为 x 轴方向和 y 轴方向上的平移量。

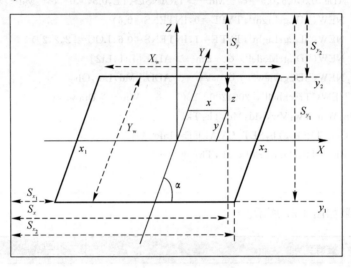

图 4.28　三维世界坐标系到二维设备坐标系变换示意图

【例 4.19】　已知曲面方程为

$$z = e^{-(x^2+y)/10}$$

利用三维图形的二维可视技术绘制该曲面。

程序如下：

```
;—————————————————————————————————————
;Ch04Transform3DSquareHat
;—————————————————————————————————————
PRO Ch04Transform3DSquareHat
    DEVICE, DECOMPOSED=1
    ! P.BACKGROUND='FFFFFF'XL   &   ! P.COLOR='000000'XL
    WINDOW,6,XSIZE=500,YSIZE=300,TITLE=' 三维图形的二维可视 '
    PLOT,[0],/DEVICE,/ISOTROPIC,XRANGE=[-200,200],YRANGE=[-100,100]
    x1=-5.0 &  x2=5.0 &  y1=-10.0 &  y2=10.0   &   Xw=x2-x1 &  Yw=y2-y1
    Sx1=0.0  &  Sx2=300.0  &  Sy1=0.0  &  Sy2=200.0
    Cx=(Sx2-Sx1)/Xw  &   Cy=(Sy2-Sy1)/Yw
    FOR Py=-5.0,5.0,0.1 DO BEGIN
        FOR Px=-5.0,5.0,0.05 DO BEGIN
            z=130 * EXP((-Px^2-Py^2)/10)
            Sx=Px * Cx+Sx1+Py * Cy * COS(! PI/8)
            Sy=Sy1-Py * Cy * SIN(! PI/8)-z+40
            PLOTS,Sx,Sy,PSYM=3,COLOR='FF0000'XL
```

```
        ENDFOR
      ENDFOR
  END
```

; ——

程序运行结果如图 4.29 所示。

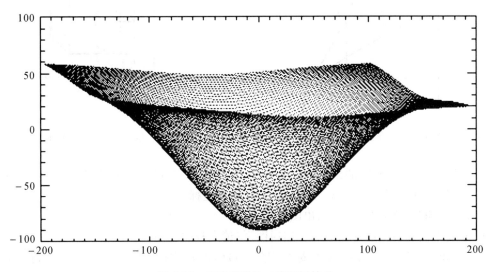

图 4.29 三维图形的二维可视结果

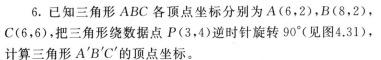

1. 在进行图形变换时,为什么要使用齐次坐标?

2. 举例说明常用的图形变换。

3. 已知变换矩阵 T_{22} 的四个元素依次分别为 $(1+t^2)/(1+t^2)$, $2t/(1+t^2)$, $-2t/(1+t^2)$, $(1-t^2)/(1+t^2)$, 证明 T_{22} 是旋转矩阵。

4. 简述图形的平移、旋转、放缩、转置、镜像和错切等常用的几何变换方法。

5. 如果与插值点最邻近的 8 个数据点分别为 $A(i,j,k)$, $B(i+1,j,k)$, $C(j,j,k+1)$, $D(i+1,j,k+1)$, $E(i,j+1,k)$, $F(i+1,j+1,k)$, $G(i,j+1,k+1)$, $H(i+1,j+1,k+1)$(见图 4.30),计算这 8 个数据点的三次线性插值点 $P(x,y)$。

提示:首先根据 A,B 计算 I,根据 C,D 计算 J,根据 E,F 计算 K,根据 G,H 计算 L;再根据 I,J 计算 M,根据 K,L 计算 N;最后根据 M,N 计算 P。

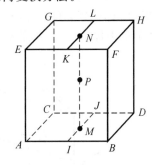

图 4.30 三次线性插值示意图

6. 已知三角形 ABC 各顶点坐标分别为 $A(6,2)$, $B(8,2)$, $C(6,6)$,把三角形绕数据点 $P(3,4)$ 逆时针旋转 $90°$(见图4.31),计算三角形 $A'B'C'$ 的顶点坐标。

7. 计算单位立方体相对点 $P(x,y,z)$ 进行比例变换 (S_x,S_y,S_z) 的图形变换矩阵(见图

4.32)。

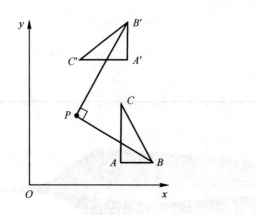

图 4.31　三角形旋转示意图

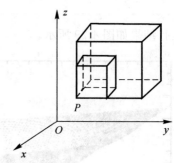

图 4.32　立方体放大示意图

8. 已知四边形 $ABCD$ 的顶点坐标为 $A(0,0)$,$B(60,0)$,$C(60,30)$ 和 $D(0,30)$,请完成:

(1) 计算 x 方向缩小 $1/2$,y 方向增长 1 倍后的坐标。

(2) 把 $ABCD$ 放大 2 倍,并画出图形。

9. 分别举例说明 4 连通图形和 8 连通图形(请先查阅相关资料)。

10. 已知三角形 ABC 的顶点坐标分别为 $A(20,20)$,$B(20,60)$,$C(60,30)$,请完成下列变换:

(1) 沿 x 方向平移 60,沿 y 方向平移 30,再绕原点逆时针旋转 $30°$。

(2) 绕原点逆时针旋转 $30°$,再沿 x 方向平移 60,沿 y 方向平移 30,画出变换后的图形,两者变换结果是否相同? 为什么?

11. 把习题 8 中的四边形绕数据点 $P(15,40)$ 逆时针旋转 $90°$,计算其变换矩阵,并画出旋转后的图形。

12. 已知三棱柱的顶点坐标分别为 $A(0,0,0)$,$B(20,0,0)$,$C(0,10,0)$,$D(0,0,10)$,$E(20,0,10)$ 和 $F(0,10,10)$,如图 4.33 所示,请计算三棱柱绕 x 轴逆时针旋转 $90°$ 后各顶点的坐标。

13. 设六面体各顶点坐标为 $A(20,0,20)$,$B(20,0,0)$,$C(20,30,0)$,$D(0,30,0)$,$E(0,15,20)$,$F(0,0,20)$,$G(0,0,0)$,$H(20,15,20)$,如图 4.34 所示,请计算其主视图、俯视图、左视图的顶点坐标,并画出六面体的三视图。

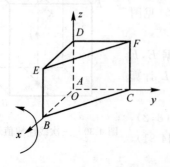

图 4.33　三棱柱旋转示意图

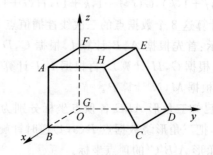

图 4.34　六面体示意图

14. 请计算习题 13 中六面体的正等测投影的顶点坐标，并画出图形。

15. 把边长为 20，一个顶点在坐标原点，并且位于第一象限、三组平行平面分别与相应坐标平面平行的立方体沿 x，y 和 z 方向分别平移 20，15 和 10，请给出其变换矩阵，并画出变换前后的图形。

16. 对习题 15 中变换后的立方体进行下列变换：

（1）绕 x 轴逆时针旋转 $45°$。

（2）绕 y 轴逆时针旋转 $60°$。

17. 在图形系统中，常用的坐标系有哪些？简述它们之间的关系。

18. 利用二维图形几何变换，推导窗口到视区的变换公式。

19. 如果习题 6 中的三角形 ABC 的坐标是窗口中的坐标，那么通过窗口到视区的变换后，请计算该三角形在标准坐标系统下视区内相应三角形 $A^*B^*C^*$ 的坐标。

20. 已知三角形的顶点分别为 $(0,0)$，$(60,90)$ 和 $(90,10)$，在二维坐标系中绕原点逆时针旋转 $90°$，设计程序实现变换前后的图形。可视结果如图 4.35 所示。

提示：参考程序为 Ch04ExeTransform2DRot01.pro。

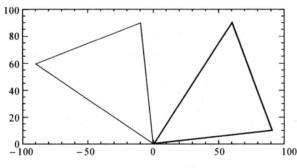

图 4.35　三角形旋转可视结果

21. 设计程序，绘制 7 行 7 列共 49 个等边三角形，其中三角形的顶点为半径为 20 的圆的三等分点，圆心为 (C_x, C_y)，并且 C_x 和 C_y 的取值分别依次为 $(-150, -100, -50, 0, 50, 100, 150)$ 和 $(90, 10)$，等边三角形的旋转角度依次为 $\theta = \sqrt{C_x{}^2 + C_y{}^2}/160$。可视结果如图 4.36 所示。

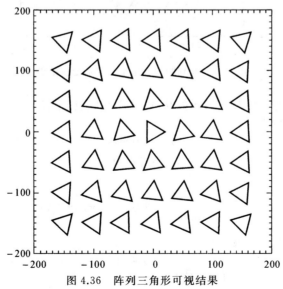

图 4.36　阵列三角形可视结果

提示：参考程序为 Ch04ExeTransform2DRot02.pro。

22. 设计程序，实现如图 4.37 所示的从圆（圆心在原点，半径为 200）到圆角五角星的变形变换。

提示：对于圆的参数方程

$$\begin{cases} x_1 = 200\cos\theta \\ y_1 = 200\sin\theta \end{cases}$$

则变形变换如下：

$$\begin{cases} x_2 = T_m \times 200 \times \cos\theta \\ y_2 = T_m \times 200 \times \sin\theta \end{cases}$$

其中：

$$T_m = 200\left[1 + \frac{\sin(10\theta)}{2}\right]\frac{1 + \sin(10\theta)}{2}$$

$$\begin{cases} x = x_1 + \dfrac{x_2 - x_1}{25}n \\ y = y_1 + \dfrac{y_2 - y_1}{25}n \end{cases}; \quad n = 0,1,\cdots,15$$

参考程序为 Ch04ExeTransform2DMorph01.pro。

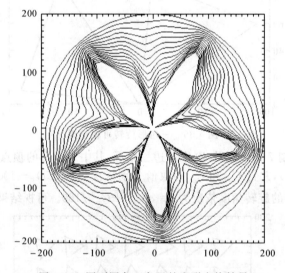

图 4.37　圆到圆角五角星的变形变换结果

23. 设计程序，实现如图 4.38 所示的从圆（圆心在原点，半径为 200）到菱形的变形变换。

提示：对于圆的参数方程

$$\begin{cases} x_1 = 200\cos\theta \\ y_1 = 200\sin\theta \end{cases}$$

则变形变换如下：

$$\begin{cases} x_0 = 50\cos\theta \\ y_0 = 50\sin\theta \end{cases}; \quad \theta \in \left\{\frac{\pi}{2}, \pi, \frac{3\pi}{2}, 2\pi\right\}$$

$$\begin{cases} x_2 = x_0 + i \times 2.5\cos\left(\theta + \dfrac{3\pi}{4}\right) \\ y_2 = y_0 + i \times 2.5\sin\left(\theta + \dfrac{3\pi}{4}\right) \end{cases}; \quad \theta \in \left\{\frac{\pi}{2}, \pi, \frac{3\pi}{2}, 2\pi\right\}; \quad i = 0,1,\cdots,29$$

$$\begin{cases} x = x_1 + \dfrac{x_2 - x_1}{15}n - \dfrac{15n}{4} \\ y = y_1 + \dfrac{y_2 - y_1}{15}n - \dfrac{15n}{4} \end{cases} ; \quad n = 0,1,\cdots,15$$

参考程序为 Ch04ExeTransform2DMorph02.pro。

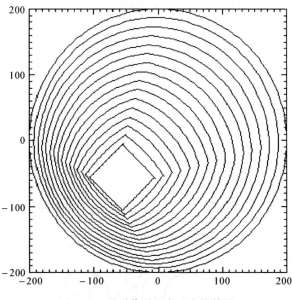

图 4.38　圆到菱形的变形变换结果

24. 设计程序,实现如图 4.39 所示的从曲边四边形到五角星的变形变换。

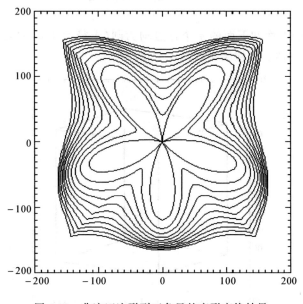

图 4.39　曲边四边形到五角星的变形变换结果

参考程序为 Ch04ExeTransform2DMorph03.pro。

25. 设计程序,实现如图 4.40 所示的 12 个蝴蝶,并且蝴蝶绕原点旋转一周排列的变形变换。
提示:根据分析变形变换如下:

$$\begin{cases} x_1 = 50\sin(2\theta)\cos\theta + 10\sin(2\theta) + T_x \\ y_1 = 50\sin(2\theta)\sin\theta - 10\cos(2\theta) \end{cases} ; \quad T_x = 0, 100, \cdots, 1100$$

$$\begin{cases} x_2 = (150 + y_1)\cos\dfrac{1200 - x_1}{600}\pi \\ y_2 = (150 + y_1)\sin\dfrac{1200 - x_1}{600}\pi \end{cases}$$

参考程序为 Ch04ExeTransform2DMorph04.pro。

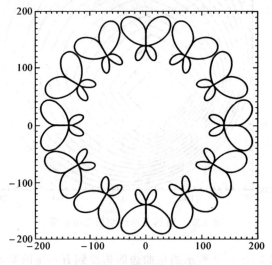

图 4.40　圆形排列的蝴蝶

26. 已知长方体的上面和下面的 4 个顶点均为圆(半径为 160)的四等分点,高度为 240,请设计程序绘制该长方体。可视结果如图 4.41 所示。

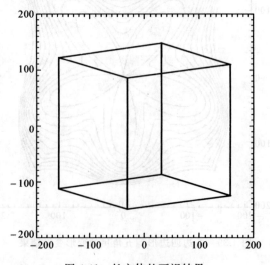

图 4.41　长方体的可视结果

提示:参考程序为 Ch04ExeTransform3DCube.pro。

27. 已知六棱锥底面的六个顶点为圆(半径为 100)的六等分点,高度为 240,请设计程序绘制该六棱锥。可视结果如图 4.42 所示。

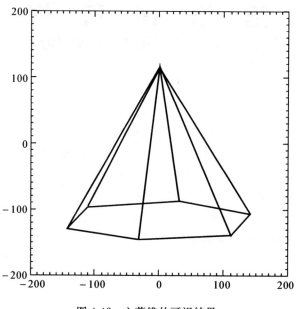

图 4.42   六菱锥的可视结果

提示:参考程序为 Ch04ExeTransform3DPyramid.pro。

28. 根据自己的实际需要,设计一个图形变换范例,尽可能地实现本章的图形变换技术。

第 5 章 面 可 视

面是物体的组成部分,面模型是描述物体结构的三维模型。面是计算机辅助设计和计算机图形学的重要内容,目前已经广泛应用于汽车、飞机、船舶和家电的外形设计。

面分为平面和曲面;曲面通常又分为规则曲面和拟合曲面(自由曲面,不规则曲面)两类。规则曲面是具有确定描述函数的曲面(例如:圆柱、圆锥、圆球、螺旋等)。拟合曲面是由离散特征点构造函数来描述的曲面(例如:直纹面、Coons 曲面、Bezier 曲面和 B 样条曲面等)。曲面通常利用平面面片逼近的方法来实现。

5.1 面可视基础

面和线一样,可以使用显式表示、隐式表示或者参数表示。为了可视方便,对于规则曲面,通常使用显式表示方式,而对于拟合曲面通常采用参数表示形式。

如果面的参数方程为 $\begin{cases} x = x(u,v) \\ y = y(u,v) \\ z = z(u,v) \end{cases}$; $u,v \in [0,1]$; $x,y,z \in \mathbf{R}$,则

面上的点 $P = \{ p_{uv} \}$: $p_{uv} = p(u,v) = (x(u,v),y(u,v),z(u,v))$ 。

p_{uv} 的切矢:u 向切矢是 $\boldsymbol{p}_{uv}^u$,v 向切矢是 $\boldsymbol{p}_{uv}^v$ 。

p_{uv} 的法矢:$\boldsymbol{n}_{uv} = \dfrac{\boldsymbol{p}_{uv}^u \times \boldsymbol{p}_{uv}^v}{|\boldsymbol{p}_{uv}^u \times \boldsymbol{p}_{uv}^v|}$ 。

面的角点:u 和 v 向分别取 0 和 1 时的顶点,即

$$p_{00} = p(0,0), \quad p_{01} = p(0,1), \quad p_{10} = p(1,0), \quad p_{11} = p(1,1)$$

面的边界:u 和 v 中分别有且仅有一个参数分别取 0 和 1 时的曲线,即

$$p_{u0} = p(u,0), \quad p_{u1} = p(u,1), \quad p_{0v} = p(0,v), \quad p_{1v} = p(1,v)$$

面的曲线网格:对于 u 和 v,如果令 u 相对不变,而变动 v,则可以得到一组 v 线;如果令 v 相对不变,而变动 u,则可以得到一组 u 线;所有的 u 线和 v 线构成面的曲线网格。即

$$p_{u0} = p(u,0), \quad p_{u1} = p(u,1), \quad p_{0v} = p(0,v), \quad p_{1v} = p(1,v)$$

面结构的示意图如图 5.1 所示。

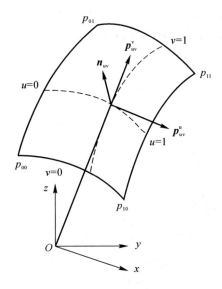

图 5.1　面结构示意图

5.2　平　面　可　视

在进行三维物体建模的过程中,曲面是物体结构模型的主要组成部分,而物体的最终可视,通常是把曲面分解成三角形平面面片或者矩形平面面片。

平面的方程可以表示如下:

显式表示:

$$z = ax + by , \quad a,b \in \mathbf{R}$$

隐式表示:

$$ax + by + cz + d = 0 , \quad a,b,c,d \in \mathbf{R}$$

参数表示:

$$\begin{cases} x = au + bv \\ y = cu + dv , \quad a,b,c,d,e,f \in \mathbf{R};u,v \in [0,1] \\ z = eu + fv \end{cases}$$

对于平面的可视,一般比较简单,只需要确定平面的 4 个角点,然后直接绘制经过这些角点的长方形区域。如果需要网格平面,则可以通过线性插值来实现。

【例 5.1】 已知平面的方程为 $2x - y + z - 20 = 0$,如果 x 和 y 的取值均为{0,1,2,3,4,5,6,7,8,9,10},则绘制相应的网格平面。

程序如下:

```
;————————————————————————————————————————
; Ch05SurfacePlane.pro
;————————————————————————————————————————
PRO Ch05SurfacePlane
    DEVICE,DECOM=1 & ! P.BACKGROUND='FFFFFF'XL & ! P.COLOR='FF0000'XL
    Window,6,XSIZE=400,YSIZE=300,TITLE=' 平面 '
    Surx=INDGEN(11) & Sury=INDGEN(11) & Surxy=INTARR(11,11)
    FOR i=0,10 DO BEGIN
```

```
    FOR j=0,10 DO BEGIN
        Surxy[i,j]=20-2*Surx[i]+Sury[j]
    ENDFOR
    ENDFOR
    SURFACE,Surxy,Surx,Sury,ZRANGE=[0,30]
END
```

; ————————————————————————————————

程序运行结果如图 5.2 所示。

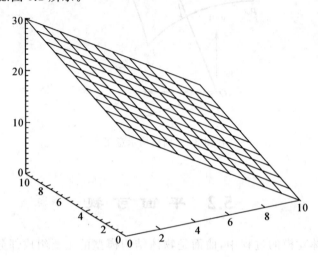

图 5.2　平面网格可视结果

5.3　椭球面可视

椭球面(球面)的方程可以表示如下：

隐式表示：$\dfrac{(x-x_0)^2}{a^2}+\dfrac{(y-y_0)^2}{b^2}+\dfrac{(z-z_0)^2}{c^2}=1$；其中：$a,b,c,x_0,y_0,z_0\in\mathbf{R}$。

参数表示：$\begin{cases}x=x_0+a\cos u\cos v\\y=y_0+b\cos u\sin v\\z=z_0+c\sin u\end{cases}$；其中 $a,b,c,x_0,y_0,z_0\in\mathbf{R},u\in[-\pi/2,\pi/2],v\in$

$[0,2\pi]$；$a=b=c$ 时是球面。

椭球面的可视过程可以通过计算椭球面上的数据点，然后绘制椭球上经线和纬线组成的网格来实现。

【例 5.2】　已知椭球的轴长分别为 $150,130$ 和 100,利用椭球的参数方程,绘制 u 的步长按照 0.1 弧度,v 的步长按照 0.05 弧度的数据点组成的点椭球。

程序如下：

; ————————————————————————————————

;Ch05SurfaceEllipsoidWithPoint.pro

; ————————————————————————————————

```
PRO Ch05SurfaceEllipsoidWithPoint
    DEVICE,DECOM=1 &! P.BACKGROUND='FFFFFF'XL &! P.COLOR='000000'XL
    WINDOW,6,XSIZE=500,YSIZE=500,TITLE='点椭球面'
    Rad1=150  &  Rad2=130  &  Rad3=100
    PLOT,[0],/DEVICE,/ISOTROPIC,XRANGE=[-200,200],YRANGE=[-200,200]
    FOR Be=-!PI/2,!PI/2,0.1 DO BEGIN
        FOR Th=0.0,2*!PI,0.05 DO BEGIN
            x=Rad1*COS(Be)*SIN(Th) & y=Rad3*SIN(Be)
            z=Rad2*COS(Be)*COS(Th)
            Px=x*1.25  &  Py=y-z*SIN(!PI/4)
            PLOTS,Px,Py,COLOR='FF0000'XL,PSYM=3
        ENDFOR
    ENDFOR
END
;————————————————————————————————————
```

程序运行结果如图 5.3 所示。

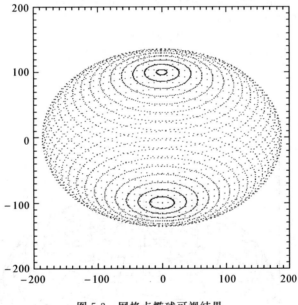

图 5.3　网格点椭球可视结果

【例 5.3】　已知椭球的轴长分别为 150,130 和 100,利用椭球的参数方程,绘制 u 的步长按照 0.2 弧度,v 的步长按照 0.2 弧度的数据点组成的椭球面。

程序如下:

```
;————————————————————————————————————
; Ch05SurfaceEllipsoidWithLine.pro
;————————————————————————————————————
PRO Ch05SurfaceEllipsoidWithLine
    DEVICE, DECOMPOSED=1
    !P.BACKGROUND='FFFFFF'XL  &  !P.COLOR='000000'XL
```

```
WINDOW,6,XSIZE=500,YSIZE=500,TITLE='椭球面'
Rad1=150  &  Rad2=130  &  Rad3=100
PLOT,[0],/DEVICE,/ISOTROPIC,XRANGE=[-200,200],YRANGE=[-200,200]
Mx=INTARR(100)  &  My=INTARR(100)  &  v=-! PI/2  &  i=1
FOR u=0.0,2*! PI,0.2 DO BEGIN
    x=Rad1*COS(v)*SIN(u) & y=Rad2*SIN(v) & z=Rad3*COS(v)*COS(u)
    Px=x*1.3 & Py=y-z*SIN(! PI/4) & Mx[i]=Px & My[i]=Py & i++
ENDFOR
FOR v=-! PI/2,! PI/2+0.1,0.2 DO BEGIN
    i=1
    FOR u=0.0,2*! PI,0.2 DO BEGIN
        x=Rad1*COS(v)*SIN(u) & y=Rad3*SIN(v)
        z=Rad2*COS(v)*COS(u)
        Px=x*1.3  &  Py=y-z*SIN(! PI/4)
        PLOTS,Px,Py,COLOR='FF0000'XL,/CONTINUE
        PLOTS,[Mx[i],Px],[My[i],Py],COLOR='FF0000'XL
        Mx[i]=Px  &  My[i]=Py  &  i++
    ENDFOR
    u=0 & x=Rad1*COS(v)*SIN(u) & y=Rad3*SIN(v)
    z=Rad2*COS(v)*COS(u)
    Px=x*1.5  &  Py=y-z*SIN(! PI/4)
    PLOTS,Px,Py,COLOR='FF0000'XL,/CONTINUE
ENDFOR
END
;----------------------------------------------------
```

程序运行结果如图 5.4 所示。

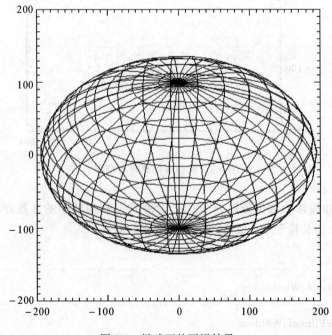

图 5.4 椭球面的可视结果

【**例 5.4**】　已知椭球的轴长分别为 130,120 和 110,利用椭球的参数方程,绘制 u 和 v 的步长均按照 $\pi/20$ 的数据点组成的椭球面。要求使用面向对象的方法进行绘制。

程序如下：

```
;——————————————————————————————
; Ch05SurfaceEllipsoidWithObj.pro
;——————————————————————————————
PRO Ch05SurfaceEllipsoidWithObj
    DEVICE,DECOM=1 & ! P.BACKGROUND='FF0000'XL & ! P.COLOR='000000'XL
    Num=20  &  Rad1=130  &  Rad2=120  &  Rad3=110
    Bx=INTARR(Num+1,2*Num+1)  &  Bz=(By=Bx)
    FOR i=0,Num DO BEGIN
        FOR j=0,2*Num DO BEGIN
            Bx[i,j]=Rad1*COS(i*! PI/Num-! PI/2)*COS(j*! PI/Num)
            By[i,j]=Rad2*COS(i*! PI/Num-! PI/2)*SIN(j*! PI/Num)
            Bz[i,j]=Rad3*SIN(i*! PI/Num-! PI/2)
        ENDFOR
    ENDFOR
    MyWin=OBJ_NEW('IDLgrWindow',DIM=[500,400],RETAIN=2,TITLE='椭球面')
    MyViw=OBJ_NEW('IDLgrView')  &  MyMod=OBJ_NEW('IDLgrModel')
    MyBal=OBJ_NEW('IDLgrSurface',Bz,Bx,By,COLOR=[0,0,255])
    MyMod->Add,MyBal  &  MyViw->Add,MyMod
    MyBal->GETPROPERTY,XRANGE=Xr,YRANGE=Yr,ZRANGE=Zr
    Xs=NORM_COORD(Xr)  &  Xs[0]=Xs[0]-0.5
    Ys=NORM_COORD(Yr)  &  Ys[0]=Ys[0]-0.5
    Zs=NORM_COORD(Zr)  &  Zs[0]=Zs[0]-0.5
    MyBal->SETPROPERTY,XCOORD=Zs,YCOORD=ys,ZCOORD=zs
    MyMod->ROTATE,[1,0,0],50  &  MyMod->SCALE,1.5,1.5,1.5
    MyWin->Draw,MyViw
END
;——————————————————————————————
```

程序运行结果如图 5.5 所示。

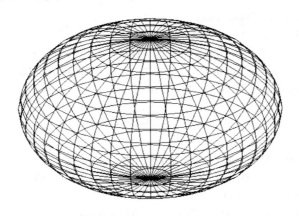

图 5.5　椭球面面向对象的可视结果

5.4 旋转面可视

旋转面通常是指曲线绕指定直线旋转之后，生成的曲面。曲线绕 z 轴旋转后的旋转面的参数方程可以表示如下：

$$\begin{cases} x = x_0 + x(u)\cos v \\ y = y_0 + x(u)\sin v \qquad x_0, y_0, z_0 \in \mathbf{R}, v \in [0, 2\pi] \\ z = z_0 + z(u) \end{cases}$$

椭球面的可视过程：首先计算曲线的数据点，然后把曲线绕指定的直线旋转 $360°$，最后对旋转后的数据点构成的网格面进行可视。

【例 5.5】 已知曲线为抛物线 $y = 4px$，绘制该抛物线绕 x 轴旋转 $360°$ 后的旋转面。

分析：不难看出，旋转抛物面的参数方程为

$$\begin{cases} x = pu^2 \\ y = 2pu\cos v \qquad p > 0, u \in [0, c], v \in [0, 2\pi], c \in \mathbf{R} \\ z = 2pu\sin v \end{cases}$$

程序如下：

```
;--------------------------------------------------------------
;Ch05SurfaceConvolution.pro
;--------------------------------------------------------------
FUNCTION Transform3,u,v,In,Out
    Th=2 * ! PI * v  &   Out[0]=In[0] * In[0] * u * u/(4 * In[1])
    Out[1]=In[0] * u * COS(Th)  &  Out[2]=In[0] * u * SIN(Th)  &  RETURN,Out
END
;--------------------------------------------------------------
FUNCTION Transform2,u,v,In,Out
    Tm=DBLARR(4)  &   Tm[0]=(1−u) * (1−v) & Tm[1]=(1−u) * v
    Tm[2]=u * (1−v) & Tm[3]=u * v
    Out[0:2]=0  &   Out[0:2]=Tm # In[0:3,0:2]  &  RETURN,Out
END
;--------------------------------------------------------------
FUNCTION Transform1,In,TRot,Out
    TIn=DBLARR(6)  &   TOut=DBLARR(6)
    TIn[0:2]=In[0:2]  &  Out[0:2]=0  &  TOut[0:2]=Out[0:2]
    TIn[3]=1  &  TOut[3]=TIn[3]  &  TOut[0:3]=TIn[0:3] # TRot[0:3,0:3]
    Out[0:2]=TOut[0:2]  &   RETURN,Out
END
;--------------------------------------------------------------
FUNCTION MyRot,Zo,Th,p
    p[ * ]=0  &   p(3,3)=1  &  p(Zo,Zo)=1  &  i=Zo+1
    IF (i EQ 3) THEN i=0 &  j=i+1   &  IF (j EQ 3) THEN j=0
    p(i,i)=COS(Th)  &   p(j,j)=p(i,i)
    p(i,j)=SIN(Th)  &   p(j,i)=−p(i,j)  &  RETURN,p
END
;--------------------------------------------------------------
```

```
PRO Ch05SurfaceConvolution
    DEVICE,DECOM=1 & ! P.BACKGROUND='FFFFFF'XL & ! P.COLOR='FF0000'XL
    WINDOW,6,XSIZE=450,YSIZE=450,TITLE=' 旋转曲面 '
    PLOT,[0],/DEVICE,/ISOTROPIC,XRANG=[0,400],YRANGE=[-200,200]
    r=DBLARR(4,4) & v=DBLARR(4,4) & p=[4,0.5] & q=DBLARR(3)
    kx=40 & ky=40 & Beta=! PI/8 & Zo=2 & v=MyRot(Zo,Beta,v)
    r=MyRot(0,0,r) & v=v#r & n=10 & m=20
    FOR i=0D,n DO BEGIN
        u=i/n
        FOR j=0D,m DO BEGIN
            w=j/m & q=Transform3(u,w,p,q) & q=Transform1(q,v,q)
            Tx=kx*(q[0]) & Ty=ky*(q[2])
            IF (j EQ 0) THEN PLOTS,Tx,Ty,COLOR='FF0000'XL   $
            ELSE PLOTS,Tx,Ty,COLOR='FF0000'XL,/CONTINUE
        ENDFOR
    ENDFOR
    FOR i=0D,m DO BEGIN
        w=i/m
        FOR j=0D,n DO BEGIN
            u=j/n & q=Transform3(u,w,p,q) & q=Transform1(q,v,q)
            Tx=kx*(q[0]) & Ty=ky*(q[2])
            IF (j EQ 0) THEN PLOTS,Tx,Ty,COLOR='FF0000'XL   $
            ELSE PLOTS,Tx,Ty,COLOR='FF0000'XL,/CONTINUE
        ENDFOR
    ENDFOR
END
;----------------------------------------------------------------
```

程序运行结果如图 5.6 所示。

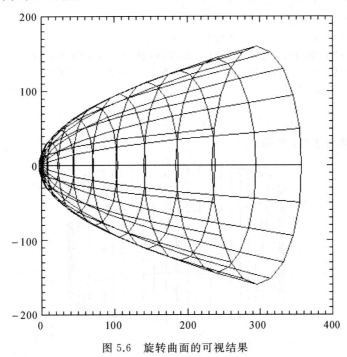

图 5.6　旋转曲面的可视结果

【例 5.6】 已知圆柱的半径为 60,高为 80,绘制该圆柱面。

分析:不难看出,圆柱是平行于 z 轴的直线段绕 z 轴旋转 $360°$的旋转面。该圆柱的参数方程为

$$\begin{cases} x = x_0 + r\cos\alpha \\ y = y_0 + r\sin\alpha \\ z = h \end{cases} \qquad r,h > 0, \alpha \in [0, 2\pi]$$

程序如下:

```
;————————————————————————————————————————————————

; Ch05SurfaceCylinder.pro

;————————————————————————————————————————————————
PRO Ch05SurfaceCylinder
    DEVICE,DECOM=1 & ! P.BACKGROUND='FFFFFF'XL & ! P.COLOR='000000'XL
    Num=60  &  Rad=60  &  Hig=80  &  Bz=(By=(Bx=INTARR(2,Num+1)))
    FOR i=0,1 DO BEGIN
        FOR j=0,Num DO BEGIN
            Bx[i,j]=Rad * COS(j * 2 * ! PI/Num)+40
            By[i,j]=Rad * SIN(j * 2 * ! PI/Num)+40  &  Bz[i,j]=Hig * i
        ENDFOR
    ENDFOR
    MyWin=OBJ_NEW('IDLgrWindow',RETAIN=2,DIM=[500,400],TITLE=' 柱面 ')
    MyViw=OBJ_NEW('IDLgrView')  &  MyMod=OBJ_NEW('IDLgrModel')
    MyBal=OBJ_NEW('IDLgrSurface',Bz,Bx,By)
    MyMod->Add,MyBal  &  MyViw->Add,MyMod
    MyBal->GETPROPERTY,XRANGE=Xr,YRANGE=Yr,ZRANGE=Zr
    Xs=NORM_COORD(Xr)  &  Xs[0]=Xs[0]-0.5
    Ys=NORM_COORD(Yr)  &  Ys[0]=Ys[0]-0.5
    Zs=NORM_COORD(Zr)  &  Zs[0]=Zs[0]-0.5
    MyBal->SETPROPERTY,XCOORD=Zs,YCOORD=ys,ZCOORD=zs
    MyMod->ROTATE,[1,0,0],66  &  MyMod->SCALE,1.2,1.2,1.2
    MyWin->Draw,MyViw
END
;————————————————————————————————————————————————
```

程序运行结果如图 5.7 所示。

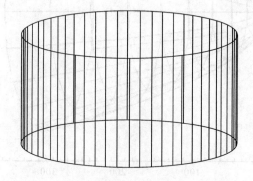

图 5.7 圆柱曲面的可视结果

对于二次曲面 $ax^2+by^2+cz^2+dxy+eyz+dxz+gx+hy+iz+j=0$(其中：$a,b,c,$ $d,e,f,g,h,i,j\in\mathbf{R}$)，则可以表示为矩阵形式：

$$XMX^\mathrm{T}=\frac{1}{2}\begin{bmatrix} x & y & z & 1\end{bmatrix}\begin{bmatrix} 2a & d & f & g \\ d & 2b & e & h \\ f & e & 2c & i \\ g & h & i & 2j \end{bmatrix}\begin{bmatrix} x & y & z & 1\end{bmatrix}^\mathrm{T}=\mathbf{0}$$

经过处理成立：

$$XMX^\mathrm{T}=\begin{bmatrix} x & y & z & 1\end{bmatrix}\begin{bmatrix} \alpha & 0 & 0 & 0 \\ 0 & \beta & 0 & 0 \\ 0 & 0 & \gamma & 0 \\ 0 & 0 & 0 & -j \end{bmatrix}\begin{bmatrix} x & y & z & 1\end{bmatrix}^\mathrm{T}=\mathbf{0}$$

并且对于不同的 α,β,γ,j，可以表示椭球面(球)、柱面、锥面、抛物面、双曲面等不同的二次曲面。例如：$\alpha=\beta=\gamma>0$，表示半径为 $\sqrt{j/\alpha}$ 的球面。

二次曲面的可视方法与椭球面和旋转面类同。

5.5　双线性曲面可视

如果曲面的 4 个角点为 $p_{00}=p(0,0)$，$p_{01}=p(0,1)$，$p_{10}=p(1,0)$，$p_{11}=p(1,1)$，则双线性曲面是由 4 个角点的双线性插值点组成的曲面，即

$$z(u,v)=(1-u)(1-v)p_{00}+(1-u)wp_{01}+u(1-v)p_{10}+uvp_{11} \quad u,v\in[0,1]$$

亦即

$$z(u,v)=\begin{bmatrix} 1-u & u\end{bmatrix}\begin{bmatrix} p_{00} & p_{01} \\ p_{10} & p_{11} \end{bmatrix}\begin{bmatrix} 1-v & v\end{bmatrix}^\mathrm{T}$$

对于双线性曲面的可视方法，则可以通过计算曲面的双线性插值点，并绘制相应的插值线来实现。

【例 5.7】 已知双线性曲面的 4 个角点为 $(2,0,3)$，$(0,0,0)$，$(-2,1,0)$ 和 $(-2,0,3)$，则使用蓝色绘制经过该 4 个角点的双线性曲面，可视区域自定。

程序如下：

```
;——————————————————————————————————————
; Ch05SurfaceBiLine.pro
;——————————————————————————————————————
FUNCTION Trans2,u,v,In,Out
    Tm=DBLARR(4)  &  Tm[0]=(1−u)*(1−v) & Tm[1]=(1−u)*v
    Tm[2]=u*(1−v) & Tm[3]=u*v  &  Out[0:2]=0
    Out[0:2]=Tm#In[0:3,0:2]  &  RETURN,Out
END
;——————————————————————————————————————
FUNCTION Trans1,In,TRot,Out
    TIn=DBLARR(6)  &   TOut=DBLARR(6)
    TIn[0:2]=In[0:2]  &  Out[0:2]=0  &  TOut[0:2]=Out[0:2]
    TIn[3]=1  &  TOut[3]=TIn[3]  &  TOut[0:3]=TIn[0:3]#TRot[0:3,0:3]
    Out[0:2]=TOut[0:2]  &  RETURN,Out
END
;——————————————————————————————————————
FUNCTION MyRot,Zo,Th,t
```

```
        t[*]=0    &    t(3,3)=1    &    t(Zo,Zo)=1    &    i=Zo+1
        IF (i EQ 3) THEN i=0 &    j=i+1    &    IF (j EQ 3) THEN j=0
        t(i,i)=COS(Th)    &    t(j,j)=t(i,i)
        t(i,j)=SIN(Th)    &    t(j,i)=−t(i,j)    &    RETURN,t
END
;————————————————————————————————————————————————————
PRO Ch05SurfaceBiLine
        DEVICE, DECOM=1 & ! P.BACKGROUND='FFFFFF'XL & ! P.COLOR='000000'XL
        WINDOW,6,XSIZE=460,YSIZE=460,TITLE='双线性曲面'
        PLOT,[0],/DEVICE,/ISOTROPIC,XRANGE=[−200,200],YRANGE=[0,400]
        r=DBLARR(4,4)    &    s=DBLARR(3)    &    Kx=90    &    Ky=110    & n=16D
        t=[[2,0,−2,−2],[0,0,1,0],[3,0,0,3],[0,0,0,0D]]
        v=[[1,0,0,0],[0,1,0,0],[0,0,1,0],[0,0,0,1D]]
        Beta=−! PI/9 & Zo=0 &    r=MyRot(Zo,Beta,r) &    v=v#r
        FOR i=0,n DO BEGIN
            u=i/n & w=0 & s=Trans2(u,w,t,s) & s=Trans1(s,v,s)
            PLOTS,Kx*s[0],Ky*s[2]+60,COLOR='FF0000'XL
            w=1    &    s=Trans2(u,w,t,s)    &    s=Trans1(s,v,s)
            PLOTS,Kx*s[0],Ky*s[2]+60,COLOR='FF0000'XL,/CONTINUE
        ENDFOR
        FOR i=0,n DO BEGIN
            w=i/n & u=0 & s=Trans2(u,w,t,s)    & s=Trans1(s,v,s)
            PLOTS,Kx*s[0],Ky*s[2]+60,COLOR='FF0000'XL
            u=1    &    s=Trans2(u,w,t,s)    &    s=Trans1(s,v,s)
            PLOTS,Kx*s[0],Ky*s[2]+60,COLOR='FF0000'XL,/CONTINUE
        ENDFOR
END
;————————————————————————————————————————————————————
```

程序运行结果如图 5.8 所示。

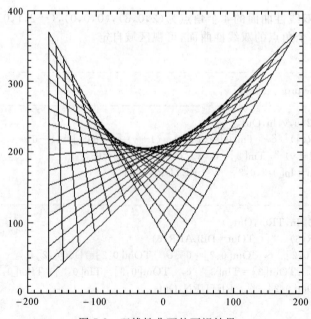

图 5.8 双线性曲面的可视结果

另一类与双线性曲面类似的线性插值曲面是直纹面。圆锥、圆台和圆柱是单直纹面,双曲面和双曲抛物线是双直纹面。

如果曲面的两条边界线为 $p_{u0}=p(u,0)$,$p_{u1}=p(u,1)$,则直纹面是由这两条边界线的线性插值线组成的曲面,即

$$z(u,v)=p_{u0}(1-v)+p_{u1}v=\begin{bmatrix}1-v & v\end{bmatrix}\begin{bmatrix}p_{u0}\\p_{u1}\end{bmatrix}\qquad u,v\in[0,1]$$

或者

$$z(u,v)=p_{0v}(1-u)+p_{1v}u=\begin{bmatrix}1-u & u\end{bmatrix}\begin{bmatrix}p_{0v}\\p_{1v}\end{bmatrix}\qquad u,v\in[0,1]$$

直纹面的可视方法与的双线性曲面的可视方法类同。

5.6　Coons 曲面可视

美国麻省理工学院的 S.A.Coons 于 1964 年提出了一种通过曲面片的光滑拼接来生成曲面的新方法。其基本思想是把一个曲面看做是由多个曲面片,按照指定的拼接方法拼接而成。Coons 曲面是由插值曲线网格组成的曲面。

不难看出,Coons 曲面是两张直纹曲面的和与一张双线性插值曲面的差,即

$$z(u,v)=p_{u0}(1-v)+p_{u1}v+$$
$$p_{0v}(1-u)+p_{1v}u-$$
$$p_{00}(1-u)(1-v)+p_{01}(1-u)w+p_{10}u(1-v)+p_{11}uv\qquad u,v\in[0,1]$$

Coons 曲面的结构如图 5.9 所示。

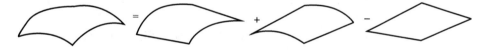

图 5.9　Coons 曲面的结构

已知两个 Coons 曲面片 $z_1(u,v)$ 和 $z_2(u,v)$,则拼接的 Coons 曲面 $z(u,v)$ 应该满足:

(1) $z_1(u,v)$ 和 $z_2(u,v)$ 的公共边界重合,即

$$z_1(1,v)=z_2(0,v)$$

(2) $z_1(1,v)$ 的切平面和 $z_2(0,v)$ 的切平面共面,并且其法矢的方向保持一致,即

$$z_1^u(1,v)z_1^v(1,v)=\alpha(v)z_2^u(0,v)z_2^v(0,v)$$

其中:标量函数 $\alpha(v)>0$,而且曲面片 $z_2(u,v)$ 在 u 向的切矢 $z_2^u(0,v)$ 位于曲面片 $z_1(u,v)$ 在同一边界处的平面上。

结论:利用曲面片 $z_1(u,v)$ 和 $z_2(u,v)$,实现 Coons 曲面 $z(u,v)$ 的拼接的条件是

$$z_2^u(0,v)(z_1^u(1,v)z_1^v(1,v))=0$$

Coons 曲面 $z(u,v)$ 拼接的示意图如图 5.10 所示。

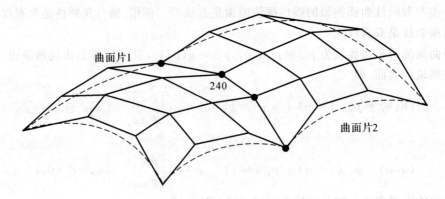

图 5.10　Coons 曲面拼接示意图

双三次曲面作为 Coons 曲面的基本组成部分,可以表示如下:

$$z(u,v) = \{p(u,v)\} = \sum_{i=0}^{3} \sum_{j=0}^{3} a_{ij}u^i v^j$$

$$= [u^3 \quad u^2 \quad u \quad 1] \begin{bmatrix} a_{00} & a_{01} & a_{02} & a_{03} \\ a_{10} & a_{11} & a_{12} & a_{13} \\ a_{20} & a_{21} & a_{22} & a_{23} \\ a_{30} & a_{31} & a_{32} & a_{33} \end{bmatrix} \begin{bmatrix} v^3 \\ v^2 \\ v \\ 1 \end{bmatrix} \overset{def}{=\!=\!=} UAV, \quad u,v \in [0, 1]$$

即

$$p(u,v) = [F_0(u) \quad F_1(u) \quad F_2(u) \quad F_3(u)] \begin{bmatrix} p_{00} & p_{01} & p_{00}^u & p_{01}^u \\ p_{10} & p_{11} & p_{10}^u & p_{11}^u \\ p_{00}^v & p_{01}^v & p_{00}^{uv} & p_{01}^{uv} \\ p_{10}^v & p_{11}^v & p_{10}^{uv} & p_{11}^{uv} \end{bmatrix} \begin{bmatrix} F_0(v) \\ F_1(v) \\ F_2(v) \\ F_3(v) \end{bmatrix} \overset{def}{=\!=\!=} F(u)BF(v)^T$$

其中:4 个三次基函数为

$$\begin{cases} F_0(t) = 2t^3 - 3t^2 + 1 \\ F_1(t) = -2t^3 + 3t \\ F_1(t) = t^3 - 2t^2 + t \\ F_0(t) = t^3 - t^2 \end{cases}, \quad t \in [0,1]$$

所以

$$F(u) = [F_0(u) \quad F_1(u) \quad F_2(u) \quad F_3(u)] = U \begin{bmatrix} 2 & -2 & 1 & 1 \\ -3 & 3 & -2 & -1 \\ 0 & 0 & 1 & 0 \\ 1 & 0 & 0 & 0 \end{bmatrix} \overset{def}{=\!=\!=} UM$$

$$F(v)^T = [F_0(v) \quad F_1(v) \quad F_2(v) \quad F_3(v)]^T = M^T V^T$$

因此

$$p(u,v) = UMBM^T V^T$$

【例 5.8】 已知 Coons 曲面经过的数据点所对应的矩阵如下:

$$x = \begin{bmatrix} 0 & 1 & 1 & -2 \\ 2 & 2 & -1 & 0 \\ 3 & 3 & 4 & 5 \\ 3 & 3 & -4 & 3.3 \end{bmatrix}; \quad y = \begin{bmatrix} -4 & 2 & 1 & 1 \\ 1 & 2 & 2 & 2 \\ 1 & 0 & 4 & 3 \\ -2 & 2 & 4 & 4.6 \end{bmatrix}; \quad z = \begin{bmatrix} -1 & -2 & 1 & -1 \\ 1 & 3 & -2 & -1 \\ -3 & 0 & 1 & 0 \\ 5 & 0 & 0 & 0 \end{bmatrix}$$

Coons 曲面的调和函数调整后的矩阵如下：

$$M = \begin{bmatrix} 2 & -2 & 1 & -1 \\ -3 & 3 & -2 & -1 \\ 0 & 0 & 1 & 0 \\ 1 & 0 & 0 & 0 \end{bmatrix}$$

则利用已知数据绘制相应的 Coons 曲面。

程序如下：

```
;——————————————————————————————————————————
;Ch05SurfaceCoons.pro
;——————————————————————————————————————————
FUNCTION Rotxyz,Th,z0
    a=DBLARR(4,4)  &  a[3,3]=1  &  a[z0,z0]=1 & a1=z0+1
    IF a1 EQ 3 THEN a1=0  &  a2=a1+1
    IF a2 EQ 3 THEN a2=0  &  Ct=COS(Th)  &  St=SIN(Th)
    a[a1,a1]=Ct  &  a[a2,a2]=Ct  &  a[a1,a2]=St  &  a[a2,a1]=-St
    RETURN,a
END
;——————————————————————————————————————————
FUNCTION Genuw,UFlag,WFlag
    u=DBLARR(1,4)  &  w=DBLARR(4,1)
    IF (UFlag EQ 0) THEN BEGIN
        u[0,0]=0  &  u[0,1]=0  &  u[0,2]=0  &  u[0,3]=1
    ENDIF ELSE BEGIN
        FOR Tj=0,3 DO u[0,Tj]=UFlag^(3-Tj)
    ENDELSE
    IF (WFlag EQ 0) THEN BEGIN
        w[0,0]=0 & w[1,0]=0 & w[2,0]=0 & w[3,0]=1
    ENDIF ELSE BEGIN
        FOR Tj=0,3 DO w[Tj,0]=WFlag^(3-Tj)
    ENDELSE
    RETURN,{u:u,w:w}
END
;——————————————————————————————————————————
PRO Ch05SurfaceCoons
    DEVICE,DECOM=1 & ! P.BACKGROUND='FFFFFF'XL & ! P.COLOR='FF0000'XL
    WINDOW,6,XSIZE=500,YSIZE=400,TITLE=' 双面包圈 '
    PLOT,[0],/DEVICE,/ISOTROPIC,XRANG=[-200,200],YRANGE=[-200,100]
    Sx=DBLARR(20,20)  &  Sy=DBLARR(20,20)  &  Sz=DBLARR(20,20)
```

```
Xx=DBLARR(20,20)  &  Yy=DBLARR(20,20)  &  Qq=DBLARR(4,4)
Rx=DBLARR(4,4)  &  Ry=DBLARR(4,4)  &  Rz=DBLARR(4,4)
x=[[+0,+2,+3,+3],[+1,2,3,3],[1,−1,4,−4],[−2,+0,+5,3.3]]
y=[[−4,+1,+1,−2],[+2,2,0,2],[1,+2,4,+4],[+1,+2,+3,4.6]]
z=[[−1,+1,−3,+5],[+1,1,1,0],[1,+3,1,+1],[−3,−3,−3,3.1]]
m=[[+2,−3,+0,+1],[−2,3,0,0],[1,−2,1,+0],[−1,−1,+0,0.0]]
v=[[1D,0D,0D,0D],[0D,1D,0D,0D],[0D,0D,1D,0D],[0D,0D,0D,1D]]
Mt=TRANSPOSE(m)  &  Tn=19D  &  Tm=19D
Th=! PI/3  &  z0=2D  &  a=Rotxyz(Th,z0)  &  v=a# #v
Th=−0.69  &  z0=0D  &  a=Rotxyz(Th,z0)  &  v=a# #v
Th=−! PI/2  &  z0=1D  &  a=Rotxyz(Th,z0)  &  v=a# #v
Th=2*! PI  &  z0=0D  &  a=Rotxyz(Th,z0)  &  v=a# #v  &  Vv=v
FOR Kk=0,2 DO BEGIN
    v=m
    CASE Kk OF
        0:a=x  &  1:a=y  &  2:a=z
    ENDCASE
    v=a# #v  &  a=Mt  &  v=a# #v
    CASE Kk OF
        0:Rx=v  &  1:Ry=v  &  2:Rz=v
    ENDCASE
ENDFOR
FOR i=0.0,Tn DO BEGIN
    UFlag=DOUBLE(i)/Tn
    FOR j=0.0,Tm DO BEGIN
        WFlag=j/Tm  &  Tmp=Genuw(UFlag,WFlag)  &  u=Tmp.u  &  w=Tmp.w
        FOR Kk=0,2 DO BEGIN
            FOR Ti=0,3 DO BEGIN
                Ur=0.0D
                FOR Tj=0,3 DO BEGIN
                    CASE Kk OF
                        0:Ur=Ur+u[0,Tj]*Rx[Tj,Ti]
                        1:Ur=Ur+u[0,Tj]*Ry[Tj,Ti]
                        2:Ur=Ur+u[0,Tj]*Rz[Tj,Ti]
                    ENDCASE
                ENDFOR
                Qq[0,Ti]=Ur
            ENDFOR
            Qw=0D  &  FOR Tk=0,3 DO Qw=Qw+Qq[0,Tk]*w[Tk,0]
            CASE Kk OF
                0:Qx=Qw  &  1:Qy=Qw  &  2:Qz=Qw
            ENDCASE
        ENDFOR
```

$$Sx[i,j] = (Qx * Vv[0,0] + Qy * Vv[1,0] + Qz * Vv[2,0] + Vv[3,0]) * 30$$

$$Sy[i,j] = (Qx * Vv[0,1] + Qy * Vv[1,1] + Qz * Vv[2,1] + Vv[3,1]) * 30$$

$$Sz[i,j] = (Qx * Vv[0,2] + Qy * Vv[1,2] + Qz * Vv[2,2] + Vv[3,2]) * 30$$

$$Xx[i,j] = 0.9 * Sx[i,j] \quad \& \quad Yy[i,j] = 0.9 * Sz[i,j]$$

```
        IF (j EQ 0) THEN BEGIN
            PLOTS, Xx[i,j],Yy[i,j],COLOR='FF0000'XL
        ENDIF ELSE BEGIN
            PLOTS, Xx[i,j],Yy[i,j],COLOR='FF0000'XL,/CONTINUE
        ENDELSE
      ENDFOR
    ENDFOR
    FOR j=0,Tm DO PLOTS,Xx[ * ,j],Yy[ * ,j],COLOR='FF0000'XL
END
;————————————————————————————————————
```

程序运行结果如图 5.11 所示。

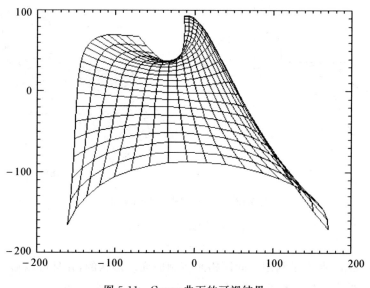

图 5.11 Coons 曲面的可视结果

5.7 Bezier 曲面可视

Bezier 曲面是 Bezier 曲线在空间上的推广,利用 Bezier 曲线的定义和性质,可以方便地给出 Bezier 曲面的定义和性质,即可以使用特征网格来控制曲面的形状与特征。Bezier 曲面在 CAD 系统中得到了广泛的推广和应用。

1. Bezier 曲面的定义

已知 $(m+1) \times (n+1)$ 个空间网格点的位置矢量 p_{ij} $(i = 0, 1, \cdots, m; j = 0, 1, \cdots, n)$,则 $m \times n$ 次 Bezier 曲面 $z(u, v)$ 如下:

$$z(u,v) = \sum_{i=0}^{m} \sum_{j=0}^{n} B_{i,n}(u) B_{j,m}(v) p_{ij} \qquad u,v \in [0,1]$$

Bezier 曲面 $z(u,v)$ 的矩阵形式如下：

$$z(u,v) = \begin{bmatrix} B_{0,n} & B_{1,n} & \cdots & B_{m,n} \end{bmatrix} \begin{bmatrix} p_{00} & p_{01} & \cdots & p_{0n} \\ p_{10} & p_{11} & \cdots & p_{1n} \\ \vdots & \vdots & & \vdots \\ p_{m0} & p_{m1} & \cdots & p_{mn} \end{bmatrix} \begin{bmatrix} B_{0,m} \\ B_{1,m} \\ \vdots \\ B_{n,m} \end{bmatrix} \qquad u,v \in [0,1]$$

其中：p_{ij} 构成 Bezier 曲面的特征网格，$B_{i,n}(u)$（$B_{j,m}(v)$）是 m 次（n 次）Bernstein 基函数（调和函数）：

$$B_{i,n}(t) = C_n^i t^i (1-t)^{n-i} = \frac{n!}{i!\,(n-i)!} t^i (1-t)^{n-i} \quad (i=0,1,\cdots,m;0^0=1;0!=1)$$

$$B_{j,m}(t) = C_m^j t^j (1-t)^{m-j} = \frac{m!}{j!\,(m-j)!} t^j (1-t)^{m-j} \quad (j=0,1,\cdots,n;0^0=1;0!=1)$$

Bezier 曲面的控制网格及其控制下的曲面如图 5.12 所示。

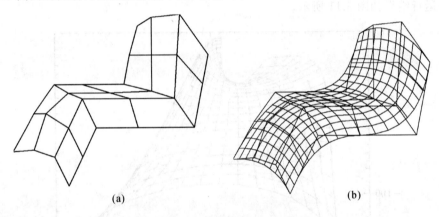

(a)　　　　　　　　　　　　　　(b)

图 5.12　Bezier 网格与 Bezier 曲面

(a)Bezier 网格；(b)Bezier 曲面

不难看出：Bezier 曲面是利用空间网格来控制曲面的形状的，并且可以通过改变网格中的数据点的位置来调整曲面的形状。该网格称为 Bezier 曲面的特征网格。

2. Bezier 曲面的方程

双一次（双线性）Bezier 曲面（$m = n = 1$）的方程：

$$\begin{aligned} z(u,v) &= \sum_{i=0}^{1} \sum_{j=0}^{1} B_{i,1}(u) B_{j,1}(v) p_{ij} \\ &= (1-u)(1-v)p_{00} + (1-u)u p_{01} + u(1-v)p_{10} + uv p_{11} \\ &= \begin{bmatrix} 1-u & u \end{bmatrix} \begin{bmatrix} p_{00} & p_{01} \\ p_{10} & p_{11} \end{bmatrix} \begin{bmatrix} 1-v & v \end{bmatrix}^{\mathrm{T}} \quad u,v \in [0,1] \end{aligned}$$

双二次 Bezier 曲面（$m = n = 2$）的方程：

$$z(u,v) = \sum_{i=0}^{2} \sum_{j=0}^{2} B_{i,2}(u) B_{j,2}(v) p_{ij}$$

$$= \begin{bmatrix} (1-u)^2 & 2u(1-u) & u^2 \end{bmatrix} \begin{bmatrix} p_{00} & p_{01} & p_{02} \\ p_{10} & p_{11} & p_{11} \\ p_{20} & p_{21} & p_{22} \end{bmatrix} \begin{bmatrix} (1-v)^2 & 2v(1-v) & v^2 \end{bmatrix}^{\mathrm{T}}$$

$$u, v \in [0, 1]$$

双三次 Bezier 曲面$(m = n = 3)$的方程:

$$z(u, v) = \sum_{i=0}^{3} \sum_{j=0}^{3} B_{i,3}(u) B_{j,3}(v) p_{ij}$$

$$\xlongequal{\text{def}} UMPM^{\mathrm{T}}V^{\mathrm{T}} \qquad u, v \in [0, 1]$$

其中: $U = \begin{bmatrix} u^3 & u^2 & u & 1 \end{bmatrix}$, $V = \begin{pmatrix} v^3 & v^2 & v & 1 \end{pmatrix}$;

$$P = \begin{bmatrix} p_{00} & p_{01} & p_{02} & p_{03} \\ p_{10} & p_{11} & p_{12} & p_{13} \\ p_{20} & p_{21} & p_{22} & p_{23} \\ p_{30} & p_{31} & p_{32} & p_{33} \end{bmatrix}; \quad M = \begin{bmatrix} -1 & 3 & -3 & 1 \\ 3 & -6 & 3 & 0 \\ -3 & 3 & 0 & 0 \\ 1 & 0 & 0 & 0 \end{bmatrix}$$

双三次 Bezier 曲面的结构如图 5.13 所示。

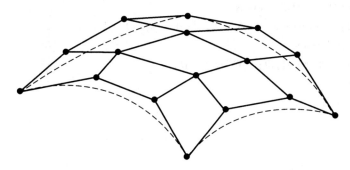

图 5.13　双三次 Bezier 曲面的结构

3. Bezier 曲面的拼接

Bezier 曲面的拼接方法与 Coons 曲面的拼接方法类同。

【**例 5.9**】　已知 Bezier 曲面经过的数据点所对应的矩阵如下:

$$x = \begin{bmatrix} 0 & 1 & 1 & -2 \\ 2 & 2 & -1 & 0 \\ 3 & 3 & 4 & 5 \\ 3 & 3 & -4 & 3.3 \end{bmatrix}; \quad y = \begin{bmatrix} -4 & 2 & 1 & 1 \\ 1 & 2 & 2 & 2 \\ 1 & 0 & 4 & 3 \\ -2 & 2 & 4 & 4.6 \end{bmatrix}; \quad z = \begin{bmatrix} -1 & -2 & 1 & -1 \\ 1 & 3 & -2 & -1 \\ -3 & 0 & 1 & 0 \\ 5 & 0 & 0 & 0 \end{bmatrix}$$

Bezier 曲面的调和函数调整后的矩阵如下:

$$M = \begin{bmatrix} 2 & -2 & 1 & -1 \\ -3 & 3 & -2 & -1 \\ 0 & 0 & 1 & 0 \\ 1 & 0 & 0 & 0 \end{bmatrix}$$

则利用已知数据绘制相应的 Bezier 曲面。

程序如下:

```
;——————————————————————————————
FUNCTION RotXyz,Th,z0
    a=DBLARR(4,4)  &  a[3,3]=1  &  a[z0,z0]=1  &  a1=z0+1
    IF (a1 EQ 3) THEN a1=0  &  a2=a1+1
    IF (a2 EQ 3) THEN a2=0  &  Ct=COS(Th)  &  St=SIN(Th)
    a[a1,a1]=Ct  &  a[a2,a2]=Ct  &  a[a1,a2]=St  &  a[a2,a1]=−St
    RETURN,a
END

;——————————————————————————————
FUNCTION Genuw,UFlag,WFlag
    u=DBLARR(1,4)  &  w=DBLARR(4,1)
    IF (UFlag EQ 0) THEN BEGIN
        u[0,0]=0  &  u[0,1]=0  &  u[0,2]=0  &  u[0,3]=1
    ENDIF ELSE BEGIN
        FOR j=0,3 DO u[0,j]=UFlag^(3−j)
    ENDELSE
    IF (WFlag EQ 0) THEN BEGIN
        w[0,0]=0  &  w[1,0]=0  &  w[2,0]=0  &  w[3,0]=1
    ENDIF ELSE BEGIN
        FOR j=0,3 DO w[j,0]=WFlag^(3−j)
    ENDELSE
    RETURN,{u:u,w:w}
END

;——————————————————————————————
PRO Ch05SurfaceBezier
    DEVICE, DECOMPOSED=1
    ! P.BACKGROUND='FFFFFF'XL  &  ! P.COLOR='000000'XL
    WINDOW,6,XSIZE=500,YSIZE=450,TITLE='Bezier 曲面 '
    PLOT,[0],/DEVICE,XRANGE=[0,300],YRANGE=[−100,100]
    Sx=DBLARR(20,20)  &  Sy=DBLARR(20,20)  &  Sz=DBLARR(20,20)
    Rx=DBLARR(4,4)  &  Ry=DBLARR(4,4)  &  Rz=DBLARR(4,4)
    x=[[115D,195D,265D,335D],[165D,215D,235D,285D], $
        [165D,215D,235D,285D],[115D,195D,265D,335D]]
    y=[[−45D,−45D,−45D,−45D],[35D,35D,35D,35D], $
        [75D,75D,75D,75D],[145D,145D,145D,145D]]
    z=[[100D,210D,210D,100D],[160D,220D,220D,160D], $
        [160D,220D,220D,160D],[100D,210D,210D,100D]]
    n=[[−1D,3D,−3D,1D],[3D,−6D,3D,0D],[−3D,3D,0D,0D],[1,0,0,0]]
    v=[[1D,0D,0D,0D],[0D,1D,0D,0D],[0D,0D,1D,0D],[0D,0D,0D,1D]]
    Nt=TRANSPOSE(n)  &  q=DBLARR(4,4)
    Th=+! PI/5  &  z0=2.0  &  a=RotXyz(Th,z0)  &  v=a##v
    Th=−! PI/5  &  z0=0.0  &  a=RotXyz(Th,z0)  &  v=a##v  &  Vv=v
    FOR kk=0,2 DO BEGIN
```

```
    v=n
    FOR i=0,3 DO BEGIN
        FOR j=0,3 DO BEGIN
            CASE kk OF
                0:a[i,j]=x[i,j] & 1:a[i,j]=y[i,j] & 2:a[i,j]=z[i,j]
            ENDCASE
        ENDFOR
    ENDFOR
    v=a# #v  &  v=Nt# #v
    FOR i=0,3 DO BEGIN
        FOR j=0,3 DO BEGIN
            CASE kk OF
                0:Rx[i,j]=v[i,j] & 1:Ry[i,j]=v[i,j] & 2:Rz[i,j]=v[i,j]
            ENDCASE
        ENDFOR
    ENDFOR
ENDFOR
FOR i1=0D,19D DO BEGIN
    UFlag=i1/19
    FOR j1=0D,19D DO BEGIN
        WFlag=j1/19 & Tmp=Genuw(UFlag,WFlag) & u=Tmp.u & w=Tmp.w
        FOR kk=0,2 DO BEGIN
            FOR j=0,3 DO BEGIN
                ur=0.0D
                FOR k1=0,3 DO BEGIN
                    CASE kk OF
                        0:ur=ur+u[0,k1] * Rx[k1,j]
                        1:ur=ur+u[0,k1] * Ry[k1,j]
                        2:ur=ur+u[0,k1] * Rz[k1,j]
                    ENDCASE
                ENDFOR
                q[0,j]=ur
            ENDFOR
            qw=0.0D
            FOR Tm=0,3 DO qw=qw+q[0,Tm] * w[Tm,0]
            CASE kk OF
                0:qx=qw  &  1:qy=qw  &  2:qz=qw
            ENDCASE
        ENDFOR
        Sx[i1,j1]=qx * Vv[0,0]+qy * Vv[1,0]+qz * Vv[2,0]+Vv[3,0]
        Sy[i1,j1]=qx * Vv[0,1]+qy * Vv[1,1]+qz * Vv[2,1]+Vv[3,1]
        Sz[i1,j1]=qx * Vv[0,2]+qy * Vv[1,2]+qz * Vv[2,2]+Vv[3,2]
        IF (j1 EQ 0) THEN BEGIN
```

```
                PLOTS,Sx[i1,j1],Sz[i1,j1],COLOR='FF0000'XL
          ENDIF ELSE BEGIN
                PLOTS,Sx[i1,j1],Sz[i1,j1],COLOR='FF0000'XL,/CONTINUE
          ENDELSE
        ENDFOR
      ENDFOR
      FOR j1=0D,19 DO PLOTS,Sx[ * ,j1],Sz[ * ,j1],COLOR='FF0000'XL
END
;------------------------------------------------------
```

程序运行结果如图 5.14 所示。

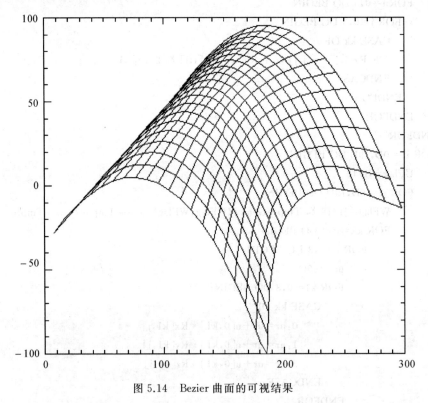

图 5.14　Bezier 曲面的可视结果

5.8　B 样条曲面可视

B 样条曲面与 Bezier 曲面类同,B 样条曲面是 B 样条曲线在空间上的推广,利用 B 样条曲线的定义和性质,可以方便地给出 B 样条曲面的定义和性质,即可以使用特征网格来控制曲面的形状与特征。B 样条曲面在 CAD 系统中得到了广泛的推广和应用。

1.B 样条曲面的定义

已知 $(m+1)\times(n+1)$ 个空间网格点的位置矢量 $p_{ij}(i=0,1,\cdots,m;j=0,1,\cdots,n)$,则 $m\times n$ 次 B 样条曲面 $z(u,v)$ 如下:

$$z(u,v)=\sum_{i=0}^{m}\sum_{j=0}^{n}N_{i,n}(u)N_{j,m}(v)p_{ij}\qquad u,v\in[0,1]$$

B 样条曲面 $z(u,v)$ 的矩阵形式如下：

$$z(u,v) = \begin{bmatrix} N_{0,n} & N_{1,n} & \cdots & N_{m,n} \end{bmatrix} \begin{bmatrix} p_{00} & p_{01} & \cdots & p_{0n} \\ p_{10} & p_{11} & \cdots & p_{1n} \\ \vdots & \vdots & & \vdots \\ p_{m0} & p_{m1} & \cdots & p_{mn} \end{bmatrix} \begin{bmatrix} N_{0,m} \\ N_{1,m} \\ \vdots \\ N_{n,m} \end{bmatrix} \qquad u,v \in [0,1]$$

其中：p_{ij} 构成 B 样条曲面的特征网格，$N_{i,n}(u)(N_{j,m}(v))$ 是 m 次（n 次）B 样条基函数（调和函数）。

B 样条曲面的控制网格及其控制下的曲面如图 5.15 所示。

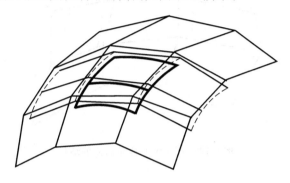

图 5.15　B 样条网格与 B 样条曲面

不难看出：B 样条曲面是利用空间网格来控制曲面的形状的，并且可以通过改变网格中的数据点的位置来调整曲面的形状。该网格称为 B 样条曲面的特征网格。

2.B 样条曲面的常用曲面

双一次（双线性）B 样条曲面（$m = n = 1$）的方程：

$$z(u,v) = \sum_{i=0}^{1} \sum_{j=0}^{1} N_{i,1}(u)N_{j,1}(v)p_{ij}$$

$$= \begin{bmatrix} 1-u & u \end{bmatrix} \begin{bmatrix} p_{00} & p_{01} \\ p_{10} & p_{11} \end{bmatrix} \begin{bmatrix} 1-v & v \end{bmatrix}^{\mathrm{T}} \qquad u,v \in [0,1]$$

双二次 B 样条曲面（$m = n = 2$）的方程：

$$z(u,v) = \sum_{i=0}^{2} \sum_{j=0}^{2} N_{i,2}(u)N_{j,2}(v)p_{ij}$$

$$= \frac{1}{4} \begin{bmatrix} u^2 & u & 1 \end{bmatrix} \begin{bmatrix} 1 & -2 & 1 \\ -2 & 2 & 0 \\ 1 & 1 & 0 \end{bmatrix} \begin{bmatrix} p_{00} & p_{01} & p_{02} \\ p_{10} & p_{11} & p_{11} \\ p_{20} & p_{21} & p_{22} \end{bmatrix} \begin{bmatrix} 1 & -2 & 1 \\ -2 & 2 & 1 \\ 1 & 0 & 0 \end{bmatrix} \begin{bmatrix} v^2 & v & 1 \end{bmatrix}^{\mathrm{T}}$$

$$u,v \in [0,1]$$

双三次 B 样条曲面（$m = n = 3$）的方程：

$$z(u,v) = \sum_{i=0}^{3} \sum_{j=0}^{3} N_{i,3}(u)N_{j,3}(v)p_{ij}$$

$$\xlongequal{\text{def}} \frac{1}{36} \boldsymbol{U}\boldsymbol{M}\boldsymbol{P}\boldsymbol{M}^{\mathrm{T}}\boldsymbol{V}^{\mathrm{T}} \qquad u,v \in [0,1]$$

其中：$\boldsymbol{U} = \begin{bmatrix} u^3 & u^2 & u & 1 \end{bmatrix}$，$\boldsymbol{V} = \begin{bmatrix} v^3 & v^2 & v & 1 \end{bmatrix}$；

$$P = \begin{bmatrix} p_{00} & p_{01} & p_{02} & p_{03} \\ p_{10} & p_{11} & p_{12} & p_{13} \\ p_{20} & p_{21} & p_{22} & p_{23} \\ p_{30} & p_{31} & p_{32} & p_{33} \end{bmatrix}; \quad M = \begin{bmatrix} -1 & 3 & -3 & 1 \\ 3 & -6 & 3 & 0 \\ -3 & 0 & -3 & 0 \\ 1 & 4 & 1 & 0 \end{bmatrix}$$

双三次 B 样条曲面的结构如图 5.16 所示。

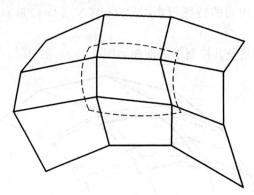

图 5.16　双三次 B 样条曲面的结构

【例 5.10】　已知 B 样条曲面经过的数据点所对应的矩阵如下：

$$x = \begin{bmatrix} 10 & 40 & 50 & 80 \\ 20 & 60 & 80 & 120 \\ 40 & 70 & 120 & 150 \\ 60 & 90 & 130 & 150 \end{bmatrix}; \quad y = \begin{bmatrix} 100 & 100 & 10 & 80 \\ 100 & 80 & 60 & 120 \\ 200 & 150 & 100 & 200 \\ 150 & 50 & 50 & 150 \end{bmatrix}; \quad z = \begin{bmatrix} 10 & 50 & 40 & 30 \\ 40 & 50 & 60 & 40 \\ 60 & 40 & 40 & 50 \\ 50 & 50 & 40 & 60 \end{bmatrix}$$

B 样条曲面的调和函数的矩阵如下：

$$M = \begin{bmatrix} -1 & 3 & 3 & 1 \\ 3 & -6 & -3 & 0 \\ -3 & 0 & 3 & 0 \\ 1 & 4 & 1 & 0 \end{bmatrix}$$

利用已知数据绘制相应的 B 样条曲面。

程序如下：

```
;————————————————————————————————————
FUNCTION Rotxyz,Th,z0
    a=DBLARR(4,4) & a[*]=0.0 & a[3,3]=1 & a[z0,z0]=1 & a1=z0+1
    IF (a1 EQ 3) THEN a1=0 & a2=a1+1
    IF (a2 EQ 3) THEN a2=0 & Ct=COS(Th) & St=SIN(Th)
    a[a1,a1]=Ct & a[a2,a2]=Ct & a[a1,a2]=St & a[a2,a1]=-St
    RETURN,a
END
;————————————————————————————————————
FUNCTION Genuw,UFlag,WFlag
```

```
u=DBLARR(1,4)  &  w=DBLARR(4,1)
IF (UFlag EQ 0) THEN BEGIN
    u[0,0]=0  &  u[0,1]=0  &  u[0,2]=0  &  u[0,3]=1
ENDIF ELSE BEGIN
    FOR j=0,3 DO u[0,j]=UFlag^(3-j)
ENDELSE
IF (WFlag EQ 0) THEN BEGIN
    w[0,0]=0 & w[1,0]=0 & w[2,0]=0 & w[3,0]=1
ENDIF ELSE BEGIN
    FOR j=0,3 DO w[j,0]=WFlag^(3-j)
ENDELSE
RETURN,{u:u,w:w}
END

;——————————————————————————————————————————

PRO Ch05SurfaceBSpline
    DEVICE, DECOMPOSED=1  &  m=20  &  n=20
    ! P.BACKGROUND='FFFFFF'XL  &  ! P.COLOR='000000'XL
    WINDOW,6,XSIZE=600,YSIZE=500,TITLE='Bezier 曲面 '
    PLOT,[0],/DEVICE,/ISOTROPIC,XRANGE=[0,600],YRANGE=[-600,-100]
    Sx=DBLARR(m,n)  &  Sy=DBLARR(m,n)  &  Sz=DBLARR(m,n)
    Xx=DBLARR(m,n)  &  Xy=DBLARR(m,n)  &  q =DBLARR(4,4)
    rx=DBLARR(4,4)  &  ry=DBLARR(4,4)  &  rz=DBLARR(4,4)
    x=[[10.0, 40.0,  50.0,   80.0],[20.0, 60.0,  80.0, 120.0], $
      [40.0, 70.0, 120.0, 150.0],[60.0, 90.0, 130.0, 150.0]]
    y=[[100.0,100.0, 10.0,   80.0],[100.0, 80.0, 60.0, 120.0], $
      [200.0,150.0,100.0, 200.0],[150.0,100.0, 50.0, 150.0]]
    z=[[ 10.0, 50.0, 40.0,   30.0],[ 40.0, 50.0, 60.0,  40.0], $
      [ 60.0, 40.0, 40.0,  50.0],[ 50.0, 50.0, 40.0,  60.0]]
    f=[[-2.0, 3.0,-3.0, 2.0],[ 3.0,-6.0, 3.0, 0.0], $
      [-3.0, 0.0, 3.0, 0.0],[ 1.0, 4.0, 1.0, 1.0]]
    v=[[1.0,0.0,0.0,0.0],[0.0,1.0,0.0,0.0], $
      [0.0,0.0,1.0,0.0],[0.0,0.0,0.0,1.0]]
    Ft=TRANSPOSE(f)
    Th=! PI/4  &  z0=2.0  &  a=Rotxyz(Th,z0)  &  v=v#a
    Th=-2.4*! PI/4  &  z0=1.0  &  a=Rotxyz(Th,z0)  &  v=v#a
    Th=-! PI/2  &  z0=2.0  &  a=Rotxyz(Th,z0)  &  v=v#a  &  vv=v
    FOR kk=0,2 DO BEGIN
        v=f
        CASE kk OF
            0:a=x  &  1:a=y  &  2:a=z
```

```
        ENDCASE
        v=v#a   &   v=v#Ft
        CASE kk OF
            0:rx=v   &   1:ry=v   &   2:rz=v
        ENDCASE
    ENDFOR
    FOR i=0,n-1 DO BEGIN
        UFlag=DOUBLE(i)/n
        FOR j=0,m-1 DO BEGIN
            WFlag=DOUBLE(j)/m &
            Tmp=Genuw(UFlag,WFlag) & u=Tmp.u & w=Tmp.w
            FOR kk=0,2 DO BEGIN
                FOR jt=0,3 DO BEGIN
                    Ur=0.0D
                    FOR kt=0,3 DO BEGIN
                        CASE kk OF
                            0:Ur=Ur+u[0,kt]*rx[kt,jt]
                            1:Ur=Ur+u[0,kt]*ry[kt,jt]
                            2:Ur=Ur+u[0,kt]*rz[kt,jt]
                        ENDCASE
                    ENDFOR
                    q[0,jt]=Ur
                ENDFOR
                qw=0D   &   FOR kt=0,3 DO qw=qw+q[0,kt]*w[kt,0]
                CASE kk OF
                    0:qx=qw   &   1:qy=qw   &   2:qz=qw
                ENDCASE
            ENDFOR
            Sx[i,j]=qx*vv[0,0]+qy*vv[1,0]+qz*vv[2,0]+vv[3,0]
            Sy[i,j]=qx*vv[0,1]+qy*vv[1,1]+qz*vv[2,1]+vv[3,1]
            Sz[i,j]=qx*vv[0,2]+qy*vv[1,2]+qz*vv[2,2]+vv[3,2]
            Xx[i,j]=0.06*Sx[i,j]   &   Xy[i,j]=0.49*Sz[i,j]
            IF (j EQ 0) THEN PLOTS,Xx[i,j],Xy[i,j],COLOR='FF0000'XL $
            ELSE PLOTS,Xx[i,j],Xy[i,j],COLOR='FF0000'XL,/CONTINUE
        ENDFOR
    ENDFOR
    FOR j=0,m-1 DO PLOTS,Xx[*,j],Xy[*,j],COLOR='FF0000'XL
END
;------------------------------------------------
```

程序运行结果如图 5.17 所示。

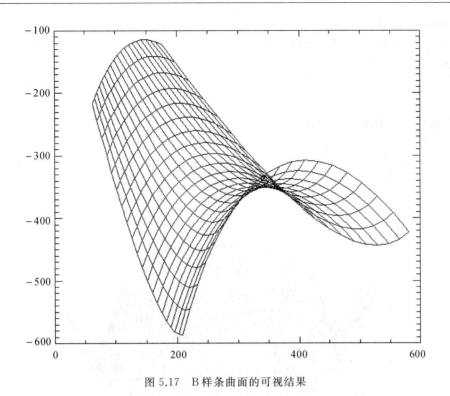

图 5.17　B 样条曲面的可视结果

5.9　空间 3D 曲面可视

对于空间 3D 曲面的可视,首先需要计算出曲面的空间数据点的坐标(x,y,z),然后把空间坐标变换成可视平面的平面坐标,最后绘制空间 3D 曲面。具体内容详见 5.4 节。

为了实现空间 3D 曲面的快速可视,可以使用 Surface 和 Shade_Surf 命令,对空间数据点直接进行可视;同时可以使用 ISURFACE 命令实现 3D 曲面的可视与分析。

如果需要按照网格方式对空间 3D 曲面进行可视,则可以选择 Surface。

【例 5.11】　已知曲面的网格数据点为 $z = \text{BESELJ}(\text{SHIFT}(\text{DIST}(40),20,20)/2,0)$,$x$ 和 y 为 0 到 39 的整数,则利用 Surface 按照网格方式绘制相应的 3D 网格曲面。

提示:可以使用关键字 AX(网格面绕 x 轴旋转的角度)、AZ(网格面绕 y 轴旋转的角度)、HORIZONTAL(使用单方向线绘制网格面)和 LEGO(使用柱状图绘制网格面)、LOWER_ONLY(只绘制网格面的低层面)、UPPER_ONLY(只绘制网格面的顶层面)、SHADES(网格面上网格线的颜色索引)和 SKIRT(绘制网格面四周边界面)设置曲面的绘制属性。

程序如下:

```
;——————————————————————————————————
; Ch05SurfaceGen.pro
;——————————————————————————————————
PRO Ch05SurfaceGen
    DEVICE,DECOM=1 & ! P.BACKGROUND='FFFFFF'XL & ! P.COLOR='000000'XL
```

```
Window,6,XSIZE=450,YSIZE=400,TITLE='网格曲面'
SurDat=BESELJ(SHIFT(DIST(40),20,20)/2,0)
SURFACE,SurDat
END
;——————————————————————————————————————————————
```

程序运行结果如图 5.18 所示。

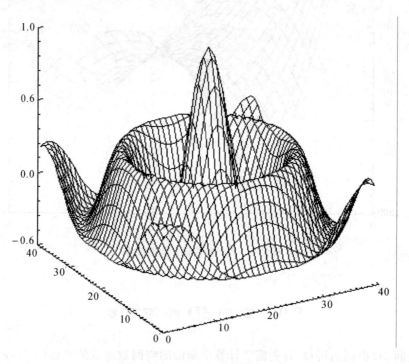

图 5.18　3D 网格曲面的可视结果

如果需要按照真实曲面方式对空间 3D 曲面进行可视,则可以选择 Shade_Surf。

【例 5.12】　已知曲面的网格数据点为 $z=\mathrm{BESELJ(SHIFT(DIST(40),20,20)/2,0)}$, x 和 y 为 0 到 39 的整数,则利用 Shade_Surf 按照阴影真实方式绘制相应的 3D 曲面。

程序如下:

```
;——————————————————————————————————————————————
; Ch05SurfaceShadeGen.pro
;——————————————————————————————————————————————
PRO Ch05SurfaceShadeGen
    DEVICE,DECOM=1 & ! P.BACKGROUND='FFFFFF'XL & ! P.COLOR='000000'XL
    WINDOW,6,XSIZE=450,YSIZE=400,TITLE='阴影曲面'
    SurDat=BESELJ(SHIFT(DIST(40),20,20)/2,0)
    SHADE_SURF,SurDat
END
;——————————————————————————————————————————————
```

程序运行结果如图 5.19 所示。

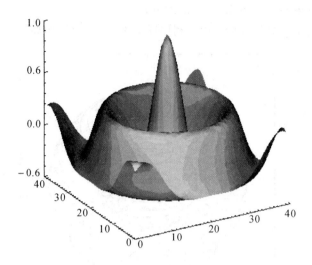

图 5.19　3D 阴影曲面的可视结果

提示：使用关键字 IMAGE 可以把绘制结果保存为图像；使用与 Surface 雷同的关键字设置曲面的绘制属性。

习　　题

1. 已知平面的方程为 $x+y+z=66$，如果 x 和 y 的取值均为 $\{0,1,\cdots,66\}$，绘制相应的网格平面。

参考程序：Ch05ExeSurfacePlaneZ10.pro。

2. 已知球的半径 150，利用球的参数方程，绘制 u 的步长按照 0.1 弧度，v 的步长按照 0.05 弧度的数据点组成的点球（要求可视结果如图 5.20 所示）。

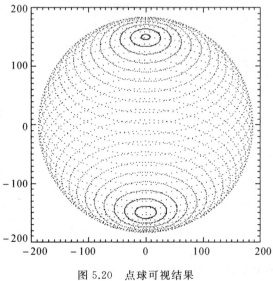

图 5.20　点球可视结果

参考程序:Ch05ExeSurfaceSphereWithPoint.pro。

3. 已知两个球的半径分别 60 和 120,利用球的参数方程,绘制如图 5.21 所示的球中球。

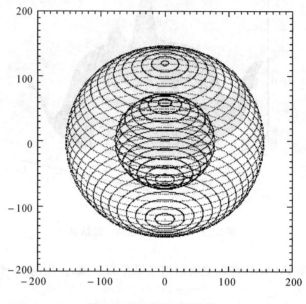

图 5.21　双点球可视结果

参考程序:Ch05ExeSurfaceSphereDouble.pro。

4. 已知太阳、地球和月亮的半径分别 30,40 和 80,利用球的参数方程,绘制如图 5.22 所示的太阳、地球和月亮在一条直线上形成的日全食。

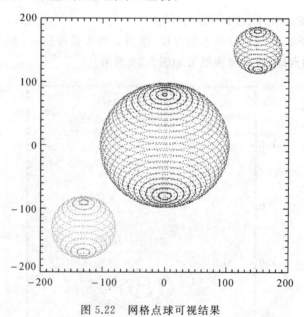

图 5.22　网格点球可视结果

参考程序:Ch05ExeSurfaceSphereSunMoon.pro。

5. 已知球的半径为 150,利用球的参数方程,绘制 u 的步长按照 0.2rad,v 的步长按照

0.2rad的数据点组成的经纬球(要求可视结果如图 5.23 所示)。

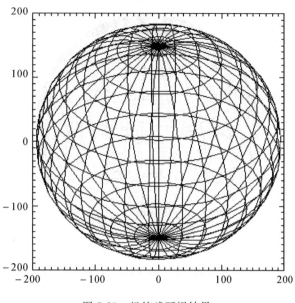

图 5.23　经纬球可视结果

参考程序:Ch05ExeSurfaceSphereWithLine.pro。

6. 已知的半径为 150,利用球的参数方程和面向对象的方法(IDLgrWindow,IDLgr-View,IDLgrModel,IDLgrSurface),绘制经线 20 条、纬线 40 条的经纬球(要求可视结果如图 5.24 所示)。

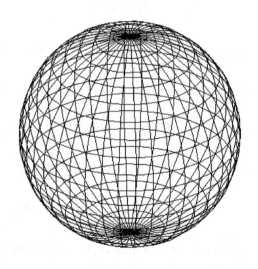

图 5.24　面向对象的经纬球可视结果

参考程序:Ch05ExeSurfaceSphereWithObj.pro。

7. 已知的半径为 0.6(RADI=0.6),利用面向对象的方法(IDLgrWindow,IDLgrView,IDLgrModel,IDLgrOrb),绘制密度为 2(DENSITY=2)的蓝色(COLOR=[0,0,255])经纬球

(STYLE＝1)(要求可视结果如图 5.25 所示)。

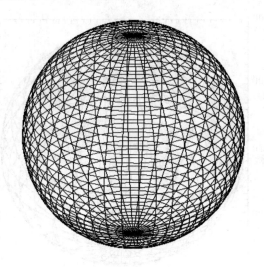

图 5.25　面向对象的蓝色经纬球

参考程序:Ch05ExeSurfaceSphereWithOrb.pro。

8. 已知曲线为抛物线 $y=4\,px$,使用面向对象的方法绘制该抛物线绕 x 轴旋转 360°后的旋转面。

9. 已知曲线为抛物线 $y=6\,px$,使用面向对象的方法绘制该抛物线绕 x 轴旋转 360°后的旋转面。

10. 绘制单叶双曲面 $\dfrac{x^2}{a^2}+\dfrac{y^2}{b^2}-\dfrac{z^2}{c^2}=1$。其中:$a$,$b$,$c$ 自定。

11. 绘制双叶双曲面 $\dfrac{x^2}{a^2}+\dfrac{y^2}{b^2}-\dfrac{z^2}{c^2}=1$。其中:$a$,$b$,$c$ 和绘制区域自定。

12. 绘制旋转双曲面,即 $\dfrac{x^2}{a^2}-\dfrac{z^2}{c^2}=\pm1$ 绕 z 轴旋转。其中:a,c 和绘制区域自定。

13. 绘制椭圆抛物面 $z=\dfrac{x^2}{a^2}+\dfrac{y^2}{b^2}$。其中:$a$,$b$ 和绘制区域自定。

14. 绘制双曲抛物面 $z=\dfrac{x^2}{a^2}-\dfrac{y^2}{b^2}$。其中:$a$,$b$ 和绘制区域自定。

15. 绘制椭圆锥面 $\dfrac{x^2}{a^2}+\dfrac{y^2}{b^2}-\dfrac{z^2}{c^2}=0$。其中:$a$,$b$,$c$ 和绘制区域自定。

16. 绘制椭圆柱面 $\dfrac{x^2}{a^2}+\dfrac{y^2}{b^2}=1$,$z=h$。其中:$a$,$b$,$h$ 和绘制区域自定。

17. 绘制双曲柱面 $\dfrac{x^2}{a^2}-\dfrac{y^2}{b^2}=1$,$z=h$。其中:$a$,$b$,$h$ 和绘制区域自定。

18. 已知双线性曲面的 4 个角点为(20,0,30),(0,0,0),(−20,10,0)和(−20,0,30),则使用蓝色绘制由两条 u 边界的线性插值线组成的直纹面。

19. 根据曲面的如下参数方程,绘制如图 5.26 所示的网格曲面。

$$\begin{cases} x = a\sin\alpha + b\cos\beta \\ y = a\sin\alpha - b\cos\beta\ ; \quad \alpha, \beta \in [0, \pi], a, b \in \mathbf{R} \\ z = x\sin\alpha + y\cos\beta \end{cases}$$

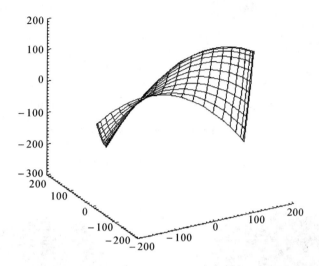

图 5.26　网格曲面的可视结果

参考程序:Ch05ExeSurfaceXyzPara.pro。

20. 根据曲面数据 DIST(40),绘制如图 5.27~图 5.31 所示风格的曲面。

(a)　　　　　　　　　　　　　　　　　　　(b)

图 5.27　DIST(40)的网格和实体曲面

(a)红(蓝)色网格面;(b)绿色实体面

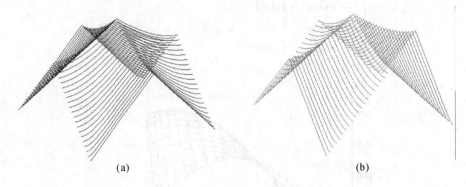

图 5.28　DIST(40)的 X 和 Y 向曲线面

(a)红色 X 向曲线面;(b)绿色 Y 向曲线面

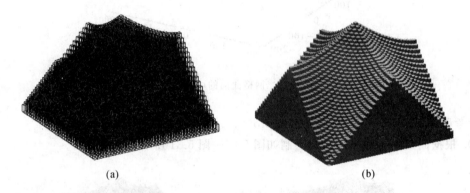

图 5.29　DIST(40)的网格和实体方柱面

(a)蓝色网格方柱面;(b)绿色实体方柱面

图 5.30　DIST(40)的伪彩网格曲面和实体曲面

(a)伪彩网格面;(b)伪彩实体面

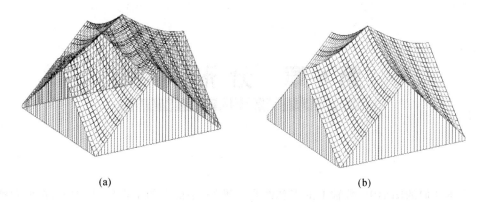

(a)   (b)

图 5.31　DIST(40)的伪彩网格和实体裙面

(a)伪彩网格裙面;(b)伪彩实体裙面

参考程序:Ch05ExeSurface.pro。

第6章 分形可视

在经典几何的图形中,数轴上的点和线是一维的,平面上的正方形、长方形、矩形和圆等是二维的,而空间中正方体、长方体、柱体、椎体和圆球等是三维的。

然而,在现实生活中,对于美丽壮观的大山、流云、瀑布、花草和树木等,这些物体图形的维数是多少,可以使用经典几何的方法来描述吗? 显然,这些物体图形具有特殊的几何特性和自相似结构,其维数也不能直接使用传统的一维、二维或者三维进行简单的表示。

6.1 分形概述

分形是近30年发展起来的一门新的学科。分形主要用于描述自然界中大量非规整几何对象和非线性系统中不光滑和不规则的几何形体。分形已经广泛应用于数据压缩、自然景物仿真、自然科学、工程技术、材料科学、生物与医学、地质和地理学、地震和天文学以及计算机科学等多个领域,同时作为一门新艺术,开阔了人们对自然界结构形式的认识。

因此,分形理论的研究和分形可视既有重要的理论意义,又有广泛的应用价值。

本章在前人研究成果的基础上,具体介绍分形的基本概念、分形维数、迭代函数系和分形插值,常用分形的生成算法及其可视等。

6.1.1 分形的定义

分形是指在特定空间上,具有如下性质的复杂点的集合:

(1) 在任意小的尺度下,均具有精细的结构。

(2) 使用传统几何语言,无法对其进行描述。

(3) 拥有近似的或者统计的自相似的结构。

(4) 通常定义方法简单,可以通过递归实现。

(5) 非经典的几何维数,而是具有分数维数。

(6) 分形集合的分形维数均大于其几何维数。

通过分形的定义不难看出,分形具有"自相似"的"不规则"性质,即乱中有序。

分形在仿真等方面,均得到了比较广泛的应用。

【例6.1】 设长度是单位长度1的线段L,首先对L进行三等分,并去除中间的部分,然后对剩余的两部分分别进行三等分,并去除相应的中间部分,依次类推。这就是著名的三分康托集(Cantor Set;Georg Cantor,1845 — 1918)。

不难看出,三分康托集是分形,其示意图如图6.1所示。

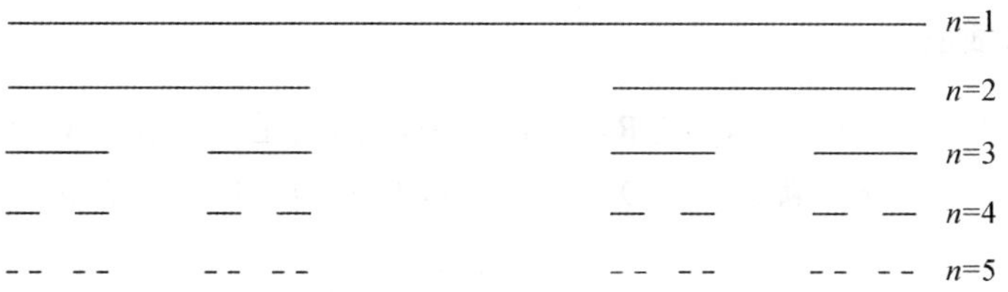

图 6.1 三分康托集

6.1.2 分形的维数

对于有界的集合 A ,如果 A 可以分成 $n(n \geqslant 1)$ 个相等的与 A 相似的部分,则称 A 为自相似集。

对于自相似集 A ,如果 A 分解后的每一个部分与 A 的相似比是 s ,则分形 A 的维数定义如下:

$$D_A = -\frac{\log n}{\log s}$$

对于例 6.1 的三分康托集 L ,因为 L 可以分解为 2 个与 L 相似的部分(即 $n=2$),所以 L 是自相似集,而且分解后的每一个部分与 L 的相似比是 1/3(即 $s=1/3$),则分形 L 的维数为

$$D_L = -\frac{\log n}{\log s} = \frac{\log 2}{\log 3} \approx 0.477\ 12$$

6.1.3 迭代函数系

已知空间 U 上具有压缩功能的函数序列 $f_i : U \rightarrow U, (i=1,2,\cdots,n)$,并且 f_i 的压缩比为 s_i ,如果令 $s=\max(s_i)(i=1,2,\cdots,n)$,则称 f_i 是压缩比是 s 的迭代函数系(Iterated Function System,IFS)。

已知空间 U 上压缩比为 s 的迭代函数系 $f_i(i=1,2,\cdots,n)$,则对于任意集合 B 定义变换 F 如下:

$$F(B) = \bigcup_{i=1}^{n} f_i(B)$$

则 F 是压缩比为 s 的压缩变换,且存在唯一的不动点集 A(亦称 IFS 的吸引子)满足:

$$A = F(A) = \bigcup_{i=1}^{n} f_i(A) = \lim_{n \to \infty} F^n(B)$$

对于例 6.1 的三分康托集 L ,定义迭代函数系如下:

$$f_1(x) = \frac{1}{3}x \ ; f_2(x) = \frac{1}{3}x + \frac{2}{3}$$

则 $F(B) = f_1(B) \bigcup f_2(B)$ 是压缩比为 1/3 的迭代函数系。

如果取 $A_0 = [0,1]$,并且令 $A_n = F^n(A_0) = [0,1]$,则存在不动点 A 满足:

$$A = \lim_{n \to \infty} A_n = \lim_{n \to \infty} F^n(A_0) = F(A) = f_1(A) \bigcup f_2(A)$$

其中:

$$A_i = \left[0, \frac{1}{3^i}\right] \bigcup \left[\frac{2}{3^i}, \frac{3}{3^i}\right] \bigcup \cdots \bigcup \left[\frac{3^i-3}{3^i}, \frac{3^i-2}{3^i}\right] \bigcup \left[\frac{3^i-1}{3^i}, 1\right] \ (i=1,\cdots,n)$$

6.1.4 分形插值

已知点集 $P=\{(x_i,y_i):x_i,y_i\in\mathbf{R},i=1,2,\cdots,n\}$,满足 $x_i<x_{i+1}(i=1,2,\cdots,n-1)$,如果存在连续函数 $y=f(x)$,满足 $f(x_i)=y_i(i=1,2,\cdots,n)$,则 $y=f(x)$ 是插值点在 P 处的传统插值函数。

对于点集 P,如果存在迭代函数系 F 及其吸引子 A,使得 A 是插值于 P 处的插值图形。则称 F 和 A 是插值点在 P 处的分形插值。

【例 6.2】 已知点集 $P=\{(x_i,y_i):x_i,y_i\in\mathbf{R},i=1,2,\cdots,n\}$,并且满足 $x_i<x_{i+1}(i=1,2,\cdots,n-1)$,则通过 P 中各点的折线如下:

$$f(x)=y_i+\frac{x-x_i}{x_{i+1}-x_i}(y_{i+1}-y_i) \qquad x\in[x_i,x_{i+1}],(i=1,2,\cdots,n-1)$$

分段线性插值函数 $y=f(x)$ 的图形 G_f 如图 6.2 所示。

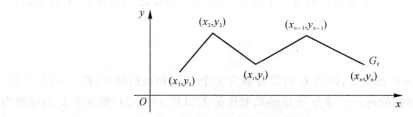

图 6.2 分段线性插值函数

如果构造迭代函数系 $f_i=(f_i(x),f_i(y))$ 如下:

$$f_i(x)=\frac{x_{i+1}-x_i}{x_n-x_1}x+\frac{x_nx_i-x_1x_{i+1}}{x_n-x_1} \qquad x\in[x_i,x_{i+1}],(i=1,2,\cdots,n-1)$$

$$f_i(y)=\frac{y_{i+1}-y_i}{x_n-x_1}x+\frac{x_ny_i-x_1y_{i+1}}{x_n-x_1} \qquad x\in[x_i,x_{i+1}],(i=1,2,\cdots,n-1)$$

则不难看出,$G_f=\bigcup\limits_{i=1}^{n}f_i(G_f)$,即 G_f 是 $f_i=(f_i(x),f_i(y))(i=1,2,\cdots,n)$ 的吸引子。

6.2 常用分形可视

分形可视已经发展成为数据可视的一个应用分支。目前关于山、水、云、树、花和草等具有分形结构的自然对象的建模和仿真是数据可视的研究热点之一。

6.2.1 Von Koch 曲线可视

Von Koch 曲线的构造过程是对于长度是单位长度 1 的线段 V,首先对 V 进行三等分,并把中间部分分别按照顺时针和逆时针旋转 $60°$,从而构成由 4 段 1/3 单位长度的线段组成的折线,然后对每一段线段重复上述过程,依次类推。

Von Koch 曲线的示意图如图 6.3 所示。

图 6.3　Von Koch 曲线（n＝0，n＝1）

对于 Von Koch 曲线 V，因为 V 可以分解为 4 个与 V 相似的部分（即 $n=4$），所以 V 是自相似集，而且分解后的每一个部分与 V 的相似比是 1/3（即 $s=1/3$），则分形 V 的维数为

$$D_V = -\frac{\log n}{\log s} = \frac{\log 4}{\log 3} \approx 1.26\ 186$$

【例 6.3】　使用递归运算，绘制 Von Koch 曲线。

分析：根据 Von Koch 曲线的结构可以看出，其基本生成元是图 6.3 中迭代次数 n＝0 时的图形，然后按照 1/3 的比例缩小生成元，并依次去替换基本生成元的各条线段。具体方法：

（1）使用字符 A，B，C 分别表示逆时针旋转 Theta、顺时针旋转 Theta、在当前位置的当前方向绘制长度为 SLen 的线段。

（2）初始化基本生成元的初始字符串 Cs＝"CACBBCAC"（n＝0）；旋转角度为 Theta＝30°；线段长度 SLen＝600 个像素，迭代次数为 n＝3（n＝0 时，绘制基本生成元）。

（3）在迭代过程中，使用"CACBBCAC"去替换上一次字符串 Cs 中的"C"。

（4）根据上述规则，生成 Von Koch 曲线的字符串 Rs。

（5）根据 Rs，绘制 Von Koch 曲线。

说明："字符串替换法"引自文献[11]（下同）。

程序如下：

```
;————————————————————————————————————
; Ch06VonKoch.pro
;————————————————————————————————————
PRO Ch06VonKoch
    DEVICE, DECOMPOSED＝1
    ! P.BACKGROUND='FFFFFF'XL　&　! P.COLOR='000000'XL
    WINDOW,6,XSIZE＝500,YSIZE＝220,TITLE='Von Koch 曲线 '
    PLOT,[0],/DEVICE,/NODATA,/ISOTROPIC,XRANGE＝[0,600],YRANGE＝[0,200]
    Theta＝0　&SLen＝600　&　x＝20　&　y＝20　&　n＝3
    Rs＝STRARR(30000)　&　Rs[0:1]＝['C','D']
    Cs='CACBBCAC'　&　CsLen＝STRLEN(Cs)
    FOR i＝0,n DO BEGIN
        SLen＝SLen/3　&　j＝0
        WHILE Rs[j] NE 'D' DO BEGIN
            IF（Rs[j] EQ 'C'）THEN BEGIN
                Tmp＝WHERE(Rs NE '',PreLen)
                CurLen＝PreLen＋CsLen－1
                FOR k＝CurLen－1,j＋CsLen,－1 DO Rs[k]＝Rs[k－CsLen＋1]
                FOR k＝j,j＋CsLen－1 DO Rs[k]＝STRMID(Cs,k－j,1)
```

```
                    j+=CsLen-1
                ENDIF
                j++
            ENDWHILE
        ENDFOR
        Tmp=WHERE(Rs NE '',PNo)
        FOR k=0,PNo-1 DO BEGIN
            CASE Rs[k] OF
                'A':Theta+=! PI/3
                'B':Theta-=! PI/3
                'C':BEGIN
                    x+=SLen*COS(Theta)    &    y+=SLen*SIN(Theta)
                    Tx=x-SLen*COS(Theta) &    Ty=y-SLen*SIN(Theta)
                    PLOTS,[x,Tx],[y,Ty],COLOR='FF0000'XL
                END
                ELSE：
            ENDCASE
        ENDFOR
    END
;----------------------------------------------------------
```
程序运行结果如图 6.4 所示。

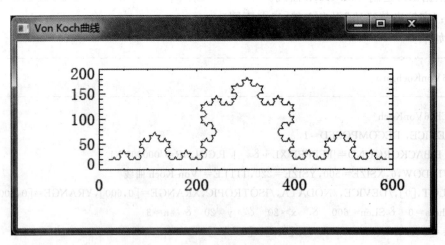

图 6.4　Von Koch 曲线绘制结果(n=3)

6.2.2　Sierpinski 方形分形

Sierpinski 方形分形可以分为一维 Sierpinski 方形分形、二维 Sierpinski 方形分形和三维 Sierpinski 方形分形。

1. 一维 Sierpinski 方形分形

一维 Sierpinski 方形分形实际上就是三分康托集。

【**例 6.4**】 使用递归运算,绘制一维 Sierpinski 方形分形(即三分康托集)。

分析:当 n=0 时,在起点绘制长度为 Slen 的线段;当 n=1 时,分别在起点和 2×SLen/3 处绘制长度为 SLen/3 的线段;当 n>2 时,则分别在起点和 2×SLen/3 处,按照长度 SLen/3 递归调用 n−1 时的情况。

程序如下:

```
;—————————————————————————————————————————————
;Ch06SierpinskiSponge1D.pro
;—————————————————————————————————————————————
PRO FrSponge,x,n,SLen
    CASE n OF
        0:PLOTS,x+[0,SLen],[20,20],COLOR='FF0000'XL
        1:BEGIN
            PLOTS,x+[0,SLen/3],[20,20],COLOR='FF0000'XL
            PLOTS,x+[2 * SLen/3,SLen],[20,20],COLOR='FF0000'XL
        END
        ELSE:BEGIN
            FrSponge,x,n−1,SLen/3
            FrSponge,x+2 * SLen/3,n−1,SLen/3
        END
    ENDCASE
END
;—————————————————————————————————————————————
PRO Ch06SierpinskiSponge1D
    DEVICE, DECOMPOSED=1
    ! P.BACKGROUND='FFFFFF'XL   &   ! P.COLOR='000000'XL
    WINDOW,6,XSIZE=500,YSIZE=200,TITLE='Cantor 集 '
    PLOT,[0],/DEVICE,/NODATA,XRANGE=[0,600],YRANGE=[0,40]
    SLen=560D   &   n=4   &   x=20
    FrSponge,x,n,SLen
END
;—————————————————————————————————————————————
```

程序运行结果如图 6.5 所示。

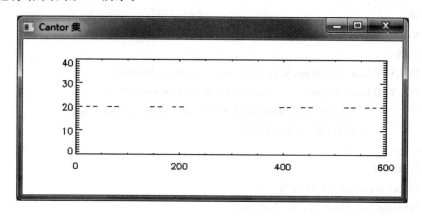

图 6.5 一维 Sierpinski 方形分形(三分康托集)(n=4)

2. 二维 Sierpinski 方形分形

二维 Sierpinski 方形分形 S 的构造过程是对于边长是单位长度 1 的正方形 Square,首先对 Square 的边进行三等分,把 Square 分成 9 个正方形,并去掉中间的正方形,然后再对剩余的正方形重复上述过程,依次类推。

二维 Sierpinski 方形分形的示意图如图 6.6 所示。

对于二维 Sierpinski 方形分形 S,因为 S 可以分解为 8 个与 S 相似的部分(即 $n=8$),所以 S 是自相似集,而且分解后的每一个部分与 S 的相似比是 1/3(即 $s=1/3$),则分形 S 的维数为

$$D_S = -\frac{\log n}{\log s} = \frac{\log 8}{\log 3} \approx 1.892\ 789$$

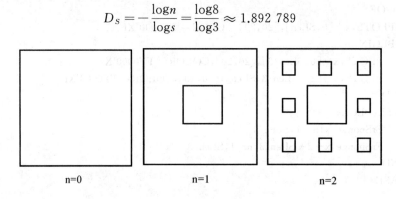

n=0   n=1   n=2

图 6.6   二维 Sierpinski 方形分形(n=0,1,2)

【例 6.5】   使用递归运算,绘制二维 Sierpinski 方形分形。

分析:当 n=0 时,绘制长度为 SLen 的黑色填充正方形;当 n=1 时,使用背景色(白色)绘制中心的正方形;当 n>2 时,则分别对剩余的 8 个正方形,利用递归调用重复上述操作。

程序如下:

```
;———————————————————————————————————————
; Ch06SierpinskiSponge2D.pro
;———————————————————————————————————————
PRO FrSponge,x,y,n,SLen
CASE n OF
    0:POLYFILL,x+[0,SLen,SLen,0,0],y+[0,0,SLen,SLen,0]
    1:BEGIN
        POLYFILL,x+[0,SLen,SLen,0,0],y+[0,0,SLen,SLen,0]
        POLYFILL,x+[SLen/3,2 * SLen/3,2 * SLen/3,SLen/3,SLen/3], $
                y+[SLen/3,SLen/3,2 * SLen/3,2 * SLen/3,SLen/3], $
                COLOR='FFFFFF'XL
    END
    ELSE:BEGIN
        FrSponge,x,y,n-1,SLen/3
        FrSponge,x+SLen/3,y,n-1,SLen/3
        FrSponge,x+2 * SLen/3,y,n-1,SLen/3
        FrSponge,x,y+SLen/3,n-1,SLen/3
```

```
        FrSponge,x+2 * SLen/3,y+SLen/3,n−1,SLen/3
        FrSponge,x,y+2 * SLen/3,n−1,SLen/3
        FrSponge,x+SLen/3,y+2 * SLen/3,n−1,SLen/3
        FrSponge,x+2 * SLen/3,y+2 * SLen/3,n−1,SLen/3
    END
    ENDCASE
END
;——————————————————————————————————————————
PRO Ch06SierpinskiSponge2D
    DEVICE，DECOMPOSED=1
    ! P.BACKGROUND='FFFFFF'XL　 ＆　! P.COLOR='000000'XL
    WINDOW,6,XSIZE=500,YSIZE=500,TITLE='Sierpinski 垫片 '
    PLOT,[0],/DEVICE,/NODATA,/ISOTROPIC,XRANGE=[0,600],YRANGE=[0,600]
    SLen=500D　 ＆　 n=4　 ＆　 x=50　 ＆ y=50
    FrSponge,x,y,n,SLen
END
;——————————————————————————————————————————
```

程序运行结果如图 6.7 所示。

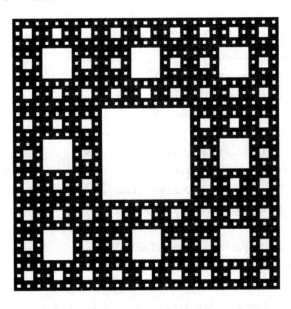

图 6.7　二维 Sierpinski 方形分形(n=4)

3. 三维 Sierpinski 方形分形

三维 Sierpinski 方形分形 S 的构造过程是对于边长是单位长度 1 的立方体 Cube,首先对 Cube 的边进行三等分,把 Cube 分成 27 个立方体,并去掉中心的 1 个立方体,同时去除 6 个面上中间的立方体,然后再对剩余的正方形重复上述过程,依次类推。

对于三维 Sierpinski 方形分形 S,因为 S 可以分解为 20 个与 S 相似的部分(即 $n=20$),所以 S 是自相似集,而且分解后的每一个部分与 S 的相似比是 1/3(即 $s=1/3$),则分形 S 的

维数为

$$D_S = -\frac{\log n}{\log s} = \frac{\log 20}{\log 3} \approx 2.726\,833$$

【例 6.6】 使用递归运算,绘制三维 Sierpinski 方形分形。

分析:当 n=0 时,绘制长度为 Slen 的黑色填充立方体;当 n=1 时,使用背景色(白色)绘制中心的立方体;当 n>2 时,则分别对剩余的 20 个立方体,利用递归调用重复上述操作。

程序如下:

```
;——————————————————————————————————————————————
; Ch06SierpinskiSponge3D.pro
;——————————————————————————————————————————————
PRO FrSponge,x,y,z,n,Len,Vol
CASE n OF
    0:
    1:BEGIN
        Vol[x+Len/3:x+2*Len/3,y+Len/3:y+2*Len/3,*]=0
        Vol[x+Len/3:x+2*Len/3,*,z+Len/3:z+2*Len/3]=0
        Vol[*,y+Len/3:y+2*Len/3,z+Len/3:z+2*Len/3]=0
    END
    ELSE:BEGIN
        ;前层 9 个立方体
        FrSponge,x,y,z,n-1,Len/3,Vol
        FrSponge,x+Len/3,y,z,n-1,Len/3,Vol
        FrSponge,x+2*Len/3,y,z,n-1,Len/3,Vol
        FrSponge,x,y+Len/3,z,n-1,Len/3,Vol
        Vol[x+Len/3:x+2*Len/3,y+Len/3:y+2*Len/3,*]=0
        FrSponge,x+2*Len/3,y+Len/3,z,n-1,Len/3,Vol
        FrSponge,x,y+2*Len/3,z,n-1,Len/3,Vol
        FrSponge,x+Len/3,y+2*Len/3,z,n-1,Len/3,Vol
        FrSponge,x+2*Len/3,y+2*Len/3,z,n-1,Len/3,Vol
        ;中层 4 个立方体
        FrSponge,x+Len/3,y,z+Len/3,n-1,Len/3,Vol
        FrSponge,x,y+Len/3,z+Len/3,n-1,Len/3,Vol
        Vol[x+Len/3:x+2*Len/3,*,y+Len/3:y+2*Len/3]=0
        FrSponge,x+2*Len/3,y+Len/3,z+Len/3,n-1,Len/3,Vol
        FrSponge,x+Len/3,y+2*Len/3,z+Len/3,n-1,Len/3,Vol
        ;后层 9 个立方体
        FrSponge,x,y,z+2*Len/3,n-1,Len/3,Vol
        FrSponge,x+Len/3,y,z+2*Len/3,n-1,Len/3,Vol
        FrSponge,x+2*Len/3,y,z+2*Len/3,n-1,Len/3,Vol
        FrSponge,x,y+Len/3,z+2*Len/3,n-1,Len/3,Vol
        Vol[*,y+Len/3:y+2*Len/3,z+Len/3:z+2*Len/3]=0
        FrSponge,x+2*Len/3,y+Len/3,z+2*Len/3,n-1,Len/3,Vol
```

```
        FrSponge,x,y+2*Len/3,z+2*Len/3,n-1,Len/3,Vol
        FrSponge,x+Len/3,y+2*Len/3,z+2*Len/3,n-1,Len/3,Vol
        FrSponge,x+2*Len/3,y+2*Len/3,z+2*Len/3,n-1,Len/3,Vol
      END
    ENDCASE
END
;----------------------------------------------------------------
PRO Ch06SierpinskiSponge3D
    DEVICE, DECOMPOSED=0  &  LOADCT,32
    ! P.BACKGROUND='FFFFFF'XL  &  ! P.COLOR='000000'XL
    Len=300D  &  n=3  &  x=10  &  y=10  &  z=10
    Vol=DBLARR(Len+x,Len+y,Len+z)
    Vol[x:Len+x-1,y:Len+y-1,z:Len+z-1]=222
    FrSponge,x,y,z,n,Len,Vol
    XVolume,Vol,RENDERER=1
END
;----------------------------------------------------------------
```

程序运行结果如图 6.8 所示。

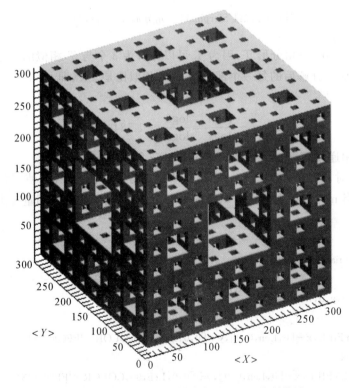

图 6.8　三维 Sierpinski 方形分形(n=3)绘制结果

提示:使用面向对象方法实现三维 Sierpinski 方形分形的程序。

参考程序:Ch06SierpinskiSponge3DObj.pro。

6.2.3 Sierpinski 三角分形

Sierpinski 三角分形可以分为二维 Sierpinski 三角分形和三维 Sierpinski 三角分形。

1. 二维 Sierpinski 三角分形

二维 Sierpinski 三角分形 T 的构造过程是对于直角边长是单位长度 1 的三角形 Triangle,首先对 Triangle 的边进行二等分,把 Triangle 分成 4 个三角形,并去掉中间的三角形,然后再对剩余的三角形重复上述过程,依次类推。

二维 Sierpinski 三角分形的示意图如图 6.9 所示。

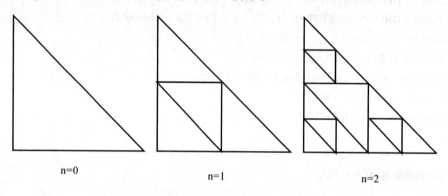

n=0　　　　　　　n=1　　　　　　　n=2

图 6.9　二维 Sierpinski 三角分形(n＝0,1,2)

对于二维 Sierpinski 三角分形 T,因为 T 可以分解为 3 个与 T 相似的部分(即 $n=3$),所以 T 是自相似集,而且分解后的每一个部分与 T 的相似比是 1/2(即 $s=1/2$),则分形 T 的维数为

$$D_T = -\frac{\log n}{\log s} = \frac{\log 3}{\log 2} \approx 1.584\,963$$

【例 6.7】 使用递归运算,绘制二维 Sierpinski 三角分形。

分析:当 n＝0 时,绘制长度为 SLen 的黑色填充三角形;当 n＝1 时,使用背景色(白色)绘制中心的三角形;当 n＞2 时,则分别对剩余的 4 个正方形,利用递归调用重复上述操作。

程序如下:

```
;--------------------------------------------------------------------
; Ch06SierpinskiTriangle2D.pro
;--------------------------------------------------------------------
PRO FrTriangle,x,y,n,Len
    CASE n OF
        0:POLYFILL,x+[0,Len,0,0],y+[0,0,Len,0],COLOR='FF0000'XL
        1:BEGIN
            POLYFILL,x+[0,Len,0,0],y+[0,0,Len,0],COLOR='FF0000'XL
            POLYFILL,x+[Len/2,Len/2,0,Len/2],$
                    y+[0,Len/2,Len/2,0],COLOR='FFFFFF'XL
        END
        ELSE:BEGIN
```

```
            FrTriangle,x,y,n−1,Len/2
            FrTriangle,x+Len/2,y,n−1,Len/2
            FrTriangle,x,y+Len/2,n−1,Len/2
        END
    ENDCASE
END
;——————————————————————————————
PRO Ch06SierpinskiTriangle2D
    DEVICE, DECOMPOSED=1
    ! P.BACKGROUND='FFFFFF'XL  &  ! P.COLOR='000000'XL
    WINDOW,6,XSIZE=500,YSIZE=500,TITLE='Sierpinski 三角形 '
    PLOT,[0],/DEVICE,/NODATA,/ISOTROPIC,XRANGE=[0,500],YRANGE=[0,500]
    Len=400D  &   n=4  &  x=50  &  y=50
    FrTriangle,x,y,n,Len
END
;——————————————————————————————
```

程序运行结果如图 6.10 所示。

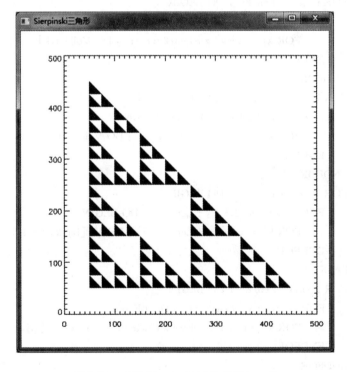

图 6.10　二维 Sierpinski 三角分形（n=4）

2. 三维 Sierpinski 三角分形

三维 Sierpinski 三角分形 T 的构造过程是对于棱长是单位长度 1 的锥体 Cone,首先对 Cone 的边进行二等分,把 Cone 分成 4 个锥体和 1 个中心几何体,并去掉中心几何体,然后再对剩余的锥体重复上述过程,依次类推。

对于三维 Sierpinski 三角分形 C，因为 C 可以分解为 4 个与 C 相似的部分（即 $n=4$），所以 C 是自相似集，而且分解后的每一个部分与 C 的相似比是 $1/2$（即 $s=1/2$），则分形 C 的维数为

$$D_C = -\frac{\log n}{\log s} = \frac{\log 4}{\log 2} = 2$$

【例 6.8】 使用递归运算，绘制三维 Sierpinski 三角分形。

分析：当 n＝0 时，绘制长度为 Slen 的黑色填充锥体；当 n＝1 时，使用背景色（白色）绘制中心的几何体；当 n＞2 时，则分别对剩余的 4 个锥体，利用递归调用重复上述操作。

程序如下：

```
;------------------------------------------------------------
; Ch06SierpinskiTriangle3D.pro
;------------------------------------------------------------
PRO FrTriangle,x,y,z,n,Len,Vol
    CASE n OF
        0:
        1:BEGIN
            FOR i=x,x+Len/2-1 DO BEGIN
                FOR j=y,x+y+Len/2-1-i DO BEGIN
                    FOR k=z,x+y+z+Len/2-1-i-j DO Vol[i,j,k]=-1
                ENDFOR
            ENDFOR
            FOR i=x+Len/2,x+Len-1 DO BEGIN
                FOR j=y,x+y+Len-1-i DO BEGIN
                    FOR k=z,x+y+z+Len-1-i-j DO Vol[i,j,k]=-1
                ENDFOR
            ENDFOR
            FOR i=x,x+Len/2-1 DO BEGIN
                FOR j=y+Len/2,x+y+Len-1-i DO BEGIN
                    FOR k=z,x+y+z+Len-1-i-j DO Vol[i,j,k]=-1
                ENDFOR
            ENDFOR
            FOR i=x,x+Len/2-1 DO BEGIN
                FOR j=y,x+y+Len/2-1-i DO BEGIN
                    FOR k=z+Len/2,x+y+z+Len-1-i-j DO Vol[i,j,k]=-1
                ENDFOR
            ENDFOR
        END
        ELSE:BEGIN
            FrTriangle,x,y,z,n-1,Len/2,Vol
            FrTriangle,x+Len/2,y,z,n-1,Len/2,Vol
            FrTriangle,x,y+Len/2,z,n-1,Len/2,Vol
            FrTriangle,x,y,z+Len/2,n-1,Len/2,Vol
```

```
        END
    ENDCASE
END
;————————————————————————————————————————————————
PRO Ch06SierpinskiTriangle3D
    DEVICE，DECOMPOSED＝1
    ! P.BACKGROUND＝'FFFFFF'XL  &  ! P.COLOR＝'000000'XL
    Len＝100D  &  n＝3  &  x＝0D  &  y＝0D  &  z＝0D
    Vol＝DBLARR(Len,Len,Len)
    FOR i＝0,Len－1 DO BEGIN
        FOR j＝0,Len－1－i DO BEGIN
            FOR k＝0,Len－1－i－j DO Vol[i,j,k]＝200
        ENDFOR
    ENDFOR
    FrTriangle,x,y,z,n,Len,Vol
    YIndex＝WHERE(Vol EQ －1,YNo, $
        COMPLEMENT＝NIndex,NCOMPLEMENT＝NNo)
    IF (YNo GT 0 AND YNo GT 0) THEN BEGIN
        Vol[YIndex]＝200 &  Vol[NIndex]＝0
    ENDIF
    XVolume,Vol,RENDERER＝1
END
;————————————————————————————————————————————————
```

程序运行结果如图 6.11 所示。

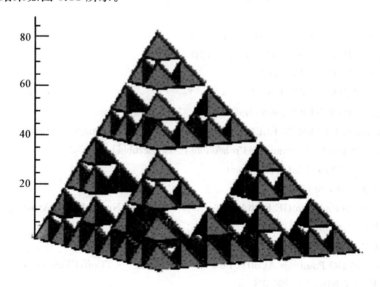

图 6.11　三维 Sierpinski 三角分形（n＝3）

提示：使用面向对象方法实现三维 Sierpinski 三角分形的程序。

参考程序：Ch06SierpinskiTriangle3DObj.pro。

3. 二维 Sierpinski 的 IFS 三角分形

二维 Sierpinski 的 IFS 三角分形是针对直角边长为 1 个单位的等腰直角三角形,通过构造函数迭代系,利用随机的概率来生成的 Sierpinski 三角分形。

【例 6.9】 已知顶点为 $P = \{(0,0),(0,1),(1,0)\}$ 的三角形,构造 IFS 如下:

$$f_1(x) = \frac{1}{2}x; \qquad f_1(y) = \frac{1}{2}y + \frac{1}{2}$$

$$f_2(x) = \frac{1}{2}x + \frac{1}{2}; \qquad f_2(y) = \frac{1}{2}y$$

$$f_3(x) = \frac{1}{2}x; \qquad f_3(y) = \frac{1}{2}y$$

则 IFS 的吸引子 A 是以 P 为顶点的二维 Sierpinski 三角分形。请使用该 IFS,绘制二维 Sierpinski 三角分形。

程序如下:

```
;——————————————————————————————————————————————
; Ch06SierpinskiTriangleIFS.pro
;——————————————————————————————————————————————
PRO Ch06SierpinskiTriangleIFS
DEVICE, DECOMPOSED=1
    ! P.BACKGROUND='FFFFFF'XL  &  ! P.COLOR='FF0000'XL
    WINDOW,6,XSize=400,YSize=400,TITLE='Sierpinski 三角形 '
    PLOT,[0],XRange=[0,100],YRange=[0,100],/NODATA,PSYM=3
    Point=FLTARR(2)  &  TCoff=PTRARR(3)     &  NIter=300000
    ACoff=PTRARR(3)  &  Prob=[0.3,0.3,0.3] &  CFun=BYTARR(NIter)
    ACoff[0]=PTR_NEW([[0.5,0],[0,0.5]])
    ACoff[1]=PTR_NEW([[0.5,0],[0,0.5]])
    ACoff[2]=PTR_NEW([[0.5,0],[0,0.5]])
    TCoff[0]=PTR_NEW([1,1])
    TCoff[1]=PTR_NEW([1,50])
    TCoff[2]=PTR_NEW([50,50])
    ProbAcum=FLTARR(N_ELEMENTS(Prob))    &   ProbAcum[0]=Prob[0]
    FOR i=1,2 DO ProbAcum[i]=ProbAcum[i-1]+Prob[i]
    RndNum=RANDOMU(Seed,NIter)
    FOR i=1,2 DO BEGIN
        Tmp=((RndNum GE ProbAcum[i-1]) AND (RndNum LE ProbAcum[i])) * i
        CFun+=Tmp
    ENDFOR
    FOR i=0,9 DO Point= * ACoff(CFun[i]) # # Point+ * TCoff(CFun[i]) & i=0D
    WHILE i LT NIter DO BEGIN
        Point= * ACoff(CFun(i)) # # Point+ * TCoff(CFun[i])
        PLOTS,[100-Point[1]],[Point[0]],PSYM=3  &  i++
    ENDWHILE
END
```

;————————————————————————————————————

程序运行结果如图 6.12 所示。

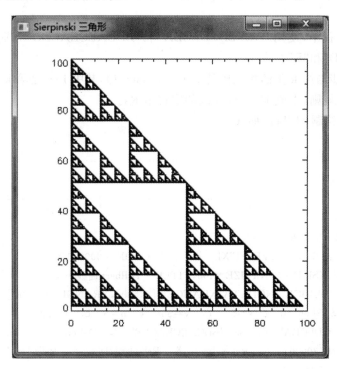

图 6.12　Von Koch 曲线绘制结果（n＝3）

6.2.4　Hilbert 曲线可视

Hilbert 曲线是直线段按照制定规律，通过顺时针或者逆时针旋转 90°组成基本生成元，然后再通过迭代生成的图形。Hilbert 曲线的示意图如图 6.13 所示。

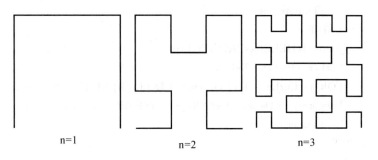

n=1　　　　　　n=2　　　　　　n=3

图 6.13　Hilbert 曲线（n＝1，2，3）

【例 6.10】　使用递归运算，绘制 Hilbert 曲线。

分析：根据 Hilbert 曲线的结构可以看出，其基本生成元是图 6.13 中 n＝1 时的图形，然后按照指定比例缩小生成元，并依次去替换基本生成元的各条线段。具体方法：

（1）使用字符 A，B，C 分别表示逆时针旋转 θ、顺时针旋转 θ 度、在当前位置的当前方向绘制长度为 SLen 的线段。

（2）初始化基本生成元的初始字符串 Rs＝"DZ"；旋转角度为 90°；线段长度 SLen＝400 个像素。

（3）在迭代过程中，使用"AECBDCDBCEA"和"BDCAECEACDB"分别替换上一次字符串 Sd 和 Se 中的"D"和"E"。

（4）第 k＋1 步与第 k 步的相似比是 Len ／（2Len＋1），其中 Len 是第 k 步的线段长度。

（5）根据上述规则，生成 Hilbert 曲线的字符串 Rs。

（6）根据 Rs，绘制 Hilbert 曲线。

程序如下：

```
;-------------------------------------------------------

; Ch06hilbert.pro

;-------------------------------------------------------
PRO Ch06hilbert
    DEVICE, DECOMPOSED=1
    ! P.BACKGROUND='FFFFFF'XL  &  ! P.COLOR='000000'XL
    WINDOW,6,XSIZE=400,YSIZE=400,TITLE='Hillbert 曲线 '
    PLOT,[0],/DEVICE,/NODATA,XRANGE=[0,500],YRANGE=[0,500]
    Angle=0  &  SLen=0  &  x=50  &  y=50  &  n=6  &  l=400
    Sd='AECBDCDBCEA'  &  Se='BDCAECEACDB'  &  DeLen=11 &  m=0
    Rs=STRARR(30000)  &  Rs[*]=''  &  Rs[0]=['D']  &  Rs[1]=['Z']
    FOR i=0,n-1 DO BEGIN
        m=2*m+1  &  SLen=l/m  &  j=0
        WHILE Rs[j] NE 'Z' DO BEGIN
            IF (Rs[j] EQ 'D') OR (Rs[j] EQ 'E') THEN BEGIN
                IF Rs[j] EQ 'D' THEN BEGIN
                    TmpStr=Sd
                ENDIF ELSE IF Rs[j] EQ 'E' THEN BEGIN
                    TmpStr=Se
                ENDIF
                Tmp=WHERE(Rs NE '',PreLen)
                CurLen=PreLen+DeLen-1
                FOR k=CurLen-1,j+DeLen,-1 DO Rs[k]=Rs[k-DeLen+1]
                FOR k=j,j+DeLen-1 DO Rs[k]=STRMID(TmpStr,k-j,1)
                j+=DeLen-1
            ENDIF
            j++
        ENDWHILE
    ENDFOR
    Tmp=WHERE(Rs NE '',PNo)
    FOR k=0,PNo-1 DO BEGIN
        IF Rs[k] EQ 'A' THEN BEGIN
            Angle+=! PI/2
```

```
        ENDIF ELSE IF Rs[k] EQ 'B' THEN BEGIN
            Angle－＝! PI/2
        ENDIF ELSE IF Rs[k] EQ 'C' THEN BEGIN
            x＝x＋SLen * COS(Angle)    &    y＝y＋SLen * SIN(Angle)
            Tx＝x－SLen * COS(Angle)    &    Ty＝y－SLen * SIN(Angle)
            PLOTS,[x,Tx],[y,Ty],COLOR＝'000000'XL
        ENDIF
    ENDFOR
END
;－－－－－－－－－－－－－－－－－－－－－－－－－－－－－－－－－－－
```

程序运行结果如图 6.14 所示。

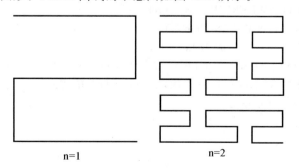

图 6.14　Hilbert 曲线绘制结果（n＝6）

6.2.5　Peano 曲线可视

Peano 曲线是直线段按照制定规律,通过顺时针或者逆时针旋转 90°组成基本生成元,然后再通过迭代生成的图形。Peano 曲线的示意图如图 6.15 所示。

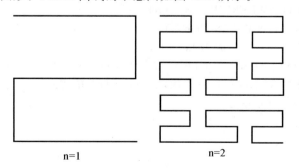

n=1　　　　　　　　　n=2

图 6.15　Peano 曲线（n＝1,2）

【例 6.11】 使用递归运算,绘制 Peano 曲线。

分析:根据 Peano 曲线的结构可以看出,其基本生成元是图 6.15 中 n=1 时的图形,然后按照指定比例缩小生成元,并依次去替换基本生成元的各条线段。具体方法:

(1) 和(2)同例 6.10。

(3)[11]在迭代过程中,使用"DCECDBCBECDCEACADCECD"和"ECDCEACADCECDB-CBECDCE"分别去替换上一次字符串 Sd 和 Se 中的"D"和"E"。

(4) 第 k+1 步与第 k 步的相似比是 1 / 3,其中 Len 是第 k 步的线段长度。

(5) 根据上述规则,生成 Peano 曲线的字符串 Rs。

(6) 根据 Rs,绘制 Peano 曲线

说明:"字符串替换法"引自文献[11](下同)。

程序如下:

```
;——————————————————————————————————————————
; Ch06Peano.pro
;——————————————————————————————————————————
PRO Ch06Peano
    DEVICE, DECOMPOSED=1
    !P.BACKGROUND='FFFFFF'XL  &  !P.COLOR='000000'XL
    WINDOW,6,XSIZE=400,YSIZE=400,TITLE='Peano 曲线 '
    PLOT,[0],/DEVICE,/NODATA,/ISOTROPIC,XRANGE=[0,400],YRANGE=[0,400]
    Angle=0 & SLen=400 & x=40 & y=360 & n=4
    Sd='DCECDBCBECDCEACADCECD' & Se='ECDCEA0CADCECDBCBECDCE'
Rs=STRARR(50000)  &  Rs[*]=''  &  Rs[0]=['D']  &  Rs[1]=['Z']
FOR i=0,n-1 DO BEGIN
    SLen/=3  &  j=0
    WHILE Rs[j] NE 'Z' DO BEGIN
      IF (Rs[j] EQ 'D') OR (Rs[j] EQ 'E') THEN BEGIN
        IF Rs[j] EQ 'D' THEN BEGIN
          TmpStr=Sd
        ENDIF ELSE IF Rs[j] EQ 'E' THEN BEGIN
          TmpStr=Se
        ENDIF
        Tmp=WHERE(Rs NE '',PreLen)
        DeLen=STRLEN(TmpStr)
        CurLen=PreLen+DeLen-1
        FOR k=CurLen-1,j+DeLen,-1 DO Rs[k]=Rs[k-DeLen+1]
        FOR k=j,j+DeLen-1 DO Rs[k]=STRMID(TmpStr,k-j,1)
        j+=DeLen-1
      ENDIF
      j++
    ENDWHILE
ENDFOR
Tmp=WHERE(Rs NE '',PNo)
```

```
    FOR k=0,PNo-1 DO BEGIN
        IF Rs[k] EQ 'A' THEN BEGIN
            Angle+=! PI/2
        ENDIF ELSE IF Rs[k] EQ 'B' THEN BEGIN
            Angle-=! PI/2
        ENDIF ELSE IF Rs[k] EQ 'C' THEN BEGIN
            x=x+SLen*COS(Angle)    &    y=y+SLen*SIN(Angle)
            Tx=x-SLen*COS(Angle)   &    Ty=y-SLen*SIN(Angle)
            PLOTS,[x,Tx],[y,Ty,FIX(y)],COLOR='000000'XL
        ENDIF
    ENDFOR
END
```

;———

程序运行结果如图 6.16 所示。

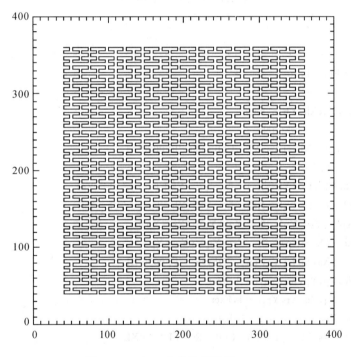

图 6.16　Peano 曲线绘制结果(n=4)

6.2.6　正方形分形可视

正方形分形的构造过程是首先对单位正方形的各边三等分,然后取出各边的中间部分,并绘制向外凸起的正方形,再者对凸起的正方形的 3 条边,依次重复上述操作。

正方形分形的示意图如图 6.17 所示。

【例 6.12】　使用递归运算,绘制正方形分形。

分析:根据正方形分形的结构可以看出,其基本生成元是图 6.17 中 n=1 时的图形,然后

对凸起的正方形的 3 条边,使用递归运算依次重复前述操作。具体方法:

(1) 构造递归程序 MySide,实现:在 n=0 时,绘制正方形;在 n=1 时,绘制 4 边凸起的正方形分形。

(2) 设置初始绘制正方形的中心在(XCenter,YCenter),即(250,250)处。

(3) 设置初始绘制正方形的边长为 2Txy,即 220。

(4) 对于指定的 n,分别对正方形的 4 条边依次调用递归程序 MySide。

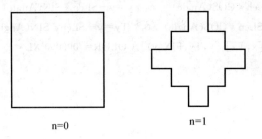

n=0   n=1

图 6.17　正方形分形(n=1,2)

程序如下:

```
;——————————————————————————————————————————————————
; SquCh06SquareFractal.pro
;——————————————————————————————————————————————————
PRO MySide,Xa,Ya,Xb,Yb,n,Fact
    IF (n EQ 0) THEN BEGIN
        PLOTS,[Xa,Xb],[Ya,Yb],COLOR='FF0000'XL
    ENDIF ELSE BEGIN
        Xp=Xa+Fact*(Xb-Xa)   &   Yp=Ya+Fact*(Yb-Ya)
        Xs=Xb-Fact*(Xb-Xa)   &   Ys=Yb-Fact*(Yb-Ya)
        Xq=Xp+(Ys-Yp)   &   Yq=Yp-(Xs-Xp)
        Xr=Xq+(Xs-Xp)   &   Yr=Yq+(Ys-Yp)
        PLOTS,[Xa,Xp],[Ya,Yp],COLOR='FF0000'XL
        MySide,Xp,Yp,Xq,Yq,n-1,Fact
        MySide,Xq,Yq,Xr,Yr,n-1,Fact
        MySide,Xr,Yr,Xs,Ys,n-1,Fact
        PLOTS,[Xs,Xb],[Ys,Yb],COLOR='FF0000'XL
    ENDELSE
END
;——————————————————————————————————————————————————
PRO SquCh06SquareFractal
    DEVICE, DECOMPOSED=1
    ! P.BACKGROUND='FFFFFF'XL   &   ! P.COLOR='000000'XL
    WINDOW,6,XSIZE=400,YSIZE=400,TITLE=' 正方形分形 '
    PLOT,[0],/DEVICE,/NODATA,/ISOTROPIC,XRANGE=[0,500],YRANGE=[0,500]
    XCenter=500D/2   &   YCenter=500D/2
    Fact=0.32   &   n=4   &   Txy=110
```

PLOTS,XCenter－Txy,YCenter－Txy

MySide,XCenter－Txy,YCenter－Txy,XCenter＋Txy,YCenter－Txy,n,Fact

MySide,XCenter＋Txy,YCenter－Txy,XCenter＋Txy,YCenter＋Txy,n,Fact

MySide,XCenter＋Txy,YCenter＋Txy,XCenter－Txy,YCenter＋Txy,n,Fact

MySide,XCenter－Txy,YCenter＋Txy,XCenter－Txy,YCenter－Txy,n,Fact

END

;—————————————————————————————————————

程序运行结果如图 6.18 所示。

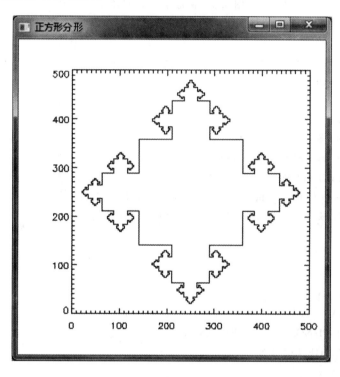

图 6.18　正方形分形绘制结果(n＝4)

6.2.7　圆形分形可视

圆形分形的构造过程是首先绘制单位圆,然后在圆的四周绘制 n 个小圆,依次重复上述操作。

圆形分形的示意图如图 6.19 所示。

【例 6.13】　使用递归运算,绘制圆形分形。

分析:根据圆形分形的结构可以看出,其基本生成元是图 6.19 中 n＝2 时的图形,然后对每一个卫星圆,使用递归运算依次重复前述操作。具体方法:

(1) 构造递归程序 MyCircle,实现 n＞1 时,绘制圆及其卫星。

(2) 构造绘制母圆的程序 SCircle,实现绘制每级的母圆。

(3) 对于指定的 n,调用递归程序 MyCircle。

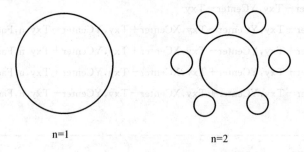

n=1　　　　　　n=2

图 6.19　圆形分形(n=1,2)

程序如下：

```
;------------------------------------------------
; Ch06CircleFractal.pro
;------------------------------------------------
PRO SCircle,x,y,r
    n=30*r+8  &  Theta=2*!PI/n
    PLOTS,[x+r,x+r],[y,y],COLOR='FF0000'XL
    FOR i=1,n DO BEGIN
        Tx=x+r*COS(i*Theta)  &  Ty=y+r*SIN(i*Theta)
        PLOTS,Tx,Ty,COLOR='FF0000'XL,/CONTINUE
    ENDFOR
END
;------------------------------------------------
PRO MyCircle,x,y,r,n,NCircle
    CCos=DBLARR(NCircle)  &  CSin=DBLARR(NCircle)
    Theta=2*!PI/NCircle  &  Fr=0.3*r
    IF (n GT 0) THEN BEGIN
        SCircle,x,y,r
        FOR i=0,NCircle-1 DO BEGIN
            CCos[i]=2*COS(i*Theta)  &  CSin[i]=2*SIN(i*Theta)
            MyCircle,x+r*CCos[i],y+r*CSin[i],Fr,n-1,NCircle
        ENDFOR
    ENDIF
END
;------------------------------------------------
PRO Ch06CircleFractal
    DEVICE, DECOMPOSED=1
    !P.BACKGROUND='FFFFFF'XL  &  !P.COLOR='000000'XL
    WINDOW,6,XSIZE=500,YSIZE=500,TITLE='圆形分形'
    PLOT,[0],/DEVICE,/NODATA,/ISOTROPIC,XRANGE=[0,500],YRANGE=[0,500]
    n=5  &  r=80D  &  NCircle=6
    MyCircle,250.0,250.0,r,n,NCircle
```

END

;— —

程序运行结果如图 6.20 所示。

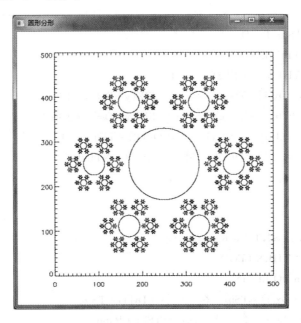

图 6.20　圆形分形绘制结果(n=5)

6.2.8　多边形分形可视

多边形分形的构造过程是首先绘制单位多边形,然后在多边形的四周绘制 n 个小多边形,依次重复上述操作。多边形分形的示意图如图 6.21 所示。

【例 6.14】　使用递归运算,绘制多边形分形。

分析:根据多边形分形的结构可以看出,其基本生成元是图 6.21 中 n=1 时的图形,然后对每一个卫星多边形,使用递归运算依次重复前述操作。具体方法:

(1) 构造递归程序 MyPoly,实现 n>1 时,绘制多边形及其卫星。

(2) 构造绘制母圆的程序 SPoly,实现绘制每级的母多边形。

(3) 对于指定的 n,调用递归程序 MyPoly。

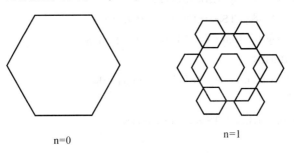

图 6.21　多边形分形(n=0,1)

程序如下：

```
;——————————————————————————————————————

; Ch06PolyFractal.pro

;——————————————————————————————————————

PRO SPoly,x,y,n,TSize,Dx,Dy
    FOR i=1,n DO BEGIN
        IF i EQ n THEN j=1 ELSE j=i+1
        x1=FIX(x+Dx[i] * TSize)   &.   y1=FIX(y+Dy[i] * TSize)
        x2=FIX(x+Dx[j] * TSize)   &.   y2=FIX(y+Dy[j] * TSize)
        PLOTS,[x1,x1],[y1-50,y1-50],COLOR='FF0000'XL
        PLOTS,x2,y2-50,COLOR='FF0000'XL,/CONTINUE
    ENDFOR
END

;——————————————————————————————————————

PRO MyPoly,x,y,n,Level,TSize,Ratio,Dx,Dy
    IF (Level GT 0) THEN BEGIN
        FOR i=0,n DO BEGIN
            xx=x+Dx[i] * TSize   &.   yy=y+Dy[i] * TSize
            Level1=Level-1      &.   size1=TSize * Ratio
            MyPoly,xx,yy,n,Level1,size1,Ratio,Dx,Dy
        ENDFOR
    ENDIF
    SPoly,x,y,n,TSize,Dx,Dy
END

;——————————————————————————————————————

PRO Ch06PolyFractal
    DEVICE, DECOMPOSED=1
    ! P.BACKGROUND='FFFFFF'XL  &.  ! P.COLOR='000000'XL
    WINDOW,6,XSIZE=500,YSIZE=400,TITLE='多边分形'
    PLOT,[0],/DEVICE,/NODATA,/ISOTROPIC,XRANGE=[0,500],YRANGE=[0,400]
    Dx=DBLARR(20)  &.  Dy=DBLARR(20)
    n=6  &.  Level=3  &.  TSize=120.0 &.  Ratio=0.4
    Dx[0]=0.0  &.  Dy[0]=0.0  &.  Theta=2.0 * ! PI/n
    FOR i=1,n DO BEGIN
        Dx[i]= SIN(i * theta)  &.  Dy[i]=-COS(i * theta)
    ENDFOR
    MyPoly,250.0,250.0,n,Level,TSize,Ratio,Dx,Dy
END

;——————————————————————————————————————
```

程序运行结果如图 6.22 所示。

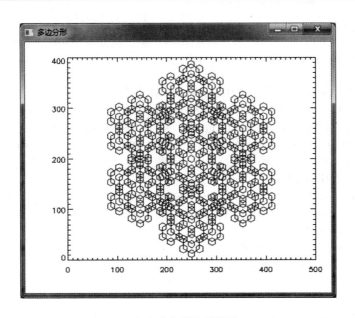

图 6.22　多边形分形绘制结果(n=3)

6.2.9　分形树可视

树木和水草是利用分形进行自然景物仿真的方法之一,仿真效果逼真。下面给出树、树叶、树枝和水草等的分形仿真过程及其实现方法。

1. 二叉分形树

二叉分形树的构造过程是首先绘制单位树干,然后在树干上端向两侧绘制两个树枝,依次重复上述操作。

二叉分形树的示意图如图 6.23 所示。

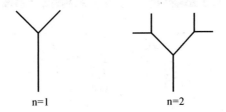

图 6.23　二叉树分形(n=1,2)

【例 6.15】　使用递归运算,绘制二叉分形树。

分析:显然,二叉分形树的基本生成元是图 6.23 中 n=1 时的图形,然后对每一个树枝,使用递归运算依次重复前述操作。具体方法:

(1) 构造递归程序 MyBinaryTree,实现 n≥1 时,绘制每级的树干及其树枝。

(2) 对于指定的 n,调用递归程序 MyBinaryTree。

程序如下:

```
; Ch06BinaryTree.pro
;—————————————————————————————————————————
PRO MyBinaryTree,Ax,Ay,Bx,By,n
    Fact=0.66
    PLOTS,[Ax,Bx],[Ay,By],COLOR='FF0000'XL
    Px=Bx+COS(!PI/4)*(Bx-Ax)*Fact-SIN(!PI/4)*(By-Ay)*Fact
    Py=By+SIN(!PI/4)*(Bx-Ax)*Fact+COS(!PI/4)*(By-Ay)*Fact
    Qx=Bx+COS(!PI/4)*(Bx-Ax)*Fact+SIN(!PI/4)*(By-Ay)*Fact
    Qy=By-SIN(!PI/4)*(Bx-Ax)*Fact+COS(!PI/4)*(By-Ay)*Fact
    IF (n EQ 1) THEN BEGIN
        PLOTS,[Bx,Px],[By,Py],COLOR='FF0000'XL
        PLOTS,[Bx,Qx],[By,Qy],COLOR='FF0000'XL
    ENDIF ELSE BEGIN
        MyBinaryTree,Bx,By,Px,Py,n-1
        MyBinaryTree,Bx,By,Qx,Qy,n-1
    ENDELSE
END
;—————————————————————————————————————————
PRO Ch06BinaryTree
    DEVICE, DECOMPOSED=1
    !P.BACKGROUND='FFFFFF'XL  &  !P.COLOR='000000'XL
    WINDOW,6,XSIZE=500,YSIZE=400,TITLE='二叉分形树'
    PLOT,[0],/DEVICE,/NODATA,XRANGE=[-300,300],YRANGE=[0,600]
    n=9  &  Ax=0  &  Bx=0  &  Ay=0  &  By=220
    MyBinaryTree,Ax,Ay,Bx,By,n
END
;—————————————————————————————————————————
```

程序运行结果如图 6.24 所示。

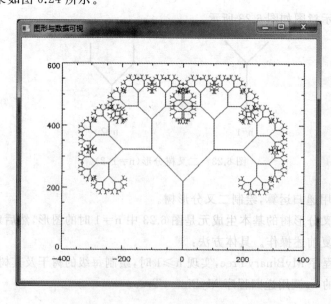

图 6.24　二叉分形树绘制结果(n=9)

2. 松树可视

松树的构造过程是直线段按照制定规律,通过顺时针或者逆时针旋转预设的角度组成基本生成元,然后再通过迭代生成的图形。

松树的示意图如图 6.25 所示。

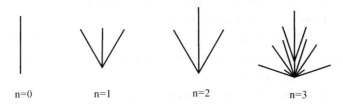

n=0　　　　n=1　　　　n=2　　　　n=3

图 6.25　松树(n=0,1,2,3)

【例 6.16】　使用递归运算,绘制如图 6.26 所示的松树。

分析:根据松树的结构可以看出,其基本生成元是图 6.25 中 n=0,1,2,3 时的图形,然后按照可变的预设的比例缩小生成元,并依次去替换基本生成元的各条线段。具体方法:

(1) 使用字符 A 和 B 分别表示逆时针旋转 Angle 和顺时针旋转 Angle。

(2) 使用字符 C 和 D 分别表示当前状态进栈和最近状态出栈。

(3) 使用字符 F 表示在当前位置的当前方向绘制长度为 SLen 的线段。

(4) 初始化基本生成元的初始字符串 Rs="JIFFFZ",旋转角度为 ±π/10,线段长度为 SLen。

(5) 在迭代过程中,使用"EI""BHCAGDI""AGCBHDI""CAFFFDCBFFFDF"和"CBBBGDCAAAGDEJ'"分别去替换上一次字符串 Sd,Se,Sh,Si 和 Sj 中的"D""E""H""I"和"J"。

(6) 第 k+1 步与第 k 步的相似比是可变的,通常根据实际需要进行调整。

(7) 根据上述规则,生成松树的字符串 Rs,再根据 Rs,绘制松树。

程序如下:

```
;—————————————————————————————
; Ch06PineTree.pro
;—————————————————————————————
PRO Ch06PineTree
    DEVICE, DECOMPOSED=1
    ! P.BACKGROUND='FFFFFF'XL  &  ! P.COLOR='000000'XL
    WINDOW,6,XSIZE=500,YSIZE=400,TITLE=' 松树 '
    PLOT,[0],/DEVICE,/NODATA,/ISOTROPIC,XRANGE=[0,600],YRANGE=[0,500]
    Angle=! PI/2 &  SLen=1200 &  x=330 &  y=20 &  n=9 &  StackPtr=0
    CurX=DBLARR(500) &  CurY=DBLARR(500)  &  CurAngle=DBLARR(500)
    Rs=STRARR(40000)
    Rs[0]=['J']  &  Rs[1]=['I']  &  Rs[2:4]=['F']  &  Rs[5]=['Z']
    Fl=[0.3,0.3,0.9,0.9,0.66,0.66,0.7,0.7,0.8,0.8,0.9]
    Se='EI'  &  Sg='BHCAGDI'
    Sh='AGCBHDI'  &  Si='CAFFFDCBFFFDF'  &  Sj='CBBBGDCAAAGDEJ'
```

```
FOR i=0,n-1 DO BEGIN
    Slen=SLen * Fl[i]  &  j=0
        WHILE Rs[j] NE 'Z' DO BEGIN
            IF (Rs[j] EQ 'E') OR (Rs[j] EQ 'G') OR (Rs[j] EQ 'H') OR $
                (Rs[j] EQ 'I') Or (Rs[j] EQ 'J') THEN BEGIN
                IF Rs[j] EQ 'E' THEN BEGIN
                    TmpStr=Se
            ENDIF ELSE IF Rs[j] EQ 'G' THEN BEGIN
                    TmpStr=Sg
            ENDIF ELSE IF Rs[j] EQ 'H' THEN BEGIN
                    TmpStr=Sh
            ENDIF ELSE IF Rs[j] EQ 'I' THEN BEGIN
                    TmpStr=Si
            ENDIF ELSE IF Rs[j] EQ 'J' THEN BEGIN
                    TmpStr=Sj
                ENDIF
                Tmp=WHERE(Rs NE '',PreLen)
                EjLen=STRLEN(TmpStr)
                CurLen=PreLen+EjLen-1
                FOR k=CurLen-1,j+EjLen,-1 DO Rs[k]=Rs[k-EjLen+1]
                FOR k=j,j+EjLen-1 DO Rs[k]=STRMID(TmpStr,k-j,1)
                j+=EjLen-1
            ENDIF
            j++
        ENDWHILE
ENDFOR
Tmp=WHERE(Rs NE '',PNo)
FOR k=0,PNo-1 DO BEGIN
    IF Rs[k] EQ 'A' THEN BEGIN
        Angle+=! PI/10
    ENDIF ELSE IF Rs[k] EQ 'B' THEN BEGIN
        Angle-=! PI/10
    ENDIF ELSE IF Rs[k] EQ 'C' THEN BEGIN
        CurX[StackPtr]=x  &  CurY[StackPtr]=y
        CurAngle[StackPtr]=Angle  &  StackPtr++
    ENDIF ELSE IF Rs[k] EQ 'D' THEN BEGIN
        StackPtr--  &  x=CurX[StackPtr]  &  y=CurY[StackPtr]
        Angle=CurAngle[StackPtr]
    ENDIF ELSE IF Rs[k] EQ 'F' THEN BEGIN
        x+=SLen * COS(Angle)  &  y+=SLen * SIN(Angle)
        Tx=FIX(x-SLen * COS(Angle))  &  Ty=FIX(y-SLen * SIN(Angle))
        PLOTS,[Tx,FIX(x)],[Ty,FIX(y)],COLOR='FF0000'XL
    ENDIF
```

```
    ENDFOR
END
```
;——

程序运行结果如图 6.26 所示。

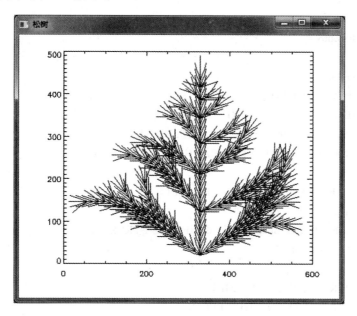

图 6.26　松树绘制结果(n＝9)

3. 水草可视

水草的构造过程是直线段按照制定规律,通过顺时针或者逆时针旋转预设的角度组成基本生成元,然后再通过迭代调用基本生成元来生成水草。

水草的示意图如图 6.27 所示。

n＝0　　　　　　　　　　n＝1

图 6.27　水草(n＝0,1)

【**例 6.17**】　使用递归运算,绘制如图 6.28 所示的水草。

分析:根据水草的结构可以看出,其基本生成元是图 6.27 中 n＝0,1 时的图形,然后按照可变的预设的比例缩小生成元,并依次去替换基本生成元的各条线段。具体方法:

(1) 使用字符 A 和 B 分别表示逆时针旋转 Angle 和顺时针旋转 Angle。

(2) 使用字符 C 和 D 分别表示当前状态进栈和最近状态出栈。

(3) 使用字符 F 表示在当前位置的当前方向绘制长度为 SLen 的线段。

(4) 初始化基本生成元的初始字符串 Rs＝"FZ",旋转角度为 ±1.5π/12,线段长度为 SLen。

（5）在迭代过程中，使用"FFACAFBFBFDBCBFAFAFD"去替换上一次字符串 Fs 中的"F"。

（6）根据上述规则，生成水草的字符串 Rs，再根据 Rs，绘制水草。

程序如下：

```
;─────────────────────────────────────────────────
; Ch06WaterGlass.pro
;─────────────────────────────────────────────────
PRO Ch06WaterGlass
    DEVICE, DECOMPOSED=1
    ! P.BACKGROUND='FFFFFF'XL  &  ! P.COLOR='000000'XL
    WINDOW,6,XSIZE=500,YSIZE=400,TITLE=' 水草 '
    PLOT,[0],/DEVICE,/NODATA,XRANGE=[0,600],YRANGE=[0,400]
    Angle=! PI/2  &  SLen=10  &  x=250  &  y=20  &  n=4  &  StackPtr=0
    CurX=DBLARR(400)  &  CurY=DBLARR(400)  &  CurAngle=DBLARR(400)
    Rs=STRARR(30000)  &  Rs[0]=['F']  &  Rs[1]=['Z']
    Fs='FFACAFBFBFDBCBFAFAFD'  &  FsLen=STRLEN(Fs)
    FOR i=0,n−1 DO BEGIN
        j=0
        WHILE Rs[j] NE 'Z' DO BEGIN
            IF (Rs[j] EQ 'F') THEN BEGIN
                Tmp=WHERE(Rs NE '',PreLen)
                CurLen=PreLen+FsLen−1
                FOR k=CurLen−1,j+FsLen,−1 DO Rs[k]=Rs[k−FsLen+1]
                FOR k=j,j+FsLen−1 DO Rs[k]=STRMID(Fs,k−j,1)
                j+=FsLen−1
            ENDIF
            j++
        ENDWHILE
    ENDFOR
    Tmp=WHERE(Rs NE '',PNo)
    FOR k=0,PNo−1 DO BEGIN
        IF Rs[k] EQ 'A' THEN BEGIN
            Angle+=1.5 * ! PI/12
        ENDIF ELSE IF Rs[k] EQ 'B' THEN BEGIN
            Angle−=1.5 * ! PI/12
        ENDIF ELSE IF Rs[k] EQ 'C' THEN BEGIN
            CurX[StackPtr]=x  &  CurY[StackPtr]=y
            CurAngle[StackPtr]=Angle  &  StackPtr++
        ENDIF ELSE IF Rs[k] EQ 'D' THEN BEGIN
            StackPtr−−  &  x=CurX[StackPtr]  &  y=CurY[StackPtr]
            Angle=CurAngle[StackPtr]
        ENDIF ELSE IF Rs[k] EQ 'F' THEN BEGIN
```

$$x=x+SLen*COS(Angle)\quad\&\quad y=y+SLen*SIN(Angle)$$
$$u=x-SLen*COS(Angle)\quad\&\quad v=y-SLen*SIN(Angle)$$
$$PLOTS,[v,y],[u,x],COLOR='FF0000'XL$$

    ENDIF

  ENDFOR

END

;————————————————————————————————————

程序运行结果如图 6.28 所示。

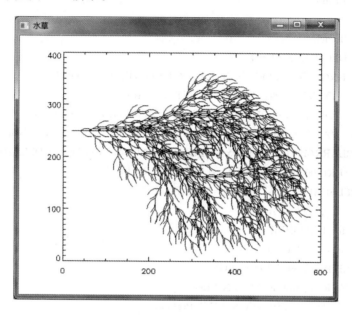

图 6.28　水草绘制结果(n=4)

4. 树枝可视

树枝的构造过程是直线段按照制定规律,通过顺时针或者逆时针旋转预设的角度组成基本生成元,然后再通过迭代调用基本生成元来生成树枝。

树枝的示意图如图 6.29 所示。

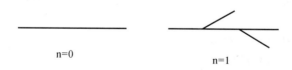

图 6.29　二树枝(n=1,2)

【例 6.18】　使用递归运算,绘制如图 6.30 所示的树枝。

分析:树枝的基本生成元是图 6.29 中 n=0,1 时的图形,然后,使用递归运算依次重复前述操作。具体方法:

(1)使用字符 A 和 B 分别表示逆时针旋转 Angle 和顺时针旋转 Angle。

(2)使用字符 C 和 D 分别表示当前状态进栈和最近状态出栈。

（3）使用字符 F 表示在当前位置的当前方向绘制长度为 SLen 的线段。

（4）初始化基本生成元的初始字符串 Rs＝"FZ"，旋转角度为±π/6，线段长度为 SLen。

（5）在迭代过程中，使用"FCBFDFCAFDF"去替换上一次字符串 Fs 中的"F"。

（6）每一步的迭代步长依次为 0.3,0.3,0.9,0.9,0.6,0.6 等。

（7）根据上述规则，生成松树的字符串 Rs；再根据 Rs，绘制树枝。

程序如下：

```
;——————————————————————————————————————————
; Ch06TreeBranch.pro
;——————————————————————————————————————————
PRO Ch06TreeBranch
    DEVICE, DECOMPOSED=1
    ! P.BACKGROUND='FFFFFF'XL  &  ! P.COLOR='000000'XL
    WINDOW,6,XSIZE=600,YSIZE=300,TITLE=' 树枝 '
    PLOT,[0],/DEVICE,/NODATA,XRANGE=[0,1000],YRANGE=[0,400]
    Angle=! PI/2  & SLen=150  &  x=220  &  y=50  &  n=4  &  StackPtr=0
    CurX=DBLARR(500)  &  CurY=DBLARR(500)  &  CurAngle=DBLARR(500)
    Rs=STRARR(30000)  &  Rs[0]=['F']  &  Rs[1]=['Z']
    Fs='FCBFDFCAFDF'  &  FsLen=STRLEN(Fs)
    Fl=[0.3,0.3,0.9,0.9,0.6,0.6]
    FOR i=0,n-1 DO BEGIN
        Slen=SLen * Fl[i]  &  j=0
        WHILE Rs[j] NE 'Z' DO BEGIN
            IF (Rs[j] EQ 'F') THEN BEGIN
                Tmp=WHERE(Rs NE '',PreLen)
                CurLen=PreLen+FsLen-1
                FOR k=CurLen-1,j+FsLen,-1 DO Rs[k]=Rs[k-FsLen+1]
                FOR k=j,j+FsLen-1 DO Rs[k]=STRMID(Fs,k-j,1)
                j+=FsLen-1
            ENDIF
            j++
        ENDWHILE
    ENDFOR
    Tmp=WHERE(Rs NE '',PNo)
    FOR k=0,PNo-1 DO BEGIN
        IF Rs[k] EQ 'A' THEN BEGIN
            Angle+=! PI/6
        ENDIF ELSE IF Rs[k] EQ 'B' THEN BEGIN
            Angle-=! PI/6
        ENDIF ELSE IF Rs[k] EQ 'C' THEN BEGIN
            CurX[StackPtr]=x  &  CurY[StackPtr]=y
            CurAngle[StackPtr]=Angle  &  StackPtr++
        ENDIF ELSE IF Rs[k] EQ 'D' THEN BEGIN
```

```
                 StackPtr－－  &  x＝CurX[StackPtr]  &  y＝CurY[StackPtr]
                 Angle＝CurAngle[StackPtr]
            ENDIF ELSE IF Rs[k] EQ 'F' THEN BEGIN
                 x+＝SLen * COS(Angle)  &  y+＝SLen * SIN(Angle)
                 Tx＝FIX(x－SLen * COS(Angle))  &  Ty＝FIX(y－SLen * SIN(Angle))
                 PLOTS,[y,Ty],[x,Tx],COLOR＝'FF0000'XL
            ENDIF
        ENDFOR
END
;————————————————————————————————————————————
```

程序运行结果如图 6.30 所示。

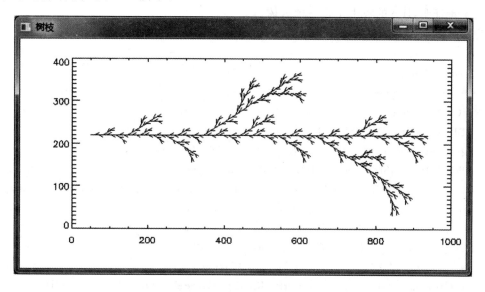

图 6.30　树枝绘制结果(n＝4)

5. 云树可视

云树的构造过程是首先构造函数迭代系 IFS,然后利用随机的概率来生成 IFS 的吸引子,并且使 IFS 的吸引子逼近云树。

【**例 6.19**】　使用 IFS,绘制如图 6.31 所示的云树。

分析:根据云树的结构构造 IFS 如下($n＝4$):

$$
\left.
\begin{aligned}
f_i(x) &= a_i x + b_i y + s_i \\
f_i(y) &= c_i x + d_i y + t_i
\end{aligned}
\right\} \quad (i = 1, 2, \cdots, n)
\tag{6.1}
$$

构造随机概率如下:

$$
\sum_{i=1}^{n} p_i = 1
\tag{6.2}
$$

其中:$\boldsymbol{A}_i = \begin{bmatrix} a_i & b_i \\ c_i & d_i \end{bmatrix}$, $p_i = \dfrac{\mathrm{abs}(|\boldsymbol{A}_i|)}{\sum\limits_{i=1}^{n} \mathrm{abs}(|\boldsymbol{A}_i|)}$($i = 1, 2, \cdots, n$)。

$$\left.\begin{array}{l}\boldsymbol{a}=[a_1,a_2,\cdots,a_n]\\\boldsymbol{b}=[b_1,b_2,\cdots,b_n]\\\boldsymbol{s}=[s_1,s_2,\cdots,s_n]\end{array}\right\} \qquad (6.3)$$

$$\left.\begin{array}{l}\boldsymbol{c}=(c_1,c_2,\cdots,c_n)\\\boldsymbol{d}=(d_1,d_2,\cdots,d_n)\\\boldsymbol{t}=(t_1,t_2,\cdots,t_n)\end{array}\right\} \qquad (6.4)$$

并且设计参数的具体值如下：

$\boldsymbol{a}=[0.0\quad 0.40\quad +0.4\quad 0.10],\boldsymbol{b}=[0.00\quad 0.5\quad 0.5\quad 0.0]$,$\boldsymbol{s}=[0.0\quad 0.00\quad 0.0\quad 0.00]$

$\boldsymbol{c}=[0.0\quad 0.40\quad -0.4\quad 0.00],\boldsymbol{d}=[0.36\quad 0.5\quad 0.5\quad 0.1],\boldsymbol{t}=[0.00\quad 160\quad 160\quad 160]$

$\boldsymbol{p}=[0.1\quad 0.45\quad +0.4\quad 0.05]$

则不难证明,IFS 的吸引子是一棵云树。

程序如下：

```
;———————————————————————————————————————————

; Ch06CloudTree.pro

;———————————————————————————————————————————
PRO Ch06CloudTree
    DEVICE, DECOMPOSED=1
    ! P.BACKGROUND='FFFFFF'XL  &  ! P.COLOR='FF0000'XL
    WINDOW,6,XSIZE=500,YSIZE=400,TITLE=' 云树 '
    PLOT,[0],/DEVICE,/NODATA,/ISOTROPIC,XRANGE=[0,600],YRANGE=[0,500]
    n=150000  &  x=0.0  &  y=0.0  &  TmpX=0.0  &  CurP=0.0
    a=[0.0,0.40,+0.4,0.10]  &  b=[0.00,-0.5,0.5,0.0]
    c=[0.0,0.40,-0.4,0.00]  &  d=[0.36,+0.5,0.5,0.1]
    s=[0.0,0.00,+0.0,0.00]  &  t=[0.00,+160,160,160]
    p=[0.1,0.45,+0.4,0.05]  &  CurP=RANDOMU(Seed,/DOUBLE)  &  i=1D
    WHILE i LE n DO BEGIN
        TmpX=x
        IF (CurP LT p[0]) THEN BEGIN
            x=a[0]*x+b[0]*y+s[0]  &  y=c[0]*TmpX+d[0]*y+t[0]
        ENDIF ELSE IF (CurP GT p[0] AND CurP LT p[0]+p[1]) THEN BEGIN
            x=a[1]*x+b[1]*y+s[1]  &  y=c[1]*TmpX+d[1]*y+t[1]
        ENDIF ELSE IF (CurP GT p[0]+p[1] AND $
                CurP LT p[0]+p[1]+p[2]) THEN BEGIN
            x=a[2]*x+b[2]*y+s[2]  &  y=c[2]*TmpX+d[2]*y+t[2]
        ENDIF ELSE BEGIN
            x=a[3]*x+b[3]*y+s[3]  &  y=c[3]*TmpX+d[3]*y+t[3]
                ENDELSE
        PLOTS,300+x,y,PSYM=3
        CurP=RANDOMU(Seed,/DOUBLE)  &  i++
    ENDWHILE
END
```

;———

程序运行结果如图 6.31 所示。

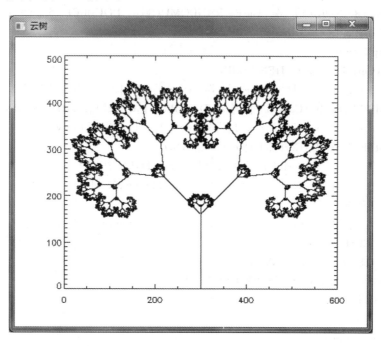

图 6.31　云树绘制结果(n=150 000)

6. 羊齿叶可视

羊齿叶(Bernsley)的构造过程与"云树"基本相同。

【例 6.20】　使用 IFS,绘制如图 6.32 所示的羊齿叶。

分析:根据羊齿叶的结构构造的 IFS 是满足 $n=4$ 以及如下条件的式(6.1)、式(6.2)、式(6.3)和式(6.4):

$a=\begin{bmatrix}0.0 & 0.86 & 0.20 & -0.2\end{bmatrix}, b=\begin{bmatrix}0.0 & 0.04 & -0.3 & 0.3\end{bmatrix}, s=\begin{bmatrix}0.0 & 0.00 & 0.00 & 0.0\end{bmatrix}$

$c=\begin{bmatrix}0.0 & -0.05 & 0.23 & 0.3\end{bmatrix}, d=\begin{bmatrix}0.16 & 0.86 & 0.2 & 0.3\end{bmatrix}, t=\begin{bmatrix}0.0 & 80.0 & 80.0 & 20\end{bmatrix}$

$p=\begin{bmatrix}0.01 & 0.80 & 0.09 & 0.1\end{bmatrix}$

不难看出,该 IFS 的吸引子是羊齿叶。

程序如下:

;———

; Ch06BarnsleyLeaf.pro

;———

```
PRO Ch06BarnsleyLeaf
    DEVICE, DECOMPOSED=1
    ! P.BACKGROUND='FFFFFF'XL  &  ! P.COLOR='FF0000'XL
    WINDOW,6,XSIZE=500,YSIZE=300,TITLE=' 图形与数据可视 '
    PLOT,[0],/DEVICE,/NODATA,XRANGE=[0,600],YRANGE=[0,300]
    n=160000  &  x=0.0  &  y=0.0  &  TmpX=0.0  &  CurP=0.0
    a=[0.0,0.86,0.20,-0.2]  &  b=[0.0,0.04,-0.3,0.3]
```

```
    c=[0.0,−0.05,0.23,0.3]   &   d=[0.16,0.86,0.2,0.3]
    e=[0.0,0.00, 0.00,0.0]   &   f=[0.0,80.0,80.0, 20]
    p=[0.01,0.80,0.09,0.1]   &   CurP=RANDOMU(Seed,/DOUBLE)   &   i=0D
    WHILE i LT n DO BEGIN
        TmpX=x
        IF (CurP LT p[0]) THEN BEGIN
            x=a[0]*x+b[0]*y+e[0]   &   y=c[0]*TmpX+d[0]*y+f[0]
        ENDIF ELSE IF (CurP GT p[0] AND CurP LT p[0]+p[1]) THEN BEGIN
            x=a[1]*x+b[1]*y+e[1]   &   y=c[1]*TmpX+d[1]*y+f[1]
        ENDIF ELSE IF (CurP GT p[0]+p[1] AND $
                       CurP LT p[0]+p[1]+p[2]) THEN BEGIN
            x=a[2]*x+b[2]*y+e[2]   &   y=c[2]*TmpX+d[2]*y+f[2]
        ENDIF ELSE BEGIN
            x=a[3]*x+b[3]*y+e[3]   &   y=c[3]*TmpX+d[3]*y+f[3]
        ENDELSE
        PLOTS,20+y,150+x,PSYM=3
        CurP=RANDOMU(Seed,/DOUBLE)   &   i++
    ENDWHILE
END
;————————————————————————————————————————————————————
```

程序运行结果如图 6.32 所示。

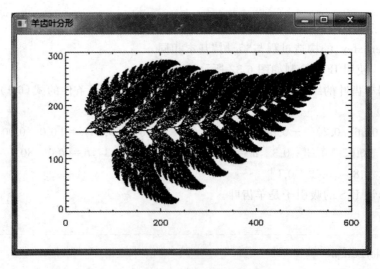

图 6.32　羊齿叶绘制结果(n=160 000)

6.2.10　山分形可视

山分形的构造过程是首先利用满足 $x_i < x_{i+1}(i=1,2,\cdots,n-1)$ 的分形插值点 $P=\{(x_i,$ $y_i):x_i,y_i\in\mathbf{R}(i=1,2,\cdots,n)\}$ 和插值因子,构造出迭代函数系 IFSF 及其吸引子 A,使得 A 是插值于 P 处的山分形,最后利用随机概率的迭代运算进行绘制。

【例 6.21】　使用分形插值和 IFS,绘制如图 6.33 所示的山分形。

分析:根据山的分形结构,构造的 IFS 是满足 $n=4$ 以及如下条件的式(6.1)、式(6.2)、式(6.3)和式(6.4),具体条件和数据如下:

(1) 给定插值点(x,y)及其插值次数 No:

No$=3$;$x=[0.0\quad 220.0\quad 320.0\quad 560.0]$,$y=[0.0\quad 120.0\quad 220.0\quad 60.0]$。

(2) 设定插值参数:$d=[0.0\quad 0.5\quad 0.2\quad 0.5]$。

(3) 构造 IFS 如下:

$$b=[x_{No}-x_0\quad x_{No}-x_0\quad x_{No}-x_0\quad x_{No}-x_0]$$

$$a_i=(x_i-x_{i-1})/b$$

$$c_i=(y_i-y_{i-1}-d_i*(y_{No}-y_0))/b$$

$$s_i=(x_{No}*x_{i-1}-x_0*x_i)/b$$

$$t_i=(x_{No}*y_{i-1}-x_0*y_i-d_i*(x_{No}*y_0-x_0*y_{No}))/b$$

(4) 利用 IFS 及其随机概率绘制山分形。

不难看出,该 IFS 的吸引子是山分形。

程序如下:

```
;----------------------------------------------------------------
; Ch06Mountain.pro
;----------------------------------------------------------------
PRO Ch06Mountain
    DEVICE, DECOMPOSED=1
    ! P.BACKGROUND='FFFFFF'XL  &  ! P.COLOR='FF0000'XL
    WINDOW,6,XSIZE=500,YSIZE=290,TITLE=' 山分形 '
    PLOT,[0],/DEVICE,/NODATA,/ISOTROPIC,XRANGE=[0,600],YRANGE=[0,300]
    n=150000  &  No=3  &  d=[0.0,0.5,0.2,0.5]
    x=[0.0,220.0,320.0,560.0]  &  y=[0.0,120.0,220.0,60.0]
    a=DBLARR(4)  &  c=DBLARR(4)  &  s=DBLARR(4)  &  t=DBLARR(4)
    u=0.0  &  v=0.0  &  b=x[No]-x[0]
    FOR i=1,No DO BEGIN
        a[i]=(x[i]-x[i-1])/b
        c[i]=(y[i]-y[i-1]-d[i]*(y[No]-y[0]))/b
        s[i]=(x[No]*x[i-1]-x[0]*x[i])/b
        t[i]=(x[No]*y[i-1]-x[0]*y[i]-d[i]*(x[No]*y[0]-x[0]*y[No]))/b
    ENDFOR  &  i=0D
    print, a,b,c,d,s,t
    WHILE i LT n DO BEGIN
        RandN=FIX(No*RANDOMU(Seed,/DOUBLE))+1
        NewX=a[RandN]*u+s[RandN]
        NewY=c[RandN]*u+d[RandN]*v+t[RandN]
        u=NewX  &  v=NewY
        PLOTS,u,v,PSYM=3  &  i++
    ENDWHILE
```

END

;———————————————————————————————————

程序运行结果如图 6.33 所示。

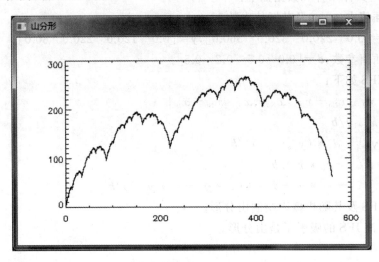

图 6.33　山分形绘制结果(n＝150000)

6.2.11　龙分形可视

龙分形的构造过程是使用双参数及其边界条件,构造 x 和 y 的参数方程,并最终通过迭代运算来实现。

【例 6.22】　使用双参数方程及其边界条件,绘制如图 6.34 所示的龙分形。

分析:根据龙的分形结构,构造的双参数方程及其边界条件如下:

$$\begin{cases} x(u,v)=u^2+v^2-a \\ y(u,v)=2uv-b \end{cases} u^2+v^2>r;r\in\mathbf{R};u,v\in\mathbf{Z};a,b\in[0,1]$$

不难看出,如果 $i\in\{-300,\cdots,300\}$,$u=i/180$;$j\in\{-250,\cdots,250\}$,$v=i/200$;$r=5$;则满足上述参数的数据点的集合是龙分形。

程序如下:

```
;—————————————————————————————————
; Ch06Dragon.pro
;—————————————————————————————————
PRO Ch06Dragon
    DEVICE, DECOMPOSED=1
    ! P.BACKGROUND='FFFFFF'XL  &  ! P.COLOR='FF0000'XL
    WINDOW,6,XSIZE=500,YSIZE=300,TITLE='龙分形'
    PLOT,[0],/DEVICE,/NODATA,XRANGE=[-260,260],YRANGE=[-200,200]
    a=0.8  &  b=0.11
    FOR i=-300D,300 DO BEGIN
        FOR j=-250D,250 DO BEGIN
            u=i/180  &  v=j/200
```

```
      FOR k=0,29 DO BEGIN
          x=u^2−v^2−a   &   y=2*u*v−b
          IF (u² + v²) GE 5.0 THEN BREAK
          u=x   &   v=y
      ENDFOR
      IF (k EQ 30) THEN BEGIN
          PLOTS,i,j,COLOR='FF0000'XL,PSYM=3
      ENDIF
    ENDFOR
  ENDFOR
END
```

;——

程序运行结果如图 6.34 所示。

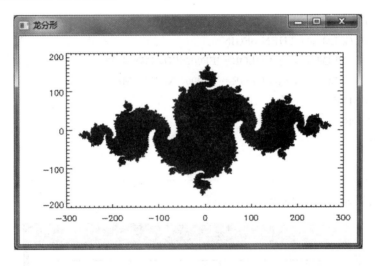

图 6.34　龙分形绘制结果(n=160000)

在 [0,1] 的范围内,改变 a 和 b 的值,可以得到更多美丽的分形图案。

6.2.12　心脏分形可视

心脏分形的构造过程于龙分形的基本相同。

【例 6.23】　使用双参数方程及其边界条件,绘制如图 6.35 所示的心脏分形。

分析:根据心脏的分形结构,构造的双参数方程及其边界条件如下:

$$\begin{cases} x(u,v)=u^2−v^2−a \\ y(u,v)=2uv−b \end{cases} \qquad x^2+y^2>r;r\in\mathbf{R};u,v\in\mathbf{Z};a,b\in[0,1]$$

如果 $i\in\{0,\cdots,600\}$,$u=i/200−0.76$;$j\in\{−250,\cdots,250\}$,$v=i/250$;$r=9$;则满足上述参数的数据点的集合是心脏分形。

程序如下:

;——

; Ch06Heart.pro

```
;──────────────────────────────────────────────────
PRO Ch06Heart
    DEVICE, DECOMPOSED=1
    ! P.BACKGROUND='FFFFFF'XL  &  ! P.COLOR='FF0000'XL
    WINDOW,6,XSIZE=500,YSIZE=400,TITLE='心脏分形'
    PLOT,[0],/DEVICE,/NODATA,XRANGE=[0,600],YRANGE=[-260,260]
    FOR i=0D,600 DO BEGIN
        FOR j=-250D,250 DO BEGIN
            u=i/200-0.76  &  v=j/250.0  &  x=0.0  &  y=0.0
            FOR k=0,29 DO BEGIN
                m=x^2-y^2-u  &  n=2*x*y-v
                IF (m^2+n^2) GE 9.0 THEN BREAK
                x=m  &  y=n
            ENDFOR
            IF (k EQ 30) THEN BEGIN
                PLOTS,i,-j,COLOR='FF0000'XL,PSYM=3
                PLOTS,i,+j,COLOR='FF0000'XL,PSYM=3
            ENDIF
        ENDFOR
    ENDFOR
END
;──────────────────────────────────────────────────
```

程序运行结果如图 6.35 所示。

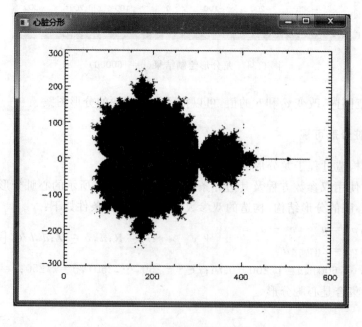

图 6.35　心脏分形绘制结果

6.2.13　塔分形可视

塔分形的构造过程与龙分形的基本相同。

【例 6.24】　使用双参数方程及其边界条件,绘制如图 6.36 所示的塔分形。

分析:根据塔的分形结构,构造的双参数方程及其边界条件如下:

$$\begin{cases} x(u,v) = \dfrac{2u}{3} + \dfrac{u^2 - v^2}{3\,(u^2+v^2)^2} \\ y(u,v) = \dfrac{2v}{3} + \dfrac{2uv}{3\,(u^2+v^2)^2} \end{cases}\text{,其中:}(x-1)^2 + y^2 > r\,;r \in \mathbf{R}\,;u,v \in \mathbf{Z}$$

如果 $u,v \in \{-200,\cdots,200\}$, $x=i/136$, $y=i/100$; $r=0.01$;则满足上述参数的数据点的集合是塔分形。

程序如下:

```
;———————————————————————————————————————————
; Ch06Tower.pro
;———————————————————————————————————————————
PRO Ch06Tower
    DEVICE, DECOMPOSED=1
    ! P.BACKGROUND='FFFFFF'XL  &  ! P.COLOR='FF0000'XL  &  n=40
    WINDOW,6,XSIZE=400,YSIZE=400,TITLE='塔分形'
    PLOT,[0],/DEVICE,/NODATA,XRANGE=[-200,200],YRANGE=[-200,200]
    FOR i=-200D,200 DO BEGIN
        FOR j=-200D,200 DO BEGIN
            x=i/136  &  y=j/100
            FOR k=0,n-1 DO BEGIN
                IF (i EQ 0) AND (j EQ 0) THEN BREAK
                IF ((x-1)^2+y^2 LT 0.01) THEN BREAK
                s=2*x/3+(x^2-y^2)/(3*(x^2+y^2)^2)
                t=2*y/3-2*x*y/(3*(x^2+y^2)^2)
                x=s  &  y=t
            ENDFOR
            IF (k NE n) THEN BEGIN
                PLOTS,+j,-i,COLOR='FF0000'XL,PSYM=3
                PLOTS,-j,-i,COLOR='FF0000'XL,PSYM=3
            ENDIF
        ENDFOR
    ENDFOR
END
;———————————————————————————————————————————
```

程序运行结果如图 6.36 所示。

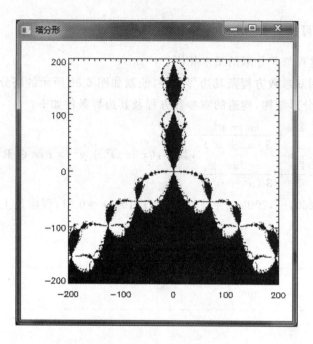

图 6.36　塔分形绘制结果

6.2.14　闪电分形可视

闪电分形的构造过程是首先构造迭代函数,然后根据随机产生的概率值,通过 n 次迭代运算依次确定分形的各个数据点的位置和颜色,最后绘制分形。

【例 6.25】　使用双参数方程及其边界条件,绘制如图 6.37 所示的闪电分形。

分析:根据闪电的分形结构,构造的双参数方程及其边界条件如下:

$$\begin{cases} x_i(r,\alpha) = r\cos\alpha - u \\ y_i(r,\alpha) = r\sin\alpha - v \end{cases}$$

其中:$r_{i+1} = \pm\sqrt{\sqrt{x_i + y_i}}$;$u,v \in [-1,1](i=0,\cdots,n-1)$,对于 r 的取值,如果随机概率 Rand<0.5,则 r 取正值;否则取负值。

如果 n=300 000;$u=0,v=1$;则满足上述参数的数据点的集合是闪电分形。

程序如下:

```
;------------------------------------------------
; Ch06Lightning.pro
;------------------------------------------------
PRO Ch06Lightning
    DEVICE, DECOMPOSED=1
    ! P.BACKGROUND='FFFFFF'XL  &  ! P.COLOR='FF0000'XL
    WINDOW,6,XSIZE=600,YSIZE=300,TITLE=' 闪电分形 '
    PLOT,[0],/DEVICE,/NODATA,XRANGE=[-260,260],YRANGE=[-200,200]
    n=300000  &  x=0D  &  y=1D  &  u=0  &  v=1  &  i=0D
    WHILE i LT n DO BEGIN
```

```
        x=x+u   &   y=y+v
        IF (x GT 0) THEN BEGIN
            Theta=ATAN(y/x)/2
        ENDIF ELSE IF (x LT 0) THEN BEGIN
            Theta=ATAN(y/x)/2+! PI/2
        ENDIF ELSE BEGIN
            Theta=0
        ENDELSE
        r=SQRT(SQRT(x^2+y^2))
        IF RANDOMU(Seed,/DOUBLE) LT 0.5 THEN r=-r
        x=r*COS(Theta)   &   y=r*SIN(Theta)
        PLOTS,200*x,150*y,COLOR='FF0000'XL,PSYM=3   &   i++
    ENDWHILE
END
;------------------------------------------------
```

程序运行结果如图 6.37 所示。

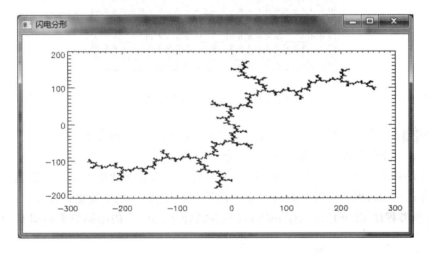

图 6.37　闪电分形绘制结果（n＝300 000）

思考：把(u,v)的取值依次分别调整为$(0,0)(1,0)$，$(0.16,-0.16)$，$(0.56,-0.56)$，$(0.26,-0.66)$，$(-0.29,-0.92)$，$(1,-0.06)$，$(0.6,-0.66)$和$(0,-0.66)$，以及$-1\leqslant a\leqslant 1$，$-1\leqslant b\leqslant 1$时，可以绘制不同的分形图案，请观察分析其绘制结果。

习　　题

1. 解释分形的概念。
2. 给出分形维数的计算公式。
3. 解释函数迭代系 IFS 及其用途。
4. 解释分形插值及其用途。
5. 简述常用分形的生成算法，计算常用分形的维数，并对常用分形进行可视。

6. 使用递归运算,绘制如图 6.38 所示的二维 Sierpinski 分形,要求:

(1) 当 n=0 时,绘制长度为 SLen 的黑色正方形;

(2) 当 n=1 时,分别绘制长度为 SLen 和 SLen/3 的同心黑色正方形;

(3) 当 n>2 时,则分别对剩余的 8 个正方形,利用递归调用重复上述操作。

提示:参考程序 Ch06ExeSierpinskiSponge2D.pro。n=5 的绘制结果如图 6.38 所示。

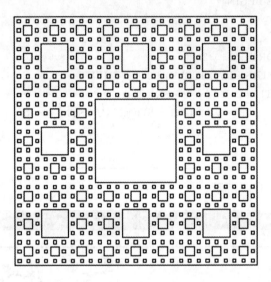

图 6.38 二维 Sierpinski 分形

7. 使用递归运算,绘制如图 6.39 所示的二维 Sierpinski 三角分形,要求:

(1) 当 n=0 时,绘制长度为 SLen 的黑色三角形;

(2) 当 n=1 时,分别绘制长度为 SLen/3,位置在原点和两边中点的 3 个黑色三角形;

(3) 当 n>2 时,则分别对剩余的 3 个三角形,利用递归调用重复上述操作。

提示:参考程序 Ch06ExeSierpinskiTriangle2D.pro。n=5 的绘制结果如图 6.39 所示。

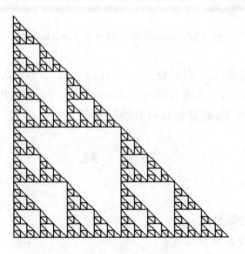

图 6.39 二维 Sierpinski 三角分形

8. 使用递归运算,绘制如图 6.40 所示的二维 Sierpinski 垫片,其自相似比是 1/2。
提示:参考程序 Ch06ExeSierpinskiPadRecursion.pro。

图 6.40　二维 Sierpinski 三角分形(递归运算)

9. 使用字符串替换法,绘制如图 6.41 所示的二维 Sierpinski 垫片分形,其中分形的自相似比是 1/2。提示:参考程序 Ch06ExeSierpinskiPadString.pro。

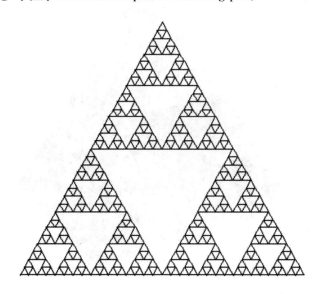

图 6.41　二维 Sierpinski 三角分形(字符串替换法)

10. 使用函数迭代法,绘制如图 6.42 所示的二维 Sierpinski 垫片分形,其中分形的自相似比是 1/2。
提示:参考程序 Ch06ExeSierpinskiPadIFS.pro。

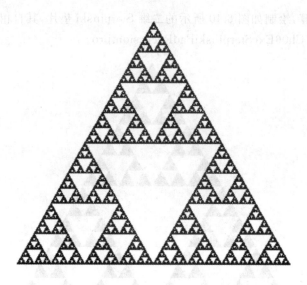

图 6.42　二维 Sierpinski 垫片分形（函数迭代法）

11. 使用面向对象法，绘制如图 6.43 所示的三维 Sierpinski 垫片，其自相似比是 1/2。

提示：参考程序 Ch06SierpinskiTriangle3D.pro。

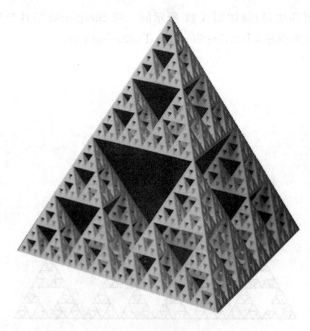

图 6.43　三维 Sierpinski 垫片分形（面向对象法）

12. 使用单像素点，绘制如图 6.44 所示的二维 Sierpinski 方三角垫片，其中分形的自相似比是 1/2。

提示：参考程序 Ch06ExeSierpinskiTriangleSquare.pro。

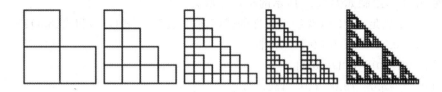

图 6.44 二维 Sierpinski 方三角垫片（单像素）

13. 使用递归运算，绘制如图 6.45 所示的正方形分形，其中分形的自相似比自定。

提示：参考程序 Ch06ExeSqureFractal.pro。

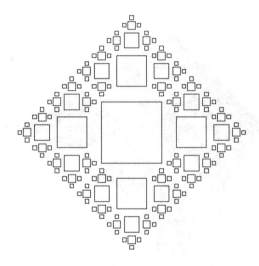

图 6.45 正方形分形（递归调用）

14. 使用 IFS，绘制如图 6.46 所示的 Levy 分形。

提示：IFS 是满足 $n=2$ 以及如下条件的式(6.1)、式(6.2)、式(6.3)和式(6.4)：

$a=\begin{bmatrix}0.5 & 0.5\end{bmatrix}$，$b=\begin{bmatrix}-0.5 & 0.5\end{bmatrix}$，$c=\begin{bmatrix}0.5 & -0.5\end{bmatrix}$，$d=\begin{bmatrix}0.5 & 0.5\end{bmatrix}$，$s=\begin{bmatrix}0.0 & 180\end{bmatrix}$，$t=\begin{bmatrix}0.0 & 180\end{bmatrix}$，$p=\begin{bmatrix}0.5 & 0.5\end{bmatrix}$。

参考程序：Ch06ExeLevy.pro。

图 6.46 Levy 分形（IFS）

15. 使用 IFS,绘制如图 6.47 所示的皇冠分形。

提示:IFS 是满足 $n = 2$ 以及如下条件的式(6.1)、式(6.2)、式(6.3)和式(6.4):

$\boldsymbol{a} = \begin{bmatrix} 0.25 & 0.5 & -0.25 & 0.5 & 0.5 \end{bmatrix}$,

$\boldsymbol{b} = \begin{bmatrix} 0D & 0D & 0D & 0D & 0D \end{bmatrix}$,

$\boldsymbol{s} = \begin{bmatrix} 0.0 & -75.0 & 75.0 & 0.0 & 150.0 \end{bmatrix}$,

$\boldsymbol{c} = \begin{bmatrix} 0D & 0D & 0D & 0D & 0D \end{bmatrix}$,

$\boldsymbol{d} = \begin{bmatrix} 0.5 & 0.5 & -0.25 & 0.5 & -0.25 \end{bmatrix}$,

$\boldsymbol{t} = \begin{bmatrix} 0.0 & 150.0 & 300.0 & 225.0 & 375.0 \end{bmatrix}$,

$\boldsymbol{p} = \begin{bmatrix} 0.154 & 0.307 & 0.078 & 0.307 & 0.154 \end{bmatrix}$.

参考程序:Ch06ExeCrown.pro。

图 6.47 皇冠分形(IFS)

第7章 体 可 视

客观世界中的真实物体都是三维的,真实地描述和显示客观世界中的三维场景及其物体是图形和数据可视技术研究的主要内容。

体可视在科学研究和工程技术中有着广泛的应用。体可视的许多应用涉及三维几何信息在计算机内的生成和表示(例如飞机、汽车的外形设计,机械零部件的设计,机器人运动的模拟等),即体的几何造型。

7.1 体的概念

体是在三维空间 $\mathbf{R}^3$ 中,由封闭表面围成的非空有界闭子集。体的边界是有限多个面的并集,而外壳是体的最大边界。体可定义为

$$V = \{(x,y,z) \quad f \text{ 是 } \mathbf{R}^3 \text{ 的面}, (x,y,z) \in f \text{ 围成的封闭区域}\}$$

【例 7.1】 已知顶点为 $\{v_1, v_2, v_3, v_4\}$ 的四面体 V 如图 7.1 所示。

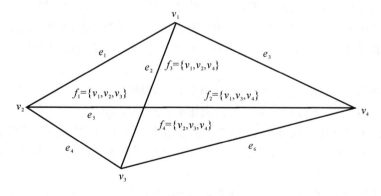

图 7.1 四面体

不难看出,体 V 是由面 $F = \sum\limits_{i=1}^{4} f_i$ 组成的封闭区域,每一个面 $\{f_i\}$ 又是由相应的边序列 $\{e_j\}$ 所组成的环组成的,而每一个环面又是由相应的顶点序列 $\{v_k\}$ 组成的,同时每一个边又是由两个相邻的点组成的,即

$$F = \{f_1, f_2, f_3, f_4\}$$
$$f_1 = \{e_1, e_2, e_4\} = \{v_1, v_2, v_3\}; e_1 = v_1v_2, e_2 = v_1v_3, e_4 = v_2v_3$$
$$f_2 = \{e_2, e_3, e_6\} = \{v_1, v_3, v_4\}; e_3 = v_1v_4, e_6 = v_3v_4$$

$$f_3 = \{e_1, e_3, e_5\} = \{v_1, v_2, v_4\}; e_5 = v_2 v_4$$
$$f_4 = \{e_4, e_5, e_6\} = \{v_2, v_3, v_4\}$$

因此,不难知道体的层次结构可以分为点、边、环、面、壳和体等。体层次结构的示意图如图 7.2 所示。

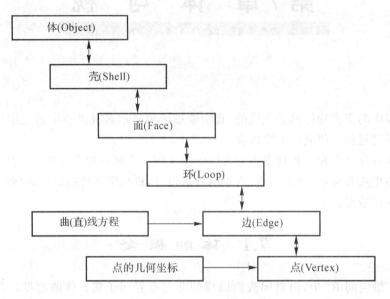

图 7.2 体的层次结构

如果把体 V 看作一个点集,则 V 是由内点和边界点共同组成的。显然,内点是具有完全包含于该点集的充分小的邻域的点集,边界点则是不具有内点性质的点集。

如果仅仅需要显示 V 的边界面,则这种可视称为基于面的体绘制(即面绘制)。

如果不但需要显示 V 的边界面,而且需要绘制 V 的内点,则这种可视称为基于体的体绘制(即:体绘制)。

因此,面绘制和体绘制形成了体可视的两个分支领域。

根据体的结构特征,体可以分为人造规则体和自然非规则体。

人造规则体可以利用欧氏几何的几何模型,对体的几何信息和拓扑信息等结构信息进行精确的描述。例如:方体、球体、柱体、锥体、圆环和台体等基本几何体;飞机、大炮、轮船和楼房等复合几何体。

对于自然非规则体,如果采用传统的几何模型,通常很难进行精确描述,需要使用特殊的可视方法,建立复杂的仿真体模型。例如:树木、花草、河流、山川、火焰和云雾等。基于分形几何的建模方法,目前只能定性地描述自然对象,精确描述自然对象的建模方法尚处于发展之中。

三维物体的实例如图 7.3～图 7.5 所示。

(a)　　　　　　　　　　　　　　　　(b)

图 7.3　地形和山脉

(a)地形；(b)山脉

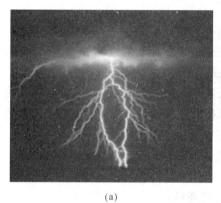
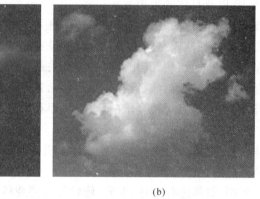

(a)　　　　　　　　　　　　　　　　(b)

图 7.4　闪电和云彩

(a)闪电；(b)云彩

(a)　　　　　　　　　　　　　　　　(b)

图 7.5　飞机轮船和花草树木

(a)飞机轮船；(b)花草树木

7.2　体　的　模　型

对于 CAD/CAM 系统,体的形状具有决定性的意义,它不但是体可视的基础,而且是计算体的质量、重心和惯性矩等重要参数,以及决定如何进行体分析的依据。

体的模型决定体的形状,体模型的建立通常是通过几何造型来实现的;所以几何造型是图形与数据可视技术中一个十分重要的应用领域,并且经过手工绘制工程图、二维计算机绘图、三维线架系统、曲面造型和实体造型,已经发展成为 CAD/CAM 系统的核心技术,进而成为实现计算机辅助设计的基本方法。

7.2.1　体的数据模型

在体可视过程中,通常需要对体从不同角度进行观察,因此必须建立相应的体模型。几何造型技术是研究如何表达物体模型形状的技术,其涉及的基本问题是如何建立计算机能够处理的几何模型,以及具体的处理方法。

体模型可以描述体的几何信息和拓扑信息。

几何信息是指在欧氏空间中,体的形状、位置和大小等几何性质和度量关系信息;拓扑信息是指体的各分量的数目及其相互间的连接关系。

几何造型是通过对点、线、面和体等几何元素,经过平移、旋转、放缩等几何变换和并、交、差等集合运算,产生满足可视要求的体模型,即利用计算机系统来表示、控制、分析和输出三维体。具体功能:

(1)体输入:把体从用户格式转换成计算机内部格式;

(2)体数据的存储和管理;

(3)体控制:对体进行平移、缩放、旋转等几何变换;

(4)体修改:应用集合运算、欧拉运算、B 样条操作及其交互手段实现对体局部或者整体修改;

(5)体分析:体的容差分析,物质特性分析等;

(6)体输出:消隐、光照和颜色等控制。

7.2.2　体的常用模型

建立体建模的常用模型是顶点模型、线框模型、表面模型和实体模型等。

1. 顶点模型(Vertex Model)

顶点模型是把体表示成一组顶点的集合。一般情况下,确定了形体的顶点位置,则体的形状就基本上确定了,尽管不能对其进行唯一的表示。

不难看出,顶点模型给出了体的最基本的位置信息。顶点模型是其他模型的基础。

例如:8 个顶点可以定义一个长方体,尽管还不足以识别它。

顶点模型的优点是结构最简单,处理速度最快。

顶点模型的缺点是仅仅给出了体的位置信息,存在过多有关边、面及其远近遮挡信息的二义性。

顶点模型的示意图如图 7.6 所示。

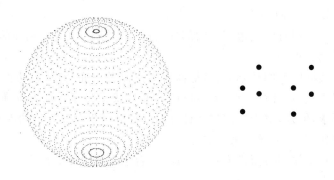

图 7.6　球和长方体的顶点模型

(a)球的顶点模型；(b)长方体的顶点模型

2. 线框模型(Wireframe Model)

线框模型是用顶点和边来表示体的模型,即把形体表示成一组轮廓线的集合。为了确切地表示清楚形体的形状和位置,必须给出顶点集的位置和它们之间的关联关系。

一般来说,给出了体的顶点和边界线,则可以唯一地表示体。

例如:8 个顶点可以定义一个长方体的具体位置和形状,但是还不能唯一地具体表示它,如果再定义了棱线,则无论如何放置长方体都能够进行唯一的表示。

对于多面体,由于其轮廓线和棱线通常是一致的,因而其线模型更便于识别,而且简单。

线框模型结构简单,它是表面模型和实体模型的基础。但是用线框模型表示曲面体时通常比较困难,也不能形成明暗和色彩等真实感,不能进行体的物性计算等。

线框模型的优点是结构简单,处理速度快。

线框模型的缺点:

(1) 对于非平面多面体(例如:圆柱、圆锥和球体等),则其轮廓线会随着观察方向的改变而改变,因此,无法使用一组固定的轮廓线来精确表示它们。

(2) 线框模型与体之间不存在一一对应关系,它仅仅通过给定的轮廓线约束所表示体的边界面,而在轮廓线之间的地方,体的表面可以任意变化。

(3) 没有体的表面信息,不适于真实感显示,由此导致表示的形体可能产生二义性。

线框模型的示意图如图 7.7 所示。

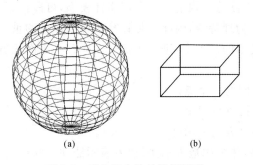

(a)　　　　　　　(b)

图 7.7　球和长方体的线框模型

(a)球的线框模型；(b)长方体的线框模型

3. 表面模型(Surface Model)

表面模型是首先使用有向棱边围成的部分来定义体的面,然后再用面的集合来定义形体,即把体表示成一组面的集合。

表面模型是在线框模型的基础上,增加面边信息以及表面特性、棱边的连接方向等内容;比线框模型立体感强;能够计算面积,表达体的表面形状。表面模型可以满足于面面求交线、形成明暗色彩等要求,但是,对于体的物性计算和工程分析仍存在一定的困难(例如:有限元分析);在进行剖切操作时,内部通常为空洞。

表面模型的优点是体与表面模型一一对应,适合于真实感体的显示。

表面模型的缺点:

(1) 结构相对较简单,处理速度相对较慢。

(2) 不能有效地用来表示实体。因为表面模型中的所有面未必形成一个封闭的边界;而且各个面的侧向没有明确定义,即不知道实体位于面的哪一侧;仍然存在体信息描述的二义性。

表面模型的示意图如图 7.8 所示。

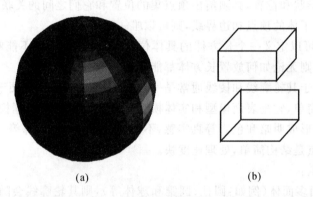

(a)   (b)

图 7.8　球和长方体的表面模型(+Gourand 光照处理)

(a)球的表面模型;(b)长方体的表面模型

4. 实体模型(Solid Model)

实体模型是指体的实心三维模型,其主要的几何特征表现为体,它可以更完整准确地表达模型的几何特征,包含更多体的结构信息。利用实体模型,可以计算和分析体的体积、面积、重量、动量、重心和惯性矩等物理特性,因此它是计算机辅助设计的重要基础。

实体模型是在表面模型的基础上,进一步定义实体存在于面的哪一侧而建立的,具体定义方法:

(1) 给出实体存在一侧的一个点。

(2) 使用面的法矢直接进行明示。

(3) 使用组成面的环路方向表示(隐含了法矢)。

常用的三维实体模型:体素构造表示法、边界表示法和空间单元表示法等。

实体模型的优点是体与实体模型一一对应,可以赋予材料特性;模拟物理运动,受力变形,完全可以进行真实感体可视;支持几何、集合和欧拉等多种运算。

实体模型的缺点是结构复杂,处理速度比较慢。

需要注意:尽管实体模型与顶点线框模型、线框模型和表面模型截然不同,但是为了加快可视速度,在图形显示时,实体模型通常也是按照线框模式来表示的,除非对它进行了消隐(Hide)、阴影(Shade)或者渲染(Render)处理。

实体模型的示意图如图 7.9 所示。

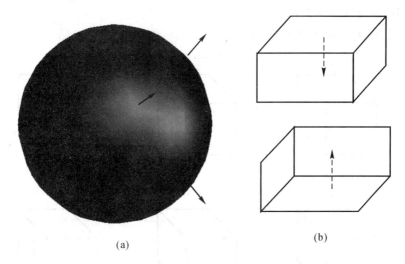

图 7.9　球和长方体的实体模型(＋Phong 光照处理)

(a)球的实体模型;(b)长方体的实体模型

对于不规则体,还可以使用随机插值模型(有效地模拟海岸线和山等自然景象,详见第 6 章)、迭代函数系统(Iterated Function System,IFS,模拟植物杆茎或叶片,详见第 6 章)、基于文法的模型(L 系统,有效模拟植物的生态拓扑结构)、粒子系统(火焰、烟雾、下雨、行云、树林和草丛等不规则自然景物的动态模拟)和动力系统等进行建模和动态仿真模拟。

综上所述,不同的体模型有着不同的优缺点,因此在几何造型过程中,应合理地选择顶点模型、线框模型、表面模型或者实体模型,按照不同的应用目的选择最佳的表示模型。

最后,对于体模型通常应该考虑如下问题:

(1) 根据体边界给定的信息,是否能够自动获取体的几何特征?

(2) 如何确定对体进行操作后数据的有效性?

(3) 体的表示模型是否唯一? 不同的表示模型是否可以转换? 是否最佳表示模型?

7.3　体的点、线、面关系

根据体模型的几何造型不难看出,组成体的基本几何元素是点 v、线 e 和面 f 等,而且这些基本几何元素之间存在如下关系:

(1) 使用点表示点,即 $v=\{v\}$。

(2) 使用边的交点表示点,即 $v=\{e\}$。

(3) 使用面的交点表示点,即 $v=\{f\}$。

(4) 使用点表示边,即 $e=\{v\}$。

（5）使用边的交点表示边，即 $e=\{e\}$。

（6）使用面的交线表示边，即 $e=\{f\}$。

（7）使用点表示面，即 $f=\{v\}$。

（8）使用边表示面，即 $f=\{e\}$。

（9）使用面的交线表示面，即 $f=\{f\}$。

体的点、线、面关系示意图如图 7.10 所示。

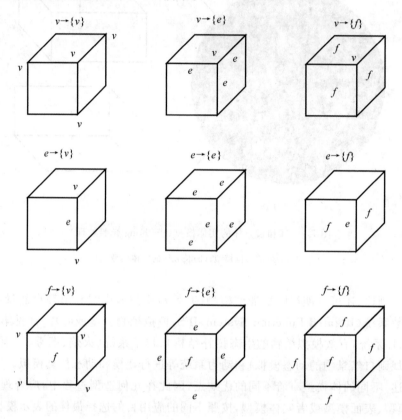

图 7.10　点、线、面关系示意图

根据体的点、线、面之间的关系不难看出，人造规则体的点、线和面的个数 V、E 和 F 满足欧拉公式：

$$V-E+F=2$$

例如：长方体的点、线和面的个数分别为 $V=8$、$E=12$ 和 $F=6$，显然满足欧拉公式：

$$V-E+F=8-12+6=2$$

对于满足欧拉公式的人造规则体，通常称为欧拉规则体。

对于自然非规则体，则可以使用 N 个人造规则体来近似逼近，并且满足：

$$V-E+F-N=1$$

如果自然非规则体边界面上的孔数为 H，体的个数为 N，穿透体的孔数为 M，则满足：

$$V-E+F-H=2(N-M)$$

7.4　体的表示方式

根据前述的体模型,需要进一步给出体在计算机内部的具体表示方式。目前常用表示方式主要包括特征表示、分解表示、扫描表示、构造表示和边界表示等。

7.4.1　特征表示

特征表示是使用指定的特征参数表示物体的方式。具体特征包括形状特征、精度特征、材料特征和技术特征等。特征表示是从应用层来定义体的,因而可以较好地表达设计者的意图,所以适用于工业上标准件的表示。

特征是面向应用或者面向用户的,特征表示通常仍然需要通过传统的几何造型系统来实现,而且对于不同的应用领域,具有不同的应用特征。

例如:球体的形状特征是圆球,技术特征是球心在原点 $O(0,0)$,半径为 R,材料特征是红色塑料等(见图 7.11(a))。正方体的形状特征是正方体,技术特征是一个角点在原点 $O(0,0)$,边长为 L,材料特征是蓝色塑料等(见图 7.11(b))。

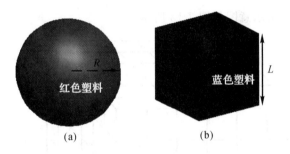

图 7.11　球和长方体的特征表示

(a)球的特征表示;(b)长方体的特征表示

又如:正 N 棱锥的形状特征是棱锥,技术特征是棱锥底面中心在原点 $O(0,0)$,底面半径为 R,材料特征是蓝色塑料等(见图 7.12(a))。圆锥的形状特征是圆锥,技术特征是圆底面中心在原点 $O(0,0)$,底面半径为 R,一个角点在原点 $O(0,0)$,材料特征是粉色塑料等(见图 7.11(b))。

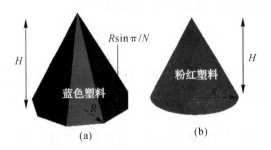

图 7.12　棱锥和圆锥的特征表示

(a)棱锥的特征表示;(b)圆锥的特征表示

7.4.2 分解表示

分解表示是把体按照指定的规则分解为小的易于描述的子体部分,而每一个子体又可以进一步分解为更小的更易描述的子体部分,如此依次分解下去,直至每一个子体部分都能够比较容易地直接描述为止。

分解表示的具体表示方法:枚举表示法、八叉树表示法和单元分解表示法等。

1. 枚举表示法

枚举表示法(立方体网格法)是把体空间 V 细分为小的均匀的立方体单元$\{c_{ijk}\}$,并且使用三维数组 c 表示物体,数组中的元素 c_{ijk} 与单位立方体一一对应,并且当 $c_{ijk}=1$ 时,表示对应的单位立方体被物体填充,当 $c_{ijk}=0$ 时,表示对应的单位立方体没有被物体填充。

枚举表示法的优点是可以表示任何物体,方法简单,容易实现物体间的交、并和差等集合运算,容易计算物体的整体性质(例如:宽度、高度、直径、面积和体积)等。

枚举表示法的缺点是占用大量存储空间(例如:$1024\times1024\times1024b=128MB$),体的边界面没有显式的解析表达式,不适合于图形显示,几何变换困难(例如:任意角度的旋转变换),物体表示不太精确等。

长方体的枚举表示法示意图如图 7.13 所示。

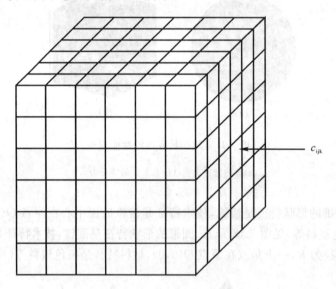

图 7.13　长方体枚举表示法示意图

四面体网格法是枚举表示法的一个改进,即把分解的子体由立方体改进为四面体,亦即把包含体的空间分割成四面体单元的集合。实现复杂体边界面的四面体剖分是近年来的研究热点。

四面体网格法的优点:可以以四面体网格作为边界面片;描述精度高,能够构建复杂物体;便于有限元分析、数据场可视化;在复杂对象的科学计算和工程分析中具有重要的应用。

四面体网格法的缺点:数据结构复杂。

四面体网格法的示意图如图 7.14 所示。

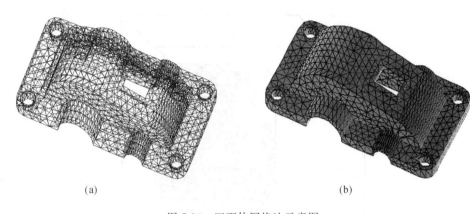

(a) 　　　　　　　　　　　　　　　　　　(b)

图 7.14　四面体网格法示意图

(a)四面体网格法的线框模型;(b)四面体网格法的表面模型

2. 八叉树表示法

八叉树表示法是枚举表示法在分割方法的改进,即把每一层次的均匀分割推广到自适应分割,即

(1) 八叉树的根节点对应整个体空间;

(2) 如果当前节点内部填满物体,则当前节点标记为 F(Full),停止分解;

(3) 如果当前节点内部没有物体,则当前节点标记为 E(Empty),停止分解;

(4) 如果当前节点内部部分填充,则当前节点标记为 P(Partial),并把节点立方体继续分割成 8 个子立方体,并对每一个子立方体重复(2)~(4)。子立方体为满(完全在体内)或者立方体为空(完全在体外),则停止分解。

节点立方体的分解过程:把立方体按照前后、左右和上下分解为 8 个子立方体,如果体非满非空(部分在体内),则继续分解子立方体为 8 个子立方体,直至所有子立方体全满,或者全空,或者满足分解精度。

八叉树表示法的优点:

(1) 可以表示任何物体,数据结构简单;

(2) 简化了集合运算:物体的并就是两个物体一共占有的空间;物体的交就是两个物体共同占有的空间;仅需同时遍历参加集合运算的两体相应的八叉树,无须复杂的求交运算;

(3) 简化了隐藏线(面):体元素已经排序;

(4) 适合并行处理;

(5) 容易计算体的整体性质,如质量和体积等。

八叉树表示法的缺点是没有边界信息,不适于图形显示;几何变换困难;不能精确表示;存储量大(使用存储空间换取算法效率)。

八叉树表示法的分解过程如图 7.15 所示。

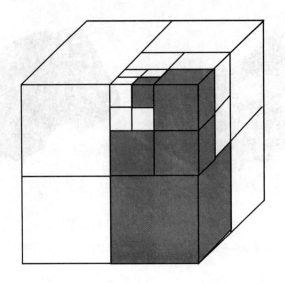

图 7.15　八叉树表示法的分解过程示意图

八叉树表示法的数据结构如图 7.16 所示。

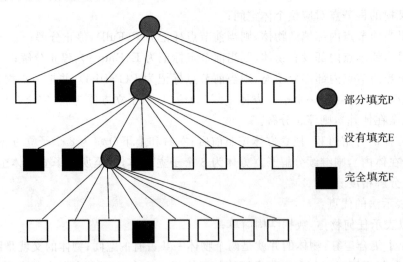

部分填充P

没有填充E

完全填充F

图 7.16　八叉树数据结构示意图

　　八叉树表示法的一个特例是线性八叉树，即使用可变长度的一维数组来存储一棵八叉树。数组中仅存储八叉树中标记为 F 的终端节点，并用八进制数表示当前节点在八叉树中的位置。编码方式为 $Q_1 Q_2 \cdots Q_n$，其中 Q_1 表示该节点所属的父节点的编号（0～7），依次类推。

3. 单元分解表示法

单元分解表示法是枚举表示法在子体分割类型上的改进，即把单一子体推广到多种子体。

单元分解表示法与枚举表示法和八叉树表示法的不同之处在于：

（1）枚举表示法是使用大小相同的立方体的集合来表示物体。

（2）八叉树表示法是使用大小不同的立方体的集合来表示物体。

（3）单元分解表示法是使用多种不同的子体来表示物体。

单元分解表示法的优点是表示简单,几何变换容易,子体类型可以按需选择,表示范围较广,精确描述物体。

单元分解表示法的缺点是不能唯一表示体,难以保证有效性。

7.4.3　扫描表示

扫描表示是利用截面(体)沿着指定的运动轨迹,通过指定的运动方式来生成三维物体的方法,即利用截面(体)通过扫描变换生成体。不难看出,扫描表示法的基本思想非常简单。

扫描表示的常用扫描方式:平移扫描、旋转扫描和广义扫描。

平移扫描是指截面沿着垂直于截面的方向(指定方向)进行平移的扫描方式。

例如:圆柱可以通过圆形面沿着垂直于圆形面的方向进行平移得到;(广义)立方体可以通过方形面沿着垂直于方形面的方向(指定方向)进行平移得到,如图 7.17 所示。

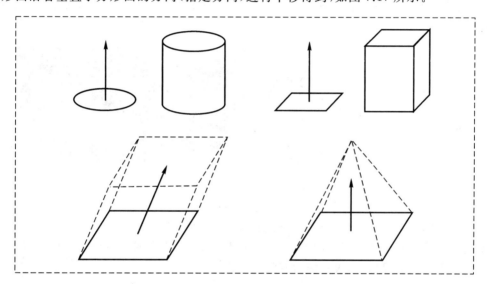

图 7.17　圆柱和立方体的平移扫描示意图

旋转扫描是指截面绕着指定的轴线旋转指定角度的扫描方式,如图 7.18 所示。

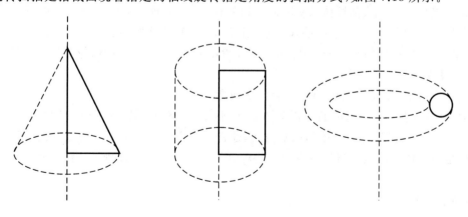

图 7.18　旋转扫描示意图

例如：花瓶可以通过轴断面绕中心轴线旋转 360°得到，如图 7.19 所示。

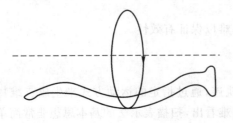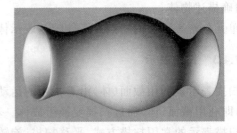

图 7.19　旋转扫描示意图

广义扫描是指二维几何对象集合沿着指定空间曲线的集合扫描方式。

例如：仿真象鼻可以通过渐变的椭圆形面，沿着指定的空间曲线移动后得到，如图7.20 所示。

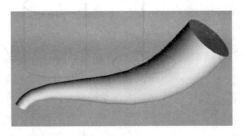

图 7.20　广义扫描示意图

扫描表示的优点是表示简单直观，适合输入图形，能够精确表示。

扫描表示的缺点是几何变换困难，几何运算不封闭，扫描生成的体可能出现维数不一致，不能直接获取体的边界信息，表示能力有限。

7.4.4　构造表示

构造表示(Constructive Solid Geometry，CSG)是把复杂体表示成简单规则体(例如：立方体(Box)、球体(Sphere)、圆柱体(Cylinder)、圆锥体(Cone)、楔形体(Wedge)和圆环体(Torus)等)的布尔表达式，即利用多个简单规则体，通过布尔运算生成复杂体。

不难看出，根据体的布尔表达式，可以把体表示成为一个二叉树，称为 CSG 树，即

(1) 根节点表示复杂体。

(2) 终端节点表示简单规则体，或者体变换参数。

(3) 中间节点表示规则体的集合运算节点(平移、放缩和旋转，交、差和并等)。

显然，CSG 树仅仅定义了体的构造方式，通常既不方便直接给出体的点、边和面等相关边界信息，也不方便给出点集与体在空间中的对应关系，而且不能确保唯一表示，但是 CSG 树却无二义性。

构造表示的示意图如图 7.21 所示。

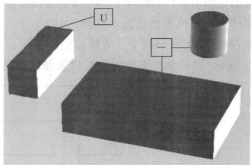

图 7.21　构造表示示意图

　　构造表示的优点是数据结构比较简单,数据量比较小,内部数据管理比较容易,有效性能够得到保证,修改比较容易,便于输入体,适合作为 CAD/CAM 系统的辅助表示方法。

　　构造表示的缺点是表示能力有限(表示种类和操作种类受到一定限制),局部操作不易实现,绘制时间较长,表示不唯一。

7.4.5　边界表示

　　边界表示(Boundary Representation,BRep)是指使用面、环、边和点来定义体的位置和形状等几何信息和拓扑信息,即通过对体的边界面的描述来表示体。

　　边界表示的表示过程通常是把一个实体拆成若干个有界面片的集合,而每一个面片又可以通过其边界线和顶点来表示。如果面的表示无二义性,则其边界表示也无二义性,但是不一定唯一。

　　例如:图 7.21 中物体的边界面分解的示意图如图 7.22 所示。

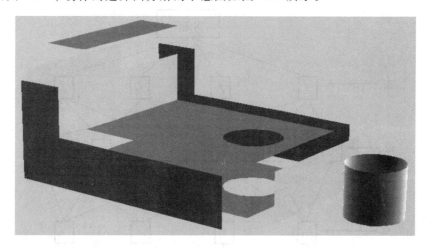

图 7.22　物体边界面分解示意图

　　边界表示是按照体→面→环→边→点的层次结构,详细记录构成体的所有几何元素的几何信息及其相互连接的拓扑信息。

　　不难看出,体的拓扑信息是通过描述体的点、边和面的连接关系,给出体的"骨架",而体的几何信息则是附着在"骨架"上的"肌肉"。因此,如果使用边界表示描述一个实体,则必须同时表示出实体边界面的拓扑信息和几何信息。

例如:利用一大一小两个立方体按照中心重合组合而成的空心斜角方形柱体的拓扑结构如图 7.23 所示,则两个立方体的边长以及使用的材质就是该实体的几何信息。

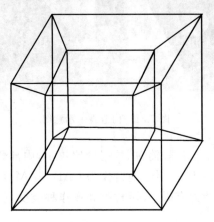

图 7.23　空心斜角方形柱体的拓扑结构

边界表示的优点是显式表示体的点、边和面等几何元素;绘制速度较快;比较容易确定几何元素间的连接关系;容易支持局部操作;便于附加精度和粗糙度等非几何信息;原则上能够表示所有物体,支持特征表示。边界表示已经成为当前 CAD/CAM 系统的主要表示方法。

边界表示的缺点是是数据结构复杂,需要大量存储空间,维护内部数据结构比较复杂,表示不一定唯一。

例如:对于例 7.1 中的四面体,其边界表示法如图 7.24 所示。

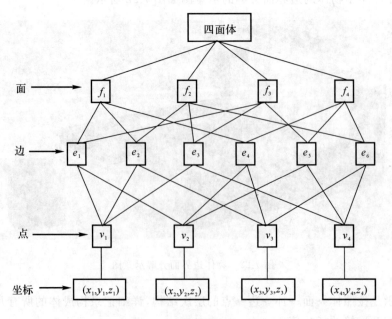

图 7.24　四面体的边界表示

　　该四面体的边界表示也可以是基于边界面的三角形分解,即把体的边界面拆成若干互不重叠的三角形。

　　边界表示的数据结构可以使用翼边结构、半边结构、对称结构和面表结构等。

　　翼边结构是边界表示方法中最为典型的数据结构,是美国斯坦福大学的 B.G.Baugart 等人于 1972 年提出来的。翼边结构是一个多面体表达模式,针对组成体的三要素面、边、点,翼边结构是以边为核心来组织数据的。其示意图如图 7.25 所示。

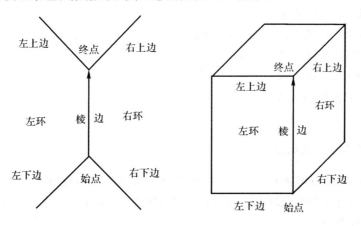

图 7.25　翼边结构

　　半边结构是边界表示的另一种比较典型的数据结构。半边结构作为多面体的表示方法是在 20 世界 80 年代提出的。在构成多面体的三要素(点、边、面)中,半边结构是以边为核心的。为了方便表达拓扑关系,半边结构把一条边表示成拓扑意义上的方向相反的两条"半边",所以称为半边结构。半边结构在拓扑结构上的层次为体→面→环→半边→点。

　　半边结构的示意图如图 7.26 所示。

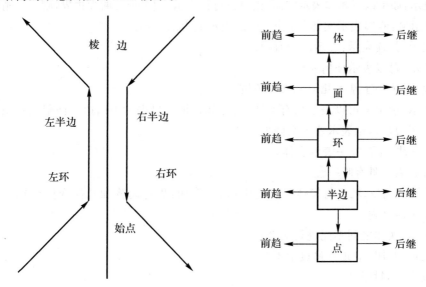

图 7.26　半边结构

实现边界表示数据结构的生成操作可以选择满足欧拉公式的欧拉运算。运用欧拉运算可以正确有效地构建体的边界表示中的所有几何元素和拓扑关系,进而可以保证体的边界表示的有效性和规则性等。

欧拉运算是对体进行增加(删除)点、边、面,从而生成新的欧拉体的比较合适的处理方法。其中基本的欧拉运算如下:

(1) 增加(删除)一条边和一个点。

(2) 增加(删除)一个面和一条边。

(3) 增加(删除)一条边、一个面和一个点。

(4) 增加(删除)一条边和一个点。

(5) 增加(删除)一条边和一个孔。

显然,任何一种欧拉体(欧拉运算)均可以使用基本欧拉运算的组合来表示,而且基本欧拉运算生成的体一定是一个欧拉体。

7.4.6　体的表示方法比较

在利用特征表示、分解表示、扫描表示、构造表示和边界表示等方法对体进行描述的过程中,每一种方法都有自身的优缺点。具体表现在精确性、表示域、唯一性、封闭性、有效性、简洁性、输入和输出等方面。

(1) 精确性:能否精确表示实体。

特征表示:能够精确表示实体。

分解表示:近似表示一个实体。

扫描表示:与边界表示类同。

构造表示:依赖体的基本几何元素,如果基本几何元素足够丰富,则能够精确描述较大范围的实体。

边界表示:如果以多面体表示实体,则可以近似表示;如果允许曲面边界,则可以精确表示。

(2) 表示域:能够表示实体的范围,确定表示能力的强弱。

特征表示、扫描表示:表示能力有限。

分解表示:可以表示任何实体。

构造表示:依赖于基本几何元素的范围。

边界表示:理论上可以表示所有实体,但是如果把边界表示中的边界面限制在指定范围内(例如:平面多边形),则表示能力会降低。

(3) 唯一性:能否唯一表示实体。

只有分解表示具有唯一性。

(4) 封闭性:表示域内的实体经过指定运算(例如:集合运算和几何变换等)后,结果实体仍然落在表示域之内。

特征表示:实体之间不能进行集合运算。

分解表示:封闭,单元分解表示不封闭。

扫描表示:不封闭。

构造表示:封闭。

边界表示:虽然规则集合运算不封闭,但是可以通过附加约束条件实现封闭。

（5）有效性：是否能够正确有效。

特征表示：自动得到保证。

分解表示、构造表示：容易验证。

扫描表示、边界表示：难以检验。

（6）简洁性。

特征表示、扫描表示、构造表示：比较简洁。

分解表示：比较复杂，并且占用空间较大。

边界表示：介于简洁和复杂之间。

（7）输入：输入图形、CAD/CAM 系统几何信息和拓扑信息。

特征表示、单元分解表示、扫描表示、构造表示：面向用户，用户只需输入少量参数，就可以生成所需实体。

枚举表示、八叉树表示：用户很难直接建立，通常需要通过其他表示形式进行转化。

边界表示：用户可以方便地控制实体的形状，但是需要输入大量数据，而且很难确保数据的一致性。

（8）输出：输出图形、CAD/CAM 系统几何信息和拓扑信息。

边界表示：适合图形显示和数控加工等对实体的边界信息要求较精确的情况。

枚举表示、构造表示：适合需要计算实体性质的情况。

综上所述，不同的建模方法可以满足不同用户不同的应用需求，对计算机软硬件的要求也不尽相同。鉴于早期计算机软硬件的性能有限，通常只能采用线框模型表达不太复杂的实体；但是，随着计算机软硬件的快速发展，计算机的运算速度、内存容量以及图形运算的软硬件加速，为复杂实体的表达创造了条件。尽管如此，以目前计算机软硬件条件，要实现三维实体的真实感实时动态显示仍然有一定的困难，因此，应用根据实际需求选择合适的模型。

例如：对于复杂物体的动态真实感显示，可以在旋转、平移或者缩放过程中按照线框模型显示，待实体参数确定之后，再按照静态的真实感图形表示设计结果。

目前常用的 CAD/CAM 软件通常均同时支持线框模型、表面模型和实体模型，因此可以根据实际需要，灵活选择使用。

基于体素的体绘制方法是图形与数据可视的最新发展分支，在 CT、核磁共振等规则数据处理中获得了应用。体绘制的方法简化了物体的建模过程，丰富了传统计算机图形学的研究内容，未来会在更多的领域得到应用。

7.5　几何元素求交与多体集合运算

建立体模型需要判断点、线和面等基本几何元素的前后、重合、相交和离合等拓扑关系，因此需要对基本几何元素进行大量的求交运算，以满足体可视的需要。

如果可视实体是现有多个实体模型的复杂有效组合，则该实体可以利用现有的多个实体模型，按照指定的拓扑结构，通过集合运算来实现。

7.5.1　几何元素求交

尽管建立体模型的三要素是点、线和面，但是在实际几何造型系统中，经常会用到如下更多的几何元素：

（1）点：二维（2D）点、三维（3D）点等。

（2）线：2D（3D）直线段、二次（三次）曲线（圆弧和整圆、椭圆弧和椭圆、抛物线段、双曲线段）、（非）有理 Bezier 曲线、B 样条曲线和 NURBS 曲线等。

（3）面：平面、二次曲面（球面、圆柱面、圆锥面、圆台面、双曲面、抛物面、椭球面、椭圆柱面）、圆环面、（非）有理 Bezier 曲面、B 样条曲面和 NURBS 曲面等。

在几何元素之间求交时，通常首先把几何元素进行归类，然后再利用同类元素之间的共性来研究其求交算法；同时对每类元素，在具体的求交算法中需要考虑其特性，以便提高算法效率，进而充分发挥混合表示方法的优势。

具体的求交方法可以分为：点点、点线、点面、线线、线面和面面求交等。

1. 点点求交

计算点 $P_1(x_1,y_1,z_1)$ 与点 $P_2(x_2,y_2,z_2)$ 的交点，就是判断 P_1 和 P_2 是否重合，因此首先计算 P_1 和 P_2 之间的距离 d，然后判断是否满足 $d^2 < \varepsilon^2$（默认 $\varepsilon = 10^{-6}$），即

$$d^2 = (x_2 - x_1)^2 + (y_2 - y_1)^2 + (z_2 - z_1)^2 < \varepsilon^2$$

2. 点线求交

点线求交可以分为点与直线求交和点与曲线求交等。

对于点 $P_0(x_0,y_0,z_0)$ 与直线 $L = P_1P_2$ 的求交，就是判断 P_0 是否在直线 L 上，则首先计算 P_0 和 P_1P_2 的距离 d，然后判断是否满足 $d^2 < \varepsilon^2$（默认 $\varepsilon = 10^{-6}$），即

$$d^2 = b^2 - \left(\frac{a^2 + b^2 - c^2}{2a}\right)^2 < \varepsilon^2$$

其中：P_1 和 P_2 的坐标为 (x_1,y_1,z_1) 和 (x_2,y_2,z_2)，a,b,c 满足：

$$a = \sqrt{(x_2 - x_1)^2 + (y_2 - y_1)^2 + (z_2 - z_1)^2}$$
$$b = \sqrt{(x_2 - x_0)^2 + (y_2 - y_0)^2 + (z_2 - z_0)^2}$$
$$c = \sqrt{(x_1 - x_0)^2 + (y_1 - y_0)^2 + (z_1 - z_0)^2}$$

当然，也可以通过判断 P_0 是否满足直线 $L = P_1P_2$ 的方程来实现。

对于点 $P_0(x_0,y_0,z_0)$ 与曲线 $C(t) = (x(t),y(t),z(t))$（$t \in [0,1]$）的求交，就是判断 P_0 是否在直线 $C(t)$ 上，则：

首先求解 t_0，使得 P_0 与 $C(t)$ 的距离最短（$d_{\min}$），即 $d_{\min} = \min|P_0 - C(t)|$，亦即

$$C'(t_0)[P_0 - C(t_0)] = 0$$

然后判断是否满足 $d_{\min}^2 < \varepsilon^2$（默认 $\varepsilon = 10^{-6}$）和 $t_0 \in [0,1]$。

当然，也可以通过判断 P_0 是否满足曲线 $C(t)$ 的方程来实现。

3. 点面求交

点面求交可以分为点与平面求交和点与曲面求交等。

对于点 $P_0(x_0,y_0,z_0)$ 与平面 $S(ax + by + cz + d = 0)$ 的求交，就是判断 P_0 是否在直线 S 上，则首先计算 P_0 和 S 的距离 d，然后判断是否满足 $d < \varepsilon$（默认 $\varepsilon = 10^{-6}$），即

$$d = \frac{|ax + by + cz + d|}{\sqrt{a^2 + b^2 + c^2}} < \varepsilon$$

当然，也可以通过判断 P_0 是否满足平面 S 的方程来实现。

对于点 $P_0(x_0,y_0,z_0)$ 与曲面 $S(u,v)=(x(u,v),y(u,v),z(u,v))(u,v\in[0,1])$ 的求交,就是判断 P_0 是否在曲面 $S(u,v)$ 上,则:

首先求解 u_0,v_0,使得 P_0 与 $S(u,v)$ 的距离最短(d_{min}),即满足(方法与前述类同):

$$\begin{cases} x(u_0,v_0)=x_0 \\ y(u_0,v_0)=y_0 \\ z(u_0,v_0)=z_0 \end{cases}$$

然后判断是否满足 $d_{min}<\varepsilon$(默认 $\varepsilon=10^{-6}$)和 $u_0,v_0\in[0,1]$。

当然,也可以通过判断 P_0 是否满足曲面 $S(u,v)$ 的方程来实现。

4. 线线求交

线线求交可以分为直线与直线求交、直线与曲线求交和曲线与曲线求交等。

对于直线 $L_1(t)=A+Bt(t\in[0,1])$ 与直线 $L_2(t)=C+Dt(t\in[0,1])$ 的求交,就是计算两条直线的交点。即求解 t_0,满足:

$$L_1(t_0)=A+Bt_0=C+Dt_0(t_0\in[0,1])$$

即

$$t_0=-\frac{(C\times D)\cdot A}{(C\times D)\cdot B}=-\frac{(A\times B)\cdot C}{(A\times B)\cdot D}$$

对于直线 $L(t)=A+Bt(t\in[0,1])$ 与曲线 $C(t)=(x(t),y(t),z(t))(t\in[0,1])$ 的求交,就是计算直线与曲线的交点,即求解 t_0,满足:

$$L(t_0)=A+Bt_0=C(t_0)$$

对于曲线 $C_1(t)=(x(t),y(t),z(t))(t\in[0,1])$ 与曲线 $C_2(t)=(x(t),y(t),z(t))(t\in[0,1])$ 的求交,就是计算两条曲线的交点,即求解 t_0,满足:

$$C_1(t_0)=C_2(t_0)$$

直线与曲线和曲线与曲线这两种情况可以使用数值方法具体求解。

5. 线面求交

线面求交可以分为直线与平面求交、直线与曲面求交、曲线与平面求交和曲线与曲面求交等。

对于直线 $L(t)=A+Bt(t\in[0,1])$ 与平面 $S(u,v)=C+Du+Ev(u,v\in[0,1])$ 的求交,就是计算直线与平面的交点,即求解 t_0 和 u_0,v_0,满足:

$$L(t_0)=A+Bt_0=C+Du_0+Ev_0=S(u_0,v_0)$$

即 $t_0=-\dfrac{(E\times A)\cdot D-(E\times A)\cdot B}{(E\times A)\cdot C}$;$u,v$ 满足:

$$u_0=-\frac{(A\times C)\cdot B-(A\times C)\cdot D}{(A\times C)\cdot E}$$

$$v_0=-\frac{(E\times C)\cdot B-(E\times C)\cdot D}{(E\times C)\cdot A}$$

对于直线 $L(t)=A+Bt(t\in[0,1])$ 与曲面 $S(u,v)=(x(u,v),y(u,v),z(u,v))(u,v\in[0,1])$ 的求交,就是计算直线与曲面的交点,即求解 t_0 和 u_0,v_0,满足:

$$L(t_0)=A+Bt_0=S(u_0,v_0)$$

对于曲线 $C(t)=(x(t),y(t),z(t))(t\in[0,1])$ 与平面 $S(ax+by+cz+d=0)$ 的求交,就是计算曲线与平面的交点,而且可能有多个交点,具体方法是把曲线的参数方程代入平面方程，从而得到关于参数 t 的一次方程，然后使用求根方法进行求解。

对于曲线 $C(t)=(x(t),y(t),z(t))(t\in[0,1])$ 与曲面 $S(u,v)=(x(u,v),y(u,v),z(u,v))(u,v\in[0,1])$ 的求交，就是计算曲线与曲面的交点，而且可能有多个交点，即求解 t_0 和 u_0,v_0，满足：

$$C(t_0)=S(u_0,v_0)$$

直线与曲面和曲线与曲面这两种情况可以使用数值方法具体求解。

6. 面面求交

面面求交可以分为平面与平面求交、平面与曲面求交和曲面与曲面求交等。

对于平面 $S_1=Ax+By+Cz+D$ 与平面 $S_2=Ex+Fy+Gz+H$ 的求交，就是计算两个平面的交线 L，即 L 是满足如下方向数的直线：

$$p=\begin{vmatrix} B & C \\ F & G \end{vmatrix}, \quad q=\begin{vmatrix} C & A \\ G & E \end{vmatrix}, \quad r=\begin{vmatrix} A & B \\ E & F \end{vmatrix}$$

如果利用参数方程 $S_i(u,v)=A_i+B_iu+C_iv$ $(i=1,2)$，则可以利用如下方程求解 $u_i,v_i(i=1,2)$：

$$\begin{cases} S_i(u,v)=A_i+B_iu+C_iv \\ S_1(u,v)-S_2(u,v)=0 \end{cases} \quad u\in\{0,1\}; v\in\{0,1\}$$

对于平面 $S_1(Ax+By+Cz+D=0)$ 与曲面 $S(u,v)=(x(u,v),y(u,v),z(u,v))(u,v\in[0,1])$ 的求交，就是计算平面与曲面的的交线 L，则可以把曲面的参数方程代入平面方程直接进行求解，即

$$Ax(u,v)+By(u,v)+Cz(u,v)+D=0$$

对于曲面 $S(u,v)$ 与曲面 $T(u,v)$，$(u,v\in[0,1])$ 的求交，就是计算两个曲面的交线 L，则可以使用离散法和跟踪法求解。

离散法：首先把参数曲面分解为小的三角面片，然后利用分解后的三角面片进行求交运算，从而得到相应的线段，最后把离散的线段连接起来。尽管离散法精度稍低，但是容易实现。

跟踪法：首先从已知交点出发，沿着交点处交线的切线方向，按照指定的步长，使用数值方法计算下一个交点；然后使用直线段连接离散交点。具体方法：

(1) 搜索：初始交点。

(2) 跟踪：计算后续交点。

(3) 排序：对离散交点排序，并使用直线段连接。

目前流行 CAD/CAM 系统采用的基本求交环境基本相同，即：

(1) 2D(3D)点、2D(3D)线、2D(3D)面等简单几何元素之间的求交。

(2) 直线、平面、二次曲线等简单几何元素与二次曲面之间的求交。

(3) 3D 点与二次曲线(曲面)之间的求交。

(4) 3D 点与自由曲线(曲面)之间的求交。

(5) 二次曲面与二次曲面之间的求交。

(6) 直线与自由曲线(曲面)的求交。

(7) 平面与自由曲线(曲面)的求交。

(8) 自由曲线与自由曲线的求交。

(9) 自由曲线与自由曲面的求交。

（10）二次曲线与自由曲线的求交。

（11）二次曲线与自由曲面的求交。

（12）自由曲面与自由曲面的求交。

（13）二次曲面与自由曲线的求交。

（14）二次曲面与自由曲面的求交。

（15）自由曲线支持（非）有理 Bezier 曲线、B 样条曲线和 NURBS 曲线等。

（16）自由曲面支持（非）有理 Bezier 曲面、B 样条曲面和 NURBS 曲面等。

7.5.2　多体集合运算

在实际建立体模型的过程中，为了提高可视效率，经常会使用已经建好的多个实体模型，按照指定的拓扑结构，对其进行复杂有效的组合，从而通过集合运算来实现建模，即通过对常用（或者已经存在）实体模型定义运算而得到新的实体模型的一种表示方法。

常用的实体模型包括长方体、球、圆柱、圆锥、圆台、椭球、椭圆柱、圆环、管状体、指定厚度的双曲面/抛物面/（非）有理 Bezier 曲面/B 样条曲面/NURBS 曲面等。

常用的集合运算包括并、交、差和补等。

例如：已知圆柱 V_c（见图 7.27(a)）和圆球 V_s（见图 7.27(b)），如果把 V_c 和 V_s 按照中心重合的方式进行组合（见图 7.27(c)），则圆柱和圆球的并集 $V_c \bigcup V_s$、交集 $V_c \bigcap V_s$ 和差集 $V_c - V_s$（或者 $V_s - V_c$）如图 7.28 所示。

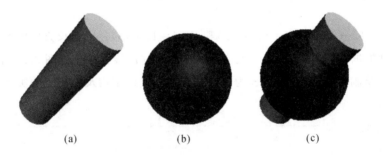

(a)　　　　　　　　(b)　　　　　　　　(c)

图 7.27　圆柱和圆球的组合

(a)圆柱 V_c；(b)圆球 V_s；(c)V_c 和 V_s 组合

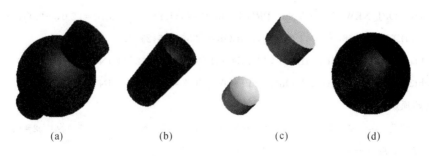

(a)　　　　　(b)　　　　　(c)　　　　　(d)

图 7.28　圆柱和圆球的并、交、差

(a)$V_c \bigcup V_s$；(b)$V_c \bigcap V_s$；(c)$V_c - V_s$；(d)$V_s - V_c$

7.6 常用体可视

7.6.1 长方体可视

对于长方体可视,首先需要建立长方体的线框(或者表面、或者实体)模型,然后按照模型绘制并显示相应的长方体。

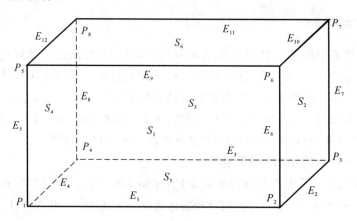

图 7.29 长方体的线框模型

已知 $P_i(i=1,\cdots,8)$, $E_i(i=1,\cdots,12)$ 和 $S_i(i=1,\cdots,6)$ 分别是长方体的 8 个顶点、12 条边和 6 个面,则根据长方体的点、边和面之间的关系建立的线框模型如图 7.29 所示。

【例 7.2】 绘制中心在原点,边长为 1 的正方体的线框结构及其相应的实体。

程序如下:

```
;——————————————————————————————————————————
;Ch07Cube.pro
;——————————————————————————————————————————
PRO Ch07Cube
    SWin=OBJ_NEW('IDLgrWindow',DIMENSIONS=[400,400],TITLE=' 立方体 ')
    SView=OBJ_NEW('IDLgrView',PROJECTION=1,EYE=6,ZCLIP=[2.0,-2.0], $
        VIEW=[-0.8,-0.8,1.6,1.6],COLOR=[255,255,255])
    Light1=OBJ_NEW('IDLgrLight',TYPE=1,LOCA=[-2,2,2],INTENSITY=0.6)
    Light2=OBJ_NEW('IDLgrLight',TYPE=0,LOCA=[-2,2,2],INTENSITY=0.6)
    ;初始顶点坐标值
    x1=-0.5  &  x2=0.5  &  y1=-0.5  &  y2=0.5  &  z1=-0.5  &  z2=0.5
    ;立方体的点 0,…,7
    ;立方体的边 01,12,23,30,45,56,67,74,04,15,26,37
    ;立方体的面 a=0154,b=1265,c=2376,d=3047,e=0123,f=4567
```

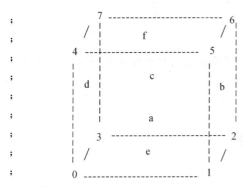

```
;立方体顶点
CubeData=[[x1,y1,z1],[x2,y1,z1],[x2,y2,z1],[x1,y2,z1], $
        [x1,y1,z2],[x2,y1,z2],[x2,y2,z2],[x1,y2,z2]]

;定义对象画线的顺序
CubePoly=[4,0,1,5,4,4,1,2,6,5,4,2,3,7,6, $
        4,3,0,4,7,4,0,1,2,3,4,4,5,6,7]

;创建 IDLgrPolygon 对象
CubeObj=OBJ_NEW('IDLgrPolygon',COLOR=[0,0,255],STYLE=1, $
    DATA=CubeData,LINESTYLE=0,HIDE=0,POLYGONS=CubePoly)
CubeMod=OBJ_NEW('IDLgrModel')  &  CubeMod->Add,CubeObj
CubeMod->Add,Light1  &  CubeMod->Add,Light2 &. SView->Add,CubeMod
CubeMod->Rotate,[1,0,0],-20  &  CubeMod->Rotate,[0,1,0],20
SWin->SetProperty,QUALITY=2  &  SWin->Draw,SView  & WAIT,2
CubeObj->SetProperty,STYLE=2 &  SWin->Draw,SView  & WAIT,2
XOBJVIEW,CubeMod
END
```

;——

程序运行结果如图 7.30 所示。

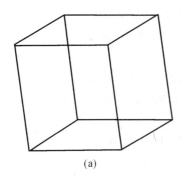

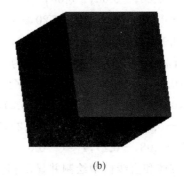

(a)

(b)

图 7.30　正方体的线框结构与实体

(a)线框结构；(b)实体(表面模型＋Gourand 光照)

7.6.2 仿真卫星可视

如果仿真卫星的线框模型如图 7.31 所示,则首先把仿真卫星分解成 3 个长方体和 4 个支架,然后利用长方体和直线的可视方法进行绘制和显示。

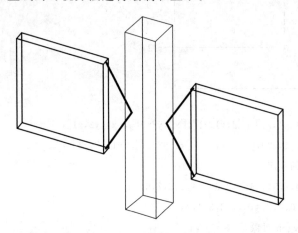

图 7.31 仿真卫星的线框模型

【**例 7.3**】 已知绘制仿真卫星的主体长方体的顶点坐标为

$$X = (-0.07, 0.07, 0.07, -0.07, -0.07, 0.07, 0.07, -0.07)$$
$$Y = (-0.40, -0.40, 0.40, 0.40, -0.40, -0.40, 0.40, 0.40)$$
$$Z = (0.07, 0.07, 0.07, 0.07, -0.07, -0.07, -0.07, -0.07)$$

两个太阳板长方体的顶点坐标分别为

$$X = (0.20, 0.60, 0.60, 0.20, 0.20, 0.60, 0.60, 0.20)$$
$$Y = (-0.20, -0.20, 0.20, 0.20, -0.20, -0.20, 0.20, 0.20)$$
$$Z = (0.02, 0.02, 0.02, 0.02, -0.02, -0.02, -0.02, -0.02)$$

和

$$X = (-0.20, -0.60, -0.60, -0.20, -0.20, -0.60, -0.60, -0.20)$$
$$Y = (-0.20, -0.20, 0.20, 0.20, -0.20, -0.20, 0.20, 0.20)$$
$$Z = (0.02, 0.02, 0.02, 0.02, -0.02, -0.02, -0.02, -0.02)$$

4 条支架所对应线段的顶点坐标分别为

$$X = (0.08, 0.20), Y = (0.0, 0.2), Z = (0.0, 0.0)$$
$$X = (0.08, 0.20), Y = (-0.0, -0.2), Z = (0.0, 0.0)$$
$$X = (-0.08, -0.2), Y = (0.0, 0.2), Z = (0.0, 0.0)$$
$$X = (-0.08, -0.2), Y = (-0.0, -0.2], Z = (0.0, 0.0)$$

则按照长方体和直线模型绘制并显示相应的仿真卫星。

程序如下:

;—————————————————————————————————

;Ch07Satellite.pro

;—————————————————————————————————

```
FUNCTION CreateSatellite
    SMod=OBJ_NEW('IDLgrModel')
    Xp=[-0.07,0.07,0.07,-0.07,-0.07,0.07,0.07,-0.07]
    Yp=[-0.40,-0.40,0.40,0.40,-0.40,-0.40,0.40,0.40]
    Zp=[ 0.07,0.07,0.07,0.07,-0.07,-0.07,-0.07,-0.07]
    LVert=TRANSPOSE([[Xp],[Yp],[Zp]])
    LMesh=[[4,0,1,2,3],[4,1,5,6,2],[4,4,7,6,5], $
        [4,0,3,7,4],[4,3,2,6,7],[4,0,4,5,1] ]
    LLst=FLTARR(3,24)  &  LnMesh=LMesh  &  j=0
    FOR i=0,5 do begin
        LLst[0:2,i*4+0]=LVert[0:2,LMesh[i*5+1]]
        LLst[0:2,i*4+1]=LVert[0:2,LMesh[i*5+2]]
        LLst[0:2,i*4+2]=LVert[0:2,LMesh[i*5+3]]
        LLst[0:2,i*4+3]=LVert[0:2,LMesh[i*5+4]]
        LnMesh[*,i]=[4,j,j+1,j+2,j+3]  &  j+=4
    ENDFOR
    LObj=OBJ_NEW('IDLgrPolygon',LLst,POLYGONS=LnMesh,COLOR=[0,255,0])
    SMod->Add,LObj
    Xp=[0.20,0.60,0.60,0.20,0.20,0.60,0.60,0.20]
    Yp=[-0.20,-0.20,0.20,0.20,-0.20,-0.20,0.20,0.20]
    Zp=[ 0.02,0.02,0.02,0.02,-0.02,-0.02,-0.02,-0.02]
    RVert=TRANSPOSE([[Xp],[Yp],[Zp]])
    RMesh=[[4,0,1,2,3],[4,1,5,6,2],[4,4,7,6,5], $
        [4,0,3,7,4],[4,3,2,6,7],[4,0,4,5,1] ]
    RLst=FLTARR(3,24)  &  RnMesh=LMesh  &  j=0
    FOR i=0,5 do begin
        RLst[0:2,i*4+0]=RVert[0:2,RMesh[i*5+1]]
        RLst[0:2,i*4+1]=RVert[0:2,RMesh[i*5+2]]
        RLst[0:2,i*4+2]=RVert[0:2,RMesh[i*5+3]]
        RLst[0:2,i*4+3]=RVert[0:2,RMesh[i*5+4]]
        RnMesh[*,i]=[4,j,j+1,j+2,j+3]  &  j+=4
    ENDFOR
    RObj=OBJ_NEW('IDLgrPolygon',RLst,POLYGONS=RnMesh,COLOR=[0,0,255])
    SMod->Add,RObj
    Xp=[-0.20,-0.60,-0.60,-0.20,-0.20,-0.60,-0.60,-0.20]
    Yp=[-0.20,-0.20,0.20,0.20,-0.20,-0.20,0.20,0.20]
    Zp=[ 0.02,0.02,0.02,0.02,-0.02,-0.02,-0.02,-0.02]
    MVert=TRANSPOSE([[Xp],[Yp],[Zp]])
    MMesh=[[4,0,1,2,3],[4,1,5,6,2],[4,4,7,6,5], $
        [4,0,3,7,4],[4,3,2,6,7],[4,0,4,5,1] ]
    MLst=FLTARR(3,24)  &  MnMesh=MMesh  &  j=0
    FOR i=0,5 do begin
        MLst[0:2,i*4+0]=MVert[0:2,MMesh[i*5+1]]
```

```
        MLst[0:2,i*4+1]=MVert[0:2,MMesh[i*5+2]]
        MLst[0:2,i*4+2]=MVert[0:2,MMesh[i*5+3]]
        MLst[0:2,i*4+3]=MVert[0:2,MMesh[i*5+4]]
        MnMesh[*,i]=[4,j,j+1,j+2,j+3]  &  j+=4
    ENDFOR
    MObj=OBJ_NEW('IDLgrPolygon',MLst,POLYGONS=MnMesh,COLOR=[0,0,255])
    SMod->Add,MObj  &  x=[0.08,0.20]  &  y=[0.0,0.2]  &  z=[0.0,0.0]
    Ln1=OBJ_NEW('IDLgrPolyline',x,y,z,COLOR=[255,0,0],THICK=3 )
    SMod->Add,Ln1  &  x=[0.08,0.20]  &  y=[-0.0,-0.2]  &  z=[0.0,0.0]
    Ln2=OBJ_NEW('IDLgrPolyline',x,y,z,COLOR=[255,0,0],THICK=3)
    SMod->Add,Ln2  &  x=[-0.08,-0.2]  &  y=[0.0,0.2]  &  z=[0.0,0.0]
    Ln3=OBJ_NEW('IDLgrPolyline',x,y,z,COLOR=[255,0,0],THICK=3)
    SMod->Add,Ln3  &  x=[-0.08,-0.2]  &  y=[-0.0,-0.2]  &  z=[0.0,0.0]
    Ln4=OBJ_NEW('IDLgrPolyline',x,y,z,COLOR=[255,0,0],THICK=3)
    SMod->Add,Ln4  &  SMod->Scale,0.5,0.5,0.5  &  RETURN,SMod
END
;————————————————————————————————————————————————————————————
PRO Ch07Satellite
    SWin=OBJ_NEW('IDLgrWindow',DIMENSIONS=[400,400],TITLE=' 卫星 ')
    SView=OBJ_NEW('IDLgrView',PROJECTION=1,EYE=6,ZCLIP=[2.0,-2.0], $
        VIEW=[-0.6,-0.6,1.2,1.2],COLOR=[255,255,255])
    SLight=OBJ_NEW('IDLgrLight',TYPE=0,INTENSITY=0.8)
    SatMod=CreateSatellite()  &  SatMod->Add,SLight
    SatMod->Rotate,[0,1,0],30 &  SatMod->Rotate,[1,0,0],-30
    SatMod->Scale,1.6,1.6,1.6 &  SView->Add,SatMod
    SWin->SetProperty,QUALITY=0  &  SWin->Draw,SView  &  WAIT,1
    SWin->SetProperty,QUALITY=1  &  SWin->Draw,SView
    XOBJVIEW,SatMod,SCALE=0.9,TITLE=' 交互显示 '
END
;————————————————————————————————————————————————————————————
```

程序运行结果如图 7.32 所示。

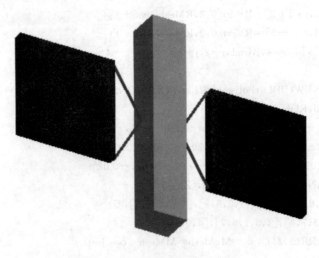

图 7.32　仿真卫星的可视结果

7.6.3 球体可视

对于球体可视,首先需要根据球的参数方程,按照指定的经纬密度,计算球体上的数据点,然后按照经线和纬线建立球体的线框(表面)模型,最后按照模型绘制并显示相应的球体。

已知 $P_i(i=1,\cdots,8)$,$E_i(i=1,\cdots,12)$ 和 $S_i(i=1,\cdots,6)$ 分别是长方体的 8 个顶点、12 条边和 6 个面,则根据长方体的点、边和面之间的关系建立的线框模型如图 7.33 所示。

【例 7.4】 绘制中心在原点,边长为 1 的正方体的线框结构及其相应的实体。

程序如下:

```
;——————————————————————————————————
;Ch07Ball.PRO
;——————————————————————————————————
PRO Ch07Ball
    SWin=OBJ_NEW('IDLgrWindow',DIMENSIONS=[400,400],TITLE='圆球')
    SView=OBJ_NEW('IDLgrView',PROJECTION=1,EYE=6,ZCLIP=[2.0,-2.0], $
        VIEW=[-0.6,-0.6,1.2,1.2],COLOR=[255,255,255])
    Light1=OBJ_NEW('IDLgrLight',LOCATION=[1,1,1], $
        DIRECTION=[2,2,5],TYPE=2,INTENSITY=0.6)
    Light2=OBJ_NEW('IDLgrLight',TYPE=0,INTENSITY=0.4)
    SBall=OBJ_NEW('Orb',COLOR=[0,0,255],RADIUS=0.5, $
        DENSITY=1.0,STYLE=2,SHADING=0)
    SBallMod=OBJ_NEW('IDLgrModel')    &    SBallMod->Add,SBall
    SBallMod->Add,Light1    &    SBallMod->Add,Light2
    SBallMod->Rotate,[1,0,0],45    &    SBallMod->Rotate,[0,1,0],45
    SView->Add,SBallMod
    SWin->SetProperty,QUALITY=0    &    SWin->Draw,SView & WAIT,1
    SWin->SetProperty,QUALITY=2    &    SWin->Draw,SView & WAIT,1
    SBall->SetProperty,SHADING=1    &    SWin->Draw,SView & WAIT,1
    XOBJVIEW,SBallMod,SCALE=1.6,TITLE='交互显示'
END
;——————————————————————————————————
```

程序运行结果如图 7.33 所示。

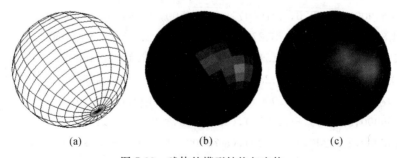

(a)   (b)   (c)

图 7.33 球体的模型结构与实体

(a)线框模型;(b)表面模型(Gourand 光照);(c)实体(Phong 光照)

7.6.4 分子结构可视

根据如图 7.34 所示的分子结构不难看出,分子可以分解成多个原子(圆球)和键(线段),因此可以利用球体和直线的可视方法进行绘制和显示。

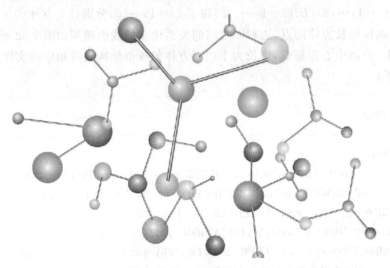

图 7.34 分子结构示意图

【例 7.5】 已知阿斯巴甜(Aspartame)分子的结构是由四类 36 个原子组成的,原子对应球体的半径分别为 1.3,0.9,1.5 和 1.5 四类,球心的位置位于:

$$(-4.28300, 0.37100, -0.5490), (-2.81200, 0.06300, -0.8740)$$
$$(-2.56200, -0.7970, -1.6890), (-4.69700, 1.82400, -0.8420)$$
$$(-3.99800, 2.85800, 0.02900), (-3.58000, 2.49200, 1.15000)$$
$$(-3.54400, 3.82400, -0.6040), (-1.85800, 0.57800, -0.0960)$$
$$(-0.42800, 0.24200, -0.2650), (-0.28500, -1.2800, -0.2620)$$
$$(0.385000, -1.8620, -1.1170), (0.462000, 0.89700, 0.82800)$$
$$(1.926000, 0.94300, 0.56000), (2.834000, 0.00800, 1.08100)$$
$$(2.465000, 2.01800, -0.2290), (4.199000, 0.05700, 0.72300)$$
$$(3.866000, 2.06100, -0.4930), (4.689000, 1.07300, -0.0350)$$
$$(-0.64900, -1.9920, 1.01900), (-0.14500, -3.4110, 1.06700)$$
$$(-4.85600, -0.2080, -1.2740), (-4.63700, 2.07500, -1.9050)$$
$$(-5.73100, 1.86800, -0.5120), (-2.09200, 1.39100, 0.46000)$$
$$(-0.11300, 0.62900, -1.2360), (0.297000, 0.39700, 1.78300)$$
$$(0.097000, 1.91800, 0.92900), (2.359000, 0.84100, 1.73200)$$
$$(1.766000, 2.76500, -0.6070), (4.790000, -0.7410, 1.18700)$$
$$(4.148000, 2.92200, -1.1120), (5.731000, 1.10400, -0.2920)$$
$$(0.942000, -3.4210, 0.98900), (-0.57500, -3.9850, 0.24600)$$
$$(-0.43900, -3.8680, 2.01200), (-4.68300, -0.1810, 0.82100)$$

其中,第 1,2,4,5,9,10,12,13,14,15,16,17,18,20 个原子使用第一类球;第 3,6,7,11,18 个原子使用第三类球;第 8,36 个原子使用第二类球;其他的使用第四类球;并且第一、二、三、四类球分别使用紫色、红色、绿色、蓝色颜料。其模型示意图如图 7.35 所示。

图 7.35 阿斯巴甜的的线框模型

程序如下:

```
;------------------------------------------------------------
; Ch07Aspartame.PRO
;------------------------------------------------------------
PRO Ch07Aspartame
    SWin=OBJ_NEW('IDLgrWindow',DIMENSIONS=[400,400],TITLE='圆球')
    SView=OBJ_NEW('IDLgrView',PROJECTION=1,EYE=9,ZCLIP=[3.0,-3.0],$
        VIEW=[-0.6,-0.6,1.2,1.2],COLOR=[255,255,255])
    Lit1=OBJ_NEW('IDLgrLight',LOCATION=[2,2,5],$
        DIRECTION=[2,2,5],TYPE=2,INTENSITY=0.3)
    Lit2=OBJ_NEW('IDLgrLight',TYPE=0,INTENSITY=0.2) & SOrb=ObjArr(4)
    SOrb[0]=OBJ_NEW('Orb',DENSITY=0.8,RADIUS=1.3,COLOR=[255,000,255])
    SOrb[1]=OBJ_NEW('Orb',DENSITY=0.8,RADIUS=0.9,COLOR=[255,000,000])
    SOrb[2]=OBJ_NEW('Orb',DENSITY=0.8,RADIUS=1.5,COLOR=[000,255,000])
    SOrb[3]=OBJ_NEW('Orb',DENSITY=0.8,RADIUS=1.5,COLOR=[000,000,255])
    Atomn=36
    Atoms=[0,0,3,0,0,3,3,2,0,0,3,0,0,0,0,0,0,0,0,$
        3,0,1,1,1,1,1,1,1,1,1,1,1,1,1,1,2]
    AtomXyz=[[-4.28300,0.37100,-0.5490],[-2.81200,0.06300,-0.8740],$
        [-2.56200,-0.7970,-1.6890],[-4.69700,1.82400,-0.8420],$
        [-3.99800,2.85800,0.02900],[-3.58000,2.49200,1.15000],$
        [-3.54400,3.82400,-0.6040],[-1.85800,0.57800,-0.0960],$
        [-0.42800,0.24200,-0.2650],[-0.28500,-1.2800,-0.2620],$
        [0.385000,-1.8620,-1.1170],[0.462000,0.89700,0.82800],$
        [1.926000,0.94300,0.56000],[2.834000,0.00800,1.08100],$
        [2.465000,2.01800,-0.2290],[4.199000,0.05700,0.72300],$
        [3.866000,2.06100,-0.4930],[4.689000,1.07300,-0.0350],$
```

```
        [−0.64900,−1.9920,1.01900],[−0.14500,−3.4110,1.06700],$
        [−4.85600,−0.2080,−1.2740],[−4.63700,2.07500,−1.9050],$
        [−5.73100,1.86800,−0.5120],[−2.09200,1.39100,0.46000],$
        [−0.11300,0.62900,−1.2360],[0.297000,0.39700,1.78300],$
        [0.097000,1.91800,0.92900],[2.359000,0.84100,1.73200],$
        [1.766000,2.76500,−0.6070],[4.790000,−0.7410,1.18700],$
        [4.148000,2.92200,−1.1120],[5.731000,1.10400,−0.2920],$
        [0.942000,−3.4210,0.98900],[−0.57500,−3.9850,0.24600],$
        [−0.43900,−3.8680,2.01200],[−4.68300,−0.1810,0.82100]]
    Sc=1/(MAX(AtomXyz[0,∗],MIN=Mn)−Mn)
    AspMod=OBJ_NEW('IDLgrModel')  &  SurMod=OBJ_NEW('IDLgrModel')
    FOR i=0,Atomn−1 DO BEGIN
        Ts=SOrb[Atoms[i]]  &  Ts−>GetProperty,POBJ=Sh
        Sh−>GetProperty,COLOR=col,POLY=PMesh
        Tm=OBJ_NEW('IDLgrPolygon',SHARE_DATA=Sh,POLY=PMesh,COLOR=col)
        Tm−>SetProperty,SHADING=1  &  AtomMod=OBJ_NEW('IDLgrModel')
        AtomMod−>Translate,AtomXyz[0,i],AtomXyz[1,i],AtomXyz[2,i]
        AtomMod−>Add,Tm  &  SurMod−>Add,AtomMod
    ENDFOR
    AspMod−>Add,SurMod  &  SurMod−>Scale,Sc,Sc,Sc
    AspMod−>Add,Lit1  &  AspMod−>Add,Lit2  &  SView−>Add,AspMod
    AspMod−>Rotate,[1,0,0],30  &  AspMod−>Rotate,[0,1,0],20
    FOR i=0,2 DO BEGIN
        SWin−>SetProperty,QUALITY=i  &  SWin−>Draw,SView  &  WAIT,1
    ENDFOR
    XOBJVIEW,AspMod,SCALE=0.9,TITLE='交互显示'
END
;————————————————————————————————————————————————
```

程序运行结果如图 7.36 所示。

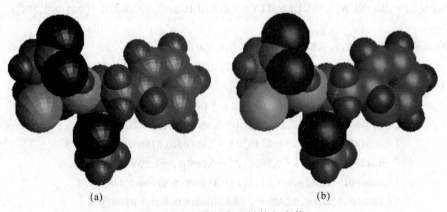

(a)　　　　　　　　　　　(b)

图 7.36　心脏的表面结构与实体

(a)表面模型＋Gourand 光照;(b)实体(表面模型＋Phong 光照)

7.6.5　锥体可视

锥体的可视相对比较简单，只需根据锥体底面的参数方程计算出锥体底面的边界点，然后根据锥体的高度计算出锥体的尖点的坐标，最后按照模型绘制并显示。

【例 7.6】　绘制底面中心在原点，半径为 0.6，高为 1.2，边数为 30 的正棱锥。

程序如下：

```
;————————————————————————————————————————————————
;Ch07Cone.pro
;————————————————————————————————————————————————
PRO PCone,Vert,Conn,n
    Vert=FLTARR(3,n+1)  &  Vert[0:1,0]=0.0  &  Vert[2,0]=0.6  &  t=0D
    FOR i=1,n DO BEGIN
        Vert[0,i]=0.6*COS(t) & Vert[1,i]=0.6*SIN(t) & Vert[2,i]=−0.6
        t+=(2*!PI)/FLOAT(n)
    ENDFOR
    Conn=FLTARR(4*n+(n+1)) & i=0 & Conn[0]=n
    FOR i=1,n DO Conn[i]=(n−i+1)   &  j=n+1
    FOR i=1,n DO BEGIN
        Conn[j]=3 & Conn[j+1]=i & Conn[j+2]=0 & Conn[j+3]=i+1
        IF (i EQ n) THEN Conn[j+3]=1 & j+=4
    ENDFOR
END
;————————————————————————————————————————————————
PRO Ch07Cone
    SWin=OBJ_NEW('IDLgrWindow',DIMENSIONS=[400,400],TITLE='圆锥')
    SView=OBJ_NEW('IDLgrView',PROJECTION=1,EYE=6,ZCLIP=[2.0,−2.0], $
        VIEW=[−0.8,−0.8,1.6,1.6],COLOR=[255,255,255])
    Light1=OBJ_NEW('IDLgrLight',TYPE=0,LOCA=[2,2,2],INTENSITY=0.9)
    Light2=OBJ_NEW('IDLgrLight',TYPE=1,LOCA=[2,−2,5], $
        DIRECTION=[2,2,5],INTENSITY=1)   &  PCone,Vert,Conn,30
    SObj=OBJ_NEW('IDLgrPolygon',Vert,POLY=Conn,COLOR=[0,0,255])
    SMod=OBJ_NEW('IDLgrModel')   &  SMod−>Add,SObj
    SMod−>Add,Light1  &  SMod−>Add,Light2  &  SView−>Add,SMod
    SMod−>Rotate,[1,0,0],−70  &  SMod−>Rotate,[0,1,0],0
    SObj−>SetProperty,SHADING=1
    FOR i=0,2 DO BEGIN
        SWin−>SetProperty,QUALITY=i  &  SWin−>Draw,SView & WAIT,1
    ENDFOR
    XOBJVIEW,SMod,SCALE=0.9,TITLE='交互显示'
END
;————————————————————————————————————————————————
```

程序运行结果如图 7.37 所示。

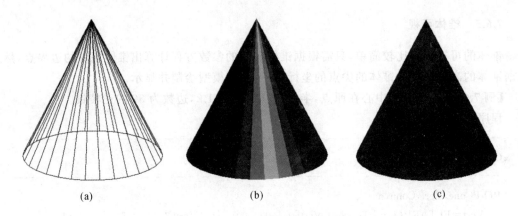

(a)　　　　　　　(b)　　　　　　　(c)

图 7.37　正棱锥的模型结构与实体

(a)线框模型；(b)表面模型＋Gourand 光照；(c)实体(表面模型＋Phong 光照)

7.6.6　环体可视

环转实体可视通常比较简单，首先根据圆环的参数方程，计算出圆环的数据点，然后按照圆环模型进行绘制和显示。圆环及其线框模型如图 7.38 所示。

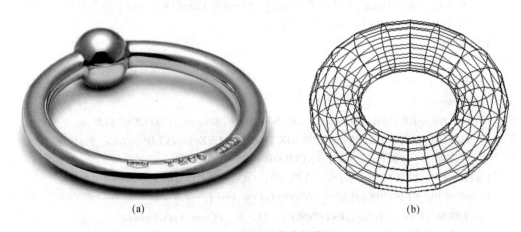

(a)　　　　　　　　　　　(b)

图 7.38　圆环及其线框模型

(a)环形饰品；(b)圆环的线框模型

【例 7.7】　已知圆环的半径为 100，环体半径为 35，绘制圆环套圆环的双环线框结构。程序如下：

```
;------------------------------------
; Ch07Donuts.pro
;------------------------------------
PRO Ch07Donuts
    DEVICE, DECOMPOSED=1
    ! P.BACKGROUND='FFFFFF'XL  &  ! P.COLOR='FF0000'XL
```

```
WINDOW,6,XSIZE＝400,YSIZE＝400,TITLE＝'双面包圈'
PLOT,[0],/DEVICE,/ISOTROPIC,XRANG＝[－200,200],YRANGE＝[－200,200]
Xs＝DBLARR(60,20)  &  Ys＝DBLARR(60,20)  &  Zs＝DBLARR(60,20)
Zc＝DBLARR(60,20)  &  Zz＝INTARR(900)  &  Pp＝INTARR(900)
Rad1＝100 & Rad2＝35  &  Seg1＝25  &  Seg2＝15  &  Ed＝900D  &  n＝0
FOR Delta＝－1,1,2 DO BEGIN   ;计算顶点坐标值
    FOR Th1＝0.0,2＊! PI＋0.1,2＊! PI/Seg1 DO BEGIN
        n＋＋  &  m＝0
        FOR Th2＝0.0,2＊! PI＋0.1,2＊! PI/Seg2 DO BEGIN
            m＋＋
            x＝Rad1＋Rad2＊COS(Th2)  &  y＝Rad2＊SIN(Th2)
            z＝0  &  Thy＝Th1  &  Zw＝z  &  Xw＝x
            x＝Zw＊COS(Th1)－Xw＊SIN(Th1) & z＝Zw＊SIN(Th1)＋Xw＊COS(Th1)
            x＝x＋Rad1/2＊Delta
            IF Delta EQ 1 THEN BEGIN
                Yw＝y  &  Zw＝z
                y＝Yw＊COS(! PI/2)－Zw＊SIN(! PI/2)
                z＝Yw＊SIN(! PI/2)＋Zw＊COS(! PI/2)
            ENDIF
            Thx＝1D  &  Thy＝1D  &  Zw＝z  &  Xw＝x
            x＝Zw＊COS(Thy)－Xw＊SIN(Thy) & z＝Zw＊SIN(Thy)＋Xw＊COS(Thy)
            Yw＝y  &  Zw＝z
            y＝Yw＊COS(Thx)－Zw＊SIN(Thx) & z＝Yw＊SIN(Thx)＋Zw＊COS(Thx)
            x＝x＊Ed/(Ed－z)  &  y＝(y＊Ed－z)/(Ed－z)
            Xs[n,m]＝x  &  Ys[n,m]＝y  &  Zs[n,m]＝z
        ENDFOR
    ENDFOR
ENDFOR
Pp[1:(2＊Seg1＋1)＊Seg2]＝INDGEN((2＊Seg1＋1)＊Seg2)
FOR i＝0,(2＊Seg1＋1)＊Seg2－1 DO BEGIN   ;绘图
    n＝Pp[i]/Seg2＋1  &  m＝Pp[i] MOD Seg2＋1
    IF n NE (Seg1＋1) THEN BEGIN
        PLOTS,[Xs[n,m],Xs[n+1,m],Xs[n+1,m+1],Xs[n,m+1]], $
            [Ys[n,m],Ys[n+1,m],Ys[n+1,m+1],Ys[n,m+1]]
    ENDIF
ENDFOR
END
```

;———————————————————————————————

程序运行结果如图 7.39 所示。

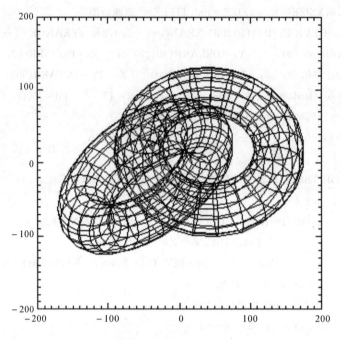

图 7.39　圆环套圆环线框结构的可视结果

7.6.7　绳结可视

中国结是绳结的经典示例,不难看出,绳结的结构可以通过一个圆面,按照与曲线点切线方向垂直的方向,并且沿着曲线移动后所形成的实体,因此可以通过曲线和圆的参数方程进行可视,即平移扫描或者广义扫描方式。绳结及其线框模型如图 7.40 所示。

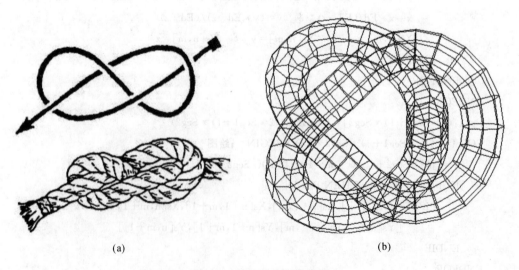

图 7.40　绳结及其线框模型

(a)绳结;(b)绳结的线框模型

【例 7.8】　已知一个封闭绳结的线框模型数据已经存入数据文件 Ch07Knot.dat，则绘制该数据文件对应绳结的线框模型结构及其相应的实体。

程序如下：

```
;——————————————————————————————
;Ch07Knot.PRO
;——————————————————————————————
PRO Ch07Knot
    SWin=OBJ_NEW('IDLgrWindow',DIMENSIONS=[400,400],TITLE='绳结')
    SView=OBJ_NEW('IDLgrView',PROJECTION=1,EYE=9,ZCLIP=[3.0,-3.0], $
        VIEW=[-0.6,-0.6,1.2,1.2],COLOR=[255,255,255])
    Lit1=OBJ_NEW('IDLgrLight',LOCATION=[2,2,5],TYPE=2,INTENSITY=0.6)
    Lit2=OBJ_NEW('IDLgrLight',TYPE=0,INTENSITY=0.5)
    RESTORE,'Ch07Knot.hpy'  &   Xr=[MIN(x, MAX=Xx), Xx]
    Yr=[MIN(y, MAX=Xx), Xx]   &   Zr=[MIN(z, MAX=Xx), Xx]
    Sc=[Xr[1]-Xr[0], Yr[1]-Yr[0],Zr[1]-Zr[0]]
    Xr[0]=(Xr[1]+Xr[0])/2.0 & Yr[0]=(Yr[1]+Yr[0])/2.0
    Zr[0]=(Zr[1]+Zr[0])/2.0 & x=(x-Xr[0])/MAX(Sc)
    y=(y-Yr[0])/MAX(Sc) & z=(z-Zr[0])/MAX(Sc)
    OSea=OBJ_NEW("IDLgrPolygon", TRANSPOSE([[x],[y],[z]]), $
        SHADING=0,POLY=Mesh, COLOR=[0,0,255])
    SBallMod=OBJ_NEW('IDLgrModel')  &   SBallMod->Add,OSea
    SBallMod->Add,Lit1  &   SBallMod->Add,Lit2 & SView->Add,SBallMod
    SBallMod->Rotate,[1,0,0],30  &   SBallMod->Rotate,[0,1,0],0
    SWin->SetProperty,QUALITY=0  &   SWin->Draw,SView & WAIT,1
    SWin->SetProperty,QUALITY=2  &   SWin->Draw,SView & WAIT,1
    OSea->SetProperty,SHADING=1  &   SWin->Draw,SView & WAIT,1
    XOBJVIEW,SBallMod,SCALE=1.0,TITLE='交互显示'
END
;——————————————————————————————
```

程序运行结果如图 7.40(b) 和图 7.41 所示。

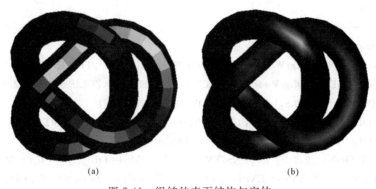

(a)　　　　　　　　　　　(b)

图 7.41　绳结的表面结构与实体

(a)表面模型＋Gourand 光照；(b)实体（表面模型＋Phong 光照）

7.6.8 Ribbon 带可视

Ribbon 带可以分解为如下函数所对应的逐渐衰减的正弦曲线和指数函数经过平移变换后所形成的带形实体。

$$\begin{cases} y = e^{-ax} \sin(bx) \\ y = e^{cx} \end{cases}$$

Ribbon 带的线框模型如图 7.42 所示。

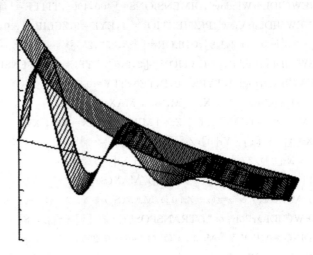

图 7.42　Ribbon 带的线框模型

【例 7.9】　已知 Ribbon 带对应的正弦曲线和指数函数如下：

$$\begin{cases} y = e^{-\frac{1}{50}x} \sin\left(\frac{1}{10}x\right) \\ y = e^{-\frac{1}{50}x} \end{cases}, \quad x \in [0,200]$$

请绘制相应的 Ribbon 带。

程序如下：

```
;——————————————————————————————————————————
;Ch07Ribbon.pro
;——————————————————————————————————————————
PRO Ch07Ribbon
    SWin=OBJ_NEW('IDLgrWindow',DIMENSIONS=[400,400],TITLE='Ribbon')
    SView=OBJ_NEW('IDLgrView',PROJECTION=1,EYE=6,ZCLIP=[2.0,−2.0], $
        VIEW=[−0.6,−0.8,1.2,1.2],COLOR=[255,255,255])
    Light1=OBJ_NEW('IDLgrLight',TYPE=0,LOCA=[2,2,5],INTENSITY=0.6)
    Light2=OBJ_NEW('IDLgrLight',TYPE=1,LOCA=[2,−2,5], $
        DIRECTION=[2,2,5],INTENSITY=1)  &  SMod=OBJ_NEW('IDLgrModel')
    x=INDGEN(200) & YExp=EXP(−x*0.02)*SIN(x*0.1) & Dz=FLTARR(200,5)
    Dz[*,0]=EXP(−x*0.02) & Dz[*,1]=EXP(−x*0.02)  & Dz[*,2]=1.1
    Dz[*,3]=YExp−0.01  &  Dz[*,4]=YExp−0.01  &  Dy=FLTARR(200,5)
```

Dy[*,0]=0.0　&　Dy[*,1]=1.0　&　Dy[*,2:3]=0.0　&　Dy[*,4]=1.0

Cors=INDGEN(3,1000) MOD 256　&　Cors[1,*]=255-Cors[1,*]

Xc=[-0.4,0.0045]　&　Yc=[-0.05,0.1]　&　Zc=[-0.2,0.4]

SAx=OBJ_NEW('IDLgrAxis',0,RANGE=[0,200],COLOR=[0,0,255], $
　　　TICKLEN=0.2,XCOORD_C=Xc,YCOORD_C=Yc,ZCOORD_C=Zc)

SAz=OBJ_NEW('IDLgrAxis',2,RANGE=[-1.,1.],COLOR=[0,0,255], $
　　　TICKLEN=4,XCOORD_C=Xc,YCOORD_C=Yc,ZCOORD_C=Zc)

SRi=OBJ_NEW('IDLgrSurface',Dz,STYLE=2,VERT_COLOR=Cors,DATAY=Dy, $
　　　MAX_VAL=1.05,XCOORD_C=Xc,YCOORD_C=Yc,ZCOORD_C=Zc)

SOb=OBJ_NEW('IDLgrSurface',Dz,STYLE=3,COLOR=[0,0,255],DATAY=Dy, $
　　　MAX_VAL=1.05,XCOORD_C=Xc,YCOORD_C=Yc,ZCOORD_C=Zc,THICK=2)

SMod->Add,SAx & SMod->Add,SAz & SMod->Add,SRi & SMod->Add,SOb

SView->Add,SMod　&　SMod->Add,Light1　&　SMod->Add,Light2

SMod->Rotate,[1,0,0],-70　&　SMod->Rotate,[0,1,0],0

SWin->SetProperty,QUALITY=1　&　SWin->Draw,SView & WAIT,1

XOBJVIEW,SMod,SCALE=0.8,TITLE='交互显示',BACKGROUND=[255,255,255]

END

;——————————————————————————————————————

程序运行结果如图 7.43 所示。

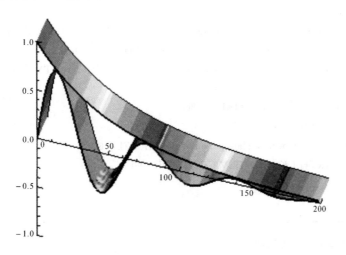

图 7.43　Ribbon 带的可视结果

7.6.9　文本可视

文本可视是根据文本(中文、英文)的结构信息,使用字体模型(线框模型,表面模型,实体模型),对字体进行点阵或者矢量表示,然后再进行可视的过程。

文本的 3D 结构可以利用文本通过平移扫描或者广义扫描来实现,其示意图如图 7.44 所示。

图 7.44 "快乐 Happy"的 3D 结构

目前的操作系统和 CAD/CAM 系统均支持文本的矢量字库。因此，通常可以使用直接图形方式(参考例 7.10)、对象图形方式(参考例 7.11)和 CAD/CAM 转换方式(参考例 7.12)等多种方式进行可视。

对于直接图形方式，可以直接使用文本输出命令或者函数，把文本信息按照指定的格式输出到可视窗口的指定位置。该方法通常比较简单，但是对硬件的支持和控制能力比较有限。

【例 7.10】 使用直接图形方式，利用函数 XYOUTS 和第 26 号颜色表，绘制立体字"Happy You!"。

程序如下：

```
;----------------------------------------------
;Ch07TextTxt.PRO
;----------------------------------------------
PRO Ch07TextTxt
    DEVICE, DECOM=1 & ! P.BACKGROUND='FFFFFF'XL & ! P.COLOR='000000'XL
    WINDOW,6,XSIZE=450,YSIZE=200,TITLE=' 图形与数据可视 '
    PLOT,[0],XRANGE=[0,200],YRANGE=[0,100],/DEVICE,XSTYLE=4,YSTYLE=4
    DEVICE,SET_FONT='Times * BOLD'
    DEVICE, DECOM=0   &   LOADCT, 26
    FOR i=1,30 DO BEGIN
        XYOUTS,10+i,60+i,'Happy You! ',CHARSIZE=6, $
            CHARTHICK=10,/DEVICE,COLOR=90+i
    ENDFOR
END
;----------------------------------------------
```

程序运行结果如图 7.45 所示。

图 7.45 文本"Happy You!"的直接方式可视结果

对于对象图形方式,通常使用类、对象、事件、方法、属性、消息等面向对象的图形方式定义文本信息对应的图形对象,然后把文本对象按照指定的方式输出到可视窗口的指定位置。该方法不但简单,而且对硬件的支持和控制能力比较强,可移植性好。

【例 7.11】　使用对象图形方式,绘制立体(平面)的"Happy You!"文本对象。

程序如下:

```
;———————————————————————————————————————————————
; Ch07TextObj.PRO
;———————————————————————————————————————————————
PRO Ch07TextObj
    SWin=OBJ_NEW('IDLgrWindow',DIMENSIONS=[400,400],TITLE='立体字')
    SView=OBJ_NEW('IDLgrView',PROJECTION=1,EYE=6,ZCLIP=[2.0,-2.0], $
        VIEW=[-0.6,-0.6,1.2,1.2],COLOR=[255,255,255])
    Light1=OBJ_NEW('IDLgrLight',LOCATION=[1,1,1], $
        DIRECTION=[2,2,5],TYPE=1,INTENSITY=0.9)
    Light2=OBJ_NEW('IDLgrLight',TYPE=0,INTENSITY=0.9)
    SMod=OBJ_NEW('IDLgrModel')   &   SView -> Add,SMod
    SMod->Add,Light1   &   SMod->Add,Light2
    SFont = OBJ_NEW('IDLgrFont','Times * BOLD',SIZE=39)
    FOR i=0.0,0.1,0.001 DO BEGIN
        SText=OBJ_NEW('IDLgrText',STRINGS='Happy You! ', $
            LOCATION=[-0.5,0.0,-0.1+i],COLOR=[0,0,255],FONT=SFont)
        SMod->Add,SText
    ENDFOR
    SMod->Rotate,[1,0,0],20   &   SMod->Rotate,[0,1,0],20
    SWin->SetProperty,QUALITY=2   &   SWin->Draw,SView   &   WAIT,1
    XOBJVIEW,SMod,SCALE=0.9,TITLE='交互显示'
END
;———————————————————————————————————————————————
```

程序运行结果如图 7.46 所示。

图 7.46　文本"Happy You!"的对象方式可视结果

对于 CAD/CAM 转换方式,通常首先使用 AutoCAD,3DS MAX 或者 Maya 等 CAD/CAM 工具创建立体(平面)文本对象(*.dxf),然后把文本对象转换成其对应的线框(表面)模型,最后,按照文本对象的模型结构输出到可视窗口的指定位置。该方法通常辅助 CAD/CAM 工具,并且需要进行不同平台之间的模型转换,但是该方式对硬件的支持和控制能力非常强,可以进行复杂模型的建立和绘制。

【例 7.12】 已知在 3DS MAX 中建立了立体"Happy You!"的实体模型,并且转换后的线框(表面)模型已经存入到数据文件 Ch07TextDxf.dxf 中,则绘制相应的立体字。

```
;--------------------------------------------------------------------------------
; Ch07TextDxf.pro
;--------------------------------------------------------------------------------
PRO Ch07TextDxf
    MyHpy=OBJ_NEW('IDLffDXF')  &  Yn=MyHpy->READ('Ch07TextDxf.dxf')
    HpyType=MyHpy->GetContents(COUNT=TypeNum)
    Yn=DIALOG_MESSAGE(TITLE='实体类型与个数',/INFO, $
        [STRJOIN(STRTRIM(STRING(HpyType),2),'-'), $
        STRJOIN(STRTRIM(STRING(TypeNum),2),'-')])
    MyTxt=MyHpy->GetEntity(HpyType[2])
    Color=[255,0,0] & Vert=MyTxt.VERTICES & Conn=MyTxt.CONNECTIVITY
    TxtObj=OBJ_NEW('IDLgrPolygon',*Vert,POLYGONS=*Conn,COLOR=Color)
    MyMod=OBJ_NEW('IDLgrModel')  &  MyMod->Add,TxtObj
    PTR_FREE,MyTxt.VERTICES,MyTxt.CONNECTIVITY, $
        MyTxt.VERTEX_COLORS,Vert,Conn
    XOBJVIEW,MyMod,/BLOCK,SCALE=0.8
    OBJ_DESTROY,[MyHpy,MyMod,TxtObj]
END
;--------------------------------------------------------------------------------
```

程序运行结果如图 7.47 所示。

图 7.47 文本"Happy You!"的 CAD 转换方式可视结果

7.6.10 心脏可视

心脏的结构相对比较复杂,首先给出心脏上的离散数据点,然后根据心脏结构的具体细节信息,建立心脏的线框(或者表面、或者实体)模型,并最终按照模型绘制并显示相应的仿真心脏。

具体方法可以采用直接建模方式,该方式通常比较复杂;而对于心脏、人体和楼房等复杂的实体,通常采用 CAD/CAM 转换方式,即:

(1) 使用 AutoCAD,3DS MAX 或者 Maya 等 CAD/CAM 工具创建心脏对象。

(2) 把心脏对象转换成其对应的线框(表面)模型(* .dxf)。

(3) 读取模型信息,按照心脏对象的模型结构输出仿真实体。

【例 7.13】 已知在 AutoCAD 中建立的心脏模型如图 7.48 所示,并且转换后的线框(表面)模型已经存入数据文件 Ch07Heart.dxf 中,则绘制相应的仿真心脏。

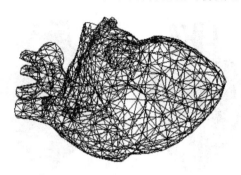

图 7.48　心脏的线框模型

程序如下：

```
;----------------------------------------------
;  Ch07Heart.pro
;----------------------------------------------
PRO Ch07Heart
    HeartObj＝OBJ_NEW('IDLffDXF')
    Status＝HeartObj－＞Read('Ch07Heart.dxf')
    HeartType＝HeartObj－＞GetContents(COUNT＝HeartNum)
    CodeTableInfo＝[' 实体代码：Default － 0, ARC － 1, CIRCLE － 2', $
        'ELLIPSE － 3, LINE － 4, LINE3D － 5, TRACE － 6', $
        'POLYLINE － 7, LWPOLYLINE － 8, POLYGON － 9', $
        'FACE3D － 10, SOLID － 11, RAY － 12, XLINE － 13', $
        'TEXT － 14, MTEXT － 15, POINT － 16, SPLINE － 17', $
        'BLOCK － 18, INSERT － 19, LAYER － 20', $
        ' 实体类型：'＋STRJOIN(STRTRIM(STRING(HeartType),2),'－'), $
        ' 实体个数：'＋STRJOIN(STRTRIM(STRING(HeartNum),2),'－')]
    Yn＝DIALOG_MESSAGE(TITLE=' 实体类型与个数 ',/INFO,CodeTableInfo)
    HMod＝OBJ_NEW('IDLgrModel')
    ; 获取 Dxf 多边形对象 Polygon 的结构信息
    HPolyStruct＝HeartObj－＞GetEntity(heartType[1])
    HPolyColor＝[0,0,255]  &   HVertice＝HPolyStruct.Vertices
    HConnect＝HPolyStruct.Connectivity
    HPolyObj＝OBJ_NEW('IDLgrPolygon', * HVertice,SHADING=1, $ ;,SHADING=0
        POLYGONS＝ * HConnect,COLOR=HPolyColor)
    HMod－＞Add,HPolyObj
    PTR_FREE,HPolyStruct.Vertices,HPolyStruct.Connectivity, $
        HPolyStruct.Vertex_Colors,HVertice,HConnect
    XOBJVIEW,HMod,/BLOCK,SCALE=0.75
    OBJ_DESTROY,[HeartObj,HMod]
END
;----------------------------------------------
```

程序运行结果如图 7.49 所示。

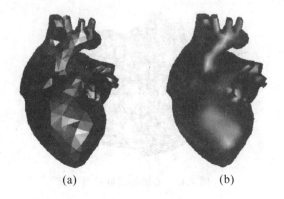

(a)   (b)

图 7.49 心脏的表面结构与实体

(a)表面模型＋Flat 光照；(b)实体(表面模型＋Gouraud 光照)

习　　题

1. 解释体的概念,简述体的层次结构。
2. 体模型通常用于描述体的哪两个方面的信息? 简述体的常用模型及其优缺点。
3. 解释几何造型。
4. 简述体的点、线和面之间的关系。
5. 简述体的常用表示方法及其优缺点。
6. 简述常用的求交算法。简述常用的多体集合运算。
7. 自行选择一个真实物体,给出其点表、边表和面表。
8. 自行选择一个真实物体,分析其 CSG 结构,给出其 CSG 树。
9. 绘制中心在原点,长、宽、高分别为 3,6,9 的长方体的线框结构及其相应的实体。
10. 绘制中心在原点,底面半径为 20,宽为 60 的圆柱体的线框结构及其相应的实体。
11. 绘制底面中心在原点,半径为 0.6,高为 1.2,边数为 6 的正六棱锥,如图 7.50 所示。

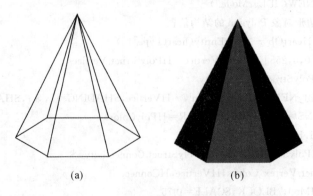

(a)   (b)

图 7.50 六棱锥的线框模型与表面实体

(a)线框模型；(b)表面模型＋Flat 光照

参考程序:Ch07ExePyramid.pro。

12. 修改例 7.7,绘制中心在原点的单个网格圆环,并且绘制相应的圆环实体(面包圈)。
参考程序:Ch07ExeDonut.pro。

13. 根据例 7.7,绘制环中环实体(参考例 7.8)。

14. 自行设计并绘制圆形和方形管状实体,如图 7.51 所示。

图 7.51　圆形和方形钢管实体

15. 绘制如图 7.52 所示的柱状直方图。
参考程序:Ch07ExeHistogram.pro。

图 7.52　柱状直方图

16. 利用 CAD/CAM 转换方式,绘制一个自己喜欢的物体。

第8章　真实感图形

数据可视的目的是对于空间的各种物体和自然景物使用计算机生成逼真(真实感)的三维实体(即生成与拍出的照片几乎一样的真实感效果图),所以真实感图形的生成与显示技术是图形与数据可视技术研究的重要内容,而且一直是研究的前沿领域,其发展非常快,同时在仿真、模拟、广告、游戏、娱乐、影视、控制、科学计算可视化等许多领域都得到了广泛的应用。

真实感图形(Realistic Graphics)是在计算机图形系统中生成具有色彩、纹理、阴影、层次等真实感的三维空间物体图形的技术。然而,在使用显示设备描绘三维物体的图形时,通常由于投影变换,会使图形失去深度信息,从而导致图形的二义性,失去立体感。

为了生成真实感图形,需要解决线消隐、面消隐、灯光(光照模型、明暗处理)、材质、深度(光线投射,光线跟踪)、透明、纹理和贴图等问题。

(1) 利用消隐技术,消除图形中不可见的(部分)物体,从而产生物体的空间层次感。

(2) 利用光照模型、光线跟踪、辐射技术,精确模拟光源照射效果,赋予图形材质,仿真透明物体的透明效果,使空间物体具有高度仿真照片的明暗光照效果。

(3) 利用纹理映射技术,在物体表面生成所需纹理,增强物体质感。

(4) 利用图形保真技术,在显示设备有限的离散精度范围内,保持图形具有自然的光影过渡和连续性。

不难看出,真实感图形的生成过程通常包括场景造型、取景变换、视区裁剪、线面消隐、纹理映射、赋予材质和可见面亮度计算等步骤。

例如:机器零件的线框模型、线面消隐和真实感图形示意图如图 8.1 所示。

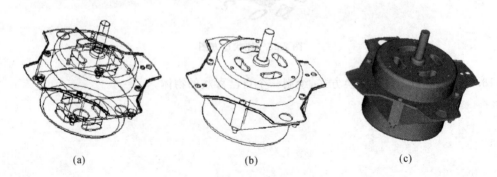

(a)　　　　　　　　　(b)　　　　　　　　　(c)

图 8.1　真实感机器零件示意图

(a)线框图形;(b)线面消隐图形;(c)真实感图形

再如：庭院和沙漠清泉的三维真实感图形如图 8.2 所示。

(a)　　　　　　　　　　　　　　　　(b)

图 8.2　庭院和沙漠清泉真实感图形

(a)真实感庭院效果图；(b)沙漠清泉效果图

8.1　线　消　隐

对于空间物体，沿着任意指定方向，通常只能看见物体的部分轮廓线和表面，即物体分为可见部分和隐藏部分，其中背向观察者的不可见的轮廓线和表面，称为隐藏线的隐藏面，而实现隐藏线和隐藏面的技术称为线消隐和面消隐。

因此，绘制（显示）物体时，需要绘制（显示）物体的可见部分，消除其隐藏部分（或者用虚线画出）而不能显示其所有的线（面），否则会导致不能确定其线（面）的大小、形状和位置，同时也会失去真实感。线面消隐示意图如图 8.3 所示。

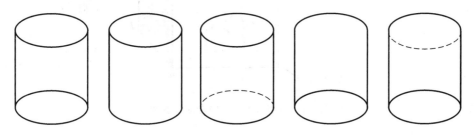

图 8.3　线面消隐示意图

实现线消隐的一般方法：首先，判断物体的每一条线与组成物体的每一个面（非透明）是否遮挡（全部遮挡、部分遮挡或者没有遮挡）；然后，对全部可见线段、部分可见线段或者隐藏线段进行分类；最后，绘制可见部分，消去隐藏部分（或者用虚线绘制），从而得到经过消隐处理的线条图。

根据物体的表面特征可以把物体分为平面体和曲面体，而根据其结构特征又可以分为凸体和凹体。

8.1.1 平面体的线消隐

平面体是由多个平面组成的几何形体。平面体分为凸平面体和凹平面体。

凸平面体(亦称凸多面体)的基本特征:形体表面上任意两点的连线完全在形体内部;凸平面体的每一个平面均是由凸多边形组成的,而且凸多边形表面要么完全可见,要么完全隐藏,即对于任意指定的观察方向,不存在凸多边形表面的部分可见(部分隐藏)。

1. 凸平面体的线消隐

凸平面体的线消隐算法:首先测试凸多边形表面的可见性,然后根据两个相邻凸多边形的可见性确定其交线的可见性。

(1) 两个相邻凸多边形均隐藏,则其交线隐藏。

(2) 两个相邻凸多边形均可见,则其交线可见。

(3) 两个相邻凸多边形一个可见,一个隐藏,则其交线可见。

不难看出,凸平面体的消隐是最基本和最简单的消隐。

例如:在如图 8.4 所示的立方体中,面 $ABCD$、面 $BEFC$ 和面 $CDGF$ 为可见面,其他面均为隐藏面;如果把视点移动到左上方,则面 $ABCD$ 和面 $CDGF$ 为仍为可见面,而面 $BEFC$ 则变为隐藏面。

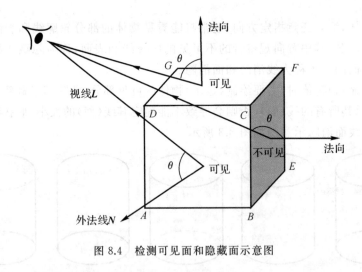

图 8.4　检测可见面和隐藏面示意图

判断平面的可见性通常可以根据视线与外法线(平面上垂直向外的方向)的夹角的大小来判定(见图 8.4),即

(1) 计算平面的外法线 N。

(2) 计算外法线 N 与视线 L 的夹角 θ 的余弦值 $\cos\theta$。

(3) 判断平面的可见性:如果 $\cos\theta \geq 0$,则平面可见;如果 $\cos\theta \geq 0$,则平面隐藏。

(4) 依次处理凸平面体的每一个平面。

其中 $\cos\theta$ 的计算方法如下(不妨计算图 8.4 中平面 $ABCD$ 的外法线 N 与视线 L 的夹角 θ 的余弦值 $\cos\theta$):

首先,计算平面 $ABCD$ 的外法线 N:

$$N = \overrightarrow{AB} \times \overrightarrow{BC} = \begin{vmatrix} \boldsymbol{i} & \boldsymbol{j} & \boldsymbol{k} \\ x_B - x_A & y_B - y_A & z_B - z_A \\ x_C - x_B & y_C - y_B & z_C - z_B \end{vmatrix} \xlongequal{\text{def}} N_x \boldsymbol{i} + N_y \boldsymbol{j} + N_z \boldsymbol{k}$$

然后,根据视线 $L = L_x \boldsymbol{i} + L_y \boldsymbol{j} + L_z \boldsymbol{k}$ 和外法线 N,计算 $\cos\theta$:

$$\cos\theta = \frac{N \cdot L}{|N| \times |L|}$$

【例 8.1】 已知 n 棱柱的半径为 120,高度为 240,则利用线消隐算法,绘制 n 棱柱。
程序如下:

```
;———————————————————————————————————————
; Ch08HidePrism.pro
;———————————————————————————————————————
PRO Ch08HidePrism
    DEVICE, DECOM=1 & ! P.BACKGROUND='FFFFFF'XL & ! P.COLOR='000000'XL
    WINDOW,6,XSIZE=400,YSIZE=400,TITLE=' 消隐 '
    PLOT,[0],/DEVICE,/ISOTROPIC,XRANGE=[-200,200],YRANGE=[-200,200]
    Ax=DBLARR(19) & Ay=DBLARR(19) & Az=DBLARR(19) & Gx=0.4 & Gy=0.2
    Bx=DBLARR(19) & By=DBLARR(19) & Bz=DBLARR(19) & n=8 & m=1
    Yn=DIALOG_MESSAGE(' 消隐吗? ',TITLE=' 选择消隐 ',/Q)
    FOR Th=0.0,2*! PI+0.1,2*! PI/n DO BEGIN
        x=120*COS(Th)   & y=120   & z=120*SIN(Th)
        Zw=z & Xw=x ; 绕 Y 轴旋转
        x=Zw*COS(Gy)-Xw*SIN(Gy)   &   z=Zw*SIN(Gy)+Xw*COS(Gy)
        Yw=y & Zw=z ; 绕 X 轴旋转
        y=Yw*COS(Gx)-Zw*SIN(Gx)   &   z=Yw*SIN(Gx)+Zw*COS(Gx)
        Ax[m]=x & Ay[m]=y & Az[m]=z & m++
    ENDFOR
    x=0 & y=120 & z=0
    Zw=z & Xw=x ;绕 Y 轴旋转
    x=Zw*COS(Gy)-Xw*SIN(Gy) & z=Zw*SIN(Gy)+Xw*COS(Gy)
    Yw=y & Zw=z ;绕 X 轴旋转
    y=Yw*COS(Gx)-Zw*SIN(Gx) & z=Yw*SIN(Gx)+Zw*COS(Gx)
    Ax[0]=x & Ay[0]=y & Az[0]=z & m=1
    FOR Th=0.0,2*! PI+0.1,2*! PI/n DO BEGIN
        x=120*COS(Th)   & y=-120   & z=120*SIN(Th)
        Zw=z & Xw=x ; 绕 Y 轴旋转
        x=Zw*COS(Gy)-Xw*SIN(Gy) & z=Zw*SIN(Gy)+Xw*COS(Gy)
        Yw=y & Zw=z ; 绕 X 轴旋转
        y=Yw*COS(Gx)-Zw*SIN(Gx)   &   z=Yw*SIN(Gx)+Zw*COS(Gx)
        Bx[m]=x & By[m]=y & Bz[m]=z & m++
    ENDFOR
    x=0 & y=-120 & z=0
    Zw=z & Xw=x ;绕 Y 轴旋转
```

x＝Zw＊COS(Gy)－Xw＊SIN(Gy) ＆. z＝Zw＊SIN(Gy)＋Xw＊COS(Gy)

Yw＝y ＆ Zw＝z ；绕 X 轴旋转

y＝Yw＊COS(Gx)－Zw＊SIN(Gx) ＆ z＝Yw＊SIN(Gx)＋Zw＊COS(Gx)

Bx[0]＝x ＆ By[0]＝y ＆ Bz[0]＝z

FOR m＝1,n DO BEGIN

  IF (Yn EQ 'No') OR (Az(m)＋Bz(m+1))/2 GT 0 THEN $

    PLOTS,[Ax[m:m+1],Bx[m+1],Bx[m],Ax[m]], $

      [Ay[m:m+1],By[m+1],By[m],Ay[m]],COLOR＝'FF0000'XL

ENDFOR

IF (Yn EQ 'No') OR (Az[0] GT 0) THEN $

  PLOTS,Ax[1:n+1],Ay[1:n+1],COLOR＝'FF0000'XL,/CONTINUE

IF (Yn EQ 'No') OR (Bz[0] GT 0) THEN $

  PLOTS,Bx[1:n+1],By[1:n+1],COLOR＝'FF0000'XL,/CONTINUE

END

;——

程序运行结果如图 8.5 所示。

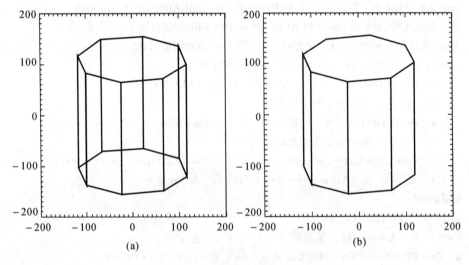

图 8.5 n 棱柱的消隐结果($n＝8$)

(a)不消隐；(b)消隐

2. 凹平面体的线消隐

根据凹平面体的结构不能看出，其平面可能相互遮挡，而且凹平面体的平面可能存在部分可见（即一个平面部分遮挡另一个平面），从而需要进行大量的求交运算和比较判断。显然，凹平面体的消隐远比凸平面体的消隐复杂。

因此，凹平面体平面的可见性可以分为完全可见、完全隐藏和部分可见（部分隐藏）。

凹平面体的线消隐算法：

首先，判断凹平面体平面的可见性：把凹平面体平面分为疑似可见面（$\cos\theta＞0$）和隐藏面（$\cos\theta\leqslant0$）。

其次，判断疑似可见面的遮挡关系：对组成疑似可见面的每条边，检查其是否与其他疑似可见面存在遮挡关系，并通过求交，计算出其可见部分。

最终，绘制疑似可见面的可见边以及可见部分。

8.1.2　曲面体的线消隐

目前，实现曲面体线消隐的方法有多种，其常用方法是离散法和浮动线法等。

1. 离散法

根据第 5 章可知，曲面可以表示成为网格，即曲面可以分解为离散面片，而且每个面片通常可以使用平面四边形或者三边形来逼近。

因此，可以把曲面体转化为平面体，并使用平面体的线消隐，实现曲面体的线消隐。

不难看出，曲面离散的面片越多，则曲面的逼近效果越真实，但是相应的数据计算量也会增大，可视速度也会随之增大。因此，通常需要根据实际需要来确定离散精度。

例如：可以利用离散的网格曲面逼近球面和柱面等二次曲面，从而实现二次曲面的线消隐。不妨设球面的隐式方程为 $x^2 + y^2 + z^2 = r^2$，则球面的参数方程为

$$\begin{cases} x = r\sin u\cos v \\ y = r\sin u\sin v \\ z = r\cos u \end{cases} \quad (0 \leqslant u \leqslant \pi, 0 \leqslant v \leqslant 2\pi)$$

球面的离散化示意图如图 8.6 所示。

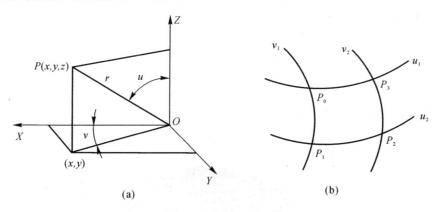

图 8.6　球面的离散化

(a)隐式坐标表示；(b)参数离散网格

在图 8.6 中，离散后的球面可以表示为 u 线和 v 线构成的网格面片，而且可以求出网格四边形的外法线，从而判断其可见性，进而实现相应的线消隐。

例如：在图 8.6 中的离散面片 $P_0 P_1 P_2 P_3$ 的外法线 N 计算如下：

$$N = \overrightarrow{P_0 P_2} \times \overrightarrow{P_1 P_3}$$

【例 8.2】　已知半径为 150 的球面，则利用离散消隐算法，绘制该球面。

程序如下：

```
;————————————————————————————————————————

; Ch08HideSphereLatitudeLongitudeline.pro

;————————————————————————————————————————
```

```
PRO Ch08HideSphereLatitudeLongitudeline
    DEVICE, DECOM=1 &. ! P.BACKGROUND='FFFFFF'XL &. ! P.COLOR='000000'XL
    WINDOW,6,XSIZE=400,YSIZE=400,TITLE=' 消隐 '
    PLOT,[0],/DEVICE,/ISOTROPIC,XRANGE=[-200,200],YRANGE=[-200,200]
    Mx=(My=DBLARR(100)) &. Px=(Py=DBLARR(100)) &. i=1 &. v=! PI/2
    FOR u=0.0,2*! PI,! PI/24 DO BEGIN ;顶点坐标
        x=150*COS(v)*SIN(u) &. y=150*SIN(v)  &.  z=150*COS(v)*COS(u)
        Mx[i]=(Px[i]=x*1.2) &. My[i]=(Py[i]=y-z*SIN(! PI/9)) &. i++
    ENDFOR
    FOR v=-! PI/2+0.1,! PI/2,! PI/25 DO BEGIN
        i=1
        FOR u=0.0,2*! PI+0.1,! PI/25 DO BEGIN
            x=146*COS(v)*SIN(u) &. y=146*SIN(v) &. z=146*COS(v)*COS(u)
            Px[i]=x*1.2 &. Py[i]=y-z*SIN(! PI/9)
            IF (i EQ 1) THEN GOTO,Fg1
            IF (100*SIN(v)*TAN(-! PI/9) GT z) THEN GOTO,Fg2
            PLOTS,Px[i-1:i],Py[i-1:i],COLOR='FF0000'XL
            Fg1:PLOTS,[Mx[i],Px[i]],[My[i],Py[i]],COLOR='FF0000'XL
            Fg2:Mx[i]=Px[i]  &.  My[i]=Py[i]  &.  i++
        ENDFOR
    ENDFOR
    PLOTS,Px[1:i-1],Py[1:i-1],COLOR='FF0000'XL
END
;------------------------------------------------------------
```

程序运行结果如图 8.7 所示。

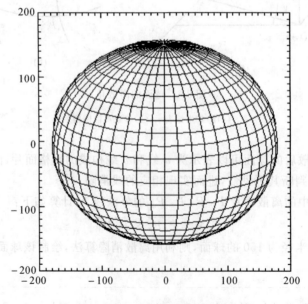

图 8.7　球面经纬线的离散法消隐结果

2. 浮动线法

对于函数曲面 $z = f(x, y)$，使用平行坐标平面的一组平面

$$\begin{cases} x = x_1 \\ x = x_2 \\ \cdots\cdots \\ x = x_n \end{cases} \quad \text{或者} \quad \begin{cases} y = y_1 \\ y = y_2 \\ \cdots\cdots \\ y = y_m \end{cases}$$

切割曲面，从而得到一组空间平面曲线：

$$\begin{cases} z = f(x_1, y) \\ z = f(x_2, y) \\ \cdots\cdots \\ z = f(x_n, y) \end{cases} \quad \text{或者} \quad \begin{cases} z = f(x, y_1) \\ z = f(x, y_2) \\ \cdots\cdots \\ z = f(x, y_m) \end{cases}$$

因此，可以使用该组平面曲线逼近函数曲面。

浮动线法的基本思想：首先按照指定投影方式(例如：透视投影)把一组空间平面曲线投影到 OXY 坐标平面上，然后把 OXY 坐标平面上的这组投影曲线变换到屏幕上，进而得到屏幕上相应平面截线的一系列曲线。

浮动线法(峰值法，极大极小法)的具体实现过程如下：

(1) 对平面 $x = x_i (i = 1, \cdots, n)$，按照其离视点的距离进行排序(不妨记为 $x = x_i$)。

(2) 利用排序平面切割函数曲面，得到平面曲线序列 $z = f(x_i, y)(i = 1, \cdots, n)$。

(3) 按照离视点最近的平面开始，依次绘制平面曲线相应的屏幕上的曲线，即屏幕上当前平面曲线上任一给定的 x，如果其对应的 y 均大于前趋平面曲线上同一 x 对应的 y 或者均小于前趋平面曲线上同一 x 对应的 y，则该段曲线可见，否则隐藏。

(4) 屏幕上每绘制一条投影曲线，则切割平面相应的投影直线向上浮动一次。

(5) 绘制可见曲线。

【例 8.3】　已知曲面函数为 $z = 200(e^{-\frac{x^2 + y^2}{2}} + e^{-\frac{x^2 + y^2}{60}})$，利用浮动线法绘制该曲面。

程序如下：

```
;——————————————————————————————————————
; Ch08HideSurfaceLine.pro
;——————————————————————————————————————
PRO Ch08HideSurfaceLine
    DEVICE,DECOM=1 & ! P.BACKGROUND='FFFFFF'XL & ! P.COLOR='000000'XL
    WINDOW,6,XSIZE=500,YSIZE=360,TITLE=' 消隐 '
    PLOT,[0],/DEVICE,/ISOTROPIC,XRANGE=[0,600],YRANGE=[0,400]
    Wxb=(Wyb=-6)  &  Wxe=(Wye=6)  &  Wx=Wxe-Wxb  &  Wy=Wye-Wyb
    Oxb=50D  &  Oxe=300  &  Ox=Oxe-Oxb
    Oyb=0D  &  Oye=20  &  Oy=Oye-Oyb
    Cx1=Wx/Ox  &  Cx2=(Oxe*Wxb-Oxb*Wxe)/Ox
    Cy1=Wy/Oy  &  Cy2=(Oye*Wyb-Oyb*Wye)/Oy
    Yg=INTARR(640)  &  Yg[*]=500
    FOR Dy=Oyb,Oye,0.25 DO BEGIN
        FOR Dx=Oxb,Oxe DO BEGIN
```

```
        x＝Dx＊Cx1＋Cx2   &   y＝Dy＊Cy1＋Cy2
        z＝200＊EXP(－x~2/2－y~2/2)＋200＊EXP(－x~2/60－y~2/60)
        Sx＝Dx＋Dy＊12   &   Sy＝450－Dy－z
        IF (Sy GT Yg[Sx]) THEN CONTINUE   &   Yg[Sx]＝Sy
        PLOTS,Sx,Sy,PSYM＝3,COLOR＝'FF0000'XL
    ENDFOR
  ENDFOR
END
;——————————————————————————————————————————————————
```

程序运行结果如图 8.8 所示。

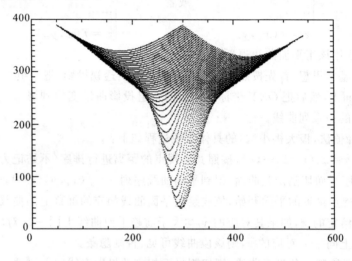

图 8.8　曲面的浮动线消隐结果

对于隐函数式 $f(x,y,z)＝0$,可以转换为 $z＝f(x,y)$(或者 $y＝f(x,z)$,或者 $x＝f(y,z)$),或通过两组已知的变量值序列,计算出第 3 组变量值序列(例如:迭代法)。

对于参数曲面:

$$
\begin{cases}
x＝x(u,v)\\
y＝y(u,v)\\
z＝z(u,v)
\end{cases}
\qquad u,v \in [0,1]
$$

已知 $x＝x_i(i＝1,\cdots,n)$ 和 $y＝y_i(i＝1,\cdots,n)$,则

$$
\begin{cases}
x_i＝x(u,v)\\
y_i＝y(u,v)
\end{cases}
\qquad u,v \in [0,1];i＝1,\cdots,n
$$

解方程可得 $u_i,v_i(i＝1,\cdots,n)$,进而得到 $z_i＝z(u_i,v_i)(i＝1,\cdots,n)$。

不难看出,浮动线法适用于解析曲面(即函数曲面)的消隐处理。

8.2　面　消　隐

为了实现面消隐(类同于线消隐),通常把组成物体的面(平面或者曲面)分为可见、隐藏和部分可见(部分隐藏)三类,并且绘制可见部分。

目前,常用的面消隐算法主要有画家算法、深度缓冲器算法、扫描线算法、区域细分算法和光线投射法等。

8.2.1　画家算法

画家作画通常是首先画远景,然后画中景,最后画近景,即通过远、中、近的顺序构造画面,从而解决画中景物的可见和隐藏问题。画家算法与画家作画类同。

画家算法是首先按照组成体的多边形的深度进行排序,并根据深度的深(大、远)和浅(小、近)建立一张深度优先级表(深度越浅优先级越高),然后按照优先级从低到高依次绘制相应的多边形。

不妨假设视点位于 Z 轴方向的无穷远处(视线与 Z 轴方向重合),组成体的所有多边形的集合为 S,而且 S 中多边形 $p(p \in S)$ 的顶点距离视点的最大(小)值为 $Z_{p\max}(Z_{p\min})$,其中 $Z_{p\max}$ 是排序关键字,则建立深度优先级表的算法如下:

第一步:在待排序的 S 中,选择 Z 值最大的多边形 p(即距离视点最远的多边形),令 $T = S - \{p\}$,则判断 T 中每个多边形 q 与 p 的关系如下:

(1) 如果 $Z_{q\max} \leqslant Z_{p\min}$,则 p 不遮挡 q;写 p 到帧缓冲器 FBuffer。

(2) 如果 $Z_{q\max} > Z_{p\min}$,则 p 可能部分遮挡 q,令 $W = \{w : Z_{w\max} > Z_{p\min}, w \in T\}$。

对于任意 $w \in W$,如果 w 与 p 分离,而且 p 全部位于 w 所在平面的远离视点一侧,同时 w 全部位于 p 所在平面的靠近视点一侧,则写 p 到帧缓冲器 FBuffer;否则不写 p 到帧缓冲器 FBuffer,并把 p 分割为两个多边形平面。

第二步:对去掉 p 或者分割 p 之后的新 S 重复第一步,直到 S 中无多边形。

不难看出,画家算法以及其他面消隐算法的关键技术是两个多边形的深度检测、分离判断和位置关系的判定。

(1) 多边形深度及其遮挡检测。多边形深度是指平面多边形的顶点距离视点的最近(短)或者最远(大)距离。如果平面多边形元素 P 的最近顶点离视点的距离 $Z_{\min}(P)$ 比平面多边形元素 Q 的最远顶点离视点的距离 $Z_{\max}(Q)$ 还远,即 $Z_{\max}(Q) < Z_{\min}(P)$,则 P 不遮挡 Q。深度检测主要判断平面与平面(或直线段)之间的前后关系。它是物体上后面元素不遮挡前面元素的算法表示。

所以,画家算法亦称为深度排序算法。

(2) 多边形分离判断。如果把平面多边形在 X 和 Y 向上的最大值和最小值所围成的矩形区域称为包围多边形的包围盒,则分离判断又可以称为包围盒分离判断。即:

对于平面多边形 p 和 q,如果 p 和 q 在 X 和 Y 向上的最大(小)值分别为 $P_{x\max}(P_{x\min})$ 和 $Q_{x\max}(Q_{x\min})$,并且 $P_{x\min} > Q_{x\max}$ 和 $Q_{x\max} > Q_{x\max}$、或者 $Q_{x\min} > P_{x\max}$ 和 $Q_{x\max} > P_{x\max}$,则 p 和 q 在 X 向分离。同理,可以定义 p 与 q 的 Y 向分离。如果 p 和 q 既在 X 向分离,又在 Y 向分离,则 p 与 q 分离。

(3) 多边形位置判定。对于多边形 p 和 q,如果多边形 p 所在平面的方程为
$$Ax + By + Cz + D = 0（式中 A, B, C, D \in \mathbf{R}）$$
假设多边形 q 上的任一顶点 (x_q, y_q, z_q) 满足
$$Ax_q + By_q + Cz_q + D > 0$$
则 q 在 p 的前方;反之 q 在 p 的后方。

（4）多边形分解。已知多边形 p，q 和 r，若三个多边形的空间位置关系如图 8.9 所示，则显然三个多边形所在的平面存在交叉遮挡关系。

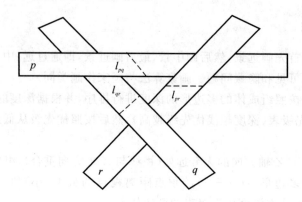

图 8.9　交叉遮挡多边形

如果 p 和 q 所在平面的交线为 l_{pq}，（见图 8.9），则可以按照虚线 l_{pq}，把 p 分解为两个多边形。

同理，可以分别按照交线 l_{qr}，l_{pr}，对 q 和 r 进行分解。

（5）深度偏移矫正。对于深度相同的多边形 p 和 q，如果先绘制 p 再绘制 q，则 q 可能不可见，或者可能出现深度上的失真；即使颠倒绘制顺序，也会出现类同的可视效果。

深度偏移矫正是指在三维场景中，对共面的多边形，通过给 Z 值增加（减少）一个偏移量（Z 偏移量），从而使它们不再共面，进而实现共面多边形的正确显示。

【例 8.4】　已知曲面数据为－DIST(30)，分别不用 Z 深度偏移校正和使用 Z 深度偏移校正，并且使用面消隐方法绘制该曲面。

程序如下：

```
;—————————————————————————————————————
; Ch08DepthOffset.pro
;—————————————————————————————————————
PRO SetScl,Atom
    Atom—>GetProperty,XRANGE=Xr,YRANGE=Yr,ZRANGE=Zr  &  Tm=0.5
    Xs=NORM_COORD(Xr)  &  Ys=NORM_COORD(Yr)  &  Zs=NORM_COORD(Zr)
    Xs[0]—=Tm  &  Ys[0]—=Tm  &  Zs[0]—=Tm
    Atom—>SetProperty,XCOORD=Xs,YCOORD=Ys,ZCOORD=Zs
END
;—————————————————————————————————————
FUNCTION GenViw,Dat,Orit=Rt,Scal=Sc
    Vw=OBJ_NEW('IDLgrView',NAME='Vw')
    Md=OBJ_NEW('IDLgrModel',NAME='Md')  &  Vw—>ADD,Md
    Sf=OBJ_NEW('IDLgrSurface',Dat,NAME='Sf') & Md—>ADD,Sf & SetScl,Sf
    Md—>ROTATE,[1,0,0],90 & Md—>ROTATE,[0,1,0],30 &  RETURN,Vw
END
;—————————————————————————————————————
```

```
PRO Ch08DepthOffset
    Vw1＝GenView(－DIST(30)) & Vw2＝GenViw(－DIST(30)) & Vp＝[－1,－1,2,2]*0.7
    Vw1－＞SetProperty,Unit＝3,DIM＝[0.5,1],VIEWPLANE＝Vp,LOC＝[0,0]
    Vw2－＞SetProperty,Unit＝3,DIM＝[0.5,1],VIEWPLANE＝Vp,LOC＝[0.5,0]
    Ms1＝OBJ_NEW('IDLgrSurface',－DIST(30))   &   SetScl,Ms1
    Md1＝Vw1－＞GetByName('Md') & Md2＝Vw2－＞GetByName('Md') & Md1－＞ADD,Ms1
    Ms2＝OBJ_NEW('IDLgrSurface',－DIST(30))   &   SetScl,Ms2
    Md2－＞ADD,Ms2   &   Sf1＝Vw1－＞GetByName('Md/Sf')
    Sf1－＞SetProperty,COLOR＝[255,255,0],STYLE＝2
    Sf2＝Vw2－＞GetByName('Md/Sf')
    Sf2－＞SetProperty,COLOR＝[255,200,0],STYLE＝2,DEPTH_OFFSET＝1
    LtMd1＝OBJ_NEW('IDLgrModel')   &   LtMd2＝OBJ_NEW('IDLgrModel')
    Lt11＝OBJ_NEW('IDLgrLight',TYPE＝0,INTENS＝0.6)
    Lt12＝OBJ_NEW('IDLgrLight',TYPE＝1,INTENS＝0.6,LOC＝[1,1,1])
    Lt21＝OBJ_NEW('IDLgrLight',TYPE＝0,INTENS＝0.6)
    Lt22＝OBJ_NEW('IDLgrLight',TYPE＝1,INTENS＝0.6,LOC＝[1,1,1])
    LtMd1－＞ADD,[Lt11,Lt12]   &   LtMd2－＞ADD,[Lt21,Lt22]
    Win＝OBJ_NEW('IDLgrwindow',RETAIN＝2,DIM＝[500,300],TIT＝'图形深度')
    Vw1－＞ADD,LtMd1 & Vw2－＞ADD,LtMd2 & Win－＞Draw,Vw1 & Win－＞Draw,Vw2
END
;－－－－－－－－－－－－－－－－－－－－－－－－－－－－－－－－－－－
```

程序运行结果如图 8.10 所示。

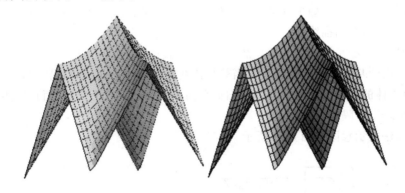

图 8.10　深度偏移校正的可视结果

8.2.2　深度缓冲器算法

深度缓冲器算法(Z 缓冲区算法)的基本思想是对于显示器的每个像素,记录位于该像素的深度最小的多边形的深度坐标,同时记录相应的灰度(颜色),然后利用所有像素的深度和颜色绘制图形。

如果使用两个数组 Depth$[n,m]$ 和 Color$[n,m]$($n×m$ 为显示器的分辨率)分别记录像素的深度和颜色,则深度缓冲器算法如下:

(1) 初始 Depth 和 Color:Depth$[*,*]$＝Max(最大),Color$[*,*]$＝BgColor(背景)。

（2）对于任一多边形，计算其投影所包含的全部像素的位置，然后对所有像素逐一进行如下处理：

第一步：计算当前多边形在对应像素(i,j)处的深度Z_{ij}。

第二步：比较Z_{ij}和原深度数组所记录的值$\text{Depth}[i,j]$：

如果$Z_{ij}<\text{Depth}[i,j]$，则当前多边形的位置比原记录的多边形更接近视点，所以应该用当前Z_{ij}替换原$\text{Depth}[i,j]$（即$\text{Depth}[i,j]=Z_{ij}$），然后置$\text{Color}[i,j]$为当前多边形所对应的颜色。

如果$Z_{ij}>\text{Depth}[i,j]$，则当前多边形的位置比原记录的多边形更远离视点，所以两个数组存储的深度和颜色保持不变。

（3）依次处理所有多边形，并且使用最新的深度和颜色数组绘制图形。

深度缓冲器算法存在的问题是需要定义两个很大的数组，占用存储空间较大（例如：分辨率为$1\,024\times768$像素的显示器，每个数组需要占用$786\,432$个存储单元）。对于分辨率更高的显示器，则两个数组会占用更大的存储空间。

为此，可以采用分区办法，即首先把图形分为多个较小子图，然后把深度缓冲器算法依次应用于每幅子图。

例如：如果把分辨率为$1\,600\times1\,200$像素的显示器的显示区域细分为400个子区，则每个子区仅有$160\times120=4\,800$个像素，远小于$1\,920\,000$个像素。

显然，采用分区方法实现深度缓冲器算法，可以大大减少存储容量，而且不会影响图形质量。

8.2.3　扫描线算法

对于深度缓冲器算法，如果屏幕的分区仅在y向以像素为单位细分，而在x向不分，则每个子区就是一条线，即扫描线。

显然，扫描线算法是深度缓冲器算法的推广。

扫描线算法的基本思路是如果包含当前扫描线的当前水平面（即扫描平面）与体的多边形相交，那么组成体的各个平面就会与当前扫描平面相交而形成若干交线，而且这些交线把当前扫描线分割成若干间隔线段。

扫描线算法的示意图如图8.11所示。

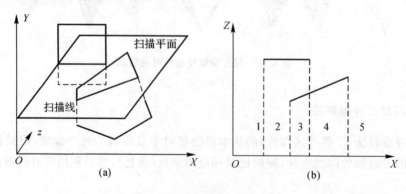

图8.11　扫描线算法示意图

(a)扫面平面与体的交线；(b)交线对扫描线的分割

扫描平面内间隔线段的遮挡判断:根据扫描平面内各个间隔线段距离视点的远近,确定线段的可见部分,进而确定多边形面的可见部分,即距离视点近的线段部分或者全部遮挡距离视点远的线段。

因此,扫描线形成的间隔类别如下:

(1) 不含任何线段:隐藏处理,显示背景颜色,如图 8.11(b) 中的间隔 1 和 5。

(2) 只含一条线段:可见处理,显示表面颜色,如图 8.11(b) 中的间隔 2 和 4。

(3) 包含多条线段:首先计算并找出距离视点最近的线段 L(即 Z 值最小的线段),然后在当前间隔区域内,显示当前处于最前面的线段所在多边形面的颜色,如图 8.11(b) 中的间隔 3。

(4) 从上到下逐条处理扫描线,判别所有扫描平面内线段的可见部分,并且绘制。

不难看出,扫描线算法的实现方法如下:

(1) 定义深度数组 Depth$[n]$ 和颜色数组 Color$[n]$。

(2) 初始深度数组和颜色数组:Depth$[*]$ = Max(最大);Color$[*]$ = BgColor(背景)。

(3) y 向排序:针对当前扫描线及其扫描平面的位置变化,体的多边形面可能进入、或者保留、或者退出扫描平面,因此,需要判别与当前扫描平面相交的多边形面,从而求出当前扫描平面与多边形面的交线。

(4) x 向排序:根据当前扫描平面内各线段两端的 x 坐标,将扫描线划分为若干间隔线段。

(5) 按照上述不同类型间隔的处理办法,确定间隔区域的颜色,并置入颜色数组。

(6) 处理当前扫描线后,复制颜色数组到帧缓冲器(或者直接显示)。然后,转向(2),并重复处理每条扫描线。

扫描线算法的优点是化三维问题为二维问题,大大简化了计算和判断过程;缺点是当前扫描平面的交线较多时,间隔的划分比较费时。

8.2.4　区域细分算法

区域细分算法的基本思想是递归细分屏幕,生成大小不等的窗口,使得在当前窗口中容易实现图形可视。

(1) 当前窗口只含一个多边形面,则当前多边形面可视。

(2) 当前窗口不含任何多边形面,则置背景颜色。

(3) 当窗窗口包含多个相互遮挡的多边形面,则细分当前窗口为 4 个大小相等的子窗口,转向(1),并重复同样处理,直至所有子窗口中的多边形可视(或者隐藏)。

区域细分算法的细分示意图如图 8.12(a) 所示。

区域细分算法需要解决的关键问题:

问题 1:对于窗口细分的极限情况,可能会使最后窗口为单个像素,这时只显示当前像素所包含的图形颜色。

问题 2:窗口细分过程中,窗口和多边形面的关系:

(1) 窗口和多边形分离:隐藏多边形,如图 8.12(b) 中的 p 和 q。

(2) 窗口和多边形相交:窗口部分或者全部包含一个或者多个多边形。

情况 1:如果窗口与一个多边形相交,则当前窗口内的多边形部分可视。

情况 2:如果窗口与多个多边形相交,且当前窗口内的多个多边形部分相互分离,则当前窗口内的多个多边形部分可视。

情况 3：如果不满足情况 1 和情况 2，则继续细分窗口，如图 8.12(b)中的 r 和 s。

（3）多边形包含窗口：如果一个或者多个多边形包含当前窗口，则找出距离视点最近的多边形（当前多边形），并且判断其他与当前窗口有关（相交或者包含）的多边形是否全部位于当前多边形之后，如果是，则当前窗口内全部显示当前多边形面的颜色；否则，继续细分窗口。如图 8.12(b)中的 t。

区域细分算法的细分和判断过程如图 8.12(c)所示。

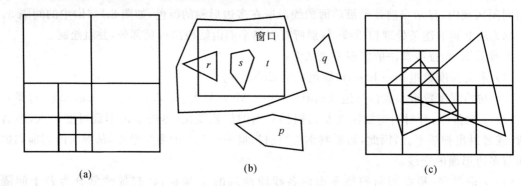

(a)　　　　　　　　　　　(b)　　　　　　　　　　　(c)

图 8.12　区域细分算法

(a)窗口细分；(b)窗口与多边形关系；(c)算法细分与判定

8.2.5　光线投射算法

光线投射是从视点 V 向投影面上与像素 E 对应的点投射一条光线，P 是该光线与场景中的物体相交的、离视点最近的点，如图 8.13 所示。

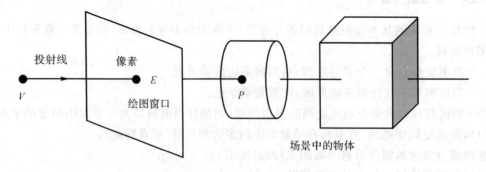

图 8.13　光线投射算法示意图

光线投射算法的基本思想：将通过绘图窗口内每一个像素的投影线与场景中的所有多边形求交，如果存在交点，则用深度值最小的交点（最近的）所属的多边形的颜色属性显示相应的像素；如果没有交点，说明无多边形的投影覆盖该像素，则用背景色显示。

对于可视区域 $x \in [0, x_{\max}], y \in [0, y_{\max}]$，则光线投射算法的伪程序如下：

FOR x＝0, $x_{\max}$　　DO BEGIN

　　FOR y＝0, $y_{\max}$　　DO BEGIN

从视点形成通过像素 (x,y) 的投影线
FOR（场景中每个多边形）DO BEGIN
　　求解投影线与多边形的交点

　　IF（存在交点）THEN BEGIN
　　　　使用距离视点最近的交点所属多边形的颜色显示像素 (x,y)
　　ENDIF ELSE BEGIN
　　　　使用背景色显示像素 (x,y)
　　ENDELSE
　　ENDFOR
　ENDFOR
ENDFOR

光线投射算法的基本问题是光线与物体表面的求交,即已知多边形上的 3 个数据点是 (x_1,y_1,z_1),(x_2,y_2,z_2) 和 (x_3,y_3,z_3),则多边形所在的平面方程为

$$\begin{vmatrix} x & y & z & 1 \\ x_1 & y_1 & z_1 & 1 \\ x_2 & y_2 & z_2 & 1 \\ x_3 & y_3 & z_3 & 1 \end{vmatrix} \overset{\text{def}}{=\!=\!=} Ax + By + Cz + D = 0$$

如果包含投射光线与多边形面交点 (x_0,y_0,z_0) 的投射光线上的两点为 (x_5,y_5,z_5) 和 (x_6,y_6,z_6),则投射光线的方程为

$$\begin{cases} x = x_5 + t(x_6 - x_5) \\ y = y_5 + t(y_6 - y_5), \qquad t \in [0,1] \\ z = z_5 + t(z_6 - z_5) \end{cases}$$

投射光线与多边形面交点 (x_0,y_0,z_0) 为

$$\begin{cases} x_0 = x_5 + t_0(x_6 - x_5) \\ y_0 = y_5 + t_0(y_6 - y_5), \quad t_0 = \dfrac{-(Ax_5 + By_5 + Cz_5 + D)}{A(x_6 - x_5) + B(y_6 - y_5) + C(z_6 - z_5)} \\ z_0 = z_5 + t_0(z_6 - z_5) \end{cases}$$

8.3　材质与灯光

尽管经过消隐处理后的 3D 线框图形已经具有较强的立体感,但是要使图形的显示更加逼真,还必须考虑物体表面受到光照后的明暗变化,并对物体表面进行明暗处理,使图形的显示结果更接近真实物体,即图形的真实感处理。

目前,真实感图形的计算机生成,已经取得许多惊人的突破性的成果,其中光照模型及其明暗处理算法的研究已经相当完善,从而使景物的光照效果更加真实逼真。

真实感图形的关键内容是物体的材质和灯光。物体的不同材质只有在不同的灯光下,才能真正显示出不同的真实效果(例如:红塑料球,在蓝色灯光和黄色灯光下会显示出不同的效果);否则,无光源的任何不发光物体,均是不可见的黑色物体(例如:黑暗中无法分辨物体及其材质)。

例如:设计具有独特个性的产品,不但需要考虑产品本身的材料,而且需要考虑灯光对产

品产生的色彩效应。因为不同的材质使用不同的灯光,可以产生截然不同的色彩效果,针对指定的材质,只有合理地选择不同的灯光环境,才能有效地突出产品的独特个性,从而使消费者产生购买欲望。

8.3.1　材质

材质是材料和质感的结合,即物体表面的色彩、纹理、光滑度、透明度、反射率、折射率和发光度等可视属性的结合。

不同材质具有不同的特征:

(1)钢材:坚硬、沉重。

(2)铝材:华丽、轻快。

(3)铜材:厚重、高档。

(4)塑料:轻盈。

(5)木材:朴素、真挚等。

材质分为透明材质和不透明材质。透明材质分为全透明材质和半透明材质;不透明材质分为强反光材质、半反光材质和不反光材质。

透明材质:光线可以自由穿过的材质。"穿过"的含义,不但指光源的光线穿过透明物体,而且指透明物体背后的物体反射出来的光线也要再次穿过透明物体,从而可以看见透明物体的背面。真正透明的材质是不可见的。通常使用透明度来表示透明物体的透明程度。

半透明材质:透明度在0~1之间的材质。透明度是0的材质通常是不透明材质,透明度是1的材质是完全透明的不可见的材质。生活中的透明材质通常是指半透明的材质。

半透明材质的折射:根据透明物体的不同透明度,光线射入后所发生的偏转现象。折射程度通常使用折射率来表示。

真实的材质通常是反光、透射和折射等属性的复合。

(1)强反光材质:不锈钢、镜面、电镀材质等。环境对强反光材质的影响较多,不同环境产生不同的明暗效果。强反光材质的特点是明暗过渡比较强烈,生动传神。如图4.14所示。

图8.14　强反光材质物体

(2)半反光材质:塑料和大理石等。塑料表面质感较为温和,明暗反差没有金属材质强烈。大理石质地较硬,色泽变化丰富。如图8.15所示。

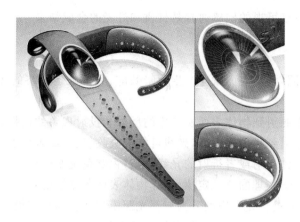

图 8.15　半反光材质物体

（3）反光透光材质：玻璃、透明塑料和有机玻璃等。反光透光材质的特点是透光、反光和折射光，光彩变化丰富。如图 8.16 所示。

图 8.16　反光透光材质物体

（4）不反光不透光材质：可以分为软质材质和硬质材质。如图 8.17 所示。

软质材质：织物、海绵和皮革等。

硬质材质：木材、亚光塑料和石材等。

特点：吸光均匀，不反光，表面有体现材料特点的纹理。

图 8.17　不反光不透光材质物体

不难看出,物体最终可视的质感通常是材质和灯光的合成结果。

8.3.2 灯光

物体在受到灯光照射时,表面就会产生明暗效应,为了确定最终的明暗效果,就必须建立相应的光照模型。

明暗效应:对灯光照射到物体表面所产生的反射和投射现象的模拟。

事实上,在光线照射到物体表面时,光线可能被吸收、反射或者折射,其中被物体吸收的光线转化为热能,而被物体反射或者折射的光线,通过视觉系统变得可视。

光照模型:根据光学物理的有关定律,计算物体表面各点投射到观察者眼中的光线的光亮度和色彩组成的数学公式。光照模型分为局部光照模型和整体光照模型。

局部光照模型:仅考虑光源的漫反射和镜面反射的光照模型。

整体光照模型:在局部光照模型的基础上,进一步考虑,灯光在物体之间的多重吸收、反射和透射的光照模型,即同时考虑模拟光源和环境照明效果的光照模型。

显然,整体光照模型的可视效果更加逼真,但是模型复杂,数据计算量非常大。

事实上,物体表面所受的光亮度,取决于照明环境、表面反射性与物体透明性。其中反射性用来确定入射光被反射的程度(取决于光源位置和光线方向),透明性确定透明物体透过光线的多少。

光源通常分为环境光和点光源等。其中环境光一般认为是周围物体(例如:墙壁、天花板、地面等)散射出来,并通过物体表面反射出来的均匀光,即环境光是均匀、无直接光源和固定方向的光,对景物表面的任何部分具有相同的明暗度。

反射光通常分为漫反射光和镜面反射光等。

不难看出,物体的真实感模拟过程很难做到精确,通常只能尽量逼近实际条件。当然,越接近真实物体,光照模型越复杂,计算量越大,逼真性越强。

1. 环境光漫反射模型

环境光漫反射模型如下:

$$I = k_a I_a$$

其中:I 为物体表面受到环境光照射的反射光强;k_a 为环境光的漫反射系数(反射度);I_a 为物体受到漫反射的光照光强。

2. 点光源漫反射模型

点光源漫反射模型(Lambert)如下:

$$I = k_d I_1 \cos\theta, \quad 0 < \theta < \pi/2$$
$$I = k_d I_1 \boldsymbol{N} \cdot \boldsymbol{L}$$

其中:I 为入射光的漫反射光强;I_1 为点光源的入射光能;k_d 为入射光的漫反射系数($k_d \in (0,1)$,取决于物体表面的材料);θ 为入射光 $\boldsymbol{L}$ 与入射点的法向量 $\boldsymbol{N}$ 之间的夹角(见图 8.18)。

使用 $\boldsymbol{N}$ 和 $\boldsymbol{L}$ 的点积($\boldsymbol{N} \cdot \boldsymbol{L}$)代替 $\cos\theta$ 得到:

$$I = k_d I_1 (\boldsymbol{N} \cdot \boldsymbol{L})$$

3. 镜面反射光照模型

镜面反射光照模型(Bui Tuong Phong)如下:

$$I = k_s I_1 \cos^n \alpha$$

其中：k_s 为镜面反射系数；n 为整数（$n = 1 \sim 2\,000$，取决于表面粗糙）；α 为视线与反射光线的夹角（见图 8.18）。

使用 N 和 H 的点积（$N \cdot H$）代替 $\cos\theta$ 得到：

$$I = k_s I_1 (N \cdot H)^n$$

其中：N 是入射点的法向量，$H = (L + E) / |L + E|$。

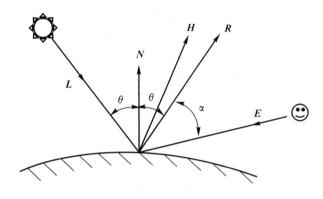

图 8.18　镜面反射

4. 简单反射光照模型

简单反射光照模型（Phong 模型）：同时考虑环境光漫反射、入射光漫反射和镜面反射的光照模型，即

$$I = k_a I_a + (k_d \cos\theta + k_s \cos^n \alpha) I_1$$
$$I = k_a I_a + (k_d \cos\theta + k_s (N \cdot H)^n) I_1$$

对于多个光源 $I_{li}(i = 1, \cdots, m)$，则简单反射光照模型（Phong 模型）如下：

$$I = k_a I_a + \sum_{i=1}^{m} \left[(k_d \cos\theta_i + k_s \cos^n \alpha_i) I_{li} \right]$$

5. 简单透明光照模型

已知视线交于两个透明物体的表面，并且在两个交点处的明暗度分别是 I_1 和 I_2，如果把两个物体看作是理想透明物体（忽略折射，模拟折射需要大量计算），则可以使用两个明暗度的加权和作为综合光强，来建立简单透明光照模型如下：

$$I = kI_1 + (1 - k)I_2$$

其中：$k \in [0,1]$ 是透明度；0 表示完全透明；1 表示不透明。

显然，可以同时考虑透明度和折射率，使可视效果更逼真，但是计算量会很大。

【例 8.5】　绘制红、绿、蓝三个单像素厚的平面物体。要求红色平面相对绿、蓝平面透明；绿色平面相对蓝色平面透明，相对红色平面不透明；蓝色平面本身不透明。

程序如下：

```
;——————————————————————————————————
; Ch08Opacity.pro
;——————————————————————————————————
PRO OpacityEv,Ev
```

```
        WIDGET_CONTROL,Ev.TOP,GET_UVALUE=State
        WIDGET_CONTROL,Ev.ID,GET_UVALUE=Va
        IF Va NE 'DrEv' THEN RETURN
        IF (Ev.TYPE EQ 4) THEN BEGIN
            State.Win->Draw,State.Viw  &  RETURN  &  ENDIF
        Trans=State.Trk->Update(Ev,TRANSFORM=Mat2)
        IF (Trans NE 0) THEN BEGIN
            State.Tm->GetProperty,TRANSFORM=Mat1
            State.Tm->SetProperty,TRANSFORM=Mat1#Mat2
            State.Win->Draw,State.Viw  &  ENDIF
        IF (Ev.TYPE EQ 0) THEN BEGIN ;按下鼠标左键
            WIDGET_CONTROL,State.Drw,DRAW_MOTION=1
            State.Win->Draw,State.Viw
        ENDIF
        IF (Ev.TYPE EQ 1) THEN BEGIN ;释放鼠标左键
            State.Win->Draw,State.Viw
            WIDGET_CONTROL,State.Drw,DRAW_MOTION=0
        ENDIF
        WIDGET_CONTROL,Ev.TOP,SET_UVALUE=State
END
;————————————————————————————————————————————————
PRO Ch08Opacity
    Tb=WIDGET_BASE(TITLE=' 透明度 ',/COL)
    Drw=WIDGET_DRAW(Tb,XSIZE=400,YSIZE=400,UVALUE='DrEv', $
        RETAIN=0,/EXPOSE_EVENTS,/BUTTON_EVENTS,GRAPHICS=2)
    WIDGET_CONTROL,Tb,/REALIZE  &  WIDGET_CONTROL,Drw,GET_VALUE=Win
    Viw=OBJ_NEW('IDLgrView',COLOR=[255,255,255],PROJECTION=2)
    Tm=OBJ_NEW('IDLgrModel') & Trk=OBJ_NEW('Trackball',[200,200],200)
    IDat=BYTARR(4,64,64) ;红色透明多边形
    IDat[0,*,*]=255  &  IDat[1:2,*,*]=0  &  IDat[3,*,*]=120
    Img=OBJ_NEW('IDLgrImage',IDat)
    Ply1=OBJ_NEW('IDLgrPolygon',[-0.5,0.5,0.5,-0.5], $
        [-0.5,-0.5,0.5,0.5],[0.5,0.5,0.5,0.5],COLOR=[255,255,255], $
        TEXTURE_COORD=[[0,0],[1,0],[1,1],[0,1]],TEXTURE_MAP=Img)
    IDat[0,*,*]=0 & IDat[1,*,*]=255 & IDat[2,*,*]=0 & IDat[3,*,*]=120
    Img=OBJ_NEW('IDLgrImage',IDat)
    Ply2=OBJ_NEW('IDLgrPolygon',[-0.5,0.5,0.5,-0.5], $
        [-0.5,-0.5,0.5,0.5],-[0.5,0.5,0.5,0.5],COLOR=[255,255,255], $
        TEXTURE_COORD=[[0,0],[1,0],[1,1],[0,1]],TEXTURE_MAP=Img)
    Ply3=OBJ_NEW('IDLgrPolygon',[-0.2,0.2,0.2,-0.2], $
        [-0.2,-0.2,0.2,0.2],COLOR=[0,0,255])
    Tm->Add,[Ply3,Ply2,Ply1]  &  Viw->Add,Tm
    State={Drw:Drw,Win:Win,Viw:Viw,Tm:Tm,Trk:Trk}
```

```
WIDGET_CONTROL,Tb,SET_UVALUE=State
XMANAGER,'Ch08Opacity',Tb,EVENT_HAND='OpacityEv'
END
;————————————————————————————————————————————
```

程序运行结果如图 8.19 所示。

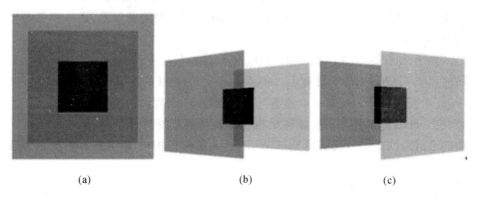

图 8.19　透明可视结果

(a)前视；(b)前斜视；(c)后斜视

6. 局部光照模型

目前，局部光照模型比较多，经典模型是 Cook 和 Torrance 在 Torrance－Sparrow 模型的基础上分别提出的局部光照模型，即

$$I = k_f I_a r_a + I_1(\boldsymbol{N} \cdot \boldsymbol{L})d_1(k_d r_d + k_s \frac{fdg}{\pi(\boldsymbol{N} \cdot \boldsymbol{E})(\boldsymbol{N} \cdot \boldsymbol{L})})$$

其中：k_f 是环境光的遮挡系数；r_a 是环境光的双向反射率（反射光强与入射光强之比）；d_1 为入射光束的立体角（等于光源在入射方向的投影面积除以入射点与光源之间距离的二次方）；r_d 是点光源的双向反射率；$k_d + k_s = 1$；f 是菲涅耳项；g 是遮挡衰减因子；$\boldsymbol{N}$ 为表面平均单位法向量，$\boldsymbol{E}$ 为单位视线向量，$\boldsymbol{L}$ 为入射光线单位向量；d 是分布函数，即

$$d = k e^{-(\alpha/m)^2} \quad \text{（Gauss 函数；Blinn 模型）}$$

$$d = \frac{1}{m^2 \cos^4 \alpha} e^{-(\tan\alpha/m)^2} \quad \text{（Cook Torrance 模型）}。$$

7. 整体光照模型

整体光照明模型是同时包括光源和环境光的漫反射、镜面反射、规则透射和漫透射等多个分量的光照模型，即

$$I = (I_{ld} + I_{ls} + I_{ltr} + I_{ltd}) + (I_{ed} + I_{es} + I_{etr} + I_{etd})$$

其中：I_{ld}，I_{ls}，I_{ltr} 和 I_{ltd} 分别是光源的漫反射、镜面反射、规则透射和漫透射的光强；I_{ed}，I_{es}，I_{etr} 和 I_{etd} 分别是环境光的漫反射、镜面反射、规则透射和漫透射的光强。

典型的整体光照模型是 Whitted 光照模型和 Hall 光照模型。

（1）Whitted 光照模型。Whitted 光照模型在考虑光源的直接照射所产生的光强的同时，还考虑环境光的镜面反射和规则透射对入射点产生影响，即在 Phong 模型的基础上，增加环境光的镜面反射光强和规则透射光强（约定物体表面非常光滑，理想镜面反射和规则透射），

亦即

$$I = I_{ld} + I_{ls} + I_{ed} + k_r I_r + k_t I_t$$

其中：I_r 和 I_t 分别为环境镜面反射光强和规则透射光强；$k_r \in [0,1]$ 和 $k_t \in [0,1]$ 分别为镜面反射系数和规则透射系数（取决于物体材质）。

不难看出，Whitted 光照模型是经验模型，且可视结果多数可能超现实。

（2）Hall 光照模型。Hall 光照模型在 Whitted 光照模型的基础上，进一步考虑光源的规则投射光强 I_{ltr}，即

$$I = I_{ld} + I_{ls} + I_{ed} + k_r I_r + k_t I_t + I_{ltr}$$

不妨使用 $I_1 k_t (\boldsymbol{N} \cdot \boldsymbol{H'}) m$ 计算 I_{ltr}；m（类似于 n）为光线的透射指数，$\boldsymbol{H'}$ 类似于 $\boldsymbol{H}$。

其中：m 为反映物体表面光泽度的透射高光指数，k_t 为物体的透射系数。

不难看出：Hall 光照模型不仅能够反映物体表面的反射特性，而且能够比较精确地反映物体表面的透射特性。Hall 光照模型与 Whitted 光照模型相比，前者能够生成更为逼真的光照效果。

8. 光线跟踪整体光照模型

在自然界中光线的传播过程：光源 → 物体表面 → … → 物体表面 → 人眼。

光线跟踪中光线的跟踪过程：光源 ← 物体表面 ← … ← 物体表面 ← 人眼。

显然，光线跟踪过程是光线传播的逆过程，如图 8.20 所示。

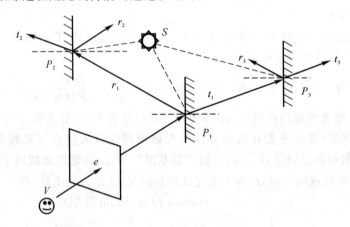

图 8.20　光线跟踪算法示意图

光线跟踪整体光照模型：按照整体光照模型，计算 P_1 点的光强，需要计算源自其他物体上的 P_2 和 P_3 点的镜面反射光和规则透射光；而在 P_2 和 P_3 点分别沿相应镜面反射方向和规则透射方向发出一条光线与景物求交，对于求出的交点，分别计算 P_2 和 P_3 点的光强；依次类推，按照与光线传播方向的逆方向进行跟踪，故称光线跟踪。具体过程如下：

从视点 V 向每个像素发出一条光线，与场景中的若干物体表面相交，最近的交点就是可见点 P_1，像素的亮度由 P_1 点的光强确定。

根据 Whitted 光照模型可知，P_1 点的光强由三部分组成，即

$$P_1 = I_1 + I_2 + I_3$$

其中：I_1 可以直接由局部光照模型计算得到。

为了计算 I_2 和 I_3，从 P_1 点发出反射光线和透射光线，分别与场景中的物体表面交于 P_2 和 P_3，P_2 和 P_3 的光强分别为 I_2 和 I_3，同理根据 Whitted 模型计算得到（Whitted 模型的递归），即计算 I_2 和 I_3 需要重复执行以上计算过程计算局部光亮度、发出反射光线与透射光线等等。

递归的终止条件：

（1）光线不与场景中的任何物体相交。

（2）光线与场景中的背景相交。

（3）被跟踪的光线达到了给定的层次。

（4）预设阈值 t_0，被跟踪光线对像素亮度的贡献小于 t_0。

不难看出：跟踪整体光照模型作为经典的光照模型，具有自身的优点和缺点：

优点：能够方便地产生阴影和模拟镜面反射与折射现象。

缺点：计算量大，每条光线都要与场景中的物体进行求交、计算光照模型等。

9. 辐射模型

美国 Cornell 大学和日本广岛大学的学者分别于 1984 年将热辐射工程中的辐射度方法引入图形学，用辐射度方法成功地模拟了理想漫反射表面间的多重漫反射效果。

辐射度方法基于物理学的能量平衡原理，采用数值求解技术近似表示每一个物体表面的辐射度分布，即

$$B_j = E_j + P_j \sum_{i=1}^{n} (B_i F_{ij}) \qquad j = 1, \cdots, n$$

其中：B_j 是第 j 个面的辐射度（单位时间，单位面积，离开该面的辐射能总量）；E_j 是单位时间，单位面积，从第 j 个面直接发射的能量；P_j 是第 j 个面的反射率；F_{ij} 是形状因子（理想情况下仅与形状、大小、位置和方向等相关）。

8.3.3　灯光处理

灯光处理（明暗处理）是使用光照模型，把经过消隐处理的物体形成具有不同明暗效果的真实感的图形。具体表现在：

（1）如果物体表面是多个平面多边形，则表面使用同亮度表示（因为平面多边形内各点具有同一法向），或者使用通过内插亮度显示平滑的明暗效果。

（2）如果物体表面是多个曲面，则通常化曲面为系列多边形网格，并用一组平面多边形逼近曲面，然后计算每个多边形的法向及其亮度，从而产生具有层次感的明暗效果。

经典的灯光处理方法：Flat 法、Gouraud 法和 Phong 法等。

1. Flat 法

Flat 法（明暗常数法）是指对组成平面的每个多边形计算一次明暗，并使用该明暗度对多边形上的每个可见点进行显示。

（1）光源在无穷远处，所有入射光线几乎平行，物体表面的同一多边形平面各点的入射光线 L、法向 N、$\cos\theta$ 固定不变，则采用 Flat 法。

（2）观察点距离物体表面足够远，视线 V 与反射光 R 的夹角（$\cos\alpha$）固定不变，则采用 Flat 法。

（3）不满足（1）和（2），则使用平面多边形各点的 L，V，R 或者 S 的平均值，或者使用多边

形中心点的 L,V,R 或者 S,然后使用 Flat 法。

Flat 法主要适用于平面物体的真实感图形处理。对于曲面物体,首先用一组平面网格多边形表示相应的曲面,然后计算平面多边形内各点的亮度,最后对曲面上可见多边形网格进行明暗处理,从而产生比较光滑的明暗效果。

2. Gouraud 法

对于物体相邻平面之间的法向突然改变时,或者逼近曲面的平面网格多边形比较稀时,使用 Flat 法会导致相邻多边形的明暗度存在明显差异,从而产生不真实的明暗效果。

Gouraud 提出一种明暗度插值方法,通过线性插值均匀地改变每个多边形平面的亮度值,使亮度平滑过渡,从而解决相邻平面之间明暗度的不连续性,即平滑不连续性的亮度。

Gouraud 法:首先计算各多边形顶点的明暗度,然后通过线性插值确定扫描线上各点的明暗度,如图 8.21 所示。

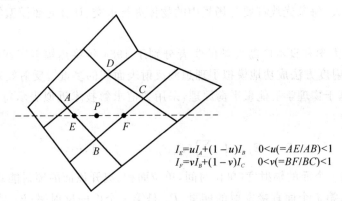

$$I_E = uI_A + (1-u)I_B \quad 0 < u(=AE/AB) < 1$$
$$I_F = vI_B + (1-v)I_C \quad 0 < v(=BF/BC) < 1$$

图 8.21　明暗度插值

例如:在图 8.21 中,已知曲面的多边形 $ABCD$,其指定扫描线与 AB,BC 交于 E,F 点,则对 E,F 的亮度插值如下:

$$I_E = uI_A + (1-u)I_B, \quad 0 < u(=AE/AB) < 1$$
$$I_F = vI_B + (1-v)I_C, \quad 0 < v(=BF/BC) < 1$$

因此,扫描线 EF 内任一点 P 的明暗度插值如下:

$$I_P = tI_E + (1-t)I_F, \quad 0 < t < 1$$

对通过多边形的每条扫描线重复上述过程。

Gouraud 法的优点是克服了 Flat 法物体表面亮度的不连续性,而且应用简单漫反射光照模型,就可以获得理想效果。其缺点是仅保证多边形边界两侧亮度的连续性,不能保证其变化的连续性,因此不能真实反映镜面反射的高光(亮点)效果。

3. Phong 法

为了解决 Gouraud 法的缺点,Phong 提出一种法向量插值法,通过对扫描线上各点的法矢量进行插值,并根据插值所得的法向量,按照光照模型计算明暗度。

Phong 法:首先求出曲面网格上多边形顶点的法向量(取包含该顶点的所有多边形平面的法向量的均值),然后根据顶点的法向量应用线性插值计算扫描线上每个点的法向量。

例如:在如图 8.22 所示曲面的多边形 $ABCD$ 中,首先求出 A,B,C 点的单位法向量 $\boldsymbol{n}_A$,

$\boldsymbol{n}_B,\boldsymbol{n}_C$。然后根据 A,B 的法向量,通过线性插值计算扫描线上 E 的法向量 $\boldsymbol{n}_E$,同样计算 F 的法向量 $\boldsymbol{n}_F$,即

$$\boldsymbol{n}_E = u\boldsymbol{n}_A + (1-u)\boldsymbol{n}_B, \quad 0 < u < 1$$
$$\boldsymbol{n}_F = u\boldsymbol{n}_B + (1-v)\boldsymbol{n}_C, \quad 0 < v < 1$$

同理,根据 E,F 的法向量,通过线性插值计算 P 点的法向量:

$$\boldsymbol{n}_P = t\boldsymbol{n}_E + (1-t)\boldsymbol{n}_F, \quad 0 < t < 1$$

最后,把法向量的插值结果代入光照模型,计算 P 的明暗度。

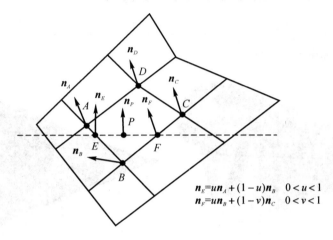

图 8.22　法向量插值

Phong 法的优点是在局部范围内能够真实地反映表面的弯曲性,尤其是镜面反射的高光效果更加逼真;其缺点是计算量大。

8.3.4　真实感图形范例

【例 8.6】　已知海螺的线框模型数据文件是 Ch08Seashell.dat,要求在一盏环境灯和一盏方向灯下,分别利用 Flat 法和 Gouraud 法,绘制海螺的真实感图形。

程序如下:

```
;——————————————————————————————————————
;Ch08Seashell.PRO
;——————————————————————————————————————
PRO Ch08Seashell
    SWin=OBJ_NEW('IDLgrWindow',DIM=[400,400],QUALITY=2,TITLE='海螺')
    SView=OBJ_NEW('IDLgrView',PROJECTION=1,EYE=6,ZCLIP=[3.0,-3.0], $
        VIEW=[-0.6,-0.6,1.2,1.2],COLOR=[255,255,255])
    Lit1=OBJ_NEW('IDLgrLight',LOCATION=[2,2,5], $
        DIRECTION=[2,2,5],TYPE=2,INTENSITY=0.6)
    Lit2=OBJ_NEW('IDLgrLight',TYPE=0,INTENSITY=0.5)
    RESTORE,'Ch08Seashell.hpy'
    OSea=OBJ_NEW('IDLgrPolygon', TRANSPOSE([[x],[y],[z]]), $
        SHADING=0,POLY=Mesh, COLOR=[200,200,200])
```

```
    LOADCT,26,/SILENT  &  TVLCT,Rr,Gg,Bb,/GET
    OSea->SetProperty,VERT_COLORS=TRANSPOSE([[Rr],[Gg],[Bb]])
    SBallMod=OBJ_NEW('IDLgrModel')  &  SBallMod->Add,OSea
    SBallMod->Add,Lit1  &  SBallMod->Add,Lit2  &  SView->Add,SBallMod
    SBallMod->Rotate,[1,0,0],45  &  SBallMod->Rotate,[0,1,0],0
    OSea->SetProperty,SHADING=0  &  SWin->Draw,SView & WAIT,1
    OSea->SetProperty,SHADING=1  &  SWin->Draw,SView & WAIT,1
    XOBJVIEW,SBallMod,SCALE=0.9,TITLE='交互显示'
END
;——————————————————————————————————————————————
```

程序运行结果如图 8.23 所示。

图 8.23 海螺的真实感图形

(a)Flat 模型；(b)Gouraud 模型

思考：把灯光类型分别换成位置灯（TYPE＝1）和聚光灯（TYPE＝3），重新绘制海螺。

【例 8.7】 已知茶壶的线框模型数据文件是 Ch08Teapot.dat，要求在一盏环境灯和一盏方向灯下，分别利用 Flat 法和 Gouraud 法，绘制海螺的真实感图形。

程序如下：

```
;——————————————————————————————————————————————
;Ch08Teapot.PRO
;——————————————————————————————————————————————
PRO Ch08Teapot
    SWin=OBJ_NEW('IDLgrWindow',DIM=[400,400],QUALITY=2,TITLE='茶壶')
    SView=OBJ_NEW('IDLgrView',PROJECTION=1,EYE=9,ZCLIP=[3.0,-3.0], $
        VIEW=[-0.6,-0.6,1.2,1.2],COLOR=[255,255,255])
    Lit1=OBJ_NEW('IDLgrLight',LOCATION=[2,2,5], $
        DIRECTION=[2,2,5],TYPE=2,INTENSITY=0.6)
    Lit2=OBJ_NEW('IDLgrLight',TYPE=0,INTENSITY=0.5)
    RESTORE,'Ch08Teapot.hpy'  &  Xr=[MIN(x, MAX=Xx), Xx]
    Yr=[MIN(y, MAX=Xx), Xx]  &  Zr=[MIN(z, MAX=Xx), Xx]
    Sc=[Xr[1]-Xr[0], Yr[1]-Yr[0],Zr[1]-Zr[0]]
    Xr[0]=(Xr[1]+Xr[0])/2.0 & Yr[0]=(Yr[1]+Yr[0])/2.0
    Zr[0]=(Zr[1]+Zr[0])/2.0 & x=(x-Xr[0])/MAX(Sc)
```

$y=(y-Yr[0])/MAX(Sc)$ & $z=(z-Zr[0])/MAX(Sc)$
OSea$=$OBJ_NEW("IDLgrPolygon",TRANSPOSE([[x],[y],[z]]),$
　　　SHADING$=0$,POLY$=$Mesh,COLOR$=$[200,200,200])
LOADCT,32,/SILENT　&　TVLCT,Rr,Gg,Bb,/GET
OSea$-$>SetProperty,VERT_COLORS$=$TRANSPOSE([[Rr],[Gg],[Bb]])
SBallMod$=$OBJ_NEW('IDLgrModel')　&　SBallMod$-$>Add,OSea
SBallMod$-$>Add,Lit1　&　SBallMod$-$>Add,Lit2　&　SView$-$>Add,SBallMod
SBallMod$-$>Rotate,[1,0,0],30　&　SBallMod$-$>Rotate,[0,1,0],0
OSea$-$>SetProperty,SHADING$=0$　&　SWin$-$>Draw,SView & WAIT,10
OSea$-$>SetProperty,SHADING$=1$　&　SWin$-$>Draw,SView & WAIT,1
XOBJVIEW,SBallMod,SCALE$=0.96$,TITLE$=$' 交互显示 '
END
;—————————————————————————————————

程序运行结果如图 8.24 所示。

(a)　　　　　　　　　　　　　　　　(b)

图 8.24　茶壶的真实感图形

(a)Flat 模型;(b)Gouraud 模型

【例 8.8】　已知宝石的线框模型数据文件是 Ch08MaterialLightDiamond.dxf,茶壶的线框模型数据文件是 Ch08MaterialLightTeapot.dat,请按照如下要求绘制真实感图形:

（1）设计黄铜、深黑色橡胶和深绿色翡翠三种材质。

（2）使用灰色环境灯（RGB:50,50,50）和白色位置灯两盏灯。

（3）场景中绘制茶壶、轮胎和宝石三种物体,并且可以使用黄铜、深黑色橡胶和深绿色翡翠三种材质给物体赋予材质。

（4）物体支持环境（Ambient）、（Diffuse）、（Specular）和（Emission）四种类型的光照模型,并且可以调整红、绿、蓝三色分量的光照强度。

（5）支持物体的自发光模型（Shininess）,自发光光强范围为[0,128]。

（6）绘制方式使用 Gouraud 法。

程序如下:
;—————————————————————————————————
; Ch08MaterialLight.pro
;—————————————————————————————————
PRO BuildTire,Points,Conn,DDist

```
Tp=FLTARR(3,28)
Tp[*,0]=[2.0,1.5,0]  &  Tp[*,1]=[1.6,1.5,0]  &  Tp[*,2]=[1.4,1.4,0]
Tp[*,3]=[1.3,1.3,0]  &  Tp[*,4]=[1.3,1.1,0]  &  Tp[*,5]=[1.3,0.8,0]
Tp[*,6]=[1.3,0.6,0]  &  Tp[*,7]=[1.4,0.5,0]  &  Tp[*,8]=[1.5,0.5,0]
Tp[*,9]=[1.5,0.7,0]  &  Tp[*,10]=[1.4,0.9,0] &  Tp[*,11]=[1.4,1.1,0]
Tp[*,12]=[1.5,1.3,0] &  Tp[*,13]=[1.6,1.3,0] &  Tp[*,14]=[2.0,1.3,0]
Tp[0,*]=Tp[0,*]-2
FOR i=15,27 DO BEGIN ;镜像
    Tp[*,i]=Tp[*,28-i]  &  Tp[0,i]=-Tp[0,i]
ENDFOR
Tp[1,*]=0.75+Tp[1,*]  &  n=24.0  &  Inc=360.0/n  &  Ang=0.0
Points=FLTARR(3,28*n) &  DDist=FLTARR(28*n)
FOR i=0,n-1 DO BEGIN
    Ca=COS(Ang*(!PI/180))  &  Sa=SIN(Ang*(!PI/180))
    FOR j=0,27 DO BEGIN
        Pt=[0,0,0D]  &  Pt[0]=Tp[0,j]
        Pt[1]=Tp[1,j]*Ca+Tp[2,j]*Sa & Pt[2]=Tp[1,j]*Sa+Tp[2,j]*Ca
        Points[*,i*28+j]=Pt  &  DDist[i*28+j]=SQRT(TOTAL(Pt^2))
    END  &  Ang+=Inc
END
Conn=LONARR(28L*n*5)  &  k=0
FOR i=0,n-1 DO BEGIN
    s1=i*28  &  s2=s1+28  &  IF (i EQ n-1) THEN s2=0
    FOR j=0,27 DO BEGIN
        l=j+1  &  IF (j EQ 27) THEN l=0
        Conn[k]=4  &  Conn[k+1]=j+s2  &  Conn[k+2]=j+s1
        Conn[k+3]=l+s1 &Conn[k+4]=l+s2  &  k=k+5
    ENDFOR
ENDFOR
END
;-------------------------------------------------------------
FUNCTION ReadTeapotData,File,Xr,Yr,Zr
    RESTORE,File  &  Xr=[MIN(x,MAX=Xx),Xx] & Yr=[MIN(y,MAX=Xx),Xx]
    Zr=[MIN(z,MAX=Xx),Xx] & Sc=[Xr[1]-Xr[0],Yr[1]-Yr[0],Zr[1]-Zr[0]]
    Xr[0]=(Xr[1]+Xr[0])/2 & Yr[0]=(Yr[1]+Yr[0])/2
    Zr[0]=(Zr[1]+Zr[0])/2 & x=(x-Xr[0])/MAX(Sc) & y=(y-Yr[0])/MAX(Sc)
    z=(z-Zr[0])/MAX(Sc) & Zr=(Yr=(Xr=[-0.7,0.7]))
    RETURN,OBJ_NEW('IDLgrPolygon',TRANSPOSE([[x],[y],[z]]), $
        SHADING=1,POLY=Mesh,COLOR=[200,200,200])
END
;-------------------------------------------------------------
PRO MLitDrEvt,Event
    WIDGET_CONTROL,Event.TOP,GET_UVALUE=State
```

```
    Update=State.MyTrack->Update(Event,TRANSFORM=New)
    IF (Update) THEN BEGIN
        State.MyModel->GetProperty,TRANSFORM=Old
        State.MyModel->SetProperty,TRANSFORM=Old # New
        State.MyWin->Draw,State.MyView
    ENDIF
END
;———————————————————————————————————————
PRO MatLitSlider,State,Property,r,g,b
    Prop=STRUPCASE(Property[0])  &  TNames=TAG_NAMES(State)
    Index=WHERE(TNames EQ Prop)
    IF (Index NE -1) THEN BEGIN
        WIDGET_CONTROL,State.(Index),SET_VALUE=r  &  RETURN
    ENDIF
    Index=WHERE(TNames EQ Prop+'R')
    WIDGET_CONTROL,State.(Index),SET_VALUE=r,BAD_ID=Void
    Index=WHERE(TNames EQ Prop+'G')
    WIDGET_CONTROL,State.(Index),SET_VALUE=g,BAD_ID=Void
    Index=WHERE(TNames EQ Prop+'B')
    WIDGET_CONTROL,State.(Index),SET_VALUE=b,BAD_ID=Void
END
;———————————————————————————————————————
PRO ODpEv,Event
    WIDGET_CONTROL,Event.TOP,GET_UVALUE=State
    Info=WIDGET_INFO(Event.ID,/DROPLIST_SELECT)
    CASE (State.ObjName[Info]) OF
        '茶壶': BEGIN
            State.MyTeapot->GetProperty,POLYGONS=TeapotConn
            State.MyTeapot->GetProperty,DATA=TeapotDat
            State.00bj->SetProperty,ALPHA_CHANNEL=1.0
            State.00bj->SetProperty,DATA=TeapotDat * 5.0
            State.00bj->SetProperty,POLYGONS=TeapotConn
            State.00bj->SetProperty,SHADING=1
            State.00bj->SetProperty,STYLE=2
            @Ch08MaterialLightIncCopper.inc
            State.MyView->SetProperty,Viewplane_Rect=[-3,-3,6,6]
            State.MyView->SetProperty,ZCLIP=[3,-3]
            State.MyWin->Draw,State.MyView
            WIDGET_CONTROL,State.MatDrp,Set_Droplist_Select=0
        END
        '轮胎': BEGIN
            BuildTire,Points,Conn,DDist
            State.00bj->SetProperty,POLYGONS=0
```

```
                    State.00bj->SetProperty,DATA=Points
                    State.00bj->SetProperty,POLYGONS=Conn
                    State.00bj->SetProperty,ALPHA_CHANNEL=1.0
                    State.00bj->SetProperty,SHADING=1
                    @Ch08MaterialLightIncRubber.inc
                    State.MyView->SetProperty,Viewplane_Rect=[-3,-3,6,6]
                    State.MyView->SetProperty,ZCLIP=[3,-3]
                    State.MyWin->Draw,State.MyView
                    WIDGET_CONTROL,State.MatDrp,Set_Droplist_Select=1
            END
        '宝石':BEGIN
                ODmd=OBJ_NEW('IdlffDxf')
                Status=ODmd->READ('Ch08MaterialLightDiamond.dxf')
                Gemtypes=ODmd -> GetContents(COUNT=GemCounts)
                Gem=ODmd->GetEntity(Gemtypes[0]) & Vert= * Gem.Vertices * 0.5
                Connect= * Gem.Connectivity  &   OBJ_DESTROY,ODmd
                State.00bj->SetProperty,POLYGONS=Connect
                State.00bj->SetProperty,DATA=Vert
                State.00bj->SetProperty,SHADING=0
                State.00bj->SetProperty,STYLE=2
                State.00bj->SetProperty,ALPHA_CHANNEL=.6
                @Ch08MaterialLightIncJade.inc
                State.MyView->SetProperty,Viewplane_Rect=[-3,-3,6,6]
                State.MyView->SetProperty,ZCLIP=[3,-3]
                State.MyWin->Draw,State.MyView
                WIDGET_CONTROL,State.MatDrp,Set_Droplist_Select=2
            END
    ENDCASE
END
;- - - - - - - - - - - - - - - - - - - - - - - - - - - - - - - - - - - - -
PRO MDpEv,Event
    WIDGET_CONTROL,Event.TOP,GET_UVALUE=State
    Info=WIDGET_INFO(Event.ID,/DROPLIST_SELECT)
    CASE (State.ObjMat[Info]) OF
        '黄铜':BEGIN
            @Ch08MaterialLightIncCopper.inc
            State.MyWin->Draw,State.MyView
        END
        '橡胶':BEGIN
            @Ch08MaterialLightIncRubber.inc
            State.MyWin->Draw,State.MyView
        END
        '翡翠':BEGIN
```

```
        @Ch08MaterialLightIncJade.inc
        State.MyWin->Draw,State.MyView
    END
  ENDCASE
END
;----------------------------------------------------------
PRO MatLitEv,Event
    WIDGET_CONTROL,Event.TOP,GET_UVALUE=State
    WIDGET_CONTROL,Event.ID,GET_UVALUE=UVal
    IF STRCMP(UVal,'Tab') THEN RETURN
    WIDGET_CONTROL,Event.ID,GET_VALUE=Val
    CASE (UVal) OF
        'Ambientr':BEGIN
            State.OObj->GetProperty,Ambient=Amb
            State.OObj->SetProperty,Ambient=[Val ,Amb[1],Amb[2]]
        END
        'Ambientg':BEGIN
            State.OObj->GetProperty,Ambient=Amb
            State.OObj->SetProperty,Ambient=[Amb[0],Val ,Amb[2]]
        END
        'Ambientb':BEGIN
            State.OObj->GetProperty,Ambient=Amb
            State.OObj->SetProperty,Ambient=[Amb[0],Amb[1],Val]
        END
        'Diffuser':BEGIN
            State.OObj->GetProperty,Diffuse=Dif
            State.OObj->SetProperty,Diffuse=[Val ,Dif[1],Dif[2]]
        END
        'Diffuseg':BEGIN
            State.OObj->GetProperty,Diffuse=Dif
            State.OObj->SetProperty,Diffuse=[Dif[0],Val,Dif[2]]
        END
        'Diffuseb':BEGIN
            State.OObj->GetProperty,Diffuse=Dif
            State.OObj->SetProperty,Diffuse=[Dif[0],Dif[1],Val]
        END
        'Specularr':BEGIN
            State.OObj->GetProperty,Specular=Spe
            State.OObj->SetProperty,Specular=[Val ,Spe[1],Spe[2]]
        END
        'Specularg':BEGIN
            State.OObj->GetProperty,Specular=Spe
            State.OObj->SetProperty,Specular=[Spe[0],Val,Spe[2]]
```

```
        END
        'Specularb':BEGIN
            State.00bj->GetProperty,Specular=Spe
            State.00bj->SetProperty,Specular=[Spe[0],Spe[1],Val]
        END
        'Emissionr':BEGIN
            State.00bj->GetProperty,Emission=Emi
            State.00bj->SetProperty,Emission=[Val,Emi[1],Emi[2]]
        END
        'Emissiong':BEGIN
            State.00bj->GetProperty,Emission=Emi
            State.00bj->SetProperty,Emission=[Emi[0],Val,Emi[2]]
        END
        'Emissionb':BEGIN
            State.00bj->GetProperty,Emission=Emi
            State.00bj->SetProperty,Emission=[Emi[0],Emi[1],Val]
        END
        'Shininess': BEGIN
            State.00bj->SetProperty,Shininess=Val
        END  &  ELSE:
    ENDCASE
    State.MyWin->Draw,State.MyView
END
;------------------------------------------------------------------
PRO Ch08MaterialLight
    Tlb=WIDGET_BASE(/ROW,TITLE='材质与灯光',MBar=MBar)
    ObjMat=['黄铜','橡胶','翡翠']  &  ObjName=['茶壶','轮胎','宝石']
    DrawBase=WIDGET_BASE(Tlb,/COLUMN)
    Draw=WIDGET_DRAW(DrawBase,XSIZE=300,YSIZE=300,GRAPHICS_LEVEL=2,$
        /BUTTON_EVENTS,/MOTION_EVENTS,RETAIN=2,EVENT_PRO='MLitDrEvt')
    CtrBas=WIDGET_BASE(Tlb,/COL) & SelBas=WIDGET_BASE(CtrBas,/RO,/FR)
    ObjLbl=WIDGET_LABEL(SelBas,VALUE='对象:')
    ObjDrp=WIDGET_Droplist(SelBas,VALUE=ObjName,EVENT_PRO='ODpEv')
    MatLbl=WIDGET_LABEL(SelBas,VALUE='材料:')
    MatDrp=WIDGET_Droplist(SelBas,VALUE=ObjMat,EVENT_PRO='MDpEv')
    CtlTab=WIDGET_Tab(CtrBas,Multiline=1,UVALUE='Tab',LOCA=2)
    AmbCtlBase=WIDGET_BASE(CtlTab,TITLE='环境灯',/ROW,/FRAME)
    AmbSlideBase=WIDGET_BASE(AmbCtlBase,/COLUMN)
    AmbientR=WIDGET_Slider(AmbSlideBase,TITLE='环境灯红分量',$
        MAX=255,XSIZE=120,UVALUE='Ambientr',EVENT_PRO='MatLitEv')
    AmbientG=WIDGET_Slider(AmbSlideBase,TITLE='环境灯绿分量',$
        MAX=255,XSIZE=120,UVALUE='Ambientg',EVENT_PRO='MatLitEv')
    AmbientB=WIDGET_Slider(AmbSlideBase,TITLE='环境灯蓝分量',$
```

```
          MAX＝255,XSIZE＝120,UVALUE＝'Ambientb',EVENT_PRO＝'MatLitEv')
DiffBase＝WIDGET_BASE(CtlTab,TITLE＝'漫射灯',/COLUMN,/FRAME)
DiffuseR＝WIDGET_Slider(DiffBase,TITLE＝'漫射灯红分量', $
          MAX＝255,XSIZE＝120,UVALUE＝'Diffuser',EVENT_PRO＝'MatLitEv')
DiffuseG＝WIDGET_Slider(DiffBase,TITLE＝'漫射灯绿分量', $
          MAX＝255,XSIZE＝120,UVALUE＝'Diffuseg',EVENT_PRO＝'MatLitEv')
DiffuseB＝WIDGET_Slider(DiffBase,TITLE＝'漫射灯蓝分量', $
          MAX＝255,XSIZE＝120,UVALUE＝'Diffuseb',EVENT_PRO＝'MatLitEv')
SpecBase＝WIDGET_BASE(CtlTab,TITLE＝'镜面灯',/COLUMN,/FRAME)
SpecularR＝WIDGET_Slider(SpecBase,TITLE＝'镜面灯红分量', $
          MAX＝255,XSIZE＝120,UVALUE＝'Specularr',EVENT_PRO＝'MatLitEv')
SpecularG＝WIDGET_Slider(SpecBase,TITLE＝'镜面灯绿分量', $
          MAX＝255,XSIZE＝120,UVALUE＝'Specularg',EVENT_PRO＝'MatLitEv')
SpecularB＝WIDGET_Slider(SpecBase,TITLE＝'镜面灯蓝分量', $
          MAX＝255,XSIZE＝120,UVALUE＝'Specularb',EVENT_PRO＝'MatLitEv')
EmisBase＝WIDGET_BASE(CtlTab,TITLE＝'辐射灯',/COLUMN,/FRAME)
EmissionR＝WIDGET_Slider(EmisBase,TITLE＝'辐射灯红分量', $
          MAX＝255，XSIZE＝120,UVALUE＝'Emissionr',EVENT_PRO＝'MatLitEv')
EmissionG＝WIDGET_Slider(EmisBase,TITLE＝'辐射灯绿分量', $
          MAX＝255，XSIZE＝120,UVALUE＝'Emissiong',EVENT_PRO＝'MatLitEv')
EmissionB＝WIDGET_Slider(EmisBase,TITLE＝'辐射灯蓝分量', $
          MAX＝255，XSIZE＝120,UVALUE＝'Emissionb',EVENT_PRO＝'MatLitEv')
ShineBase＝WIDGET_BASE(CtrBas,/COLUMN,/FRAME)
Shininess＝CW_FSLIDER(ShineBase,TITLE＝'发光亮度', $
          MAX＝128.0，XSIZE＝166,VALUE＝26.6666,UVALUE＝'Shininess')
WIDGET_CONTROL,Tlb,/REALIZE
MyTeapot＝ReadTeapotData('Ch08MaterialLightTeapot.hpy',Xr,Yr,Zr)
MyTeapot－＞GetProperty,POLYGONS＝TeapotConn
MyTeapot－＞GetProperty,DATA＝TeapotDat
OObj＝OBJ_NEW('IDLgrPolygon',DATA＝TeapotDat * 5.0,Shininess＝26.66, $
          POLYGONS＝TeapotConn,SHADING＝1,STYLE＝2,Ambient＝[84,57,7], $
          Diffuse＝[199,145,29],Specular＝[253,240,206],Emission＝[0,0,0])
MyModel＝OBJ_NEW('IDLgrModel')
OAmbLit＝OBJ_NEW('IDLgrLight',TYPE＝0,COLOR＝[50,50,50])
OPosLit＝OBJ_NEW('IDLgrLight',TYPE＝1,COLOR＝[255,255,255], $
          LOCATION＝[2,99,200])
OLitMod＝OBJ_NEW('IDLgrModel') & OLitMod－＞Add,[OAmbLit,OPosLit]
MyTrack＝OBJ_NEW('Trackball',[200,200],200)
MyView＝OBJ_NEW('IDLgrView',COLOR＝[220,220,220],ZCLIP＝[3,－3], $
          Viewplane_Rect＝[－3,－3,6,6])
MyModel－＞Add,OObj & MyView－＞Add,MyModel & MyView－＞Add,OLitMod
WIDGET_CONTROL,Draw,GET_VALUE＝MyWin & MyWin－＞Draw,MyView
State＝{Draw:Draw,MatDrp:MatDrp,ObjDrp:ObjDrp, $
```

```
        TeapotDat:TeapotDat,TeapotConn:TeapotConn,MyTeapot:MyTeapot, $
        MyTrack:MyTrack,MyModel:MyModel,MyView:MyView,MyWin:MyWin, $
        OAmbLit:OAmbLit,OPosLit:OPosLit,OLitMod:OLitMod,OObj:OObj, $
        ObjMat:ObjMat,ObjName:ObjName,Shininess:Shininess, $
        AmbientR:AmbientR,AmbientG:AmbientG,AmbientB:AmbientB, $
        DiffuseR:DiffuseR,DiffuseG:DiffuseG,DiffuseB:DiffuseB, $
        SpecularR:SpecularR,SpecularG:SpecularG,SpecularB:SpecularB, $
        EmissionR:EmissionR, EmissionG:EmissionG,EmissionB:EmissionB}
    WIDGET_CONTROL,State.MatDrp,Set_Droplist_Select＝6
    WIDGET_CONTROL,Tlb,SET_UVALUE＝State
    XMANAGER,'Ch08MaterialLight',Tlb,EVENT_HANDLER＝'MatLitEv'
END
;─────────────────────────────────────────
```

程序运行结果如图 8.25 所示。

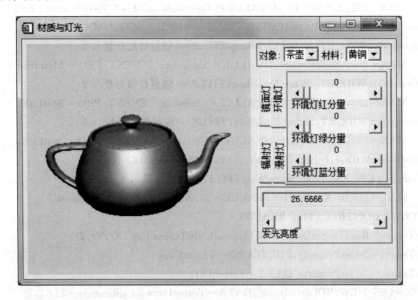

图 8.25　材质与灯光的混合真实感图形

8.4　纹理与贴图

在进行 3D 造型时,为了使物体美观,通常把漂亮的图案、花纹、商标以及文字说明映射到 3D 物体表面上,增加物体表面的细节纹理,从而极大地丰富了物体的可视性。

常用贴图分为平面贴图和曲面贴图。圆锥曲面贴图是曲面贴图的特例。

8.4.1　纹理

纹理是物体表面的细小结构,例如:木材表面的木纹、建筑物墙壁上的装饰图案和桔子皮表面的皱纹等。纹理空间可以是二维空间或者三维空间。

纹理的常用类型是颜色纹理、几何纹理和过程纹理等。

颜色纹理：呈现在物体表面上的各种花纹、图案和文字等。

几何纹理：基于物体表面的微观几何形状的表面纹理。通过对物体表面几何性质作微小扰动(即法向扰动方法)，产生凹凸不平的细节效果，给物体表面加上粗糙的外观。几何纹理函数定义可以采用统一的图案纹理记录。

过程纹理：表现各种规则或者不规则的动态变化的自然景象。

纹理的定义方法主要包括图像纹理(离散纹理)和函数纹理等。

图像纹理：将二维纹理图案(二维数组)映射到三维物体表面，绘制物体表面上的映射点，采用相应的纹理图案中相应点的颜色值。

函数纹理：用数学函数定义简单的二维纹理图案(例如：方格地毯)；或者使用数学函数定义随机高度场，生成表面粗糙纹理(即几何纹理)。

例如，粗布纹理的函数：

$$f(u,v) = A(\cos(pu) + \cos(qv))$$

其中：A 为$[0,1]$上的随机变量；p,q 为频率系数。

纹理映射是把纹理图像值映射到三维物体表面的技术，即建立纹理与三维物体之间的对应关系。

8.4.2　平面贴图

平面图像贴图是把一幅图像按照等比或者变比放缩到与平面同大小，然后映射到物体的平面上，并与平面进行合成。显然，平面贴图是最简单的贴图方式。

【例 8.9】　已知图像文件是 Ch08MapPlane.jpg，请把该图像平贴到长方体的正面上。

程序如下：

```
;——————————————————————————————————————————
;Ch08MapPlane.pro
;——————————————————————————————————————————
PRO Ch08MapPlane
    SWin=OBJ_NEW('IDLgrWindow',DIMENSIONS=[400,400],TITLE='平面贴图')
    SView=OBJ_NEW('IDLgrView',PROJECTION=1,EYE=6,ZCLIP=[2.0,-2.0], $
        VIEW=[-0.8,-0.8,1.6,1.6],COLOR=[255,255,255])
    Light1=OBJ_NEW('IDLgrLight',TYPE=0,LOCA=[2,2,5],INTENSITY=0.6)
    Light2=OBJ_NEW('IDLgrLight',TYPE=1,LOCA=[2,-2,5], $
        DIRECTION=[2,2,5],INTENSITY=1)
    READ_JPEG,'Ch08MapPlane.jpg',Img  &  Xp=0.5  &  Yp=0.4  &  Zp=0.2
    TxImg=OBJ_NEW('IDLgrImage',img,Loc=[0.0,0.0],Dim=[0.01,0.01])
    SObj=OBJ_NEW('IDLgrPolygon',COLOR=[255,255,255], $
        [[-Xp,-Yp,Zp],[Xp,-Yp,Zp],[Xp,Yp,Zp],[-Xp,Yp,Zp]], $
        Texture_Co=[[0,0],[1,0],[1,1],[0,1]],Texture_Ma=TxImg)
    CubePoly=[4,0,1,5,4,4,5,1,2,6,4,6,2,3,7, $
            4,7,3,0,4,4,0,1,2,3,4,4,5,6,7]
    TObj=OBJ_NEW('IDLgrPolygon',COLOR=[0,0,255],STYLE=1, $
        [[-Xp,-Yp,Zp],[Xp,-Yp,Zp],[Xp,Yp,Zp],[-Xp,Yp,Zp]], $
```

$$[-X_P,-Y_P,-Z_P],[X_P,-Y_P,-Z_P],[X_P,Y_P,-Z_P],[-X_P,Y_P,-Z_P]],\$$$

POLYGONS=CubePoly)

SMod=OBJ_NEW('IDLgrModel') & SMod->Add,TObj & SMod->Add,SObj

SMod->Add,Light1 & SMod->Add,Light2 & SView->Add,SMod

SMod->Rotate,[1,0,0],-20 & SMod->Rotate,[0,1,0],30

SWin->SetProperty,QUALITY=1 & SWin->Draw,SView & WAIT,1

XOBJVIEW,SMod,SCALE=0.9,TITLE='交互显示',BACKGROUND=[255,255,255]

END

;————————————————————————————————————

程序运行结果如图 8.26 所示。

图 8.26　平面贴图

对于平面纹理贴图,则需要把绘制的纹理图案变换到平面,然后在平面绘制即可。

8.4.3　台面贴图

台面纹理贴图是把平面纹理图案映射到台面的过程,具体包含建立映射关系、平面纹理图案的矢量化和离散化、映射坐标 3D 变换、绘制轮廓线和消隐处理等。

1. 建立映射关系

利用台面的参数方程,建立平面纹理图案上的点到台面对应点的映射关系。

已知台面的参数方程:

$$\begin{cases} x=r\cos\theta \\ y=r\sin\theta \\ z=r\cot\alpha \end{cases} \quad (\alpha \text{ 为锥半角},0 \leqslant \theta \leqslant 2\pi, r_1 \leqslant r \leqslant r_2)$$

平面纹理图案坐标系 $X_P O_P Y_P$(见图 8.27)的原点 O_P 映射到台面上为 $O'_P(\theta_0, r_0)$,$A(x_P, y_P)$ 映射为 $A'(\theta, r)$,Y_P 轴与台面上 OO'_P 重合;在 Y_P 轴上取点 O_1,满足 $O_1 O_P = OO'_P$,以 O_1 为圆心,$O_1 A$ 为半径画圆弧与 Y_P 交于 A_0,则 A_0 的映射 A'_0 在 OO'_P 上,且满足:

$$OA'_0 = O_1 A_0; O_1 O_P = OO'_P = r_0/\sin\alpha$$

$$O_1A = \sqrt{x_P^2 + (r/\sin\alpha + y_P)^2}\,;\beta = \arctan(x_P/(r/\sin\alpha + y_P))$$

$$\overset{\frown}{A_0A} = O_1A \cdot \beta = \sqrt{x_P^2 + (r/\sin\alpha + y_P)^2}\arctan(x_P/(r/\sin\alpha + y_P))$$

又因为　　　　　　　　　　　$r = OA'\sin\alpha = O_1A\sin\alpha$

所以　　　　　　　$\theta = \theta_0 + \Delta\theta = \theta_0 + A'_0A_1/r = \theta_0 + \beta/\sin\alpha$

$$\begin{cases} r = \sqrt{x_P^2 + (r_0/\sin\alpha + y_P)^2} \cdot \sin\alpha \\ \theta = \theta_0 + \arctan(x_P/(r_0/\sin\alpha + y_P)) \cdot \arcsin\alpha \end{cases}$$

根据台面的参数方程,可以得到映射点的坐标。

映射点的单位法向量:

$$\boldsymbol{n} = \{\cos\theta/\sqrt{1 + \tan^2\alpha}\,, \sin\theta/\sqrt{1 + \tan^2\alpha}\,, -\tan\alpha/\sqrt{1 + \tan^2\alpha}\}$$

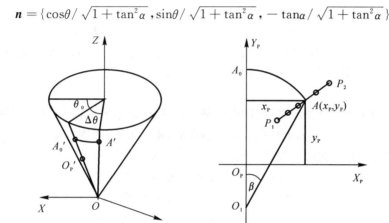

图 8.27　台面映射关系

(a)台面坐标;(b)平面纹理图案坐标

2. 平面纹理图案的矢量化和离散化

因为平面纹理图案中的任一直线段映射到曲面后,通常会变换为曲线,所以把平面纹理图案映射到曲面上时,首先需要对平面纹理图案进行矢量化,曲线微分为多个直线段,然后,提取矢量线段上的端点坐标(x_1,y_1)和(x_2,y_2),并对P_1P_2进行离散细分。如果 N 为等分点数目,则各细分点的坐标为(见图 8.27(b))

$$\begin{cases} x_p = x_1 + (x_2 - x_1) \cdot i/N \\ y_p = y_1 + (y_2 - y_1) \cdot i/N \end{cases} \qquad (i = 0,1,2,\cdots,N)$$

3. 映射坐标 3D 变换

根据曲面参数方程,计算平面纹理图案离散点的曲面映射点的台面坐标:

$$\begin{cases} x = x(x_p,y_p) \\ y = y(x_p,y_p) \\ z = z(x_p,y_p) \end{cases}$$

把台面及其映射纹理图案分别绕 X,Y,Z 轴旋转 α,β,γ。如果(x',y',z')为变换后点的新坐标,则

$$[x' \quad y' \quad z' \quad 1] = [x \quad y \quad z \quad 1] \cdot \boldsymbol{R}_{4\times4}$$

其中：$R_{4\times4}=R_zR_yR_x=$

$$\begin{bmatrix} \cos\gamma\cos\beta-\sin\gamma\sin\alpha\sin\beta & \sin\gamma\cos\alpha & -\cos\gamma\sin\beta-\sin\gamma\sin\alpha\cos\beta & 0 \\ -\sin\gamma\cos\beta-\cos\gamma\sin\alpha\sin\beta & \cos\gamma\cos\alpha & \sin\gamma\sin\beta-\cos\gamma\sin\alpha\cos\beta & 0 \\ \cos\alpha\sin\beta & \sin\alpha & \cos\alpha\cos\beta & 0 \\ 0 & 0 & 0 & 1 \end{bmatrix}$$

4. 绘制轮廓线

曲面图形的可视轮廓可以分为图形边界线和视向轮廓线（视线与表面切点的轨迹）。如果视线的单位向量为 $S=[1\quad m\quad n]$，台面点的单位法向量 $n'=[n'_x\quad n'_y\quad n'_z]$，则视向轮廓线的点满足

$$S\times n'=1\times n'_x+mn'_y+nn'_z=0$$
$$[n'_x\quad n'_y\quad n'_z\quad 1]=[n_x\quad n_y\quad n_z\quad 1]R_{4\times4}$$

不难看出，计算轮廓线的参数方程相当复杂，通常通过逼近查找算法精确地求解视向轮廓线上的点。最后，光滑连接轮廓点，绘制曲面图形轮廓线。

5. 消隐处理

对于矢量化的平面纹理图案，依次取出每条矢量线段，映射到曲面上，判断可见性，绘制映射曲线。在图案映射过程中，如果映射点位于后台面，则不可见；否则可见。

设映射点的法向量与视线向量的夹角为 $\varphi(\cos\varphi=n'\cdot S)$，则

$$\begin{cases} \varphi>90° & \text{映射点可见，位于前台面} \\ \varphi=90° & \text{映射点可见，位于轮廓线} \\ \varphi<90° & \text{映射点隐藏，位于后台面} \end{cases}$$

根据角判断映射点的可见性，如果矢量线段的所有映射点均可见，则绘制映射曲线；如果均为隐藏，则不绘制；如果部分可见，则使用拆半查找算法求出分界点，绘制可见部分。

【例8.10】 已知平面纹理图案是蝴蝶结图案，曲面是圆台，要求把蝴蝶结图案按照马赛克方式贴到圆台上。请绘制如图8.28所示的3D灯罩。

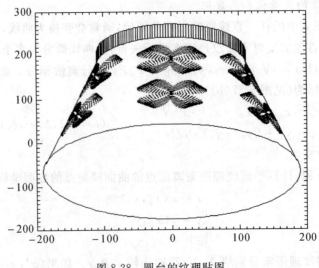

图8.28 圆台的纹理贴图

程序如下：

```
;—————————————————————————————————————————————————————

; Ch08MapLampshade.pro
;—————————————————————————————————————————————————————
PRO TFig,Xp,Yp,Tc,Tr,Ta,Pxyz,Nxyz
    r=SIN(Ta) * SQRT(Xp * Xp+(Tr/SIN(Ta)+Yp) * (Tr/SIN(Ta)+Yp))
    c=Tc+(ATAN(Xp/(r/SIN(Ta)+Yp)))/SIN(Ta)
    Pxyz.x=r * COS(c)  &  Pxyz.y=r * SIN(c)  &  Pxyz.z=r/TAN(Ta)
    Nxyz.nx=r * COS(c)/TAN(Ta) & Nxyz.ny=r * SIN(c)/TAN(Ta) & Nxyz.nz=-r
END
;—————————————————————————————————————————————————————

PRO Rotxz,Pxyz
    x1=Pxyz.x  &  y1=Pxyz.y  &  z1=Pxyz.z  &  Xa=35  &  Ya=0  &  Za=0
    Xa1=! PI * Xa/180  &  Ya1=! PI * Ya/180  &  Za1=! PI * Za/180
    Pxyz.x=x1 * (COS(Za1) * COS(Ya1)-SIN(Za1) * SIN(Xa1) * SIN(Ya1)) $
        +y1 * (-SIN(Za1) * COS(Ya1)-COS(Za1) * SIN(Xa1) * SIN(Ya1)) $
        +z1 * COS(Xa1) * SIN(Ya1)
    Pxyz.y=x1 * SIN(Za1) * COS(Xa1)+y1 * COS(Za1) * COS(Xa1)+z1 * SIN(Xa1)
    Pxyz.z=x1 * (-COS(Za1) * SIN(Ya1)-SIN(Za1) * SIN(Xa1) * COS(Ya1)) $
        +y1 * (SIN(Za1) * SIN(Ya1)-COS(Za1) * SIN(Xa1) * COS(Ya1)) $
        +z1 * COS(Xa1) * COS(Ya1)
END
;—————————————————————————————————————————————————————

FUNCTION Visa,Fi,a
    Pxyz={x:COS(Fi),y:SIN(Fi),z:-TAN(a)}
    Rotxz,Pxyz  &  RETURN,Pxyz.y
END
;—————————————————————————————————————————————————————

FUNCTION Scrn,x,z,r1,r2,a
    Pxy={x:x,y:(r1+r2)/TAN(a)/2-z-45}  &  RETURN,Pxy
END
;—————————————————————————————————————————————————————

PRO Cnt,FiMiMa,a
    FOR i=0,359,5 DO BEGIN
        Fi1=i * ! PI/180  &  Fi2=(i+5) * ! PI/180
        n1=Visa(Fi1,a) &  n2=Visa(Fi2,a)
        IF (n1 EQ 0) THEN FiMiMa.FiMi=Fi1
        IF (n2 EQ 0) THEN FiMiMa.FiMa=Fi2
        IF (n1 LT 0 && n2 GT 0) THEN BEGIN
            WHILE 1 DO BEGIN
                Fi=0.5 * (Fi2+Fi1)  &  Vn=Visa(Fi,a)
                IF Vn LT 0 THEN Fi1=Fi
                IF Vn GT 0 THEN Fi2=Fi
                IF (Vn GT 0 && Vn GT 1E-6) THEN BREAK
            ENDWHILE
```

```
            FiMiMa.FiMi=Fi
        ENDIF
        IF (n1 GT 0 && n2 LT 0) THEN BEGIN
            WHILE 1 DO BEGIN
                Fi=0.5 * (Fi2+Fi1)  &  Vn=Visa(Fi,a)
                IF Vn GT 0 THEN Fi1=Fi
                IF Vn LT 0 THEN Fi2=Fi
                IF (Vn GT 0 && Vn LT 1E-6) THEN BREAK
            ENDWHILE
            FiMiMa.FiMa=Fi
        ENDIF
    ENDFOR
    IF FiMiMa.FiMi GT FiMiMa.FiMa THEN FiMiMa.FiMi=-2 * ! PI+FiMiMa.FiMi
END
;------------------------------------------------------------------
PRO Contor,Fi,r1,r2,a
    Pxyz={x:r1 * COS(Fi),y:r1 * SIN(Fi),z:r1/TAN(a)}  &  Rotxz,Pxyz
    Pxy=Scrn(Pxyz.x,Pxyz.z,r1,r2,a)  &  Plots,Pxy.x,Pxy.y
    Pxyz={x:r2 * COS(Fi),y:r2 * SIN(Fi),z:r2/TAN(a)}  &  Rotxz,Pxyz
    Pxy=scrn(Pxyz.x,Pxyz.z,r1,r2,a)  &  Plots,Pxy.x,Pxy.y,/CONTINUE
END
;------------------------------------------------------------------
PRO TxtMap,Td,r1,r2,a
    Pxyz={x:0D,y:0D,z:0D}  &  Nxyz={Nx:0D,Ny:0D,Nz:0D}
    FOR k1=0,1 DO BEGIN
        Tr=r1+(r2-r1)/4+(r2-r1) * k1/2.5
        FOR k=0,2 DO BEGIN
        Tc=! PI/2+60 * ! PI/180 * (k-1)
        FOR i=0,720,5 DO BEGIN
            Ta=! PI/360.0 * i
            Te=Td * (1+1/4 * SIN(12 * Ta)) * (1+SIN(4 * Ta))
            x1=Te * COS(Ta)  &  x2=Te * COS(Ta+! PI/5)
            y1=Te * SIN(Ta)  &  y2=Te * SIN(Ta+! PI/5)
            n=CEIL(SQRT((x2-x1)^2+(y2-y1)^2))
            FOR j=0,n DO BEGIN
                IF n EQ 0 THEN BREAK
                Xp=x1+(x2-x1) * j/n  &  Yp=y1+(y2-y1) * j/n
                TFig,Xp,Yp,Tc,Tr,a,Pxyz,Nxyz  &  Rotxz,Pxyz
                Pxy=Scrn(Pxyz.x,Pxyz.z,r1,r2,a)
                Pxyz.x=Nxyz.Nx & Pxyz.y=Nxyz.Ny & Pxyz.z=Nxyz.Nz
                Rotxz,Pxyz
                Nxyz.Nx=Pxyz.x & Nxyz.Ny=Pxyz.y & Nxyz.Nz=Pxyz.z
                IF j EQ 0 THEN PLOTS,Pxy.x,Pxy.y
                IF Nxyz.Ny LT 0D THEN PLOTS,Pxy.x,Pxy.y $
```

```
                ELSE PLOTS,Pxy.x,Pxy.y,/CONTINUE
            ENDFOR
        ENDFOR
    ENDFOR
    ENDFOR
END
;————————————————————————————————————————————————
PRO Ch08MapLampshade
    DEVICE, DECOM=1 &! P.BACKGROUND='FFFFFF'XL &! P.COLOR='000000'XL
    WINDOW,6,XSIZE=500,YSIZE=400,TITLE='贴图'
    PLOT,[0],/DEVICE,XRANGE=[-200,200],YRANGE=[-200,300]
    r1=110  &  r2=190  &  FiMiMa={FiMi:0D,FiMa:0D}
    Pxyz={x:0D,y:0D,z:0D} & Nxyz={Nx:0D,Ny:0D,Nz:0D} & a=15*!PI/180
    FOR i=0,360,2 DO BEGIN
        Ta=i*2*!PI/360
        Pxyz.x=r2*COS(Ta) & Pxyz.y=r2*SIN(Ta) & Pxyz.z=r2/TAN(a)
        Rotxz,Pxyz   &   Pxy=Scrn(Pxyz.x,Pxyz.z,r1,r2,a)
        IF i EQ 0 THEN PLOTS,Pxy.x,Pxy.y ELSE PLOTS,Pxy.x,Pxy.y,/CON
    ENDFOR
    Cnt,FiMiMa,a
    FOR Hi=0,1 DO BEGIN
        FOR i=0,180,2 DO BEGIN
            Ta=FiMiMa.FiMi+i*(FiMiMa.FiMa-FiMiMa.FiMi)/180.0
            Pxyz={x:R1*COS(Ta),y:r1*SIN(Ta),z:r1/TAN(a)} & Rotxz,Pxyz
            Pxy=Scrn(Pxyz.x,Pxyz.z,r1,r2,a)
            IF i EQ 0 THEN PLOTS,Pxy.x,Pxy.y+30*Hi   $
            ELSE PLOTS,Pxy.x,Pxy.y+30*Hi,/CONTINUE
        ENDFOR
    ENDFOR
    FOR i=0,360,2 DO BEGIN
        Ta=2*!PI*i/360
        Pxyz={x:r1*COS(Ta),y:r1*SIN(Ta),z:r1/TAN(a)}  &  Rotxz,Pxyz
        Pxy=Scrn(Pxyz.x,Pxyz.z,r1,r2,a)  &  PLOTS,Pxy.x,Pxy.y
        Pxyz={x:r1*COS(Ta),y:r1*SIN(Ta),z:r1/TAN(a)-35} & Rotxz,Pxyz
        Pxy=Scrn(Pxyz.x,Pxyz.z,r1,r2,a)
        Pxyz={x:COS(Ta),y:SIN(Ta),z:0D}   &   Rotxz,Pxyz
        IF Pxyz.y GT 0 THEN PLOTS,Pxy.x,Pxy.y,/CONTINUE
    ENDFOR
    Contor,FiMiMa.FiMi,r1,r2,a  &  Contor,FiMiMa.FiMa,r1,r2,a
    TxtMap,28,r1,r2,a
END
;————————————————————————————————————————————————
```

台面图像贴图是把平面图像映射到台面上的过程。具体包含建立映射关系、映射坐标 3D

变换、绘制映射像素点和轮廓线和消隐处理等。具体过程与台面纹理贴图类同。

8.4.4　球面贴图

球面纹理贴图是把平面纹理图案映射到球面的过程。方法是使用如下球面参数方程以及纹理图案与球面的映射关系,求解映射点的光强,具体方法与台面纹理贴图类同。

$$\begin{cases} x = \cos(2\pi u)\cos(2\pi v) \\ y = \sin(2\pi u)\cos(2\pi v) \qquad 0 \leqslant u \leqslant 1, \quad 0 \leqslant v \leqslant 1 \\ z = \sin(2\pi v) \end{cases}$$

球面图像贴图是把平面图像映射到球面的过程,具体采用图像纹理映射法。

【例 8.11】　已知白云的图像文件为 Ch08MapCloud.jpg(见图 8.29),地球的图像文件为 Ch08MapEarth.jpg(见图 8.30)。要求把地球图像不透明贴在球面上,把白云图像透明贴在大的球面上,形成地球上的蓝天白云 3D 场景。

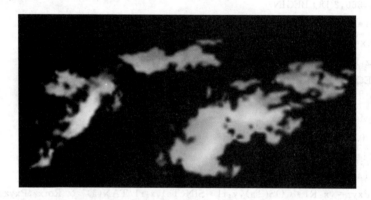

图 8.29　白云图像

图 8.30　地球图像

程序如下:

```
;--------------------------------------------------------------
;Ch08MapEarthCloud.PRO
;--------------------------------------------------------------
```

```
PRO Ch08MapEarthCloud
    TBase＝WIDGET_BASE(TLB_FRAME_ATTR＝1,TITLE＝'地球和白云')
    SDraw＝WIDGET_DRAW(TBase,GRAPHICS_LEVEL＝2,XSIZE＝400,YSIZE＝400)
    SView＝OBJ_NEW('IDLgrView',PROJECTION＝1,EYE＝6,ZCLIP＝[2.0,－2.0], $
        VIEW＝[－0.6,－0.6,1.2,1.2],COLOR＝[100,100,200])
    SLight＝OBJ_NEW('IDLgrLight',TYPE＝0,INTENSITY＝0.7)
    READ_JPEG,'Ch08MapEarth.jpg',IDat1,TRUE＝1
    READ_JPEG,'Ch08MapCloud.jpg',IDat2,TRUE＝1
    MapImage1＝OBJ_NEW('IDLgrImage',IDat1,HIDE＝1)  &  ISize＝SIZE(IDat2)
    Rgba＝BYTARR(4,ISize[2],ISize[3])  &  Rgba[0,＊,＊]＝IDat2[0,＊,＊]
    Rgba[1,＊,＊]＝IDat2[1,＊,＊]  &  Rgba[2,＊,＊]＝IDat2[2,＊,＊]
    Rgba[3,＊,＊]＝(FLOAT(IDat2[0,＊,＊])＋FLOAT(IDat2[1,＊,＊])＋ $
            FLOAT(IDat2[2,＊,＊]))/3.0
    MapImage2＝OBJ_NEW('IDLgrImage',Rgba,HIDE＝0)
    SEarth＝OBJ_NEW('Orb',COLOR＝[255,255,255],RADIUS＝0.4, $
        DENSITY＝2,/TEX_COORDS,TEXTURE_MAP＝MapImage1)
    SSky＝OBJ_NEW('Orb',COLOR＝[255,255,255],RADIUS＝0.6, $
        DENSITY＝2,/TEX_COORDS,TEXTURE_MAP＝MapImage2)
    SEarthMod＝OBJ_NEW('IDLgrModel')  &  SEarthMod－＞Add,SLight
    SEarthMod－＞Add,SEarth  &  SEarthMod－＞Add,SSky
    SEarthMod－＞Rotate,[1,0,0],90  &  SEarthMod－＞Rotate,[0,1,0],90
    SView－＞Add,SEarthMod
    WIDGET_CONTROL,TBase,/REALIZE
    WIDGET_CONTROL,SDraw,GET_VALUE＝SWin
    SWin－＞SetProperty,QUALITY＝2  &  SWin－＞Draw,SView
    XOBJVIEW,SEarthMod,BACKGROUND＝[50,50,200],TITLE＝'地球和白云'
END
;－－－－－－－－－－－－－－－－－－－－－－－－－－－－－－
```

程序运行结果如图 8.31 所示。

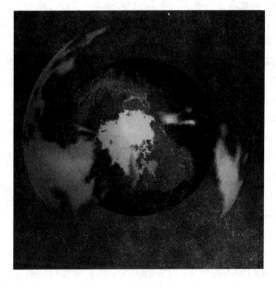

图 8.31 球面的图像贴图

【例 8.12】 已知地球表面气温图像文件为 Ch08MapWorldCon.hpy，地幔温度图像数据文件为 Ch08MapWorldCon.hpy。要求把地球气温图像不透明贴在球面上，把地幔温度图像放在地球中央，形成凸凹地球及其地幔结构场景。

程序如下：

```
;————————————————————————————————————————————————————
; Ch08MapWorld.pro
;————————————————————————————————————————————————————
PRO Ch08MapWorld
    RESTORE,'Ch08MapWorldMap.hpy'
    ImgDat=CONGRID(ImgDat,360,180,/INTE)
    Win=OBJ_NEW('IDLgrWindow',RETAIN=2,DIME=[360,360/2],TITLE='贴图')
    Viw=OBJ_NEW('IDLgrView',VIEWPLANE=[0D,0,360,360/2])
    Mdl=OBJ_NEW('IDLgrModel')   &   Pal=OBJ_NEW('IDLgrPalette')
    Pal->LOADCT,5   &   Img=OBJ_NEW('IDLgrImage',ImgDat,PALETTE=Pal)
    Mdl->Add,Img  &  Viw->Add,Mdl  &  Win->Draw,Viw  &  OBJ_DESTROY,Viw
    ImgDat=50*1.7*(ImgDat/255D)  &  Rad=ImgDat+REPLICATE(1276D,360,180)
    MESH_OBJ,4,Vert,Cont,Rad,/CLOSED   &   Mdl=OBJ_NEW('IDLgrModel')
    SpCoor=CV_COORD(FROM_RECT=Vert,/TO_SPHERE)
    Elev=REFORM(SpCoor[2,*],N_ELEMENTS(SpCoor[2,*]))
    Ply=OBJ_NEW('IDLgrPolygon',Vert,POLYGONS=Cont,SHADING=1, $
        VERT_COLORS=BYTSCL(Elev),PALETTE=Pal)
    Mdl->Add,Ply  &  Mdl->ROTATE,[1.,0.,0.],-90.
    XOBJVIEW,Mdl,/BLOCK,SCALE=0.9,TITLE='贴图'
    VNum=MESH_CLIP([0,0,1,0D],Vert,Cont,VClip,CClip,CUT_VERTS=VIdx)
    SpCoor=CV_COORD(FROM_RECT=VClip,/TO_SPHERE)
    Elev=REFORM(SpCoor[2,*],N_ELEMENTS(SpCoor[2,*]))
    Ply->SetProperty,DATA=VClip,POLYGONS=CClip,VERT_CO=BYTSCL(Elev)
    XOBJVIEW,Mdl,/BLOCK,SCALE=0.9,TITLE='贴图'
    VCut=VClip[*,VIdx]  &  x=VCut[0,*]  &  y=VCut[1,*]  &  z=VCut[2,*]
    Cx=TOTAL(x)/N_ELEMENTS(x)   &   Cy=TOTAL(y)/N_ELEMENTS(y)
    Cz=TOTAL(z)/N_ELEMENTS(z)
    SpCoor=CV_COORD(FROM_RECT=VCut,/TO_SPHERE)
    Elev=REFORM(SpCoor[2,*],N_ELEMENTS(SpCoor[2,*]))
    InRad=MIN(Elev)
    PVert=[[Cx-InRad,0,Cz-InRad],[Cx+InRad,0,Cz-InRad], $
        [Cx+InRad,0,Cz+InRad],[Cx-InRad,0,Cz+InRad]]
    RESTORE,'Ch08MapWorldCon.hpy'  &  Mask=BYTSCL(ConImg GT 0)
    ConDat=BYTARR(248,248,4)   &   ConDat[*,*,3]=Mask
    DEVICE,DECOM=0  &  LOADCT,27  &  TVLCT,Re,Gr,Bl,/GET
    ConDat[*,*,0]=Re[ConImg]   &   ConDat[*,*,1]=Gr[ConImg]
    ConDat[*,*,2]=Bl[ConImg]
    PImg=OBJ_NEW('IDLgrImage',ConDat,INTERLEAVE=2,BLEND_FUNC=[3,4])
```

```
    PPly＝OBJ_NEW('IDLgrPolygon',PVert,POLYGONS＝[4,0,1,2,3], $
        SHADING＝0,COLOR＝[255,255,255],TEXTURE_MAP＝PImg, $
        TEXTURE_COORD＝[[0,0],[1,0],[1,1],[0,1]])  &  Mdl－＞Add,PPly
    XOBJVIEW,Mdl,/BLOCK,SCALE＝0.9,TITLE＝' 贴图 '
END
```
;——————————————————————————————————————

程序运行结果如图 8.32 所示。

图 8.32　地球地幔结构场景

(a)凸凹地球;(b)半个地球;(c)地球地幔

8.4.5　曲面贴图

曲面图像(纹理)贴图是把一幅图像(纹理图形)的指定像素点映射到曲面上的对应点,并与曲面进行合成。映射的复杂程度依赖于曲面的复杂程度(参数方程的复杂程度),曲面贴图通常比较复杂。具体方法与台面图像(纹理)贴图类同。

【例 8.13】 已知高山的高程数据文件 Ch08MapSurface.hpy 和图像文件 Ch08MapSurface.jpg,要求使用图像贴图方法,把高山图像贴在高程数据的曲面上。

程序如下:

```
;——————————————————————————————————————
;Ch08MapSurface.pro
;——————————————————————————————————————
PRO Ch08MapSurface
    SWin＝OBJ_NEW('IDLgrWindow',DIMENSIONS＝[400,400],TITLE＝' 曲面贴图 ')
    SView＝OBJ_NEW('IDLgrView',PROJECTION＝1,EYE＝6,ZCLIP＝[2.0,－2.0], $
        VIEW＝[－0.8,－0.8,1.6,1.6],COLOR＝[255,255,255])
    Light1＝OBJ_NEW('IDLgrLight',TYPE＝0,LOCA＝[2,2,5],INTENSITY＝0.5)
    Light2＝OBJ_NEW('IDLgrLight',TYPE＝1,LOCA＝[2,－2,5], $
        DIRECTION＝[2,2,5],INTENSITY＝0.2)
    RESTORE,'Ch08MapSurface.hpy'
    ZData＝FLOAT(MapData)/(1.7 * FLOAT(MAX(MapData)))
    XData＝(FINDGEN(64)－32.0)/64  &  YData＝(FINDGEN(64)－32.0)/64
    READ_JPEG,'Ch08MapSurface.jpg',Img  &  Xp＝0.5 & Yp＝0.4 & Zp＝0.2
```

```
TxImg＝OBJ_NEW('IDLgrImage',Img)
SObj＝OBJ_NEW('IDLgrSurface',ZData,SHADING＝1,STYLE＝2,DATAX＝XData, $
        DATAY＝YData,COLOR＝[255,255,255])
SMod＝OBJ_NEW('IDLgrModel')   &   SMod—>Add,SObj
SMod—>Add,Light1   &   SMod—>Add,Light2   &   SView—>Add,SMod
SMod—>Rotate,[1,0,0],-90   &   SMod—>Rotate,[0,1,0],30
SMod—>Rotate,[1,0,0],30
SWin—>SetProperty,QUALITY＝2   &   SWin—>Draw,SView   &   WAIT,1
SObj—>SetProperty,TEXTURE_M＝TxImg   &   SWin—>Draw,SView
XOBJVIEW,SMod,SCALE＝0.9,TITLE＝'交互显示',BACKGROUND＝[255,255,255]
END
;——————————————————————————————————————————
```

程序运行结果如图 8.33 所示。

图 8.33   高山图像贴图

(a)高程曲面;(b)高山图像;(c)高山贴图

【例 8.14】 已知曲面数据为 DIST(60,50),花朵图像文件为 Ch08MapSurfaceDist.jpg,要求使用图像贴图方法,把花朵图像贴在 DIST 曲面上。

程序如下:

```
;——————————————————————————————————————————
;Ch08MapSurfaceDist.pro
;——————————————————————————————————————————
PRO Ch08MapSurfaceDist
    FDat＝DIST(60,50)   &   FDim＝SIZE(FDat,/DIM)
    x＝FINDGEN(FDim[0]) & y＝FINDGEN(FDim[1]) & Pos＝[-0.5,-0.5,0.5,0.5]
    TViw＝OBJ_NEW('IDLgrView',COLOR＝[255,255,255],VIEWPLANE＝[-1,-1,2,2])
    TMod＝OBJ_NEW('IDLgrModel')   &   TViw—>ADD,TMod
    XTil＝OBJ_NEW('IDLgrText','X Axis',COLOR＝[0,255,0])
    YTil＝OBJ_NEW('IDLgrText','Y Axis',COLOR＝[0,255,0])
    ZTil＝OBJ_NEW('IDLgrText','Z Axis',COLOR＝[0,255,0])
    TFnt＝OBJ_NEW('IDLgrFont','Helvetica',SIZE＝10)
    READ_JPEG,'Ch08MapSurfaceDist.jpg',IDat
    TSuf＝OBJ_NEW('IDLgrSurface',FDat,x,y,STYLE＝2,Color＝[255,255,255])
    TSuf—>SetProperty,TEXTURE_MAP＝OBJ_NEW('IDLgrImage',IDat)
```

TSuf－＞GetProperty,XRANGE＝Xr,YRANGE＝Yr,ZRANGE＝Zr

XAxi＝OBJ_NEW('IDLgrAxis',0,COLOR＝[0,0,255],TICKLEN＝0.1, \$
　　　Minor＝4,TITLE＝XTil,RANGE＝Xr)

XAxi－＞GetProperty,TICKTEXT＝XAxt　＆　XAxt－＞SetProperty,Font＝TFnt

YAxi＝OBJ_NEW('IDLgrAxis',1,COLOR＝[0,0,255],TICKLEN＝0.1, \$
　　　Minor＝4,TITLE＝YTil,RANGE＝Yr)

YAxi－＞GetProperty,Ticktext＝YAxt　＆　YAxt－＞SetProperty,Font＝TFnt

ZAxi＝OBJ_NEW('IDLgrAxis',2,COLOR＝[0,0,255],TICKLEN＝0.1, \$
　　　Minor＝4,TITLE＝ZTil,RANGE＝Zr)

ZAxi－＞GetProperty,Ticktext＝ZAxt　＆　ZAxt－＞SetProperty,Font＝TFnt

XAxi－＞GetProperty,CRANGE＝Xr　＆　YAxi－＞GetProperty,CRANGE＝Yr

ZAxi－＞GetProperty,CRANGE＝Zr

Xs＝[Pos[0]＊Xr[1]－Pos[2]＊Xr[0],Pos[2]－Pos[0]]/(Xr[1]－Xr[0])

Ys＝[Pos[1]＊Yr[1]－Pos[3]＊Yr[0],Pos[3]－Pos[1]]/(Yr[1]－Yr[0])

Zs＝[－0.5＊Zr[1]－0.5＊Zr[0],0.5＋0.5]/(Zr[1]－Zr[0])

XAxi－＞SetProperty,LOC＝[0.0,Pos[1],－0.5D],XCoord_Conv＝Xs

YAxi－＞SetProperty,LOC＝[Pos[0],0.0,－0.5D],YCoord_Conv＝Ys

ZAxi－＞SetProperty,LOC＝[Pos[0],Pos[3],0D],ZCoord_Conv＝Zs

TSuf－＞SetProperty,XCoord_Conv＝Xs,YCoord_Conv＝Ys,ZCoord_Conv＝Zs

TMod－＞ADD,TSuf ＆ TMod－＞ADD,XAxi ＆ TMod－＞ADD,YAxi ＆ TMod－＞ADD,ZAxi

TMod－＞ROTATE,[1,0,0],－90 ＆ TMod－＞ROTATE,[0,1,0],30

TMod－＞ROTATE,[1,0,0],30

ALit＝OBJ_NEW('IDLgrLight',TYPE＝0,INTENSITY＝0.9) ＆ TMod－＞ADD,ALit

Tp＝WIDGET_BASE(TITLE＝' 曲面贴图应用 ',/COL,/TLB_Size_Ev,MBar＝MBas)

TDrw＝WIDGET_DRAW(Tp,XSize＝400,YSize＝400,Graphic＝2,Retain＝0)

WIDGET_CONTROL,Tp,/REALIZE　＆　WIDGET_CONTROL,TDrw,GET_VALUE＝DWin

DWin－＞Draw,TViw

END

;－－－－－－－－－－－－－－－－－－－－－－－－－－－－－－－－－－－－－－－

程序运行结果如图 8.34 所示。

(a)

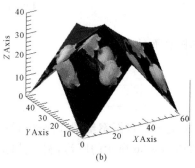

(b)

图 8.34　曲面图像贴图

(a)花朵图像；(b)DIST 曲面图像贴图

习 题

1. 解释真实感图形。
2. 简述真实感图形的生成过程。
3. 简述实现线消隐的方法。
4. 简述实现曲面体线消隐的常用方法。
5. 简述面消隐的常用算法。
6. 简述光线投射算法的基本思想。
7. 解释光照模型,简述常用的光照模型。
8. 简述常用的灯光处理方法。
9. 解释纹理和贴图,简述常用的贴图方法。
10. 已知二维纹理函数如下:

$$f(u,v) = \begin{cases} 0 & \lfloor u \times 8 \rfloor + \lfloor v \times 8 \rfloor \text{ 是奇数} \\ 1 & \lfloor u \times 8 \rfloor + \lfloor v \times 8 \rfloor \text{ 是偶数} \end{cases}$$

利用平面纹理贴图,绘制如图 8.35 所示的棋盘图案。

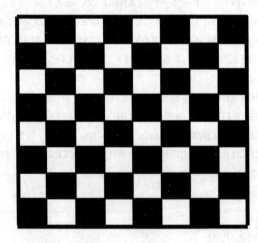

图 8.35　棋盘图案

11. 已知圆柱面的参数方程

$$\begin{cases} x = \cos(2\pi u) \\ y = \sin(2\pi u) \\ z = v \end{cases} \qquad 0 \leqslant u \leqslant 1, \quad 0 \leqslant v \leqslant 1$$

利用第 10 题的棋盘图案给圆柱面进行贴图。

12. 按照如图 8.36 所示的图形,利用消隐技术绘制消隐经线球。

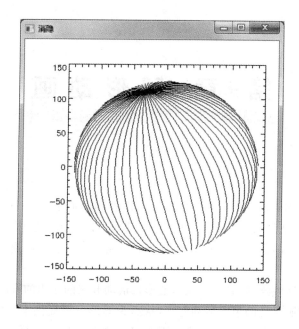

图 8.36　棋盘图案

13. 按照如图 8.37 所示的图形,利用消隐技术,绘制如下方程的消隐曲面。

$$z = \mathrm{e}^{-\left(\frac{x^2}{a^2} + \frac{y^2}{b^2}\right)}$$

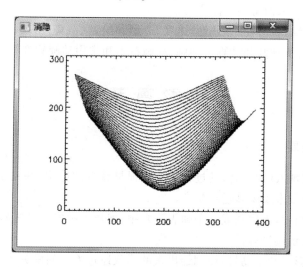

图 8.37　消隐曲面

第9章 图形动画

动画(Cartoon,卡通)不是真人(物)的真实动作的再现,而是把人(物)的动作过程,绘制成为连续的静态画面,并把每帧图形存入存储介质,然后再以预定的速度进行连续显示,使之成为活动的图画。逐帧绘制是动画的关键制作方法,也是动画区别于视频的重要标志,即动画是活动的画面。

既然动画是通过逐帧绘制和连续播放,使形象活动起来的人为的有序系列图画,那么设计者可以使任何对象按照自己的想象活动起来,从而为图形可视提供丰富的表达空间。动画的超时空表达方式(例如:一个玻璃球,从桌子下方穿越桌面上升到桌面上)特别适合表现夸张、幻想和虚构的对象,并且能够把幻想和现实结合起来,使抽象的对象通过具体的形象表现出来,这种独特的表现力和感染力,使得动画方式的科教片、美术片、广告和片头等已经成为人们喜闻乐见的艺术表现形式,同时在具有动感和声画并茂的影视中,动画以生动的形象以及其他手段不能达到的特殊效果而得到广泛应用。

面对动画的真实性、实时性、方便性、速度、造型和绘制(渲染)等关键问题,本章具体介绍动画的发展和应用、传统动画和计算机动画、动画技术和常用动画软件等。

9.1 动画基础

9.1.1 动画的发展

利用静止画面表现人(物)的活动过程是人们很早就有的愿望,并且试图通过人(物)活动过程中的各个连续阶段来反映其运动状态。

例如:在古代绘画中,把鹿画成八条腿表示奔跑,把燕子画成六只翅膀表示飞翔,把人画成四条腿和四只胳膊表示跳舞等。

又如:我国的皮影戏和走马灯,使刻绘出来的形象通过人工的操纵或者利用热气流的推动而活动起来,并且呈现出动画效果,显然是动画的古老形式。

动画技术是图形技术和艺术相结合的产物。动画综合利用了计算机科学、艺术、数学、物理学、生物学和其他相关学科的知识。其发展可以从现在追溯到1831年。

1. 传统动画(1831 — 1838 年)

1831 年,法国的 J. A. Plateau 把画好的图片,按照指定的顺序放在机器的圆盘上,并在机器的带动下进行低速转动,圆盘上的图片随着圆盘旋转,然后通过机器的观察窗口,观看活动的图片效果,这就是原始动画的雏形。代表成果是传统的 Phenakistoscope 动画机。

1906 年,美国的 J. Steward 制作了接近现代动画概念的动画片。代表作品是《滑稽面孔的幽默形象(Humorous Phase of a Funny Face)》等。

1908 年,法国的 E. Cohl 首创制作负片形式的动画片(负片是影像与实际色彩恰好相反的胶片,相当于普通胶卷底片)。负片动画从概念上解决了影片载体的问题,为动画片的发展奠定了基础。

1909 年,美国的 W. McCay 制作了世界上第一部卡通动画片。这部动画片尽管播放时间很短,但是使用了约一万幅静态画面。代表作品是《恐龙专家格尔梯》等。

1913 年,美国的 P. Sullivan 制作了卡通系列动画片。代表作品是著名的《小猫菲利斯》等。

1915 年,美国的 E. Hurd 创造了使用塑料胶片制作动画的新工艺,从而可以把画在塑料胶片上的系列图片拍成动画电影,而且一直沿用。

1928 — 1938 年,美国的 W. Disney 制作了卡通系列动画片。代表作品是经典的《米老鼠和唐老鸭》等。其中 1928 年的首个《米老鼠》短片具有同步音响效果。

2. 计算机动画(1974 年至今)

1974 年,加拿大的 P. Foldes 的《饥饿》在法国嘎纳电影节上,获得评委会奖。

1991 年,美国的 J. Cameron 的计算机特技电影《终结者 Ⅱ》创下了全球 5.14 亿美元的非凡票房。经典特技是追杀主角的穷凶恶极的液态金属机器人可以在不同形状之间神奇地进行变化。

1992 年,中国北方工大 CAD 中心的中国首部计算机 3D 电影《相似》,使用 C 语言在 SGI 工作站上实现。

1993 年,美国的 S. A. Spielberg 的《侏罗纪公园》(Industrial Light & Magic 实验室制作)荣膺奥斯卡最佳视觉效果奖。

1995 年,美国的 J. Lasseter 制作的的《玩具总动员》获得 3.5 亿美元的票房,这是世界上第一部完全使用计算机动画制作的动画电影。

1996 年至今,已经成功推出了很多经典的真正意义上的计算机 2D(3D)动画电影。

3. 计算机动画与视频的区别

计算机动画和视频的主要区别是画面帧的产生方式不同。

计算机动画是用计算机产生表现真实对象和模拟对象随时间变化的行为和动作,是利用计算机图形技术绘制出的连续画面,是计算机图形学的一个重要的分支。

数字视频主要指模拟信号源经过数字化后的图像和同步声音的混合体。目前,在多媒体应用中基本上是把计算机动画和数字视频融合应用。

4. 动画未来的发展趋势

纵观动画发展的几十年,无论是从理论上还是从应用上,计算机动画一直是研究的热点。在全球的图形学 SIGGraph 会议(第 1 届 1974 年召开)上,每年都有计算机动画的论文和专题。随着图形技术及其软硬件技术的高速发展,可以使用计算机生成更高质量的动画电影,从而促使计算机动画技术飞速发展,并对动画的未来提出了更高的要求。

动画未来的发展趋势:

(1) 虚拟演员(Virtual Actor,VA):21 世纪的演员将是听话的计算机程序,不再要成百上千万美元的报酬。可用计算机可视技术重建已故的著名影星,即完全由计算机塑造电影明星。

（2）交互电影（Interactive Movie，IM）：利用交互虚拟现实的 3I（Immersion＋Interaction＋Imagination，沉浸感＋交互性＋构想性）技术，实现观众亲自涉足虚拟环境，控制角色举动，从而与场景产生互动。

（3）自然语言（Natural Language，NL）：使用面向动画设计师的界面良好的交互式动画制作系统代替程序设计语言编程制作方式，其中基于人工智能理论的面向用户的动画系统是利用基于自然语言描述的脚本，使计算机自动产生动画。

简便、快捷、高效和更具表现力的计算机动画制作方法，逐步摆脱了繁重的手工制作方法，从而使动画越来越广泛地用于人类生活的方方面面，同时在虚拟战场、虚拟驾驶和虚拟飞行舱等军事模拟训练中大有用武之地。因此，随着科技水平的进一步提高，动画必将得到更加广泛的应用。目前成功的应用领域包括商业广告、建筑与装潢设计、虚拟战场、虚拟飞行、虚拟驾驶、3D 动画、影视特技、科学研究、工程设计、视觉模拟、过程控制、平面绘画、国防军事、工业制造、医疗卫生、娱乐游戏、可视教学、模拟仿真、生物工程和计算机艺术等。

9.1.2 动画的基本原理和分类

把多个静态图画变成具有真实感的活动画面，主要是依赖于人的视觉生理系统和心理暗示作用。

1. 动画的基本原理

（1）视觉生理系统。

在人的视觉生理系统中，视觉暂留和似动现象是两种特殊的运动视觉特征。

视觉暂留：在用眼睛观察对象时，如果对象突然消失，则对象的影像仍会在眼睛的视网膜上保留短暂时间的现象，即对象在眼睛中能够短暂停留的现象。

似动现象：在视觉暂留的时间内，如果对象的第一个影像消失后，接着又出现对象的第二个影像，则眼睛会把这两个影像连接起来，融为一体，形成视觉动感的现象。

例如：雨点下落形成雨丝，亮点旋转形成环，扇叶转动形成圆盘等。

又如：在屏幕上首先出现一条竖线，然后其右侧再出现一条横线，如果两线出现在视觉暂留的时间内，则会形成竖线向横线倒下的动画。原因是竖线出现后，它所引起的神经兴奋会持续一段短暂时间，在这短暂时间内，如果出现横线，它所引起的神经兴奋就会与竖线的暂留影像相连，从而使人感到竖线在倒下。

（2）心理暗示作用。

心里暗示是指根据对象的运动规律和相邻画面关系的经验，利用当前画面暗示和预测下一画面，并且把二者自然地联系起来，形成动感的过程。

例如：行走的人，迈出左脚以后，接下来通常会迈出右脚。

人们根据视觉暂留、似动现象和心理暗示作用，基本掌握了利用静止画面形成活动图像的规律，即动画的基本原理：利用人的视觉生理系统，使一系列静态画面在视觉暂留的时间内连续出现，然后通过似动现象形成具有连续动感的画面，最后依靠心里暗示作用去认可形成的活动画面。

2. 动画的分类

根据动画的创作工具和创作方法，动画可分为传统动画和计算机动画等。

（1）传统动画：首先把一系列静止的、相互独立的，同时又存在一定内在联系的画面（帧，

Frame)连续拍摄到电影胶片上,然后再按照预定的速度(默认 24 帧/秒)进行放映,从而得到画面上人(物)运动的动态视觉效果。通常后一画面是对当前画面的部分修改。

影视默认播放速度:电影是 24 帧/秒;PAL 电视是 25 帧/秒;NSTC 电视 30 帧/秒。

(2)计算机动画:使用计算机生成一系列可供实时播放的动态连续图形(图像)的数据可视技术。由于计算机动画是通过快速显示系列画面来表现动态过程的,所对计算机硬件要求很高,而且动画文件需要占用较大的存储空间,因此要注意动画与硬件的关系,以便确保动画的流畅显示。

动画的变化主要表现在:

1)动作的变化:物体位置的变化和物体形态的变化等。

2)颜色的变化。

3)材料质地的变化。

4)光线强弱的变化。

根据动画的表现空间和手段,计算机动画可分为二维动画和三维动画等。

二维动画:在二维空间中,绘制的平面活动图画。通常采用单线平涂的绘制方法,即首先使用单线勾画对象的封闭轮廓线,然后使用多种不同的颜色均匀地填涂相应的封闭轮廓线。单线平涂法既简洁明快,又易于使数目繁多的画面保持统一和稳定。经典作品是《狮子王》和《宝莲灯》等。

三维动画:在三维空间中,制作的立体活动画面。通常可以模拟极为真实的光影、材质、动感和空间感等超级特效等。经典作品是《汽车总动员》和《玩具总动员》等。

根据动画的制作方法,计算机动画可分为位图动画、逐帧动画和实时动画等。

位图动画(BitBlt 动画):首先在内存中建立两个缓冲区,一个对应于动画显示窗口,一个对应于位图窗口;位图窗口缓冲区中存放动画所需的整体画面(全部数据),动画窗口用于显示动画内容;动画显示的具体过程是根据动画画面的要求,把位图窗口缓冲区中的部分画面按照预定顺序依次直接复制到动画窗口进行显示。

位图动画的优点:由于每一帧仅显示位图窗口缓冲区的部分数据,所以可以达到非常高的显示速度,动画显示效果比较好,而且可以节省大量的内存空间。

位图动画的缺点:由于动画内容来自位图窗口缓冲区的部分数据,所以动画内容会受到一定的限制。

【例 9.1】　已知利用随机函数任意产生的 50 个随机点的坐标是(RANDOMN(−1,50) * 0.1,RANDOMN(−1,50) * 0.1),要求利用位图动画,在二维空间中实现这 50 个数据点的布朗运动仿真的动画过程。

程序如下:

```
;————————————————————————————————
;Ch09BrownianMove.pro
;————————————————————————————————
PRO Ch09BrownianMove
    DEVICE,DECOM=1 & ! P.BACKGROUND='000000'XL & ! P.COLOR='FFFFFF'XL
    Xs=400   &   Ys=400
    WINDOW,TITLE='布朗运动',XSIZE=Xs, YSIZE=Ys   &   VisWin=! D.WINDOW
    PLOT,[0],/NODATA,XRANGE=[−20,20],YRANGE=[−20,20],$ ;无数据坐标轴
```

```
        COLOR='000000'XL,BACKGROUND='FFFFFF'XL
     WINDOW,/FREE,/PIXMAP,XSIZE=Xs,YSIZE=Ys    ;创建位图映射窗口
     PixWin=! D.WINDOW
     ;复制可见窗口内容到位图映射窗口
     DEVICE,COPY=[0,0,Xs,Ys,0,0,VisWin]
     x=RANDOMN(-1,50)*0.1  &  y=RANDOMN(-1,50)*0.1   ;产生50个随机值
     WSET,VisWin           ;激活可见窗口
     FOR i=1,2000 DO BEGIN
         ;复制位图映射窗口内容到可见窗口
         DEVICE,COPY=[0,0,Xs,Ys,0,0,PixWin]
         PLOTS,x,y,PSYM=6,COLOR='000000'XL,SYMSIZE=0.9 & Wait,1
         x+=0.16*RANDOMN(Seed,50) & y+=0.16*RANDOMN(Seed,50);50个随机值
     ENDFOR
  END
  ;——————————————————————————————————
```

程序运行结果如图 9.1 所示。

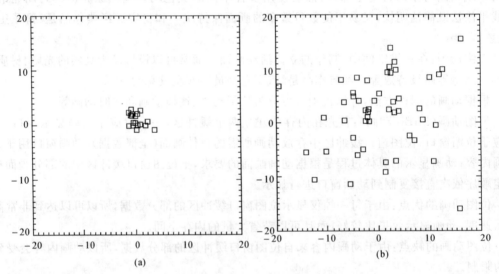

图 9.1   布朗运动仿真结果

(a)中间结果;(b)最终结果

逐帧动画:首先生成每帧动画画面,然后利用已经生成的系列静态画面,按照预定的顺序和显示(播放)速度依次逐帧显示每帧画面。

具体实现过程:

1) 生成动画的每帧面面,并存入相应的图像文件。

2) 依次读取并显示每幅图像。

逐帧动画的优点:适用于复杂的全屏三维动画;而且可以产生最快的动画效果。

逐帧动画的缺点:需要事先生成动画所需的所有帧对应的图像,占用内存较大,而且只能使用有限的、已经生成的图像序列。

提示:每幅二(三)维画面的创建,可以使用任何工具制作,如 Animator Studio(二维动画)、3DS MAX(三维动画)和 Maya(三维动画)等。

【例 9.2】　已知动画帧对应的图像序列分别为 Bird00.png,…,Bird07.png,对应的图像如图 9.2 所示,要求分别利用位图动画和逐帧动画,在二维空间中实现小鸟飞翔的的动画过程。

图 9.2　小鸟飞翔的系列图像

逐帧动画的程序如下:

```
;——————————————————————————————————————————
;Ch09BirdFly.pro
;——————————————————————————————————————————
PRO Ch09BirdFly
    DEVICE,DECOM=1 & ! P.BACKGROUND='FFFFFF'XL & ! P.COLOR='000000'XL
    WINDOW,6,XSIZE=274,YSIZE=176,TITLE=' 小鸟飞翔 '
    FileName=FILE_SEARCH('Bird * .png',COUNT=FileNum)
    FOR k=1,9 DO BEGIN
        FOR Fi=0,FileNum-1 DO BEGIN
            ImgDat=READ_PNG(FileName[Fi])
            TV,ImgDat,/TRUE  &  WAIT,0.1
        ENDFOR
    ENDFOR
END
;——————————————————————————————————————————
```

程序运行结果如图 9.3 所示。

图 9.3　小鸟飞翔的逐帧动画

位图动画的程序如下：

```
; ---------------------------------------------------
; Ch09BitBltAnimate.pro
; ---------------------------------------------------
PRO FmClup,Tb
    WIDGET_CONTROL,Tb,Get_UVAL=St
    IF N_ELEMENTS(St) NE 0 THEN WDELETE,St.Pixw
END
; ---------------------------------------------------
PRO Ch09BitBltAnimate_EVENT,Ev
    WIDGET_CONTROL,Ev.TOP,GET_UVAL=St
    IF TAG_NAMES(Ev,/STRUCTURE_NAME) EQ 'WIDGET_BUTTON' THEN BEGIN
      CASE Ev.ID OF
        St.Star: BEGIN
          IF St.Flag EQ 1 THEN BEGIN
              WSET,St.Win
              DEVICE,COPY=[St.Xs * St.CurFm,0,St.Xs,St.Ys,0,0,St.Pixw]
          ENDIF
          St.CurFm=St.CurFm+1
          IF St.CurFm GT (St.FNo-1) THEN St.CurFm=0
          WIDGET_CONTROL,Ev.ID,TIMER=0  &  St.Flag=1
        END
        St.Stop: BEGIN
          St.Flag=0  &  St.CurFm=St.CurFm-1
        END
      ENDCASE
    ENDIF
    IF TAG_NAMES(Ev,/STRUCTURE_NAME) EQ 'WIDGET_TIMER' THEN BEGIN
      IF St.Flag EQ 1 THEN BEGIN
        WSET,St.Win  &  WAIT,0.1
        Device,Copy=[St.Xs * St.CurFm,0,St.Xs,St.Ys,0,0,St.Pixw]
        St.CurFm=St.CurFm+1
        IF St.CurFm GT (St.FNo-1) THEN St.CurFm=0
        IF St.Flag EQ 1 THEN WIDGET_CONTROL,Ev.ID,TIMER=0
      ENDIF
    ENDIF
    WIDGET_CONTROL,Ev.TOP,SET_UVAL=St
END
; ---------------------------------------------------
PRO Ch09BitBltAnimate
    DEVICE,DECOM=1  &  Xs=274  &  Ys=176
    Tb=WIDGET_BASE(TITLE='位图动画',/COL)
    Draw=WIDGET_DRAW(Tb,XSIZE=Xs,YSIZE=Ys)
```

```
Bb=WIDGET_BASE(Tb,/ROW,/ALIGN_c)
Star=WIDGET_BUTTON(Bb,VAL='开始')
Stop=WIDGET_BUTTON(Bb,VAL='停止')
WIDGET_CONTROL,Tb,/REALIZE
WIDGET_CONTROL,Draw,GET_VALUE=Win
Fi=FILE_SEARCH('B*.png',COUNT=FNo)
WINDOW,/FREE,/PIXMAP,XSIZE=Xs*FNo,YSIZE=Ys
Pixw=! D.Window  &  WSET,Pixw
WIDGET_CONTROL,HOURGLASS=1
FOR i=0,FNo-1 DO BEGIN
    ImgDat=READ_IMAGE(Fi[i],/RGB)
    TV,ImgDat,Xs*i,0,TRUE=1
    XYOUTS,Xs*i,1,'Frame:'+STRTRIM(i,2),/DEVICE,COLOR='000000'XL
ENDFOR
St={Star:Star,Stop:Stop,Pixw:Pixw,Win:Win, $
    Flag:1,Xs:Xs,Ys:Ys,FNo:FNo,CurFm:0}
WSET,Win & Device,Copy=[0,0,St.Xs,St.Ys,0,0,St.Pixw]
WIDGET_CONTROL,Tb,SET_UVAL=St
XMANAGER,'Ch09BitBltAnimate',Tb,CLEANUP='FmClup'
END
;———————————————————————————————————————
```

程序运行结果如图 9.4 所示。

图 9.4　小鸟飞翔的位图动画

实时动画:在绘制动画的每帧画面的同时,直接显示并实现动画。不难看出,实时动画需要把 CPU 时间分成两部分,一部分用于生成图形画面,另一部分用于生成动画,因此复杂的实时动画对计算机硬件的要求通常比较高。具体实现是在内存中至少建立一个位图缓冲区,然后在位图缓冲区内绘制画面,最后再把位图缓冲区中的内容送往显示设备进行显示。

通过交互技术,用户可以按照交互方式让画面中的形体快速移动,用户现场选择的时刻就是实现的时刻,结果会直接反映到显示设备。经典产品是目前流行的多种网络游戏。

实时动画的优点:动画的交互性、实时性和实用性。只有实时动画才能够称得上真正意义上的交互式动画。

实时动画的缺点:生成速度较慢,对计算机硬件的要求较高。

【例 9.3】 根据计算机的当前系统日期和时间,按照实时动画绘制如图 9.5 所示的实时电子表。

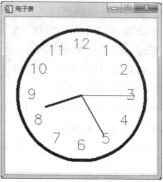

图 9.5 指针和数字电子表

程序如下:

```
;——————————————————————————————————————————————
;Ch09Clock.pro
;——————————————————————————————————————————————
PRO DigitalFace,Ev
    WIDGET_CONTROL,Ev.TOP,GET_UVALUE=Info   &   Yr=(Xr=[-1.0,1.0])
    PLOT,Xr,Yr,/NoData,XRange=Xr,YRange=Yr,XSTYLE=4,YSTYLE=4
    XYOUTS,0.5,0.5,SYSTIME(),/NORMAL,ALIGNMENT=0.5,CHARSIZE=1.7
END
;——————————————————————————————————————————————
PRO ShowFace,Ev
    WIDGET_CONTROL,Ev.TOP,GET_UVALUE=Info   &   Yr=(Xr=[-1.0,1.0])
    PLOT,Xr,Yr,/NoData,XRange=Xr,YRange=Yr,XSTYLE=4,YSTYLE=4, $
        XMARGIN=[0,0],YMARGIN=[0,0]   &   Th=60.0-30.0 * FINDGEN(12)
    Xt=0.66 * COS(Th * ! DTOR)   &   Yt=0.66 * SIN(Th * ! DTOR)
    XYOUTS,Xt,Yt-0.05,STRTRIM(STRING(1+INDGEN(12)),2),/DATA, $
        ALIGNMENT=0.5,CHARSIZE=2.5
    Be=FINDGEN(61) * 2 * ! PI/60 & Xc=0.85 * COS(Be)   &   Yc=0.85 * SIN(Be)
    PLOTS,Xc,Yc,/DATA,THICK=6
END
;——————————————————————————————————————————————
PRO PointerFace,Ev
    CALDAT,SYSTIME(/JULIAN),Mon,Day,Yea,Ho,Mi,Se
    IF Ho GT 12 THEN Ho= Ho MOD 12   &   Ths=90-(360.0/60) * Se
    Rs=0.7 & Xs=Rs * COS(Ths * ! DTOR) & Ys=Rs * SIN(Ths * ! DTOR)
    Thm=90-(360.0/60) * FLOAT(Mi)
```

```
        Rm=0.6 & xm=Rm * COS(Thm * ! DTOR) & ym=Rm * SIN(Thm * ! DTOR)
        Rh=0.5 & Thh=90-(360.0/12) * (Ho+FLOAT(Mi)/60)
        Xh=Rh * COS(Thh * ! DTOR) & Yh=Rh * SIN(Thh * ! DTOR)
        PLOTS,[0.0,Xs],[0.0,Ys],/DATA,THICK=1
        PLOTS,[0.0,xm],[0.0,ym],/DATA,THICK=2
        PLOTS,[0.0,Xh],[0.0,Yh],/DATA,THICK=4
END
;------------------------------------------------
PRO GuiResize,Ev
        WIDGET_CONTROL,Ev.TOP,GET_UVALUE=Info
        NewSize=Ev.x>Ev.y & Xs=NewSize & Ys=NewSize
        WDELETE,Info.PWin & WINDOW,/FREE,/PIXMAP,Xs=Xs,Ys=Ys
        WIDGET_CONTROL,Info.TDrw,DRAW_XSize=Xs,DRAW_YSize=Ys
        WIDGET_CONTROL,Info.Tim,Time=1.0
END
;------------------------------------------------
PRO Ch09Clock_Event,Ev
        WIDGET_CONTROL,Ev.TOP,GET_UVALUE=Info
        IF TAG_NAMES(Ev,/STRUCTURE_NAME) EQ 'WIDGET_BASE' THEN BEGIN
            GuiResize,Ev & RETURN
        ENDIF
        WSET,Info.PWin
        IF Info.TYPE EQ 0 THEN BEGIN
            ShowFace,Ev & PointerFace,Ev
        ENDIF ELSE DigitalFace,Ev
        WSET,Info.DWin
        DEVICE,COPY=[0,0,! D.X_Size,! D.Y_Size,0,0,Info.PWin]
        WIDGET_CONTROL,Info.Tim,TIME=Info.Flag
END
;------------------------------------------------
PRO Ch09Clock
        DEVICE, DECOM=1 & ! P.BACKGROUND='FFFFFF'XL & ! P.COLOR='FF0000'XL
        Yn=DIALOG_MESSAGE('显示方式(指针 Y / 数字 N)? ',TITLE='选择',/Q)
        IF Yn EQ 'Yes' THEN TYPE=0 ELSE TYPE=1
        Tp=WIDGET_BASE(/COL,Title='电子表 ',/TLB_SIZE_EVENTS)
        IF TYPE EQ 0 THEN Ys=(Xs=300) ELSE Xs=(Ys=100)+200
        TDrw=WIDGET_DRAW(Tp,Xs=Xs,Ys=Ys) & Tim=WIDGET_BASE(Tp)
        WIDGET_CONTROL,Tp,/REALIZE & WIDGET_CONTROL,TDrw,GET_VALUE=DWin
        WINDOW,/FREE,/PIXMAP,Xs=Xs,Ys=Ys & PWin=! D.WINDOW
        Info={TDrw:TDrw,DWin:DWin,PWin:PWin,Flag:1,Type:Type,Tim:Tim}
        WIDGET_CONTROL,Tp,SET_UVALUE=Info
        WIDGET_CONTROL,Info.Tim,TIME=0 & XMANAGER,'Ch09Clock',Tp
END
;------------------------------------------------
```

9.1.3　动画的特点和关键技术

1. 动画的特点

无论是传统动画还是计算机动画,均具有如下特点:

(1) 能够利用计算机使用多种绘画和造型形式塑造人、物和环境,并进行动态表示。

(2) 能够运用夸张、变形、幻想、抽象和变换等多种表现手法。

(3) 不受时间、空间、地点和形式的限制。

(4) 别具一格、生动形象、特殊的效果与手段是其他表达方式达不到的。

(5) 生动、形象、直观,易理解和接受,且具有独特的表现力、感染力和无条件的高度假设性。

(6) 以文件形式(国际标准格式 FLC 和 GIF89a 等)存储,应用范围广。

2. 动画的关键技术

动画的关键技术主要表现在以下方面:

(1) 夸张和变形。为了生动地表现人的表情和物的形态,通常需要利用夸张和变形的方法,给人以强烈的印象。尽管动画对象的形象和动作不如真实物体逼真,但是其夸张和变形的独特表现效果是实景实物拍摄所达不到的。

根据实际需要,在动画中通常需要把生活的现象加以夸大和强调,而变形是动画动作夸张表现的主要手段。夸张和变形具体可以二(三)维图形复合变换来实现。

例如:皮球的落地弹跳,由于作用力与反作用力的作用,皮球的下落、着地和弹跳过程会有拉长、压扁等形态变化。

巧妙运用夸张和变形的动画,可以表现出独特的超想象和超时空效果。因此在绘制动画时,既要有较熟练的绘画技巧,又要有丰富的想象力和广泛的生活积累,才能在完美准确的动作造型基础上加以夸张和变形,从而制作出生动有趣而又合乎情理的经典动画。

(2) 时间计算。动画与电影的主要区别之一是生成和拍摄方式不同:影片采用每秒连续拍摄 24 帧;动画则需要逐帧拍摄,即每拍一帧,需要停止拍摄,更换下一帧后再拍。所以,放映 1 秒 24 帧动画,就需要拍 24 次。

不难看出,动画角色的动作效果(幅度+速度),取决于画面的多少和每个画面拍摄的帧数。在表现动作时,画面越多,画间差别越小,则动作越慢、越平稳;反之,画面越少,画间差别越大,则动作越快、越剧烈。

例如:电视动画的绘制张数可以参照 25 帧/秒(PAL)和 30 帧/秒(NSTC)计算,每幅画面默认 2～3 帧。

动画的播放时间可以根据动画速度的计算。动画速度是完成动作所需要的时间。

例如:用动画表现人从站立到坐下的时间计算,首先实测完成动作的实际时间(例如:1.5 秒),则按照电影标准可以用 36 帧完成动作。具体方案:

方案 1:绘制 36 幅画稿。能够准确再现真实动作。

方案 2:绘制 18 幅画稿,每幅拍摄 2 帧。动作再现带有"动画"感觉,不如方案 1。

(3) 动作分析。根据不同人(物)的结构、运动规律和动作特征区别,需要对动作过程进行认真分析,从而做到心中有数,易于实现。

人(物)的运动动作通常包括形态、距离、方向、时间等,即

$$运动=形态+距离+方向+时间$$

例如:雪花下落需要缓慢沿着曲线飘动,冰雹下落需要快速直线运动。

同时,动画对象运动的发生和变化,通常伴随着力的作用,力的大小和方向直接影响对象运动的速度、距离和方向,因此对象的运动状态,必须根据力的作用和对象的性质加以分析,尤其是形态结构复杂和动作变化较多的对象。

(4) 路径与分帧。动画中对象的动作,无论简单和复杂,通常都会有自己的运动路径,而且根据对象的运动速度和时间,可以均匀(或者非均匀)地分成若干帧(即绘制中间画面的张数)。路径作为绘制中间画面的重要依据,不仅反映了对象运动规律,而且是动画准确和流畅地表现动作的保证。

例如:把指定对象从起点移动到终点,其路径可以是连接起点和终点的直线或者曲线,并且可以均匀分为 48 帧(2 s),使得播放时匀速运动;或者前 24 帧的分帧由小渐大,后 24 帧的分帧由大渐小,使得播放时先由慢变快加速运动,再由快变慢减速运动。

(5) 关键帧与插值帧。动画帧通常分为关键帧与插值帧。

关键帧:动画对象的一个动作,通常分为动作准备、动作过程和动作终止等。动作准备和动作终止作为起止动作是动作过程的重要关键状态,是对象在运动过程中,形状、大小、方向和姿态等变化的极限状态,这些帧通常为关键帧。

因此,在绘制整个动作时,首先掌握动作过程中的关键帧,并绘制关键帧,然后按照对象的形象、动作范围、运动规律和运动速度等,逐张绘制动作过程中的过渡插值帧。

例如:在 1 s 内,完成从圆环到菱形的变形动画,则关键帧是圆环和菱形的起止帧;中间的 22 帧,则可以利用圆的参数方程和菱形的参数方程通过变换生成。

插值帧:关键帧之间的一系列过渡帧,即运动对象关键动态之间的过程连接帧。通常只有通过插值帧才能把关键帧连接成为连贯自然的动作,即对象的动作是关键帧及其相关插值帧形成的有序帧序列。

(6) 背景绘制。对于动画帧的画面内容,通常可以分为动态对象与静态背景两部分。动态对象是指那些动作变化的部分,没有动作变化的部分则按照静态背景处理。通常背景用来衬托运动对象,表现出动画的环境和气氛,而且背景在画面中一般占有较大的面积,从而对画面的色调起着决定作用。尽管动态对象和静态背景在绘制时一般分开处理,但是二者是一个整体,只有充分把二者融合起来,才能形成画面内容搭配合理的美观的完整动画片段。

【例 9.4】 制作滚动字幕片头。要求:

(1) 背景图像文件为 Ch09HappyAnimate.jpg。

(2) 字幕内容为 Happy Animate!。

(3) 首先把紫色字幕从倾斜变换到水平,然后颜色从紫色变为绿色,从绿色变为红色,最后把字幕从下到上渐渐移出背景。

程序如下:

```
;————————————————————————————————————————
; Ch09HappyAnimate.pro
;————————————————————————————————————————
PRO Ch09HappyAnimate
    DEVICE,GET_SCREEN_SIZE=SSize
    XDim=(SSize[0]-640)/2   &   YDim=(SSize[1]-480)/2
```

```
MyWin=OBJ_NEW('IDLgrWindow',LOCATION=[XDim,YDim], $
        TITLE=' 快乐动画 ',DIMENSIONS=[640,480])
MyFnt=OBJ_NEW('IDLgrFont','Times * 100 * Bold',SIZE=90)
MyViw=OBJ_NEW('IDLgrView',VIEWPLANE_RECT=[0,0,640,480], $
    COLOR=[0,255,255],PROJECTION=2,EYE=200,ZCLIP=[190,-190])
MyMod=OBJ_NEW('IDLgrModel')
MyTxt=OBJ_NEW('IDLgrText','Happy Animate! ',LOCATION=[50,200], $
    COLOR=[255,0,255],FONT=MyFnt)
ImgDat=READ_IMAGE('Ch09HappyAnimate.jpg')
MyImg=OBJ_NEW('IDLgrImage',ImgDat,INTERLEAVE=0)
MyViw->Add,MyMod  &  MyMod->Add,MyImg  &  MyMod->Add,MyTxt
FOR i=-2.0,0.0,0.25 DO BEGIN
    MyTxt->SetProperty,BASELINE=[1,-i,i]
    MyWin->Draw,MyViw  &  WAIT,0.01
ENDFOR
FOR i=255,0,-1 DO BEGIN
    MyTxt->SetProperty,BASELINE=[1,0,0], $
        UPDIR=[0,1,0],COLOR=[i,255-i,i],LOCATION=[50,200]
    MyWin->Draw,MyViw  &  WAIT,0.01
ENDFOR
FOR i=0,255 DO BEGIN
    MyTxt->SetProperty,COLOR=[i,255-i,0],LOCATION=[50,200]
    MyWin->Draw,MyViw  &  WAIT,0.01
ENDFOR
FOR i=200,500 DO BEGIN
    MyTxt->SetProperty,LOCATION=[50,i]
    MyWin->Draw,MyViw  &  WAIT,0.01
ENDFOR
OBJ_DESTROY,[MyWin,MyViw,MyFnt]
END
;----------------------------------------------------
```

程序运行结果如图 9.6 所示。

(a)   (b)

图 9.6 动画字幕

(a)动画字幕切入；(b)动画字幕移动

9.2　动画创作

动画创作主要包括主题、创意、语言和形象的设计。主题是为了达到创作目的和塑造艺术形象的中心思想；主题应该准确、鲜明突出。创意是为了表现主题的构思、意念和意境；创意必须新颖，具有创造性。语言和形象是通过语言文字和视觉形象，把主题和创意具体表现出来的方式。

9.2.1　动画创作的基本过程

动画创作的基本过程可以分为筹备、绘制拍摄和后期等阶段。

1. 筹备阶段

筹备阶段是在动画绘制拍摄前，导演、美术设计、制片人等主创人员进行艺术创作的重要阶段，要求结合市场进行详细调研，并有条理地进行细致的工作等。筹备阶段的工作，将会直接影响后续阶段的工作。具体表现在：

（1）熟悉剧本，收集人物形象、景物、道具等相关素材。

（2）文学剧本再加工，撰写动画分镜头文本台词。把动画全片分成若干场次，并将全部内容分切成若干动画镜头。

（3）根据剧本和导演意图，设计主要场景、艺术风格及角色的造型。具体包括主要形象多个角度的标准造型图、角色服饰及其相关道具等。

（4）选择音乐、音效和语音。

（5）根据画面分镜头台词，按照不同规格绘制镜头设计稿。设计稿必须明确人物与背景的关系、角色活动范围、镜头推拉摇移；同时，在设计稿上标明镜号、规格、秒数、移动长度、拍摄要求、背景与人（物）的对应位置等。

（6）选择一组典型镜头或片段进行绘制、拍摄，通过试验、观看、分析效果。

2. 绘制拍摄阶段

绘制拍摄阶段主要完成动画帧画面的绘制和拍摄，具体包括从剧本到导演分镜头、美术设计、原画、修形、动画、绘景、描线、上色、摄影、洗印、剪辑等。

3. 后期阶段

该阶段主要完成动画剪接、录音、修改、审查、翻制等。尽管后期投入人力相对最少，但是却是最后完成的关键阶段。

动画创作的具体步骤：

（1）制作声音对白和背景音乐。

（2）制作关键画面（关键桢），绘制中间画面（插值帧）。

（3）复制到胶片和上色。

（4）检查动画画稿。

（5）拍摄电影胶片。

（6）后期制作等。

根据动画的特点和要求，传统动画（二维动画）和计算机动画（二维动画、三维动画）的创作基本相同，但是也存在着一定的区别。

9.2.2　传统动画创作

传统动画主要是二维卡通动画(帧速范围:24 帧/s～30 帧/s,默认:18 帧/s),具体制作方法如下:

(1)创意:描述故事梗概、撰写脚本、绘制故事板和安排摄制表等。

其中:故事板是导演根据剧本绘出的故事草图,从而把剧本描述的动作表现出来。故事板由多个片段组成,每个片段由多个场景组成,每个场景一般被限定在预定地点和一组人(物)内,而场景又可以分为多个镜头,进而构造出一部动画的整体结构。

故事板在绘制分镜头时,需要对内容的动作、道白的时间、摄影指示、画面连接等进行相应的说明。通常 30 min 动画剧本,如果设置 400 个左右的分镜头,则要绘制约 800 幅图画。

(2)设计:设计具体场景(背景＋前景)、演员动作的不同角度造型、音乐(动画前期录音,对话,音乐与动作的同步)、道具(形式＋形状)等。

(3)动画制作:制作关键画面(关键桢)和中间画面(插值帧)。

(4)描线与着色:使用特制的静电复印机把前期完成的动画草图誊印到醋酸胶片上,然后手工给胶片上画面的线条描墨,并对描线后的胶片进行着色。

(5)检查和拍摄:检查是拍摄前必不可少的步骤。在拍摄之前,动画设计师需要对着色好的每个镜头的每幅画面进行详细检查。拍摄动画,需要使用中间有多层玻璃层、顶部有摄像机的专用摄制台。拍摄时把背景放在最下一层,中间各层放置不同的角色(前景)。拍摄过程中不但可以移动各层产生动画效果,而且可以利用摄像机的移动、变焦、旋转和淡入等生成多种动画特技效果。

(6)编辑和录音:编辑是后期制作的一部分。编辑过程主要完成动画各片段的连接、排序、剪辑等。编辑完成之后,编辑人员和导演开始选择音响效果配合动画的动作。在所有音响效果选定并能很好地与动作同步之后,编辑和导演一起对音乐进行复制。再把声音、对话、音乐、音响都混合到一个声道上,最后记录在胶片或录像带上。

9.2.3　计算机动画创作

计算机动画创作与传统动画创作的主要区别是使用计算机技术及其工具来辅助完成关键帧画面的绘制和造型,插值帧的变换和变形过渡。具体表现在:

帧制作:对关键帧进行数字化采集,或者交互式图形编辑,对于复杂人体通过编程生成插值帧,并利用计算机自动完成插值帧和复杂运动。

着色:通过交互式计算机系统由用户选择颜色,选定着色区域,并完成着色工作。

拍摄:用计算机控制摄像机的运动,或者编程形成虚拟摄像机模拟摄像机的运动。

后期制作:用计算机完成编辑和声音合成,并直接转录成动画影像。

1. 计算机二维动画创作

随着计算机技术的飞速发展,目前可以直接运用计算机完成二维动画的几乎全部工作,而且操作简便,同时对于计算机硬件的要求相对较低。

计算机二维动画是借助计算机制作的平面动画。首先把动画纸上的动画线稿和背景色稿逐幅扫描存入计算机,然后运用计算机及其相关软件对电子版动画线稿和背景色稿进行加工处理和叠加合成。当然,动画线稿和背景色稿均可以直接利用计算机完成。

　　动画中前景和背景的基本处理技术是首先在背景上的指定位置绘制前景,暂停片刻(暂停时间根据帧速确定)后,按照背景重绘前景(或者用背景覆盖前景),然后在下一位置重复上述过程,直到动画结束。

　　常用的二维动画创作软件有 Animator Studio,FIash 和 Fireworks 等。

　　(1) Animator Studio:Autodesk 公司的产品。该软件具有以下特点:充分利用 Windows 的多媒体特色;可以读取与储存单张图像(支持 . bmp,. gif,. dib,. jpg,. pcx,. tga,. tif 等格式)和数字影片(支持各种数字影片压缩格式);具有多种绘图工具和图像处理功能;可以制作真彩高分辨率的 avi 文件格式动画(支持音效合成)。

　　动画处理:用于编辑、绘制、处理数字图像与影片。

　　声音编辑:用于制作或者编辑 wav 格式的声音文件;音频和动画合成。

　　描述命令:用于组合影片、图像与声音,利用描述命令来控制一场表演或者简报。

　　播放程序:在独立环境下播放影片或者描述组。

　　(2) Animator Pro:制作帧动画,绘制功能强。

　　(3) FIash:Macromedia 公司的优秀矢量动画创作软件,可以快速传输和播放动画,动画文件很小,支持背景音乐,可制作交互动画、创建动态网页素材等。经典产品:众多网络交互小游戏。

　　(4) Fireworks:强大的网页图形专业设计工具,可以创建和编辑位图、矢量图形,轻松制作网页效果(例如:翻转图像和下拉菜单等);提供专业网络图形设计和制作方案。

　　(5) Retas:日本生产的一种计算机二维动画软件。

　　(6) Pegs:法国生产的一种计算机二维动画软件。

　　(7) GIF Construction:网页动画软件。把动画和图片序列转换成网页动画。

　　(8) Premiere:动画视频处理软件。用于处理视频、广告、电影等。

　　【例 9.5】　在白色背景下制作滚动圆环。要求:

　　(1) 圆环的内外半径分别为 40 和 50。

　　(2) 圆环从 500×400 的窗口的左边移动到右边,动画帧数为 300 帧。

　　(3) 选择决定是否把 300 帧画面依次保存到图像序列 Img0.jpg～Img299.jpg 中。

　　程序如下:

```
;——————————————————————————————————————
PRO Ch09MoveAndWriteRing
    DEVICE,DECOM=1 & ! P.BACKGROUND='FFFFFF'XL & ! P.COLOR='000000'XL
    WINDOW,6,XSIZE=500,YSIZE=300,TITLE=' 滚动圆环 '
    PLOT,[0],/DEVICE,COLOR='FF0000'XL,/NODATA,/ISOTROPIC, $
        XRANGE=[-5,405],YRANGE=[-100,100],XSTYLE=1,YSTYLE=1
    Th=FINDGEN(101) * 2 * ! PI/100
    Yn=DIALOG_MESSAGE(' 保存图像序列吗？',TITLE=' 保存 ',/Q)
    FOR Len=50,350 DO BEGIN
        x1=50 * COS(Th)   &   y1=50 * SIN(Th)
        x2=40 * COS(Th)   &   y2=40 * SIN(Th)
        PLOTS,x1+Len,y1,COLOR='FF0000'XL
        PLOTS,x2+Len,y2,COLOR='FF0000'XL   &   WAIT,0.02
```

```
    IF Yn EQ 'Yes' THEN BEGIN
        ImageData=TVRD(0,0,499,299,TRUE=1)   &   FILE_MKDIR,'TmIm'
        WRITE_JPEG,'TmIm\\Img'+STRCOMPRESS(Len-50,/REMOVE_A)+'.jpg', $
            ImageData,QUALITY=100,TRUE=1
    ENDIF
    PLOTS,x1+Len,y1,COLOR='FFFFFF'XL
    PLOTS,x2+Len,y2,COLOR='FFFFFF'XL
ENDFOR
WDELETE,6
END
;------------------------------------------------------------
```

程序运行结果如图 9.7 所示。

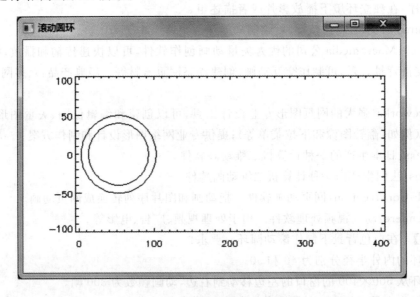

图 9.7　滚动的圆环

2. 计算机三维动画创作

随着计算机处理器技术和显卡运算能力的不断提高,很多三维动画软件均可以移植到 PC 中,使家庭电脑成为一个小型三维工作站,为每个对三维动画创作感兴趣的人提供了接触和学习的机会。

计算机三维动画是三维空间中创作的立体形象及其运动的动画。三维计算机图形在表现材料和光照、空间和动感等方面具有明显的独特的优势,并且已经成功地应用于广告、影视制作、艺术设计、网络传播、游戏、多媒体课件和虚拟现实等领域,同时把我们带入了一个新的三维视觉时代。

不难看出,计算机三维动画是真实环境中,人(物)动作和形态的完美模拟、抽象和再现,不但可以再现真实的客观存在的环境中的人(物),而且可以再现想象中不可能存在的虚拟环境及人(物)。具体创作过程:

创意和设计场景:通过创意形成动画制作的脚本,设计与脚本同步的场景。

建模:建立画面中人(物)的三维线框模型。

材质:确定和调整物体的颜色、材质和纹理等。

灯光:确定和调整灯光、背景和环境等。

运动:利用虚拟摄像机模拟摄像机的运动,使目标运动起来。

渲染和预演:对动画进行渲染,并进行预演。

加工:加工处理,把存储在计算机中的图像序列转录成视频。

在计算机三维动画中,充分利用了关键帧和插值帧(9 自由度灵活控制)、样条驱动、变形、过程动画、关节动画与人体动画、基于物理模型的动画、行为动画和运动捕获等多种关键技术。

制作计算机三维动画的软件很多,通常分为低端、中端和高端。低端产品使用简单,对硬件要求较低(例如:Cool 3D);中端产品功能比较强大、开放性好,最大优点是有丰富的插件(例如:3DS Max);高端产品功能极其强大,需要运行于 Windows NT 或者专业的工作站系统,个性化强,学习难度大(例如:Maya 和 Softimage 等)。

常用的三维动画软件:3DS Max,Maya 3D,Softimage 3D 和 Cool 3D 等。

(1) 3DS max:美国 Autodesk 公司的中端三维动画创作软件,对硬件要求较低,而作品效果可达到工作站的级别,现在已经成为三维动画制作软件中的流行软件,同时也是第一个能够运行在个人电脑上的三维动画软件;支持处理器和网络渲染,不但是影视和广告设计领域的强有力的工具,同时可以用于建筑外形设计和产品造型设计。通过相机与真实场景匹配、声音效果设计、场景中任意对象修改、高质量渲染工具和特殊效果组合,可以创作出逼真的电影级动画。3DS Max 制作的建筑模型和效果图如图 9.8 所示。

图 9.8   3DS Max ＋ Photoshop 效果图

(2) Maya 3D:超强的高端专业级三维动画软件。具有极高的渲染精度;使用灵活的 NURBS 建模方式和几何体建模方式;真正实现自由创作(角色动画、动力学系统、Painter 画笔和雕刻笔等模块提供了实现想象力的自由创作);用户可以通过编写 MEL(Maya Embedded Language)对软件实施个性化控制。

(3) Softimage 3D:专业 3D 动画设计工具。创建和制作的作品占据了娱乐业和影视业的主要市场。经典电影《泰坦尼克号》《失落的世界》和《第五元素》等中的很多镜头均是由 Softimage 3D 制作完成的,创造了惊人的视觉效果。

（4）Cool 3D：三维文字动画软件。用于制作帧动画和视频等。特点是模块化、可操作性强。Cool 3D 中含有大量的现成产品，用户只需通过对其中的文字和图形进行编辑，就可以制作出漂亮的三维效果。同时把特效、材质、运动和灯光等模块化，放置在相应的"百宝箱"中，通过简单的组合，就可以制作出个性化的三维动画。

（5）Poser：MetaCreation 公司专门用于人体造型和动画的三维软件。把人物（动物）模型、造型、面部表情、发型、手势、常用物品、灯光和摄像机分别放置在不同的目录下，可以通过不同的组合形成需要的人物，甚至可以通过磁石工具创造出变形的人物，从而解决了三维动画中的人物建模这一大难题。

（6）Bryce：MetaCreation 公司用于自然场景制作的专业软件。把几乎所有天气特征内置在软件中（雨雪天外除外）。用户通过类似于赋予材质的方法就可以创造出富有变化的自然景观，并且可以通过关键帧形成动画。缺点是建模能力弱。

【例 9.6】 创作行星的公转和自转动画，图形用户界面（GUI）参考图 9.9。要求：

（1）在浅蓝色背景下，绘制太阳和地球。

（2）地球的贴图文件为 Ch09Earth.jpg。

（3）地球绕太阳公转，地球本身自转，帧间时间间隔为 0.02 s。

（4）GUI 中复选框用于控制地球自动绕太阳公转和地球自转；"公转"和"自转"按钮分别用于手动控制地球绕太阳公转和地球自转。

（5）使用两盏灯：一盏环境灯，一盏方向灯。

（6）动画模式采用实时动画模式。

程序如下：

```
;-------------------------------------------------------------
; Ch09EarthSun.pro
;-------------------------------------------------------------
PRO Ch09EarthSun_EVENT,Ev
    WIDGET_CONTROL,Ev.TOP,GET_UVALUE=Info
    WIDGET_CONTROL,Ev.ID,GET_UVALUE=UVal
    CASE UVal OF
        'Ear':Info.RotMod->ROTATE,[0,0,1],-30
        'Sun':BEGIN
            Info.OrbMod->ROTATE,[0,1,0],-6
            Info.CorMod->ROTATE,[0,1,0],6
        END
        'Mov':IF (Info.AVa=Ev.SELECT) EQ 1 THEN $
                WIDGET_CONTROL,Info.SBas,Timer=Info.Tim
        'Tim':IF (Info.AVa EQ 1) THEN BEGIN
                Info.RotMod->ROTATE,[0,0,1],-1
                Info.OrbMod->ROTATE,[0,1,0],-1
                Info.CorMod->ROTATE,[0,1,0],1
                WIDGET_CONTROL,Ev.ID,Timer=Info.Tim
            ENDIF
    ENDCASE
```

```
      Info.SWin->Draw,Info.SVie
      WIDGET_CONTROL,Ev.TOP,SET_UVALUE=Info
END
;----------------------------------------
PRO Ch09EarthSun
   Tb=WIDGET_BASE(/COLUMN,TITLE='行星')
   SDra=WIDGET_DRAW(Tb,XSIZE=400,YSIZE=300,UVALUE='Dra',GRAPHICS=2)
   SBas=WIDGET_BASE(Tb,/ROW,/ALIGN_CENTER,UVALUE='Tim')
   SBtn=WIDGET_BUTTON(SBas,VALUE='自转',UVALUE='Ear')
   SBtn=WIDGET_BUTTON(SBas,VALUE='公转',UVALUE='Sun')
   TBas=WIDGET_BASE(SBas,/NONEXCLUSIVE)
   SBtn=WIDGET_BUTTON(TBas,VALUE='自转和公转',UVALUE='Mov')
   WIDGET_CONTROL,Tb,/REALIZE  &  WIDGET_CONTROL,SDra,GET_VALUE=SWin
   SVie=OBJ_NEW('IDLgrView',COLOR=[120,120,255],PROJECTION=2,EYE=5, $
        ZCLIP=[2.0,-2.0],VIEWPLANE_RECT=[-2.4,-1.8,4.8,3.6])
   EMod=OBJ_NEW('IDLgrModel')  &  SMod=OBJ_NEW('IDLgrModel')
   Lit1=OBJ_NEW('IDLgrLight',LOCATION=[2,2,5],TYPE=2,INTENSITY=0.25)
   Lit2=OBJ_NEW('IDLgrLight',TYPE=0,INTENSITY=0.5)
   EMod->Add,Lit1  &  EMod->Add,Lit2  &  EMod->Add,SMod
   OSun=OBJ_NEW('Orb',COLOR=[255,100,100],DENSITY=3) & SMod->Add,OSun
   OrbMod=OBJ_NEW('IDLgrModel')  &  SMod->Add,OrbMod
   OfsMod=OBJ_NEW('IDLgrModel')  &  OfsMod->Translate,1.5,0,0
   OrbMod->Add,OfsMod
   CorMod=OBJ_NEW('IDLgrModel')  &  OfsMod->Add,CorMod
   TitMod=OBJ_NEW('IDLgrModel')  &  TitMod->ROTATE,[1,0,0],-240
   TitMod->ROTATE,[0,0,1],-30  &  CorMod->Add,TitMod
   RotMod=OBJ_NEW('IDLgrModel')  &  TitMod->Add,RotMod
   OAxi=OBJ_NEW('IDLgrPolyline',[[0,0,-0.5],[0,0,0.5]],COLOR=[0,255,0])
   READ_JPEG,'Ch09Earth.jpg',IDat,TRUE=1
   MapImage=OBJ_NEW('IDLgrImage',IDat)  &  ISize=SIZE(IDat2)
   OSun=OBJ_NEW('Orb',COLOR=[255,255,255], $
        RADIUS=0.36,DENSITY=1,/TEX_COORDS,TEXTURE_MAP=MapImage)
   RotMod->Add,OSun  &  SVie->Add,EMod  &  RotMod->Add,OAxi
   SWin->Setproperty,QUALITY=2  &  SWin->Draw,SVie
   Info={SBas:SBas,Tim:0.02,AVa:1,SWin:SWin,SVie:SVie, $
        OrbMod:OrbMod,CorMod:CorMod,RotMod:RotMod}
   WIDGET_CONTROL,SBtn,SET_BUTTON=1
   WIDGET_CONTROL,SBas,Timer=Info.Tim
   WIDGET_CONTROL,Tb,SET_UVALUE=Info
   XMANAGER,'Ch09EarthSun',Tb,/NO_BLOCK
END
;----------------------------------------
```

程序运行结果如图 9.9 所示。

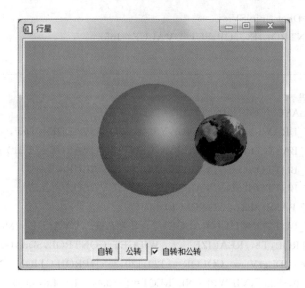

图 9.9　行星的公转和自转动画

【例 9.7】 创作曲面绕 Y 轴旋转一周的动画，GUI 参考图 9.10。要求：

(1) 在白色背景下，绘制一个蓝球和一个绿球，位置自定，无动作。

(2) 绘制数据为 DIST(40) 的红色曲面。

(3) 曲面绕 Y 轴旋转一周，帧间时间间隔为 0.01s。

(4) 使用两盏灯，一盏环境灯，一盏位置灯。

(5) 可以选择是否把动画帧保存到指定的图像序列 Img0.jpg～Img359.jpg。

(6) 动画模式采用实时动画模式。

程序如下：

```
;--------------------------------------------------------------
; Ch09RotAndWriteSurface.pro
;--------------------------------------------------------------
PRO Ch09RotAndWriteSurface
    Srf=OBJ_NEW('IDLgrSurface',DIST(40),STYLE=2,COLOR=[200,0,0])
    Srf->GetProperty,XRANGE=Xr,YRANGE=Yr,ZRANGE=Zr
    Xs=NORM_COORD(Xr)  &  Ys=NORM_COORD(yr)  &  Zs=NORM_COORD(zr)
    Xs[0]-=0.5  &  Ys[0]-=0.5  &  Zs[0]-=0.5
    Srf->SetProperty,XCOORD=Xs,YCOORD=Ys,ZCOORD=Zs
    CMod=OBJ_NEW('IDLgrModel')  &  CMod->ROTATE,[1,0,0],-90
    CMod->ROTATE,[0,1,0],30 & CMod->ROTATE,[1,0,0],30 & CMod->ADD,Srf
    Orb1=OBJ_NEW('ORB',RADIUS=0.1,POS=[0.5,0.5,0.5],COLOR=[0,200,0])
    Orb2=OBJ_NEW('ORB',RADIUS=0.2,POS=[-0.5,-0.5,0],COLOR=[0,0,200])
    UMod=OBJ_NEW('IDLgrmodel')  &  UMod->add,[Orb1,Orb2]
    Lit1=OBJ_NEW('IDLgrLight',TYPE=0,INTENSITY=0.6)
    Lit2=OBJ_NEW('IDLgrLight',TYPE=1,LOCATION=[1,1,1])
    LMod=OBJ_NEW('IDLgrModel')  &  LMod->ADD,[Lit1,Lit2]
```

```
Viw＝OBJ_NEW('IDLgrView')  ＆  Viw—＞ADD,[CMod,UMod,LMod]
Win＝OBJ_NEW('IDLgrWindow',DIME＝[400,400],TITLE＝' 旋转曲面 ')
Yn＝DIALOG_MESSAGE(' 保存图像序列吗？ ',TITLE＝' 保存 ',/Q)
FOR i＝0,360 DO BEGIN
    CMod—＞ROTATE,[0,1,0],1  ＆  Win—＞DRAW,Viw  ＆  WAIT,0.01
    IF Yn EQ 'Yes' THEN BEGIN
        ImageObj＝Win—＞READ()
        ImageObj—＞GetProperty,DATA＝ImageData
        WRITE_JPEG,'Img'＋STRCOMPRESS(i,/REMOVE_A)＋'.jpg', $
            ImageData,QUALITY＝100,TRUE＝1
    ENDIF
ENDFOR
END
;——————————————————————————————————————————
```

程序运行结果如图 9.10 所示。

图 9.10　曲面绕 Y 轴旋转一周动画

3. 变形技术

创作计算机三维动画特效的关键技术之一是变形(Morphing)技术。

变形：把一个给定的图形(图像)S 以一种自然流畅、光滑连续的方式渐变为另一个图形(图像)T。

变形的基本思想：对于给定的两个图形(图像)S 和 T,确定相应的变形控制点,按照控制点和指定的帧数,从 S 自动变形到 T。

经典的动画变形软件是 WinImage Morph,它可以根据首、尾画面自动生成变形动画。

为了高质量地实现自然过渡变形,通常使用 Delaunay 三角剖分,并根据 Delaunay 三角形对变形图像进行插值运算。

点集的 Delaunay 三角剖分是指对点集进行三角剖分后,所有构成三角面的三个点的外接圆不包含点集的任何点。满足 Delaunay 三角剖分的三角形称为 Delaunay 三角形。

例如:已知点集 $V = \{a, b, c, d\}$,则图 9.11(a)的剖分不是 Delaunay 三角剖分;图 9.11(b)的剖分是 Delaunay 三角剖分,得到的两个三角形是 Delaunay 三角形。

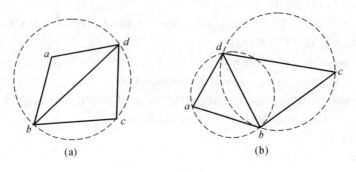

(a)   (b)

图 9.11 剖分三角形

(a)非 Delaunay 三角剖分;(b)Delaunay 三角剖分

根据已知点集求解 Delaunay 三角形,可以使用 TRIANGULATE 函数非常方便地得到。

例如:已知点集(X, Y),求解 Delaunay 三角形,并把三角形的顶点序列放入 Tr(n 行 3 列的数组,每行是一个三角形的顶点序列),即

TRIANGULATE, X, Y, Tr

变形的实现方法:

(1) 根据两个图形(图像)的变形控制点,创建并生成多帧图像序列(插值帧)。

(2) 根据变形控制点生成 Delaunay 三角形,并根据变形过渡帧数计算插值参数。

(3) 利用 Delaunay 三角形和插值参数对变形控制点进行插值,得到插值网格点。

(4) 分别对两个图形(图像),按照插值网格点计算插值,得到两帧过渡图形(图像)。

(5) 把两个过渡图形(图像)按照变形步长进行合成,并生成插值帧图像。

【例 9.8】 创作变形动画,具体要求如下:

(1) 变形图像对应的文件分别为 ImageLadybug01.jpg 和 ImageLadybug02.jpg。

(2) 按照如图 9.12 所示的 GUI,显示变形图像,并能够交互选择控制点。

(3) 按照选择的控制点,通过调用 XINTERANIMATE 实现图像变形。

图 9.12 变形控制

变形过程分析:

(1) 读取变形图像并分别放入 d_0 和 d_1,大小为 $w \times h$;选定变形帧数 n。

(2) 选择变形控制点,图像 0 的控制点 (x_0, y_0) 与图像 1 的控制点 (x_1, y_1) 相对应。

(3) 计算图像 0 的 Delaunay 三角形,并放入 Tr_0。

(4) 计算第 $i(i=0,1,\cdots,n-1)$ 帧的插值参数 x_t 和 y_t,即

$$x_t = x_1 + \frac{i}{n-1}(x_0 - x_1);\ y_t = y_1 + \frac{i}{n-1}(y_0 - y_1)$$

(5) 利用 Delaunay 三角形 Tr_0,对两幅图像的控制点分别计算第 $i(i=0,1,\cdots,n-1)$ 帧的插值网格点。

(6) 两幅图像按照插值网格点计算插值,得到两幅过渡图像。

(7) 合成两幅过渡图像,生成第 $i(i=0,1,\cdots,n-1)$ 帧图像,即

$$d_i = \left(1 - \frac{i}{n-1}\right)d_0 + \frac{i}{n-1}d_1$$

(8) 利用 XINTERANIMATE 播放图像序列。设置播放窗口大小,装入图像序列,并按照播放速度 Rate(每秒播放的帧数)播放,即

XINTERANIMATE[,Rate][,SET=[Sizex,Sizey,NFrame]][,/BLOCK][,/CYCLE]
[,/MODAL][,GROUP=ParentID][,FRAME=Val,IMAGE=Val][,/SHOWLOAD]
[,/TRACK][,TITLE=string][,/ORDER]

其中,SET=[Sizex,Sizey,NFrame]:设置播放大小为 Sizex×Sizey,总帧数为 NFrame;/CYCLE:循环播放;FRAME = Val:设置帧的位置;IMAGE = Val:指定帧的图像数据;/SHOWLOAD:显示装入数据帧;[,/TRACK]:帧跟踪方式播放。

程序如下:

```
;————————————————————————————————————
; Ch09Morph.pro
;————————————————————————————————————
PRO Ch09MorphCompute,i0,i1,x0,y0,x1,y1,NStep
    Ncp=N_ELEMENTS(x0)
    IF Ncp NE N_ELEMENTS(y0) OR Ncp NE N_ELEMENTS(x1) OR $
      Ncp NE N_ELEMENTS(y1) THEN Yn=DIALOG_MESSAGE('控制点不匹配！')
    TRIANGULATE,x0,y0,Tr0  &  Ss=SIZE(i0)
    Nx=Ss[1]  &  Ny=Ss[2]  &  Area=[0,0,Nx-1,Ny-1]
    XInterAnimate,SET=[Nx,Ny,NStep],/SHOWLOAD,/CYCLE,TITLE='变形'
    FOR i=0,NStep-1 do BEGIN
        t=FLOAT(i) / FLOAT(NStep-1)
        Xt=x1+t*(x0-x1)  &  Yt=y1+t*(y0-y1)
        Im0=INTERPOLATE(i0, $
            TRIGRID(x1,y1,Xt,Tr0,[1,1],Area,QUINT=1), $
            TRIGRID(x1,y1,Yt,Tr0,[1,1],Area,QUINT=1))
        Im1=INTERPOLATE(i1, $
            TRIGRID(x0,y0,Xt,Tr0,[1,1],Area,QUINT=1), $
            TRIGRID(x0,y0,Yt,Tr0,[1,1],Area,QUINT=1))
```

```
            Im＝BYTE((1.0－t) * Im0 ＋ t * Im1)
            XInterAnimate,IMAGE＝Im,FRAME＝i,TITLE＝'快乐变形'
       ENDFOR
END
;－－－－－－－－－－－－－－－－－－－－－－－－－－－－－－－－－－
PRO Ch09Morph_EVENT,Ev
       WIDGET_CONTROL,Ev.TOP,GET_UVALUE＝Info  &  WSET,Info.DWin
       IF FILE_TEST('TmInfo.hpy') THEN RESTORE,'TmInfo.hpy'
       CASE Ev.ID of
            Info.FmBtn:Info.FNo＝([16,32])[Ev.INDEX]
            Info.MDraw:BEGIN
                 IF (Ev.PRESS NE 0) THEN RETURN
                 IF (Info.State LE 1) THEN BEGIN
                      IF (Info.State EQ 0) THEN $
                         WIDGET_CONTROL,Info.Msg,SET_VALUE＝'选择其他图像!' $
                      ELSE BEGIN
                         WIDGET_CONTROL,Info.Msg,SET_VALUE＝'选择左控制点!'
                         ERASE
                         FOR i＝0,1 DO IF i EQ 0 THEN Info.Img1＝Info.Img2
                      ENDELSE
                      Info.State＝Info.State+1  &  Info.Ncp＝0
                 ENDIF ELSE BEGIN
                      Rt＝(Ev.x GE Info.DSize)
                      x＝(Ev.x MOD Info.DSize) * Info.ISize / Info.DSize
                      y＝Ev.y * Info.ISize / Info.DSize
                      IF Rt NE (Info.Ncp AND 1) THEN RETURN
                      PLOTS,Ev.x,Ev.y,/DEVICE,COLOR＝! D.TABLE_SIZE－1,PSYM＝2
                      EMPTY
                      IF Info.Ncp EQ 0 THEN BEGIN
                          Cpx＝x  &  Cpy＝y
                      ENDIF ELSE BEGIN
                          Cpx＝[Cpx,x]  &  Cpy＝[Cpy,y]
                      ENDELSE
                      Info.Ncp＝Info.Ncp+1
                      WIDGET_CONTROL,Info.Msg,SET_VALUE＝ $
                         '标记'+(['左边','右边'])[Info.Ncp AND 1]+'图像!'
                      TVCRS,Ev.x－(2 * Rt－1) * Info.DSize,Ev.y,/DEVICE
                      SAVE,Cpx,Cpy,FILENAME＝'TmInfo.hpy'
                 ENDELSE
            END
            Info.CmdBtn:BEGIN
                 CASE Ev.VALUE of
                      '结束变形':BEGIN
```

```
            WIDGET_CONTROL,Ev.TOP,/DESTROY  &  RETURN
        END
        '帮助信息':ONLINE_HELP,BOOK='Ch09Morph.htm'
        '删控制点':BEGIN
          IF (Info.State LE 1) OR (Info.Ncp LE 0) THEN RETURN
          Info.Ncp=(Info.Ncp+(Info.Ncp AND 1))-2
          IF (Info.Ncp GT 0) THEN BEGIN
              Cpx=Cpx[0:Info.Ncp-1]  &  Cpy=Cpy[0:Info.Ncp-1]
          ENDIF
          TV,Info.Img1,0,0  &  TV,Info.Img2,Info.DSize,0
          FOR i=0,Info.Ncp-1 DO $
              PLOTS,Cpx[i] * Info.DSize / $
                  Info.ISize+(i AND 1) * Info.DSize, $
                  Cpy[i] * Info.DSize / Info.ISize,/DEVICE, $
                  PSYM=2,COLOR=! D.TABLE_SIZE-1
          WIDGET_CONTROL,Info.Msg,SET_VALUE='标记左边图像!'
        END
        '初始环境':BEGIN
          ERASE  &  Info.Ncp=0
          TV,Info.Img1,0,0  &  TV,Info.Img2,Info.DSize,0
        END
        '开始变形':BEGIN
          WIDGET_CONTROL,Ev.top,/HOURGLASS
          IF Info.Ncp LT 2 THEN RETURN
          IF XREGISTERED('XInterAnimate') THEN RETURN
          i2=INDGEN(Info.Ncp/2) * 2  &  i1=Info.ISize -1
          x0=[Cpx[i2],0,i1,i1,0]  &  x1=[Cpx[i2+1],0,i1,i1,0]
          y0=[Cpy[i2],0,0,i1,i1]  &  y1=[Cpy[i2+1],0,0,i1,i1]
          Ch09MorphCompute,Info.Img1,Info.Img2,x0,y0,x1,y1,Info.FNo
          XInterAnimate,40,GROUP=Ev.TOP,TITLE='变形'
        END  &  ELSE:
      ENDCASE
    END
    ELSE: i2=0
  ENDCASE
  WIDGET_CONTROL,Ev.TOP,SET_UVALUE=Info
END
;——————————————————————————————————————————————
PRO Ch09Morph
    Tb=WIDGET_BASE(Title='变形',/ROW)  &  Lb=WIDGET_BASE(Tb,/COL)
    CmdBtn=CW_BGROUP(Lb,/NO_REL,/RETURN_NAME,/COL,/FRAME, $
        ['结束变形','帮助信息','初始环境','删控制点','开始变形'])
    FmBtn=WIDGET_DROPLIST(Lb,VALUE= ['16','32'],/FRAME,TITLE='帧数')
```

```
WIDGET_CONTROL,FmBtn,SET_DROPLIST_SELECT=0
Msg=WIDGET_TEXT(Lb,XSIZE=12,YSIZE=1,VALUE='标志左右图像！')
MDraw=WIDGET_DRAW(Tb,XSIZE=600,YSIZE=300,/BUTTON_E)
WIDGET_CONTROL,Tb,/REALIZE
WIDGET_CONTROL,MDraw,GET_VALUE=DWin   &   WSET,DWin   &   LOADCT,0
Img1=READ_IMAGE('ImageLadybug01.jpg',/GRAY)   &   TV,Img1,0,TRUE=0
Img2=READ_IMAGE('ImageLadybug02.jpg',/GRAY)   &   TV,Img2,1,TRUE=0
Info={CmdBtn:CmdBtn,FmBtn:FmBtn,DWin:DWin,FNo:16,MDraw:MDraw, $
    State:2,DSize:300,ISize:300,Msg:Msg, $
    Sx:0,Nx:0,Ncp:0,Img1:Img1,Img2:Img2}
WIDGET_CONTROL,Tb,SET_UVALUE=Info
XMANAGER,'Ch09Morph',Tb
```
END
;————————————————————————————————————

程序运行结果如图 9.13 所示。

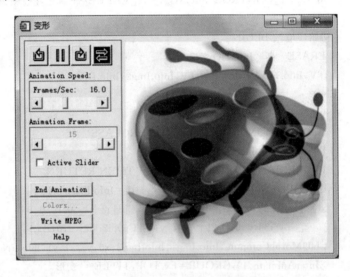

图 9.13　变形过程

9.3　图形序列与动画视频文件

对于计算机动画的帧序列,首先把序列帧转换为相应的图像,然后对图像进行预处理,生成统一标准的图像序列,最后利用这些图像序列生成动画视频文件。

9.3.1　图像序列与动画视频文件

图像序列是具有相同大小、相同类型、相同存储格式、内容相关和文件名称规律等相关特征的一组有序图像。

对于实际获取的图像序列,通常在大小、类型、存储格式和内容相关性等方面存在一定的差异,从而增加了图像处理的难度,因此需要使用图像变换、图像配准、图像增强和图像分割等技术,对图像进行预处理,生成符合处理要求的图像序列。

　　视频文件是使用视频压缩技术,利用符合国际压缩标准的视频压缩算法,对图像序列进行压缩,并按照预定的存储格式存入存储介质的文件,即视频文件是用于存储图像序列的文件。视频文件通常必须符合国际视频压缩标准。

　　常用的视频压缩标准:

　　(1) MJPEG(Motion JPEG,动态 JPEG,JPEG 专家组制定):按照 25 帧/s 速度使用 JPEG 算法压缩视频信号,完成动态视频的压缩。优点是压缩率可达 6∶1,用于视频编辑系统;缺点是需要附加硬件,而且不是通用标准。

　　(2) H.263:用于中高质量运动图像压缩的低码率图像压缩标准,采用运动视频编码中常见的编码方法,将编码过程分为帧内编码和帧间编码两个部分。在帧内用改进的 DCT 变换并量化;在帧间采用 1/2 像素运动矢量预测补偿技术,使运动补偿更加精确,量化后使用改进的变长编码表(VLC)的量化数据进行熵编码,得到最终的编码系数。优点是标准压缩率较高,缺点是画质相对差一些。

　　(3) H.264((目前＋未来)的主流标准,由 JVT(Joint Video Team,视频联合工作组)制定):标准压缩系统由视频编码层(Video Coding Layer,VCL)和网络提取层(Network Abstraction Layer,NAL)两部分组成。VCL 中包括 VCL 编码器与 VCL 解码器,主要功能是视频数据压缩编码和解码,它包括运动补偿、变换编码、熵编码等压缩单元。NAL 采用统一的数据格式,用于为 VCL 提供与网络无关的统一接口,负责对视频数据进行封装打包后使其在网络中传送;VCL 可以传输按当前的网络情况调整的编码参数。

　　H.264 不仅比 H.263 和 MPEG－4 节约了 50％的码率,而且对网络传输具有更好的支持功能。H.264 引入了面向 IP 包的新编码机制,有利于网络中的分组传输,支持网络中视频的流媒体传输。H.264 具有较强的抗误码特性,可适应丢包率高、干扰严重的无线信道中的视频传输。H.264 支持不同网络资源下的分级编码传输,从而获得平稳的图像质量,适应于不同网络中的视频传输,网络亲和性好。

　　H.264 的编码机制:采用 DCT 变换编码加 DPCM 的差分编码(混合编码结构,同 H.261 和 H.263),同时引入新的编码方式,提高了编码效率,更贴近实际应用。

　　H.264 的特点:多种更好的运动估计(快速运动估值算法、高精度估计、多宏块划分模式估计和多参数帧估计等),小尺寸 4×4 的整数变换,更精确的帧内预测,统一的 VCL。

　　(4) MPEG－1(家庭电视质量级的视频、音频压缩标准,VCD 标准,1992 年制定):工业级标准(适用于不同带宽设备,如 CD－ROM 和 Video－CD 等),用于传输 1.5 Mb/s 数据传输率的数字存储媒体运动图像及其伴音的编码。MPEG－1 的编码速率最高可达 5 Mb/s,但随着速率的提高,其解码后的图像质量有所降低。

　　(5) MPEG－2(高清晰度电视(HDTV)标准,DVD 标准,1994 年制定):高级工业标准的图像质量和传输率(传输速率为 3～10 Mb/s,广播级的视频质量,CD－DA 级的音频质量)。分辨率为 720 像素×480 像素×30 像素(NTSC 制)或 720 像素×576 像素×25 像素(PAL 制)。支持 6.1 声道(左右中,两个环绕,一个重低音)和 7 个伴音声道。优点是画质最好,缺点是占用带宽非常大。

　　(6) MPEG－4((目前＋未来)的主流标准,超低码率运动图像和语言的压缩标准,1998 年制定,1999 年完成):利用很窄的带宽,通过帧重建技术,压缩和传输数据,以求以最少的数据获得最佳的图像质量。用于视频电话(Video Phone)、视频电子邮件(Video Email)、电子新闻(Electronic News)和交互 AV 服务以及远程监控等。传输速率低(4800 - 64 Kb/s),分辨率为 176 像素×144 像素。优点是文件小、带宽可调。MPEG - 4 的第 10 部分是先进视频编码(AVC)(JVT 制定)。

(7) MPEG - 7(未来标准,多媒体内容描述接口):用于多媒体信息的标准化描述,支持兴趣图形、图像、3D 模型、视频、音频等信息以及它们组合的快速有效查询,满足实时、非实时以及推拉应用的需求。MPEG - 7 只规定信息内容描述格式,而不规定如何从原始的多媒体资料中抽取内容描述的方法。多媒体数据内容的描述包括描述原则、多媒体特征类型、视觉数据的描述和听觉数据的描述等。

(8) MPEG - 21(多媒体框架(Multimedia Framework),新定+未来标准):将标准集成起来支持协调的技术以管理多媒体商务。

视频文件的不同压缩标准,生成不同的文件格式,对应不同的文件类型。常用文件类型包括 ASF,AVI,CDA,MP2,MP3,MPA,MPE,MPG,WAV,WM,WMA,WMV,MP4,FLV,VOB,DAT,RM,RMVB,3GP,MOV 等。

常用视频制式:PAL 制(625/50)、NTSC 制(525/60)和 SECAM 制(625/50)等。

(1) PAL 制:每秒 25 帧,水平扫描线为 625 条,水平分辨率为 240～400 像素,隔行扫描。用于中国、新加坡和欧洲等(Pal - B,D,G,H,I,N,NC)。

(2) NTSC 制:每秒 30 帧,水平扫描线为 525 条,水平分辨率为 240～400 像素,隔行扫描。用于美国、日本和台湾地区等(NTSC - M,NC,Japan)。

(3) SECAM 制:每秒 25 帧,水平扫描线为 525 条,水平分辨率为 625 像素。用于俄罗斯、法国和非洲等。

(4) 电影 MPEG:每秒 24 帧。

视频文件分辨率:720×576 像素、720×480 像素、1280×720 像素、1920×1080 像素高清晰电视标准)。

9.3.2　创建动画视频文件

把计算机动画转录为视频文件,可以采用专用视频采集卡及其相关软件和设备来完成。

(1) 首先利用高级语言程序(或者软件工具)读取动画的图像帧序列,然后利用高级语言(或者软件工具)自身提供的视频压缩命令和函数生成指定格式的视频文件。

(2) 利用专业转换设备将视频文件转录到录像带或者电影胶卷等视频媒体上。

下面以标准电影格式 MPEG 为例,介绍 MPEG 视频文件的生成过程。

创建 MPEG 视频文件可以使用 MPEG_OPEN,MPEG_PUT,MPEG_SAVE 和 MPEG_CLOSE。

(1) 利用 MPEG_OPEN 创建视频对象。

OMpeg=MPEG_OPEN(Dims[,FILENAME=Str][,QUALITY=Val])

功能:打开视频文件 Str 用于存放视频数据,并创建与视频文件 Str 相关联的视频对象。

其中,Dims:视频帧大小(例如:[400,300]);FILENAME=Str:存放视频的文件(默认:IDL.mpg);QUALITY=Val:常见视频的质量(默认:50(0～100))。

例如:创建视频帧大小为 555x309,质量最好的视频对象。

OMpeg＝ MPEG_OPEN([555,309],QUALITY=100)

(2) 利用 MPEG_PUT 把视频帧的图像数据输出到视频对象。

MPEG_PUT,OMpeg[,FRAME=FraNum][,IMAGE=ImageData][,/ORDER]

功能:把图像数据 ImageData 输出到视频 OMpeg 的第 FraNum 帧。

其中,/ORDER:视频文件的视频帧顺序为从顶到底(默认:从低到顶)。

例如:把图像数据 ImageData 输出到视频 OMpeg 的正序(从顶到底)的第 66 帧。

MPEG_PUT,OMpeg,Image=ImageData,FRAME=66,/ORDER

(3) 利用 MPEG_SAVE 保存视频对象的数据到视频文件。

MPEG_SAVE,OMpeg[,FILENAME=Str]

功能:保存视频对象 OMpeg 的数据到视频文件 Str。

其中,FILENAME=Str:存放视频的文件(默认:IDL.mpg)。

例如:保存视频对象 OMpeg 的数据到视频文件 HappyWriteMpeg_UsaFemale.mpg。

MPEG_SAVE,OMpeg,FILENAME='HappyWriteMpeg_UsaFemale.mpg'

(4) 利用 MPEG_CLOSE 关闭视频对象,同时关闭相关联的视频文件。

MPEG_CLOSE,OMpeg

功能:关闭视频对象 OMpeg,同时关闭相关联的视频文件(MPEG_OPEN 打开的)。

例如:关闭视频对象 OMpeg。

MPEG_CLOSE,OMpeg

【例 9.9】 已知图像序列在当前目录中 Ch09UsaFemale 目录下,则利用标准电影格式 Mpeg 和这些图像序列,创建视频文件 UsaFemale.mpg。

程序如下:

```
;—————————————————————————————————————————
; Ch09JpgToMpg.pro
;—————————————————————————————————————————
PRO Ch09JpgToMpg
    DEVICE,GET_Screen_SIZE=Ss  &  Cx=Ss[0]/2  &  Cy=Ss[1]/2
    Tb=WIDGET_BASE(TITLE='提示信息',/COL,TLB_FRAME_ATTR=19)
    Lab=WIDGET_LABEL(Tb,VALUE=' ')
    Lab=WIDGET_LABEL(Tb,VALUE='* *   正在生成视频文件... * *')
    Lab=WIDGET_LABEL(Tb,VALUE='* * * * *    请稍候...   * * * * *')
    Lab=WIDGET_LABEL(Tb,VALUE=' ')
    Geom=WIDGET_INFO(Tb,/Geo)  &  DEVICE,DECOM=0
    Hx=Geom.Scr_YSize/2  &  Hy=Geom.Scr_YSize/2
WIDGET_CONTROL,Tb,XOFFSET=Cx-Hx,YOFFSET=166
    WIDGET_CONTROL,Tb,/REALIZE  &  WIDGET_CONTROL,/HOURGLASS
    WINDOW,6,XPOS=(Ss[0]-300)/2,YPOS=(Ss[1]-166)/2, $
        XSIZE=300,YSIZE=166,TITLE='视频帧'
    Fi=FILE_SEARCH('Ch09UsaFemale\\ *.jpg',COUNT=FiNum)
    Fm=BYTARR(300,166,FiNum) ;创建存放 1730 帧图像数据的数组
    MpegID=Mpeg_Open([300,166]) ;创建视频帧为 300×166 的视频对象
```

```
FOR i=0,FiNum-1 DO BEGIN
    Fm[*,*,i]=READ_IMAGE(Fi[i]) & TV,Fm[*,*,i] ;依次显示每帧图像
    ;把 1730 帧图像数据(视频帧)依次输出到视频对象 MpegID
    Mpeg_PUT,MpegID,Image=Fm[*,*,i],FRAME=i,/ORDER
ENDFOR
SAVE,Fm,FILENAME='UsaFemaleData.hpy'
;保存视频对象的数据到视频文件 Ch09UsaFemale.mpg,并关闭视频对象
Mpeg_SAVE,MpegID,FILENAME='UsaFemale.mpg' & Mpeg_CLOSE,MpegID
WIDGET_CONTROL,Tb,/DESTROY & WDELETE,6 ;删除提示和帧窗口 6
Yn=DIALOG_MESSAGE('视频 UsaFemale.mpg 创建成功！',TITLE='提示',/I)
END
;————————————————————————————————————————————
```

程序运行结果如图 9.14 所示。

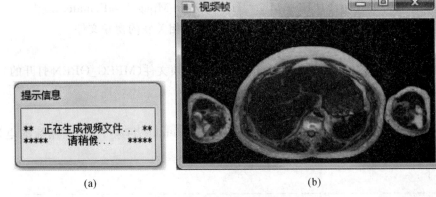

图 9.14　创建视频

(a)提示信息;(b)帧序列预览

9.3.3　视频播放器

视频播放器(媒体播放器)是指能够播放视频文件,并具有播放、暂停与继续、停止、控制音量大小、声音的打开、关闭与左右平衡、显示播放媒体信息(总时间、当前时间和进度)等功能的程序系统。

目前视频播放器非常多,支持的压缩标准(文件类型)也很多。常用的主流播放器有 Windows Media Player,PowerDVD,QuickTime,Real Player,WinDVD,暴风影音等。

视频播放器的设计与实现方法如下:

(1) 根据需要设计简洁、实用、美观、大方的播放器界面。

(2) 利用 WIDGET_ACTIVEX 与 Windows API 的接口,建立与 Windows Media Player 播放器相关联的媒体播放对象,即

OWmp=WIDGET_ACTIVEX(ParentID,COM_ID)

其中:COM_ID 是 Windows 插件的注册 ID(可以通过 OleView 工具,或者直接使用修改

注册表命令 RegEdit 获取)。Windows Media Player 的注册 ID 为{6BF52A52 - 394A - 11D3 - B153 - 00C04F79FAA6}。

例如:在 TopBase 控件中创建与 Windows Media Player 关联的媒体播放对象 OHmp。

OHmp = WIDGET _ ACTIVEX (TopBase , '{6BF52A52 - 394A - 11D3 - B153 - 00C04F79FAA6}')

(3) 利用 WIDGET_CONTROL 的关键字 GET_VALUE 获取媒体播放对象的控制句柄。

例如:获取媒体播放对象 OHmp 的控制句柄 OHPlayer。

WIDGET_CONTROL,OHmp,GET_VALUE=OHPlayer

(4) 利用控制句柄 OHPlayer,通过媒体控制接口 MCI (Media Control Interface),实现媒体播放器的具体控制。具体用法如下:

1) 通过 OHPlayer 的 URL 属性,设置需要播放的视频文件。

例如:如果需要播放文件 HappyPlayerPen.wmv,则

OHPlayer—>SetProperty,URL='HappyPlayerPen.wmv'

2) 通过 OHPlayer 的 CONTROLS 属性,获取控制对象的句柄。利用该句柄的不同方法,可以实现播放、暂停与继续、停止等控制。

例如:利用 OHPlayer 的 CONTROLS 属性,获取控制对象的句柄 OHControl。

OHPlayer—>GetProperty,CONTROLS=OHControl

例如:利用 OHControl 的 Stop 方法,停止播放媒体文件。

OHControl—>Stop

例如:利用 OHControl 的 Play 方法,开始播放或者继续媒体文件。

OHControl—>Play

例如:利用 OHControl 的 Pause 方法,暂停播放媒体文件。

OHControl—>Pause

3) 通过 OHPlayer 的 SETTINGS 属性,获取设置对象的句柄。利用该句柄的不同方法,控制音量大小与左右平衡等。

例如:利用 OHPlayer 的 SETTINGS 属性,获取设置对象的句柄 OHSetting。

OHPlayer—>GetProperty,SETTINGS=OHSetting

例如:利用 OHSetting 的 GetProperty 方法和属性 Volume,Balance,Mute,获取播放音量大小(放入 HVol)、声音左右平衡(放入 HBal)、声音的打开与关闭状态(放入 HMut)。

OHSetting—>GetProperty,Volume=HVol,Balance=HBal,Mute=HMut

例如:利用 OHSetting 的 SetProperty 方法和属性 Volume,Balance,Mute,设置播放音量大小为 50、声音左右平衡、声音处于打开状态(1:打开;2:关闭)。

OHSetting—>SetProperty,Volume=50,Balance=50,Mute=1B

4) 通过 OHPlayer 的 VersionINFO 属性,获取版本信息,存入 HVersion。

OHPlayer—>GetProperty,VersionINFO=Version

(5) 利用媒体播放对象 OHmp 的 MEDIACHANGE 事件,获取播放媒体信息(视频帧大小、总时间、当前时间和进度)。

例如:如果当前在 OHmp 上发生了 MEDIACHANGE 事件,则利用 MEDIACHANGE 事

件的 Item 的属性 ImageSourceWidth，ImageSourceHeight，DurationString 分别获取播放媒体的视频帧的大小(放入 HWid 和 HHei)和播放时间(放入 HLen)。

  Event.Item－＞GetProperty，ImageSourceWidth＝HWid，$

    ImageSourceHeight＝HHei，DurationString＝HLen

（6）利用媒体播放对象 OHmp 的 PLAYSTATECHANGE 事件，获取当前播放状态。

  例如：如果当前在 OHmp 上发生了 PLAYSTATECHANGE 事件，则利用 PLAYSTATECHANGE 事件的 NewState 给出当前播放状态。

  Event.NewState＝1：处理停止状态。

  Event.NewState＝2：处理暂停状态。

  Event.NewState＝3：处理播放状态(正在播放)。

  【例 9.10】 按照如图 9.15 所示的 GUI，通过调用 Windows Media Player，设计并实现媒体播放器 Ch09HappyPlayer.pro，并播放例 9.9 生成的视频 UsaFemale.mpg。

  程序如下：

```
;———————————————————————————————————
; Ch09HappyPlayer.pro
;———————————————————————————————————
PRO Ch09HappyPlayer_EVENT，Ev
    WIDGET_CONTROL，Ev.ID，GET_UVALUE＝UVal
    CASE UVal OF
        'FiOpen'：BEGIN
            WIDGET_CONTROL，Ev.TOP，GET_UVALUE＝State
            FileName＝DIALOG_PICKFILE(TITLE＝' 打开文件 ')
            State.OActXCtrl－＞SETPROPERTY，URL＝FileName
            WIDGET_CONTROL，Ev.TOP，SET_UVALUE＝State
        END
        'FiExit'：WIDGET_CONTROL，Ev.TOP，/DESTROY  &  ELSE ：
    ENDCASE
END
;———————————————————————————————————
PRO Ch09HappyPlayer
    DEVICE，GET_SCREEN_SIZE＝Ss  &  Winx＝480  &  Winy＝320
    PlayBase＝WIDGET_BASE(TITLE＝' 快乐播放 '，MBAR＝MBase，/FRAME，$
        XOFFSET＝(Ss[0]－Winx)/2，YOFFSET＝(Ss[1]－Winy)/2)
    FiBtn＝WIDGET_BUTTON(MBase，/MENU，VALUE＝' 文件 ')
    FOpen＝WIDGET_BUTTON(FiBtn，VALUE＝' 打开 '，UVALUE＝'FiOpen')
    FExit＝WIDGET_BUTTON(FiBtn，VALUE＝' 退出 '，UVALUE＝'FiExit')
    CBase＝WIDGET_BASE(PlayBase，/FRAME)
    CActx＝WIDGET_ACTIVEX(CBase，SCR_XSIZE＝Winx，SCR_YSIZE＝Winy，$
        '{6BF52A52－394A－11D3－B153－00C04F79FAA6}'，UVALUE＝'Actx')
    WIDGET_CONTROL，PlayBase，/REALIZE
    WIDGET_CONTROL，CActx，GET_VALUE＝OActXCtrl
```

State＝{OActXCtrl:OActXCtrl}
WIDGET_CONTROL,PlayBase,SET_UVALUE＝State
XMANAGER,'Ch09HappyPlayer',PlayBase
END
;———————————————————————————————————————

程序运行结果如图 9.15 所示。

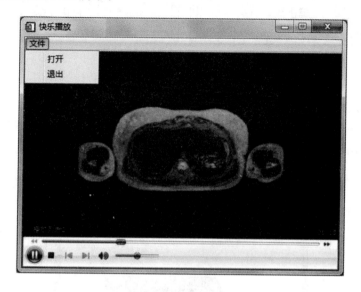

图 9.15　视频播放器

习　　题

1. 简述传统动画与计算机动画的区别。

2. 简述计算机动画的研究内容和应用领域。

3. 简述计算机动画与视频的主要区别。

4. 简述动画的分类和特点。

5. 解释位图动画、逐帧动画和实时动画的主要区别。

5. 简述动画的关键技术。

6. 简述动画创作的具体步骤。

7. 简述常用的视频压缩标准以及视频文件的创建方法。

8. 简述传统动画的创作方法。

9. 简述计算机三维动画的创作方法。

10. 解释图像变形,简述图像变形的方法。

11. 简述常用的视频压缩标准及其相应文件类型的扩展名。

12. 分别利用高级语言和动画制作工具,制作在公路上奔跑的公交车动画。

13. 用铅笔画稿表现一个物体的运动过程,通过扫描存入计算机,并制作成计算机二维动画。

14. 按照如图 9.16 所示的 GUI,制作日历表。

图 9.16   系统日期时间

提示:参考程序 Ch09ExeTimer.pro。

15. 利用数据 DIST(20)建立曲面,然后按照图 9.17 所示的 GUI 创建绕 Y 轴旋转一周的动画。要求利用 XObjView 实现。

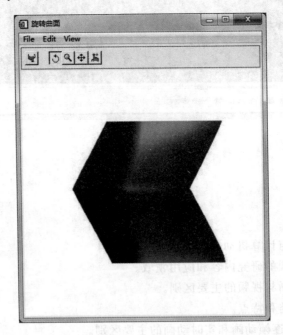

图 9.17   旋转曲面

提示:参考程序 Ch09ExeRotAndWriteWithXObjView.pro。

16. 按照如图 9.18 所示的 GUI,通过调用 Windows Media Player,设计并实现多功能编辑器播放器。具体要求:

(1) 能够控制播放、暂停播放、继续播放、停止播放、音量大小、声音左右平衡、声音的打开与关闭;能够显示和隐藏控制面板。

(2) 能显示当前媒体文件的位置、播放时间、当前时间。

(3) 能创建演示视频文件和音频文件,且通过交互选取图像序列能够创建视频文件。

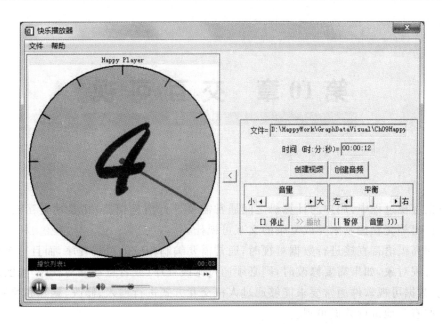

图 9.18　媒体编辑器

提示：参考程序 Ch09ExeHappyPlayer.pro。

17. 根据自己的兴趣与条件选题，利用自己熟悉的计算机动画软件，创作一个 1 分钟计算机动画短片。

第 10 章 交 互 可 视

在数据可视过程中,用户与计算机之间通常需要进行信息交换,并通过交互输入、交互处理和交互输出等交互控制来完成复杂的交互可视任务。

在利用高级语言直接进行数据可视时,通常需要编制相应的可视程序,而且一个可视程序对应一个可视对象,如果需要修改时,则必须通过修改程序(或者重新编写程序)来实现。

因此,数据可视软件通常要求能够通过人机交互方式进行输入、修改、删除和绘制,从而可以更加方便直观地进行数据可视。

目前,几乎所有可视的应用软件均使用了各具特色的人机交互方法(例如:AutoCAD,PhotoShop,3DS Max 和 Maya 等),而且交互可视已经成为可视软件必不可少的特点。交互数据语言 IDL 的交互控制功能可以使编写交互数据可视程序变得相当简单、方便。

在交互可视系统中,需要使用具有特定数据结构的数据文件,保存可视对象的属性信息、几何信息、拓扑信息以及其他数据信息等。可视对象的可视程序是系统的核心,可视程序需要从可视对象的模型及其数据中取得相应的几何信息、拓扑信息及其属性信息,按照要求进行处理,生成图形,并在图形输出设备(例如:显示器和打印机等)上输出可视对象。因此,用户可以利用交互可视系统的人机交互软件、交互输入设备(例如:键盘、鼠标和光笔等)进行交互控制,并编辑、生成和绘制可视对象。

不难看出,实现可视软件的交互控制,需要考虑如下问题:

(1) 设计交互接口:抽象 → 交互模型。

(2) 选择交互设备:选择 → 交互硬件。

(3) 实现交互可视:实现 → 交互软件。

10.1 人机交互基础

人机交互(Human Computer Interaction,HCI)是关于设计、评价和实现供人们使用的交互式计算机系统,并且围绕这些方面的主要现象进行研究的科学。

交互技术是利用交互软件和交互设备(输入/输出设备),通过用户接口调用相应过程或者函数,实现人机对话,并完成交互任务的技术,即研究人与计算机之间进行交互的技术。交互技术与认知学、人机工程学、心理学等学科领域有着密切的联系。

10.1.1 一个简单的交互程序

首先运行、观察和分析一个简单的交互图形程序。注意观察程序在选择、移动、旋转、放缩和复位等方面的交互控制功能。

【**例 10.1**】 已知 20 行×20 列的曲面数据 DIST(20,20),设计一个具有选择、移动、旋转、放缩和复位等交互控制功能的图形程序。

程序如下:

```
;——————————————————————————————————————————
; Ch10ObjView.pro
;——————————————————————————————————————————
PRO Ch10ObjView
    MCont=OBJ_NEW('IDLgrContour',DIST(20),N_LEVELS=10)
    MSurf=OBJ_NEW('IDLgrSurface',DIST(20),INDGEN(20)+20,INDGEN(20)+20)
    MMod=OBJ_NEW('IDLgrModel')
    MMod->Add,MCont    &    MMod->Add,MSurf
    XOBJVIEW,MMod,SCALE=0.8,TITLE='简单的交互程序'
END
;——————————————————————————————————————————
```

程序运行结果如图 10.1 所示。

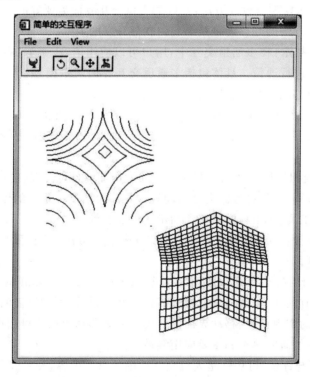

图 10.1　简单的交互图形程序

10.1.2　人机交互发展与研究内容

根据计算机语言从机器语言到汇编语言,乃至高级语言的发展过程不难看出,人机交互的发展过程是一个从人适应计算机到计算机不断地适应人的发展过程,即命令交互→图形用户界面→自然交互等。

命令交互：早期 DOS 环境下，文本方式的人机交互方式。优点是简单直接，缺点是需要重复输入文本字符、效率低、操作步骤烦琐和不够直观等。当然，目前的很多图形用户界面，仍然保留着命令交互功能。

图形用户界面（Graphical User Interface，GUI）：目前流行的图形模式下，利用面向对象的控件（Widget）实现人机交互方式。GUI 使人机交互方式发生了质的巨大变化。优点是操作简单、方便、自然、高效、所见即所得、桌面隐喻和 WIMP 技术等，缺点是给经验丰富的用户造成不便、占用较多屏幕空间、输入信息只能使用图形界面（难以表达和支持非空间性的抽象信息交互，底层控制不便）。GUI 的设计和开发通常需要占据整个系统研制时间的 $40\% \sim 60\%$。

自然交互：随着虚拟现实、移动计算、无处不在计算等技术的飞速发展，自然和谐的人机交互方式得到了一定的发展。基于语音、手写、姿势、视线、表情等输入手段的多通道交互是自然交互的主要特点。从而使用户能够按照声音、动作和表情等自然方式进行交互操作。

因此，交互方式决定了人机交互的研究内容：交互界面表示模型与设计方法、多通道交互技术、智能用户界面、群件、Web 设计、移动界面设计和可用性分析与评估等。

（1）交互界面表示模型与设计方法：友好的人机交互界面需要好的交互模型与设计方法，同时交互模型与设计方法的好坏还直接影响到软件开发的成败。

（2）多通道交互技术：在多通道交互中，用户可以使用语音、手势、眼神、表情等自然的交互方式与计算机系统进行通信。具体包括多通道交互界面表示模型、多通道交互界面评估方法和多通道信息融合（重点＋难点）等。

（3）智能用户界面（Intelligent User Interface，IUI）：使人机交互和人人交互一样方便自然。具体包括上下文感知、眼动跟踪、手势识别、三维输入、语音识别、表情识别、手写识别和自然语言理解等。

（4）群件：帮助群组协同工作的计算机支持的协作环境，即群组间的信息传递、信息共享、业务过程自动化与协调、人与过程的交互活动等。具体包括群件系统的体系结构、交流与共享信息方式、决策支持工具、应用程序共享和同步实现方法等。

（5）Web 界面设计：Web 界面设计的信息交互模型和结构、基本思想和原则、工具、技术、可用性分析与评估等。

（6）移动界面设计：移动计算、无处不在计算（Ubiquitous Computing）、设备便携性、位置不固定性、计算能力有限性、无线网络低带宽高延迟性等，使得移动界面的设计方法、移动界面导航技术、移动界面的实现技术、移动界面的开发工具和移动界面的可用性分析与评估原则成为当前人机交互技术的研究热点和重要应用领域。

（7）可用性分析与评估：可用性是人机交互系统的重要内容，关系到人机交互能否达到预定的效率与便捷性等。具体包括可用性的设计原则和可用性的评估方法等。

多媒体人机交互技术是多媒体技术和人机交互技术的结合。其主要内容是信息表示的多样化和如何通过多种输入/输出设备与计算机进行文本、图形、图像、音频、视频、触觉、嗅觉和味觉等多媒体的融合和交互。不难看出，多媒体人机交互技术是基于视线跟踪、语音识别、手势输入和感觉（触觉＋嗅觉）反馈的新的交互技术。

10.1.3　人机交互设备与交互接口

为了完成定位、定向、定量、定路径、文本输入/输出、选择、移动、放缩和旋转等二维(三维)交互任务,需要使用人机交互设备通过人机交互接口调用图形可视程序来实现。

1. 交互任务

(1) 定位:为应用程序指定位置。利用鼠标确定点,利用键盘键入点坐标等。

(2) 定向:为应用程序指定方向。需要应用程序确定反馈类型、自由度和精度。

(3) 路经:定位和定向任务的结合。需要时间和空间数据。

(4) 定量:为应用程序提供数据。需要在数据域中确定具体数据。

(5) 文本:为应用程序提供文本信息。输入/输出提示、警告和错误等文本信息。

(6) 选择:在选择集中选择指定目标(命令、操作数、属性和对象等)。

(7) 移动:移动选定的目标对象。用于二维(三维)交互过程中的目标移动。

(8) 放缩:放缩选定的目标对象。用于二维(三维)交互过程中的目标放缩。

(9) 旋转:旋转选定的目标对象。用于二维(三维)交互过程中的目标旋转。

2. 交互设备

交互设备主要用于交互控制数据的输入与输出。

用于交互输入的设备:键盘、鼠标(2D+3D)、麦克风、手写板、图形输入板、触摸屏、扫描仪、数字化仪、条形码、光电阅读器、光笔、图形图像采集卡、视频采集卡、数码相机、数码摄像机、数据手套、跟踪球、空间球、数据衣、操纵杆、存储介质(U盘、光盘、磁盘、磁带)等。

用于交互输出的设备:显示器(CRT显示器、液晶显示器、等离子显示器等)、打印机(针式打印机、喷墨打印机、激光打印机)、绘图仪、投影仪、音响、头盔显示器和电视眼境等。

用于交互存储的介质:U盘、光盘、磁盘和磁带等。

新一代交互设备:视觉交互设备、语音交互设备、笔式交互设备、触觉交互设备、味觉交互设备和虚拟环境交互设备等,主要用于语音语调、用户手势、面部表情、肢体动作等识别分析与控制。

3. 交互接口

交互接口是决定用户与计算机如何进行信息交换的技术,是用户与计算机之间进行人机信息通信的桥梁,具体包括用户通过什么途径与图形系统进行联系,通过什么手段来操作图形系统的功能实现等。

设计交互接口的关键是高效性和友好性,通常需要处理用户模型、屏幕利用效率、用户反馈、设计一致性、ReDo/UnDo、出错和联机帮助等。

交互接口是未来的计算机科学。现在人们已经花费了至少50年的时间来学习如何制造计算机和如何编写计算机程序,未来的研究新领域自然是让计算机服务并适用于人类的需要,而不是强迫人类去适应计算机。

常用的交互接口形式包括图形程序库、专用语言和交互命令等。

(1) 图形程序库:利用高级语言(例如:C++,Java和IDL等)建立图形处理过程或者函数,形成图形程序库。具体包括如下相关功能的处理程序。

1) 基本图素:点、线段、多边形、矩形、(椭)圆(弧)、曲线和曲面等。

2) 坐标变换:平移、旋转、放缩、镜像、转置、裁剪、透视和投影等。

3) 图形属性:线型、线宽、字体和填充图案等。

4) 显示方式:颜色、色度、饱和度、亮度、明暗等。

5) 输入/输出:输入/输出控制及其事件队列处理等。

6) 真实图形:线/面消隐、光照模型、灯光、材质、真实图形算法等。

7) GUI 设计:菜单系统、工具栏系统、对话框系统、命令行系统和帮助系统等。

用户使用图形程序库的方法:

1) 编辑源程序。

2) 编译源程序,生成源程序的目标代码。

3) 连接图形程序库和系统库,生成程序的可执行代码。

4) 运行可执行代码,判断结果正确性,如果出错,转向 1);否则结束。

(2) 专用语言:功能与图形程序库类同。

(3) 交互命令:实现人机交互的具体命令。用户接口中最普遍最高效的接口方式。图形程序库和专用语言中的每个过程或者函数均可以按照命令方式提供给用户使用。

用户接口的设计原则:布局合理、操作简单方便、高效实用。具体包括:

1) 保持一致:相同情况应该使用一致的操作。保持命令的一致性。

2) 正确使用快捷键和图标,多用缩写、功能键和隐藏功能,减少交互次数。

3) 信息反馈:用户做出动作时,系统应该提供相应的信息反馈。

4) 明示结束:明示动作(序列)的开始、中间和结束,减轻使用者的压力。

5) 容错处理:如果出错,则应该能够检测,并进行处理。

6) UnDo/ReDo:提供撤销或者重做功能。

7) 满足不同熟练程度的用户的控制需求,减少短期记忆需求。

8) 视觉效果:尽量避免使用引起视觉疲劳的红、蓝、绿色,而选择清淡高雅的色调。

9) 有效利用屏幕:对菜单、工具栏、工作区和信息区进行合理布局。

10) 联机帮助:按照完整性、针对性、高效性和实时性等为用户提供在线帮助。

10.2 人机交互技术

尽管人机交互技术已经发展成为一个独立学科,并且在实际应用中形成了很多经典风格,但是目前流行的图形用户界面 GUI 越来越满足不了人们对交互的更高要求,然而新的交互技术尚不成熟,于是人们开始研究未来"以人为中心"的智能人机交互技术。

人们希望的人机交互是自然人机交互,即利用人的无须特别训练的日常技能便可以轻松方便地进行人机交互通信(例如:自然的语言、手势、表情、触摸和动作等)。

人机交互技术主要包括人机交互标准化、人机交互模式、定位、定向、定量、定路径、文本输入/输出、选择、移动、放缩、旋转、徒手、橡皮筋和拖动等。

10.2.1 图形标准

图形标准是指图形系统中硬件和软件中设备和 GUI 之间进行数据传送和通信的接口标准,以及应用程序所调用的图形程序库的功能及其格式标准。

图形标准在图形及其应用系统界面之间的作用和关系如图 10.2 所示。其中,CGM 和

CGI 是面向图形设备的接口标准；GKS，GKS－3D，PHIGS 和 OpenGL 等是面向图形软件的接口标准；IGES 和 STEP 是面向图形应用系统中工程和产品数据模型及其文件格式的标准。

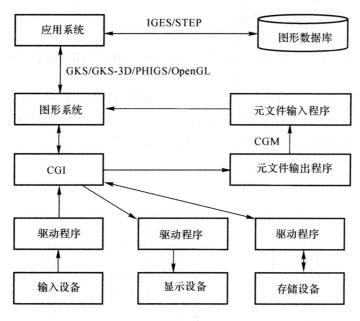

图 10.2　图形标准

1. 计算机图形元文件

计算机图形元文件（Computer Graphics Metafile，CGM）是 ANSI 1986 年公布的标准，1987 年成为 ISO 标准。CGM 定义了与设备无关的图形文件格式（语义＋词法），提供了生成、随机存取、传送和简洁定义图形的格式。

CGM 的图形元文件由一个元文件描述体和若干个逻辑上独立的图形描述体组成。每个图形描述体由一个图形描述单元和一个图形数据单元构成。CGM 的结构图 10.3 所示。

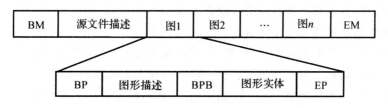

图 10.3　CGM 的图形元文件结构

其中：

BM(Begin Metafile)：元文件开始。

EM(End Metafile)：元文件结束。

BP(Begin Picture)：图形开始。

BPB(Begin Picture Body)：图形实体开始。

EP(End Picture)：图形结束。

CGM 的用途：

（1）提供图形存档的数据格式。

（2）提供假脱机绘图的图形协议。

（3）为图形设备接口标准化创造条件。

（4）便于检查图形错误，以便确保图形质量。

（5）提供集成不同图形系统图形的一种手段，不同系统之间传送图形信息。

2. 图形核心系统

图形核心系统（Graphics Kernel System，GKS）提供应用程序和图形输入（输出）设备之间的功能接口。GKS 作为图形程序接口标准，仅定义独立于语言的图形系统核心，在具体应用中，还必须以符合所使用语言的约定方式，把 GKS 嵌入主语言。

GKS 的应用地位如图 10.4 所示。

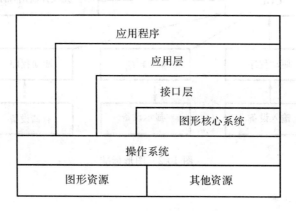

图 10.4　GKS 的应用地位

GKS 支持的（非）交互图形设备的基本图形处理功能如下：

（1）控制功能：打开和关闭 GKS，以便进入或者退出活动状态等。

（2）输出功能：确定输出图形的类型等。

（3）输出属性：设定图素属性及其表现方式等。

（4）变换功能：实现规范化变换等。

（5）图组功能：对图形进行生成、删除、复制以及实现图组属性控制等。

（6）输入功能：初始化输入设备，设定设备方式，确定输入控制方式等。

（7）询问功能：查询描述表、状态表、出错表、工作站描述表和图素表等。

（8）实用程序：实现坐标变换等。

（9）元文件处理和出错处理等。

（10）输入功能：实现数据的交互输入。具体包括：

1）定位设备：提供用户坐标系中的点坐标，并规格化为设备坐标系的坐标。

2）笔划设备：输入用户坐标系中的点坐标，并规格化为设备坐标系的坐标。

3）定量设备：获取一个整数或者实数。

4）选择设备：选择指定对象，并输出相应标志（默认：负整数）。

5）拾取设备：拾取图素、图段或者整图，并输出相应标志或者名称。

6）文本设备：接收文本字符串。

GKS 的基本图素:线元素(折线集);点元素(符号集);字符元素(文本);光栅元素(区域填充);单元阵列;一般图素(Generalized Drawing Primitive,GDP;一般画线图素(例如:圆),曲线,用户定义图素等)。

GKS 支持的坐标系:

(1) 用户坐标系:用户应用程序使用的坐标系统。

(2) 规格坐标系:与设备无关的二维直角坐标系统。坐标取值范围为[0.0,1.0]。分布式网络控制系统(NDCS)通常存放图形数据的中间结果,以便实现不同图形系统的数据共享。

(3) 设备坐标系:图形设备的坐标系统。

GKSM(Graphics Kernel System Metafile)是 GKS 用于把图形信息保存到外存设备的文件存储标准。GKSM 可以实现下述功能:

(1) 图形信息的存档。

(2) 不同 GKS 应用之间图形信息的传送和使用。

(3) 不同图形系统之间图形信息的传送和使用。

(4) 异地之间图形信息的传送。

(5) 与图形信息相关的应用程序定义的非图形信息的存储和使用。

GKSM 不是 GKS 的一部分,却是专为 GKS 设计的,适合图形信息从一个 GKS 应用程序到另一个应用程序之间的传递。

GKSM 通常定义一个明文编码方案,形成可以被大多数系统和设备应用的与系统无关的图形元文件。GKSM 提供可以向上兼容的文件格式,其结构是一个逻辑数据项目的序列。GKSM 以固定格式的文件首部开始,后跟一系列项目,最后是一个结束项目。项目是 GKSM 的基本信息单位,每个项目由一个项目首部和项目数据记录组成。其中项目首部由任选 GKSM、项目类型和项目数据记录的长度三部分组成。项目按照功能可以分为控制、输出原语、图元属性、工作站属性、变换、图段操作、图段属性和用户等。

3. 计算机图形接口

计算机图形接口(Computer Graphics Interface,CGI)是 ISO TC97 组提出的图形设备标准。CGI 是针对图形设备接口,而非应用程序接口的交互计算机图形标准。

CGI 的目标是使应用程序和图形程序库直接与不同的图形设备进行交互,使其在图形设备上不经修改就可以运行,即在用户程序和虚拟设备之间以一种独立于设备的方式提供图形信息的描述和通信。

CGI 的引用模式是应用、对象和 CGI 产生器与解释器配置。为了使应用程序创建、保存、修改和显示图形,CGI 提供了管道机制。

(1) 图形对象管道:说明应用程序如何使用 CGI 提供的功能来创建图形。

(2) 光珊管道:说明图形对象管道及其相关的图形输出功能与光珊虚拟设备及光珊操作功能之间的联系。

(3) 输入管道:说明 CGI 虚拟设备如何支持交互式输入。

4. 程序员层次交互式图形系统

程序员层次交互式图形系统(Programmer's Hierarchical Interactive Graphics System,PHIGS)是国际标准化协会 1986 年公布的计算机图形系统标准。具体包括:

(1) 面向程序员的控制图形设备的图形系统接口。

（2）图形数据按层次结构组织，使应用模型能方便地应用 PHIGS 进行描述。

（3）提供动态修改和显示图形数据。

5. DXF 数据接口

DXF(Drawing Exchange Format)是 AutoCAD 系统的图形数据文件标准。DXF 是事实上的数据交换标准，用于实现高级语言程序与 AutoCAD 系统的连接，或者其他 CAD 系统与 AutoCAD 系统交换图形文件。

DXF 文件由 4 个段和 1 个文件结尾组成，即：标题段、表段、块段、元素段和文件结束。DXF 文件的每个段由若干个组成。

6. 基本图形转换规范

随着 CAD/CAM 技术的广泛应用，提出了在各个系统中进行产品信息交换的要求，从而促使了产品数据交换标准的制定。1980 年由美国国家标准局主持成立了由波音公司和通用电气公司参加的技术委员会，制定了基本图形转换规范（Initial Graphics Exchange Specification，IGES）。

从 1981 年的 IGES1.0 到 1991 年的 IGES5.1，以及后续的 IGES5.3，IGES 逐渐成熟，日益丰富，并且覆盖了 CAD/CAM 数据交换的应用领域，最终成为应用最广泛的数据交换标准。

制定 IGES 的目的是建立一种信息结构，用来对产品定义数据的数字化表示和通信，实现不同 CAD/CAM 系统间以兼容的方式交换产品定义数据，即在计算机图形系统的数据库上进行图形数据交换。

IGES 模型是用于描述产品几何实体信息的集合，它通过实体对产品的形状、尺寸以及产品的特性信息进行描述。实体是 IGES 的基本信息单位，它可以是几何元素，也可能是实体的集合。实体可分为几何实体和非几何实体。

IGES 的每个实体都被赋予一个特定实体类型号，有些实体类型包括一个作为属性的格式号，格式号用来进一步说明实体。

几何实体定义与物体形状有关的信息，包括点、线、面、体以及实体集合的关系。

非几何实体提供了将有关实体组合成平面视图的手段，并用尺寸标注和注释来丰富完善平面视图模型。

IGES 定义的五类元素：曲线和曲面几何元素、构造实体几何 CSG 元素、边界 B－Rep 实体元素、标注元素和结构元素等。

IGES 的文件结构：标志段 Flag、开始段 Start、全局段 Global、元素索引段 Directory Entry、参数数据段 Parameter Data 和结束段 Terminate。

7. 产品模型数据交换标准

随着几何造型技术的迅速发展，IGES 已经不能满足复杂工业数据交换的要求，因此在 IGES 的基础上开发了产品模型数据转换标准（STandard for the Exchange of Product model data，STEP），并得到成功应用。开发 STEP 的目的是提供一种不依赖于具体系统的中性机制，以便能够描述产品整个生命周期中的产品数据。

STEP：由标准的描述语言(0,10)、集成资源(40,100)、应用协议(200)、实现形式(20)和一致性测试(30)等共 7 个系列文件组成。

（1）标准的描述语言：STEP 的专用描述语言 Express 是一种信息建模语言，综合了 C，C＋＋，Modula2，Pascal，PL/1 和 SQL 等多种语言的功能，有强大的信息模型描述能力。

（2）集成资源：STEP 的核心部分，采用 Express 语言描述。集成资源分为通用集成资源与应用集成资源两大部分。通用集成资源独立于产品信息，应用集成资源是描述指定应用领域的数据，并依赖于通用集成资源的支持。

（3）应用协议：STEP 支持非常广泛的应用领域。具体的应用系统很难采用 STEP 标准的全部内容，一般仅实现标准的一个子集。如果不同的应用系统实现的子集不一致，则在进行数据交换时会出现信息丢失或者信息歧义现象，为避免这种情况的发生，STEP 制定了一系列应用协议，用以说明如何用标准的 STEP 集成资源制定各个应用领域的产品数据模型，以满足不同应用领域的实际需要。作为标准，不同应用系统在交换、传输和存储产品数据时，强制要求符合应用协议的规定。

（4）实现形式：用什么方法在具体领域内实现产品信息的交换。

第一级：中性文件交换。

第二级：工作格式交换。

第三级：数据库交换。

第四级：知识库交换。

不同的 CAD/CAM 集成系统对数据交换的要求不同，可以根据具体情况选择一种或者多种交换方式。

（5）一致性测试：在具体的应用程序中，数据交换是否符合原来意图，需要经过一致性测试。STEP 制定了一致性测试过程、测试方法和测试评价标准。

STEP 是一个由应用层、逻辑层和物理层三层结构组成的标准。

应用层：描述应用领域的需求，建立需求模型。

逻辑层：通过对模型的分析、归类，找出共同点，形成统一的信息模型，或称为集成资源。统一的信息模型必须采用 EXPRESS 语言进行描述。

物理层：形成产品数据交换的中性文件，即 STEP 文件。

STEP 的应用：STEP 已经应用于机械、电子、航空航天、汽车、船舶等多个工程领域，应用领域很广。具体应用场合可以分为两大类：

（1）产品开发部门，具体应用包括：设计部门内群体的合作、产品全生命周期设计、集成化产品的开发、分布及并行作业、产品数据的长期存档。

（2）计算机辅助应用系统供应商，具体包括接口标准化和产品概念模型标准化。

10.2.2　人机交互模式

自然人机交互模式是以直接操纵为主的、与命令语言（特别是自然语言）共存的人机交互形式。理想的人机交互模式就是用户自由交互。

由于输入设备是多种多样的，而且对一个应用程序而言，可以有多个输入设备，同一个设备又可能为多个任务服务，这就要求对输入过程的处理要有合理的模式。

人机交互模式具体包括请求模式、采样模式、事件模式等。

（1）请求模式：在请求模式下，输入设备的启动是在应用程序中设置的。应用程序执行过程中需要输入数据时，暂停程序的执行，直到从输入设备接收到请求的输入数据后，才继续执行程序。请求模式的工作过程如图 10.5 所示。

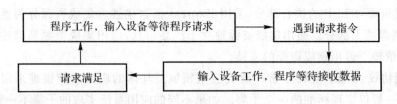

图 10.5　请求模式

（2）采样模式：输入设备和应用程序独立地工作。输入设备连续不断地把信息输入进来，信息的输入和应用程序中的输入命令无关。应用程序在处理其他数据的同时，输入设备也在工作，新的输入数据替换以前的输入数据。当应用程序遇到取样命令时，读取当前保存的输入设备数据。采样模式的工作过程如图 10.6 所示。

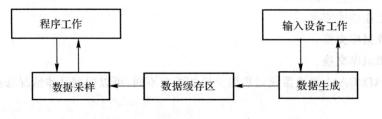

图 10.6　采样模式

优点：对连续的信息流输入比较方便，可以同时处理多个输入设备的输入信息。

缺点：当应用程序的处理时间较长时，可能会失掉某些输入信息。

（3）事件模式：输入设备和程序并行工作。输入设备把数据保存到一个输入队列（即事件队列），所有的输入数据都保存起来，不会遗失。应用程序可以随时检查这个事件队列，并且处理队列中的事件，或者删除队列中的事件。事件模式的工作过程如图 10.7 所示。

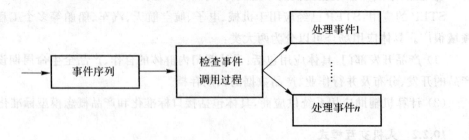

图 10.7　事件模式

10.2.3　定位技术

定位技术是确定平面或者空间中点的坐标，具体包括：

（1）键盘输入坐标位置。

（2）鼠标控制光标定位。

（3）光笔定位。

（4）图形输入板定位等。

定位技术是最基本的输入技术之一，通常可以分为直接定位和间接定位。

直接定位：用定位设备直接指定可视对象的位置，即精确定位方式。一般用输入设备配合文本控件和滑动条控件等来实现。

间接定位：通过定位设备的运动控制屏幕上的映射光标进行定位，即模糊定位方式。允许指定点位于预设的坐标范围内，一般用指点设备配合光标来实现。

【例 10.2】　利用水平和垂直滑动条，在 400×300 像素的可视区域内直接定位输出"Happy You!"。背景图像的数据使用 DIST(400,300)，并使用第 32 号颜色表伪彩显示。

程序如下：

```
;------------------------------------------------------------

; Ch10LocateDirect.pro

;------------------------------------------------------------

PRO SEv,Event
    WIDGET_CONTROL,Event.Top,GET_UVALUE=State,/NO_COPY
    WIDGET_CONTROL,State.Slid1,GET_VALUE=S1Val
    WIDGET_CONTROL,State.Slid2,GET_VALUE=S2Val
    TV,DIST(400,300),TRUE=0
    XYOUTS,S1Val,S2Val,'Happy You! ',CHARSIZE=2,CHARTHICK=2,COLOR=66,/DEV
    WIDGET_CONTROL,Event.Top,SET_UVALUE=State,/NO_COPY
END

;------------------------------------------------------------

PRO Ch10LocateDirect
    Tb=WIDGET_BASE(XSIZE=449,YSIZE=339,TITLE=' 精确定位 ')
    MyDraw=WIDGET_DRAW(Tb,XSIZE=400,YSIZE=300)     ;创建绘图窗口
    Slid1=WIDGET_SLIDER(Tb,XOFFSET=5,YOFFSET=310,Xs=390,Ys=20, $
        MINIMUM=0,MAXIMUM=499,VALUE=10,EVENT_PRO='SEv')
    Slid2=WIDGET_SLIDER(Tb,XOFFSET=420,YOFFSET=5,Xs=20,Ys=290, $
        MINIMUM=0,MAXIMUM=299,VALUE=10,EVENT_PRO='SEv',/VERT)
    WIDGET_CONTROL,Tb,/REALIZE
    WIDGET_CONTROL,MyDraw,GET_VALUE=Win & WSET,Win ;获取窗口索引＋激活
    DEVICE,DECOM=0   &   LOADCT,32,/SILENT
    TV,DIST(400,300),TRUE=0     ;伪彩显示图像
    XYOUTS,10,10,'Happy You! ',CHARSIZE=2,CHARTHICK=2,COLOR=66,/DEV
    State={Slid1:Slid1,Slid2:Slid2}
    WIDGET_CONTROL,Tb,SET_UVALUE=State
    XMANAGER,'Ch10LocateDirect',Tb
END

;------------------------------------------------------------
```

程序运行结果如图 10.8 所示。

图 10.8 直接定位

【**例 10.3**】 利用鼠标右键,在 400×300 像素的可视区域内间接定位输出一个边长为 50 个像素的正方形。可视区域背景设置为白色,并要求定位 6s 后删除可视窗口。

程序如下:

```
;——————————————————————————————————————
;Ch10LocateInDirect.PRO
;——————————————————————————————————————
PRO Ch10LocateInDirect
    DEVICE, DECOM=1 & ! P.BACKGROUND='FFFFFF'XL & ! P.COLOR='FF0000'XL
    WINDOW,6,XSIZE=400,YSIZE=300,TITLE='间接鼠标定位'
    PLOT,[0],/DEVICE,/NODATA,XSTYLE=4,YSTYLE=4
    Yn=DIALOG_MESSAGE('鼠标右键确定(6秒退出)',/INFO)
    CURSOR,Px,Py,/DEVICE,/CHANGE
    PLOTS,[Px,Px+50,Px+50,Px,Px],[Py,Py,Py+50,Py+50,Py],/DEVICE
    WHILE ! MOUSE.BUTTON NE 4 DO BEGIN
        CURSOR,Px,Py,/DEVICE,/CHANGE & ERASE
        PLOTS,[Px,Px+50,Px+50,Px,Px],[Py,Py,Py+50,Py+50,Py],/DEVICE
    ENDWHILE & WAIT,6
    WHILE (! D.WINDOW NE −1) DO WDELETE,! D.WINDOW
END
;——————————————————————————————————————
```

程序运行结果如图 10.9 所示。

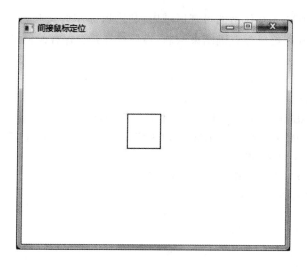

图 10.9 间接定位

10.2.4 笔画技术

笔画技术用于输入一组点坐标,相当于多次定位输入。输入的一组点常用于显示折线、曲线的控制点和字符的笔画等。

笔画交互具有连续性,使用(模拟)笔的连续绘制,可以产生字符、手势或者图形等。优点是便于携带,输入带宽信息量大,输入延迟小;缺点是字符识别较难,再现精度较低。

手写识别技术是笔画交互的基本技术,目前已经嵌入多种设备,得到广泛应用。

手写字符识别分为预处理、特征抽取、特征匹配和判别分析等 4 个阶段,具体识别过程如图 10.10 所示。

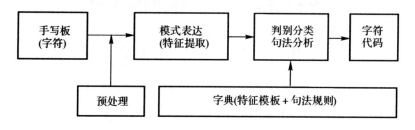

图 10.10 手写字符识别过程

目前流行的识别产品是清华紫光的 OCR 和微软的手写板。

数字墨水在数学上是通过三阶贝塞尔曲线来描述笔输入的笔迹的,记录格式与图像和文本格式都不同,该存储方式使得数字墨水文件很小,从而可以更有效地进行存储。

数字墨水的处理包括数字墨水的表示、压缩和显示,智能墨水分析技术,墨水标记和注解技术,墨水的智能操作以及墨水存储和搜索等一系列技术。

微软实现了数字墨水技术对英文、德文、法文、日文、简体和繁体中文等语言的支持。Windows XP Tablet PC Edition 拥有强大而简单的数字化墨水控件和 API,方便软件开发商将笔墨功能扩展到现有和即将推出的软件,而且与集成键盘和鼠标一样简单。

【例 10.4】 在 500×300 像素的可视区域内,利用鼠标左键交互定位一系列数据点,并绘制经过这些点的折线,利用鼠标右键结束绘制,最后选择是否保存绘制结果。

程序如下:

```
;—————————————————————————————————————
PRO Ch10DrawFoldLine
    WINDOW,6,XSIZE=500,YSIZE=300,TITLE='绘制折线 ' &  ;生成绘图窗口
    DEVICE,DECOM=0  & ! P.BACKGROUND=255  & ! P.COLOR=0
    LOADCT,0  &  ERASE
    CURSOR,X1,Y1,/DEVICE    ;获取初始采样点
    ;获取第二个采样点,直到鼠标右键按下,结束绘制
    WHILE (! MOUSE.BUTTON NE 4) DO BEGIN
        CURSOR,X2,Y2,/DEVICE
        PLOTS,[X1,X2], [Y1,Y2],/DEVICE
        X1=X2  &  Y1=Y2   ;把第二个采样点赋值给初始采样点
    ENDWHILE
    WAIT,0.1
    Yn=DIALOG_MESSAGE('保存绘制结果吗 ',TITLE=' 保存 ',/QUESTION)
    IF Yn EQ 'Yes' THEN BEGIN
        WRITE_JPEG,'ATempImage.jpg',TVRD(TRUE=1),QUALITY=100,TRUE=1
        Yn=DIALOG_MESSAGE(' 保存 ATempImage.jpg 成功! ',TITLE=' 信息 ')
    ENDIF
END
;—————————————————————————————————————
```

程序运行结果如图 10.11 所示。

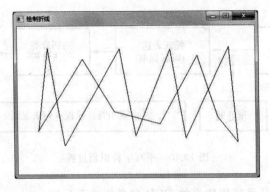

图 10.11　笔画技术(绘制折线)

【例 10.5】 在 400×300 像素的可视区域内,利用鼠标左(右)键交互书写任意字符和图案,要求可以任意擦除。

程序如下:

```
;—————————————————————————————————————
; Ch10DrawArbitrary.pro
;—————————————————————————————————————
```

```
PRO Ch10DrawArbitrary_EVENT,Ev
    WIDGET_CONTROL,Ev.TOP,GET_UVALUE=Info
    WIDGET_CONTROL,Ev.ID,GET_UVALUE=TmVa  &  WSET,Info.WinID
    CASE TmVa OF
        'Draw':BEGIN
            IF (Ev.PRESS GT 0) THEN BEGIN
                WIDGET_CONTROL,Ev.ID,DRAW_MOTION_EVENTS=1
                Info.x=Ev.x  &  Info.y=Ev.y
            ENDIF
            IF (Ev.RELEASE GT 0) THEN $
                WIDGET_CONTROL,Ev.id,DRAW_MOTION_EVENTS=0
            PLOTS,[Info.x,Ev.x],[Info.y,Ev.y],/DEVICE,THICK=2
            Info.x=Ev.x  &  Info.y=Ev.y
        END
        'Erase':ERASE  &  ELSE:
    ENDCASE
    WIDGET_CONTROL,Ev.TOP,SET_UVALUE=Info
END
;————————————————————————————————————————————
PRO Ch10DrawArbitrary
    DEVICE,DECOM=1 &  ! P.BACKGROUND='FFFFFF'XL  &  ! P.COLOR='000000'XL
    Tb=WIDGET_BASE(TITLE=' 任意绘制 ',/COL)
    TDraw=WIDGET_DRAW(Tb,XSIZE=400,YSIZE=300,UVALUE='Draw',/BUTTON_E)
    Bt=WIDGET_BUTTON(Tb,value=' 擦除 ',UVALUE='Erase',xsize=100)
    WIDGET_CONTROL,Tb,/realize
    WIDGET_CONTROL,TDraw,GET_VALUE=WinID  &  WSET,WinID  &  ERASE
    WIDGET_CONTROL,Tb,SET_UVALUE={WinID:WinID,x:-1,y:-1}
    XMANAGER,'Ch10DrawArbitrary',Tb
END
;————————————————————————————————————————————
```

程序运行结果如图 10.12 所示。

图 10.12 笔画技术(任意绘制)

10.2.5　定向/定量/定路径技术

定向用于控制可视对象在多个自由度下的具体方向。

定量用于设置可视对象的移动距离、旋转角度和缩放比例等参数数据。

定路径则是在预定时间或者空间内,确定由一系列定位点和方向角组成的路径,即定路径是定位和定量两种交互任务的有效组合。

定向/定量/定路径的控制设备可以是键盘、鼠标、旋钮、数字化仪、图形输入板、光笔、操纵杆等图形设备。

最基本最直接的控制方法是使用键盘输入预定数据,同时配合显示设备上的显示标尺、刻度、拉杆、角度盘、文本区、列表或者按钮等虚拟模拟设备,然后用户通过操作模拟设备来控制可视对象的位置、方向和路径。

【例10.6】　在 400×300 像素的可视区域内,根据指定的角度和字体大小,利用鼠标左键交互确定一条折线路径,且在路径的关键点绘制"HappyYou!",并利用鼠标右键结束绘制。

程序如下:

```
;——————————————————————————————————
; Ch10DirectionVolumePath.pro
;——————————————————————————————————
PRO PEv,Ev
    WIDGET_CONTROL,Ev.Top,GET_UVALUE=Info,/NO_COPY
    Yn=DIALOG_MESSAGE('先左击确定路径,再右击开始沿路径运动!',/Info)
    WIDGET_CONTROL,Info.Slid1,GET_VALUE=Va
    WIDGET_CONTROL,Info.Slid2,GET_VALUE=Vb  &  ERASE,COLOR=255
    CURSOR,Xx,Yy,/DEVICE    ;获取初始采样点
    XYOUTS,Xx,Yy,'HappyYou!',ORIEN=Va,CHARS=Vb,CHART=2,COLOR=0,/DEV
    ;获取第二个采样点,直到鼠标右键按下,结束绘制
    WHILE (! MOUSE.BUTTON NE 4) DO BEGIN
        CURSOR,Xm,Ym,/DEVICE
        PLOTS,[Xx,Xm],[Yy,Ym],COLOR=0,/DEVICE
        XYOUTS,Xm,Ym,'HappyYou!',ORIEN=Va,CHARS=Vb,CHART=2,COLOR=0,/DEV
        Xx=Xm  &  Yy=Ym
    ENDWHILE
    WIDGET_CONTROL,Ev.Top,SET_UVALUE=Info,/NO_COPY
END
;——————————————————————————————————
PRO SEv,Ev
    WIDGET_CONTROL,Ev.Top,GET_UVALUE=Info,/NO_COPY
    WIDGET_CONTROL,Info.Slid1,GET_VALUE=Va
    WIDGET_CONTROL,Info.Slid2,GET_VALUE=Vb  &  ERASE,COLOR=255
    XYOUTS,200,100,'HappyYou!',ORIEN=Va,CHARS=Vb,CHART=2,COLOR=66,/DEV
    WIDGET_CONTROL,Ev.Top,SET_UVALUE=Info,/NO_COPY
END
```

```
;——————————————————————————————————————————
PRO Ch10DirectionVolumePath
    Tb=WIDGET_BASE(XSIZE=400,YSIZE=339,TITLE='定向/定量/定路径')
    MyDraw=WIDGET_DRAW(Tb,XSIZE=400,YSIZE=300)   ;创建绘图窗口
    Lb=WIDGET_LABEL(Tb,XOFF=10,YOFF=315,Xs=30,Ys=20,VALUE='角度')
    Slid1=WIDGET_SLIDER(Tb,XOFF=40,YOFF=310,Xs=100,Ys=20, $
        MINIMUM=0,MAXIMUM=359,VALUE=0,EVENT_PRO='SEv')
    Lb=WIDGET_LABEL(Tb,XOFF=160,YOFF=315,Xs=30,Ys=20,VALUE='大小')
    Slid2=WIDGET_SLIDER(Tb,XOFF=200,YOFF=310,Xs=100,Ys=20, $
        MINIMUM=1,MAXIMUM=10,VALUE=1,EVENT_PRO='SEv')
    Btn=WIDGET_BUTTON(Tb,XOFF=330,YOFF=310,Xs=40,Ys=20, $
        VALUE='路径',EVENT_PRO='PEv')
    WIDGET_CONTROL,Tb,/REALIZE
    WIDGET_CONTROL,MyDraw,GET_VALUE=Win & WSET,Win ;获取窗口索引+激活
    DEVICE,DECOM=0  &  LOADCT,0,/SILENT  &  ERASE,COLOR=255
    XYOUTS,200,100,'HappyYou!',ORIEN=0,CHARS=1,CHART=2,COLOR=66,/DEV
    Info={Slid1:Slid1,Slid2:Slid2}
    WIDGET_CONTROL,Tb,SET_UVALUE=Info
    XMANAGER,'Ch10DirectionVolumePath',Tb
END
;——————————————————————————————————————————
```

程序运行结果如图 10.13 所示。

图 10.13 定向/定量/定路径

10.2.6 文本技术

文本技术是指利用选定的字符集,输入/输出字符串。键盘输入是目前输入文本最常用、最直接、最简单的方式,写字板的手写输入方式也备受欢迎,语音输入也逐渐集成到多种图形

设备中。

(1) 键盘输入：可以利用国际标准字符集（Unicode），并使用流行的字符输入方法（例如：英文的 ASCII 内码和汉字的五笔字型/拼音等），进行字符输入。

(2) 写字板输入：利用笔画技术，直观方便地实现字符的任意手写输入。

(3) 语音输入：计算机通过识别和理解过程把语音信号转变为相应的文本文件或者命令的技术。涉及领域：信号处理、模式识别、概率论、信息论、模糊集、粗糙集、数学形态学、发声机理、听觉机理和人工智能等。

完整的语音识别系统通常分为语音特征提取、声学模型与模式匹配、语言模型与语义理解等三部分。

对于输入的语音信号，首先需要进行滤波、采样、量化、加窗、端点检测和预加重等预处理；然后进行语音特征提取，即提取语音信号中的语音特征（语音本质特征＋数据压缩）；通过对语音音节的概率计算，建立相应的声学模型；最后在识别时将输入的语音特征与声学模型进行匹配与比较，从而得到最佳的识别结果。

目前采用的最广泛的建模技术是隐马尔可夫模型 HMM 建模和上下文相关建模。

【例 10.7】 在 400×259 像素的可视区域内，利用文本输入控件交互输入任意文本信息，同时在可视区的(10,100)处同步实时输出文本控件中的内容、系统日期和时间的组合文本信息，字体默认，字体大小和粗细均为 1。

程序如下：

```
;——————————————————————————————
; Ch10Text.pro
;——————————————————————————————
PRO RemPro,Ev        ;单击标注按钮后的过程处理
    WIDGET_CONTROL,Ev.TOP,GET_UVALUE=Info
    WIDGET_CONTROL,Info.Txt,GET_VALUE=Tm   &   ERASE,255
DEVICE,SET_FONT='Times', /TT_FONT
XYOUTS,10,100,Tm+' '+SYSTIME(),CHARS=1,CHART=1.6,COLOR=0,/DEV
END
;——————————————————————————————
PRO Ch10Text
    Tb=WIDGET_BASE(XSIZE=400,YSIZE=250,TITLE=' 文本技术 ')
    MyDraw=WIDGET_DRAW(Tb,XSIZE=400,YSIZE=200)      ;创建绘图区
    Txt=WIDGET_TEXT(Tb,VALUE='HappyYou! ',EVENT_PRO='RemPro', $
        XSIZE=60,YSIZE=1,XOFFSET=20,YOFFSET=210,/EDIT,/ALL_EV)
    WIDGET_CONTROL,Tb,/REALIZE
    WIDGET_CONTROL,MyDraw,GET_VALUE=Win  ;获取绘图区索引号
    WSET,Win  &  DEVICE,DECOM=0  &  LOADCT,0,/SILENT  &  ERASE,255
    Info={Txt:Txt}
    WIDGET_CONTROL,Tb,SET_UVALUE=Info  &  XMANAGER,'Ch10Text',Tb
END
;——————————————————————————————
```

程序运行结果如图 10.14 所示。

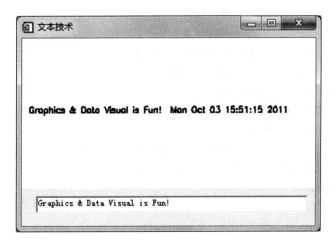

图 10.14　文本信息的交互同步输出

【例 10.8】　在 600×400 像素的可视区域内,设计一个文本编辑器,要求:

(1) 可以新建文本文档。

(2) 可以打开旧的文本文档。

(3) 可以保存当前文本文档。

程序如下:

```
;——————————————————————————————————————————————
;Ch10TextEditor.pro
;——————————————————————————————————————————————
PRO Ch10TextEditor_EVENT,Ev
    WIDGET_CONTROL,Ev.TOP,GET_UVALUE=Info
    WIDGET_CONTROL,Ev.ID,GET_UVALUE=Uval
    CASE Uval OF
      'FNew':BEGIN
        Info.Fi='Am.txt'  &  WIDGET_CONTROL,Info.TTxt,SET_VALUE=['']
      END
      'FOpen':BEGIN
        Info.Fi=DIALOG_PICKFILE(FILTER='*.txt',TITLE='选择',/MUST_EX)
        IF STRLEN(STRTRIM(Info.Fi,2)) EQ 0 THEN RETURN
        OPENR,Unit,Info.Fi,/GET_LUN  &  ITxt=[''] & LTxt='' & LNum=0
        WHILE NOT EOF(Unit) DO BEGIN
            READF,Unit,LTxt  &  ITxt=[ITxt,LTxt]  &  LNum++
        ENDWHILE  &  FREE_LUN,Unit
        IF (LNum EQ 0) THEN WIDGET_CONTROL,Info.TTxt,SET_VALUE=[''] $
        ELSE WIDGET_CONTROL,Info.TTxt,SET_VALUE=ITxt[1:LNum]
      END
      'FSave':BEGIN
        Fi=DIALOG_PICKFILE(FILTER='*.txt',TITLE='保存',FILE=Info.Fi)
        IF FILE_BASENAME(Fi) EQ 'Ch10TextEditor.txt' THEN RETURN
```

```
    IF STRLEN(STRTRIM(Fi,2)) EQ 0 THEN RETURN
    WIDGET_CONTROL,Info.TTxt,GET_VALUE=Ms
    LineNum=SIZE(Ms,/DIMENSIONS)   &   Ts=''
    FOR i=0,LineNum[0]-1 DO BEGIN
        IF (i EQ 0) THEN BEGIN
            Ts=Ms[i]+String(13B)+String(10B) ;回车 13+换行 10
        ENDIF ELSE BEGIN
            IF (i EQ LineNum[0]-1) THEN Ts=Ts+Ms[i] $
            ELSE Ts=Ts+Ms[i]+STRING(13B)+STRING(10B)
        ENDELSE
    ENDFOR
    OPENW,Lun,Fi,/GET_LUN   &   PRINTF,Lun,Ts   &   FREE_LUN,Lun
  END
  'FHelp':BEGIN
    OPENR,Unit,'Ch10TextEditor.txt',/GET_LUN
    ITxt=['']   &   LTxt='' &   LNum=0
    WHILE NOT EOF(Unit) DO BEGIN
        READF,Unit,LTxt   &   ITxt=[ITxt,LTxt]   &   LNum++
    ENDWHILE   &   FREE_LUN,Unit
    WIDGET_CONTROL,Info.TTxt,SET_VALUE=ITxt[1:LNum]
  END   &   ELSE:
  ENDCASE
  WIDGET_CONTROL,Ev.TOP,SET_UVALUE=Info
END
;————————————————————————————————————————————
PRO Ch10TextEditor
    DEVICE,GET_SCREEN_SIZE=Ss   &   Wt=600   &   Ht=400
    Tb=WIDGET_BASE(XOFFSET=(Ss[0]-Wt)/2,YOFFSET=(Ss[1]-Ht)/2, $
        MBAR=Mb,TITLE=' 文本编辑 ',Xs=Wt,Ys=Ht,TLB_FRAME_A=1,/SCROLL)
    Fb=WIDGET_BUTTON(Mb,VALUE=' 文件 ',/MENU)
    Bt=WIDGET_BUTTON(Fb,VALUE=' 新建 ',UVALUE='FNew')
    Bt=WIDGET_BUTTON(Fb,VALUE=' 打开 ',UVALUE='FOpen')
    Bt=WIDGET_BUTTON(Fb,VALUE=' 保存 ',UVALUE='FSave')
    Bt=WIDGET_BUTTON(Fb,VALUE=' 帮助 ',UVALUE='FHelp',/SEPARATOR)
    TTxt=WIDGET_TEXT(Tb,XSIZE=100,YSIZE=26,UVALUE='Tm',/WRAP, $
        SCR_XSIZE=593,SCR_YSIZE=370,/SCROLL,/EDITABLE,VALUE=[''])
    WIDGET_CONTROL,Tb,/REALIZE   &   Info={Fi:'Am.txt',TTxt:TTxt}
    WIDGET_CONTROL,Tb,SET_UVALUE=Info
    XMANAGER,'Ch10TextEditor',Tb
END
;————————————————————————————————————————————
```

程序运行结果如图 10.15 所示。

图 10.15　文本编辑器

10.2.7　引力技术

引力技术(几何约束)是一种定位的几何约束技术,通常用于对图形方向和对齐方式等进行规定和校准。通过在特定图素(例如:直线段)周围假想一个区域,当光标中心落在这个区域内时,就会自动地被直线上最近的一个点所代替,就像一个质点进入了直线周围的引力场,从而被吸引到该直线上,如图 10.16 所示。

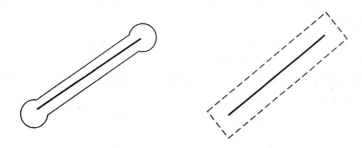

图 10.16　圆形和方形引力场

引力场的大小和形状要适中,太小则不易进入引力区,太大则线和线的引力区相交,光标在进入引力区相交部分时可能会被吸引到不希望的线段上,增大误接概率。

引力场可以有多种约束方式。最常用的是水平/垂直约束方式,即在绘制直线段时,要求只能绘制垂直或者水平方向的线段,如果给定的起点和终点连线和水平线的交角小于 45°,则绘出一条水平线,否则绘垂直线,从而可以使用户方便地实现水平和垂直直线的绘制,如图 10.17 所示。同时还可以使用其他类型的约束技术,例如:画矩形时按下预设的键可以约束画出正方形,画椭圆时按下预设的键可以约束画圆等。

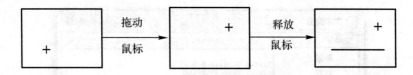

图 10.17   水平/垂直约束方式

网格锁定技术是帮助绘制整齐和精确图形的一种引力场技术。网格锁定一般用在用户坐标系统中,按照从用户坐标系的窗口到屏幕视区的变换映射到可视区域。网格一般是覆盖整个可视区的规则水平线和垂直线。应用程序把定位坐标舍入到最近的网格交叉点,从而使绘制的图形整齐和精确。网格锁定在绘制印刷线路板、管网图或者地图时非常有用。

【例 10.9】   在 400×300 像素的可视区域内,设计一个具有网格锁定功能的交互画线程序,要求网格为不可见水平线和垂直线,且网格行列间距均为 30 个像素;绘制线段的端点锁定在网格的交叉点上。

程序如下:

```
;————————————————————————————————————
; Ch10DrawLineGrid.pro
;————————————————————————————————————
PRO DrawLine,Ev
  WIDGET_CONTROL,Ev.TOP,GET_UVALUE=In   &   Len=30
  PosCase=['Down','Up','Motion']
  CASE PosCase(Ev.TYPE) OF
   'Down': BEGIN
     In.Xs=(Ev.x/Len)*Len   &   In.Ys=(Ev.y/Len)*Len
     WIDGET_CONTROL,Ev.ID,DRAW_MOTION_EVENTS=1   &   END
   'Up': BEGIN
     WIDGET_CONTROL,Ev.ID,DRAW_MOTION_EVENTS=0
     Ev.x=0>Ev.x<(In.Wx-1) & Ev.y=0>Ev.y<(In.Wy-1)
     IF (In.Xs EQ Ev.x) AND (In.Ys EQ Ev.y) THEN RETURN
     WSET,In.PWin & PLOTS,[In.Xs,In.Xd],[In.Ys,In.Yd],/DEV
     WSET,In.DWin & DEVICE,Copy=[0,0,In.Wx,In.Wy,0,0,In.PWin]
   END
   'Motion': BEGIN
     WSET,In.DWin & DEVICE,Copy=[0,0,In.Wx,In.Wy,0,0,In.PWin]
     In.Xd=(Ev.x/Len)*Len   &   In.Yd=(Ev.y/Len)*Len   &   Tc='FFFF00'XL
     PLOTS,[In.Xs,In.Xd],[In.Ys,In.Yd],/DEV,COLOR=Tc   &   END
  ENDCASE
  WIDGET_CONTROL,Ev.TOP,SET_UVALUE=In
END
;————————————————————————————————————
PRO Ch10DrawLineGrid
  DEVICE, DECOM=1 & ! P.BACKGROUND='FFFFFF'XL & ! P.COLOR='FF0000'XL
```

```
Tp=WIDGET_BASE(TLB_FRAME_ATTR=1,TITLE='引力技术')
Dr=WIDGET_DRAW(Tp,XS=400,YS=300,UVALUE='GDraw', $
    EVENT_PRO='DrawLine',/BUTTON_EV)
WIDGET_CONTROL,Tp,/Realize & WIDGET_CONTROL,Dr,GET_VALUE=DWin
WSET,DWin & ERASE & WINDOW,/FREE,XS=400,YS=300,/PIXMAP
PWin=!D.WINDOW  &  ERASE
In={Wx:400,Wy:300,DWin:DWin,PWin:PWin,Xs:0D,Ys:0D,Xd:0D,Yd:0D1}
WIDGET_CONTROL,Tp,SET_UVALUE=In
XMANAGER,'Ch10DrawLineGrid',Tp
END
;——————————————————————————————————————
```

程序运行结果如图 10.18 所示。

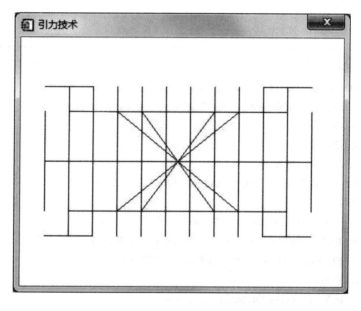

图 10.18　引力技术的网格锁定

10.2.8　橡皮筋技术

橡皮筋技术是指被拖动对象的形状和位置随着光标位置的不同而变化,而且不断地进行画图和擦除,直到得到满意的可视结果的技术。

常用的橡皮筋类型:橡皮筋线段、橡皮筋椭圆、橡皮筋矩形、橡皮筋多边形和橡皮筋椎体等。

橡皮筋技术拖放示意图如图 10.19 所示。

橡皮筋椭圆 Elip 的外切矩形 Rect 的一个顶点 A 固定,当与 Rect 的 A 相对应的对角顶点 B 移动时,生成的椭圆 Elip 跟着变化。一旦满意,则按下定位键,从而得到最终的可视椭圆。

橡皮筋矩形 Rect 的一个顶点 A 固定,当与 Rect 的 A 相对应的对角顶点 B 移动时,始终有一个矩形 Rect 跟着变化,直到满意为止。

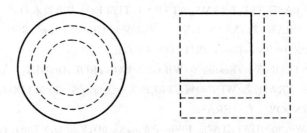

图 10.19 橡皮筋技术拖放示意图

【**例 10.10**】 在 400×300 像素的可视区域内,设计一个具有矩形橡皮筋功能的交互绘制矩形的画图程序,要求可以使用橡皮筋矩形在可视区域内任意绘制矩形。

程序如下:

```
;————————————————————————————————————
; Ch10DrawRectRubberBand.pro
;————————————————————————————————————
PRO DrawBox,Ev
   WIDGET_CONTROL,Ev.TOP,GET_UVALUE=In
   PossCase=['Down','Up','Motion']  &  TheEv=PossCase(Ev.type)
   CASE TheEv OF
     'Down': BEGIN
        In.Xs=Ev.x  &  In.Ys=Ev.y
        WIDGET_CONTROL,Ev.ID,DRAW_MOTION_EVENTS=1  &  END
     'Up': BEGIN
        WIDGET_CONTROL,Ev.ID,DRAW_MOTION_EVENTS=0
        Ev.x=0>Ev.x<(In.Wx−1) & Ev.y=0>Ev.y<(In.Wy−1)
        IF (In.Xs EQ Ev.x) AND (In.Ys EQ Ev.y) THEN RETURN
        WSET,In.PWin
        PLOTS,[In.Xs,In.Xs,In.Xd,In.Xd,In.Xs], $
              [In.Ys,In.Yd,In.Yd,In.Ys,In.Ys],/DEV
        WSET,In.DWin & DEVICE,Copy=[0,0,In.Wx,In.Wy,0,0,In.PWin]
     END
     'Motion': BEGIN
        WSET,In.DWin & DEVICE,Copy=[0,0,In.Wx,In.Wy,0,0,In.PWin]
        In.Xd=Ev.x  &  In.Yd=Ev.y  &  Tc='FFFF00'XL
        PLOTS,[In.Xs,In.Xs,In.Xd,In.Xd,In.Xs], $
              [In.Ys,In.Yd,In.Yd,In.Ys,In.Ys],/DEV,COLOR=Tc  &  END
   ENDCASE
   WIDGET_CONTROL,Ev.TOP,SET_UVALUE=In
END
;————————————————————————————————————
PRO Ch10DrawRectRubberBand
   DEVICE, DECOM=1 & ! P.BACKGROUND='FFFFFF'XL & ! P.COLOR='FF0000'XL
```

Tp=WIDGET_BASE(TLB_FRAME_ATTR=1,TITLE='橡皮筋技术')
Draw=WIDGET_DRAW(Tp,XS=400,YS=300,UVALUE='GDraw',$
　　　EVENT_PRO='DrawBox',/BUTTON_EVENTS)
WIDGET_CONTROL,Tp,/Realize & WIDGET_CONTROL,Draw,Get_Value=DWin
WSET,DWin & ERASE & WINDOW,/FREE,XS=400,YS=300,/PIXMAP
PWin=! D.WINDOW　&　ERASE
In={Wx:400,Wy:300,DWin:DWin,PWin:PWin,Xs:0D,Ys:0D,Xd:0D,Yd:0D}
WIDGET_CONTROL,Tp,SET_UVALUE=In
XMANAGER,'Ch10DrawRectRubberBand',Tp,/NO_BLOCK
END
;———

程序运行结果如图 10.20 所示。

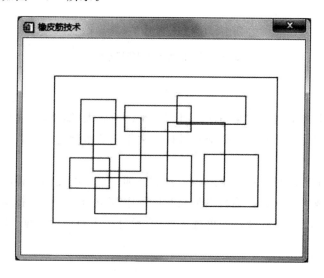

图 10.20　橡皮筋技术的长方形绘制结果

10.2.9　选择/移动/放缩/旋转/拾取技术

在图形系统中,选择、移动、放缩、旋转和拾取等技术,通常是组合在一起进行使用,实现复杂模型的拼装和定位及其相关操作,从而使复杂场景的模型设计工作更加直观、简便和高效。

1. 选择

选择是在设定的选择集中选出一个对象,并通过注视、指点或者接触等,使该对象成为后续行为的焦点。选择是交互过程中不可缺少的基本操作技术。

2. 移动

移动(拖动)是指把一个选定对象从一个原始位置移动到一个新的目标位置的过程。在移动对象时,不能简单地用光标指定新位置的一个点,而是在光标移动的过程中,需要始终拖动着被移动的对象,这样才会使用户感到更直观,并且可以把对象放置到视觉上比较满意的位置。

移动拖曳技术通常以定位输入为基础,应用程序不断地读取定位器位置,在每一原位置上擦去原有对象,再在新位置上显示该对象,从而使对象被用户在屏幕上拖曳到适当位置。其中显示和擦除操作与橡皮筋技术一样使用异或方式,以便不影响其他图形。

移动可以分为图形模式和图像模式等。

在图形模式下,被拖动的图形对象通常显示为虚线。

在图像模式下,被拖动的图形对象通常反向显示。

图形对象和图像对象的移动过程如图 10.21 所示。

(a)   (b)

图 10.21 图形和图像移动技术

(a)图形模式移动;(b)图像模式移动

3. 放缩

放缩是指把一个选定对象按照等比(变比)从小(大)放大(缩小)的过程。放缩与移动一样也需要橡皮筋技术的支持。放缩也是交互过程中常用的基本操作技术。

4. 旋转

旋转是指把一个选定对象从一个原始位置旋转到一个新的目标位置的过程。旋转与移动一样也需要橡皮筋技术的配合。旋转也是交互过程中常用的基本操作技术。

【例 10.11】 在 400×300 像素的可视区域内,设计一个对曲面数据 DIST(40)进行交互旋转跟踪的程序。

程序如下:

```
;————————————————————————————————————————————————————
; Ch10SurfaceTrackBall.pro
;————————————————————————————————————————————————————
PRO Ch10SurfaceTrackBall_EVENT,Ev
    WIDGET_CONTROL,Ev.TOP,GET_UVALUE=State
    WIDGET_CONTROL,Ev.ID,GET_UVALUE=Va
    IF Va NE 'DrawEv' THEN RETURN
    IF (Ev.TYPE EQ 4) THEN BEGIN
        State.Win—>Draw,State.Viw  &  RETURN
    ENDIF
    Trans=State.Trk—>Update(Ev,TRANSFORM=Mat2)
    IF (Trans NE 0) THEN BEGIN
        State.TMod—>GetProperty,TRANSFORM=Mat1
        State.TMod—>SetProperty,TRANSFORM=Mat1 # Mat2
        State.Win—>Draw,State.Viw
    ENDIF
```

```
    IF (Ev.TYPE EQ 0) THEN WIDGET_CONTROL,State.Td,/DRAW_MOTION
    IF (Ev.TYPE EQ 1) THEN WIDGET_CONTROL,State.Td,DRAW_MOTION=0
    WIDGET_CONTROL,Ev.top,SET_UVALUE=State
END
;————————————————————————————————————————
PRO Ch10SurfaceTrackBall
    Tb=WIDGET_BASE(/COLUMN,XPAD=0,YPAD=0,TITLE=' 鼠标交互跟踪 ')
    Td=WIDGET_DRAW(Tb,XSIZE=400,YSIZE=300,UVALUE='DrawEv', $
        EXPOSE_EVENTS=1,/BUTTON_EVENTS,GRAPHICS=2)
    Tl=WIDGET_LABEL(Tb,VALUE=' 鼠标左键交互跟踪 ',/ALIGN_C,XSIZE=400)
    WIDGET_CONTROL,Tb,/REALIZE   &   WIDGET_CONTROL,Td,GET_VALUE=Win
    Viw=OBJ_NEW('IDLgrView',PROJECTION=2,EYE=3,ZCLIP=[1.6,-1.6], $
        VIEWPLANE=[-1,-1,2,2],COLOR=[230,230,230])
    Surf=OBJ_NEW('IDLgrSurface',DIST(40),STYLE=2,SHADING=1, $
        COLOR=[0,255,255],BOTTOM=[0,255,0])
    Surf->GetProperty,XRANGE=Xr,YRANGE=Yr,ZRANGE=Zr
    Xs=[-0.6,1.2/(Xr[1]-Xr[0])]   &   Ys=[-0.6,1.2/(Yr[1]-Yr[0])]
    Zs=[-0.36,1.2/(Zr[1]-Zr[0])]
    Surf->SetProperty,XCOORD=Xs,YCOORD=Ys,ZCOORD=Zs
    TMod=OBJ_NEW('IDLgrModel')   &   TMod->Add,Surf
    SLit=OBJ_NEW('IDLgrLight',TYPE=1,LOCAT=[6,6,6]) & TMod->Add,SLit
    SLit=OBJ_NEW('IDLgrLight',TYPE=0,INTENSITY=0.6) & TMod->Add,SLit
    Trk=OBJ_NEW('Trackball',[200,150],200)   &   Viw->Add,TMod
    State={Td:Td,Win:Win,Viw:Viw,Trk:Trk,TMod:TMod}
    WIDGET_CONTROL,Tb,SET_UVALUE=State
    XMANAGER,'Ch10SurfaceTrackBall',Tb
END
;————————————————————————————————————————
```

程序运行结果如图 10.22 所示。

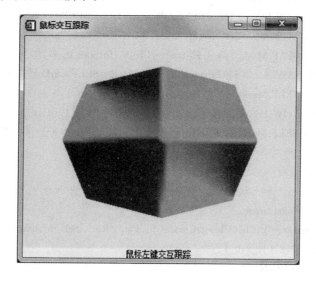

图 10.22 鼠标交互跟踪

5. 拾取

拾取是指利用具有特定意义和形状的光标（指针），获取可视对象的点、线、面或者体本身等信息，从而为后续的添加、修改、删除、移动、放缩和旋转等操作提供相应的参数和数据等。显然，拾取可视对象是交互技术的重要任务之一。

（1）光标的图标和含义。在对可视对象进行建模、编辑和变换时，通常需要给光标设定一个指定颜色和形状的图标，以显示用户操作的具体含义。

常用的指针图标主要包括图像图标、系统图标和用户定义图标等。

图像图标：利用一幅较小分辨率的图像作为图标。可以丰富图标的风格和样式。

系统图标：直接利用软件系统本身提供的默认图标作为图标。使用灵活方便。

用户定义图标：用户可以根据实际功能自行设计相应的图标。自主个性化。

【例 10.12】 利用图像文件 Ch10ChangeCursorPan.bmp，Ch10ChangeCursorRot.bmp 和 Ch10ChangeCursorScl.bmp，按照相应的图像设计具有平移、旋转和放缩含义的图像指针的程序，要求在改变操作类型时，显示相应的图像图标。

程序如下：

```
;——————————————————————————————————————
; Ch10ChangeCursor.pro
;——————————————————————————————————————
PRO SysEv,Ev
    IF (WIDGET_INFO(Ev.TOP,/UNAME) EQ 'WBase') THEN $
        WIDGET_CONTROL,Ev.TOP,GET_UVALUE=OSys & OSys->HandleEvent,Ev
END
;——————————————————————————————————————
PRO CsSys::HandleEvent,Ev
    CASE WIDGET_INFO(Ev.ID,/UNAME) OF
        'DrEv':IF Tag_Names(Ev,/STRUCTURE_NA) EQ 'WIDGET_DRAW' THEN $
            IF Ev.TYPE EQ 4 THEN SELF.OWin->Draw,SELF.OSce
        'ShEv':SELF.OWin->SetCurrentCursor,IMAGE=SELF.CurDat[0,*], $
            Mask=SELF.Mask[0,*],Hotspot=SELF.HotSpot[0,*]
        'RtEv':SELF.OWin->SetCurrentCursor,IMAGE=SELF.CurDat[1,*], $
            Mask=SELF.Mask[1,*],Hotspot=SELF.HotSpot[1,*]
        'ScEv':SELF.OWin->SetCurrentCursor,IMAGE=SELF.CurDat[2,*], $
            Mask=SELF.Mask[2,*],Hotspot=SELF.HotSpot[2,*] & ELSE:
    ENDCASE
END
;——————————————————————————————————————
PRO CsSys::Ch10ChangeCursor
    File=SELF.RootDir+'\\Ch10ChangeCursor'+['Pan','Rot','Scl']+'.bmp'
    Idx=[[2,0,1],[3,2,1],[2,0,1]]
    FOR n=0,2 DO BEGIN
        IArr=REVERSE(READ_IMAGE(File[n])) & SArr=STRARR(16)
        FOR i=0,15 DO BEGIN
```

```
            Tmp=''
            FOR j=0,15 DO BEGIN
              IF IArr[j,i] EQ Idx[0,n] THEN Str=' '
              IF IArr[j,i] EQ Idx[1,n] THEN Str='#'
              IF IArr[j,i] EQ Idx[2,n] THEN Str='.'  &  Tmp=Str+Tmp
            ENDFOR
            SArr[15-i]=Tmp
        ENDFOR
        Cs=CREATE_CURSOR(SArr,HotSpot=Hst,Mask=Msk)
        SELF.Mask[n,*]=Msk & SELF.CurDat[n,*]=Cs
        SELF.HotSpot[n,*]=Hst
    ENDFOR
END
;————————————————————————————————————————————
PRO CsSys::Create
    SELF.Tlb=Widget_Base(UNAME='WBase',UVAL=SELF,TIT=' 鼠标 ',MBar=Mb)
    WIDGET_CONTROL,SELF.Tlb,/REALIZE
    PId=Widget_Button(Mb,Value=' 鼠标状态 ',UNAME='CuSt',/Menu)
    Wdg=Widget_Button(PId,Value=' 平移 ',UNAME='ShEv')
    Wdg=Widget_Button(PId,Value=' 旋转 ',UNAME='RtEv')
    Wdg=Widget_Button(PId,Value=' 缩放 ',UNAME='ScEv')
    MBas=Widget_Base(SELF.Tlb,Space=0,XPad=0,YPad=0,/Row)
    CDr=Widget_Draw(MBas,Retain=0,UNAME='DrEv', $
        XSize=SELF.Geom[0],YSize=SELF.Geom[1],Scr_XSize=SELF.Geom[0], $
        Scr_YSize=SELF.Geom[1],/App_Scroll,Graphics=2)
    WIDGET_CONTROL,CDr,GET_VALUE=OWin  &  SELF.OWin=OWin
    SELF.OSce=Obj_New('IDLgrScene',Color=SELF.color)
    SELF.OWin->SetProperty,Graphics_Tree=SELF.OSce
    SELF.OWin->SetCurrentCursor,'ARROW'  &  SELF.OWin->Draw,SELF.OSce
    Device,Get_Screen_Size=screenSize
    WIDGET_CONTROL,SELF.Tlb,Tlb_Get_Size=baseSize
    OfSt=(screenSize-baseSize)/2
    WIDGET_CONTROL,SELF.Tlb,Tlb_Set_XOff=OfSt[0],Tlb_Set_YOff=20
    WIDGET_CONTROL,SELF.Tlb,/Map
    XManager,'Ch10ChangeCursor',SELF.Tlb,Event_Hand='SysEv',/No_Block
END
;————————————————————————————————————————————
PRO CsSys::Cleanup
    TmCt=BIndgen(256,3)  &  TVLCT,TmCt  &  DEVICE,DECOM=1
END
;————————————————————————————————————————————
FUNCTION CsSys::Init,RootDir
    SELF.RootDir=RootDir & DEVICE,DECOM=0
```

```
    SELF.Geom=[400,300]  &  SELF.COLOR=[255,255,255]
    SELF->Ch10ChangeCursor  &  SELF->Create  &  RETURN,1
END
;—————————————————————————————————————————————
PRO CsSys__Define
    Void={CsSys,RootDir:'',Tlb:0L,Geom:INTARR(2),Color:INTARR(3), $
        CurDat:LONARR(3,16),HotSpot:LONARR(3,2), $
        Mask:LONARR(3,16),OWin:Obj_New(),OSce:Obj_New()}
END
;—————————————————————————————————————————————
PRO Ch10ChangeCursor
    Cd,CURRENT=RootDir  &  OSys=Obj_New('CsSys',RootDir)
END
;—————————————————————————————————————————————
```

程序运行结果如图 10.23 所示。

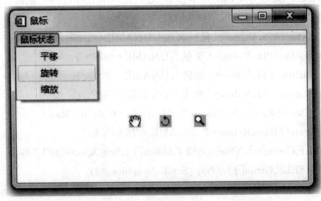

图 10.23　图像图标

【例 10.13】　利用系统提供的默认图标,设计具有常用功能的系统指针的程序,要求在改变操作类型时,显示相应的系统图标。

程序如下:

```
;—————————————————————————————————————————————
; Ch10ChangeCursorDir.pro
;—————————————————————————————————————————————
PRO Ch10ChangeCursorDir_EVENT,Ev
    WIDGET_CONTROL,Ev.TOP,GET_UVALUE=CurVal
    UName=WIDGET_INFO(Ev.ID,/UNAME)
    IF UName EQ 'Dir' THEN DEVICE,CURSOR_STAND=CurVal[Ev.INDEX]
END
;—————————————————————————————————————————————
PRO Ch10ChangeCursorDir
    TBase=WIDGET_BASE(TITLE='鼠标形状',/COL)
```

```
MySel=WIDGET_BASE(TBase,/ROW)
Mylab=WIDGET_LABEL(MySel,VALUE='鼠标指针形状')
CurType=['箭头','I字形','沙漏','十字形','上箭头','左斜双箭头', $
    '右斜双箭头','水平双箭头','垂直双箭头','移动', $
    '禁止','小手','箭头+沙漏','帮助']
CurVal=[32512,32513,32514,32515,32516, $
    32642,32643,32644,32645,32646,32648,32649,32650,32651]
DiDrop=WIDGET_DROPLIST(MySel,VALUE=CurType,UNAME='Dir')
MyDraw=WIDGET_DRAW(TBase,XSIZE=400,YSIZE=260)
WIDGET_CONTROL,TBase,/REALIZE
WIDGET_CONTROL,MyDraw,GET_VALUE=DiWin
DEVICE,DECOM=0  &  LOADCT,32  &  WSET,DiWin
TVSCL,DIST(400,260)
WIDGET_CONTROL,TBase, SET_UVALUE=CurVal
XMANAGER,'Ch10ChangeCursorDir',TBase
END
```
;――

程序运行结果如图 10.24 所示。

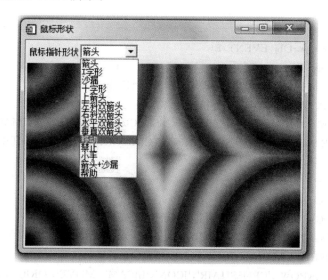

图 10.24　系统图标

【例 10.14】　利用系统提供的默认图标和用户定义的图标,设计具有常用功能的系统指针和用户定义指针的程序,要求在改变操作类型时,显示相应的系统图标。

程序如下:

;――
; Ch10ChangeCursorObj.pro
;――
```
FUNCTION GenMagic
    StrArr=['                ', $
```

```
            '      #          ', $
            '  #   #   #      ', $
            '  #######        ', $
            '  #       #      ', $
            ' #       #       ', $
            '###     ###      ', $
            ' #       #       ', $
            ' #       #       ', $
            ' #########        ', $
            ' #   #  ###       ', $
            '    #   ###       ', $
            '       ###        ', $
            '        ###       ', $
            '         ##       ', $
            '                 ']
    CurImg=CREATE_CURSOR(StrArr,HOTSPOT=HotSpot,MASK=Mask)
    REGISTER_CURSOR,'Mag',CurImg,HOTSPOT=HotSpot, MASK=Mask
    RETURN, CurImg
END
;———————————————————————————————————————
PRO Ch10ChangeCursorObj_EVENT,Ev
    WIDGET_CONTROL,Ev.TOP,GET_UVALUE=State
    IF WIDGET_INFO(Ev.ID,/UNAME) NE 'Obj' THEN RETURN
    IF (Ev.INDEX GE 13) THEN BEGIN
        CurImg=GenMagic() & State.ObWin->SETCURRENTCURSOR,IMAGE=CurImg
    ENDIF ELSE State.ObWin->SETCURRENTCURSOR,(State.CurType)[Ev.INDEX]
END
;———————————————————————————————————————
PRO Ch10ChangeCursorObj
    TBase=WIDGET_BASE(TITLE=' 鼠标形状 ',/COL)
    MySel=WIDGET_BASE(TBase,/ROW )
    Mylab=WIDGET_LABEL(MySel,VALUE=' 鼠标指针形状 ')
    CurType=['ARROW','CROSSHAIR','ICON','IBEAM','MOVE','ORIGINAL', $
        'SIZE_NE','SIZE_NW','SIZE_SE','SIZE_SW','SIZE_NS','SIZE_EW', $
        'UP_ARROW','User']
    ObDrop=WIDGET_DROPLIST(MySel,VALUE=CurType,UNAME='Obj')
    ObDraw=WIDGET_DRAW(TBase,XSIZE=400,YSIZE=260,GRAPHICS=2,RETAIN=2)
    WIDGET_CONTROL,TBase,/REALIZE
    WIDGET_CONTROL,ObDraw,GET_VALUE=ObWin
    ObView=OBJ_NEW('IDlgrView',COLOR=[255,255,0])
    ObWin->DRAW,ObView  &   State={ObWin: ObWin,CurType:CurType}
    WIDGET_CONTROL,TBase, SET_UVALUE=State
    XMANAGER, 'Ch10ChangeCursorObj',TBase
```

END

;——

程序运行结果如图 10.25 所示。

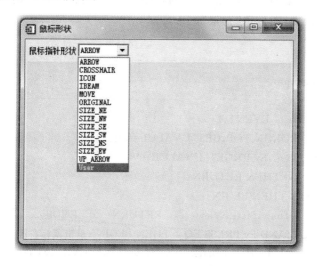

图 10.25　用户定义图标

（2）拾取方法。拾取对象通常使用名称法、特征点法、外接矩形法、分类法、直接法和矩形（盒子）包围法等。

1）名称法：用户可以通过指定欲拾取对象的名称来实现拾取。缺点是需要记住拾取对象的名称。通常使用列表记录所有对象，然后通过列表选取对象。

2）特征点法：操作时首先把操作对象的特征点（例如：线段的端点和圆的圆心等），以反向模式醒目显示，用户通过选择特征点来拾取对象。该方法涉及的内部计算较少。

特征点法的成功应用是操作柄交互技术。用户可以通过操作柄，方便地对可视对象进行放缩、旋转、错切等几何变换。即：用户首先选择待处理对象，则在该对象的周围就会出现操作柄，通过移动或者旋转操作柄就可以非常方便、直接、快捷地实现相应的操作。

3）外接矩形法：操作时首先为操作对象确定一个虚线的外接矩形（默认四边与坐标轴平行），用户只要选中矩形内的任意位置，就表示拾取该对象。该方法适用于边界矩形非重选的情况。

4）分类法：把点、折线和弧线等分别在有关按键的控制下进行拾取。优点是有助于减少计算。

5）直接法：使用游标直接拾取。即：只要有线条穿过以游标所在位置为中心的标志正方形（使用预设默认边长），就拾取相应的操作对象。

6）矩形包围法：使用橡皮筋技术，通过指定的矩形区域，对完全包含在矩形内的对象进行拾取，而在矩形外或者只有部分包含在矩形内的对象则均不拾取。

（3）拾取对象。拾取的对象可以是点、线（直线段/折线/曲线）、面（平面片/折面/曲面）、体和字符（字符串）等。

1）点：利用以光标为圆心 o、以预设值 r 为半径的圆形区域 $R(o,r)$ 作为拾取点的标准。即如果点 D 在 $R(o,r)$ 内，则拾取 D，否则不拾取。显然，r 是点的拾取精度，因此 r 的选择不宜过小或者过大,一定要适中。

【例 10.15】 已知曲面数据 Data 为 DIST(40,40),则在 400×300 像素的可视区域内,设计一个可以显示曲面数据 Data 对应的曲面的程序,并要求可以使用右击鼠标实现曲面上数据点的拾取;如果右击背景,则显示"背景"。

程序如下:

```
;----------------------------------------------------------------
; Ch10SurfacePickData.pro
;----------------------------------------------------------------
PRO Ch10SurfacePickData_EVENT,Ev
    WIDGET_CONTROL,Ev.TOP,GET_UVALUE=State
    WIDGET_CONTROL,Ev.ID,GET_UVALUE=Va
    IF Va NE 'DrawEv' THEN RETURN
    IF Ev.TYPE EQ 4 THEN BEGIN
       State.Win->Draw,State.SView  &  RETURN  &  ENDIF
    IF Ev.TYPE EQ 0 AND Ev.PRESS EQ 4 THEN BEGIN  ;单击鼠标右键
    Pk=State.Win->PickData(State.SView,State.Surf,[Ev.x,Ev.y],Dat)
       IF Pk EQ 1 THEN BEGIN
         SStr=STRING(Dat[0],Dat[1],Dat[2], $
           FORMAT='("数据点(",F9.5,",",F9.5,",",F9.5,")")')
         WIDGET_CONTROL,State.Tl,SET_VALUE=SStr
       ENDIF ELSE WIDGET_CONTROL,State.Tl,SET_VALUE='背景!'
       State.BtDn=4B  &  WIDGET_CONTROL,State.Td,/DRAW_MOTION
    ENDIF
    IF Ev.TYPE EQ 2 AND State.BtDn EQ 4B THEN BEGIN   ;拖动鼠标右键
    Pk=State.Win->PickData(State.SView,State.Surf,[Ev.x,Ev.y],Dat)
       IF Pk EQ 1 THEN BEGIN
         SStr=STRING(Dat[0],Dat[1],Dat[2], $
           FORMAT='("数据点(",F9.5,",",F9.5,",",F9.5,")")')
         WIDGET_CONTROL,State.Tl,SET_VALUE=SStr
       ENDIF ELSE WIDGET_CONTROL,State.Tl,SET_VALUE='背景!'
    ENDIF
    IF Ev.TYPE EQ 1 THEN BEGIN
       State.BtDn=0B & WIDGET_CONTROL,State.Td,DRAW_MOTION=0 & ENDIF
    WIDGET_CONTROL,Ev.TOP,SET_UVALUE=State
END
;----------------------------------------------------------------
PRO Ch10SurfacePickData
    Tb=WIDGET_BASE(/COLUMN,XPAD=0,YPAD=0,TITLE='捕捉数据')
    Td=WIDGET_DRAW(Tb,XSIZE=400,YSIZE=300,UVALUE='DrawEv', $
       EXPOSE_EVENTS=1,/BUTTON_EVENTS,GRAPHICS=2)
    Tl=WIDGET_LABEL(Tb,VALUE='右键捕捉数据',/ALIGN_CENTER,XSIZE=400)
    WIDGET_CONTROL,Tb,/REALIZE  &  WIDGET_CONTROL,Td,GET_VALUE=Win
```

```
SView=OBJ_NEW('IDLgrView',PROJECTION=2,EYE=3,ZCLIP=[1.6,−1.6], $
     VIEWPLANE=[−1,−1,2,2],COLOR=[200,200,200])
Surf=OBJ_NEW('IDLgrSurface',DIST(40),STYLE=2,SHADING=1, $
     COLOR=[0,255,255],BOTTOM=[0,255,0])
Surf−>GetProperty,XRANGE=Xr,YRANGE=Yr,ZRANGE=Zr
Xs=[−0.6,1.2/(Xr[1]−Xr[0])]   &   Ys=[−0.6,1.2/(Yr[1]−Yr[0])]
Zs=[−0.36,1.2/(Zr[1]−Zr[0])]
Surf−>SetProperty,XCOORD=Xs,YCOORD=Ys,ZCOORD=Zs
TMod=OBJ_NEW('IDLgrModel')   &   TMod−>Add,Surf
SLit=OBJ_NEW('IDLgrLight',TYPE=1,LOCAT=[6,6,6])  &  TMod−>Add,SLit
SLit=OBJ_NEW('IDLgrLight',TYPE=0,INTENSITY=0.6)  &  TMod−>Add,SLit
SView−>Add,TMod   &   TMod−>Rotate,[1,0,0],−90
TMod−>Rotate,[0,1,0],30   &   TMod−>Rotate,[1,0,0],30
State={BtDn:0B,Td:Td,Tl:Tl,Win:Win,SView:SView,Surf:Surf}
WIDGET_CONTROL,Tb,SET_UVALUE=State
XMANAGER,'Ch10SurfacePickData',Tb
END
;—————————————————————————————————
```

程序运行结果如图 10.26 所示。

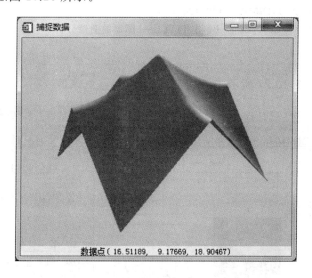

图 10.26　曲面数据点拾取

2）线（直线段/折线/曲线）。

直线段：通过直线段的两个端点 A 和 B，来拾取整个直线段 AB，即首先拾取端点 A，然后利用直线段 AB 的斜率和长度，进一步确定端点 B 是否在拾取区域。

折线：通过拾取组成折线的直线段来实现折线的拾取。

曲线：首先把曲线离散化为折线，然后通过拾取折线来实现曲线的拾取。

3）面（平面片/折面/曲面）。

平面片：拾取组成平面片的特征点或者特征直线段，进而拾取平面片。

折面：拾取组成折面的平面片或者平面片的特征点/特征直线段。

曲面：把曲面离散化为折面。

4）体：利用球形或者长方体的拾取空间，拾取组成体的特征点、特征线或者特征面，进而拾取相应的体对象。需要进行相应的包含性测试。

5）字符和字符串。

字符：利用字符参考点的显示区域是否包含拾取点来拾取。

字符串：拾取组成字符串的每一个字符，或者特征字符。

注意：为了实现复杂场景的实时交互，通常需要使用过滤法（通过标记过滤不可选对象）、粗判法（先粗判再细判）和固化法（硬件实现基本图形对象的拾取）等加速技术。

【例 10.16】 在 400×400 像素的可视区域内，设计一个可以对图形数据 DIST(260) 进行图像特征分析，并且可以利用常用的交互技术，对点、线、矩形、椭圆和文本等进行交互编辑的图形图像处理程序。

程序如下：

```
;————————————————————————————————————————————
; Ch10ImageAnalysis.pro
;————————————————————————————————————————————
PRO Ch10ImageAnalysis
    DEVICE,DECOM=0  &  LOADCT,32,/SI  &  TVLCT,Rr,Gg,Bb,/GET
    IIMAGE,DIST(260),DIME=[400,400], $
        RGB_TAB=[[Rr],[Gg],[Bb]],TITLE='图形的图像分析'
END
;————————————————————————————————————————————
```

程序运行结果如图 10.27 所示。

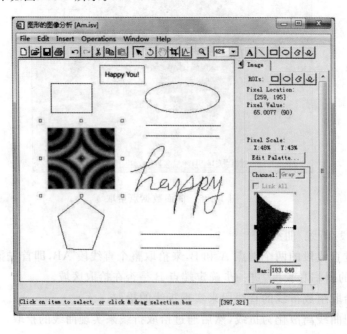

图 10.27　图形图像编辑分析

提示:利用 IImage 可以方便地实现图形数据的图像特征分析,并可以进行相应的二次开发。

10.2.10　菜单技术

菜单已经成为几乎所有软件通用的交互技术,用于指定命令、确定操作对象或者选定属性等场合。使用菜单可以很好地改善应用系统用户接口的友好性。

1. 菜单的层次结构

菜单的层次结构可以根据所选对象的数量、性质以及彼此的逻辑关系来确定,既可以使用单层结构,又可以使用多层结构。对于多层结构,通常采用树型层次结构。

2. 菜单的分类

菜单可以分为文本菜单、图形菜单、图像菜单和列表及其组合等。

(1) 文本菜单:文本菜单的每个菜单项通常使用文本字符来表示。菜单的排列方式可以是单列式、单行式,或者矩阵式,这种方式的菜单比较容易组织和实现。

【例 10.17】　按照图 10.28 的 GUI,完成图形贴图程序。

具体要求:

1) 使用文本菜单方式和标准的下拉弹出式菜单方式。

2) 默认曲面数据是 DIST(41)。

3) 默认的图像文件是 ImageRose.jpg。

4) 曲面的显示方式为:点面、网格、曲面、X 向平行线和 Y 向平行线。

5) 可以把可视结果保存为.jpg 或者.tif 格式的图像文件。

6) 可以把可视结果打印输出。

7) 可以显示或者隐藏曲面的遮挡内容。

8) 可以通过程序调用,改变曲面的数据,贴图图像,显示和隐藏方式以及 X,Y,Z 轴的标题。调用格式如下:

Ch10InteractiveSurface,SurfaceData,HideLine=HideLine, $

　　　XTitle=XTitle,YTitle=YTitle,ZTitle=ZTitle,Image=Image

其中:SurfaceData 代表导入的 2D 曲面数据;HideLine 代表遮挡内容的显示与隐藏;XTitle,YTitle 和 ZTitle 分别表示 X,Y,Z 轴的标题;Image 表示导入贴图的图像数据。

程序如下:

```
;———————————————————————————————————
; Ch10InteractiveSurface.pro
;———————————————————————————————————
FUNCTION ASPECT,Ar,WindowAspect=Wr
    IF Ar EQ 0 THEN Ar=1.0
    IF N_ELEMENTS(Wr) EQ 0 THEN Wr=FLOAT(! D.Y_VSIZE)/! D.X_VSIZE
    IF (Ar LE Wr) THEN BEGIN
        Xs=0.15 & Xe=0.85 & Ys=0.5-0.35 * (Ar/Wr) & Ye=0.5+0.35 * (Ar/Wr)
    ENDIF ELSE BEGIN
        Ys=0.15 & Ye=0.85 & Xs=0.5-0.35 * (Wr/Ar) & Xe=0.5+0.35 * (Wr/Ar)
    ENDELSE
```

```
        Position=[Xs,Ys,Xe,Ye]  &  RETURN,Position
END
;———————————————————————————————————————
FUNCTION Norm,Rg,Position=Pos
    Pos=Float(Pos)  &  Rg=Float(Rg)
    Scale=[(((Pos[0] * Rg[1])-(Pos[1] * Rg[0]))/(Rg[1]-Rg[0])),$
(Pos[1]-Pos[0])/(Rg[1]-Rg[0])] & RETURN,Scale
END
;———————————————————————————————————————
PRO HappyCleanup,Tlb
    WIDGET_CONTROL,Tlb,Get_UValue=Info
    IF N_ELEMENTS(Info) NE 0 THEN Obj_Destroy,Info.Tc
END
;———————————————————————————————————————
PRO HappyDrawEvent,Ev
    WIDGET_CONTROL,Ev.TOP,Get_UValue=Info,/No_Copy
    DrawTypes=['PRESS','RELEASE','MOTION','SCROLL','EXPOSE']
    ThisEvent=DrawTypes(Ev.TYPE)
    CASE ThisEvent OF
        'PRESS':WIDGET_CONTROL,Ev.ID,Draw_Motion_Events=1
        'RELEASE':WIDGET_CONTROL,Ev.ID,Draw_Motion_Events=0 & ELSE:
    ENDCASE
    NeedUpdate=Info.Tt->Update(Ev,Transform=ThisTransform)
    IF NeedUpdate THEN BEGIN
        Info.Tm->GetProperty,Transform=MTransform
        Info.Tm->SetProperty,Transform=MTransform # ThisTransform
    ENDIF
    Info.Tw->Draw,Info.Tvw
    WIDGET_CONTROL,Ev.TOP,Set_UValue=Info,/No_Copy
END
;———————————————————————————————————————
PRO Hs,Ev
    WIDGET_CONTROL,Ev.TOP,Get_UValue=Info,/No_Copy
    WIDGET_CONTROL,Ev.ID,Get_UValue=NewStyle
    CASE NewStyle OF
        'Dots': Info.Ts->SetProperty,Style=0
        'Mesh': Info.Ts->SetProperty,Style=1
        'Solid': Info.Ts->SetProperty,Style=2,Shading=1
        'XPara': Info.Ts->SetProperty,Style=3
        'YPara': Info.Ts->SetProperty,Style=4
        'Hidden': BEGIN
            WIDGET_CONTROL,Ev.ID,Get_Value=ButtonValue
            IF ButtonValue EQ '隐藏遮挡' THEN BEGIN
```

```
                Setting＝1  ＆  Hlvalue＝'显示遮挡'
            ENDIF ELSE BEGIN
                Setting＝0  ＆  Hlvalue＝'隐藏遮挡'
            ENDELSE
            WIDGET_CONTROL,Ev.ID,Set_Value＝Hlvalue
            Info.Ts－＞SetProperty,Hidden_Lines＝Setting
        END  ＆  ELSE:
    ENDCASE
    Info.Tw－＞Draw,Info.Tvw
    WIDGET_CONTROL,Ev.TOP,Set_UValue＝Info,/No_Copy
END
;－－－－－－－－－－－－－－－－－－－－－－－－－－－－－－－－

PRO Ht,Ev
    WIDGET_CONTROL,Ev.TOP,Get_UValue＝Info,/No_Copy
    Info.Tw－＞GetProperty,Image_Data＝SnapShot
    WIDGET_CONTROL,Ev.ID,GET_UValue＝WhichFileType
    CASE WhichFileType OF
      'JPG':BEGIN
        Fi＝Dialog_Pickfile(/Write,File＝'Am.jpg')
        IFFi NE '' THEN WRITE_JPEG,FName,SnapShot,True＝1  ＆  END
      'TIF':BEGIN
        Fi＝Dialog_Pickfile(/Write,File＝'Am.tif')
        IFFi NE '' THEN WRITE_TIFF,FName,Reverse(SnapShot,3)  ＆  END
    ENDCASE
    WIDGET_CONTROL,Ev.TOP,Set_UValue＝Info,/No_Copy
END
;－－－－－－－－－－－－－－－－－－－－－－－－－－－－－－－－

PRO Hp,Ev
    WIDGET_CONTROL,Ev.TOP,Get_UValue＝Info,/No_Copy
    Result＝Dialog_PrinterSetup(Info.Tp)
    IF Result EQ 1 THEN BEGIN
        Info.XAxis－＞GetProperty,Color＝AColor
        Info.Tvw－＞GetProperty,Color＝BColor
        Info.Ts－＞GetProperty,Color＝SurfaceColor
        Info.XAxis－＞SetProperty,Color＝[0,0,0]
        Info.YAxis－＞SetProperty,Color＝[0,0,0]
        Info.ZAxis－＞SetProperty,Color＝[0,0,0]
        Info.Tvw－＞SetProperty,Color＝[255,255,255]
        Info.Ts－＞SetProperty,Color＝[70,70,70]
        Info.Tw－＞GetProperty,Dimensions＝Wdims
        Info.Tp－＞GetProperty,Dimensions＝Pdims
        DAsp＝Float(Wdims[1])/Wdims[0] ＆ PAsp＝Float(Pdims[1])/Pdims[0]
        Po＝Aspect(DAsp,WindowAspect＝PAsp)
```

```
        Info.Tvw->SetProperty,Dimensions=[Po[2]-Po[0],Po[3]-Po[1]],$
            Location=[Po[0],Po[1]],Units=3
        WIDGET_CONTROL,Hourglass=1
        Info.Tp->Draw,Info.Tvw  &  Info.Tp->NewDocument
        WIDGET_CONTROL,Hourglass=0
        Info.XAxis->SetProperty,Color=AColor
        Info.YAxis->SetProperty,Color=AColor
        Info.ZAxis->SetProperty,Color=AColor
        Info.Tvw->SetProperty,Color=BColor,$
            Location=[0,0],Dimensions=[0,0]
        Info.Ts->SetProperty,Color=SurfaceColor
    ENDIF
    WIDGET_CONTROL,Ev.TOP,Set_UValue=Info,/No_Copy
END
;----------------------------------------------------------------

PRO Ch10InteractiveSurface_EVENT,Ev
    WIDGET_CONTROL,Ev.TOP,Get_UValue=Info,/No_Copy
    Info.Tw->SetProperty,Dimension=[Ev.x,Ev.y]
    Info.Tw->Draw,Info.Tvw
    Info.Tt->Reset,[Ev.x/2,Ev.y/2],(Ev.y/2) < (Ev.x/2)
    WIDGET_CONTROL,Ev.TOP,Set_UValue=Info,/No_Copy
END
;----------------------------------------------------------------

PRO Ch10InteractiveSurface,SurfaceData,HideLine=HideLine,$
    XTitle=XTitle,YTitle=YTitle,ZTitle=ZTitle,Image=Image
    IF N_ELEMENTS(XTitle) EQ 0 THEN XTitle='X Axis'
    IF N_ELEMENTS(YTitle) EQ 0 THEN YTitle='Y Axis'
    IF N_ELEMENTS(ZTitle) EQ 0 THEN ZTitle='Z Axis'
    HideLine=Keyword_Set(HideLine)
    IF N_ELEMENTS(SurfaceData) EQ 0 THEN SurfaceData=DIST(41)
    IF N_ELEMENTS(Image) EQ 0 THEN READ_JPEG,'ImageRose.jpg',Image
    s=SIZE(SurfaceData,/Dimensions)
    IF N_ELEMENTS(x) EQ 0 THEN x=Findgen(s[0])
    IF N_ELEMENTS(y) EQ 0 THEN y=Findgen(s[1])
    Tvw=OBJ_NEW('IDLgrView',Color=[255,255,255],$
        Viewplane_Rect=[-1.1,-1.1,2.2,2.2])
    Pos=Aspect(Float(s[1])/s[0],WindowAspect=1.0)-0.5
    Tm=OBJ_NEW('IDLgrModel')  &  Tvw->Add,Tm
    XTitleO=Obj_New('IDLgrText',XTitle,Color=[0,255,0])
    YTitleO=Obj_New('IDLgrText',YTitle,Color=[0,255,0])
    ZTitleO=Obj_New('IDLgrText',ZTitle,Color=[0,255,0])
    Tt=OBJ_NEW('Trackball',[200,200],200)
    ThisImage=Obj_New('IDLgrImage',Image) & TCo=FltArr(2,s[0],s[1])
```

$TCo[0,*,*]=(Findgen(s[0])\#Replicate(1,s[1]))/(s[0]-1)$

$TCo[1,*,*]=(Replicate(1,s[1])\#Findgen(s[0]))/(s[0]-1)$

Ts＝OBJ_NEW('IDLgrSurface',SurfaceData,x,y,Style＝2,\$

　　Color＝[255,255,255],_Extra＝extra,Hidden_Lines＝HideLine)

Ts－＞SetProperty,Texture_Map＝ThisImage,Texture_Coord＝TCo

Ts－＞GetProperty,XRange＝Xr,YRange＝Yr,ZRange＝Zr

XAxis＝Obj_New('IDLgrAxis',0,Color＝[0,255,0],Ticklen＝0.1,\$

　　Minor＝4,Title＝XTitleO,Range＝Xr)

YAxis＝Obj_New('IDLgrAxis',1,Color＝[0,255,0],Ticklen＝0.1,\$

　　Minor＝4,Title＝YTitleO,Range＝Yr)

ZAxis＝Obj_New('IDLgrAxis',2,Color＝[0,255,0],Ticklen＝0.1,\$

　　Minor＝4,Title＝ZTitleO,Range＝Zr)

XAxis－＞GetProperty,CRange＝Xr & YAxis－＞GetProperty,CRange＝Yr

ZAxis－＞GetProperty,CRange＝Zr

xs＝Norm(Xr,Position＝[Pos[0],Pos[2]])

ys＝Norm(Yr,Position＝[Pos[1],Pos[3]])

zs＝Norm(Zr,Position＝[-0.5,0.5])

XAxis－＞SetProperty,Location＝[99.0,　Pos[1],-0.5],XCoord_Conv＝xs

YAxis－＞SetProperty,Location＝[Pos[0],　99.0,-0.5],YCoord_Conv＝ys

ZAxis－＞SetProperty,Location＝[Pos[0],Pos[3],99.0],ZCoord_Conv＝zs

Ts－＞SetProperty,XCoord_Conv＝xs,YCoord_Conv＝ys,ZCoord_Conv＝zs

Tm－＞Add,Ts & Tm－＞Add,XAxis & Tm－＞Add,YAxis & Tm－＞Add,ZAxis

AmbientLight＝Obj_New('IDLgrLight',Type＝0,Intensity＝0.2)

Tm－＞Add,AmbientLight　&　Tm－＞Rotate,[1,0,0],-90

Tm－＞Rotate,[0,1,0],30 &　Tm－＞Rotate,[1,0,0],30

RotLight＝Obj_New('IDLgrLight',Type＝1,Intensity＝0.60,\$

　　Location＝[Xr[1],Yr[1],4*Zr[1]],Direction＝[Xr[0],Yr[0],Zr[0]])

　　FilLight＝Obj_New('IDLgrLight',Type＝1,Intensity＝0.4,\$

　　Location＝[(Xr[1]-Xr[0])/2.0,(Yr[1]-Yr[0])/2.0,-2*Abs(Zr[0])],\$

　　Direction＝[(Xr[1]-Xr[0])/2.0,(Yr[1]-Yr[0])/2.0,Zr[1]])

Tm－＞Add,RotLight　&　Tm－＞Add,FilLight

NLight＝Obj_New('IDLgrLight',Type＝1,Intensity＝0.8,\$

　　Location＝[-Xr[1],(Yr[1]-Yr[0])/2.0,4*Zr[1]],\$

　　Direction＝[Xr[1],(Yr[1]-Yr[0])/2.0,Zr[0]])

NMod＝Obj_New('IDLgrModel') & NMod－＞Add,NLight & Tvw－＞Add,NMod

RotLight－＞SetProperty,XCoord_Conv＝xs,YCoord_Conv＝ys,ZCoord_Conv＝zs

FilLight－＞SetProperty,XCoord_Conv＝xs,YCoord_Conv＝ys,ZCoord_Conv＝zs

NLight－＞SetProperty,XCoord_Conv＝xs,YCoord_Conv＝ys,ZCoord_Conv＝zs

NMod－＞Rotate,[1,0,0],-90

NMod－＞Rotate,[0,1,0],30　&　NMod－＞Rotate,[1,0,0],30

Tlb＝Widget_Base(Title＝'图形贴图',TLB_Size_Events＝1,MBar＝MBase)

DrawID＝Widget_Draw(Tlb,Xsize＝400,Ysize＝300,Graphics_Level＝2,\$

　　Expose_Events＝1,Event_Pro＝'HappyDrawEvent',Button_Events＝1)

```
FileID＝Widget_Button(MBase,Value＝' 文件 ')
OutputID＝Widget_Button(FileID,Value＝' 保存 ',/Menu)
H＝Widget_Button(OutputID,Value＝'JPG',UValue＝'JPG',Event_Pro＝'Ht')
H＝Widget_Button(OutputID,Value＝'TIF',UValue＝'TIF',Event_Pro＝'Ht')
H＝Widget_Button(FileID,/Separator,Value＝' 打印 ',Event_Pro＝'Hp')
StyleID＝Widget_Button(MBase,Value＝' 显示方式 ',Event_Pro＝'Hs',/Menu)
H＝Widget_Button(StyleID,Value＝' 点面 ',UValue＝'Dots')
H＝Widget_Button(StyleID,Value＝' 网格 ',UValue＝'Mesh')
H＝Widget_Button(StyleID,Value＝' 曲面 ',UValue＝'Solid')
H＝Widget_Button(StyleID,Value＝'X 平行线 ',UValue＝'XPara')
H＝Widget_Button(StyleID,Value＝'Y 平行线 ',UValue＝'YPara')
IF HideLine THEN Hlvalue＝' 显示遮挡 ' ELSE Hlvalue＝' 隐藏遮挡 '
H＝Widget_Button(StyleID,Value＝Hlvalue,UValue＝'Hidden')
WIDGET_CONTROL,Tlb,/Realize  ＆ WIDGET_CONTROL,DrawID,Get_Value＝Tw
Tp＝Obj_New('IDLgrPrinter',Print_Quality＝2)
Tc＝Obj_New('IDL_Container') ＆ Tc－＞Add,Tvw ＆ Tc－＞Add,Tp ＆ Tc－＞Add,Tt
Tc－＞Add,XTitleO ＆ Tc－＞Add,YTitleO ＆ Tc－＞Add,ZTitleO ＆ Tc－＞Add,Tm
IF Obj_Valid(ThisImage) THEN Tc－＞Add,ThisImage
Info＝{ Tc:Tc,Tw:Tw,Tp:Tp,Ts:Ts,Tt:Tt,Tm:Tm, $
    Tvw:Tvw,XAxis:XAxis,YAxis:YAxis,ZAxis:ZAxis,DrawID:DrawID}
WIDGET_CONTROL,Tlb,Set_UValue＝Info,/No_Copy
XManager,'Ch10InteractiveSurface',Tlb,Cleanup＝'HappyCleanup'
END
;－－－－－－－－－－－－－－－－－－－－－－－－－－－－－－－－－－－－
```

程序运行结果如图 10.28 所示。

图 10.28 图形贴图系统

（2）图形菜单：对于图形菜单的每个菜单项，通常使用一个能够形象地表达该项内容的图形符号来表示。具体实现方法是把构造图形符号的数据直接存入数组。

　　例如:在零件菜单中,每个菜单项使用相应零件的二维或者三维图形表示,从而使菜单更加形象。

　　再如:在 Microsoft Office Word 的绘图功能中,自选图形菜单的下级菜单项,均采用图形菜单的方法,显然图形菜单比较容易理解和使用。其中自选图形的基本形状的图形菜单如图 10.29 所示。

图 10.29　自选图形的基本形状的图形菜单

　　(3)图像菜单:在图像菜单中,一般每个菜单项使用一副能够表示实物的微型图像来表示。具体实现方法是首先读取图像数据,然后把图像数据存入数组。

　　例如:在十二生肖的动物造型菜单中,每个菜单项可以使用相应动物的微型图像来表示,从而使菜单更加直观和准确。

　　【例 10.18】　按照图 10.30 的 GUI,设计并完成图像菜单程序。

　　具体要求:

　　1)背景图像和前景图像均采用背景透明的 32 位 png 文件。

　　2)按钮可以动态变化,渐变时间自行定义。

　　3)单击和释放图像按钮时,需要错位动态显示,以示区别。

　　参考程序:Ch10HappyGui.pro。

　　参考资料压缩包:程序中所需菜单的背景图像文件和前景图像文件以及对图像的要求条件的资料,参阅压缩文件 Ch10HappyGui.rar。

图 10.30　图像菜单

3. 菜单的显示方式

菜单的显示方式可以根据显示位置、弹出方式、可见方式和选择方式等进行灵活的组合控制。

（1）按照菜单的显示位置可以分为固定式菜单和可变式菜单等。

固定式菜单：把菜单固定在显示设备的指定位置，一旦确定，不再变动。

可变式菜单：菜单总是显示在光标的当前位置。快捷菜单就是典型的可变式菜单。

（2）按照菜单的弹出方式可以分为永久显示菜单、列表显示菜单和下拉显示菜单等。

永久显示菜单：始终显示菜单的所有菜单项。优点是始终可见、直观、方便；缺点是比较占用屏幕空间。适用于经常使用的功能菜单。

列表显示菜单：使用列表显示菜单的部分菜单项，其他的菜单可以通过滚动按钮滚动显示。

下拉显示菜单：仅显示一个菜单项，其他菜单项可以通过下拉菜单选择，选后收起。

（3）按照菜单的可见方式可以分为永久可见菜单和临时可见菜单等。

永久可见菜单：菜单的所有菜单项始终可见。

临时可见菜单：用时可见，不用时隐藏。

（4）按照菜单的选择方式可以分为可选菜单和不可选菜单等。

可选菜单：菜单项可以选择使用。

不可选菜单：不可选菜单通常是指在当前环境和状态下，该菜单项对应的功能不可用，如果操作环境发生了改变，则不可选菜单可能就可以使用了。

4. 菜单的选择方式

菜单中的菜单项可以使用多种方式和设备来选择。具体包括：

（1）使用指点设备直接选择。

（2）使用方向键顺序循环选择。

（3）使用数字键指定选择。

（4）使用功能键对应选择等。

【例 10.19】 按照图 10.31 的 GUI，分别以框架、阴影、点面、XY 线面、YZ 线面、柱面和积木等 7 种不同的显示方式，并依次利用系统第 32 号颜色表、红、绿和蓝色颜色模式，完成图形交互处理程序，要求既可以直接精确旋转定位，又可以间接模糊定位。

图 10.31　图形的交互显示

程序如下：

```
;————————————————————————————————————

; Ch103DGAnalysis.pro

;————————————————————————————————————

FUNCTION Angle3123,CosMat
    CosMat=TRANSPOSE(CosMat)  &  Ang=FLTARR(3)
    Ang[1]=-CosMat[2,0]  &  Ang[1]=ASIN(Ang[1])  &  Th=COS(Ang[1])
    IF (ABS(Th) LT 1.0E-6) THEN BEGIN
        Ang[0]=ATAN(-CosMat[1,2],CosMat[1,1])  &  Ang[2]=0.0
    ENDIF ELSE BEGIN
        Ang[0]=ATAN( CosMat[2,1],CosMat[2,2])
        Ang[2]=ATAN( CosMat[1,0],CosMat[0,0])
    ENDELSE
    RETURN,Ang * (180.0/! DPI)
END

;————————————————————————————————————

FUNCTION Space3123,Th,Ph,Ga
    CosMat=FLTARR(3,3)
    Co1=COS(Th * ! DPI/180)  &  Si1=SIN(Th * ! DPI/180)
    Co2=COS(Ph * ! DPI/180)  &  Si2=SIN(Ph * ! DPI/180)
    Co3=COS(Ga * ! DPI/180)  &  Si3=SIN(Ga * ! DPI/180)
    CosMat[0,0]=Co2 * Co3  &  CosMat[1,0]=Co2 * Si3  &  CosMat[2,0]=-Si2
    CosMat[0,1]=(Si1 * Si2 * Co3)-(Co1 * Si3)
    CosMat[1,1]=(Si1 * Si2 * Si3)+(Co1 * Co3)
    CosMat[2,1]=Si1 * Co2  &  CosMat[0,2]=(Co1 * Si2 * Co3)+(Si1 * Si3)
    CosMat[1,2]=(Co1 * Si2 * Si3)-(Si1 * Co3)  &  CosMat[2,2]=Co1 * Co2
    RETURN,CosMat
END

;————————————————————————————————————

PRO GEv,Ev
    IF (TAG_NAMES(Ev,/STRUCT) EQ 'WIDGET_KILL_REQUEST') THEN BEGIN
        WIDGET_CONTROL,Ev.TOP,/DESTROY  &  RETURN  &  ENDIF
    WIDGET_CONTROL,Ev.TOP,GET_UVALUE=Info
    WIDGET_CONTROL,Ev.ID,GET_UVALUE=TmUVal
    CASE TmUVal of
        'StyLst':BEGIN
            CASE WIDGET_INFO( Ev.ID,/DROPLIST_SELECT) OF
                0:Info.SSur->SetProperty,STYLE=1
                1:Info.SSur->SetProperty,STYLE=2
                2:Info.SSur->SetProperty,STYLE=0
                3:Info.SSur->SetProperty,STYLE=3
                4:Info.SSur->SetProperty,STYLE=4
                5:BEGIN
```

```
                    Info.SSur->SetProperty,TEXTURE_MAP=OBJ_NEW()
                    Info.SSur->SetProperty,COLOR=[0,0,255]
                    Info.SSur->SetProperty,STYLE=5  &  END
           6:Info.SSur->SetProperty,STYLE=6 & ENDCASE & END
'ColLst':BEGIN
      CASE WIDGET_INFO( Ev.ID,/DROPLIST_SELECT) OF
           0:BEGIN
                    Info.SSur->SetProperty,TEXTURE_MAP=Info.TImg
                    Info.SSur->SetProperty,COLOR=[220,220,220]  & END
           1:BEGIN
                    Info.SSur->SetProperty,TEXTURE_MAP=OBJ_NEW()
                    Info.SSur->SetProperty,COLOR=[255,0,0]  &  END
           2:BEGIN
                    Info.SSur->SetProperty,TEXTURE_MAP=OBJ_NEW()
                    Info.SSur->SetProperty,COLOR=[0,255,0]  &  END
           3:BEGIN
                    Info.SSur->SetProperty,TEXTURE_MAP=OBJ_NEW()
                    Info.SSur->SetProperty,COLOR=[0,0,255]  &  END
      ENDCASE  &  END
'Slid':BEGIN
      WIDGET_CONTROL,Info.XSlid,GET_VALUE=XDeg
      WIDGET_CONTROL,Info.YSlid,GET_VALUE=YDeg
      WIDGET_CONTROL,Info.ZSlid,GET_VALUE=ZDeg
      TmMat=(FiMat=FLTARR(3,3))
      FiMat=Space3123(XDeg,YDeg,ZDeg)
      Info.RotMod->GetProperty,TRANSFORM=At
      TmMat[0:2,0:2]=TRANSPOSE(At[0:2,0:2])
      TmMat=TRANSPOSE(TmMat)  &  RoMat=FiMat # TmMat
      E4=0.5 * SQRT(1.0+RoMat[0,0]+RoMat[1,1]+RoMat[2,2])
      IF (E4 EQ 0) THEN BEGIN
           IF (RoMat[0,0] EQ 1) THEN BEGIN
                AxRot=[1,0,0]
           ENDIF ELSE IF(RoMat[1,1] EQ 1) THEN BEGIN
                AxRot=[0,1,0]
           ENDIF ELSE AxRot=[0,0,1]
           AngRot=180.0
      ENDIF ELSE BEGIN
           e1=(RoMat[2,1] - RoMat[1,2])/(4.0 * E4)
           e2=(RoMat[0,2] - RoMat[2,0])/(4.0 * E4)
           e3=(RoMat[1,0] - RoMat[0,1])/(4.0 * E4)
           Modu=SQRT(e1^2+e2^2+e3^2)
           IF(Modu EQ 0.0) THEN RETURN
           AxRot=FLTARR(3)  &  AxRot[0]=e1/Modu
```

```
            AxRot[1]＝e2/Modu  &  AxRot[2]＝e3/Modu
            AngRot＝2.0 * ACOS(E4) * 180/！DPI
        ENDELSE
        FOR i＝0,2 DO $
            IF(ABS(AxRot[i]) LT 1.0e−6) THEN AxRot[i]＝1.0e−6
        Info.RotMod−＞Rotate,AxRot,AngRot  &  END
    'Draw'：BEGIN
        ATrans＝Info.Trk−＞Update(Ev,TRANSFORM＝Qm)
        IF (ATrans NE 0) THEN BEGIN
            Info.RotMod−＞GetProperty,TRANSFORM＝Tm &  Tm＝Tm♯Qm
            Info.RotMod−＞SetProperty,TRANSFORM＝Tm
        ENDIF
        IF (Ev.TYPE EQ 0) THEN $
            WIDGET_CONTROL,Info.Adra,DRAW_MOTION＝1
        IF (Ev.TYPE EQ 1) THEN $
            WIDGET_CONTROL,Info.Adra,DRAW_MOTION＝0
        IF (Ev.TYPE EQ 2) THEN BEGIN
            IF (ATrans) THEN BEGIN
                Info.RotMod−＞GetProperty,TRANSFORM＝Tm
                TmMat＝FLTARR(3,3)  &  XyzAng＝FLTARR(3)
                TmMat＝Tm[0:2,0:2]  &  XyzAng＝Angle3123(TmMat)
                WIDGET_CONTROL,Info.XSlid,SET_VALUE＝XyzAng[0]
                WIDGET_CONTROL,Info.YSlid,SET_VALUE＝XyzAng[1]
                WIDGET_CONTROL,Info.ZSlid,SET_VALUE＝XyzAng[2]
            ENDIF
        ENDIF
    END  &  ELSE ：
    ENDCASE
    Info.Win−＞Draw,Info.Viw &  WIDGET_CONTROL,Ev.TOP,Set_UValue＝Info
END
;－－－－－－－－－－－－－－－－－－－－－－－－－－－－－－－－－－－
PRO GClup,Tb
    WIDGET_CONTROL,Tb,GET_UVALUE＝Info
    OBJ_DESTROY,Info.StaMod  &  OBJ_DESTROY,Info.TImg
    OBJ_DESTROY,Info.Cotner  &  OBJ_DESTROY,Info.APal
END
;－－－－－－－－－－－－－－－－－－－－－－－－－－－－－－－－－－－
PRO Ch103DGAnalysis
    DEVICE,DECOMPOSED＝0
    Tb＝WIDGET_BASE(TLB_FRAME_A＝1,/COL,/TLB_KILL,/MAP,TITLE＝'3D 分析 ')
    SBas＝WIDGET_BASE(Tb,/ROW)
    LBas＝WIDGET_BASE(SBas,/BASE_ALIGN_CENTER,/COL)
    Slab＝WIDGET_LABEL(LBas,VALUE＝' 曲面类型 ')
```

```
SLst=WIDGET_DROPLIST(LBas,VALUE=[' 框架 ',' 阴影 ',' 点面 ', $
    'XY 线面 ','YZ 线面 ',' 柱形 ',' 积木 '],Xs=66,Ys=20,UVAL='StyLst')
CLab=WIDGET_LABEL(LBas,VALUE=' 曲面颜色 ')
CLst=WIDGET_DROPLIST(LBas,VALUE=[' 贴图 ',' 红色 ',' 绿色 ',' 蓝色 '], $
    Xs=66,Ys=20,UVALUE='ColLst')
SliBas=WIDGET_BASE(LBas,/COL,/FRAME)
XRot=-30  &  YRot=0  &  ZRot=0
SliLab=WIDGET_LABEL(SliBas,VALUE=' 旋转曲面 ',/ALIGN_C)
XSlid=WIDGET_SLIDER(SliBas,UVALUE='Slid',Xs=60,Ys=26, $
    VALUE=XRot,MINI=-180,MAXI=180)
SXLab=WIDGET_LABEL(SliBas,VALUE='X 轴 ')
YSlid=WIDGET_SLIDER(SliBas,UVALUE='Slid',Xs=60,Ys=26, $
    VALUE=YRot,MINI=-180,MAXI=180)
SYLab=WIDGET_LABEL(SliBas,VALUE='Y 轴 ')
ZSlid=WIDGET_SLIDER(SliBas,UVALUE='Slid',Xs=60,Ys=26, $
    VALUE=ZRot,MINI=-180,MAXI=180)
SZLab=WIDGET_LABEL(SliBas,VALUE='Z 轴 ')
RBas=WIDGET_BASE(SBas,/COL)  &  XDim=266  &  YDim=266
Adra=WIDGET_DRAW(RBas,Xs=XDim,Ys=YDim,/BUTTON,/FRAME, $
    UVALUE='Draw',/EXPOSE,RETAIN=0,GRAPHICS=2)
WIDGET_CONTROL,Tb,/REALIZE
WIDGET_CONTROL,Adra,GET_VALUE=Win
AViw=[-0.6,-0.6,1.2,1.2]
Viw=OBJ_NEW('IDLgrView',PROJ=2,EYE=3,ZCLIP=[1.5,-1.5],VIEW=AViw)
StaMod=OBJ_NEW('IDLgrModel')  &  RotMod=OBJ_NEW('IDLgrModel')
StaMod->Add,RotMod  &  StaMod->Scale,0.8,0.8,0.8
Lit1=OBJ_NEW('IDLgrLight',TYPE=1,INTEN=0.5,LOCA=[1.5,0,1])
Lit2=OBJ_NEW('IDLgrLight',TYPE=0,INTEN=0.75)
StaMod->Add,Lit1 & StaMod->Add,Lit2 & Zz=DIST(20) & Sz=SIZE(Zz)
Maxx=Sz[1] - 1  &  Maxy=Sz[2] - 1  &  Maxz=MAX(Zz,MIN=Minz)
Xs=[-0.5,1.0/Maxx]  &  Ys=[-0.5,1.0/Maxy]
Minz2=Minz - 1  &  Maxz2=Maxz + 1
Zs=[(-Minz2/(Maxz2-Minz2))-0.5,1.0/(Maxz2-Minz2)]
APal=OBJ_NEW('IDLgrPalette')  &  APal->LOADCT,32
TImg=OBJ_NEW('IDLgrImage',BYTSCL(Zz),PALETTE=APal)
SSur=OBJ_NEW('IDLgrSurface',Zz,TEXTURE_MAP=TImg,STYLE=2, $
    SHADING=1,COLOR=[230,230,230],BOTTOM=[60,200,100], $
    XCOORD_CONV=Xs,YCOORD_CONV=Ys,ZCOORD_CONV=Zs)
RotMod->Add,SSur  &  RotMod->Rotate,[1,0,0],XRot
RotMod->Rotate,[0,1,0],YRot  &  Viw->Add,StaMod
Trk=OBJ_NEW('Trackball',[xdim/2.0,ydim/2.0],xdim/2.0)
Cotner=OBJ_NEW('IDLgrContainer')
Cotner->Add,Viw  &  Cotner->Add,Trk
```

```
        Info={Trk:Trk,Cotner:Cotner,Viw:Viw, $
            StaMod:StaMod,RotMod:RotMod,SSur:SSur, $
            XSlid:XSlid,YSlid:YSlid,ZSlid:ZSlid,Win:Win, $
            Adra: Adra,TImg: TImg,APal: APal }
        Info.Win->Draw,Info.Viw  &  Info.Win->SetProperty,QUALITY=2
        WIDGET_CONTROL,Tb,SET_UVALUE=Info
        XMANAGER,"Ch103DGAnalysis",Tb,EVENT_H='GEv',CLEANUP='GClup'
END
;————————————————————————————————————————————
```

10.2.11　交互可视分析

目前比较流行的图形工具,针对不同的应用,均不同程度地提供了进行交互可视的图形分析功能及其相应的分析工具。

常用的交互可视分析工具主要包括 2D/3D 线分析、面分析、地图分析、轮廓分析、矢量分析和体分析工具等。

1. 2D/3D 线分析工具 IPLOT

IPLOT 提供平面曲线和空间曲线的可视、标注、选择、放缩、旋转、分析、导入和导出等交互可视分析。

【例 10.20】　已知正弦曲线的方程为 $y=\sin(x)$,设计程序实现对该曲线进行交互可视分析。
程序如下:

```
;————————————————————————————————————————————
; Ch10Analysis2DLine.pro
;————————————————————————————————————————————
PRO Ch10Analysis2DLine
    Xx=FINDGEN(101)/100*2*! PI  &  Yy=SIN(Xx)
    IPLOT,Xx,Yy,DIME=[530,300],TITLE='2D 曲线分析 '
END
;————————————————————————————————————————————
```

程序运行结果如图 10.32 所示。

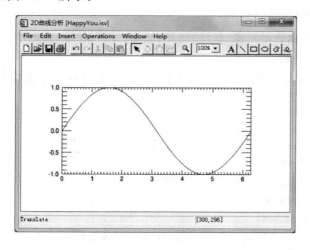

图 10.32　2D 曲线分析

【**例 10.21**】 已知空间曲线的方程为 $z = \sin(x) + \cos(x)$，设计程序实现对该曲线进行交互可视分析。

程序如下：

```
;--------------------------------------------------
; Ch10Analysis3DLine.pro
;--------------------------------------------------
PRO Ch10Analysis3DLine
    Xx=FINDGEN(101)/100*2*!PI  &  Yy=FINDGEN(101)/100*2*!PI
    Zz=SIN(Xx)+COS(Yy)
    IPLOT,Xx,Yy,Zz,DIME=[530,200],TITLE='3D曲线分析'
END
;--------------------------------------------------
```

程序运行结果如图 10.33 所示。

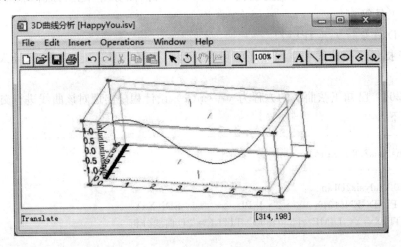

图 10.33 3D 曲线分析

2. 面分析工具 ISURFACE

ISURFACE 提供曲面的可视、标注、选择、放缩、旋转、轮廓、直方图、滤波、统计、形态学和导入导出等交互可视分析。

【**例 10.22**】 已知空间曲面数据为 DIST(560,300)，设计程序实现对该曲面进行交互可视分析。

程序如下：

```
;--------------------------------------------------
; Ch10AnalysisSurface.pro
;--------------------------------------------------
PRO Ch10AnalysisSurface
    SurDat=DIST(560,300)
    ISURFACE,SurDat,DIME=[560,300],TITLE='曲面分析',/ISO
END
;--------------------------------------------------
```

程序运行结果如图 10.34 所示。

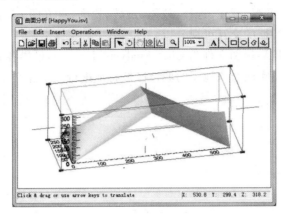

图 10.34　曲面分析

3. 轮廓分析工具 ICONTOUR

ICONTOUR 提供曲面的可视、标注、选择、放缩、旋转、轮廓、直方图、滤波、统计、形态学和导入导出，以及多种轮廓特征的交互可视分析。

【例 10.23】　已知空间曲面数据为 DIST(560,300)，设计程序实现对该曲面的轮廓进行交互可视分析。

程序如下：

```
;----------------------------------------------------------------
; Ch10AnalysisContour.pro
;----------------------------------------------------------------
PRO Ch10AnalysisContour
    SurDat=DIST(560,300)
    ICONTOUR,SurDat,DIME=[560,300],TITLE='轮廓分析', N_LEVELS=20,/ISO
END
;----------------------------------------------------------------
```

程序运行结果如图 10.35 所示。

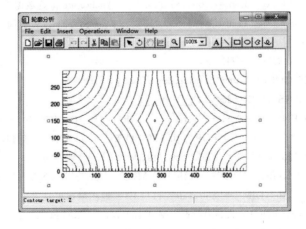

图 10.35　轮廓分析

4. 地图分析工具 IMAP

IMAP 提供地图的可视、标注、选择、放缩、旋转、轮廓、直方图、滤波、统计、形态学和导入导出，以及强大的地图特征的交互可视分析。

【例 10.24】 已知世界地图文件为 Ch10AnalysisMap.png，世界各城市的边界和位置数据参考程序源码，设计程序实现对该地图的城市区域特征进行多功能交互可视分析。

程序如下：

```
;————————————————————————————————————————————————————

; Ch10AnalysisMap.pro

;————————————————————————————————————————————————————

PRO Ch10AnalysisMap
    Lat=[40.701]        &   Lon=[−74.009]           ; New York 位置数据
    Lat=[Lat,41.948]    &   Lon=[Lon,−87.655]       ; Chicago 位置数据
    Lat=[Lat,33.749]    &   Lon=[Lon,−84.391]       ; Atlanta 位置数据
    Lat=[Lat,39.746]    &   Lon=[Lon,−105.02]       ; Denver 位置数据
    Lat=[Lat,34.054]    &   Lon=[Lon,−118.24]       ; Los Angeles 位置数据
    Lat=[Lat,47.608]    &   Lon=[Lon,−122.33]       ; Seattle 位置数据
    Lat=[Lat,51.517]    &   Lon=[Lon,−0.1050]       ; London 位置数据
    Lat=[Lat,−26.20]    &   Lon=[Lon,28.0830]       ; Johannesburg 位置数据
    Lat=[Lat,55.750]    &   Lon=[Lon,37.5830]       ; Moscow 位置数据
    Lat=[Lat,1.2930]    &   Lon=[Lon,103.856]       ; Singapore 位置数据
    Lat=[Lat,−22.90]    &   Lon=[Lon,−43.233]       ; Rio Janeiro 位置数据
    Lat=[Lat,−33.88]    &   Lon=[Lon,151.217]       ; Sydney 位置数据
    Lat=[Lat,35.700]    &   Lon=[Lon,139.767]       ; Tokyo 位置数据
    Lat=[Lat,30.050]    &   Lon=[Lon,31.2500]       ; Cairo 位置数据
    Lat=[Lat,52.517]    &   Lon=[Lon,13.4000]       ; Berlin 位置数据
    Lat=[Lat,28.600]    &   Lon=[Lon,77.2000]       ; New Delhi 位置数据
    Lat=[Lat,39.900]    &   Lon=[Lon,116.413]       ; Beijing 位置数据
    Lat=[Lat,−33.45]    &   Lon=[Lon,−70.667]       ; Santiago 位置数据
    Lat=[Lat,61.174]    &   Lon=[Lon,−149.99]       ; Anchorage 位置数据
    Lat=[Lat,19.433]    &   Lon=[Lon,−99.117]       ; Mexico City 位置数据
    Lat=[Lat,40.400]    &   Lon=[Lon,−3.6830]       ; MadrId 位置数据
    DEVICE,GET_SCREEN_SIZE=Ss
    Img=READ_PNG('Ch10WorldCityMap.png',Rr,Gg,Bb)
    RgbTable=TRANSPOSE([[Rr],[Gg],[Bb]])
    XPos=(FINDGEN(720)*0.5)−179.75   &   YPos=(FINDGEN(360)*0.5)−89.75
    Xx=FLTARR(720,360)   &   FOR j=0,359 DO Xx[*,j]=XPos  ;创建经纬向量
    Yy=FLTARR(720,360)   &   FOR i=0,719 Do Yy[i,*]=YPos
    IMap,Img,Xx,Yy,GRID_UNITS=2,RGB_TABLE=RgbTable,/NO_SAVE, $
        LOCA=[10,10],DIME=[860,450],TITLE='地图城市可视'
    Tm=ItGetCurrent(TOOL=ATm)   &   MyWin=ATm−>GetCurrentWindow()
    MyViw=MyWin−>GetCurrentView() &  MyViw−>SetCurrentZoom,1.1
    IdGrid=ATm−>FindIdentifiers('*GRID',/OPERATIONS)
```

IdRive＝ATm－＞FindIdentifiers('＊RIVERS',/OPERATIONS)

IdStat＝ATm－＞FindIdentifiers('＊STATES',/OPERATIONS)

IdProv＝ATm－＞FindIdentifiers('＊PROVINCES',/OPERATIONS)

IdCoun＝ATm－＞FindIdentifiers('＊COUNTRIESLOW',/OPERATIONS)

Yn＝ATm－＞DoAction(IdGrid)　＆　IF Yn EQ 1 THEN ATm－＞CommitActions

Yn＝ATm－＞DoAction(IdRive)　＆　IF Yn EQ 1 THEN ATm－＞CommitActions

APlot＝ATm－＞FindIdentifiers('＊Rivers＊',/VISUAL)

Yn＝ATm－＞DoSetProperty(APlot,'COLOR',[0,0,255])

IF Yn EQ 1 THEN ATm－＞CommitActions

Yn＝ATm－＞DoAction(IdStat)　＆　IF Yn EQ 1 THEN ATm－＞CommitActions

APlot＝ATm－＞FindIdentifiers('＊United States＊',/VISUAL)

Yn＝ATm－＞DoSetProperty(APlot,'COLOR',[0,255,0])

IF Yn EQ 1 THEN ATm－＞CommitActions

Yn＝ATm－＞DoAction(IdProv)　＆　IF Yn EQ 1 THEN ATm－＞CommitActions

APlot＝ATm－＞FindIdentifiers('＊Canadian Provinces＊',/VISUAL)

Yn＝ATm－＞DoSetProperty(APlot,'COLOR',[0,255,0])

IF Yn EQ 1 THEN ATm－＞CommitActions

Yn＝ATm－＞DoAction(IdCoun)　＆　IF Yn EQ 1 THEN ATm－＞CommitActions

APlot＝ATm－＞FindIdentifiers('＊Countries（Low Res）＊',/VISUAL)

Yn＝ATm－＞DoSetProperty(APlot,'COLOR',[255,0,0])

IF Yn EQ 1 THEN ATm－＞CommitActions　＆　MyWin－＞ClearSelections

IPlot,Lon,Lat,/OVERPLOT,NAME='City',LINE=6,SYM_INDEX=2,$

　　COLOR=[255,255,0],/USE_DEFAULT,SYM_SIZE=0.3,SYM_THICK=3

ATm－＞CommitActions　＆　MyWin－＞ClearSelections

END

;———

程序运行结果如图 10.36 所示。

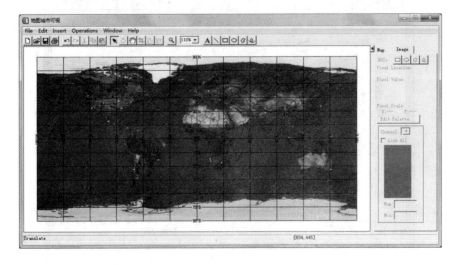

图 10.36　地图分析

5. 矢量分析工具 IVECTOR

IVECTOR 提供地图的可视、标注、选择、放缩、旋转、轮廓、直方图、滤波、统计、导入和导出，以及多个矢量特征的交互可视分析。

【例 10.25】 已知矢量的水平和垂直方向的分量分别为 Uu(13,12)和 Vv(13,12)，矢量位置的 X 和 Y 坐标分别为 Xx(13)和 Yy(12)，并且已存入数据文件 Ch10AnalysisVector.hpy，设计程序实现对该组数据的矢量特征进行交互可视分析。

程序如下：

```
;------------------------------------------------------------
; Ch10AnalysisVector.pro
;------------------------------------------------------------
PRO Ch10AnalysisVector
    LOADCT,39,/SI & TVLCT,Rr,Gg,Bb,/GET & RgbTable=[[Rr],[Gg],[Bb]]
    RESTORE,'Ch10AnalysisVector.hpy'
    IVECTOR,Uu,Vv,Xx,Yy,DIME=[520,300],VECTOR_STYLE=1,AUTO_COLOR=1, $
    RGB_TABLE=RgbTable,YRANGE=[0,12],YTITLE='Altitude(Km)', $
XTICKFORMAT='(C(CDI2.2,CMoA," ",CYI0,"! C",CHI,":",CMI2.2))'
    Tool=ITGETCURRENT(TOOL=ATool)    ;插入颜色棒
    Yn=ATool->DoAction('Operations/Insert/Colorbar')
    ACBar=ATool->GetSelectedItems()
    IdCBar=ACBar->GetFullIdentifier()
    Yn=ATool->DoSetProperty(IdCBar,'Axis_Title','Magnitude')
    ATool->RefreshCurrentWindow
END
;------------------------------------------------------------
```

程序运行结果如图 10.37 所示。

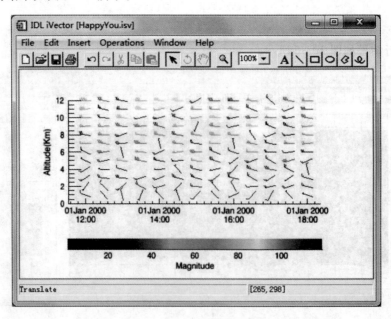

图 10.37 矢量分析

6. 体分析工具 IVOLUME

IVOLUME 提供基于体的体绘制技术的体数据的可视、标注、选择、放缩、旋转、轮廓、直方图、滤波、统计、形态学和导入导出，以及多种体特征的交互可视分析。

【例 10.26】　已知存放人脑体数据的文件为 Ch10AnalysisVolume.hpy，设计程序实现对人脑数据的特征进行交互可视分析。

程序如下：

```
;————————————————————————————————————————————————
; Ch10AnalysisVolume.pro
;————————————————————————————————————————————————
PRO Ch10AnalysisVolume
    RESTORE,'Ch10AnalysisVolume.hpy'
    IVOLUME,Brain,DIME=[400,300],TITLE='体数据分析',/ISO,/AUTO
END
;————————————————————————————————————————————————
```

程序运行结果如图 10.38 所示。

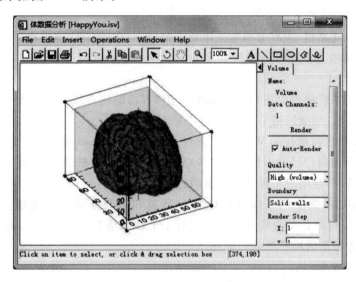

图 10.38　体数据分析

10.3　GUI 设计

GUI 是一种结合计算机科学、美学、心理学、行为学以及商业领域需求的人机系统工程，强调人、机、环境三者作为一个系统进行总体设计。GUI 是用户与计算机程序之间进行信息交流的基本方式。

自从 Windows 的图形界面出现以来，GUI 已经成为几乎所有软件系统的基本接口类型，可见 GUI 在软件系统中的重要性。目前设计 GUI 的工具很多，设计出的经典 GUI 也非常多。在 Jeff Johnson 的《GUI 设计禁忌》中，作者针对 Web 设计详细介绍了 Web 设计的原则和禁忌。因此在设计 GUI 时，应该尽量考虑这些基本原则和设计禁忌，取众家之长补自己之短，从而设计出满足实际需要的布局合理、界面美观、操作简单的经典 GUI。

10.3.1　设计内容

在设计 GUI 时，必须按照 GUI 设计准则，充分理解用户需求，确定 GUI 的设计流程，通过 GUI 任务分析，最终以用户为中心进行 GUI 设计。具体内容包括类型、风格、结构与布局、界面接口等。

1. GUI 类型

GUI 类型是指系统提供给用户的主界面和功能界面的显示/隐藏和静态/动态等类型。

（1）常用的 GUI 类型：显式菜单 GUI 和隐式菜单 GUI 等。

显式菜单 GUI：由下拉组合菜单、工具栏、主工作区、状态栏等组成的 GUI 类型。主工作区可以具有编辑功能（例如：Microsoft Office Word 的主界面），也可以不具有编辑功能，仅用于显示（例如：媒体播放器的主界面）。

隐式菜单 GUI：由主工作区、功能控制区（按钮、列表框、组合框和滑动条等）和菜单系统等组成的 GUI 类型。其中菜单系统在主界面中不直接显示，一般是以快捷菜单的方式提供给用户（例如：沙丘游戏的装备菜单界面）。

（2）典型的 GUI 类型：主界面通常采用显式菜单，而功能 GUI 则采用隐式菜单。因此，在实际设计时，可以根据系统的实际需要而定。

2. GUI 风格

GUI 风格是指系统提供给用户的主界面和功能界面的视觉效果及其风格类型。

流行的界面风格：标准风格 GUI 和个性风格 GUI。

标准风格 GUI：目前流行的 Windows 系列、UNIX 系列、Java 系列以及常用浏览器系列等标准风格 GUI。因为用户已经习惯了标准风格，所以在标准风格的 GUI 环境下长时间工作，一般不会感到疲劳，会给用户一种比较舒服的感觉。例如：Windows 系列界面风格。

个性风格 GUI：根据应用系统的特殊运行环境和需要来设计的能够体现个性风格的 GUI。例如：目前流行的各类游戏界面风格。对于个性风格 GUI 目前没有具体的模式要求，只要设计的作品能够得到用户的认同即可。

3. GUI 结构与布局

GUI 结构：组成 GUI 的标签、文本框、按钮、列表框、组合框和滑动条等控件的组合方式，并且能够实现指定功能控制的界面整体结构。

GUI 布局：控件的具体位置和分布。GUI 布局应该遵循以下基本规则：

（1）习惯的阅读顺序：大部分语句都是从左到右，从上到下安排。

（2）使用频度：经常使用的控件应该放在突出位置。

（3）控件关系：相互影响或者存在逻辑关联的控件应该放在一起。

（4）用户期望：当用户期望与上述三条发生冲突时，上述三条无条件作废。

例如：如果设计的 GUI 与用户的操作习惯产生冲突，由于软件是给用户使用的，用户就是上帝，就应该以用户为中心进行调整。

4. 界面接口

主界面的功能是用来把诸功能模块通过相互调用，最终集成为一个完整的应用管理系统，并控制整个系统的正常运行。

在主界面中需要调用各个子功能模块,从而实现相应的调用控制;同时子功能 GUI 也需要实现与同级或者下级功能模块的调用。因此在设计主界面和子功能 GUI 时,都应该设计相应的接口,以便实现诸功能之间的相互调用。同时还应该预留一定的扩展接口,以备扩展功能时使用。

10.3.2　设计准则和禁忌

1. 设计准则

GUI 设计的基本宗旨是尽量减少用户的认知负担,保持界面的一致性,满足用户的创意需求,保持用户界面的友好性和平衡性。具体准则如下:

(1) 关注用户及其任务,而非技术,不要向用户暴露实现细节。

(2) 从用户角度考虑,使用用户习惯的词汇进行描述;满足用户相应需求。

(3) 简化用户的常用任务;使用快捷方式;减少用户的认知负担。

(4) 先考虑功能,后考虑表示;保持一致性;合理划分、高效使用显示区域。

(5) 保持显示惯性;提供信息反馈;允许操作可逆;设计良好的联机帮助。

2. 设计禁忌

按照设计准则设计 GUI 时,应该注意以下禁忌:

(1) 同一 GUI 包含重复功能控件;无初始值的多选一设置。

(2) 把复选框当作单选按钮使用;在非开/关的设置中使用复选框。

(3) 用文本框显示只读数据;显示对用户无意义的错误提示。

(4) 单选按钮之间间隔太大;当前无效的控件不充分置灰。

(5) 不同类型的 GUI 显示相同的标题;窗口的标题和调用的命令不一致。

(6) 要求用户输入随机数;不考虑用户可能的人为错误输入。

(7) 相似的功能却有不一致的用户操作界面;取消按钮无法真正取消操作。

(8) 返回按钮不能达到预期的目的;图片按钮对鼠标按下操作没有视觉变化。

(9) 需要向下滚动才能看到控件中的重要信息;无意义的虚假滑动条。

(10) 执行长时间任务时鼠标指针不能显示忙状态;认为好的 GUI 就是漂亮的 GUI。

建议:设计 GUI,应该按照 GUI 的设计准则,根据应用需求选定并设计 GUI 的类型和风格,合理安排结构和布局,并设计相应的界面接口,同时充分考虑 GUI 设计的禁忌;从用户角度给于充分的考虑,尽量简化操作流程和操作步骤,适当适度地提供反馈信息,尽量支持键盘操作,保持界面清晰、简洁、美观。

例如:Windows 7 的画图界面如图 10.39 所示。

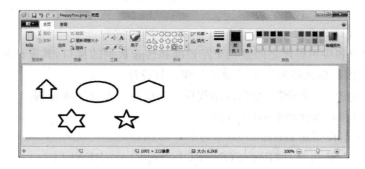

图 10.39　Windows 7 的画图界面

10.3.3 图形工具的 GUI 机制

根据上述分析,不难看出,用户通过 GUI 可以方便、灵活、快捷地进行复杂的程序控制,即把复杂的程序控制转化为操作简单的 GUI。所以常用的图形工具均提供了一套 GUI 设计控制机制。

1. IDL 的 GUI 结构

IDL(接口描述语言)的 GUI 组件:容器(Widget_Base)、菜单系统、工具栏、按钮(Widget_Button)、标签(Widget_Label)、文本(Widget_Text)、滑动条(Widget_Slider)、列表(Widget_List)、下拉列表(Widget_Droplist)、绘图区(Widget_Draw)、表格(Widget_Table)、页面(Widget_Tab)、树(Widget_Tree)等。

IDL 的 GUI 结构:由基本组件组成的具有层次结构的用于实现用户与计算机进行交互控制的界面。GUI 组件之间的关系是顶层容器(最上层的一个容器)可以包含任意组件;下层容器是包含在顶层容器(或者上层容器)中的容器,可以包含任意组件;页面可以包含任意组件;其余的组件均是基本组件,不能再包含其他组件。

IDL 的 GUI 结构如图 10.40 所示。

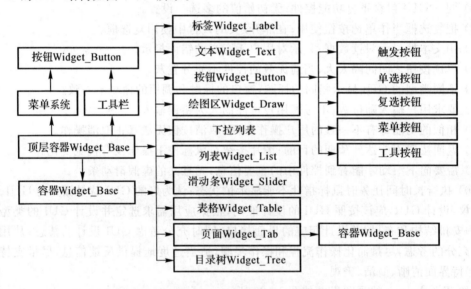

图 10.40 IDL 的 GUI 结构

2. IDL 的 GUI 设计步骤

GUI 作为用户和应用程序之间进行交互控制和传递数据的接口,其设计质量将直接影响应用程序的使用,因此应该按照规范的设计步骤进行设计。

(1) 通过对用户的需求分析,给出应用程序的功能模块及其组成结构。

(2) 设计结构和布局合理的 GUI 方案。

(3) 使用系统组件实现 GUI。

(4) 激活 GUI。使用 WIDGET_CONTROL,TopBase,/REALIZE。

(5) GUI 循环控制。使用 XMANAGER,ProNameStrint,TopBase。

(6) 设计与事件相对应的功能模块。实用程序调用。

不难看出,使用图形工具的 GUI 机制,可以很方便地实现 GUI 设计以及相应的人机交互可视。

10.4　交互图形系统

10.4.1　交互图形系统的结构

交互图形系统通常由硬件、软件和用户等组成。其中:

软件:操作系统、图形数据结构或者几何模型、图形工具和图形应用软件。

硬件:输入子系统、主机和输出子系统等。用户通过硬件设备与软件系统进行人机交互,从而完成图形的编辑、处理和分析等。

交互图形系统的结构如图 10.41 所示。

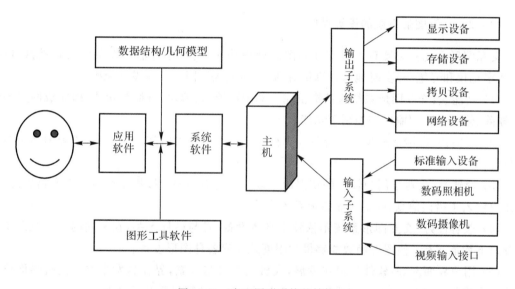

图 10.41　交互图形系统的结构

交互图形系统应该具有良好的逻辑结构,并且对层次结构和模块结构进行合理的划分,即把系统分为若干层次,每层继续分为若干模块,从而使整个系统容易设计、调试和维护,进而便于系统的扩充和移植。

1. 图形数据结构(几何模型)

图形数据结构(几何模型)是保存构造图形的一个或者多个对象的全部描述信息(默认建立相应的数据库)。具体包括图形的组成部分的形状和大小等几何信息及其拓扑信息,图形的色彩、纹理、表面性质等属性信息等。

2. 图形应用软件

图形应用软件是针对具体应用问题而开发的图形处理与分析软件,是图形系统的核心部分,通常由系统设计者(或者与用户一起)实现。主要功能:

(1) 从图形数据结构/几何模型中,取得图形对象的几何数据及其属性,按照应用要求对数据进行变换处理,使用图形工具软件(例如:OpenGL 和 IDL 等)所提供的图形功能,生成图形,并在屏幕或者绘图仪上输出,或者作进一步的处理与分析。

(2)通过交互手段,根据图形输入设备送来的命令和数据,创建、添加或者修改待处理对象的模型。

(3)完成初始化、定义窗口与视区、设置菜单功能,并且通过分项计算,完成动态模拟以及用户接口设计等功能。

3.图形工具

(1)设备驱动程序:最底层的软件。解决图形设备与主机的通信和接口等问题,是最基本的输入/输出程序。

(2)基本子程序:主要包括生成基本图形元素、对设备进行管理的各程序模块。

(3)功能子程序:在基本子程序的基础上编辑的程序集。任务是建立图形数据结构,定义、编辑和输出图形,建立图形设备之间的联系。

10.4.2 交互图形系统的设计原则

交互图形系统应该具有人机交互的图形处理功能,用户通过输入设备(例如:键盘、鼠标器、数字化仪和光笔等)实时地与计算机对话,从而完成绘图。具体设计原则:

(1)功能强:交互图形系统应该提供完全的图形绘制、编辑、查询等功能,即完成图形的绘制、删除、修改、输入/输出和控制等功能。

(2)反馈快:应尽量减少用户等待计算机响应一个命令的时间,对于一个正确的命令应立即执行。

(3)容错性好:对于用户输入的错误命令以及其他类型的误操作要有适当的容错处理,如果用户输入了错误信息,则不应该造成系统崩溃。

(4)兼容性好:交互图形系统不依赖于具体设备,且与硬件无关,在不同的计算机及不同的外设下均能运行。使图形函数能够最大限度地兼容各种图形设备。

(5)用户界面友好:软件技术在发展,人机交互日趋频繁,界面越发重要。人机界面已经作为一个模块来设计,且其所占设计比例已大大超过了计算机系统的功能。

10.4.3 交互图形系统的功能

交互图形系统应该具有下列功能:

(1)基本图形功能:在屏幕上置点,画直(折)线、圆(弧)、椭圆(弧)、曲线,写字符串,以及线型颜色控制和区域填充等功能。

(2)图形变换功能:图形的复制、缩放、比例、平移、旋转、镜像、转置和对称以及对三维图形的投影和透视等。用户可以用这些功能来生成较复杂的图形。

(3)图形编辑功能:对图形进行的修改、删除、添加及清除屏幕等功能。

(4)图形的存储与输入/输出功能:可以按照多种方式对可视数据加以存储。

(5)图形文件管理功能:具有图形文件的打开、写入、读出、关闭、删除、登记和增加等功能。

(6)使用面向对象的程序设计方法等。

10.4.4　二维图形编辑器

二维图形编辑器通常是具有按照指定的颜色、线型、粗细和图形符号等,在指定的位置和可视区域内,编辑相应的点、线、圆和矩形等图形,而且可以对图形进行复制、缩放、比例、平移、旋转、转置、镜像和对称等变换,同时能够进行二维图形处理的软件。

【例 10.27】　设计一个二维图形编辑器(如图 10.42 所示),具体要求:

(1) 可以利用橡皮筋技术绘制直线、长方形和圆。

(2) 可以选择红、绿和蓝三种绘制颜色。

(3) 可以选择实线、点线和虚线三种线型。

(4) 可以选择单像素、3 像素和 6 像素三种粗细类型。

(5) 可以按照 24 位真彩模式保存绘制到 bmp 文件,而且可以新建图形。

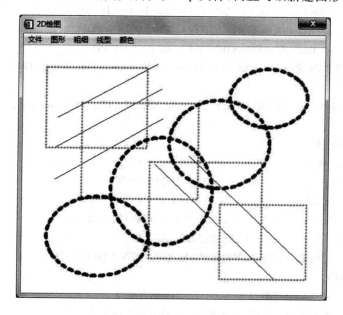

图 10.42　2D 图形编辑器

程序如下:

```
;————————————————————————————————————————
; Ch10Draw2D.pro
;————————————————————————————————————————
PRO BoxSelectDraw,Ev
  WIDGET_CONTROL,Ev.TOP,GET_UVALUE=In
  PosCase=['Down','Up','Motion']  &  TheEv=PosCase[Ev.type]
  CASE TheEv OF
    'Down': BEGIN
      In.Xs=Ev.x  &  In.Ys=Ev.y
      WIDGET_CONTROL,Ev.ID,DRAW_MOTION_EVENTS=1  &  END
    'Up': BEGIN
```

```
    WSET,In.DWin & WIDGET_CONTROL,Ev.ID,DRAW_MOTION_EVENTS=0
    Ev.x=0>Ev.x<(In.XSize-1) & Ev.y=0>Ev.y<(In.YSize-1)
    IF (In.Xs EQ Ev.x) AND (In.Ys EQ Ev.y) THEN RETURN
    WSET,In.PWin
    CASE In.Gri OF
      1:PLOTS,[In.Xs,In.Xd],[In.Ys,In.Yd],/DEV, $
          COLOR=In.Fg,LINESTYLE=In.Sti,THICK=In.Thi
      2:PLOTS,[In.Xs,In.Xs,In.Xd,In.Xd,In.Xs], $
          [In.Ys,In.Yd,In.Yd,In.Ys,In.Ys],/DEV, $
          COLOR=In.Fg,LINESTYLE=In.Sti,THICK=In.Thi
      3:BEGIN
        Cx=(In.Xs+In.Xd)/2 & Cy=(In.Ys+In.Yd)/2
        Am=ABS(In.Xs-In.Xd)/2 & Bm=ABS(In.Ys-In.Yd)/2
        Px=Cx+Am*COS(FINDGEN(501)/500.0*2*!PI)
        Py=Cy+Bm*SIN(FINDGEN(501)/500.0*2*!PI)
        PLOTS,Px,Py,/DEV,COLO=In.Fg,LINE=In.Sti,THICK=In.Thi & END
    ENDCASE
    WSET,In.DWin & DEVICE,Copy=[0,0,In.XSize,In.YSize,0,0,In.PWin]
  END
  'Motion': BEGIN
    WSET,In.DWin & DEVICE,Copy=[0,0,In.XSize,In.YSize,0,0,In.PWin]
    In.Xd=Ev.x & In.Yd=Ev.y & Tc='FFFF00'XL
    CASE In.Gri OF
      1:PLOTS,[In.Xs,In.Xd],[In.Ys,In.Yd],/DEV,COLOR=Tc
      2:PLOTS,[In.Xs,In.Xs,In.Xd,In.Xd,In.Xs], $
          [In.Ys,In.Yd,In.Yd,In.Ys,In.Ys],/DEV,COLOR=Tc
      3:BEGIN
        Cx=(In.Xs+In.Xd)/2 & Cy=(In.Ys+In.Yd)/2
        Am=ABS(In.Xs-In.Xd)/2 & Bm=ABS(In.Ys-In.Yd)/2
        Px=Cx+Am*COS(FINDGEN(501)/500.0*2*!PI)
        Py=Cy+Bm*SIN(FINDGEN(501)/500.0*2*!PI)
        PLOTS,Px,Py,/DEV,COLOR=Tc & END
    ENDCASE & END
  ENDCASE
  WIDGET_CONTROL,Ev.TOP,SET_UVALUE=In
END
;-------------------------------------------------------
PRO Ch10Draw2D_EVENT,Ev
    WIDGET_CONTROL,Ev.TOP,GET_UVALUE=In
    WIDGET_CONTROL,Ev.ID,GET_UVALUE=Uv
    CASE Uv OF
      'FNew': BEGIN
        WSET,In.PWin & ERASE & WSET,In.DWin & ERASE & END
```

```
'FSav'：BEGIN
    WRITE_BMP，'AImg.bmp'，TVRD(TRUE=1)，/RGB
    Yn=DIALOG_MESSAGE('保存 AImg.bmp 成功！'，TITLE='信息') &    END
'GLine'：In.Gri=1    &    'GRect'：In.Gri=2    &    'GElli'：In.Gri=3
'Thick1'：In.Thi=1    &    'Thick3'：In.Thi=3    &    'Thick6'：In.Thi=6
'Style1'：In.Sti=0    &    'Style2'：In.Sti=1    &    'Style3'：In.Sti=2
'Fr'：In.Fg='0000FF'XL    &    'Fg'：In.Fg='00FF00'XL
'Fb'：In.Fg='FF0000'XL    &    ELSE：
ENDCASE
WIDGET_CONTROL，Ev.TOP，SET_UVALUE=In
END
;——————————————————————————————————————————————
PRO Ch10Draw2D
DEVICE，DECOM=1 & ！P.BACKGROUND='FFFFFF'XL & ！P.COLOR='FF0000'XL
Tp=WIDGET_BASE(TLB_FRAME_ATTR=1，TITLE='2D 绘图'，MBAR=Mb)
Fb=WIDGET_BUTTON(Mb，VALUE='文件'，/MENU)
Fn=WIDGET_BUTTON(Fb，VALUE='新建'，UVALUE='FNew')
Sa=WIDGET_BUTTON(Fb，VALUE='保存'，UVALUE='FSav')
Gb=WIDGET_BUTTON(Mb，VALUE='图形'，/MENU)
Li=WIDGET_BUTTON(Gb，VALUE='直线'，UVALUE='GLine')
Re=WIDGET_BUTTON(Gb，VALUE='矩形'，UVALUE='GRect')
El=WIDGET_BUTTON(Gb，VALUE='椭圆'，UVALUE='GElli')
Tb=WIDGET_BUTTON(Mb，VALUE='粗细'，/MENU)
T1=WIDGET_BUTTON(Tb，VALUE='粗细 1'，UVALUE='Thick1')
T3=WIDGET_BUTTON(Tb，VALUE='粗细 3'，UVALUE='Thick3')
T6=WIDGET_BUTTON(Tb，VALUE='粗细 6'，UVALUE='Thick6')
Sb=WIDGET_BUTTON(Mb，VALUE='线型'，/MENU)
S1=WIDGET_BUTTON(Sb，VALUE='线型 1'，UVALUE='Style1')
S2=WIDGET_BUTTON(Sb，VALUE='线型 2'，UVALUE='Style2')
S3=WIDGET_BUTTON(Sb，VALUE='线型 3'，UVALUE='Style3')
Cb=WIDGET_BUTTON(Mb，VALUE='颜色'，/MENU)
C1=WIDGET_BUTTON(Cb，VALUE='红色'，UVALUE='Fr')
C2=WIDGET_BUTTON(Cb，VALUE='绿色'，UVALUE='Fg')
C3=WIDGET_BUTTON(Cb，VALUE='蓝色'，UVALUE='Fb')
Draw=WIDGET_DRAW(Tp，XSIZE=500，YSIZE=400，UVALUE='GDraw'，$
    EVENT_PRO='BoxSelectDraw'，/BUTTON_EVENTS)
WIDGET_CONTROL，Tp，/Realize & WIDGET_CONTROL，Draw，Get_Value=DWin
WSET，DWin & ERASE & WINDOW，/FREE，XSIZE=500，YSIZE=400，/PIXMAP
PWin=！D.WINDOW    &    ERASE
In={XSize：500，YSize：400，DWin：DWin，PWin：PWin，Xs：0D，Ys：0D，$
Xd：0D，Yd：0D，Gri：1，Thi：1，Sti：0，Bg：'FFFFFF'XL，Fg：'FF0000'XL}
WIDGET_CONTROL，Tp，SET_UVALUE=In    &    XMANAGER，'Ch10Draw2D'，Tp
END
;——————————————————————————————————————————————
```

10.4.5 三维图形编辑器

三维图形编辑器通常是可以按照指定的颜色、材质和灯光等，在指定的位置和可视空间内，编辑相应的长方体、球体、文本、圆柱、棱锥和圆锥等几何物体，而且可以对三维物体进行复制、缩放、比例、平移、旋转、镜像和对称等变换，同时能够进行三维图形处理的软件。

【例 10.28】 设计一个三维图形编辑器（如图 10.43 所示），具体要求：

（1）可以利用橡皮筋技术绘制球体、长方体、圆锥、棱锥、灯光和文本。

（2）可以实现选择、旋转和平移三种基本变换，既可以单击选项实现，又可以右击物体切换。

（3）具有选择、不选（释放）和删除三种功能。

（4）可以添加物体的关联下级。可以导入和导出部分或者全部绘制结果。

（5）可以打印绘制结果；可以把绘制结果导出到 VRML 格式文档。

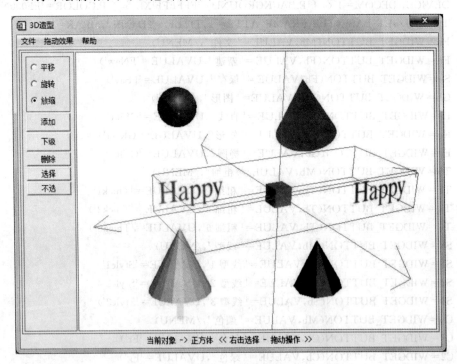

图 10.43 3D 图形编辑器

参考程序：Ch10Draw3D.pro。

辅助文件：Ch10Draw3D.hpy 和 Ch10Draw3D.htm。

10.4.6 曲线编辑器

曲线编辑器是可以交互编辑曲线的显示模式、曲线线型/符号/大小等属性，而且可以对曲线进行复制、缩放、比例、平移、旋转、镜像和对称等变换，同时能够编辑曲线的图形软件。

【例 10.29】 设计一个曲线编辑器（如图 10.44 所示），具体要求：

（1）曲线数据为：$y = SIN(x/5)/EXP(x/50)$。

（2）可以使用黑白和蓝绿两种显示模式。

（3）可以设置实线、点线、虚线、点虚、点点点虚、长虚和无线线型。

（4）可以设置无点、加号、星号、句号、钻石、三角和方形七种符号。

（5）可以设置 0.5,1,1.5 和 2 等四种符号大小。

（6）可以按照黑白和彩色两种模式打印输出；可以输出到 jpg,tif 和 pdf 文件。

参考程序：Ch10InteractivePlot.pro

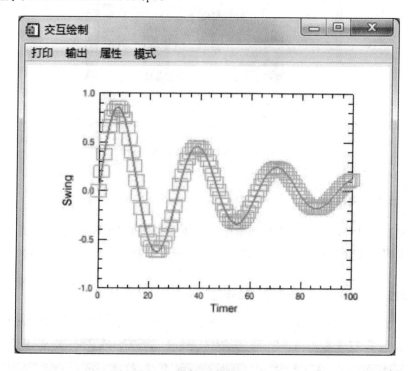

图 10.44　曲线编辑器

10.4.7　轮廓编辑器

轮廓编辑器是可以交互编辑曲面数据的轮廓线，及其填充模式、显示模式、颜色模式、背景颜色、坐标颜色和标题颜色等属性，而且可以对轮廓线进行复制、缩放、比例、平移、旋转、镜像和对称变换等功能的图形软件。

【例 10.30】　设计一个轮廓编辑器（如图 10.45 所示），具体要求：

（1）曲面数据：DIST(200,200)。

（2）可以使用填充模式和曲线模式两种显示方式。

（3）可以设置黄色和白色背景。可以设置蓝色和绿色坐标颜色。

（4）可以设置红色和绿色标题。

（5）可以设置红蓝和黑白颜色模式。

（6）可以进行打印机设置及其打印输出；可以输出到 jpg 和 tif 文件。

参考程序：Ch10Contour.pro。

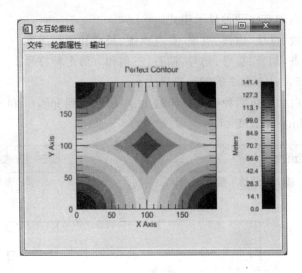

图 10.45　轮廓编辑器

10.4.8　颜色表编辑器

颜色表编辑器是可以交互编辑伪彩显示模式下颜色表的 RGB 三色分量,并且能够使用曲线显示颜色表的颜色分布信息,同时可以按照文本格式和数组格式导入/导出颜色表数据的图形编辑软件。

【例 10.31】　设计一个 RGB 颜色表编辑器(见图 10.46),具体要求:

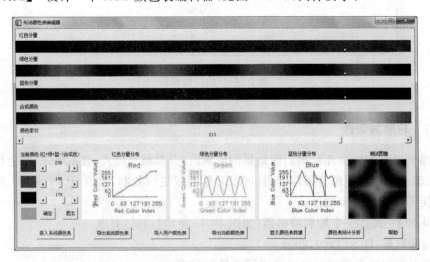

图 10.46　颜色表编辑器

(1) 测试数据:DIST(150,150)。

(2) 使用 4 个颜色条,分别显示红、绿、蓝颜色分量和合成色。

(3) 可以通过索引或者鼠标单击,交互选取当前像素及其颜色。

(4) 可以利用滑动条,对当前像素的 RGB 三色分量值直接进行编辑。

（5）使用 4 个绘图区，显示 RGB 三色分量的分布信息，及其显示效果。

（6）可以装入和导出系统默认的 41 种颜色表。

（7）可以装入和导出用户定义的颜色表。

（8）可以按照文本格式和数组格式导入/导出和显示颜色表的文本数据。

参考程序：Ch10RGBColorTableEditor.pro。

10.4.9　图像转换器

图像转换器是可以打开图像和观看图像，并且能够进行图像格式转换，同时能够对图像进行选择、复制、缩放、比例、平移、旋转、镜像和对称变换等功能的图像处理软件。

【例 10.32】　设计一个 RGB 颜色表编辑器（如图 10.47 所示），具体要求：

（1）可以利用菜单和工具按钮方式，打开和查看任意格式的图像文件。

（2）可以使用两个绘图区，分别在指定的左、右窗口打开图像。

（3）工具按钮要求使用图像按钮（Ch10ISeeOpen.bmp/Ch10ISeeOpen.bmp）。

（4）可以利用菜单和工具按钮方式，把打开的图像转换成任意格式的图像文件。

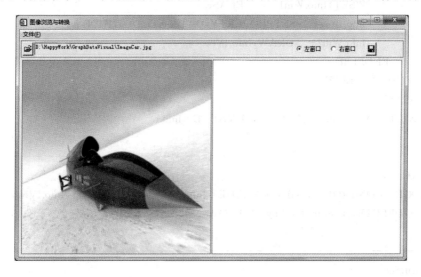

图 10.47　图像转换器

程序如下：

```
;—————————————————————————————————
; Ch10ISee.pro
;—————————————————————————————————
PRO Ch10ISee_EVENT,Ev
    WIDGET_CONTROL,Ev.TOP,get_uvalue= Info
    CASE WIDGET_INFO(Ev.ID,/UNAME) OF
        'Sele1':Info.WIdx=1
        'Sele2':Info.WIdx=2
        'Sa':IF FILE_TEST('TmpImgDat.hpy') THEN BEGIN
                RESTORE,'TmpImgDat.hpy'
```

```
            Yn=DIALOG_WRITE_IMAGE(Dat,TITLE='保存图像')
        ENDIF
    'Op':BEGIN
        File=DIALOG_PICKFILE(TITLE='打开图像',FILTER= $
            ['*.jpg','*.gif','*.tif','*.png'],/MUST_EXIST)
        WIDGET_CONTROL,Info.IText,SET_VALUE=File
        Dat=READ_IMAGE(File)   &   Ss=SIZE(Dat)
        SAVE,Dat,FILENAME='TmpImgDat.hpy'
        IF Ss[0] NE 3 THEN RETURN
        TmData=CONGRID(Dat,3,400,400)
        IF (Info.WIdx EQ 1) THEN   BEGIN ;直接图形法
            Info.IImg->SETPROPERTY,HIDE=1
            Info.Win2->DRAW,Info.IViw   &   ERASE,COLOR='FFFFFF'XL
            WSET,Info.Win1   &   TV,TmData,/TRUE
        ENDIF ELSE BEGIN ;对象图形法
            WSET,Info.Win1   &   ERASE
            Info.IImg->SETPROPERTY,DATA=TmData,HIDE=0
            Info.Win2->DRAW,Info.IViw
        ENDELSE
    END   &   ELSE:
    ENDCASE
    WIDGET_CONTROL,Ev.TOP,SET_UVALUE=Info
END
;——————————————————————————————————————————————
PRO ISeeClup,Tb
    WIDGET_CONTROL,Tb,GET_UVALUE=Info   &   OBJ_DESTROY,Info.IViw
    FILE_DELETE,'TmpImgDat.hpy',/ALLOW_NONEXISTENT
END
;——————————————————————————————————————————————
PRO Ch10ISee
    DEVICE,DECOM=1 & ! P.BACKGROUND='FFFFFF'XL & ! P.COLOR='000000'XL
    Tb=WIDGET_BASE(/COL,MBAR=MBar,TITLE='图像浏览与转换')
    IFile=WIDGET_BUTTON(MBar,VALUE='文件(&F)')
    MOpen=WIDGET_BUTTON(IFile,VALUE= '打开(&O)',UNAME='IOpen')
    MSave=WIDGET_BUTTON(IFile,VALUE= '保存(&S)',UNAME='ISave')
    CBase=WIDGET_BASE(Tb,/ROW,/FRAME)
    Op=WIDGET_BUTTON(CBase,VAL='Ch10ISeeOpen.bmp',UNAME='Op',/BITMAP)
    IText=WIDGET_TEXT(CBase,XSIZE=90)
    SBase=WIDGET_BASE(CBase,/EXCLUSIVE,/ROW)
    Sele1=WIDGET_BUTTON(SBase,VALUE='左窗口',UNAME='Sele1')
    Sele2=WIDGET_BUTTON(SBase,VALUE='右窗口',UNAME='Sele2')
    WIDGET_CONTROL,Sele1,/SET_BUTTON
    Sa=WIDGET_BUTTON(CBase,VAL='Ch10ISeeSave.bmp',UNAME='Sa',/BITMAP)
```

```
    DBase＝WIDGET_BASE(Tb,/ROW)
    Draw1＝WIDGET_DRAW(DBase,XSIZE＝400,YSIZE＝400,/FRAME)
    Draw2＝WIDGET_DRAW(DBase,XSIZE＝400,YSIZE＝400,/FRAME,GRAPH＝2)
    WIDGET_CONTROL,Tb,/REALIZE
    WIDGET_CONTROL,Draw1,GET_VALUE＝Win1
    WIDGET_CONTROL,Draw2,GET_VALUE＝Win2
    WSET,Win1  &  ERASE,COLOR='FFFFFF'XL
    IImg＝OBJ_NEW('IDLgrImage')  &  IMod＝OBJ_NEW('IDLgrModel')
    IViw＝OBJ_NEW('IDLgrView',VIEWP＝400*[0,0,1,1],COLOR＝255*[1,1,1])
    IViw－＞ADD,IMod  &  IMod－＞ADD,IImg
    Win2－＞DRAW,IViw  &  ERASE,COLOR＝'FFFFFF'XL
    Info＝{IText:IText,WIdx:1,IImg:IImg,IViw:IViw,Win1:Win1,Win2:Win2}
    WIDGET_CONTROL,Tb,SET_UVALUE＝Info
    XMANAGER,'Ch10ISee',Tb,CLEANUP＝'ISeeClup'
END
;－－－－－－－－－－－－－－－－－－－－－－－－－－－－－－－－－－－－－
```

10.4.10　Mandelbrot 分形分析器

Mandelbrot 分形分析器是能够按照交互模式,并对 Mandelbrot 分形进行伪彩可视,而且对该分形结构进行轮廓分析和曲面分析,同时通过放大和缩小实现对分形的自相似分析的图形处理软件。

【**例 10.33**】　设计一个 Mandelbrot 分形分析器(如图 10.48 所示),具体要求:

(1) 可以使用绘图区,按照 Mandelbrot 分形的结构,进行伪彩可视。

(2) 可以利用菜单方式,改变分形的颜色表。

(3) 可以利用菜单方式,对分形结构进行轮廓分析和曲面分析。

(4) 利用放大和缩小按钮对分形的自相似结构进行自相似分析。

参考程序:Ch10FractalMandelbrot.pro。

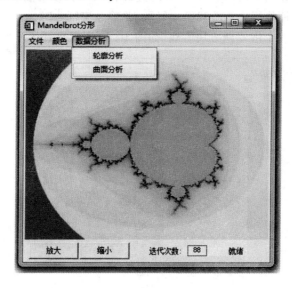

图 10.48　Mandelbrot 分形分析器

10.4.11　分形树生成器

分形树生成器是以交互模式,按照点、线和面等方式生成分形树的分形生成软件。

【例 10.34】　设计一个分形树生成器(如图 10.49 所示),具体要求:

(1) 可以利用点、线和面单选按钮组,按照点、线和面三种方式生成分形。

(2) 可以使用鼠标左键、中键和右键交互控制旋转、平移和放缩变换。

参考程序:Ch10FractalTree.pro。

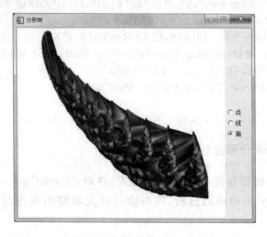

图 10.49　分形树生成器

10.4.12　俄罗斯方块游戏

俄罗斯方块是一款非常经典的游戏,该游戏结合了图形、动画和键盘控制等多种图形与数据可视技术,利用键盘控制下落的积木块,并通过旋转和左右移动控制积木块的方向和位置,目的是堆满整行,并消掉整行。该游戏简单好玩,并曾经流行一时。

【例 10.35】　设计一个俄罗斯方块游戏(如图 10.50 所示),具体要求:

图 10.50　俄罗斯方块游戏界面

（1）游戏难度分为初级、中级和高级三个等级。

（2）利用动画技术，在绘图区显示积木方块。

（3）热键：A 键左移、F 键右移、空格键旋转、P 键暂停、R 键继续、H 键帮助、Q 键退出。

（4）设计计分功能，对游戏结果进行记录。

参考程序：Ch10HappyTetris.pro。

10.4.13 图形与数据可视范例演示系统

图形与数据可视范例演示系统是把本书中所有章节的范例程序，集成为一个可以进行交互演示的程序。演示系统的 GUI 可以使用菜单、按钮、图像按钮和快捷菜单等交互用户接口技术。

【例 10.36】 设计一个 Mini 的图形与数据可视范例演示系统（如图 10.51 所示），具体要求：

（1）利用菜单系统依次控制第 1 章到第 11 章的所有范例。

（2）利用按钮系统依次控制第 1 章到第 11 章的所有范例，按钮图像文件依次为 GrCh01.bmp ～ GrCh11.bmp。

（3）使用类似于 Windows 的开始按钮，控制所有范例，图像文件为 GrStart.bmp。

（4）利用快捷键菜单交互控制所有章节的所有范例。

参考程序：GraphDataVisualSystem.pro。

辅助文件：GraphDataVisualSystem.htm，GraphDataVisualSystem.jpg，GraphDataVisual-System.pdf，GraphDataVisualSystem.txt 等。

图 10.51 图形与数据可视范例演示系统

习　　题

1. 解释人机交互和交互技术。简述人机交互技术的发展阶段和研究内容。

2. 简述人机交互的主要任务和常用的交互图形设备。

3. 简述常用的图形标准。

4. 简述人机交互模式和常用的人机交互技术。

5. 解释图形用户界面 GUI,简述 GUI 的组成结构和设计步骤。

6. 什么是触发按钮、单选按钮和复选按钮? 简述三者的区别。

7. 简述常用的四种菜单系统及其区别。

8. 解释模态组件,简述模态组件的设计方法。

9. 设计一个包括标准菜单系统、按钮菜单系统、快捷菜单和工具栏的一个完整 GUI。

10. 在例 10.2 中,利用鼠标交互定位显示文本控件中的文本信息。

11. 在 400×300 像素的可视区域内,设计一个具有椭圆橡皮筋功能和网格锁定功能的交互绘制椭圆的画图程序,要求:

(1) 可以使用橡皮筋椭圆,在可视区域内任意绘制椭圆。

(2) 网格为不可见水平线和垂直线,且网格行列间距均为 50 个像素;绘制线段的端点锁定在网格的交叉点上。

12. 修改例 10.17,要求可以交互控制曲面数据、贴图图像、显示和隐藏方式,以及 X,Y,Z 轴的标题。

第11章 科学可视

科学计算可视(科学可视)是图形技术的典型应用领域。科学计算的结果通常不易验证和理解。科学计算可视可以用体绘制技术把空间数据场显示到屏幕上,以便能够直观、灵活地进行观察、模拟、计算和分析。

11.1 科学可视概述

科学可视是一种基于体素的绘制技术,即把物体的三维体数据重建成包含内部详细信息的三维虚拟实体,亦称三维物体重建(三维重建)技术。科学可视不但可以绘制三维数据的表面结构,而且可以绘制三维数据的内部结构。

11.1.1 科学可视的基本原理

科学可视是融合图像技术、计算机视觉、计算机图形学和生物医学工程等多个学科的理论、方法和技术,研究和实现体数据在计算机中的表示、采样、存储、变换、重建、显示和交互操作的技术,目的是研究体数据中蕴含的多种信息,从而能够观察物体内部的复杂结构,同时获取物体内部蕴含的各种有用的信息,为体数据的进一步分析和理解提供理论保证(见图11.1)。其成功的应用领域是医学可视技术,并从辅助诊断发展成为辅助治疗。

已知 $E = \{f(x,y,z)\}$ 是三维实体,$f(x,y,z)$ 是 E 中点 (x,y,z) 的属性值,则 E 数字化后的体数据为

$$V = \{f(i,j,k)\}_{I \times J \times K} = \{v_{ijk}\}_{I \times J \times K}$$

其中,$v_{ijk}(i=1,\cdots,I;j=1,\cdots,J;k=1,\cdots,K)$ 称为体素(Voxel),体素是体数据的基本单元。

体数据可以通过采样、模拟或者建模等获取,方法如下:

(1) 首先通过二维扫描设备获得实体的二维序列图像,然后通过叠加生成体数据。即:根据图像大小,创建一个 3 维数组,并依次读取每幅图像,并放入 3 维数组。

(2) 直接使用三维扫描设备获得体数据。

(3) 根据实体的信息特征,按照指定的模型和算法通过计算得到实物的模拟体数据,即根据实体本身的信息特征得到模拟体数据,亦即先建立几何模型,再通过采样得到体数据(实体的体素化)。

所以,科学可视的过程是先把实体通过采样、模拟或者建模等技术生成体数据,再利用图像技术、计算机视觉和计算机图形学等对体数据进行建模和算法设计,最后把体数据重建成虚拟实体。虚拟实体的生成过程称为物体重建。

科学可视的基本原理如图 11.1 所示。

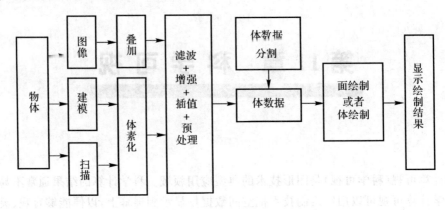

图 11.1 科学可视的基本原理

体绘制方法是科学可视的关键技术。体绘制方法分为基于面的体绘制（面绘制）和基于体的体绘制（体绘制）。

【例 11.1】 利用 Ch09UsaFemale 目录中的图像序列，生成体数据 Vol，并把体数据存入文件 UsaFemaleData.hpy。要求先预览图像序列，然后生成体数据。

程序如下：

```
; ———————————————————————————————————————————————

; Ch11GenVolumeData.pro

; ———————————————————————————————————————————————

PRO Ch11GenVolumeData
    DEVICE,GET_Screen_SIZE=Ss  &  Tb=WIDGET_BASE(TITLE='信息',/COL)
    Lb=WIDGET_LABEL(Tb,VALUE='＊＊   正在生成体数据...＊＊')
    Lb=WIDGET_LABEL(Tb,VALUE='＊＊＊＊   请稍候...   ＊＊＊＊')
    Geo=WIDGET_INFO(Tb,/GEO)  &  DEVICE,DECOM=0
    Ix=Geo.SCR_XSIZE & Iy=Geo.SCR_YSIZE & Cx=Ss[0]/2  & Cy=Ss[1]/2
    WIDGET_CONTROL,Tb,XOFF=(Ss[0]-Ix)/2,YOFF=266
    WIDGET_CONTROL,Tb,/REALIZE  &  WIDGET_CONTROL,/HOURGLASS
    WINDOW,6,XP=Cx-150,YP=Cy-84,XS=300,YS=166,TITL='图像序列'
    Fi=FILE_SEARCH('Ch09UsaFemale\\＊.jpg',COUNT=FiNum)
    Vol=BYTARR(300,166,FiNum) ;创建存放 1730 帧图像数据的数组
    FOR i=0,FiNum-1 DO BEGIN
        Vol[＊,＊,i]=READ_IMAGE(Fi[i]) & TV,Vol[＊,＊,i] ;依次显示图像
    ENDFOR
    SAVE,Vol,FILENAME='UsaFemaleData.hpy'
    WIDGET_CONTROL,Tb,/DESTROY  &  WDELETE,6 ;删除提示和窗口 6
    Yn=DIALOG_MESSAGE('体数据创建成功!',TITLE='提示',/I)
END
; ———————————————————————————————————————————————
```

11.1.2　基于面的体绘制

面绘制是体数据中一层或者多层面的重建,即从体数据中分割出一个或者多个特征面(例如:等值面),然后利用图形技术实现特征面的绘制。面绘制作为经典的绘制方法,可以快速有效地绘制实体的多个层面,从而以面的形式分割出体数据中的感兴趣部分,但是面绘制缺乏体数据内部信息的详细表达。

常用面绘制方法:断层轮廓面绘制、体素面绘制和几何变形面绘制等。

体素面绘制方法:Cuberille 法、Marching Cubes 法和 Dividing Cubes 法等。

1. 断层轮廓面绘制

通过对断层数据集的每个断层进行特征轮廓线(例如:等值线)分割,得到一组由轮廓线组成的断层面,然后给出两个相邻断层轮廓线的对应关系,最后进行拼接,构造出实体的特征面,即:

(1) 相邻断层轮廓线的对应。

(2) 相邻断层轮廓线的拼接。

(3) 曲面拟合重构等。

其中,找出相邻断层轮廓线的对应关系并且使用三角面片将它们拼接起来是该方法的关键。该方法适用于对轮廓线清晰、结构简单的实体进行面绘制;而对于轮廓线的拓扑关系和结构复杂的实体不太适合(由于相邻断层轮廓线的对应和拼接需要进行大量的预处理,而且至今还没有有效的解决办法)。

2. Cuberille 法

Cuberille 法是 Herman 和 Liu 提出的等值面构造法。其基本原理是把体数据的每个像素看作空间的一个六面体的体素单元。体素单元内的数据默认同值,并用边界体素的六个面拟合等值面,即把边界体素中相互重合的面去掉,仅把不重合的面连接起来近似表示等值面。

优点:算法简单易行,便于并行处理。

缺点:严重走样,不能很好地显示实体细节。

适合:正交密集体数据的表示,医学图像和无损探伤的等值面抽取等。

3. Marching Cubes 法

Marching Cubes 法是 Lorensen 提出的等值面构造法,是规则体数据等值面生成的经典算法。其基本原理是把体数据中相邻层的 4 个像素组成立方体的 8 个顶点,逐个处理体数据中的立方体,分类出与等值面相交的立方体,采用插值计算出等值面与立方体边的交点。根据立方体每个顶点与等值面的相对位置,将等值面与立方体边的交点按一定方式连接生成等值面,作为等值面在该立方体内的一个逼近表示。

优点:快速生成等值面。

缺点:存在连接方式的二义性。

4. Dividing Cubes 法

Dividing Cubes 法是 Cline 提出的等值面构造法。其基本原理是逐个扫描每个体素,当体素的 8 个顶点越过等值面时,将该体素投影到显示图像上。如果投影面积大于一个像素的大小,则把该体素分割成更小的子体素,使子体素在显示图像上的投影为一个像素大小,每个子体素在图像空间被绘制成一个表面点,每个表面点由对应于子体素的值、对象空间中的位置和梯度三部分表示,可以使用传统的图形消隐技术(例如:Z-Buffer 算法),将表面点绘制到图像空间中。采用绘制表面点而不是绘制体素内等值面,从而节省了大量计算时间。

优点:面绘制速度快。

缺点:图形放大,出现失真。

5. 几何变形面绘制

几何变形面绘制又称为几何变形模型 GDM,或者抽取封闭等值面法。传统抽取等值面的几何表示缺少连通性拓扑信息,属于离散点插值法,而 GDM 是对原数据的逼近表示。

GDM 算法可以描述如下:

(1) 定义拓扑封闭的简单模型。

(2) 对模型进行几何变形和放缩等以适应体数据,且变形时保持拓扑简单性。

(3) 模型上每个顶点都有一个代价函数,用来评价其变形和拓扑结构的性质,噪声和特征之间的关系。在模型变形过程中,要求维持代价最小。

11.1.3　基于体的体绘制

体绘制是指以体素作为基本单元,使用指定的模型和算法,把体数据直接生成虚拟实体的过程。使用体素集合表达实体。即:

(1) 对每个体素赋以透明度和颜色值。

(2) 根据体素的灰度梯度及光照模型计算相应体素的光照强度。

(3) 计算全部体素对屏幕像素的贡献(像素的光照强度),生成结果图形。

体绘制的具体内容:数据的采样、分割(分类)、重采样、组合、变换、体绘制、交互控制和显示等。

优点:能够表示实体的全部内部信息。

缺点:计算量大,生成速度慢,实时可交互性相对面绘制较差。

适合:规则体数据的建模与可视分析。

常用体绘制方法:图像空间体绘制、对象空间体绘制和频域空间体绘制等。

1. 图像空间体绘制

图像空间体绘制是 Levoy 提出的经典的光线投射法。其基本原理是图像空间的每个像素均沿着视线方向发射出一条射线穿过体数据,沿着射线选择 k 个等距离采样点,并且由距离指定采样点最近的 8 个数据点的颜色值和透明度值作三线性插值,求出该采样点的透明度和颜色值,最后把该射线上的各采样点的颜色和透明值由前向后(或者由后向前)进行合成,从而得到该像素的颜色值。

光线投射法模型如图 11.2 所示。

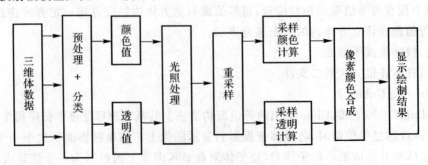

图 11.2　光线投射法模型

优点:绘制高质量图像。

缺点:计算复杂性高,需要使用加速技术。

常用加速技术:利用图像空间的相关性尽量减少投射线数目;利用对象空间的相关性尽量减少采样点数量。

(1)减少投射线数目:因为在可视结果中,相邻像素存在相关性(例如:相似颜色),并且不是每个像素都投射光线,而是间隔地投射光线。如果两个间隔像素投射光线,组合计算对应像素的差值小于设定的阈值,该间隔之间的像素就不用再投射光线,其值等于两间隔像素的插值,否则必须投射中间像素的光线,并单独计算,亦称自适应采样。

(2)减少采样点数量:因为光线穿过对象空间的体素有许多空体素,或者一条光线的相邻采样点的值变化不大,所以可以从体数据的存储结构上处理相关性,从而跳过空体素,亦称空间跳跃技术。

显然,对于光线投射法,当观察方向改变后,需要重新采样并且进行插值运算。

2. 对象空间体绘制

体数据按照逐层和逐行,逐个计算每个数据点对图像空间中像素的贡献,并且进行合成,形成最后的图像。体数据可以向图像空间按距离由近到远(由远到近)的顺序投影。

常用方法:深度缓冲区(Z - Buffer)法、溅射(Splatting)法和错切变形(Shear Warp)法等。

(1)深度缓冲区法:通过深度缓存器进行可见性判断,消除隐藏对象,数据的扫描从前至后(或者从后至前)投影。

优点:实现简单。

缺点:计算复杂度较高,而且走样严重。

(2)溅射法:首先选择重构核,并计算通用足迹表,然后将体数据转换到图像空间,查表找出体素对于像素的贡献值,最后合成图形,如图 11.3 所示。

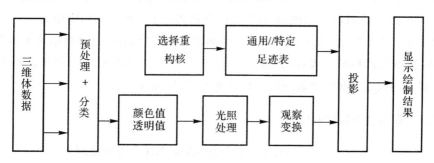

图 11.3　溅射算法示意图

不难看出:对于溅射法,视线方向发生变化,需要重新计算重构核空间卷积域的椭圆投影,投影中的每个像素都需要进行旋转和比例变换,以便查找通用足迹表。

(3)错切变形法。尽管 Cameron 和 Lacroute 分别提出了基于平行投影和透视投影的错切变形法,但是二者的基本原理基本相同,即把三维视觉变换分解成三维错切变换和二维变形变换。体数据按照错切变换矩阵进行错切,投影到错切空间形成中间图形,然后中间图形经过变形生成最后的结果图形。

算法特点：按照主要视线方向选择切片数据集和投影数据，当视线方向发生变化后，投影方向不一定变化，因此绘制速度快，具有实际应用价值。

加速技术：改进体数据的存储结构和压缩技术（分层溅射算法、小波多分辨率分析法、有限元自适应网格优化方法、游程编码等），有效利用体数据的空间相关性（通过访问尽量少的体素，提高速度而不明显降低图形质量）。

空间相关性：体数据的相邻采样点的函数值通常相同或者相近（Wihelms 的体元投射法正是利用了该特性）。对于平行投影，一个立方体元（8 个相邻的体素）通常分解成多个子体元，每个子体元的前后面投影到屏幕的同一位置，生成统一的投影模板，对于每个给定的观察方向，每个体元的投影形状相同，只是位置不同，这样就可以选择相应的模板进行投影。周勇进一步利用体元函数值的相关性，提出了子区域投射法，通过给定的阈值把数据场划分为由曲面围成的子区域，并对边界面投影；而且周勇使用体元投射法，把具有相似属性的体元合并成长方块，并对长方块进行投影。

3. 频域空间体绘制

频域空间体绘制是利用傅里叶投影切片定理快速计算空域体数据沿某一方向积分（投影）的体绘制算法。具体如下：

（1）利用 Fourier 变换，将空域空间的体数据转化到频域空间。

（2）根据频域的切片原理可知，由 Fourier 投影-截面定理，在频域空间中沿着某个方向的二维截面经过反 Fourier 变换得到空域空间图形。

优点：频域空间体绘制虽然生成频域空间时开销较大，但是频域空间与视点无关，可以反复使用，由此将计算复杂度由三维降到二维，而且可以由频域空间的二维截面变换获得空域图像。

缺点：首先图形不够清晰，缺乏深度信息；其次理论上计算复杂度稍低，实际计算量很大；再次本质是模拟 X 光成像的原理，不能反映前后遮挡关系。所以实际应用较少。

因此，图像空间体绘制和对象空间体绘制属于空域体绘制，优点是可以显示体数据的全部细节信息，缺点是计算量较大，体数据 $N \times N \times N$ 的算法复杂度为 $O(N^3)$。Malzbender 和 Totsuka 提出的频域空间体绘制的算法复杂度为 $O(N^2 \lg N)$。

11.1.4　面绘制和体绘制比较

面绘制和体绘制各具优缺点，针对具体问题，需要选择合适的绘制方法。

1. 绘制原理

面绘制原理是首先在体数据中提取出等值轮廓线，把体数据分割成由等值轮廓线组成的数据集，然后利用数据集建立实体表面的数学模型，最后绘制生成图像。面绘制需要构造中间面。

体绘制原理是首先对每个体素赋以透明度和颜色值，然后再根据各体素的灰度梯度及光照模型计算出相应体素的光照强度，最后计算出全部采样点对屏幕像素的贡献，即像素的光照强度，生成结果图像。体绘制不需要构造任何中间几何元素而是直接从体数据绘制出图像。

2. 绘制速度

面绘制算法根据实体的复杂程度不同，计算复杂度也在变化，但是面绘制算法复杂度一般

不超过 $O(N^3)$。体绘制算法复杂度为 $O(N^3)$,因此面绘制速度比体绘制快。

3. 实时交互

面绘制的实时交互操作能力强,基本上可以在高档 PC 的硬件软件环境下实现实时交互操作。体绘制的实时可交互操作能力比较差,一般需要在中高档工作站上才能够实现实时可交互操作。

4. 绘制质量

面绘制是使用高次非线性连续逼近原理,从而生成面的连续光滑解析表达,可以精确计算出法向量,容易应用光照模型,所以对实体表面的表达可以达到很逼真的程度。而体绘制利用的是光照模型,为了保证体绘制的速度,体绘制技术生成的图像质量一般要比面绘制差,但是有些体绘制算法可以得到很高质量的图像,由于信息量很大,所以绘制速度较慢。

5. 信息表示

面绘制一般绘制物体的表面,所以体数据的大量信息在采样和分割过程中会丢失,很多信息得不到充分利用,而且不能观察内部的细节信息;体绘制不但可以绘制实体的表面,而且还可以绘制实体内部的全部信息。

11.1.5　体数据分割

体绘制的关键技术是体数据分割(分类)、投影变换、体绘制方法、光照模型和颜色合成等。体数据作为体绘制的对象,蕴涵实体的全部信息,其分割方法和分割结果将直接影响绘制的速度和质量,所以体数据分割是体绘制的基础。

对于实际应用,不同用户对体数据的需求不同,因此根据用户需要对原始体数据有目的有选择地进行分割(分类),生成不同的体数据集。体数据分割和图像分割在很多方面类同,但是也有不同之处。原数据库是把体数据分割成若干属性相对均匀的体数据集。

体数据分割方法:基于图像的分割方法和基于体数据的分割方法。

1. 基于图像的分割方法

由于体数据可以分解成有限个平面数据,即体数据是系列平面图像在空间上的排列。所以,首先把体数据分解成有限个平面数据,然后使用图像分割方法对平面图像数据进行分割,最后再把分割好的平面图像数据组合成体数据。

优点:简单易行。

缺点:对于大数据的体数据不一定适合。

2. 基于体素的分割方法

把体数据看作一个整体来进行分割,将现有成熟的图像分割方法推广到体数据。需要注意的是分割对象由二维数据变换到三维数据时,体数据的结构和表达问题。

常用分割方法:边界检测方法、阈值分割方法、Bayesian 最大似然分割方法、转换函数分割方法和基于知识模型分割方法等。

基于知识模型分割方法:根据用户需求,首先建立特定领域的知识库,然后对于体数据,通过知识库的查询达到对数据的分割。

在实际应用中,相同领域的体数据通常具有高度的相似性,所以可以有效地利用本领域的

先验知识。由于基于知识模型的方法充分利用了专家丰富的先验知识和实践经验,因而具有如下优点:

(1) 快速实现体数据分割,提高分割效率。

(2) 提高体数据分割质量。

(3) 自适应的智能处理复杂体数据的分割。

(4) 实现实时交互体数据分割。

基于知识模型分割方法的难点是建立知识库,它直接影响到分割结果和质量。因此可以把模糊集、粗糙集和人工智能等软计算智能技术应用于体数据分割,从而提高体数据的分割性能和自动化程度。

目前流行的体数据分割方法是交互分割方法。具体如下:

(1) 首先根据先验知识进行尝试性的分割。

(2) 通过显示结果再调整分割算法的参数,直到结果满意为止。

交互分割方法是当前使用最多的方法。尽管交互分割人工干预多和浪费时间等,但是仍然是目前最有效的体数据分割技术。

11.2　科学可视的实现

科学可视可以使用图形可视技术,以及集成了图形可视技术的图形可视工具来实现。目前多数图形可视工具均提供了科学可视的底层接口及丰富的图形可视工具包,从而可以方便灵活地实现科学可视。

11.2.1　体数据可视与分析

利用交互数据语言 IDL 进行科学可视可以使用 XVOLUME,IVOLUME 和 IDLgrVolume 很方便地实现。

1. 利用科学可视软件包进行科学可视

因为在 XVOLUME 中已经内嵌并且集成了体绘制算法,所以利用 XVOLUME 可以非常方便地进行三维重建与分析。

【例 11.2】　已知人的头部数据 HeadData 已经存入文件 Ch11AnalysisHead.hpy,要求利用 XVOLUME 对头部数据进行科学可视与分析。

程序如下:

```
;————————————————————————————————————————
; Ch11AnalysisHead.pro
;————————————————————————————————————————
PRO Ch11AnalysisHead
    RESTORE,'Ch11AnalysisHead.hpy'
    XVOLUME,HeadData,RENDER=1,/INTERPOLATE,SCALE=0.9
END
;————————————————————————————————————————
```

程序运行结果如图 11.4 所示。

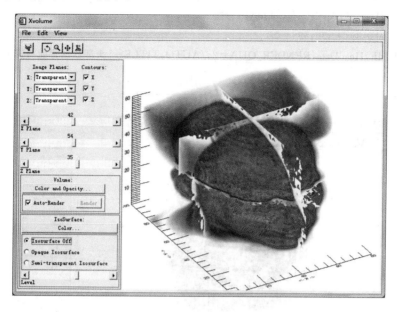

图 11.4　头部数据的科学可视分析

可视用法分析：

软件包 XVOLUME 提供了多个科学可视的数据接口，并且可以对任意体数据 Dat 进行交互科学可视分析。常用接口：

XVOLUME,Dat[,/INTERP][,/MODAL][,RENDER＝0|1][,SCALE＝Va][,XS＝Va][,YS＝Va]

(1) 数据插值方式(/INTERP)：使用三线性插值(默认：最邻近插值)。

(2) 加速方式(RENDER)：绘制环境(0－OpenGL(默认)，1－IDL)。

(3) 窗口大小：宽度 XS＝Va1,高度 YS＝Va2。

(4) 窗口比例(SCALE＝Va)：绘制的放缩因子。

不难看出：XVOLUME 提供了对体数据的多种重建和分析功能。

2. 利用科学可视的智能分析软件包进行科学可视

IVOLUME 是一个内嵌并且集成了体绘制算法和多种分析引擎的体数据三维重建与智能分析软件工具包,利用 IVOLUME 可以对多个体数据进行多重三维重建与多功能智能分析,用法非常简单。即：

IVOLUME [, Dat1][, Dat2][, Dat3][, Dat4][, 接口参数]

【例 11.3】　已知人的头部数据 HeadData 已经存入文件 Ch11AnalysisHead.hpy,要求利用 IXVOLUME 对头部数据进行智能科学可视与分析,同时要求挖去如图 11.5 所示的四分之一数据区域,并对头部的内部信息进行分析。

程序如下：

```
; ┬──────────────────────────────────
; Ch11AnalysisIHead.pro
; ──────────────────────────────────
```

```
PRO Ch11AnalysisIHead
    RESTORE,'Ch11AnalysisHead.hpy'
    HeadData[0:39,*,30:59]=0B
    IVOLUME,HeadData,RENDER_QUA=2,/AUTO,TITLE='头部数据智能可视分析'
END
;———————————————————————————————————————
```

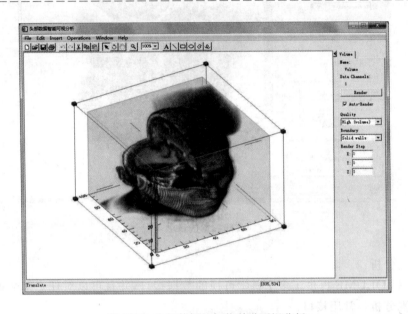

图 11.5　头部数据的智能科学可视分析

　　与 XVOLUME 相比,IVOLUME 嵌入了更多的体绘制技术,同时提供了更多的三维重建和分析的接口功能。

　　3. 利用面向对象的底层科学可视类进行科学可视

　　IDLgrVolume 是利用面向对象技术和体绘制技术等多种科学可视技术设计的底层数据接口,可以通过体数据类及其对象、属性、方法、事件和消息等面向对象的程序设计方法,更方便、更灵活地进行三维重建与可视分析。具体方法如下:

　　(1) 读取体数据。

　　(2) 使用绘图类,创建基于对象图形系统的绘图窗口对象。

　　(3) 使用视图类,创建视图对象。

　　(4) 使用模型类,创建模型对象。

　　(5) 利用体数据,使用体类创建体对象。

　　(6) 利用旋转类,创建交互旋转对象。

　　(7) 利用旋转对象的 ADD 方法,把体对象添加到旋转控制对象中。

　　(8) 利用模型对象的 ADD 方法,把旋转控制对象添加到模型对象中。

　　(9) 利用视图对象的 ADD 方法,把模型对象添加到视图对象中。

　　(10) 利用窗口对象的 DRAW 方法,在窗口对象中绘制视图对象。

　　【例 11.4】　已知人脑数据 BrainData 已经存入文件 Ch11AnalysisBrain.hpy,要求利用面

向对象的程序设计方法对人脑数据进行三维重建与可视分析,并且能够交互旋转控制,同时可以进行 Z 向切割显示控制。如图 11.6 所示。

程序如下:

```
;————————————————————————————————————————————
; Ch11AnalysisBrain.pro
;————————————————————————————————————————————
PRO Ch11AnalysisBrain_Event,Ev
    WIDGET_CONTROL,Ev.ID,GET_UVALUE=Uv
    WIDGET_CONTROL,Ev.TOP,GET_UVALUE=Info
    CASE Uv OF
        'Cutp':BEGIN
            Info.Vol—>GetProperty,YRANGE=Yr
            Info.Vol—>SetProperty,CUT=[0,1,0,—(Ev.VALUE/100.0)*Yr[1]]
            Info.Win—>Draw,Info.Viw  &  END
        'Draw':BEGIN
            IF Info.Rot—>Update(Ev) THEN Info.Win—>Draw,Info.Viw
            IF Ev.TYPE EQ 0 THEN WIDGET_CONTROL,Info.ODrw,/DRAW_MOTION
        END
    ENDCASE
    WIDGET_CONTROL,Ev.TOP,SET_UVALUE=Info
END
;————————————————————————————————————————————
PRO Ch11AnalysisBrain
    Dmx=400  &  Dmy=300  &  TopMod=OBJ_NEW('IDLgrModel')
    Rot=OBJ_NEW('IDLexRotator',[Dmx/2.0,Dmy/2.0],Dmx/2.0)
    Viw=OBJ_NEW('IDLgrView')  &  Viw—>Add,TopMod  &  TopMod—>Add,Rot
    RESTORE,'Ch11AnalysisBrain.hpy'  &  Ss=SIZE(BrainData,/DIM)
    Sx=1.0/MAX(Ss)  &  Sy=Sx  &  Sz=Sx
    Ox=—Ss[0]*Sx/2  &  Oy=—Ss[1]*Sy/2  &  Oz=—Ss[2]*Sz/2
    Vol=OBJ_NEW('IDLgrVolume',BrainData,/ZERO,/ZBUFF,/INTERP, $
        XCO=[Ox,Sx],YCO=[Oy,Sy],ZCO=[Oz,Sz],HINT=2)
    Rot—>Add,Vol & Rot—>Rotate,[0,0,1],—45  &  Rot—>Rotate,[1,0,0],—75
    Tb=WIDGET_BASE(TITLE='人脑数据科学可视',/COL)
    ODrw=WIDGET_DRAW(Tb,GRAPH=2,XS=Dmx,YS=Dmy, $
        /BUTTON,UVALUE='Draw',RETAIN=2,/EXPOSE)
    OCutSlider=WIDGET_SLIDER(Tb,TITLE='切片',UVALUE='Cutp')
    WIDGET_CONTROL,Tb,/REALIZE & WIDGET_CONTROL,ODrw,GET_VALUE=Win
    Viw—>SetProperty,VIEW=[—.6,—.4,1.2,.8], $
        PROJ=1,EYE=2.0,ZCLIP=[1,—1],COLOR=[1,1,1]*255
    Win—>SetProperty,QUALITY=2
    Info={ODrw:ODrw,Vol:Vol,Rot:Rot,Viw:Viw,Win:Win}
    WIDGET_CONTROL,Tb,SET_UVALUE=Info  &  Win—>Draw,Viw
```

```
    XMANAGER, 'Ch11AnalysisBrain', Tb
END
;———————————————————————————————————
```

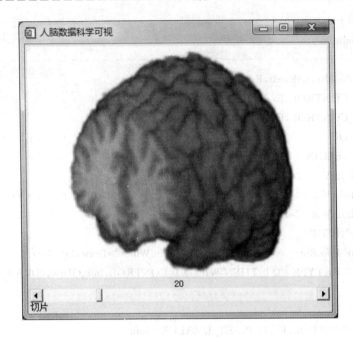

图 11.6　人脑数据的面向对象科学可视分析

11.2.2　体数据的切片提取与分析

在对三维体数据处理的过程中,通常需要提取体数据的切片数据,并进行相应的处理分析。提取切片不但可以提取 X,Y 和 Z 三个轴向的切片,而且可以提取任意方向的任意切片,同时还可以按照交互方式实现轴向或者任意切片的提取。

1. 体数据的轴向切片提取

提取体数据的轴向切片的方法比较简单。根据体数据的三维数组 VOLUME[x,y,z],提取与 X 向垂直切片,只需循环控制 X 的值,并且对每个值 i∈X,则对应的轴向切片为 VOLUME[i,*,*],然后把该二维数组按照任意指定的图像格式存入图像文件;同理,可以分别提取与 Y,Z 方向垂直的切片。

【例 11.5】　已知人脑数据 BrainData 已经存入文件 Ch11AnalysisBrain.hpy,要求分别依次提取 BrainData 的 X,Y 和 Z 向的切片数据,并且分别保存 3 个方向的切片图像,同时在提取切片图像时,显示图像。如图 11.7 所示。

程序如下:

```
;———————————————————————————————————
; Ch11SliceXyz.pro
;———————————————————————————————————
PRO Ch11SliceXyz
    DEVICE, GET_Screen_SIZE = Ss    &    RESTORE, 'Ch11AnalysisBrain.hpy'
```

```
WIDGET_CONTROL,/HOURGLASS  &  CD,CURRENT=IPath ;获取当前目录
Vs=SIZE(BrainData,/DIM)
WINDOW,2,XS=Vs[1],YS=Vs[2],TITLE='X 向切片 ' & FILE_MKDIR,'Slicex'
FOR i=0,Vs[0]-1 DO BEGIN   ;提取 X 向切片
    Fi=IPath+'\\Slicex\\'+'Slicex'+STRTRIM(STRING(i),2)+'.jpg'
    WRITE_JPEG,Fi,REFORM(BrainData[i, * , * ]),QUALITY=100 & WAIT,0.1
    TV,REFORM(BrainData[i, * , * ]),TRUE=0
ENDFOR
WINDOW,2,XS=Vs[0],YS=Vs[2],TITLE='Y 向切片 ' & FILE_MKDIR,'Slicey'
FOR i=0,Vs[1]-1 DO BEGIN   ;提取 X 向切片
    Fi=IPath+'\\Slicey\\'+'Slicey'+STRTRIM(STRING(i),2)+'.jpg'
    WRITE_JPEG,Fi,REFORM(BrainData[ * ,i, * ]),QUALITY=100 & WAIT,0.1
    TV,REFORM(BrainData[ * ,i, * ]),TRUE=0
ENDFOR
WINDOW,2,XS=Vs[0],YS=Vs[1],TITLE='Z 向切片 ' & FILE_MKDIR,'Slicez'
FOR i=0,Vs[2]-1 DO BEGIN   ;提取 X 向切片
    Fi=IPath+'\\Slicez\\'+'Slicez'+STRTRIM(STRING(i),2)+'.jpg'
    WRITE_JPEG,Fi,REFORM(BrainData[ * , * ,i]),QUALITY=100 & WAIT,0.1
    TV,REFORM(BrainData[ * , * ,i]),TRUE=0
ENDFOR
Yn=DIALOG_MESSAGE(' 切片提取成功! ',/INFO)  &  WDELETE,2
END
;————————————————————————————————————————————————————
```

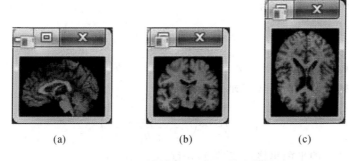

(a)　　　　　　　(b)　　　　　　　(c)

图 11.7　人脑数据的 X,Y,Z 轴向切片

(a)X 轴向切片;(b)Y 轴向切片;(c)Z 轴向切片

2. 体数据任意切片的直接提取

已知体数据为 $V=\{v_{ijk}\}$,坐标原点 O 设在体数据的中心位置,则对于体数据中任意一个体素 $P=\{p_{ijk}\}$ 的坐标位置为 $P=(a,b,c)$,经过体素 P 的切片,采用经过体素 P 并且与 $\overrightarrow{OP}$ 相垂直的平面的方法来提取该切片,如图 11.8 所示。

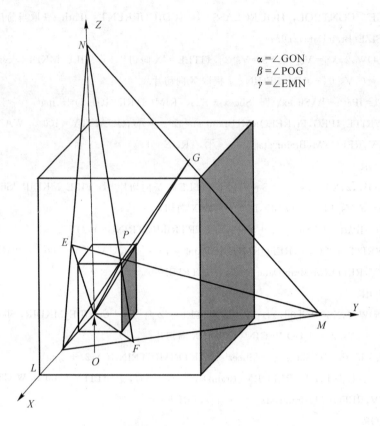

图 11.8 任意切片提取

具体方法如下：

（1）选取坐标平面 XOY，即 $z=0$。

（2）把平面 $z=0$ 绕 Z 轴旋转 γ。

$$\gamma = \frac{\pi}{2} - \arccos\left(\frac{n^2}{\sqrt{m^2+n^2} + \sqrt{l^2+n^2}}\right)$$

$$l = (a^2+b^2+c^2)/a \,;\, m = (a^2+b^2+c^2)/b \,;\, n = (a^2+b^2+c^2)/c$$

（3）把（2）旋转后的平面再绕 Y 轴旋转 β。

$$\beta = \arccos\left(\frac{\sqrt{b^2+c^2}}{\sqrt{a^2+b^2+c^2}}\right)$$

（4）把（3）旋转后的平面再绕 X 轴旋转 α 度。

$$\alpha = -\arccos\left(\frac{c}{\sqrt{a^2+b^2+c^2}}\right)$$

（5）把（4）旋转后的平面平移到 P。经过（1）～（5）的旋转和平移，得到切片。

$$ax + by + cz + \sqrt{a^2+b^2+c^2} = 0$$

（6）对切片进行插值。实现体数据任意切片的提取，可以使用软件包 EXTRACT_SLICE，即

Dat＝EXTRACT_SLICE(Vo,Xs,Ys,Xc,Yc,Zc,XRot,YRot,ZRot[,OUT＝Va][,/RAD][,/SAM]

其中:Vo 是体数据;Xs,Ys 是提取切片的大小;Xc,Yc,Zc 是切片中心经过的体数据中的空间点;XRot,YRot,ZRot 是切片分别绕 X,Y 和 Z 轴旋转的角度,变换顺序依次为绕 Z 轴旋转 ZRot、绕 Y 轴旋转 YRot 和绕 X 轴旋转 XRot,移动切片中心到(Xc,Yc,Zc);OUT=Va 表示提取的切片在体数据外的像素值;RAD 表示旋转角度为弧度;SAM 表示插值方法为最临近法(默认:双线性插值法)。

【例 15.6】　已知人脑数据 BrainData 已经存入文件 Ch11AnalysisBrain.hpy,要求利用直接提取切片软件包 EXTRACT_SLICE,按照大小为 122×122 像素,中心在(50,50,30),旋转角度分别为 99°,90°,36°,对人脑数据进行切片提取,并且进行智能分析,如图 11.9 和图 11.10 所示。

程序如下:

```
;——————————————————————————————————————————————
; Ch11SliceArbitrary.pro
;——————————————————————————————————————————————
PRO Ch11SliceArbitrary
    RESTORE,'Ch11AnalysisBrain.hpy'
    DEVICE,DECOM=0,RETAIN=2  &  LOADCT,0
    SData=EXTRACT_SLICE(BrainData,122,122,50,50,30,99,90,36,OUT=0)
    Img=CONGRID(SData,360,260,/INTERP)
    WINDOW,0,XS=360,YS=260,TITLE='任意切片提取'  &  TVSCL,255-Img
    IImage,255-Img,DIME=[260,200],TITLE='切片智能分析'
END
;——————————————————————————————————————————————
```

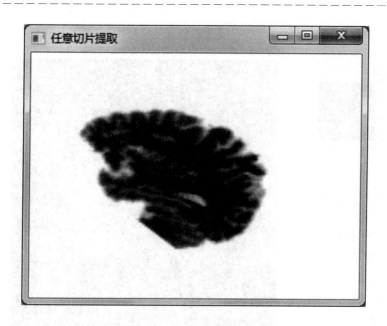

图 11.9　任意切片直接提取

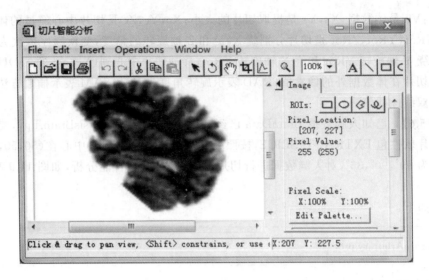

图 11.10　切片智能分析

3. 体数据任意切片的交互提取

在对体数据的切片进行提取和分析时,可以使用人机交互技术,从而实现任意切片的交互提取与分析。SLICER3 是一个可以按照交互方式提取任意切片,并且能够进行多功能控制和分析的软件工具包。

【**例 11.7**】　已知人脑数据 BrainData 已经存入文件 Ch11AnalysisBrain.hpy,要求利用交互提取切片软件包 SLICE3,对人脑数据进行交互提取和多功能分析,如图 11.11 所示。

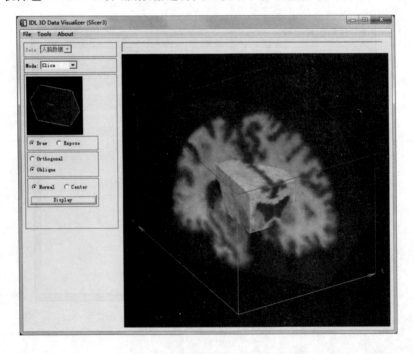

图 11.11　任意切片交互提取与分析

程序如下：

```
;————————————————————————————————————
; Ch11SliceInteract.pro
;————————————————————————————————————
PRO Ch11SliceInteract
    RESTORE,'Ch11AnalysisBrain.hpy'
    PBrainData＝PTR_NEW(BrainData,/NO_COPY)
    SLICER3,PBrainData,DATA_NAMES＝'人脑数据'
END
;————————————————————————————————————
```

11.2.3　人体透明漫游分析

计算机硬件和软件技术的快速发展，使得科学可视和虚拟现实得以实现。人体是由 100 多万亿个细胞组成的复杂系统，遗憾的是人类对自身的认识和了解非常少，正是由于缺少精确量化的计算模型，因而使得对疾病的病因、诊断和治疗方法的研究受到限制。医学、信息科学和计算机科学相结合而形成的医学可视技术已经广泛应用到医学领域。

1. 可视人体计划

美国国家医学图书馆于 1989 年提出了可视人体计划（Visible Human Project，VHP），并且在 1994 年和 1995 年先后制作了世界首例一男一女两具尸体的高精度、高分辨率组织切片光学图像、CT 和 MRI 断层图像数据集。

美国首例男、女数据集切片参数：

男数据集：身高 1.82m，切片最小间距 1.00mm，分辨率 2 048×1 216 像素，切片总数 1 878 个，数据容量 13GB。

女数据集：身高 1.54m，切片最小间距 0.33mm，分辨率 2 048×1 216 像素，切片总数 5 189 个，数据容量 43GB。

随后世界其他国家也分别启动了自己的可视人体计划，韩国和日本也已经拥有了自己的可视人体数据集。目前各国也推出了更多人体的更高分辨率的人体数据集。

中国是第三个拥有自己的可视人体数据集的国家。中国可视人体计划于 2001 年正式提出，并且在 2002 年和 2003 年由第三军医大学的张绍祥教授主持的可视人体计划研究项目组相继推出了中国首例一男一女两具尸体的高精度、高分辨率组织切片光学照片、CT 和 MRI 断层图像数据集。目前我国已经拥有近 10 套不同年龄和地域的高清人体数据集。

中国首例男、女数据集切片参数：

男数据集：身高 1.70m，切片最小间距 0.10mm，分辨率 3 072×2 048 像素，切片总数 1 878 个，数据容量 90.468GB。

女数据集：身高 1.62m，切片最小间距 0.25mm，分辨率 2 048×1 216 像素，切片总数 3 640 个，数据容量 131.04GB。

可视人体计划的研究已经进入到对人体数据集及其组织器官的重建和理解阶段。目前进一步的研究工作是完成人体结构的分割、重建和理解，建立计算机辅助解剖系统和人体漫游、虚拟手术与分析系统等。

2. 人体透明漫游分析系统

目前人体可视计划已经成为科学可视的一个主要研究方向。体绘制技术是揭示人体奥秘的有效方法，尤其是人体的三维重建及其透明漫游分析技术更是研究的重点和难点。

人体透明漫游分析系统是一个能够动态观察和分析人体内部结构信息的重建与分析系统，即可以通过交互控制，动态改变视点和路径，从而观察和分析人体内部的真实的全部详细结构信息。系统采用了灵活的交互漫游方式(连续漫游＋步进漫游＋Zoom漫游)和透明处理技术，与其他的体绘制系统相比，更突出可以灵活控制的交互性能及其透明漫游与分析性能。

利用最新体绘制技术设计的人体透明漫游分析系统应该具有如下性能：

(1) 融合智能软计算理论(模糊集＋粗糙集＋遗传算法＋形态学＋小波变换＋分形算法＋人工智能等)和先进体绘制技术。

(2) 支持先进的体数据分割与增强技术，快速漫游(导航)与分析技术。

(3) 可以在 UNIX/Windows 的高档 PC 环境下运行。

(4) 支持平行投影和透视投影两种投影方式。

(5) 支持正交、设备和数据坐标系统，实现局部空间和世界空间的多自由度转换。

(6) 支持交互平移、旋转、放缩、转置、放射、镜像等变换。

(7) 支持任意方向的连续漫游、步进漫游和 Zoom 放缩漫游。

(8) 支持任意切片的快速提取、存储与多功能分析。

(9) 符合人的视觉系统的材质、光照和透明处理技术。

系统结构如图 11.12 所示。

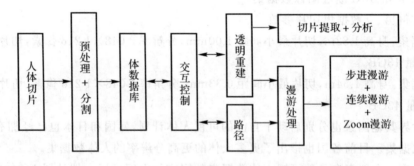

图 11.12　人体透明漫游分析系统结构

实现方法：

(1) 读取人体切片，通过预处理生成体数据。

(2) 体数据分割，建立组织模型，或者生成组织体数据存入数据库。

(3) 对体数据进行透明处理和对比度增强处理。

(4) 对体数据进行动态透明体绘制。

(5) 交互获取路径参数，生成漫游路径，实现交互控制。

(6) 进行连续漫游、步进漫游和 Zoom 漫游处理。

【例 11.8】 已知人体数据 UsaFData 已经存入文件 UseFemaleData.hpy，要求按照如图 11.13、图 11.14 所示的 GUI 设计一个人体漫游分析系统，并且满足：

(1) 能够实现任意旋转，绕屏幕 X,Y,Z 轴旋转，绕自身红、绿、蓝轴旋转。

（2）能够实现任意放大与缩小。

（3）能够打开/关闭灯光。

（4）能够打开/关闭透明控制，而且可以调整透明度。

（5）能够获取 3D 图像数据的灰度值。

（6）能够提取 X，Y，Z 向以及任意切片，并能够对切片进行智能分析。

参考程序：Ch11AnalysisUsaFemale.pro。

辅助程序：Ch11GenVolumeData.pro。

辅助数据：UsaFemaleData.hpy。

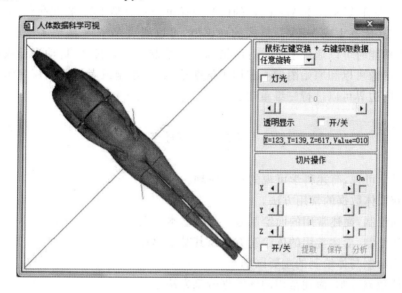

图 11.13　人体透明漫游分析系统（关闭透明处理功能）

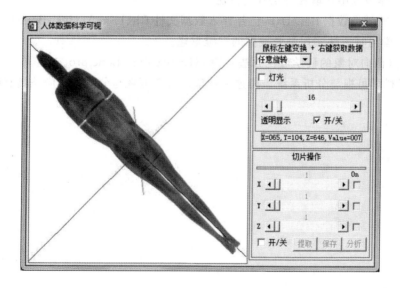

图 11.14　人体透明漫游分析系统（打开透明处理功能）

随着科学可视技术的逐渐成熟,目前已经推出了多个比较有影响的基于高端工作站的科学可视系统。

(1) Analyze:基于 X Window 的交互可视化环境。通过显示一系列二维正交图像实现三维实时重建。提供图像登记、多模图像分析、组织特征化、滤波和三维频域反卷积等。

(2) 3DViewNix:宾西法尼亚大学开发的基于 X Window 的商品化可视系统。提供对多种高维图像信息进行可视分析。系统的可视过程:预处理、绘制、操纵和分析等。

(3) Alice:Hayden Image Processing Group 公司开发的三维医学图像分析软件。运行环境:Macintosh,PowerMac,Windows 和 Windows NT 等。

(4) Mvox:基于 UNIX/X Window 的医学图像可视和分割工具,提供传统的 2D/3D 图像可视和分割功能,能够生成 VRML 格式的面模型,可以通过 WWW 实现多维医学图像可视。使用图像分割功能时可以通过手工进行编辑和边缘绘制。可以交互/自动进行阈值分割和统计分类。分割图像可以和原始图像一起用等值面绘制、体绘制或者快速断层显示功能进行可视。断层叠加的边界可以进行三维重建。

习　　题

1. 解释科学可视,简述科学可视的基本原理。
2. 简述获取体数据的常用方法。
3. 解释面绘制,简述常用的面绘制方法及其基本原理。
4. 解释体绘制,简述常用的体绘制方法及其基本原理。
5. 简述面绘制与体绘制的主要区别。
6. 解释体数据分割,简述常用的体数据分割方法。
7. 简述科学可视工具及其科学可视的具体方法。
8. 简述从体数据中提取任意切片的方法。
9. 已知人的颅骨数据 BoneData 已经存入数据文件 Ch11ExeAnalysisBone.hpy,要求使用三种不同的科学可视方法实现颅骨数据的三维重建。

参考程序(面向对象的科学可视方法):Ch11ExeAnalysisBone.pro。

10. 解释科学可视与分析系统。简述你希望的科学可视与分析系统应该具有哪些功能。

参 考 文 献

[1]　Rogers D F.Procedural Elements for Computer Graphics[M].NewYork：McGraw-Hill,1998.

[2]　Falconer K J.Fractal Geometry-Mathematical Foundations and Applications [M].English：John Wiley & Sons,2003.

[3]　唐泽圣.三维数据场可视化[M].北京：清华大学出版社,1999.

[4]　陈元琰,张睿哲,吴东. 计算机图形学实用技术[M]. 北京：清华大学出版社,2007.

[5]　周长发.精通 Visual C++.NET 图像处理编程[M].北京：电子工业出版社,2002.

[6]　韩培友.IDL 可视化分析与应用[M].西安：西北工业大学出版社,2006.

[7]　李兰友.Visual C++.NET 图形图像编程[M].北京：电子工业出版社,2002.

[8]　罗述谦,周果宏.医学图象处理与分析[M].北京：科学出版社,2003.

[9]　王熙法.C 语言图像程序设计[M].合肥：中国科学技术大学出版社,1994.

[10]　田捷,包尚联.医学影象处理与分析[M].北京：电子工业出版社,2003.

[11]　曾文曲,王向阳.分形理论与分形的计算机模拟[M].沈阳：东北大学出版社,2001.

[12]　章毓晋.图像工程[M].北京：清华大学出版社,2007.

[13]　章毓晋.图象理解与计算机视觉[M].北京：清华大学出版社,2000.

[14]　王珊,萨师煊.数据库系统概论[M].北京：高等教育出版社,2006.

[15]　Ullman J D,Widom J.数据库系统基础教程[M].北京：机械工业出版社,2003.

[16]　韩培友.数据库技术[M].西安：西北工业大学出版社,2008.

[17]　张文修,吴伟志,等.粗糙集理论和方法[M].北京：科学出版社,2001.

[18]　曾黄麟.粗糙集理论及其应用[M].重庆：重庆大学出版社,1998.

[19]　王国胤.Rough 集理论与知识获取[M].西安：西安交通大学出版社,2001.

[20]　刘清.Rough 集及 Rough 推理[M].北京：科学出版社,2001.

[21]　韩培友,董桂云.数据库技术习题与实验[M]. 杭州：浙江工商大学出版社,2010.

[22]　韩培友,董桂云.图像技术[M]. 西安：西北工业大学出版社,2009.

参考文献

[1] Raugen, D. J. Process of Chemont Education and Equipment (on line) [J]. New York, McGraw-Hill, 1996.

[2] Johnsonbaugh R. Discrete Geometry: Mathematical Foundations and Applications [M]. English Hoboken: Wiley, Sons, 2001.